国家自然科学基金项目(51478217、31670470)
中央高校基本科研业务费专项基金　资助出版

城市与区域规划空间分析实验教程
Chengshi Yu Quyu Guihua Kongjian Fenxi Shiyan Jiaocheng
（第 3 版）

尹海伟　孔繁花·编著

东南大学出版社
SOUTHEAST UNIVERSITY PRESS
·南京·

内 容 提 要

本教程是作者在总结多年教学与科研工作经验、城市与区域规划研究实践的基础上编写完成的,并作为南京大学城市规划专业本科生"城市与区域系统分析""城市生态与环境""遥感与 GIS 概论"等课程的教程或参考书使用。书中主要针对城市与区域规划实践工作需求,结合城市与区域规划研究具体案例,以 ArcGIS、Esri CityEngine、ERDAS IMAGINE、PASW、ENVI-met、SWMM、Python 等系列软件平台为支撑,以城市与区域规划常用空间分析方法为核心,按照数据获取、处理、分析、应用的技术流程设计了 5 篇 23 个实验,涵盖了主要软件与模型简介、城乡规划数据获取与处理、社会经济空间格局分析、自然生态环境本底分析、城市与区域用地空间布局分析等内容,系统展示了空间定量分析方法在城市与区域规划中的具体应用,基本满足城乡规划专业本科教学与业务实践对规划技术方法的需求。

本书强调系统性、实用性、易读性相结合,可作为高等院校城市与区域规划、城市规划管理等相关专业学生的教材与参考书,也可供从事城市与区域规划相关工作的实践工作者参考。

图书在版编目(CIP)数据

城市与区域规划空间分析实验教程 / 尹海伟,孔繁花编著. —3 版. — 南京:东南大学出版社,2018.12(2023.3 重印)
ISBN 978 - 7 - 5641 - 8208 - 3

Ⅰ. ①城… Ⅱ. ①尹… ②孔… Ⅲ. ①城市规划—实验—教材②区域规划—实验—教材 Ⅳ. ①TU984 - 33 ②TU982 - 33

中国版本图书馆 CIP 数据核字(2018)第 293639 号

城市与区域规划空间分析实验教程(第 3 版)

编 著	尹海伟 孔繁花
出版发行	东南大学出版社
出 版 人	江建中
社 址	南京市四牌楼 2 号
邮 编	210096
经 销	全国各地新华书店
印 刷	广东虎彩云印刷有限公司
开 本	787 mm×1092 mm 1/16
印 张	44.25
字 数	1099 千
版 次	2018 年 12 月第 3 版
印 次	2023 年 3 月第 2 次印刷
书 号	ISBN 978 - 7 - 5641 - 8208 - 3
定 价	128.00 元

(本社图书若有印装质量问题,请直接与营销部联系,电话:025—83791830)

第3版前言

《城市与区域规划空间分析实验教程(第2版)》自2016年2月出版以来已3年,历经两次印刷,发行5 000余册,得到了广大读者的肯定。近年来,城乡规划数据来源日益多元化,空间分析方法快速发展,学科交叉不断深入,标志着综合运用各种规划技术方法解决规划问题的新时代已经到来。为了适应新时期城乡规划学科的发展趋势,应读者和编辑的要求,作者对原书进行了系统的修改与完善,补充了大量新的实验内容,调整了原有的一些章节,形成了主要软件与模型简介、城乡规划数据获取与处理、社会经济空间格局分析、自然生态环境本底分析、城市与区域用地空间布局分析等5篇23个实验,使该版书稿更加系统和完整。

本次改编主要包括两个方面。一方面增加了多种软件与模型的简介及其在城乡规划中的具体应用,例如ArcGIS Pro、Esri CityEngine、Fragstats、Graphab、ENVI-met、SWMM、SUSTAIN、LiDAR360、PhotoScan Pro、Python等软件与模型,以满足日益增长的城乡规划多源数据处理分析的需要。另一方面对原有的一些章节进行了调整,例如将第2版中的实验2"地理数据获取与数据库构建"按照数据处理的流程拆分为城乡规划数据获取与预处理、地图数据的配准与数字化、遥感数据解译3个实验,以便更好地安排教学与学习计划。此外,结合最新研究成果,对原教程中的一些实验进行了修改补充,例如将原实验6"基于最小费用路径的生态网络构建与优化"进行了重新编写(本版教程中的实验16),补充了基于电路理论和形态学空间格局分析(MSPA)的生态网络构建的内容。

本书学习时所需的所有实验数据请读者扫描封底的二维码获取。

本书由尹海伟和孔繁花负责框架的总体设计、统稿与定稿工作。南京大学城市规划专业研究生仇是、费凡、李沐寒、刘佳、秦艺帆、朱捷、张恒、苏杰、史宝刚、岳小智、刘梦茜等,本科生徐海蓉,地理信息系统专业研究生邓金玲、李俊生、陈佳宇、张峥男等,负责部分章节数据资料的整理和软件基本操作的撰写工作,东南大学出版社马伟编辑为本书的再版做了大量的工作,在此一并表示衷心的感谢。

由于作者专业知识背景与水平有限,本书难免存在不妥与疏漏之处,敬请广大同行和读者批评指正。作者邮箱:qzyinhaiwei@163.com,网站地址:http://www.3h-nju.com/。

尹海伟　孔繁花
2018年11月

第 2 版前言

本实验教程是在南京大学城市规划专业核心课程"城市与区域系统分析"多年教学实践的基础上编写而成，于2014年2月在东南大学出版社出版，展示了空间定量分析方法在城市与区域规划中的具体应用，为城市规划及其相关专业的学生与从业者提供了一套循序渐进式的实验练习指导手册。

教程出版两年来，得到了广大读者的肯定，很多读者通过多种方式提出了许多很好的建议，特别是指出了本教程中存在的一些疏漏与考虑不周之处。另外，《城市与区域规划空间分析方法》于2015年8月出版之后，不少读者要求提供该书内相关方法的具体操作手册和实验数据。此时恰逢第1版实验教程基本售完，出版社准备重印，遂决定对第1版实验教程进行必要的修订和补充。

本次改编主要包括两部分。第一部分是对本教程中存在的一些疏漏之处进行了修改完善，增加了一些实验操作步骤，并将一些使用到的ArcGIS软件插件收录在光盘数据中，以便读者安装与使用。第二部分是增加了基于SLEUTH模型的城市建设用地空间扩展模拟和基于多源遥感数据的地表温度反演两个实验，展示了RS、GIS与规划决策支持系统分析相关模型的耦合及其具体应用。增加的两个实验难度稍大，建议作为本科生的选学内容，而研究生与实践工作者则可以根据研究与工作需要加以练习。同时为了减少出版社的工作量，本次改编并未调整实验教程的顺序与体例。

另外，本教程中很多实验的综合性比较强，涉及的软件平台与知识点比较多，建议初学者在第一次使用本教程时，不必过分追求结果的精确，应首先关注数据的准备、实验的流程、方法之间的逻辑关系等，等练习几遍熟练之后，可以获得对实验内容更全面的了解。在实际工作中，首先应该明确需要做什么，然后再思考如何来做，并寻找解决问题的具体方法。在此之后，才是选择合适的数据和软件平台（或分析工具）来进行具体的数据处理与分析。因而，建议读者在熟练掌握本教程操作方法之后，再结合自己的研究和工作需要，尝试构建自己所需的数据库和数据处理分析流程，更有助于将本实验教程的技术方法融会贯通、举一反三。

尹海伟　孔繁花
2016 年 1 月

第1版前言

南京大学是国内最早开展计量地理学研究的高校之一。地理系林炳耀先生1984年在《经济地理》杂志上发表了《论发展我国计量地理学的若干问题》的论文,并于1986年出版教材《计量地理学概论》,在人文地理学中引入计量地理学的理论和方法,推动了中国人文地理学的计量革命。林炳耀先生主讲的"城市与区域系统分析"课程成为南京大学城市规划专业与人文地理学专业学生的必修课,培养了大批具有计量地理学素养的城市规划专业人才和人文地理学者。

2003—2008年,宗跃光教授作为南京大学首批海内外公开招聘教授加入地理系,并承担了"城市与区域系统分析""城市生态环境学"的教学与科研工作。宗跃光教授结合新时期城市与区域规划定量分析的发展趋势和自己在城市生态方面的大量研究,将"城市与区域系统分析"课程由强调数理统计过程调整为定量分析方法在城市与区域规划中的具体应用,并引入了景观格局分析等生态学分析方法,形成了新的教学体系。

2006—2007年,刚参加工作的我有幸与宗跃光教授联合主讲了"城市与区域系统分析"课程。宗老师治学严谨、学识渊博、待人真诚,授课一丝不苟、活泼生动,让我受益匪浅,深刻领悟到作为一名高校教师的责任,同时也意识到新时期南京大学城市与区域规划定量分析方法传承的重任。

近些年来,随着地理信息系统(GIS)与遥感(RS)技术在城市与区域规划领域的深入推广与广泛应用,遥感图像数据成为城市与区域规划空间数据的重要来源,改变了城市与区域规划主要依靠AutoCAD等绘图软件的状况。GIS与RS已经成为国内外城市与区域规划技术平台的发展核心和主流方向,其在城市与区域规划领域的广泛应用为提高城市规划的科学性提供了重要技术支撑和保障。

作者通过近年来主持与参与的国家自然科学基金项目和城市与区域规划实践,以及"城市与区域系统分析"课程7年的教学实践,总结出了一套基于GIS、RS、SPSS等软件平台的城市与区域规划空间定量分析框架与技术方法,并结合具体规划研究案例,在南京大学本科教学中取得成功应用,效果良好,使城市规划专业学生快速掌握了城市与区域规划中的常用空间定量分析方法,并能够达到即学即用、举一反三的效果。

本教程基于GIS、ERDAS、SPSS等软件平台,以城市与区域规划常用空间分析方法为核心,按照数据获取、处理、分析、应用的技术流程设计了8个实验,涵盖了数据获取与数据库构建、地形制图与分析、区域综合竞争力评价、经济地理空间格局、可达性分析与经济区划分、生态网络构建、生态环境敏感性分析、建设用地发展潜力评价、建设用地适宜性评价等核心内容,展示了空间定量分析方法在城市与区域规划中的具体应用。

对于大多数城市规划相关专业的学生来讲,许多定量分析与图像处理软件(例如 GIS、ERDAS/ENVI、SPSS 等)都不熟悉甚至未曾使用过。因而,本教程在第一次出现某一工具或命令时,都做了较为详细的介绍与演示,而当同一工具或命令再次使用时则仅作简要说明。因此,建议本教程的使用方法如下:(1)没有接触过 ArcGIS、ERDAS、SPSS 等软件的读者,建议首先学习本书的实验 1,了解这些软件的界面与基本操作,然后按照实验顺序逐一练习,由易到难、循序渐进;(2)如果接触过这些软件且熟悉常用的工具或命令,需要参考本教程完成具体城市与区域规划内容的读者,建议直接按照目录查找所关心的章节或查看每一实验"实验目的"或"实验总结"中的实验内容一览表。

本教程由尹海伟与孔繁花负责总体设计,尹海伟负责实验 1 至实验 5、实验 8 的编写工作,孔繁花负责实验 6、实验 7 的编写工作,最后由尹海伟负责统稿与定稿工作。南京大学城市规划专业研究生班玉龙、卢飞红等,地理信息系统专业研究生孙常峰、闫伟姣、许峰等负责部分实验数据与参考文献的整理工作,南京大学城市规划专业多届本科生对本教程提出了很多修改意见,东南大学出版社马伟编辑为本教程的出版做了大量的工作,在此一并表示衷心的感谢。

由于作者水平有限,本教程中难免存在不妥与疏漏之处,敬请读者批评指正,以期不断完善。作者邮箱:qzyinhaiwei@163.com。

尹海伟　孔繁花

2013 年 10 月

目 录

第一篇 主要软件与模型简介

实验 1 主要软件简介与基本操作 ········· 2
- 1.1 实验目的与实验准备 ········· 2
  - 1.1.1 实验目的 ········· 2
  - 1.1.2 实验准备 ········· 3
- 1.2 ArcGIS 10.1 中文桌面版简介与基本操作 ········· 3
  - 1.2.1 ArcGIS 10.1 中文桌面版简介 ········· 3
  - 1.2.2 ArcMap 基础操作 ········· 5
  - 1.2.3 ArcCatalog 基础操作 ········· 25
  - 1.2.4 ArcToolbox 基础操作 ········· 32
- 1.3 ArcGIS Pro 2.1 简介 ········· 34
  - 1.3.1 ArcGIS Pro 2.1 简介 ········· 34
  - 1.3.2 ArcGIS Pro 2.1 窗口简介 ········· 36
  - 1.3.3 基于 ArcGIS Pro 的 3D 场景地图制作与输出 ········· 41
- 1.4 Esri CityEngine 2016 简介 ········· 43
  - 1.4.1 Esri CityEngine 2016 简介 ········· 43
  - 1.4.2 Esri CityEngine 2016 窗口简介 ········· 44
- 1.5 ERDAS IMAGINE 9.2 简介 ········· 46
  - 1.5.1 ERDAS IMAGINE 9.2 简介 ········· 46
  - 1.5.2 ERDAS IMAGINE 9.2 窗口简介 ········· 49
- 1.6 PASW Statistics 18 简介 ········· 52
  - 1.6.1 PASW Statistics 18 概述 ········· 52
  - 1.6.2 PASW Statistics 18 窗口简介 ········· 53
- 1.7 实验总结 ········· 54

实验 2 其他专业软件与模型简介 ········· 56
- 2.1 实验目的与实验准备 ········· 56

2.1.1 实验目的 ······ 56
2.1.2 实验准备 ······ 56
2.2 景观格局分析软件简介 ······ 57
2.2.1 Fragstats 4.2.1 简介 ······ 57
2.2.2 Graphab 2.2 简介 ······ 61
2.3 城市微气候模拟软件简介 ······ 64
2.3.1 ENVI-met 4.3.1 简介 ······ 65
2.3.2 ENVI-met 4.3.1 窗口简介 ······ 67
2.4 雨洪管理模型简介 ······ 68
2.4.1 SWMM 5.1 简介 ······ 68
2.4.2 SUSTAIN 简介 ······ 71
2.5 激光雷达数据处理软件简介 ······ 75
2.5.1 CloudCompare 2.10 简介 ······ 75
2.5.2 LiDAR360 简介 ······ 77
2.6 无人机数据处理软件简介 ······ 81
2.6.1 PhotoScan Pro 简介 ······ 81
2.6.2 PhotoScan Pro 窗口简介 ······ 81
2.7 大数据分析软件简介 ······ 83
2.7.1 Python 简介 ······ 84
2.7.2 Google Earth Engine 简介 ······ 90
2.8 实验总结 ······ 97

第二篇　城乡规划数据获取与处理

实验3　城乡规划数据获取与预处理 ······ 100
3.1 实验目的与实验准备 ······ 100
3.1.1 实验目的 ······ 100
3.1.2 实验准备 ······ 100
3.2 MODIS 与 DMSP/OLS 数据获取与预处理 ······ 101
3.2.1 MODIS 数据获取与预处理 ······ 101
3.2.2 DMSP/OLS 夜间灯光数据获取与预处理 ······ 110
3.3 TM/ETM 数据获取与预处理 ······ 116
3.3.1 TM/ETM 数据获取 ······ 116
3.3.2 TM/ETM 数据预处理 ······ 123

3.4 无人机数据获取与预处理 … 139
3.4.1 无人机数据获取 … 139
3.4.2 无人机数据预处理 … 139
3.5 激光雷达数据获取与预处理 … 147
3.5.1 激光雷达数据获取 … 147
3.5.2 激光雷达数据预处理 … 148
3.6 GPS 数据获取与预处理 … 165
3.6.1 GPS 数据获取 … 165
3.6.2 GPS 数据预处理 … 167
3.7 DEM 数据获取与预处理 … 171
3.7.1 DEM 数据获取 … 171
3.7.2 DEM 数据预处理 … 177
3.8 城乡规划大数据的获取与预处理 … 180
3.8.1 城乡规划大数据(居住区数据)获取 … 180
3.8.2 城乡规划大数据(居住区数据)预处理 … 188
3.9 实验总结 … 193

实验4 地图数据的配准与数字化 … 196
4.1 实验目的与实验准备 … 196
4.1.1 实验目的 … 196
4.1.2 实验准备 … 196
4.2 地图数据的配准 … 196
4.2.1 影像图的配准 … 199
4.2.2 CAD 图的配准 … 204
4.2.3 扫描图件的配准 … 212
4.3 地图数据的数字化 … 213
4.3.1 要素分层数字化 … 214
4.3.2 区域整体数字化 … 219
4.4 地理数据库构建 … 222
4.5 实验总结 … 225

实验5 遥感数据解译 … 226
5.1 实验目的与实验准备 … 226

5.1.1　实验目的 …………………………………………………………………… 226
　　5.1.2　实验准备 …………………………………………………………………… 226
5.2　TM/ETM 数据的增强处理 ……………………………………………………… 226
5.3　TM/ETM 数据的解译 …………………………………………………………… 233
　　5.3.1　非监督分类 ………………………………………………………………… 234
　　5.3.2　监督分类 …………………………………………………………………… 239
5.4　实验总结 …………………………………………………………………………… 251

实验 6　地形制图与分析 ……………………………………………………………… 252

6.1　实验目的与实验准备 …………………………………………………………… 252
　　6.1.1　实验目的 …………………………………………………………………… 252
　　6.1.2　实验准备 …………………………………………………………………… 252
6.2　基于 DEM 的基础地形分析 …………………………………………………… 252
　　6.2.1　高程分析与分类 …………………………………………………………… 253
　　6.2.2　坡度计算与分类 …………………………………………………………… 256
　　6.2.3　坡向计算与分类 …………………………………………………………… 257
6.3　基于 DEM 的延伸地形分析 …………………………………………………… 259
　　6.3.1　地形起伏度分析 …………………………………………………………… 259
　　6.3.2　地表粗糙度计算 …………………………………………………………… 261
　　6.3.3　表面曲率分析 ……………………………………………………………… 262
　　6.3.4　山脊线与山谷线的提取 …………………………………………………… 263
　　6.3.5　地形鞍部点的提取 ………………………………………………………… 268
　　6.3.6　沟谷网络提取与沟壑密度计算 …………………………………………… 269
　　6.3.7　水文分析与流域划分 ……………………………………………………… 272
　　6.3.8　可视性分析 ………………………………………………………………… 280
6.4　基于 ArcScene 的三维地形可视化 …………………………………………… 284
　　6.4.1　三维可视化分析 …………………………………………………………… 284
　　6.4.2　三维飞行动画制作 ………………………………………………………… 287
6.5　实验总结 …………………………………………………………………………… 289

实验 7　基于 Esri CityEngine 的三维城市建模 …………………………………… 291

7.1　实验目的与实验准备 …………………………………………………………… 291
　　7.1.1　实验目的 …………………………………………………………………… 291

7.1.2　实验准备 ··· 291

7.2　Esri CityEngine 三维建模的基本原理与基础操作 ······················ 291

　　7.2.1　Esri CityEngine 三维建模的基本原理 ·································· 291

　　7.2.2　Esri CityEngine 三维建模的基础操作 ·································· 292

7.3　CGA 规则编写 ··· 298

　　7.3.1　规则 ·· 298

　　7.3.2　属性 ·· 299

　　7.3.3　自定义函数 ·· 299

　　7.3.4　注释 ·· 299

　　7.3.5　常用函数 ·· 300

7.4　南京市鼓楼区三维城市模型构建 ··· 300

　　7.4.1　基础数据的准备与预处理 ··· 300

　　7.4.2　三维城市模型构建 ··· 301

7.5　实验总结 ·· 307

第三篇　社会经济空间格局分析

实验 8　区域经济地理空间格局分析 ·· 310

8.1　实验目的与实验准备 ··· 310

　　8.1.1　实验目的 ·· 310

　　8.1.2　实验准备 ·· 310

8.2　区域经济地理空间格局专题制图 ··· 310

　　8.2.1　GIS 中的主要插值方法 ·· 310

　　8.2.2　GIS 中的密度分析方法 ·· 317

　　8.2.3　经济地理格局专题制图 ··· 321

8.3　区域经济地理空间格局分析 ··· 326

　　8.3.1　区域经济地理格局总体特征分析 ···································· 326

　　8.3.2　区域经济地理静态空间格局 ··· 334

　　8.3.3　区域经济地理动态空间格局分析 ···································· 343

8.4　实验总结 ·· 345

实验 9　城镇综合竞争力评价 ·· 347

9.1　实验目的与实验准备 ··· 347

　　9.1.1　实验目的 ·· 347

9.1.2 实验准备 ……………………………………………………………………… 347
9.2 综合竞争力评价指标体系构建 ……………………………………………………… 347
9.3 城镇综合竞争力评价 ………………………………………………………………… 349
9.3.1 基于聚类分析的综合竞争力评价 ……………………………………………… 349
9.3.2 基于主成分分析的综合竞争力评价 …………………………………………… 359
9.3.3 基于层次分析法的综合竞争力评价 …………………………………………… 368
9.4 实验总结 ……………………………………………………………………………… 374

实验 10 基于相互作用模型的经济区划分 ………………………………………… 375
10.1 实验目的与实验准备 ………………………………………………………………… 375
10.1.1 实验目的 ……………………………………………………………………… 375
10.1.2 实验准备 ……………………………………………………………………… 375
10.2 可达性分析 …………………………………………………………………………… 375
10.3 城镇之间联系强度评价 ……………………………………………………………… 382
10.4 上杭县域经济区划分 ………………………………………………………………… 387
10.5 实验总结 ……………………………………………………………………………… 388

实验 11 基于流空间的城镇空间联系强度分析 …………………………………… 389
11.1 实验目的与实验准备 ………………………………………………………………… 389
11.1.1 实验目的 ……………………………………………………………………… 389
11.1.2 实验准备 ……………………………………………………………………… 389
11.2 基于交通流的城镇空间联系强度分析 ……………………………………………… 389
11.2.1 基于公路客运班次的城镇空间联系强度分析 ……………………………… 390
11.2.2 基于铁路客运班次的城镇空间联系强度分析 ……………………………… 396
11.3 基于网络信息流的城镇空间联系强度分析 ………………………………………… 397
11.4 实验总结 ……………………………………………………………………………… 398

实验 12 城市公共服务设施的可达性与公平性分析 ……………………………… 400
12.1 实验目的与实验准备 ………………………………………………………………… 400
12.1.1 实验目的 ……………………………………………………………………… 400
12.1.2 实验准备 ……………………………………………………………………… 400
12.2 城市公共服务设施的可达性分析 …………………………………………………… 400
12.2.1 基于缓冲区分析法的可达性分析 …………………………………………… 401

12.2.2　基于最小邻近距离法的可达性分析 ………………………………………… 408
　　12.2.3　基于吸引力指数分析法的可达性分析 ……………………………………… 410
　　12.2.4　基于行进成本分析法的可达性分析 ………………………………………… 413
　　12.2.5　基于两步移动搜索法的可达性分析 ………………………………………… 416
12.3　城市公共服务设施的公平性分析 ………………………………………………… 421
　　12.3.1　弱势群体需求指数的构建与计算 …………………………………………… 422
　　12.3.2　公共服务设施的空间公平性评价 …………………………………………… 423
12.4　实验总结 …………………………………………………………………………… 424

实验13　基于DMSP/OLS夜间灯光数据的城镇化空间格局分析 …………………… 426
13.1　实验目的与实验准备 ……………………………………………………………… 426
　　13.1.1　实验目的 ……………………………………………………………………… 426
　　13.1.2　实验准备 ……………………………………………………………………… 426
13.2　基于夜间灯光数据的城市建成区提取 …………………………………………… 426
13.3　基于夜间灯光数据的城镇空间格局分析 ………………………………………… 433
　　13.3.1　基于CNLI的区域整体城镇化水平动态演化分析 ………………………… 433
　　13.3.2　基于扩展速度与强度指数的区域城镇空间扩展模式分析 ………………… 437
　　13.3.3　基于空间自相关与景观格局指数的区域城镇化空间格局演化分析 ……… 440
13.4　实验总结 …………………………………………………………………………… 454

实验14　基于互联网开放数据的城市居住小区生活便利程度分析 …………………… 456
14.1　实验目的与实验准备 ……………………………………………………………… 456
　　14.1.1　实验目的 ……………………………………………………………………… 456
　　14.1.2　实验准备 ……………………………………………………………………… 456
14.2　Python开发环境搭建 ……………………………………………………………… 456
14.3　POI数据获取与处理 ……………………………………………………………… 458
　　14.3.1　确定POI类别及编码 ………………………………………………………… 458
　　14.3.2　分析高德地图"搜索"API …………………………………………………… 459
　　14.3.3　批量采集POI数据 …………………………………………………………… 465
14.4　AOI数据获取与处理 ……………………………………………………………… 472
　　14.4.1　分析地图响应页面 …………………………………………………………… 472
　　14.4.2　批量采集居住区AOI ………………………………………………………… 474
14.5　南京主城区居住小区生活便利程度分析 ………………………………………… 479

14.5.1　设施可达性分析 ·· 480

　　14.5.2　设施多样性分析 ·· 486

14.6　实验总结 ··· 488

第四篇　自然生态环境本底分析

实验15　城市与区域生态环境敏感性分析 ·· 490

15.1　实验目的与实验准备 ··· 490

　　15.1.1　实验目的 ·· 490

　　15.1.2　实验准备 ·· 490

15.2　关键生态资源辩识 ·· 490

15.3　生态环境敏感性因子选取 ··· 494

15.4　生态环境敏感性单因子分析 ·· 496

15.5　生态环境敏感性分区 ··· 498

15.6　实验总结 ··· 500

实验16　城市与区域生态网络构建与优化 ·· 502

16.1　实验目的与实验准备 ··· 502

　　16.1.1　实验目的 ·· 502

　　16.1.2　实验准备 ·· 503

16.2　基于电路理论的生态网络构建 ··· 503

　　16.2.1　电路理论简介 ·· 503

　　16.2.2　生态源地辩识 ·· 504

　　16.2.3　景观阻力评价 ·· 506

　　16.2.4　电导面制作 ··· 507

　　16.2.5　基于电路理论的生态网络构建 ··· 508

16.3　基于最小费用路径的生态网络构建 ··· 514

　　16.3.1　最小费用路径(LCP)方法简介 ··· 514

　　16.3.2　模型所需数据准备 ··· 514

　　16.3.3　基于最小费用路径的生态网络构建 ·· 516

16.4　基于形态学空间格局分析的生态网络构建 ··· 520

　　16.4.1　形态学空间格局分析(MSPA)方法简介 ·· 520

　　16.4.2　模型所需数据准备 ··· 521

　　16.4.3　基于形态学空间格局分析的生态网络构建 ···································· 523

16.5　基于图谱理论的生态网络结构评价与优化 …………………………………… 527
　　16.6　实验总结 …………………………………………………………………………… 530

实验17　基于SWMM模型的LID雨洪调控效应分析 …………………………………… 531
　　17.1　实验目的与实验准备 ……………………………………………………………… 531
　　　　17.1.1　实验目的 ………………………………………………………………… 531
　　　　17.1.2　实验准备 ………………………………………………………………… 531
　　17.2　研究区SWMM模型构建与参数设置 …………………………………………… 532
　　　　17.2.1　SWMM模型概化 ……………………………………………………… 532
　　　　17.2.2　SWMM模型参数设置 ………………………………………………… 536
　　17.3　研究区降雨雨型设计 ……………………………………………………………… 540
　　　　17.3.1　雨型选择 ………………………………………………………………… 540
　　　　17.3.2　降雨序列设置 …………………………………………………………… 541
　　17.4　SWMM模型运行 ………………………………………………………………… 542
　　　　17.4.1　模型运行设置 …………………………………………………………… 542
　　　　17.4.2　运行结果查看 …………………………………………………………… 543
　　17.5　基于SUSTAIN的LID空间布局 ………………………………………………… 544
　　　　17.5.1　LID措施选择 …………………………………………………………… 544
　　　　17.5.2　BMP选址工具所需数据准备 ………………………………………… 544
　　　　17.5.3　BMP选址工具设置 …………………………………………………… 544
　　　　17.5.4　LID情景方案设置 ……………………………………………………… 548
　　17.6　不同LID情景下的雨洪调控效应模拟 …………………………………………… 548
　　　　17.6.1　LID参数设置 …………………………………………………………… 548
　　　　17.6.2　LID多情景模拟 ………………………………………………………… 550
　　　　17.6.3　不同LID情景下的雨洪调控效应分析 ………………………………… 550
　　17.7　实验总结 …………………………………………………………………………… 550

实验18　基于生态安全格局的城市生态控制线划定 …………………………………… 552
　　18.1　实验目的与实验准备 ……………………………………………………………… 552
　　　　18.1.1　实验目的 ………………………………………………………………… 552
　　　　18.1.2　实验准备 ………………………………………………………………… 552
　　18.2　生态控制线划定的总体思路与框架 ……………………………………………… 553
　　18.3　水文安全格局分析 ………………………………………………………………… 554

         18.3.1 因子选取 ······ 554
         18.3.2 单因子分析 ······ 554
         18.3.3 水文安全格局构建 ······ 559
   18.4 水土保持安全格局分析 ······ 560
         18.4.1 因子选取 ······ 560
         18.4.2 单因子分析 ······ 560
         18.4.3 水土保持安全格局构建 ······ 563
   18.5 生物保护安全格局分析 ······ 565
         18.5.1 因子选取 ······ 565
         18.5.2 单因子分析 ······ 565
         18.5.3 生物保护安全格局构建 ······ 571
   18.6 基于生态安全格局的生态控制线划定 ······ 572
   18.7 实验总结 ······ 573

实验19 基于多源遥感数据的地表温度反演与冷热岛分析 ······ 574
   19.1 实验目的与实验准备 ······ 574
         19.1.1 实验目的 ······ 574
         19.1.2 实验准备 ······ 574
   19.2 数据获取与处理 ······ 575
         19.2.1 数据获取 ······ 575
         19.2.2 数据处理 ······ 575
   19.3 地表温度反演所需相关参数计算 ······ 575
         19.3.1 基于MODIS数据的表观反射率计算 ······ 576
         19.3.2 基于MODIS数据的大气透过率计算 ······ 579
         19.3.3 基于MODIS数据的大气水汽含量计算 ······ 580
         19.3.4 TM6数据中的大气透过率估算 ······ 580
         19.3.5 TM6数据中的地表辐射率估算 ······ 581
   19.4 基于单窗算法的地表温度反演 ······ 582
         19.4.1 地表温度反演模型工具构建 ······ 582
         19.4.2 基于自建模型工具的地表温度反演 ······ 582
   19.5 城市冷热岛分析 ······ 585
         19.5.1 城市冷岛分析 ······ 586
         19.5.2 城市热岛分析 ······ 589
   19.6 实验总结 ······ 591

实验 20 基于 RS 与 GIS 的城市通风廊道规划 ······ 592
20.1 实验目的与实验准备 ······ 592
20.1.1 实验目的 ······ 592
20.1.2 实验准备 ······ 592
20.2 基于综合分析视角的城市通风廊道构建 ······ 593
20.2.1 总体思路与框架 ······ 593
20.2.2 地形条件分析 ······ 594
20.2.3 基于大气校正法的城市热环境分析 ······ 594
20.2.4 城市建筑环境分析 ······ 601
20.2.5 城市道路通风性能评价 ······ 602
20.2.6 城市开敞空间分析 ······ 602
20.2.7 基于多因子综合评价的城市通风廊道适宜性分析 ······ 603
20.3 基于 GIS 和地表粗糙度的城市通风廊道构建 ······ 605
20.3.1 基于 GIS 的地表粗糙度分析 ······ 605
20.3.2 基于 LCP 的城市通风廊道构建 ······ 609
20.4 城市通风廊道规划的对策与建议 ······ 613
20.4.1 控制入风口建设强度,保障风源进入通畅 ······ 613
20.4.2 增建二级通风廊道,缓解中心城区的热岛效应 ······ 613
20.4.3 保障通风廊道宽度,提升通风能力 ······ 614
20.4.4 改善通风阻碍区的通风环境,增强廊道连通性 ······ 614
20.4.5 划定廊道周边控制区,增强风廊渗透能力 ······ 616
20.5 实验总结 ······ 617

实验 21 基于 ENVI-met 的城市绿地夏季降温效应分析 ······ 618
21.1 实验目的与实验准备 ······ 618
21.1.1 实验目的 ······ 618
21.1.2 实验准备 ······ 618
21.2 ENVI-met 模型安装 ······ 619
21.3 气象观测站点设置与数据获取 ······ 620
21.4 模型参数设置 ······ 622
21.4.1 初始参数设置 ······ 622
21.4.2 模型模拟参数设置 ······ 624
21.5 ENVI-met 模型构建与模拟精度评价 ······ 633
21.5.1 ENVI-met 模型构建 ······ 633

21.5.2 模型模拟精度评价 ·· 637
21.6 情景设置与模拟结果分析 ··· 641
21.6.1 情景设置 ·· 641
21.6.2 结果分析 ·· 642
21.7 实验总结 ··· 652

第五篇 城市与区域用地空间布局分析

实验22 基于潜力约束模型的建设用地适宜性评价 ···························· 656
22.1 实验目的与实验准备 ··· 656
22.1.1 实验目的 ·· 656
22.1.2 实验准备 ·· 656
22.2 建设用地发展潜力评价 ·· 656
22.2.1 区域各县市综合实力评价 ·· 657
22.2.2 区域经济增长引擎择定 ··· 657
22.2.3 区域交通可达性分析 ·· 658
22.2.4 区域空间发展潜力分析 ··· 659
22.3 区域发展约束力分析 ··· 661
22.4 建设用地适宜性评价 ··· 661
22.4.1 生态优先,兼顾发展:高生态安全格局 ·························· 664
22.4.2 发展为主,生态底线:低生态安全格局 ·························· 665
22.4.3 生态与经济发展并重:中生态安全格局 ························· 666
22.5 实验总结 ··· 667

实验23 基于SLEUTH模型的城市建设用地空间扩展模拟 ···················· 668
23.1 实验目的与实验准备 ··· 668
23.1.1 实验目的 ·· 668
23.1.2 实验准备 ·· 668
23.2 运行环境设置与模型调试 ··· 668
23.2.1 运行环境设置 ·· 668
23.2.2 模型测试 ·· 670
23.3 数据准备与模型校正 ··· 671
23.3.1 输入数据准备 ·· 671
23.3.2 模型参数校正 ·· 672
23.3.3 模拟精度评价 ·· 676

23.4 情景设置与模型模拟 …………………………………………………… 679
　　23.4.1 情景设置 ………………………………………………………… 679
　　23.4.2 模型模拟 ………………………………………………………… 680
　　23.4.3 结果分析 ………………………………………………………… 681
23.5 实验总结 …………………………………………………………………… 681

主要参考文献 ……………………………………………………………………… 682

第一篇
主要软件与模型简介

"All models are wrong, but some are useful."——George E. P. Box
"所有的模型都是错误的,但有些模型是有用的。"——乔治·博克斯

本篇主要介绍教程中使用的主要软件与模型的主要功能、基本组件与基础操作,为后续实验的学习奠定基础。

为了适应城市规划数据来源日益多元化、学科交叉融合不断深入的发展趋势,本书对多种软件与模型进行了介绍,既涵盖目前城市规划中常用的GIS(ArcGIS中文桌面版、ArcGIS Pro、Esri CityEngine)、RS(ERDAS)、统计分析(PASW Statistics)等软件,也包括城市规划中的自然生态环境分析(Fragstats、Graphab、ENVI-met)、海绵城市规划与评估(SWMM、SUSTAIN)等专业软件与模型。

与此同时,本书还增加了激光雷达数据处理(CloudCompare、LiDAR360)、无人机数据处理(PhotoScan Pro)、城乡规划大数据分析(Python、Google Earth Engine)等数据分析处理软件的介绍,以满足日益增长的城市规划多源数据处理分析的需要。

实验1:主要软件简介与基本操作
实验2:其他专业软件与模型简介

实验 1 主要软件简介与基本操作

1.1 实验目的与实验准备

1.1.1 实验目的

通过本实验了解 ArcGIS 10.1 中文桌面版、ArcGIS Pro 2.1、Esri CityEngine 2016、ERDAS IMAGINE 9.2、PASW Statistics 18 软件的主要功能、基本组件与基本操作,为城市与区域规划中综合使用这些软件提供基础支撑。

具体内容见表 1-1。

表 1-1 本次实验主要内容一览

应用程序		具体内容
ArcGIS 10.1	ArcGIS 10.1	ArcGIS 10.1 中文桌面版简介
	ArcMap	(1) 打开地图文档
		(2) 创建一个新的地图文档并加载与调整数据图层
		(3) 专题地图的制作与输出
		(4) 数据图层属性表字段修改与统计
	ArcCatalog	(1) 打开 ArcCatalog 界面并进行文件夹连接
		(2) 创建新的 Shapefile 文件
		(3) 创建新的地理数据库文件
		(4) 地理数据的输出
	ArcToolbox	(1) 启动 ArcToolbox 并激活扩展工具
		(2) ArcToolbox 环境设置
ArcGIS Pro 2.1		(1) ArcGIS Pro 2.1 简介
		(2) ArcGIS Pro 2.1 窗口简介
		(3) 基于 ArcGIS Pro 的 3D 场景地图制作与输出
Esri CityEngine 2016		(1) Esri CityEngine 2016 简介
		(2) Esri CityEngine 2016 窗口简介
ERDAS IMAGINE 9.2		(1) ERDAS IMAGINE 9.2 简介
		(2) ERDAS IMAGINE 9.2 窗口简介
PASW Statistics 18		(1) PASW Statistics 18 概述
		(2) PASW Statistics 18 窗口简介

1.1.2 实验准备

（1）计算机已经预装了 ArcGIS 10.1 中文桌面版、ArcGIS Pro 2.1、Esri CityEngine 2016、ERDAS IMAGINE 9.2、PASW Statistics 18 或更高版本的软件。

（2）已经获取并构建了研究区的基础地理数据库（我们将在第二篇的实验 4 学习如何构建规划研究区的空间数据库）。本实验采用已经构建好的福建省上杭县基础地理数据，数据位置：D:\data\shiyan01 目录下（请将下载的 data 文件夹复制到 D 盘下）。

1.2 ArcGIS 10.1 中文桌面版简介与基本操作

1.2.1 ArcGIS 10.1 中文桌面版简介

GIS（Geographic Information System，地理信息系统）是由计算机软硬件和不同方法组成的系统，该系统设计用来支持空间数据的采集、管理、处理、分析、建模和显示，以便解决复杂的规划和管理问题。GIS 起源于 20 世纪 60 年代，由"GIS 之父"罗杰·汤姆林森（Roger Tomlinson）于 1963 年最早提出，他开发了第一个 GIS 系统（加拿大地理信息系统，CGIS）。在此之后，全球迅速掀起了 GIS 研究开发热潮，涌现了大量的应用程序与软件，而由美国环境系统研究所（Environmental Systems Research Institute，ESRI）开发的 ArcGIS 软件是这些 GIS 软件程序的杰出代表，该产品系列目前占领了全球约 90% 的 GIS 市场份额，成为 GIS 开发领域的领导者。

1969 年，劳拉（Laura）和杰克·丹杰蒙德（Jack Dangermond）建立了环境系统研究所，并率先提出了将要素的空间表达与数据表中的属性链接起来的创新构想，并启动了 ArcGIS 系列产品的开发，从而引发了 GIS 行业的一场革命，推动了 GIS 在城市规划、土地利用规划、自然资源管理、生态环境保护、交通、农业、社会学分析等领域的广泛应用。

ArcGIS 10.1 中文桌面版（ArcGIS Desktop 10 序列版本）是美国环境系统研究所（ESRI）开发的新一代 GIS 软件的重要组成部分，继承和强化了原有的 ArcGIS Desktop 9 序列版本的一系列功能与特色，并推出了一种全新的空间分析方式，将 Desktop 9 序列版本中 Workstation 中的空间处理功能几乎全部放入 Desktop 10 序列版本中的 ArcToolbox 工具箱中，且功能更为强大和完善，能够帮助用户完成高级的空间分析，在同类 GIS 产品中继续保持领先（表 1-2）。另外，ArcGIS 10.1 中文桌面版软件大大降低了我国学者使用 GIS 的难度，为 GIS 在中国的推广和普及提供了良好的操作平台。

表 1-2 国内外 GIS 软件空间分析功能比较

功能	名称	ArcGIS	MGE	MapInfo	MapGIS	GeoStar	SuperMap
空间查询与量算	空间查询	☆	☆	◆	◆	◆	◆
	空间量算	☆	☆	◆	◆	◆	◆
缓冲区分析	点缓冲	★	☆	◆	◆	☆	◆
	线/弧	★	☆	◆	◆	☆	◆
	面/多边形	★	☆	◆	◆	☆	◆
	加权	★	☆	◆	◆	☆	◆

续表 1-2

功能	名称	ArcGIS	MGE	MapInfo	MapGIS	GeoStar	SuperMap
叠置分析	点与多边形	★	☆	◆	◆	☆	◆
	线与多边形	★	☆	◆	◆	☆	◆
	多边形与多边形	★	☆	◆	◆	☆	◆
网络分析	最短路径	☆	☆	▲	▲	▲	▲
	网络属性值累积	☆	☆	▲	▲	▲	▲
	路由分配	☆	☆	▲	▲	▲	▲
	空间邻接搜索	☆	☆	▲	▲	▲	▲
	最近相邻搜索	☆	☆	▲	▲	▲	▲
	地址匹配	☆	☆	▲	▲	▲	▲
其他分析	拓扑分析	☆	☆	◆	◆	◆	◆
	邻近分析	★	☆	◆	◆	◆	◆
	复合分析	▲	▲	▲	▲	▲	▲
分类分析	统计图表分析	◆	▲	◆	▲	▲	▲
	主成分分析	◆	▲	▲	▲	▲	▲
	层次分析	◆	▲	▲	◆	▲	▲
	系统聚类分析	◆	▲	▲	▲	▲	▲
	判别分析	◆	▲	◆	▲	▲	▲

注：★表示更强；☆表示强；◆表示较强；▲表示较弱。

资料来源：靳军，刘建忠. 国内外 GIS 软件的空间分析功能比较[J]. 测绘工程，2004,13(3)：58-61.

ArcGIS 10.1 中文桌面版主要包含 ArcMap、ArcCatalog、ArcToolbox 等常用用户界面组件。ArcMap 提供了一整套一体化的地图绘制、显示、编辑和输出的集成环境，具有强大的制图编辑功能，是 ArcGIS 桌面版的核心应用程序，具有地图制图的所有功能。在 ArcMap 中，可以按照要素属性编辑和表现图形，绘制和生成要素数据，在数据视图中可以按照特定的符号浏览地理要素，也可以在版面视图中制作和打印输出各类专题数据地图；有全面的地图符号、线形、颜色填充和字体库，支持多种输出格式；可以自动生成坐标格网或经纬网，能够进行多种形式的地图标注。可以说，ArcMap 就是 ArcGIS 桌面版的制图工具，能够完成任意地图要素的绘制和编辑任务。ArcCatalog 是一个空间数据资源管理器。它以数据为核心，用于定位、浏览、搜索、组织和管理空间数据。利用 ArcCatalog 可以创建和管理数据库，定制和应用元数据，从而大大简化用户组织、管理和维护数据工作。ArcToolbox 是空间处理工具的集合，包括数据管理、数据转换、栅格分析、矢量分析、地理编码以及统计分析等多种复杂的空间处理工具，是 GIS 空间分析的重要支撑。

基于 GIS 的空间分析是地理信息系统区别于其他信息系统的主要特色，是评价地理信息系统功能的主要特征之一。GIS 空间分析已经成为地理信息系统的核心功能之一，这也是和城市与区域规划中常用的制图软件例如 AutoCAD 的主要区别之所在。通过对 ArcGIS 10.1 中文桌面版这 3 个核心组件的综合使用，可以解决复杂的城市与区域空间规划、决策和管理问题。

1.2.2 ArcMap 基础操作

1) 打开地图文档

点击 Windows 任务栏的"开始"按钮,找到"所有程序"—"ArcGIS"—"ArcMap 10.1",点击可启动 ArcMap,程序会自动弹出"ArcMap-启动"对话框(图 1-1);或者通过直接双击桌面上的"ArcMap 10.1"图标来启动 ArcMap。

图 1-1 "ArcMap-启动"对话框

在"ArcMap-启动"对话框中,点击左侧面板中的"浏览更多…"选项,弹出"打开 ArcMap 模板"对话框(图 1-2),选择随书数据中的 shanghangmap.mxd 文件(D:\data\shiyan01\shanghangmap.mxd),点击"确定"按钮,一个以 shanghangmap 为名称的文档自动加入"ArcMap-启动"对话框的右侧视窗"新建地图"栏目下面(图 1-3)。点击"确定"按钮,进入 ArcMap 的主界面,shanghangmap.mxd 中包含的要素数据图层信息均可显示出来(图 1-4)。我们可以看到 shanghangmap 地图文档中一共包括"河流""城乡建设用地""乡镇界限""数字高程模型 DEM""山体阴影"5 个数据图层,且每个数据图层名称前面的小方框☑(显示或关闭图层显示复选框,默认状态为选中)均被勾选,说明数据图层均处于可显示状态。

图 1-2 "打开 ArcMap 模板"对话框

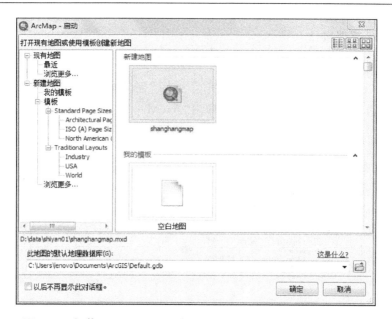

图1-3 加载 shanghangmap 地图文件后的"ArcMap-启动"对话框

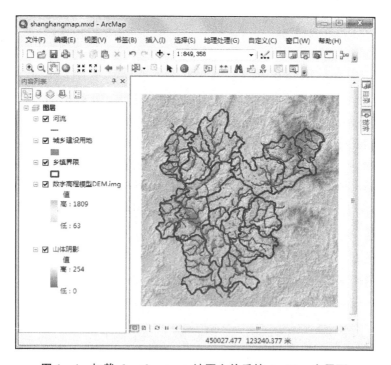

图1-4 加载 shanghangmap 地图文件后的 ArcMap 主界面

ArcMap 窗口主要由主菜单、标准工具栏、内容列表、地图显示窗口和状态条等部分组成(图1-4)。

主菜单位于 ArcMap 窗口的上部,主要包括文件、编辑、视图、书签、插入、选择、地理处理、自定义、窗口和帮助10个子菜单(图1-4)。

标准工具栏通常位于主菜单的下方,共包含20个按钮,我们可以通过将鼠标放置在按钮上使其显示该功能按钮功能简介的方式来认识和了解各个按钮的功能（ArcMap 中大多数图标均可以使用此方法查看其功能简介，为初学者快速了解和掌握工具按钮的使用提供了方便）(图 1-4)。

标准工具栏的下方还有一栏通常称之为"工具"的工具栏，这些工具主要是为数据视图窗口中的视图操作服务的，比如图形的放大、缩小、平移、查看全图、比例尺放大和缩小、测量、查找等(图 1-4)。

内容列表窗口位于窗口左侧工具栏的下方，用于显示地图所包含的数据框、数据图层(Layers)、地理要素以及显示状态(图 1-4)，共有 4 种列表方式，分别是按绘制顺序列出(图 1-5a)、按源列出(图 1-5b)、按可见性列出(图 1-5c)、按选择要素列出(图 1-5d)。

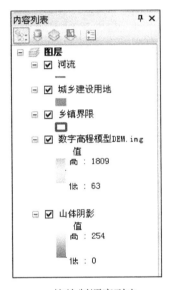

a. 按绘制顺序列出

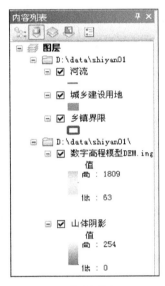

b. 按源列出

c. 按可见性列出

d. 按选择要素列出

图 1-5　内容列表的 4 种列表方式

✍ 说明 1-1：ArcMap 中的两套地图浏览工具

ArcMap 分别针对数据视图和布局视图两种视图显示方式提供了两套地图浏览的工具，分别针对数据视图的"工具"工具栏和布局视图的"布局"工具栏。在数据视图模式下，"布局"工具条呈灰色，表示工具是无效的；但在布局视图模式下，两套工具都是有效的，只是操作的对象不同，"布局"工具栏上的工具用于整个布局页面，例如使用放大工具，整个地图图面都会放大，而"工具"栏上的放大工具仅针对地图中的数据内容，对其他布局要素（标题、图例等）均无效。

地图显示窗口用于显示地图包括的所有地理要素，ArcMap 提供了两种地图显示方式：数据视图和布局视图（图 1-6）。数据视图是 ArcMap 启动后的默认视图，在该视图中，用户可以根据需要对数据进行编辑、查询、分析、检索等操作，但不包括图框、比例尺、图例等地图辅助要素信息；而在布局视图窗口中，图框、比例尺、图例、指北针等地图辅助要素可以加载其中，可以完成制图所需要的各种工作；两种视图方式可通过视图显示窗口左下角的两个视图按钮随时切换（图 1-6）。

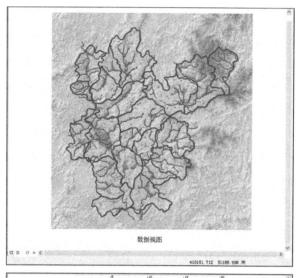

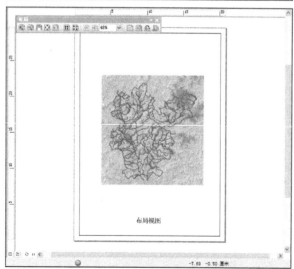

图 1-6　两种地图显示窗口状态

另外,在 ArcGIS 10.1 中,ArcCatalog 内嵌于 ArcMap 中,位于地图显示窗口的右上侧,增设了"目录"和"搜索"两个窗口的悬挂(图 1-7),能够更加方便我们创建和添加地理要素与数据文件。

图 1-7　内嵌于 ArcMap 中的"目录"与"搜索"悬挂窗口界面

当然,我们也可以在"ArcMap-启动"对话框中点击"取消"按钮,直接进入 ArcMap 的主界面,然后通过主菜单中的"文件"—"打开",或使用标准工具栏中的"打开"按钮来开启"打开"对话框(图 1-8),然后找到我们需要打开的视图文件 shanghangmap.mxd,并点击对话框右下方的"打开"按钮,将加载并打开 shanghangmap 地图文档。

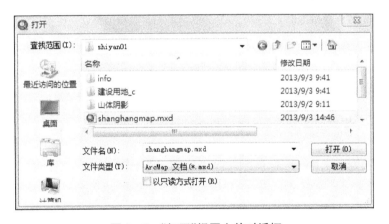

图 1-8　"打开"视图文件对话框

当我们在 ArcMap 中进行各种操作时,操作对象是一个地图文档。一个地图文档至少包含一个数据框,当有多个数据框时,只能有一个数据框属于当前数据框,只能对当前数据框进行操作。每一个数据框由若干个数据图层组成,每一个数据图层前面可勾选的小方框用于控制数据图层在地图窗口中是否显示。地图文档存储在扩展名为.mxd 的文件中。

当进入 ArcMap 用户操作界面之后,我们可以根据自己使用工具的习惯来调整不同的工具条的位置,以方便自己查找按钮和使用工具集。请特别留意 ArcMap 中快捷菜单的使用。在 ArcMap 窗口的不同位置点击右键,会弹出不同的快捷菜单,这一功能非常有用,在后面的实验中会经常使用快捷菜单。

ArcMap 中经常调用的快捷菜单主要有 4 种：① 数据框操作快捷菜单(图 1-9a)；② 数据层操作快捷菜单(图 1-9b)；③ 窗口工具设置快捷菜单(图 1-9c)；④ 地图输出操作快捷菜单(图 1-9d)。

花一些时间，尝试使用和记忆 ArcMap 用户操作界面中的主要工具，做到能够在较短时间内找到自己需要的菜单项和工具按钮，并学会使用快捷菜单，为后面实验的学习打好基础。

a. 数据框操作快捷菜单

b. 数据层操作快捷菜单

c. 窗口工具设置快捷菜单

d. 地图输出操作快捷菜单

图 1-9　ArcMap 中的主要快捷菜单

2) 创建一个新的地图文档，并加载与调整数据图层

在 ArcMap 中，通常不是首先打开一个已经存在的地图文档，而是结合我们的规划研究需要来创建属于自己的地图文档。

➢ 步骤1：启动 ArcMap。

启动 ArcMap，在"ArcMap-启动"对话框中点击"取消"按钮，直接进入主界面（图1-10）。这时一个未命名的地图文档（或称为空白地图文档）"无标题.mxd"就已经创建（我们也可以点选"ArcMap-启动"对话框左下方的"以后不再显示此对话框"功能，则下次启动 ArcMap 时，会直接进入 ArcMap 空白文档主界面）。

我们也可以在"ArcMap-启动"对话框的左侧面板中点击"我的模板"，然后在右侧面板中选择"空白地图"，之后点击右下角的"确定"按钮，则创建一个临时名为"无标题.mxd"的空白地图文档。

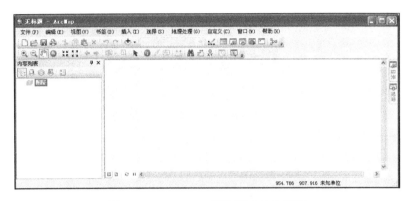

图1-10　ArcMap 无标题时的主界面

➢ 步骤2：加载数据图层文件。

■ 方式1：点击主菜单中的"文件"—"添加数据"—"添加数据"，弹出"添加数据"对话框（图1-11），通过路径选择，找到我们需要加载的数据图层所在的文件夹（数据位置：D:\data\shiyan01\目录下），然后选择需要加载的数据图层（我们可以单选一个数据图层，也可按住 Shift 或 Ctrl 键一次选择多个数据图层），数据图层选定后，点击"添加"按钮，所选数据图层加载到 ArcMap 视图窗口中（图1-12）。

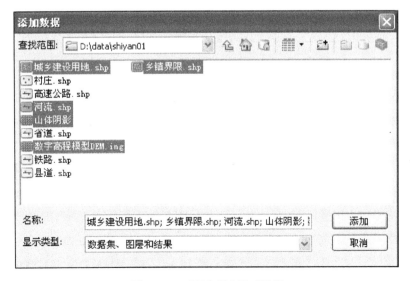

图1-11　"添加数据"对话框

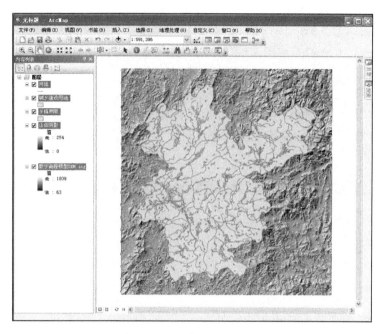

图 1-12　数据图层加载后的 ArcMap 视图窗口

■　方式 2：直接点击 ArcMap 窗口中标准工具栏上的"✚"（添加数据）按钮（图 1-13），弹出"添加数据"对话框，通过路径选择，找到我们需要加载的数据图层所在的文件夹（数据位置：D:\data\shiyan01\目录下），然后选择需要加载的数据图层，再点击"添加"按钮，所选数据图层加载到 ArcMap 视图窗口中。

图 1-13　数据图层加载后的 ArcMap 视图窗口

■　方式 3：使用内嵌于 ArcMap 中的目录悬挂窗口界面（图 1-7），点击目录栏下的"文件夹连接"，然后通过点击目录悬挂窗口中工具条上的"连接到文件夹"图标（图1-14）（也可在目录栏下的"文件夹连接"处右击，然后点击"连接到文件夹"），弹出"连接到文件夹"对话框（图 1-15），通过路径调整选择需要加载数据图层所在的文件夹（数据位置：D:\data\shiyan01），再点击"确定"按钮，所选文件夹 shiyan01 加

图 1-14　目录悬挂窗口的"连接到文件夹"功能

载到 ArcMap 中的目录悬挂窗口中,此时我们可以通过点击文件夹 shiyan01 前面的"+"图标,将文件夹下的数据图层文件展开(我们也可以使用"-"图标,将文件夹收起),然后选择我们需要加载的数据图层,按住鼠标左键将其拖放到 ArcMap 视图窗口中后松开左键完成数据图层的加载。

➤ 步骤 3:数据图层的调整。

在 ArcMap 中,地图是由许多图层叠加在一起组成的,并通过"内容列表"面板来管理图层。我们可以关闭和打开显示图层、调整图层顺序、调整图层透明度、更改数据图层标识名称以及复制与移除数据图层等。

图 1-15 "连接到文件夹"对话框

(1)调整要素数据图层的顺序和显示

首先,在 ArcMap 中,加载"乡镇界限""城乡建设用地""河流""数字高程模型 DEM""山体阴影"数据图层(图 1-16)。

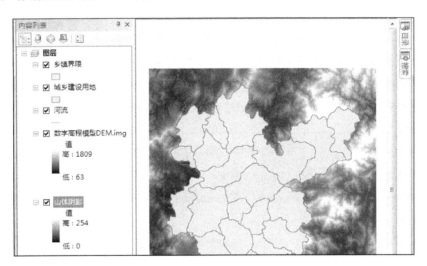

图 1-16 数据图层刚加载时的 ArcMap 窗口界面

可以发现图层之间多有重叠和覆盖,地物很难完全显示,这时我们需要调整图层的排列顺序(具体的排列顺序以研究需要和图层排列基本原则为依据,参见说明 1-2)。

通过"内容列表",我们可以发现 5 个图层均已加入视图窗口中,且均为显示状态(图层前的小方框被勾选),图层名称下方为图形符号,通过它,我们可以识别图层要素的形状和颜色,"乡镇界限"和"城乡建设用地"是面状多边形地物,"河流"则为线状地物,"数字高程模型 DEM""山体阴影"则是栅格数据格式的文件类型(图 1-16)。

其次,按照研究需要和图层排列基本原则,我们先将"河流"图层拖至最顶层,具体操作为:选中"河流"图层,按住鼠标左键不放,将其拖至最顶层,然后松开鼠标左键。这时,可以发现原先被盖住的线状地物"河流"图层的内容显示了出来(图 1-17)。

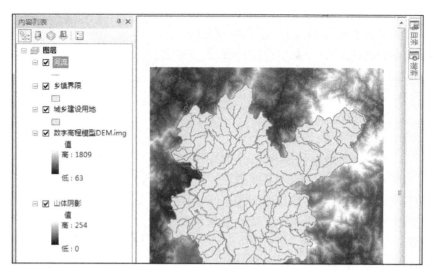

图 1-17　河流图层移至最顶层后的 ArcMap 窗口界面

最后，我们可按照研究需要和图层排列基本原则，将所有图层的顺序调整好，并通过调整每一个图层中地物的显示颜色和线条粗细——只需点击图层名称下方的图层要素显示符号即可打开"符号选择器"，从而进行符号、颜色等设定（图 1-18）——使视图窗口中的地图满足我们的需要（图 1-19，"数字高程模型 DEM""山体阴影"数据图层没有显示，我们将在后面设置这两个图层），然后将制作好的地图文档进行保存，建议保存到数据图层所在的文件夹下，便于以后打开和使用，文件名称为 zijian01.mxd。

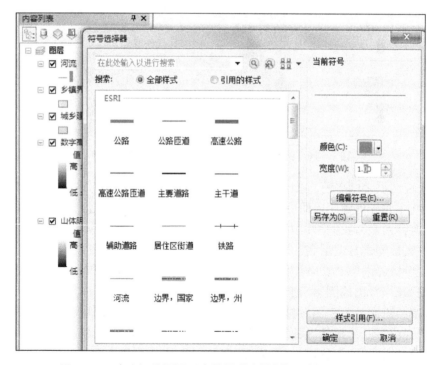

图 1-18　点击河流图层下方符号弹出的"符号选择器"对话框

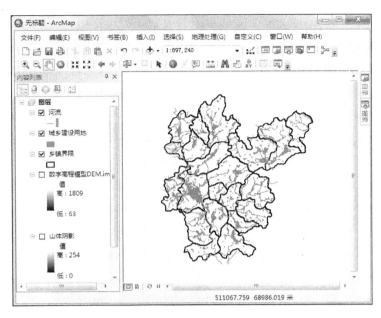

图 1-19　经过图层顺序和图层显示调整后的 ArcMap 窗口

另外需要注意的是,保存的 ArcMap 地图文档仅是一个工作空间,不是一个数据集,也就是说地图文档不存储数据,只存储了数据的位置信息。因此拷贝数据文件时需要将 ArcMap 地图文档和数据图层一起拷贝,并置于相同的文件目录下,否则再次打开 ArcMap 地图文档时,因图层数据找不到,图层会显示为红色叹号,这时用户需要手动查找到数据图层所在的文件目录并重新进行链接。

✎　说明 1-2:ArcMap 中调整图层排列顺序的基本原则

ArcMap 数据层的顺序决定了数据层中地理要素显示的上下叠加关系,直接影响输出地图的效果表达。

因此,数据层需要遵循以下几条原则:

A. 按照点线面要素类型依次由上至下排列。
B. 按照要素重要程度的高低依次由上至下排列。
C. 按照要素线画的粗细依次由上至下排列。
D. 按照要素色彩的浓淡程度依次由上至下排列。

有时根据研究需要,会将需要强调的地物凸显出来,这时这些地物通常需要置于最顶层。

另外,请大家注意,设置图层透明度也能帮助用户实现良好的制图效果。

(2) 调整要素数据图层的透明度

在"内容列表"中,点击勾选"数字高程模型 DEM"前面的小方框,使该图层可以显示,再用鼠标右键点击该图层,弹出快捷菜单(图 1-20),点击"属性"按钮,打开"图层属性"对话框,点击切换到"显示"栏,设置透明度为 50%(图 1-21)。然后,点击切换到"符号系统"栏,选择"色带"颜色为由绿到红,但此时色带的颜色表示的海拔与我们熟知的绿色表示海拔低、红色表示海拔高正好相反,因此需要再勾选色带下方的"反向"选项卡,以使色带颜色反置(图1-22)。最后,点击"确定"按钮,透明度和颜色修改完毕。如果感觉不理想,需要多次调整,则先不要点击"确定"按钮,而是点击"应用"按钮,然后通过视图窗口查看调整后的效果,直到感觉效果满意了,再点击"确定"按钮。

使用同样方法,调整"山体阴影"图层的透明度为40%,并将调整好的地图文档另存为zijian02.mxd。

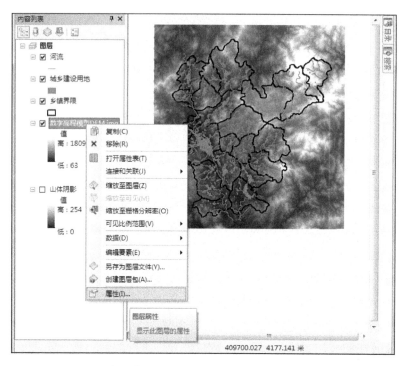

图1-20　鼠标右键点击"数字高程模型DEM"图层弹出的快捷菜单

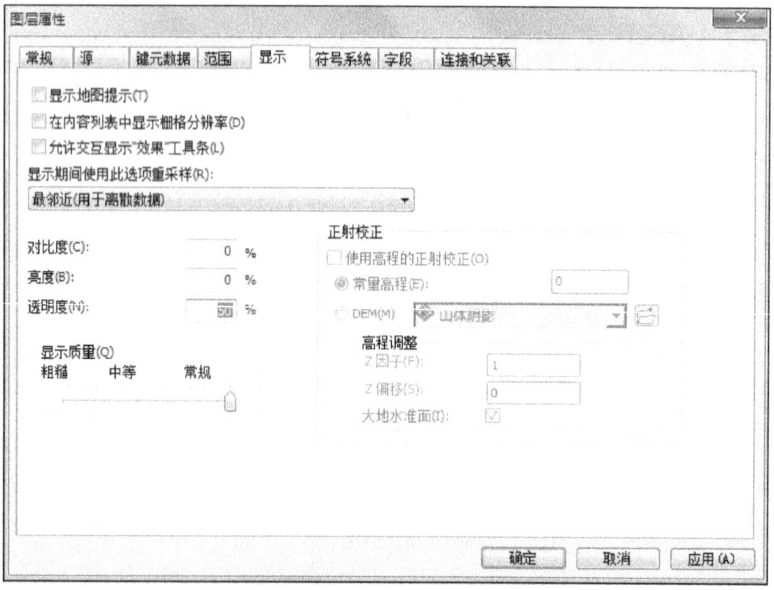

图1-21　"图层属性—显示"栏设置窗口

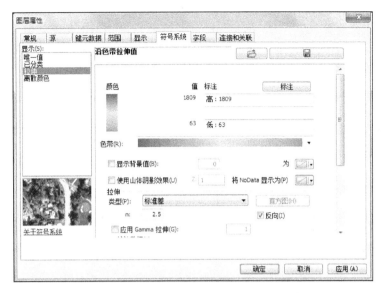

图 1-22 "图层属性—符号系统"栏设置窗口

(3) 更改要素数据图层的标识名称

在 ArcMap 中的"图层列表"中,点击要更名的数据图层文件"河流",选中的文件名称会被高亮显示(蓝底白字),然后再单击鼠标左键,此时文件名进入可编辑状态,我们就可以更改文件名了。输入要更改的文件名"线状河流"(图 1-23),再在文件名区域以外的地方点击鼠标,结束文件名编辑状态。

✎ 说明 1-3:更改要素数据图层的名称

由于加载后的要素数据图层是以其数据源的名字命名的,通常需要根据实际来进行数据层的重新命名,以便于辨识数据层所包含的数据信息。但在 ArcMap 图层列表中数据图层文件的更名不是原有文件名称被改变,而只是更改了该数据原文件的"标注"而已。因此,ArcMap 图层列表中数据图层文件的更名实质是对原有数据图层文件的标识名的更改,如果需要对数据图层文件本身进行更名,需要在空间数据资源管理器 ArcCatalog 中进行。

图 1-23 "河流"图层标识名称的更改

(4) 复制和移除要素数据图层

在 ArcMap"内容列表"中,在需要复制和移除的数据图层"河流"上右击鼠标,弹出快捷菜单,选择"复制"(图 1-24),然后在该数据框架或其他数据框架中右击鼠标弹出数据框架快捷菜单,点击"粘贴图层"(图 1-24),将复制的数据图层粘贴到该数据框架中。移除图层时只需在需要移除的图层"河流"上单击鼠标右键,弹出快捷菜单,选择"移除"即可(图 1-24),但需要注意的是,"移除"并不是将数据文件删除,只是将 ArcMap 中该数据文件的关联移除而已。

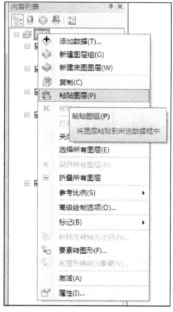

图 1-24 "河流"数据图层的复制与移除

3) 专题地图的制作与输出

主要操作内容包括:根据要素属性设置图层渲染,在图面中添加相应文字标注,添加构图要素指北针、比例尺、图例等,地图的导出等。

本实验以制作上杭县建设用地和水系分布图为例加以简要说明。

➢ 步骤 1:在 ArcMap 中打开地图文档 zijian02.mxd。

由于之前已经调整了图层的顺序、色彩以及透明度,我们这里不再调整,直接用这些设定来制作专题图。

➢ 步骤 2:点击"布局窗口"按钮,将默认的视图窗口切换为布局窗口。

➢ 步骤 3:按照研究区的形状适当调整页面大小。

点击主菜单中的"文件"—"页面和打印设置",弹出"页面和打印设置"对话框(图1-25)。在"地图页面大小"栏中,将"使用打印机纸张设置"复选框中的"√"去掉,这时我们可以手动输入页面的宽度和高度以及纸张的方向。分别将宽度和高度设置为 25 厘米和 30 厘米后,点击"确定"按钮。

➢ 步骤 4:调整图面的大小,使其适合我们设置的纸张大小。

点击"工具"栏中的放大、缩小按钮可以放大和缩小图面,但不容易掌握放大的比例,我们可以通过设置"标准工具栏"中的"比例尺"大小(本案例设置为 1∶350 000)来调整图幅以适应纸张尺寸,直到图幅宽度基本与纸张宽度差不多为止。然后,调整图面的位置,将图面部分放置在数据图框中间(图 1-26),鼠标选中数据外框点击右键,弹出快捷菜单,点击"属性"按钮,打开"数据框 属性"对话框(图1-27),点击"框架"栏,切换到框架栏,在"边框"线型的下拉列表中选择"无",即无数据外框,最后点击"确定"按钮,这时我们可以看到数据图的外框已去掉。

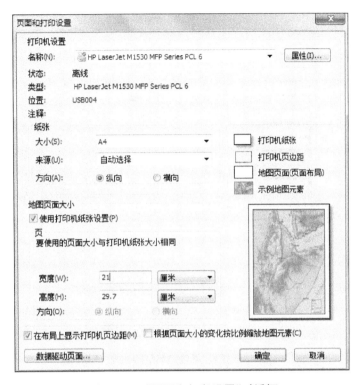

图1-25 "页面和打印设置"对话框

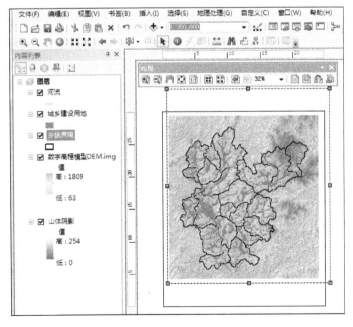

图1-26 通过调整比例尺大小来调整图幅以适应数据框大小

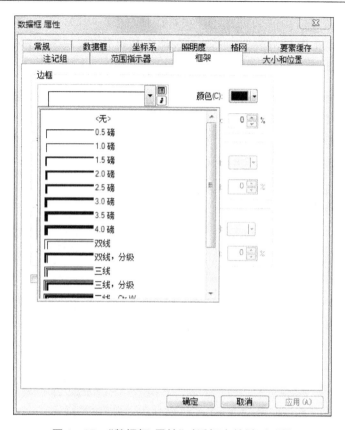

图 1-27 "数据框 属性"对话框中的"框架"栏

> 步骤 5：在地图数据框中插入指北针、比例尺、图例等要素，并调整其大小及样式。

点击主菜单中的"插入"菜单，分别选择"比例尺""指北针""图例"按钮，在弹出的"选择器"中选择自己喜欢的样式，将其插入到布局窗口的数据框内，并调整其位置，以满足构图需要（图 1-28）。如果感觉需要修改已经插入的图例、比例尺、指北针等，可以通过鼠标双击它们来打开"图例 属性"对话框（图 1-29），进行样式、字体大小等的修改。

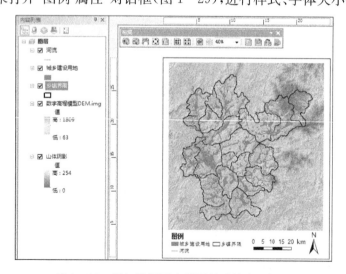

图 1-28 插入地图要素并调整后的布局视图

图 1-29 鼠标双击布局窗口中的图例弹出的"图例 属性"对话框

➢ 步骤 6：专题地图的导出。

点击主菜单中的"文件"—"导出地图"，弹出"导出地图"对话框，首先设置将文件放置在 shiyan01 的文件夹下，然后选择文件保存的类型（图 1-30），例如 JPEG 格式，并将文件命名为"上杭县建设用地与水系空间分布图"，分辨率可根据研究需要进行选择，通常应不低于 300 dpi，最好设置为 600 dpi，转出的地图如果需要用 Photoshop 处理，可以保存为 EPS 格式，如果是放入专题报告 Word 中，建议使用 JPEG 格式存储，最后点击"保存"按钮，文件开始导出。

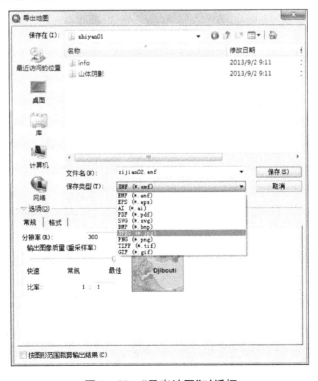

图 1-30 "导出地图"对话框

4) 数据图层属性表中字段的修改与统计

如果我们需要统计上杭县各乡镇的镇域面积，则需要用到属性表中字段的增加、删除、修改与统计等功能。

➢ 步骤1：打开属性表。

在 ArcMap 中打开地图文档 shanghangmap.mxd，在"内容列表"中的数据框架中找到"乡镇界限"图层，鼠标右击打开图层快捷菜单，点击"打开属性表"按钮，弹出乡镇界限的"表"窗口（图1-31），由属性表可见，该图层包含 FID、Shape、Id 和 Name 等4个字段，共有21条记录。

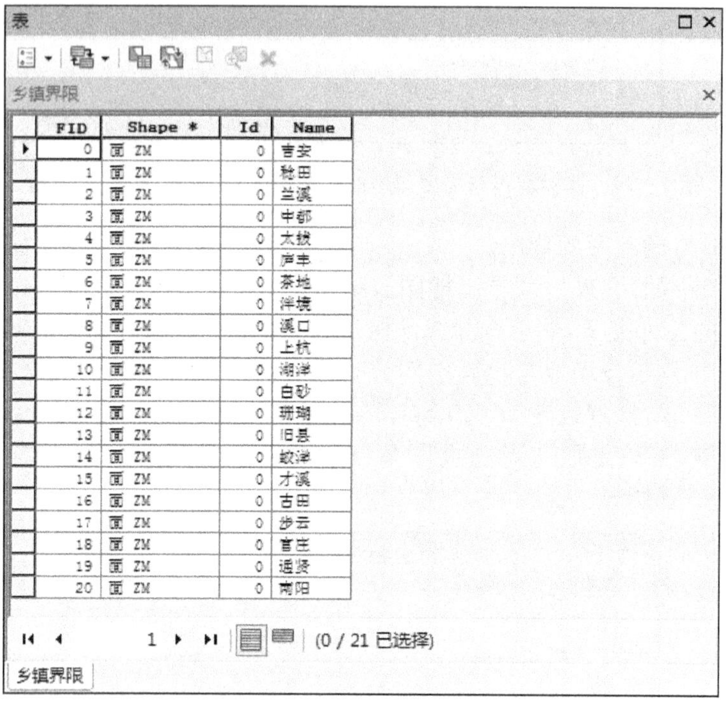

图1-31 "乡镇界限"图层属性"表"窗口

➢ 步骤2：在属性表中添加字段，并移动字段位置。

在"乡镇界限"图层属性表中，点击菜单中的"表选项"按钮，在下拉菜单中点击"添加字段"按钮，弹出"添加字段"对话框（图1-32），然后设置字段"名称"为"面积"，字段"类型"为"浮点型"。最后，点击"确定"按钮，"面积"字段加入"乡镇界限"的属性表中。

通常，新建字段会自动加载到属性表的最后一列，如果属性表列数很多的话则不便于查看新建的字段，这时可以点击需要移动位置的"面积"字段，选中的字段底为浅绿色（高亮显示），并按住鼠标左

图1-32 "添加字段"对话框

键不放,拖动"面积"字段到需要放置的位置,然后松开鼠标,"面积"字段完成位置移动。当然,我们也可以使用这种方式移动想移动的任意一个字段(系统自动生成的 FID、Shape 等字段除外)。

> 步骤 3:在属性表中删除字段。

有时,数据图层的属性表经过几次分析处理后会变得很长,有几十列,这时我们可能需要将属性表中一些用不到的字段删除。

具体操作为:在"乡镇界限"的属性表中,"Id"字段均为 0 值,没有具体含义,可将其删除,首先点击"Id"字段选中该字段,然后右击鼠标弹出字段操作的快捷菜单(图 1-33),点击"删除字段"按钮,弹出字段删除确认对话框(该确认对话框能够有效避免字段删除误操作),点击"确定"按钮,"Id"字段被删除。

另外,请特别注意,属性表中的"FID""Shape"字段不能被删除,它们分别是属性表与图形数据进行关联和数据类型识别的字段,是系统生成的关键字段,不可删除,在数据属性表中我们无法对这两个字段执行删除字段操作。

> 步骤 4:字段计算与字段统计。

在步骤 2 中,我们新建了"面积"字段,默认的字段属性值均为 0,现在我们将其真实的面积值进行统计并赋给该字段。

具体步骤为:在"乡镇界限"的属性表中,点击选中"面积"字段,然后右击鼠标弹出字段操作的快捷菜单(图 1-33),点击"计算几何"按钮,弹出"计算几何"提示框(该提示框能够有效避免字段计算误操作),提示我们计算一旦开始将无法撤销,点击"是"按钮,弹出"计算几何"对话框(图 1-34),在"属性"栏中选择计算"面积"("面积"是默认值,当然我们也可以根据需要计算周长、质心等),坐标系保持默认设置"使用数据源的坐标系","单位"栏中通过下拉列表选择"公顷"(默认为"公亩",我们也可以根据情况选择"平方米""平方千米"等),点击"确定"按钮,弹出"字段计算器"提示框,点击"是"按钮,面积被自动计算并赋值在"面积"字段上。

图 1-33 字段操作的快捷菜单

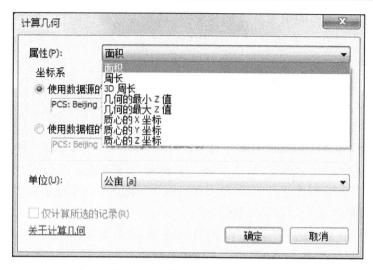

图 1-34 "计算几何"对话框

接下来,可以对"面积"字段进行基本统计。

具体操作为:在"乡镇界限"的属性表中,点击选中"面积"字段,然后右击鼠标弹出字段操作的快捷菜单(图 1-33),点击"统计"按钮,弹出"统计数据 乡镇界限"结果窗口(图 1-35),"面积"字段的基本统计信息包括计数、最小值、最大值、总和、平均值、标准差、空值个数和频数分布柱状图。

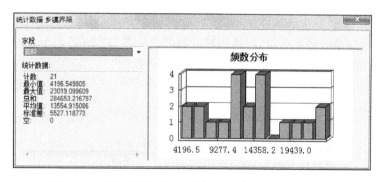

图 1-35 "乡镇界限"图层的"面积"字段数据统计结果

如果需要制作统计表格,我们可以在"乡镇界限"的属性表中,点击菜单中的"表选项"按钮,在下拉菜单中点击"报表"—"创建报表"按钮,然后通过"报表向导"完成报表的制作。

➢ 步骤 5:数据图层属性表的导出。

在步骤 4 中,我们对"面积"字段进行了初步统计,但如果需要对多个字段进行交叉统计以及相关分析,则需要借助其他的软件,例如 Excel 或者 PASW。这时我们需要将数据图层的属性表转出,以便被其他程序调用。

具体操作为:在"乡镇界限"的属性表中,点击菜单中的"表选项"按钮,在下拉菜单中点击"导出",弹出"导出数据"对话框(图 1-36),点击"文件夹浏览"按钮,弹出"保存数据"对话框(图 1-37),选择将导出的数据表放置的目录为 D:\data\shiyan01(即当前的默认工作目录),文件名称为"各乡镇面积统计表",文件类型为"dBASE 表",点击"保存"按钮,回到"导出数据"对话框,点击"确定"按钮,当出现"是否将新表添加到当前视图"提示框时,选择"否"(我们也可以点击"是",让导出的表加入当前视图中),导出属性表数据。

现在,找到 shiyan01 文件夹下的"各乡镇面积统计表.dbf"文件,借助其他的软件例如 Excel 或者 PASW,我们可以对其进行更深入的分析和各类统计图表的制作。

图 1-36 "导出数据"对话框

图 1-37 "保存数据"对话框

1.2.3 ArcCatalog 基础操作

在前面介绍添加数据图层文件时,曾介绍了一种通过使用内嵌于 ArcMap 中的"目录"功能来查找和定义"文件夹连接"的方式查找数据图层文件,进而通过拖放进行数据图层添加。该"目录"悬浮窗口与标准工具栏上的"目录"图标按钮功能是一致的,都是打开 ArcCatalog 数据目录,以便管理 GIS 相关数据以及设置文件的显示等。

另外,我们也可以单独打开 ArcCatalog 界面,以完成数据管理与操作的各项工作。
1) 打开 ArcCatalog 界面并进行文件夹连接
➤ 步骤 1:启动 ArcCatalog 10.1。

点击 Windows 任务栏的"开始"按钮,找到"所有程序"—"ArcGIS"—"ArcCatalog 10.1",点击可启动 ArcCatalog(图 1-38);或者通过鼠标直接双击桌面上的"ArcCatalog 10.1"图标来启动 ArcCatalog。

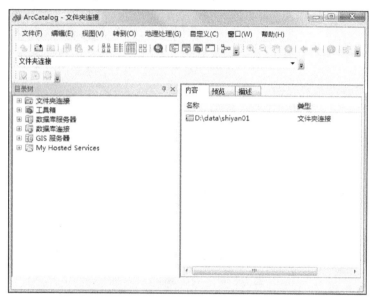

图 1-38　ArcCatalog 主界面

ArcCatalog 的窗口主要由主菜单、标准工具条、地理工具条、位置工具条、目录树、浏览窗口等部分组成(图 1-38)。主菜单位于 ArcCatalog 窗口的上部,主要包括文件、编辑、视图、转到、地理处理、自定义、窗口和帮助 8 个子菜单。标准工具条位于主菜单的下方,共包含 16 个按钮,我们可以通过将鼠标放置在按钮上使其显示该功能按钮功能简介的方式来认识和了解各个按钮的功能。地理工具条位于标准工具条的后面,包括放大、缩小、移动、全图等常用地图操作按钮。位置工具条通常位于标准工具条下方,显示当前关联的文件夹或活动图层等。目录树面板位于左侧,我们可以用其进行管理和操作 GIS 相关数据。浏览窗口位于右侧,用于显示目录树中高亮显示项目的信息,有 3 个预览选项卡可以使用,分别为"内容"(显示高亮显示项目的基本信息)、"预览"(有两种预览方式,一种是"地理视图",一种是"表")、"描述"(对高亮显示项目的描述),每一个选项卡提供一种唯一的查看 ArcCatalog 目录树中项目内容的方式。

请试着查看 3 个选项卡和显示方式所显示的地图数据文件内容,了解浏览窗口的基本使用方法。

➤ 步骤 2:在 ArcCatalog 中进行文件夹连接。

与我们之前使用内嵌于 ArcMap 中的"目录"功能来定义"文件夹连接"的操作基本一致。

在 ArcCatalog 界面中,点击标准工具条上的"▣"(连接到文件夹)按钮,或者点击主菜单上的"文件"—"连接到文件夹"按钮,会弹出"连接到文件夹"对话框,查找到我们需要连接的文件夹,然后点击"确定"按钮,将文件夹连接到 ArcCatalog 目录树面板窗口中。

2）创建新的 Shapefile 文件

➢ 步骤1：启动 ArcCatalog 10.1，并将 shiyan01 文件夹关联到目录树中。
➢ 步骤2：创建新的 Shapefile 文件。

在 ArcCatalog 中，点击主菜单上的"文件"—"新建"—"Shapefile"工具（图1-39），或者在目录树中，鼠标右键点击存放新 Shapefile 文件的文件夹，在快捷菜单中点击"新建"—"Shapefile"按钮，将弹出"创建新 Shapefile"对话框（图1-40）。请注意，在创建新的 Shapefile 文件时，目录树中用于存放新 Shapefile 文件的文件夹应该被选中，否则将无法开启"新建"下面的功能按钮。

图1-39 创建新的 Shapefile 文件

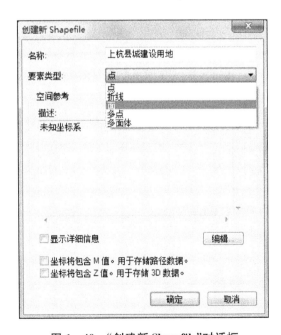

图1-40 "创建新 Shapefile"对话框

在"创建新 Shapefile"对话框中,首先设置文件名称为"上杭县城建设用地"和要素类型为"面"。然后,设置文件的空间参考信息,这非常重要,本实验将其与已经构建好的任意一个数据文件,例如"河流"的空间参考信息进行匹配,具体操作过程为:点击"创建新 Shapefile"对话框中右下方的"编辑"按钮,打开"空间参考属性"对话框,点击"添加坐标系"按钮,选择"导入"(图 1-41),弹出"浏览数据集或坐标系"对话框,找到并点击选择"河流"数据图层(图 1-42),并点击"添加"按钮,将"河流"数据图层的空间参考信息导入"空间参考属性"对话框,然后再点击"确定"按钮,空间参考信息被加载到了"创建新 Shapefile"对话框中的"空间参考"栏中(图 1-43),点击"确定"按钮,一个名为"上杭县城建设用地"的"面"要素文件加载进了 shiyan01 文件夹中。

如果我们在 ArcCatalog 目录树中没有找到新建的 Shapefile 文件,则可以在目录树中此文件夹处右击鼠标,在弹出的快捷菜单中点击"刷新"即可。

图 1-41 "空间参考属性"对话框

图 1-42 "浏览数据集或坐标系"对话框

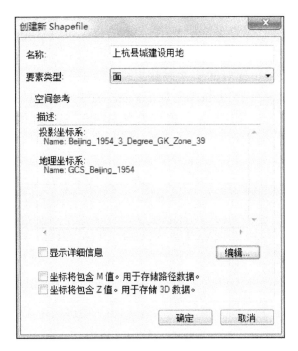

图 1-43 加载空间参考信息的"创建新 Shapefile"对话框

当然,空间参考信息也可以由我们从系统自带的空间参考中选择和定义,请熟悉一下"空间参考属性"对话框中提供的"地理坐标系"和"投影坐标系"的相关信息和内容,了解常用的一些地理坐标系和投影坐标系。

3) 创建新的地理数据库文件

➤ 步骤1:启动 ArcCatalog 10.1,并将 shiyan01 文件夹关联到目录树中。
➤ 步骤2:创建新的地理数据库文件。

在 ArcCatalog 界面中,点击主菜单上的"文件"—"新建"—"个人地理数据库"按钮,或者在目录树中,鼠标右键点击存放新地理数据库文件的文件夹,在快捷菜单中点击"新建"—"个人地理数据库"按钮,一个名称为"新建个人地理数据库.mdb"的个人地理数据库加载进入目录树中,且文件名称处于可修改状态,为蓝底白字(图 1-44),我们可将文件名改为"上杭基础地理数据"。

图 1-44 新建个人地理数据库加载进入目录树中

我们可以用鼠标右击"上杭基础地理数据"文件,在弹出的快捷菜单中选择并点击"新建"—"要素数据集"或"要素类"或"表"等基本组成项,从而构建我们个人的数据库要素数据集或要素类。

本实验中我们将已经构建好的要素类数据图层文件直接导入到该地理数据库文件中,其基本操作为:用鼠标右击"上杭基础地理数据"文件,在弹出的快捷菜单中选择并点击"导入"—"要素类(多个)"按钮,弹出"要素类至地理数据库(批量)"对话框(图1-45),找到shiyan01文件下原有的要素类数据文件,点击"确定"按钮,将它们都导入到"上杭基础地理数据"文件中。

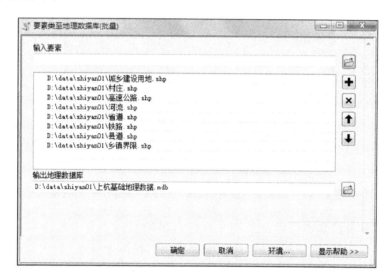

图1-45 "要素类至地理数据库(批量)"对话框

4)地理数据的输出

为了便于数据共享和交换,可以将地理数据库中的要素数据输出为Shapefile、Coverage文件,将相应的属性表输出为Info或dBase格式的数据文件。我们通常使用的是数据图层文件的输出。

➢ 步骤1:启动ArcCatalog 10.1,并将shiyan01文件夹关联到目录树中。
➢ 步骤2:将"城乡建设用地.shp"文件输出为其他格式的文件。

在ArcCatalog界面中,点击要输出的文件"城乡建设用地.shp",用鼠标右击弹出快捷菜单(图1-46),点击选择"导出"—"转为Coverage"(当然我们也可以选择"转为CAD""转出至地理数据库"选项),弹出"要素类转Coverage"对话框(图1-47),由于文件名称过长(不应超过13个字符),所以导致"输出Coverage"栏下自动生成的文件名称过长,出现"红底叉号"标识,我们将输出的Coverage文件名称改为"建设用地_c",点击其他选项,红底叉号标识消失(可以将鼠标移至"红底叉号"处查看弹出的错误信息提示,以便更正)。最后,点击"确定"按钮,数据转出为"建设用地_c"的Coverage文件。

其他文件格式的数据例如Coverage的转换,属性表转换为Info或dBase等操作过程与上面的转出过程基本一致。

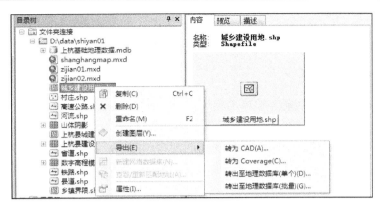

图1-46 图层快捷菜单与导出选项

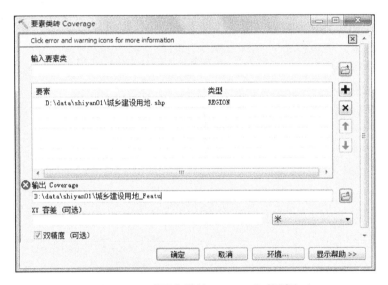

图1-47 "要素类转Coverage"对话框

✍ 说明1-4：ArcGIS中的主要数据格式简介

ArcGIS中的主要数据格式有Shapefile、Coverage、地理数据库等。

Shapefile是描述空间数据的几何和属性特征的非拓扑实体矢量数据结构的一种格式，是为ArcView早期版本开发的地理相关无位相(Spaghetti)数据模型，包含点、线或多边形所组成的一个要素类。一个Shapefile文件包括一个主文件(*.shp)，一个索引文件(*.shx)，一个dBASE表文件(*.dbf)和一个空间参考文件(*.prj)。在shape文件的属性表中，系统保留前两个字段来存储要素识别码(FID)和坐标几何(shape)数据，这些字段由ArcGIS创建并维护，用户不能对其进行编辑操作，所有其他字段则由用户添加。

Coverage是ESRI公司为Arc/Info量身定做的矢量数据格式，同时也是最古老的数据格式。像Shapefile一样，Coverage由多个文件组成，这些文件甚至可能分散在多个文件夹中，能够存储拓扑关系，并且拥有为此专门内建的几个内部字段。

地理数据库(Geodatabase)是ESRI公司在ArcGIS 8版本引入的一个全新的面向对象的空间数据模型，是建立在关系型数据库管理信息系统之上的统一的、智能化的空间数据库,可以包含很多不同的对象,包含多个要素类、几何网络、数据表、栅格和其他对象。

1.2.4 ArcToolbox 基础操作

1) 启动 ArcToolbox 并激活扩展工具

ArcGIS 9.0 以上版本的一个显著变化是 ArcToolbox 不再是一个单独的运行环境,而是所有 ArcGIS 应用界面中的一个可停靠的窗口,它通常会在应用界面的菜单栏中,是一个快捷按钮。可以通过点击 ArcGIS 9.0 以上版本的应用界面中的 ArcToolbox 按钮来启动 ArcToolbox。

> 步骤 1:启动 ArcToolbox。

启动 ArcMap 10.1,在 ArcMap 界面的主菜单中点击""(ArcToolbox)图标按钮(图 1-48),弹出"ArcToolbox"浮动窗口(图 1-49),我们可以根据个人偏好将浮动窗口移动到 ArcMap 窗口中自己感觉比较方便使用的位置。

我们可以看到 ArcToolbox 由多个工具箱构成,能够完成不同的任务,每个工具箱中包含着不同级别的工具集,工具集中又包括若干工具(图 1-50)。

图 1-48 ArcMap 界面主菜单中的 ArcToolbox 按钮位置和简介

图 1-49 ArcToolbox 浮动窗口与工具箱　　图 1-50 ArcToolbox 中的工具箱、工具集与工具

我们在后面的实验中经常使用的主要工具箱如下：

（1）3D Analyst 工具箱：使用该工具可以创建和修改 TIN 或栅格表面，并从中抽象出相关信息和属性。例如，海拔、坡度、坡向分析等。

（2）Geostatistical Analyst 工具箱：地理统计分析工具箱，其提供了一套全面的工具，用它可以创建一个连续表面或者地图，用于可视化及分析等。

（3）Network Analyst 工具箱：网络分析工具箱，它包含可执行网络分析和网络数据集维护的一系列工具集和工具。

（4）Spatial Analyst 工具箱：空间分析工具箱，它提供了丰富的工具来实现基于栅格数据的各项空间分析。例如，栅格叠加分析、距离分析等。

（5）分析工具箱：对于所有类型的矢量数据，该工具提供了一整套的主要处理方法，如联合、裁剪、相交、判别、拆分、缓冲区、近邻、点距离、频度等。

（6）转换工具箱：包含了一系列不同数据格式的转换工具集和工具，主要有栅格数据、Shapefile、Coverage、Table、dBase 以及 CAD 到空间数据库的转换等。

另外，ArcToolbox 还提供了编辑工具、地理编码、空间统计等多个工具箱，用以完成各类复杂的数据处理过程。

由于工具集比较多，工具更多，因此我们在使用过程中需要记忆一些常用工具的名称和其在工具箱中的位置，以便使用时能够快速找到需要的工具（集）。

➢ 步骤2：激活扩展工具。

ArcGIS 中的扩展工具在默认状态下没有启用，我们可以在第一次启动 ArcMap 后，加载这些重要的扩展工具。

具体操作为：在 ArcMap 界面的主菜单中点击"自定义"—"扩展模块"按钮，弹出"扩展模块"对话框（图 1-51），将所有的扩展模块全部选上，然后点击"关闭"按钮即可。

2）ArcToolbox 环境设置

对于一些特殊模型或者有特殊要求的计算，需要对输出数据的范围、格式等进行调整，ArcToolbox 提供了一系列环境设置，可以帮助我们解决此类问题。

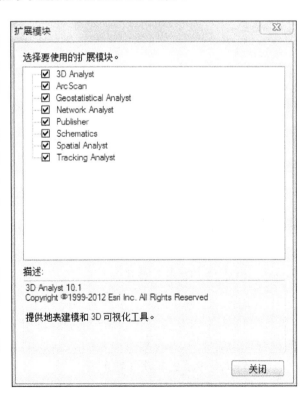

图 1-51 "扩展模块"对话框

➢ 步骤 1：启动 ArcMap 10.1，打开 shanghangmap.mxd 文件，启动 ArcToolbox。
➢ 步骤 2：打开"环境设置"对话框。

在 ArcToolbox 浮动窗口中，鼠标右键点击"ArcToolbox"总目录（图 1-52），在弹出的菜单中点击选择"环境"，弹出"环境设置"对话框（图 1-53），该窗口提供了工作空间、输出坐标系、处理范围等共 17 项环境设置参数，我们通常使用的是工作空间（更改与设定当前和临时的工作空间）和处理范围（指定数据分析处理的范围）的设置，在后面的实验中将再加以具体说明。

图 1-52　鼠标右键点击"ArcToolbox"总目录后弹出的菜单

图 1-53　"环境设置"对话框

1.3 ArcGIS Pro 2.1 简介

1.3.1 ArcGIS Pro 2.1 简介

ArcGIS Pro 是 ESRI 提供的新一代 64 位桌面 GIS 应用程序，目前版本更新至 2.1.3（发行时间为 2018 年 5 月）。ArcGIS Pro 推进了地理数据可视化、高级分析、影像处理、数据管理和集成等，并且提供专业的 2D 和 3D 环境以显示、编辑和分析地理数据。

1) ArcGIS Pro 2.1 软件特色

窗口界面友好。ArcGIS Pro 2.1 的主界面对原有 ArcGIS 软件界面风格进行了重新设计，新的界面与 Office 系列软件的 Ribbon 风格保持一致，功能项分裂为若干选项卡，软件界面更加现代化。美观简洁的窗口界面大大降低了软件的使用难度，也为 GIS 系列软件的更新提供了良好的操作平台。旧版本中的 ArcGIS 软件工具箱和命令菜单采用下拉、右键等操作，功能选项容易被藏起来，而 ArcGIS Pro 2.1 的界面一目了然，垂直布局或水平布局的菜单内容都很合理，多窗口的布局方式使视觉效果和用户体验都更为舒适。

可视化功能升级。ArcGIS Pro 2.1 中可以直接导入由 ESRI 的行业专家设计的自定义模板，也可以通过 web 服务、实时源、ArcGIS Open Data 和 Living Atlas of the World 作为数据源，使用相关工具创建突出重点、视觉效果极佳的地图。ESRI 提供了各种底图分层放置数据，可以直观地采用上下文相关式制图工具在地图上显示，达到美观、信息交互的可视化效果。此外，ArcGIS Pro 2.1 通过 3D GIS 功能提供新的维度查看数据，通过透视图或等值线视图模式增强 3D 效果。

2D、3D 模式一体化。ArcGIS Pro 2.1 提供专业的 3D 编辑工具，可以进行 3D 要素的创建和编辑，要素创建和编辑也可以在 2D 和 3D 模式之间切换。其次，ArcGIS Pro 2.1 提供专用分析 3D 数据的工具，其中包括表面分析、通视分析和可见性分析以及 3D 要素之间的几何关系。ArcGIS Pro 2.1 可以通过 2D 和 3D 模式向数据添加维度，同时可以在 2D 和 3D 模式下使用多个显示和布局，方便完整画面的呈现。

分析处理功能强大。ArcGIS Pro 2.1 中数据分析可以采用并行处理的模式，利用拓扑引擎的叠加工具可以对面-面、线-面和点-面进行并行模式处理。在 3D 分析功能上，ArcGIS Pro 2.1 新增了着色 LAS 工具、栅状图、LAS 高度度量、规则化邻近建筑物、稀疏化 LAS 5 种工具，包括植被点高度统计分析、建筑物等覆盖区的边界处理等专业功能，LAS 数据的处理分析能力得到了明显拓展与提升。ArcGIS Pro 2.1 支持可选扩展模块，可以对地理数据进行高级分析，并提供如航空、航海等行业专用的分析模块，同时允许使用工作流的方法储存处理数据，方便前后向的管理。ArcGIS Pro 2.1 还提供了强大的影像处理工具，涵盖了无人机、卫星、航空、视频、雷达等数据。ArcGIS Pro 2.1 采用动态方式进行影像处理，其中包括正射校正、全色锐化、渲染、增强、过滤和地图代数等功能，可防止数据重复并减少需要存储的影像数量，轻松更新和处理影像数据。

2）ArcGIS Pro 2.1 新增扩展模块

ArcGIS Pro 2.1 与传统的 ArcGIS 软件一样，同样支持可选扩展模块，扩展模块可以适应和增强数据处理的工作流。ArcGIS Pro 2.1 新增了 Business Analyst Pro 和 ArcGIS Image Analyst 两个拓展模块。

Business Analyst Pro 可用于各种市场分析（包括客户和竞争者分析）和地理区位评估，从而使市场商业分析具备地理智能优势。目前，ArcMap 用户可以访问 Business Analyst 中的"Color Code Layer"（彩色编码图层）、"Enrich Layer"（丰富图层）、"Summary Reports"（汇总报告）、"Customer Derived Trade Areas"（派生客户贸易区）4 个处理工具，我们可以在线直接使用本地的 Business Analyst 数据，也可以通过 ArcGIS Enterprise 连接调用 130 多个国家的数据来进行相关的商业分析和报告制作。

ArcGIS Image Analyst 扩展模块用于可视化和分析影像，包括立体映射、高级影像分割和分类、影像空间分析以及构建自定义影像处理算法。ArcGIS Pro 2.1 能够处理的影像范围覆盖了垂直影像、倾斜影像、立体影像和底图图片，不同类型的影像可以选用相应的处理方式、处理环境，如倾斜影像可以在透视模式下的地图视图进行分析，便于操作者对研究区要素的收集和态势感知分析,立体影像可以在3D模式下进行,精确识别和解释单像模式下难以看到的要素,便于精确的制图和分析。

1.3.2 ArcGIS Pro 2.1 窗口简介

点击 Windows 任务栏的"开始"按钮,找到"所有程序"—"ArcGIS"—"ArcGIS Pro"—"ArcGIS Pro",点击可启动 ArcGIS Pro 2.1;或者通过直接双击桌面上的"ArcGIS Pro"图标来启动 ArcGIS Pro 2.1,程序会自动弹出登录界面,登录授权后的账户密码,选择新建工程或打开已有工程,可进入 ArcGIS Pro 2.1 主界面(图1-54)。

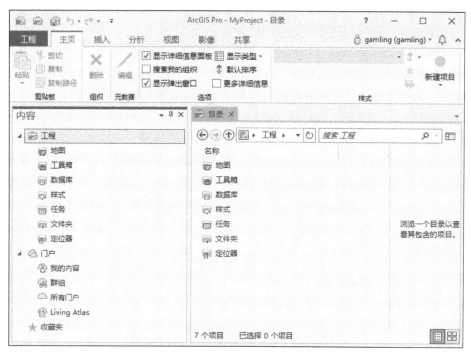

图 1-54 ArcGIS Pro 2.1 主界面

ArcGIS Pro 2.1 的主界面主要包括"菜单栏"和"视图窗口",工程项目空白状态下的菜单栏包括主页、插入、分析、视图、影像、共享 6 个功能模块,点击每个模块后可见水平布局的功能图标(图1-54)。视图窗口包括目录窗格、目录视图、内容、任务、Reviewer 规则、Python 和 Workflow Manager 窗口,视图下的各个窗口均属于活动窗口,可以自由缩放大小和移动位置,也可以在界面中设置为悬浮、自动隐藏、停靠或关闭(图1-55)。

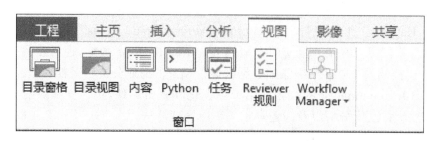

图 1-55 ArcGIS Pro 2.1 "视图"窗口

目录窗格的顶部具有多个选项,可用于访问不同的项目集合(图1-56)。"工程"选项可访问工程中的项集合,该选项卡默认处于选中状态;"门户"选项可访问有权使用的活动门户中提供的在线内容集合;"收藏夹"选项可以连接到常用文件夹、数据库和服务器,方便将它们添加到工程中;"历史"选项提供对工程的地理处理历史记录和栅格函数使用记录。在目录窗格中,可执行以下操作:一次性在列表中浏览项目及其相关信息;通过在搜索框中输入关键字并按 Enter 来搜索项目;将鼠标悬停在某项上,可以显示其位置、标题、缩略图、标签和修改日期等信息;将项目或内容选中后,可以将选中项一次性添加到地图中。使用 ArcGIS Pro 2.1 处理数据期间,可以通过目录窗格来访问工程和活动门户中的项目。在浏览或搜索内容后,可以将图层拖放到地图上,将数据集拖动到工具上,将工具拖动到模型上。

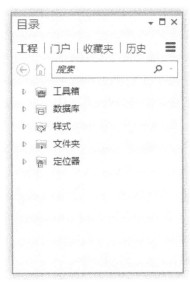

图1-56　ArcGIS Pro 2.1 "目录"窗格

在 ArcGIS Pro 2.1 中,目录视图可以直观地为项目、数据库、地图、样式等内容提供导航作用(图1-57)。对于具体的项目,可以直接右键打开详细信息面板进行编辑、浏览项目的元数据和属性(图1-58);对于地图,除了可以编辑、浏览元数据外,还可以快速打开预览窗口和实现地图、场景、底图等转换;对于样式,可以预览其中的符号、颜色方案及其他样式项目,也可以修改详细信息面板中样式项目的属性;对于数据库和文件夹,可以快速将其添加到工程和收藏夹中,并且可以进行属性修改和文件管理。

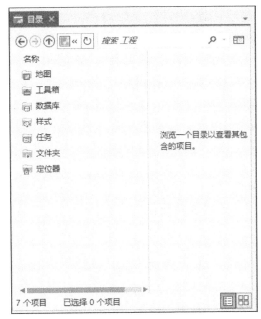

a. 列表方式显示

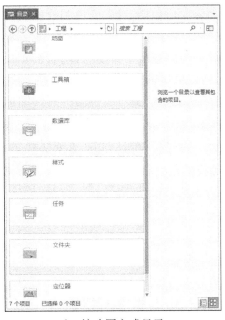

b. 缩略图方式显示

图1-57　ArcGIS Pro 2.1 目录视图窗口的两种列表方式

 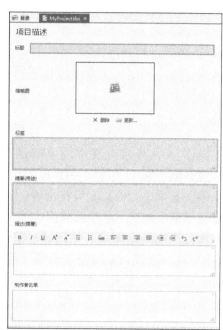

图1-58　ArcGIS Pro 2.1 工程元数据查看与编辑

在目录视图中,可执行以下操作:顶部的位置栏显示当前位置,单击该栏可复制路径;单击位置栏右侧的刷新按钮可更新项目列表;在搜索栏中输入项目名称可以快速定位到项目;点击视图右下角的显示方式切换按钮,可以使内容信息在"列表"与"缩略图"显示方式之间转换(图1-57);点击右上角的"显示/隐藏"按钮可以隐藏或显示详细信息(和预览)面板。

内容窗口包括工程、门户和收藏夹3个选项,工程文件建立后内容窗口会显示数据图层、地理要素和显示状态等,具体功能与 ArcMap 的内容列表相似。目录视图处于活动情况下与内容窗口相连通,内容窗口中的工程下拉菜单包括工具箱、数据库、样式、文件夹、定位器等内容,具体操作与目录视图一致,而且在内容窗口中点击选择工程内容时,目录视图窗口会对应自动打开详细信息面板(图1-59)。门户下拉菜单包括我的内容、群组、所有门户、Living Atlas 4项。收藏夹选项可以连接到外部文件、数据库的储存位置,可直接将外部文件添加至收藏夹。此外,收藏夹中也可以直接以新建方式添加 ArcGIS Server、WCS 服务器、WFS 服务器等。

任务窗口包括"任务"和"消息"两个选项卡(图1-60)。一个工程可创建多个任务项,一个任务项则可包含多个相关任务。新建任务组和新建任务将在任务项中按名称列出,任务错误提示信息和警告可以在消息选项卡中查看,也可以在任务中点击" "(验证)按钮查看,具体的错误可以在"描述"中得到解释和修改提示。任务新建同时可以通过点击右上方的" "(选项)按钮,选择打开"任务设计器"界面,可以填写任务的相关信息,如名称、作者、描述、标签等。新建任务后,双击任务名称或点击"新建步骤"按钮,"任务设计器"即呈现为步骤设计版面,可以直接对任务进行步骤编辑,如工具、运行方式选择、附加操作、视图设置等(图1-60)。

a. 工程建立后的内容窗口

b. 内容窗口连接目录视图

图 1-59 ArcGIS Pro 2.1 内容窗口

图 1-60 ArcGIS Pro 2.1 "任务"窗口与"任务设计器"

Reviewer 规则窗口可以创建 Reviewer 规则对数据库中的要素、属性以及关系的异常进行验证(图 1-61)。"Reviewer 规则"视图处于活动状态时,"Reviewer 规则"选项卡将自动显示,选项卡内包括规则库、删除规则选项,点击右下角下拉显示按钮可以显示所有的校验规则。ArcGIS Pro 中 Data Reviewer 中的自动校验包括属性、事件、要素、折线、空间关系的校验,我们也可以自行创建 Reviewer 规则。规则建立后将在活动地图中按列表方式列出,具体内容包括规则类型、标题、严重性,选中具体规则后可在右侧的 Reviewer 规则校验面板进行参数设置和查看。

点击视图或分析功能模块下的"Python"图标,可以打开 Python 显示窗口。Python 窗口可以停放在工作界面的任意位置,该窗口包括 Python 提示符和脚本部分,提示符用

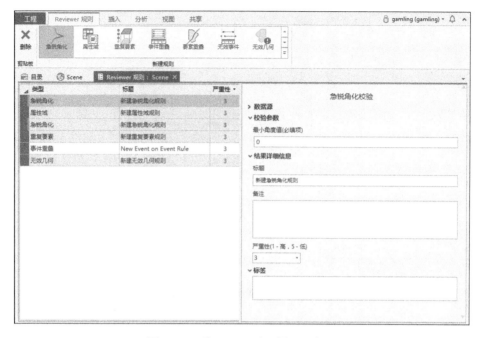

图1-61 "Reviewer 规则"显示窗口

于编写和输入代码,按下代码后的 Enter 之后,即执行代码并将其记录到脚本,脚本部分还可以显示所有已打印的消息或错误。在提示符和脚本任意处点击右键,可以进行代码复制、全选、清除等操作。我们以 help 函数为例展示 Python 窗口与 ArcGIS Pro 的交互(图1-62):在提示符处输入 help( ),按下 Enter 键执行代码,脚本处即显示 Python 函数、模块等帮助信息。在具体应用中,我们可以使用脚本调用分析工具,也可以通过算法设计实现地理数据分析。

Workflow Manager 属于 ArcGIS Pro 的扩展模块,使用该模块可以更好地管理 GIS 任务和资源。它可以通过步骤设计实现工作从启动到完成的过程,其中的步骤设计可以涉及多个用户、多个应用程序。根据需要,这些工作流可用于 GIS 执行、非 GIS 执行或二者的混合。

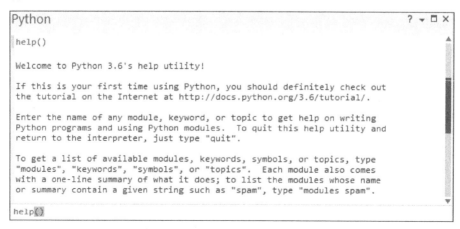

图1-62 Python 窗口与 help 函数执行结果

1.3.3 基于 ArcGIS Pro 的 3D 场景地图制作与输出

本实验以南京市鼓楼区为例进行 3D 场景地图的制作与输出(实验文件位于 data\shiyan01\pro3d 文件夹下)。

➤ **步骤 1:创建新的场景。**

新建工程后,进入工作界面。在"插入"选项卡中选择"新建地图"—"新建场景",默认的 3D 场景视图窗口会自动弹出。

➤ **步骤 2:导入数据,设置背景底图。**

数据导入前可以在"目录视图"或"内容视图"下右键选择"文件夹",连接到目标文件夹,将目标图层(建筑物、道路、绿地、研究区范围)添加到当前场景,也可以在"地图"选项卡中点击"添加数据"(图 1-63),将数据添加到地图,并调整好图层顺序。在底图设置上,目前 ArcGIS Pro 中文版中提供的底图有中国底图彩色版、天地图全球地形渲染图、天地图全球影像图等 8 种,我们可以根据需要自行选择,点击相应的底图后即可自动加载到场景视图中。

➤ **步骤 3:3D 模式下进行图层编辑。**

在"内容窗口"中将"建筑物"图层拖动到 3D 图层下,然后进行场景属性设置(图 1-64):点击选择"场景",右键打开属性,对视图的"高程表面"进行修改,包括地面夸大比例和颜色设置等。场景属性设置完成后,选中"建筑物"图层,然后在菜单栏中的"外观"选项卡中点击"类型",选择最大高度,字段选择"height"(建筑物图层的高度属性字段),单位设置为"米",此时的场景呈现初步的 3D 效果(图 1-65)。

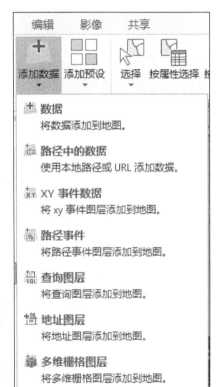

图 1-63 "添加数据"选项卡

a. 场景属性设置

b. 外观属性设置

图1-64 地图属性中的"场景"属性和"外观"设置

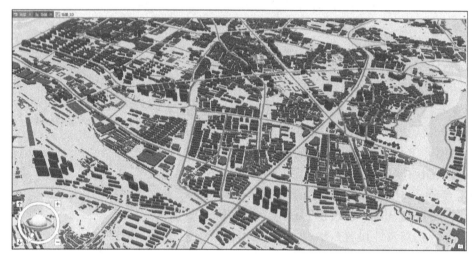

图1-65 研究区初步3D效果图

> 步骤4：进行图面整饰和符号修改。

由于图面整饰要进一步用到更多的系统符号，此时要先添加样式至工程。具体操作过程为：右键点击选择"样式"—"添加"—"添加系统样式"，勾选具体的样式，点击确定后当前工程中样式数据库得到更新。考虑到视觉效果，本实验只对建筑物进行3D符号整饰，其他图层只进行颜色等常规整饰。双击"建筑物"的图标，弹出"符号系统"面板（图1-66），选择3D样式建筑物符号，点击"属性"，进行相关的符号设置，包括类型、层数等，设置完成后点击下方的"应用"按钮，建筑物图层的整饰完成。

> 步骤5：地图输出。

图面整饰完成后，在"场景视图"窗口左下角将导航器控制手柄切换为完全控制模式，自由旋转移动可浏览场景建筑物的3D效果，也可以在"视图"选项卡中选择全局（图1-67）或局部模式（图

图1-66 建筑物"符号系统"属性设置

1-68)。在场景窗口中确定地图的浏览视角、范围后,点击共享选项卡下的底图导出,然后设置格式、分辨率等,3D 场景地图即可输出。

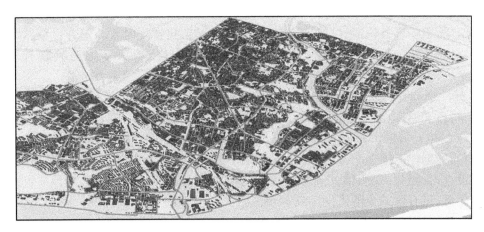

图 1-67　全局 3D 场景地图

图 1-68　局部 3D 场景地图

1.4　Esri CityEngine 2016 简介

1.4.1　Esri CityEngine 2016 简介

如何以三维数字建模技术来显示真实地理世界场景已经成为目前数字城市发展的

重要方向,三维GIS应运而生。传统的3DMax、CAD、Sketchup等3D建模软件所采用的建模方式是通过手工建立精细的三维模型,追求的是模型的细节化效果,且3D建模结果大都是静态的,仅能够用于立体三维视觉表达,尚不能进行三维空间分析、属性查询等深层次的应用,也不具备快速、批量构建建筑物模型功能,建模耗时长。随着智慧城市建设的推进,对快速精细化三维建模的需求越来越强烈。因此,亟须一种能够在现有二维数据基础上进行参数化控制,且能与现有GIS平台无缝集成的三维建模方法。

Esri CityEngine是目前三维城市建模的首选软件之一,已广泛应用于数字城市、城市规划、轨道交通、电力、管线、建筑、国防、仿真等众多领域。它基于全新的计算机生成建筑(Computer Generated Architecture,CGA)规则建模技术,能够利用二维数据快速、批量、自动的创建三维模型,与此同时还提供高级的三维编辑能力,实现了"所见即所得"的规划设计,且能与ArcGIS完美结合,使很多已有的基础GIS数据不需转换即可迅速实现三维建模,可有效减少项目投资成本,缩短三维GIS系统的建设周期。

CityEngine最初是由瑞士苏黎世联邦理工学院计算机视觉实验室的帕斯卡尔·米勒(Pascal Mueller)博士于2001年设计研发的。2007年,米勒博士作为创始人之一,从视觉实验室分离出来,成立了Procedural公司。2008年7月,第一个商业版本的CityEngine 2008发布,随后又相继发布了CityEngine 2009和CityEngine 2010。2011年7月,ESRI公司收购Procedural公司,产品正式更名为Esri CityEngine;同年10月,成立了ESRI苏黎世研发中心,研发工作主要集中在城市设计、三维建模以及GIS集成方面。2018年,ESRI发布了Esri CityEngine 2018版本。本书主要以Esri CityEngine 2016版本为例进行介绍。

Esri CityEngine软件的主要特点有以下几方面:①与ArcGIS深度集成,完美支持多种格式的GIS数据与多数行业标准3D格式。②基于CGA规则批量建模。直接拖放CGA规则文件到需要建模的地块,软件将根据规则将所有的宗地建筑物三维模型自动批量生成,代替了繁琐的逐一建模过程,提高了建模速度。③能够实现动态的城市布局,辅助规划设计人员调整规划设计方案。Esri CityEngine是一个全面、综合的工具箱,使用它可以快速地创建和修改城市布局,它专门为设计、绘制、修改城市布局提供了独有的模型增长功能和直观的编辑工具,辅助设计人员通过属性参数面板调整道路宽度、房屋高度、房顶类型、贴图风格等属性,或与模型直接交互实现城市动态的规划与设计,并得到即时的设计结果。④集成Python环境。编写Python脚本,完成自动化的工作流程,比如批量导入模型、读取每个建筑的元数据信息等。⑤输出统计报表。创建基于规则的自定义报表,用于分析城市规划指标,包括建筑面积、容积率等,报表的内容会根据设计方案的不同自动更新。⑥支持多平台操作系统。支持Windows(32/64bit),Mac OSX (64bit)和Linux (64bit)。

1.4.2　Esri CityEngine 2016窗口简介

点击Windows任务栏的"开始"按钮,找到"所有程序"—"Esri"—"CityEngine 2016"—"CityEngine 2016",点击可启动CityEngine 2016,程序会自动弹出CityEngine 2016场景默认设置界面(图1-69);或者通过鼠标直接双击桌面上的"CityEngine 2016"图标来启动CityEngine 2016。

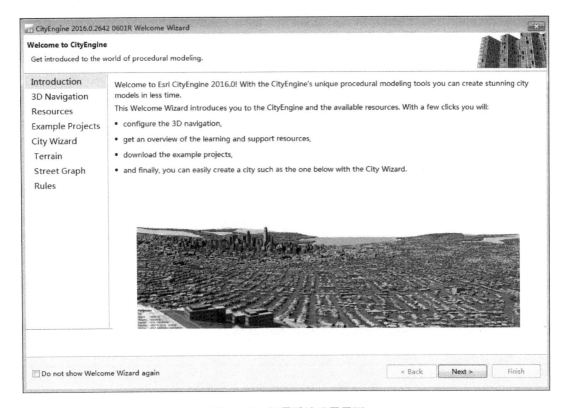

图 1-69 场景默认设置界面

在场景默认设置界面中,左侧的菜单栏包括"Introduction"(简介)、"3D Navigation"(三维导航)、"Resources"(资源)、"Example Projects"(样例工程)、"City Wizard"(城市向导)、"Terrain"(地形)、"Street Graph"(街道图)、"Rules"(规则)8个功能选项。在此设置界面中,我们可以配置三维导航、获取学习资源、下载样例工程数据等。通常,我们会根据自己的规划研究区来创建属于自己的三维城市模型,则可保持软件默认设置不做更改,直接点选"Do not show Welcome Wizard again"复选框,然后点击界面右上方的"关闭"按钮,进入 CityEngine 2016 的主界面(图 1-70)。

CityEngine 2016 的主界面主要由"菜单栏"和数个"窗口"组成(图 1-70)。菜单栏包括"File"(文件)、"Edit"(编辑)、"Select"(选择)、"Layer"(图层)、"Graph"(图表)、"Shapes"(形状)、"Search"(查找)、"Scripts"(脚本)、"Window"(窗口)、"Help"(帮助)10个功能选项。主要窗口类型包括:①Scene Editor(场景编辑器),主要对场景中的图层、对象进行管理;②CGA rule editor(CGA 规则编辑器),有文字视图与图形视图两种类型,主要用于编写规则文件;③3D Viewport(3D 视窗),用来展示三维场景;④Inspector(检查窗口),用来查看和编辑所选对象的细节;⑤Navigator(导航窗口),为资源管理面板,用于工作空间文件管理与预览;⑥Log for Errors / Console / Problems(日志窗口),CGA 规则控制台输出窗口、CGA 编译器错误及警告问题窗口。另外,需要说明的是,CityEngine 2016 支持选项卡式窗口,可按照自己喜欢的版式重排窗口。

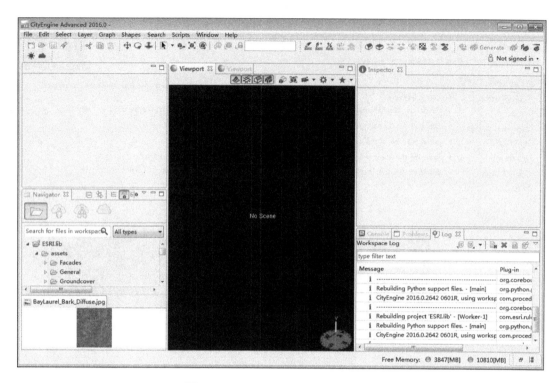

图 1-70 CityEngine 2016.0 主界面

1.5 ERDAS IMAGINE 9.2 简介

1.5.1 ERDAS IMAGINE 9.2 简介

1) 遥感与遥感图像处理软件

自 1960 年代以来,遥感技术在世界范围内迅速崛起,它改变了人类了解地球、认识地球的角度和方式。随着计算机技术、光学感应技术以及测绘技术的发展,遥感技术也从以飞机为主要载体的航空遥感发展到以航天飞机、人造地球卫星等为载体的航天遥感,极大地扩展了人们的观测视野,丰富了对地表观测信息的来源,遥感图像越来越成为人们快速获取地表信息的主要来源。

城市与区域规划特别是大区域大尺度的规划越来越需要遥感数据的支撑,以准确地了解规划研究区的土地利用现状及其动态变化情况,以及各类资源的空间配置情况等。因而,有必要让城市与区域规划专业的学生掌握一种遥感数据处理的软件,使其成为未来城市规划师职业生涯中必须掌握的基本技能之一。

目前,国际上常用的遥感图像处理软件有美国 ERDAS LLC 公司开发的 ERDAS IMAGINE、美国 Research System INC 公司开发的 ENVI、加拿大 PCI 公司开发的 PCI Geomatica、德国 Definiens Imaging 公司开发的 eCognition 等;国产遥感图像处理软件主要有原地矿部三联公司开发的 RSIES、国家遥感应用工程技术研究中心开发的 IRSA、中国林业科学院与北京大学遥感所联合开发的 SARINFORS 以及中国测绘科学研究院与四维公司联合开发的 CASM ImageInfo 等。

2）ERDAS IMAGINE 软件简介

在众多的遥感图像处理软件平台中，ERDAS IMAGINE 软件以其先进的图像处理技术，友好、灵活的用户界面和操作方式，面向广阔应用领域的产品模块，服务于不同层次用户的模型开发工具以及高度的 RS/GIS（遥感图像处理和地理信息系统）集成功能，为遥感及相关应用领域的用户提供了内容丰富且功能强大的图像处理工具，目前在全球遥感处理软件市场中名列前茅。

ERDAS IMAGINE 软件面向不同需求的用户，对于系统的扩展功能采用开放的体系结构，以 IMAGINE Essentials、IMAGINE Advantage、IMAGINE Professional 的形式为用户提供了低、中、高三档产品架构，并有丰富的功能扩展模块供用户选择，使产品模块的组合具有极大的灵活性。本书使用 ERDAS IMAGINE 9.2 版本进行实验的操作介绍。

3）ERDAS IMAGINE 软件的主要功能

ERDAS IMAGINE 软件具有强大的图像处理功能，包括图像几何校正、图像投影变换、图像空间增强、图像分类、空间分析等，其主要功能见表 1-3。

表 1-3　ERDAS IMAGINE 图像处理主要功能介绍

功能	简介
图像几何校正	将图像数据投影到平面上，使其符合地图投影系统的过程
图像投影变换	实现不同地图投影类型的转换
图像空间增强	利用像元自身及其周围像元的灰度值进行运算，实现整个图像的增强
图像辐射增强	对单个像元的灰度值进行变换，达到图像增强的目的
图像光谱增强	基于多波段数据对每个像元的灰度值进行变换，达到图像增强的目的
图像分类	基于图像像元的数据文件值，将像元归并成有限的几种类型、等级或数据集的过程，主要包括非监督分类、监督分类及专家分类
雷达图像处理	该模块主要进行雷达图像亮度调整、斑点噪声压缩、斜距调整、纹理分析和边缘提取等一些基本处理
空间分析	基于图像地物的空间展布特征进行诸如邻域分析、缓冲区分析、叠加分析、区域分析、可视域分析、最短路径分析等的模块
立体分析	直接从影像获取的地理要素是三维地理信息，可用于在没有数字高程模型的情况下，实现不同影像三维信息的准确采集、解译及可视化
虚拟 GIS	给用户提供一种对大型数据库进行实时漫游操作的途径，可在虚拟环境下显示和查询多层栅格图像、矢量图像和注记数据

4）ERDAS IMAGINE 软件的数据格式

ERDAS IMAGINE 9.2 版本支持的数据格式有 150 多种，可以输出的数据格式有 50 多种，几乎包括所有常见的栅格数据和矢量数据格式（表 1-4）。

表1-4 ERDAS IMAGINE 9.2常用的数据格式

支持输入数据格式	ArcInfo Coverage E00、ArcInfo GRID E00、ERDAS GIS、ERDAS LAN、Shape File、DXF、DGN、IGDS、Generic Binary、GeoTIFF、TIFF、JPEG、USGS DEM、GRID、GRASS、TIGER、MSS Landsat、TM Landsat、Landsat-7、SPOT、AVHRR、RADARSAT等
支持输出数据格式	ArcInfo Coverage E00、ArcInfo GRID E00、ERDAS GIS、ERDAS LAN、Shape File、DXF、DGN、IGDS、Generic Binary、GeoTIFF、TIFF、JPEG、USGS DEM、GRID、GRASS、TIGER、DFAD、OLG、DOQ、PCX、SDTS、VPF等

这里主要介绍通用二进制(Generic Binary)和IMG数据格式。

我们从遥感卫星地面站购置的数据一般为通用二进制格式数据,外加一个说明性的头文件。其中,通用二进制数据主要包含BSQ格式、BIP格式、BIL格式等3种。

BSQ(Band Sequential)数据格式是按照波段顺序依次排列的数据格式,数据排列遵循以下规律:第一波段位居第一位,第二波段位居第二位,第n波段位居第n位;在每个波段中,数据依据行号顺序依次排列,第一列内,数据按像素顺序排列(表1-5)。

表1-5 BSQ数据格式

第一波段	(1,1) (2,1) ⋮ (m,1)	(1,2) (2,2) ⋮ (m,2)	(1,3) (2,3) ⋮ (m,3)	(1,4) (2,4) ⋮ (m,4)	⋯ ⋯ ⋯ ⋯	(1,n) (2,n) ⋮ (m,n)
第二波段	(1,1) (2,1) ⋮ (m,1)	(1,2) (2,2) ⋮ (m,2)	(1,3) (2,3) ⋮ (m,3)	(1,4) (2,4) ⋮ (m,4)	⋯ ⋯ ⋯ ⋯	(1,n) (2,n) ⋮ (m,n)
⋮	⋮	⋮	⋮	⋮	⋮	⋮
第n波段	(1,1) (2,1) ⋮ (m,1)	(1,2) (2,2) ⋮ (m,2)	(1,3) (2,3) ⋮ (m,3)	(1,4) (2,4) ⋮ (m,4)	⋯ ⋯ ⋯ ⋯	(1,n) (2,n) ⋮ (m,n)

BIP(Band Interleaved by Pixel)数据格式是每个像元按波段次序交叉排序的,遵循以下规律:第一波段第一行第一个像素位居第一位,第二波段第一行第一个像素位居第二位,依此类推,第n波段第一行第一个像素位居第n位;然后第一波段第一行第二个像素位居第$n+1$位,第二波段第一行第二个像素位居第$n+2$位,依次类推(表1-6)。

表1-6 BIP数据排列表

行	第一波段	第二波段	⋯	第n波段	第一波段	第二波段	⋯
第一行	(1,1)	(1,1)	⋯	(1,1)	(1,2)	(1,2)	⋯
第二行	(2,1)	(2,1)	⋯	(2,1)	(2,2)	(2,2)	⋯
⋮	⋮	⋮	⋮	⋮	⋮	⋮	⋮
第N行	(n,1)	(n,1)	⋯	(n,1)	(n,2)	(n,2)	⋯

BIL(Band Interleaved by Line)数据格式是逐行按波段次序进行排列,遵循以下规律:第一波段第一行第一个像素位居第一位,第一波段第一行第二个像素位居第二位,依此类推,第一波段第一行第 n 个像素位居第 n 位;然后第二波段第一行第一个像素位居第 $n+1$ 位,第二波段第一行第二个像素位居第 $n+2$ 位,依次类推(表1-7)。

表1-7 BIL数据排列表

第一波段	(1,1)	(1,2)	(1,3)	(1,4)	⋯	(1,n)
第二波段	(1,1)	(1,2)	(1,3)	(1,4)	⋯	(1,n)
⋮	⋮	⋮	⋮	⋮	⋮	⋮
第 n 波段	(1,1)	(1,2)	(1,3)	(1,4)	⋯	(1,n)
第一波段	(2,1)	(2,2)	(2,3)	(2,4)	⋯	(2,n)
第二波段	(2,1)	(2,2)	(2,3)	(2,4)	⋯	(2,n)
⋮	⋮	⋮	⋮	⋮	⋮	⋮

IMG格式是ERDAS IMAGINE软件专用的文件格式,它支持单波段和多波段遥感影像数据的存储。为了方便影像存储、处理与分析,遥感数据源必须首先使用数据转换模块转换为.img格式进行存储,该格式文件包含图像对比度、色彩值、描述表、影像金字塔结构信息以及文件属性信息。IMG格式的设计非常灵活,由一系列节点构成,除了可以灵活地存储各种信息外,还有一个重要的特点是图像的分块存储。一块IMG图像按照其行列数被分成 n 块,例如 $512×512$ 的图像被分成了64块(横向为8行,纵向为8列),每块大小 $8×8$。IMG格式的这种存储和显示模式被称为"金字塔式存储显示模式"(简称"塔式结构")。塔式结构图像按分辨率分级存储与管理,最底层的分辨率最高、数据量最大,越向上层,分辨率越低、数据量越小。ERDAS IMAGINE软件采用这种图像金字塔结构建立的遥感影像数据库便于组织、存储、显示与管理,容易实现跨分辨率的索引和数据浏览,也突破了以往对IMG图像尺寸的限制(2 GB)。

1.5.2 ERDAS IMAGINE 9.2 窗口简介

点击Windows任务栏的"开始"按钮,找到"所有程序"—"Leica Geosystems"—"ERDAS IMAGINE 9.2"—"ERDAS IMAGINE 9.2",点击可启动ERDAS IMAGINE 9.2,程序会自动弹出ERDAS IMAGINE 9.2主界面(图1-71);或者通过鼠标直接双击桌面上的"ERDAS IMAGINE 9.2"图标来启动ERDAS IMAGINE 9.2。

ERDAS IMAGINE 9.2的主界面主要由"图标面板"(Icon Panel)和"数据浏览"(Viewer)两个窗体组成,两者相互独立,均可以调整大小和位置(图1-71)。

"图标面板"由菜单条(Menu Bar)和工具条(Tool Bar)两部分组成,菜单条包括Session(综合菜单)、Main(主菜单)、Tools(工具菜单)、Utilities(实用菜单)、Help(帮助菜单),每一个菜单的主要功能见表1-8;工具条中共有15个图标,相当于15个不同的功能模块,这些模块分别承担不同的任务和功能(表1-9)。

"数据浏览"窗口是一个活动的可调整的窗口,ERDAS IMAGINE启动后会自动弹出,主要由菜单条、工具条、显示窗口和状态条组成。该窗口是显示栅格图像、矢量图形、注记文件、AOI(感兴趣区域)等数据层的主要窗口,也是ERDAS IMAGINE软件实现人

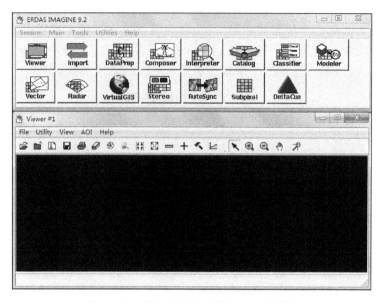

图 1-71 ERDAS IMAGINE 9.2 主界面

机交互操作的重要途径。菜单条由 File(文件)、Utility(实用菜单)、View(浏览)、AOI(感兴趣区域)和 Help(帮助菜单)等 5 部分组成。

表 1-8 ERDAS IMAGINE 9.2 图标面板菜单条主要功能简介

菜单	菜单主要功能简介
Session(综合菜单)	完成系统设置、面板布局、日志管理,启动命令工具、批处理过程、实用功能、联机帮助等
Main(主菜单)	启动 ERDAS IMAGINE 图标面板中所包括的所有功能模块
Tools(工具菜单)	完成文本编辑、矢量与栅格数据属性编辑,图形图像文件坐标变换、注记及字体管理,三维动画制作等
Utilities(实用菜单)	完成多种栅格数据格式的设置与转换、图像的比较等
Help(帮助菜单)	启动关于图标面板的联机帮助、ERDAS IMAGINE 联机文档查看、动态连接库浏览等

表 1-9 ERDAS IMAGINE 9.2 图标面板工具条图标简介

图标	执行的命令	主要功能
Viewer	Start IMAGINE Viewer	打开 IMAGINE 浏览(Viewer)窗口
Import	Import/Export	启动数据输入、输出模块
DataPrep	Data Preparation	启动数据预处理模块

续表 1-9

图标	执行的命令	主要功能
Composer	Map Composer	启动专题制图模块
Interpreter	Image Interpreter	启动图像解译模块
Catalog	Image Catalog	启动图像库管理模块
Classifier	Image Classification	启动图像分类模块
Modeler	Spatial Modeler	启动空间建模模块
Vector	Vector	启动矢量功能模块
Radar	Radar	启动雷达图像处理模块
VirtualGIS	Virtual GIS	启动虚拟 GIS 模块
Stereo	Stereo	启动立体分析模块，提供针对三维要素进行采集、编辑和显示的模块
AutoSync	AutoSync	启动自动化影像校正模块，该模块可实现影像图的自动校正
Subpixel	Subpixel Classifier	启动 ERDAS IMAGINE 空子像元分类模块
DeltaCue	DeltaCue	启动变化检测模块，帮助用户更快地从影像数据中提取变化的结果信息

城市与区域规划中我们经常会用到数据预处理、图像解译、图像分类等主要模块,这些模块能够为我们获取规划研究区的土地利用现状及其动态变化、自然生态环境资源的空间配置情况等信息提供技术支持。

1.6 PASW Statistics 18 简介

1.6.1 PASW Statistics 18 概述

SPSS 是软件英文名称的首字母缩写,全称为 Statistical Package for the Social Sciences,即"社会科学统计软件包"。但是随着 SPSS 产品服务领域的扩大和服务深度的增加,SPSS 公司已于 2000 年正式将英文全称更改为 Statistical Product and Service Solutions,意为"统计产品与服务解决方案",标志着 SPSS 的战略方向做出了重大调整。2009 年 4 月 9 日,美国芝加哥 SPSS 公司宣布重新包装旗下的 SPSS 产品线,定位为预测统计分析软件 PASW(Predictive Analytics Software)。PASW 包括 4 部分:PASW Statistics(formerly SPSS Statistics)统计分析,PASW Modeler(formerly Clementine)数据挖掘,Data Collection family(formerly Dimensions)数据收集,PASW Collaboration and Deployment Services(formerly Predictive Enterprise Services)企业应用服务。

SPSS 软件是一款在调查统计行业、市场研究行业、医学统计、政府和企业的数据分析应用中久享盛名的统计分析工具,是世界上最早的统计分析软件,由美国斯坦福大学的三位研究生于 20 世纪 60 年代末研制。1984 年 SPSS 首先推出了世界上第一个统计分析软件微机版本 SPSS/PC+,极大地扩充了它的应用范围,并使其很快地应用于自然科学、技术科学、社会科学的各个领域。世界上许多有影响的报纸杂志纷纷就 SPSS 的自动统计绘图、数据的深入分析、使用方便、功能齐全等方面给予了高度的评价与称赞。在国际学术界有条不成文的规定,即在国际学术交流中,凡是用 SPSS 软件完成的计算和统计分析,可以不必说明算法,由此可见其影响之大和信誉之高。

迄今 SPSS 软件已有 30 余年的成长历史,分布于通讯、医疗、银行、证券、保险、制造、商业、市场研究、科研教育等多个领域和行业,是世界上应用最广泛的专业统计软件。1994 至 1998 年间,SPSS 公司陆续并购了 SYSTAT 公司、BMDP 软件公司、Quan-tum 公司、ISL 公司等,并将各公司的主打产品收纳 SPSS 旗下,从而使 SPSS 公司由原来的单一统计产品开发与销售转向为企业、教育科研及政府机构提供全面信息统计决策支持服务,成为走在了最新流行的"数据仓库"和"数据挖掘"领域前沿的一家综合统计软件公司。

PASW Statistics 18 是 SPSS 经升级并重新包装后的新版本,是一种用于分析数据的综合系统,可以从几乎任何类型的文件中获取数据,然后使用这些数据生成分布和趋势、描述统计以及复杂统计分析的表格式报告、图表和图。简单的菜单和对话框选择使得用户不用键入命令语法即可执行复杂的分析。数据编辑器提供了简单而有效的类似电子表格的工具,用于输入数据和浏览工作数据文件。

PASW Statistics 18 功能强大、界面友好,易学易用,非常全面地涵盖了数据分析的整个流程,提供了数据获取、数据管理与准备、数据分析、结果报告这样一个数据分析的完整过程,特别适合设计调查方案、对数据进行统计分析,以及制作研究报告中的相关图表。从某种意义上讲,该软件还可以帮助数学功底一般的使用者学习运用现代统计技术。使用者仅需要关心某个问题应该采用何种统计方法,并初步掌握对计算结果的解释,而不需要了解其具体运算过程,就可以在使用手册的帮助下完成对数据定量分析,完全可以满足非统计专业人士的工作需要,是非专业统计人员的首选统计软件。

1.6.2 PASW Statistics 18 窗口简介

点击 Windows 任务栏的"开始"按钮,找到"所有程序"—"SPSS Inc"—"PASW Statistics 18"—"PASW Statistics 18",点击可启动 PASW Statistics 18,程序会自动弹出 PASW Statistics 18 对话框,如果用户无须打开已经存在的统计数据文件,点击"取消"按钮,直接进入 PASW Statistics 18 窗口界面(图 1-72);或者通过直接双击桌面上的"PASW Statistics 18"图标来启动 PASW Statistics 18。

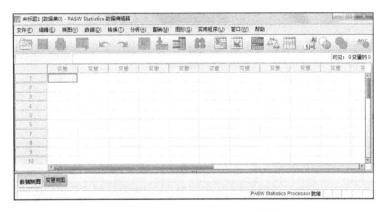

图 1-72　PASW Statistics 18 界面

PASW Statistics 18 窗口主要由菜单栏、工具栏、数据显示窗口、状态显示条等组成。数据显示窗口默认状态为数据视图,每一行为一个案例,每一列为一个变量,也可以切换成变量视图,这时每一行是一个变量,每一列是变量的属性字段,例如变量名称、类型、宽度、小数等(图 1-73)。

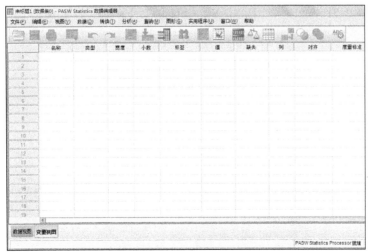

图 1-73　PASW Statistics 18 界面中的变量视图

请大家了解和记忆常用的菜单项和工具的位置,以便在后面的实验中能够快速地找到需要的菜单和工具。例如,经常使用的主菜单中的"分析"菜单下的描述统计、相关、回归、分类、降维等分析工具集(图1-74),以及"图形"菜单中的各类制图模板与工具等。

图 1-74 PASW Statistics 18 界面主菜单中的"分析"菜单

1.7 实验总结

本实验主要介绍了 ArcGIS 10.1 中文桌面版、ArcGIS Pro 2.1、Esri CityEngine 2016、ERDAS IMAGINE 9.2、PASW Statistics 18 软件的主要功能、基本组件与基本操作,是后继章节实验的基础,也为城市与区域规划中综合使用这些软件提供基础支撑(表1-10)。

表 1-10 本次实验主要内容一览

软件/程序	具体操作	页码
ArcMap	(1) 打开地图文档	P5
	(2) 创建一个新的地图文档并加载与调整数据图层	P10
	■ 加载数据图层文件 ■ 调整要素数据图层的顺序与显示 ■ 调整要素数据图层的透明度	P11 P13 P15
	(3) 专题地图的制作与输出	P18
	■ 调整页面大小 ■ 调整图面大小 ■ 添加指北针、比例尺、图例等构图要素 ■ 专题地图的导出	P18 P18 P20 P21

续表 1-10

软件/程序	具体操作	页码
ArcMap	(4) 数据图层属性表中字段的修改与统计	P22
	■ 打开属性表	P22
	■ 在属性表中添加字段并移动字段位置	P22
	■ 在属性表中删除字段	P23
	■ 字段计算(字段计算器、几何计算)与字段统计	P23
	■ 数据图层属性表的导出	P24
ArcCatalog	(1) 打开 ArcCatalog 界面并进行文件夹连接	P26
	(2) 创建新的 Shapefile 文件	P27
	(3) 创建新的地理数据库文件	P29
	(4) 地理数据的输出	P30
ArcToolbox	(1) 启动 ArcToolbox 并激活扩展工具	P32
	(2) ArcToolbox 环境设置	P33
ArcGIS Pro 2.1	(1) ArcGIS Pro 2.1 简介	P34
	(2) ArcGIS Pro 2.1 窗口简介	P36
	(3) 基于 ArcGIS Pro 的专题地图制作与输出	P41
Esri CityEngine 2016	(1) Esri CityEngine 2016 简介	P43
	(2) Esri CityEngine 2016 窗口简介	P44
ERDAS IMAGINE 9.2	(1) ERDAS IMAGINE 9.2 简介	P46
	(2) ERDAS IMAGINE 9.2 窗口简介	P49
PASW Statistics 18	(1) PASW Statistics 18 简介	P52
	(2) PASW Statistics 18 窗口简介	P53

实验 2　其他专业软件与模型简介

2.1　实验目的与实验准备

2.1.1　实验目的

通过本实验了解和掌握城市与区域规划中的自然生态环境分析（Fragstats、Graphab、ENVI-met）、海绵城市规划与评估（SWMM、SUSTAIN）等常用专业软件与模型的主要功能、基本组件及基本操作，为后续实验的学习奠定基础。

与此同时，本实验还简要介绍了激光雷达数据处理（CloudCompare、LiDAR360）、无人机数据处理（PhotoScan Pro）、城乡规划大数据分析（Python、Google Earth Engine）等数据分析处理软件的主要功能与基本操作，以满足当前日益增长的城市规划多源数据处理与分析的需求。

具体内容见表 2-1。

表 2-1　本次实验主要内容一览

主要内容	具体内容
景观格局分析软件简介	（1）Fragstats 4.2.1 简介
	（2）Graphab 2.2 简介
城市微气候模拟软件简介	（1）ENVI-met 4.3.1 简介
	（2）ENVI-met 4.3.1 窗口简介
雨洪管理模型简介	（1）SWMM 5.1 简介
	（2）SUSTAIN 简介
激光雷达数据处理软件简介	（1）CloudCompare 2.10 简介
	（2）LiDAR 360 简介
无人机数据处理软件简介	（1）PhotoScan Pro 简介
	（2）PhotoScan Pro 窗口简介
大数据分析软件简介	（1）Python 简介
	（2）Google Earth Engine 简介

2.1.2　实验准备

（1）计算机已经预装了 ArcGIS 10.1 中文桌面版、Fragstats 4.2.1、Graphab 2.2、ENVI-met 4.3.1、SWMM 5.1、SUSTAIN、CloudCompare 2.10、LiDAR 360、PhotoScan Pro、Python、Google Earth Engine 或更高版本的软件。

（2）本实验实验数据为相关软件的安装包，存放在 D:\data\shiyan02 目录下。

2.2 景观格局分析软件简介

景观格局(Landscape Pattern)一般指景观的空间分布格局,即大小、形状、属性不一的景观单元(斑块)在空间上的分布与组合规律,包括景观组成单元的类型、数目及空间分布与配置。景观格局既是景观异质性的具体体现,又是各种生态过程在不同尺度上作用的结果。

景观格局分析的目的是为了在看似无序的景观中发现潜在的有意义的秩序或规律。景观指数(Landscape Metrics)是指能够高度浓缩景观格局信息,反映其结构组成和空间配置某些方面特征的简单定量指标。根据描述对象不同,景观指数通常可分为斑块(Patch)、类型(Class)和景观(Landscape)3个层次。根据景观指数的功能,可分为:①斑块面积指数,如平均斑块面积、斑块密度、最大斑块指数等;②边界形状指数,如边界密度、平均形状指数、平均斑块分维数等;③邻近度指数,如斑块平均邻近距离等;④空间构型指数,如聚集度指数、蔓延度指数等。目前的景观格局分析多局限于二维平面,三维景观空间格局模型还比较少见。

为便于进行各类景观指数的计算,许多学者与机构开发了多款景观格局指数的分析软件,比较有名的有美国俄勒冈州立大学(Oregon State University)森林科学系开发的Fragstats、法国勃艮第大学(University de Bourgogne)的Foltête J. C.等学者开发的Graphab、西班牙莱里达大学(Universitat de Lleida)开发的Conefor以及戴维(David)和巴里(Barry)两位学者开发的APACK等。

本书主要对Fragstats和Graphab软件做简要介绍。

2.2.1 Fragstats 4.2.1 简介

1) Fragstats 软件概述

Fragstats软件是一款计算景观空间格局指数的计算机分析程序,软件完整名称为Fragment Statistic,由美国俄勒冈州立大学森林科学系于20世纪90年代开发。其后,随着该软件的广泛使用,Fragstats于2002年更新至3.0版本。目前,已更新至4.2.1版本,可输入的数据格式和采样方法都得到优化提升,同时新增了景观梯度分析功能。Fragstats 4.2.1的下载地址为:https://www.umass.edu/landeco/research/fragstats/fragstats.html。该软件3.4之后的版本均可支持ArcGIS 10.0版本。

Fragstats软件以景观斑块的面积、周长、数量等指标为基础,采用景观生态分析方法计算Patch(斑块)、Class(类型)、Landscape(景观)3个水平上的景观指数,以量化景观格局的时空变化特征。景观格局指数类型主要包括:面积—边缘(Area - Edge)指数、形状(Shape)指数、核心面积(Core Area)指数、对比度(Contrast)指数、聚集度(Aggregation)指数,景观整体水平上还有多样性(Diversity)指数。

Fragstats 4.2.1版本支持输入的数据格式包括ASCII、ESRI栅格格网数据、GeoTIFF格网数据、ERDAS影像数据等格式,数据输入前可通过ArcMap、ERDAS等软件对原始数据进行处理。需要注意的是,Fragstats软件可识别的栅格数据分辨率或粒度为大于0.001米,而且栅格数据必须把头文件或描述信息删除,确保文件只保留栅格数值信息。软件计算结果文件以.patch、.class、.land、.adj为后缀拓展名输出,输出结果为

ASCII格式的文件,可直接与数据库软件对接,方便后续的数据分析。此外,Fragstats 4.2.1软件进行景观梯度分析时还会输出一系列的图片作为结果文件。

2) Fragstats 4.2.1窗口简介

点击Windows任务栏的"开始"按钮,找到"所有程序"—"Fragstats 4.2.1"—"Fragstats",点击可启动Fragstats 4.2.1,程序会自动弹出Fragstats 4.2.1初始界面(图2-1);或者通过直接双击桌面上的"Fragstats"图标来启动Fragstats 4.2.1。

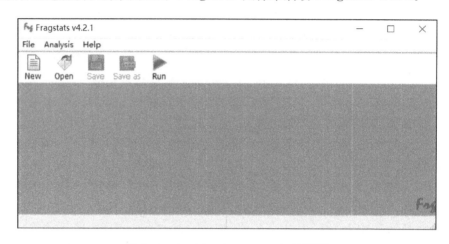

图2-1 FRAGSTATS 4.2.1初始界面

Fragstats 4.2.1的初始界面由"菜单栏"和"工具栏"两部分组成(图2-1)。菜单栏包括"File"(文件)、"Analysis"(分析)、"Help"(帮助)3个功能选项。其中,File(文件)子菜单包括"New"(新建)、"Open"(打开)、"Close"(关闭)、"Save"(储存)、"Save as"(另存为)、"Exit"(退出)5个与文件操作相关的功能选项;Analysis(分析)子菜单包括"Patch"(斑块)、"Class"(类型)、"Landscape"(景观)、"Run"(模型运行)、"View Results"(结果查看)5个功能选项,前三个功能为3种景观分析尺度的选择;Help(帮助)子菜单包括"Help Contents"(帮助目录)和"About"(关于)两个选项,可以从中获取关于软件的介绍以及景观指数的相关计算原理和分析方法。工具栏包括"New"(新建)、"Open"(打开)、"Save"(储存)、"Save as"(另存为)、"Run"(运行)5个功能模块。尽管初始界面中部分功能处于激活状态,但这些功能要在建立分析模型文件后才能激活使用。

Fragstats 4.2.1选择"New"功能后,"参数设置"窗口(图2-2)、"指标选取与结果显示"窗口(图2-3)和"日志"窗口将被激活(图2-4)。

"参数设置"窗口由"Input layers"(数据输入)和"Analysis parameters"(分析参数设置)两部分组成(图2-2),数据输入可以进行格式、行列值、像元分辨率、背景值、波段设置。行列值计数一般为自动生成,类型描述、边缘深度、边缘对比、相似性选项可以选择性输入ASCII格式文件以辅助景观指数分析,对应的ASCII文件语法可以参考操作指导手册的范例。分析参数选项中需要选择四邻域或八邻域的邻域分析法则,然后根据景观水平勾选斑块(Patch)、类型(Class)、景观(Landscape),3种景观水平至少勾选一种,同时要在右侧指标窗口中勾选需要计算的指数。若选择"Moving window(移动窗口)"功能,要根据研究需要选择窗口的形状(方形或圆形),并设置移动窗口的大小。

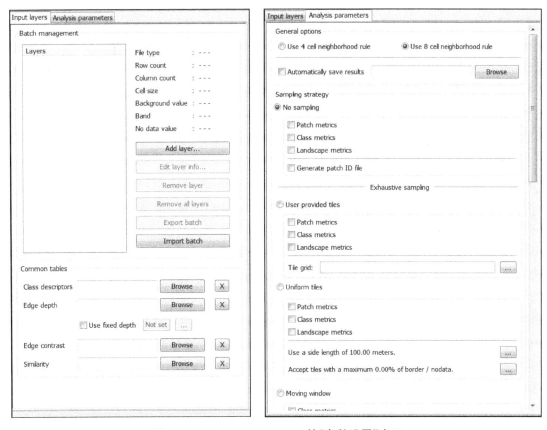

图 2-2　FRAGSTATS 4.2.1 的"参数设置"窗口

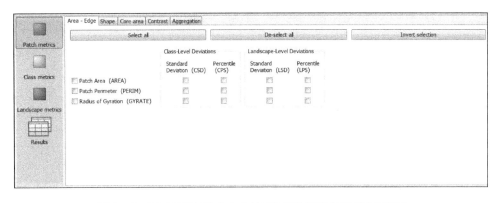

图 2-3　FRAGSTATS 4.2.1 的"指标选取与结果显示"窗口

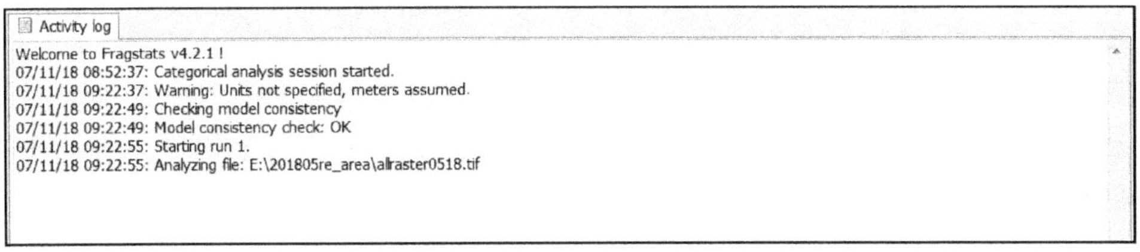

图 2-4　FRAGSTATS 4.2.1 的"日志"窗口

在"指标选取与结果显示"窗口中(图2-3),左侧为景观分析三种尺度(Patch metrics、Class metrics、Landscape metrics)的选择,点击选择某一尺度后,可以在右侧指标选取项目中根据研究需要勾选或全部勾选分析的指数,部分景观指数需要手动输入参数(如斑块类型数、搜索半径等)。常用的景观指数的计算公式及其生态学含义详见表2-2。"结果显示"窗口为指数分析结果,待模型运行结束后,可点击窗口左侧的"Results(结果)"按钮即可查看斑块、类型、景观整体相对应尺度上的景观格局指数计算结果,亦可通过"Save run as"将计算结果导出为Fragstats格式的文件。

表2-2 FRAGSTATS中主要指数计算方式及生态学意义

	指数	公式	描述与解释
Area-Edge 面积-边缘指数	斑块密度 PD	$(C)PD=\frac{n_i}{A}(10\,000)(100)$ $(L)PD=\frac{N}{A}(10\,000)(100)$	n_i:第i类景观要素的面积,N:景观中斑块数量,A:景观总面积。PD表示单位面积内的斑块数量,单位为个/100 ha
	边界(边缘)密度 ED	$(C)ED=\sum_{k=1}^{m}e_{ik}(10\,000)$ $(L)ED=\frac{E}{A}(10\,000)$	m:景观中斑块类型数量,e_{ik}:与类型为k的斑块相邻斑块ij的边缘总长,(m):景观中斑块类型数量,E:景观中的边缘总长。ED表示单位面积的斑块边缘长度之和,单位为m/ha,ED越大,边缘效应越显著
	斑块类型指数 PLAND	$(C)PLAND=\frac{\sum_{j=1}^{n}a_{ij}}{A}(100)$	a_{ij}:斑块ij的面积。(m²)PLAND表示某一斑块类型的面积占比,单位为%,取值范围为(0,100]。可简单测量景观破碎度和确定优势景观组分
Shape 形状指数	形状指数 SHAPE	$(P)SHAPE=\frac{P_{ij}}{\sqrt{a_{ij}}}0.25$	P_{ij}:斑块ij的周长。SHAPE表示斑块形状与面积相同的圆式正方形之间的偏离程度,值为1时,斑块形状为方形
	分维数 FRAC	$(P)FRAC=\frac{2\ln(0.25P_{ij})}{\ln a_{ij}}$	FRAC可以反映景观形状的复杂程度,取值范围为[1,2]。值越接近1,斑块形状越规律;值越接近2,斑块形状越复杂
Core Area 核心面积指数	核心斑块面积占比 CPLAND	$(C)CPLAND=\frac{\sum_{j=1}^{n}a_{ij}^{c}}{A}(100)$	a_{ij}^{c}:指定边缘深度下斑块ij的核心面积。CPLAND表示组成核心斑块的面积百分比,单位为%,取值范围为[0,100]
Contrast 对比度指数	边缘对比度指数 ECON	$(P)ECON=\frac{\sum_{k=1}^{m}(p_{ijk}d_{ik})}{p_{ij}}(100)$	p_{ijk}:与斑块类型k相邻的斑块ij的边缘长度,d_{ik}:斑块类型i和k之间的边缘比。ECON取值范围为[0,100],单位为%。只有一个斑块,即边缘被包含在背景中时,ECON为0;当斑块边缘总长等于最大对比边缘度时,即$d=1$,ECON为100
Aggregation 聚集度指数	邻近指数 PROX	$(P)PROX=\sum_{s=1}^{n}\frac{a_{ijs}}{h_{ijs}^{2}}$	a_{ijs}:在领域范围内斑块ijs的面积,h_{ijs}:在领域范围内斑块ijs之间的距离,s:给定距离内的斑块数量。PROX取值范围大于等于0,在搜索半径内没有邻近的斑块,PROX为0,PROX越高,斑块间相互作用越强

续表 2-2

	指数	公式	描述与解释
Aggregation 聚集度指数	聚合度指数 AI	$(L)AI = \left[\sum_{i=1}^{m}\left(\frac{g_{ii}}{max \to g_{ii}}\right)P_i\right](100)$	g_{ii}:相应景观类型的相邻斑块数量,P_i:第 i 类景观要素的面积占比。AI 取值范围为 [0,100],单位为%,斑块之间没有邻接时,值为 0;斑块聚集为一个整体时,值为 100
	斑块结合度 COHESION	$(C)COHESION = \left[1 - \frac{\sum_{j=1}^{n} P_{ij}^*}{\sum_{j=1}^{n} P_{ij}^* \sqrt{a_{ij}^*}}\right] \cdot \left[1 - \frac{1}{\sqrt{Z}}\right]^{-1}(100)$	P_{ij}^*:网络内斑块 ij 的周长,a_{ij}^*:网格内斑块 ij 的面积,Z:景观中网格的数量。COHESION 取值范围为 0~100,斑块类型比例降低且破碎化时,值趋向于 0;斑块类型比例提高趋向集聚时,值随之提高
	蔓延度指数 CONTAG	$(L)CONTAG = \left[1 + \frac{\sum_{i=1}^{m}\sum_{k=1}^{m}\left[(P_i)\frac{g_{ik}}{\sum_{k=1}^{m}g_{ik}}\right]}{2\ln(m)} \cdot \frac{\left[\ln\left((p_i)\frac{g_{ik}}{\sum_{k=1}^{m}g_{ik}}\right)\right]}{2\ln(m)}\right]$	g_{ik}:i 类型和 k 类型斑块相邻的数量,表示景观中不同类型斑块的集聚程度,取值范围为 (0,100]。斑块极度分散不连接时,值趋向 0,优势斑块存在且连通性高时,值趋向 100
Diversity 多样性指数	香农多样性指数 SHDI	$(L)SHDI = -\sum_{i=1}^{m}(P_i \ln P_i)$	SHDI 取值范围大于等于 0,景观整体水平上只有一个斑块时,值为 0;景观类型增加或不同类型景观组分分布更均匀时,值上升;若各斑块所占比例差异大,值会降低
	香农均匀度指数 SHEI	$(L)SHEI = \dfrac{-\sum_{i=1}^{m}(P_i \ln P_i)}{\ln m}$	SHEI 取值范围为 [0,1],SHEI 等于 SHDI 除以给定景观的最大可能多样性,只有一类斑块时,值为 0,表示无多样性;各类型斑块均匀分布时,值为 1,多样性最大

注:(P)、(C)、(L)代表测量的景观水平。

模型参数设置完成后,点击工具栏上的"Run"按钮,在弹出的运行面板上点击"Proceed(继续执行)"或"Cancel(取消)"按钮可以对模型进行下一步操作。模型完成结果或取消提示等操作过程会记录在"日志"窗口(图 2-4)。此外,"日志"窗口主要通过时间来记录操作过程以及反馈模型运行的错误信息等,我们可以根据错误提示对模型的参数设置进行修改和调整。

2.2.2 Graphab 2.2 简介

1) Graphab 2.2 软件概述

Graphab 是基于图论原理建立生态网络模型的软件,它可以实现景观组分可视化、连通性分析等,且易于与地理信息系统兼容。目前,Graphab 软件已更新至 2.2 版本,软件下载地址为:https://sourcesup.renater.fr/graphab/en/home.html。

Graphab 2.2 是基于 Java 平台开发的,可直接在 Windows、Linux、Mac 等操作系统中运行,界面友好且易于使用。Graphab 基于图论和数学原理实现了对景观可达性指数的计算,可以基于节点、边界及网络对景观进行指数分析,包括连通性指数、连通性概率等。在众多连通性指数中,使用比较广泛的是整体连通性指数(IIC)和可能连通性指数

(PC)。整体连通性指数和可能连通性指数一方面可以分析景观整体的连通程度,另一方面可以确定各个斑块对景观整体连通性的贡献和重要程度,其计算原理为通过移除斑块来测量整体连通性的变化。

Graphab软件包括图谱创建、基于图谱的连通性计算、分析与推广、制图4个模块,软件具体结构如图2-5所示。Graphab软件的图谱创建基于栅格数据进行,包括斑块识别和连接建立两个步骤。Graphab软件可识别的栅格数据格式包括TIFF、ASCII和RST,栅格像元记录数值用于识别斑块类型,识别规则可以选择四邻域或八邻域规则。斑块识别后,需要建立斑块之间的连接,斑块连接可以选择欧几里得距离或最小成本路径距离,其中最小成本路径距离可以基于景观类型赋值或由外部栅格数据计算得来。Graphab软件的连通性计算涵盖了全局(Global)、组分(Component)、场地(Local)3个尺度,此外还包括增量模式(Delta),增量模式通过节点或连接移除的方法来分析连接指数的相对变化,Graphab中常用的连通性指数具体介绍见表2-3。

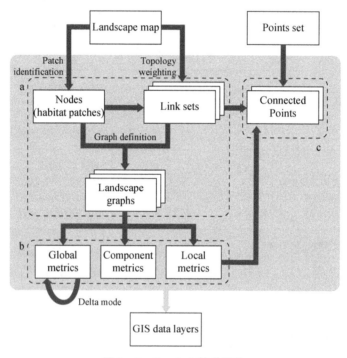

图2-5 Graphab软件结构

a:图谱创建 b:连通性计算 c:外部数据连接
资料来源:Jean-Christophe Foltête, Céline Clauzel, Gilles Vuidel. A software tool dedicated to the modelling of landscape networks. Environmental Modelling and Software,2012,38(4):316-327.

表2-3 Graphab中常用的连通性指数简介

指数	公式	描述与解释
连接数 NL Number of Links	/	景观中所有斑块间存在的连接数,该值越大,连接度越高
景观组分 NC Number of Components	/	景观中彼此孤立的斑块组分,该值越大,连接越低

续表 2-3

指数	公式	描述与解释
Harary 指数 H Harary Index	$H = \dfrac{1}{2}\sum\limits_{i=1}^{n}\sum\limits_{j=1,i\neq j}^{n}\dfrac{1}{nl_{ij}}$	n 为节点数量,l_{ij} 为斑块 i 与斑块 j 最短路径连接数量。斑块间无连接时,$nl_{ij}=\infty$。H 数值越大,表示景观连接度越高
中间中心度指数 BC Betweenness Centrality Index	$BC = \sum\limits_{j=1}^{n}\sum\limits_{k=1}^{n}a_j \cdot a_k \cdot p_{jk}$	BC_i:表征在大部分最短径中斑块 i 承担踏脚石作用的重要性,范围在 0~1 之间;P_{jk}^*:穿过斑块 i 的所有最短径中,斑块 j 与斑块 k 之间扩散的最大概率
整体连通性指数 IIC Integral Index of Connectivity	$IIC = \dfrac{\sum\limits_{i=1}^{n}\sum\limits_{j=1}^{n}\dfrac{a_i \cdot a_j}{1+nl_{ij}}}{A_L^2}$	n:景观中斑块总数;a_i 和 a_j:斑块 i 斑块 j 的面积或属性值(植被丰富度、种群密度);nl_{ij}:斑块 i 和斑块 j 之间的连接数;P_{ij}^*:斑块 i 与斑块 j 之间扩散的最大概率;A_L:研究区域的总属性值(通常为斑块面积)。$0\leqslant IIC/PC\leqslant 1$,当 $IIC/PC=0$ 时,各斑块间没有连接,当 $IIC/PC=1$ 时,表示整个景观斑块均为连接。IIC、PC、F 数值越大,表示景观连通性越高
可能连通性指数 PC Probability of Connectivity	$PC = \dfrac{\sum\limits_{i=1}^{n}\sum\limits_{j=1}^{n}a_i \cdot a_j \cdot P_{ij}}{A_L^2}$	
流动指数 F Flux	$F = \sum\limits_{i=1}^{n}\sum\limits_{j=1,i\neq j}^{n}P_{ij}$	

2) Graphab 2.2 窗口简介

首先,从 Graphab 官网上下载软件包,双击即可运行。值得注意的是,Graphab 软件运行前需要安装 7.0 以上版本的 Java。双击 graphab-2.2.6 软件包后,程序会自动弹出 Graphab 初始界面(图 2-6)。图谱网络构建后,初始界面左侧会生成工程文件,这部分图谱结果文件可以直接导出为 ArcGIS 可识别的数据,左下方处可直接查看分析区域具体的坐标。此外,点击工具栏的 Properties(属性)工具,窗口右侧会生成斑块和连接的属性信息(图 2-7),展开文件可直接浏览斑块的 ID 值、面积、周长和连接的距离等景观指数信息。

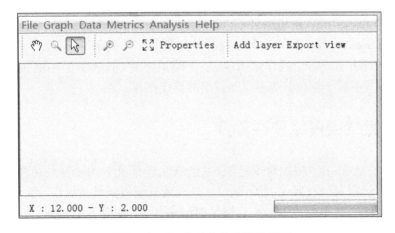

图 2-6 Graphab 2.2 的初始界面

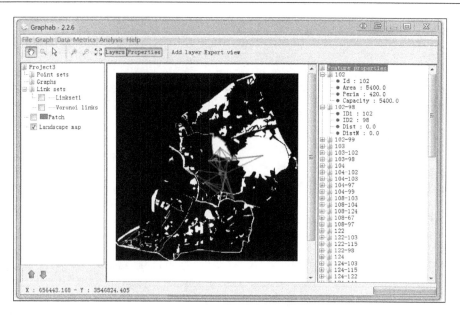

图 2-7　Graphab 2.2 的结果浏览界面

　　Graphab 2.2 的初始界面由菜单栏和工具栏两部分组成,菜单栏包括"File"(文件)、"Graph"(图谱)、"Data"(数据)、"Metrics"(指标)、"Analysis"(分析)、"Help"(帮助)6 个功能选项。工具栏包括抓手工具、选择工具、放大、缩小、全局视图等与图谱可视化结果相关的便捷操作工具。

　　File 子菜单包括"New Project"(新建工程)、"Open Project"(打开工程)、"Preferences"(偏好设置)、"Log window"(窗口显示)、"Quit"(退出)5 个与工程项目操作相关的常规功能选项;Graph 子菜单包括"Create link set"(创建链接集合)、"Create graph"(创建图谱)、"Create metapatch project"(创建源斑块工程)3 个与图谱创建相关的功能选项;Data 子菜单包括"Set patch capacity"(斑块容量设置)、"Remove patches"(斑块移除)、"Import point set"(点集导入)、"Generate random points"(随机点集生成)、"Set DEM raster"(DEM 设置)5 个功能选项,每个选项的功能主要对图谱的斑块数据进行参数设置;Metrics 子菜单包括"Global"(全局)、"Component"(组分)、"Local"(场地)和"Delta"(增量)测量方法,以及"Batch graph"(批量图谱)及其"Batch parameter"(参数设置)功能选项;Analysis 子菜单包括"Species distribution model"(物种分布模型)、"Metric interpolation"(插值分析)、"Add patches"(斑块增加)3 个操作选项;Help 子菜单包括 Graphab 官网链接和软件简介两部分,从中可以获取关于软件的信息以及详细的操作指导。

2.3　城市微气候模拟软件简介

　　气象学家巴里(Barry)根据尺度范围,将全球气候系统分为全球性风带气候、地区性大气候、局地气候以及微气候 4 大类(表 2-4)。城市微气候是指城市小范围区域或建筑物周围的气候状况,其影响范围最小且持续时间最短,不仅受太阳辐射、风等自然要素的影响,也受下垫面性质以及城市空间格局等人为因素的影响。

　　随着我国城市化进程的不断加快,城市的土地利用景观格局逐渐发生改变,致使城市地区的微气候发生了明显改变、城市热岛效应明显增强、环境污染日益严重,严重影响了城市生态系统的健康和人居环境的改善。因而,迫切需要开展城市微气候的相关科学研究(例如,快速城镇化对城市微气候的影响评价与预测,城市绿地空间布局对城市微气候的影响评价,城市街区尺度的热环境与热舒适度评价等),探寻能够改善城市微气候质量的有效途径。

表2-4 气候系统分类

气候系统类型	气候特性的空间尺度(km)		时间范围
	水平范围	垂直范围	
全球性风带气候	2 000	3~10	1~6个月
地区性大气候	500~1 000	1~10	1~6个月
局地气候	1~10	0.01~1	1~24小时
微气候	0.1~1	0.1	24小时

资料来源:马克斯 T A,莫里斯 E N.建筑物·气候·能量[M].陈士驎,译.北京:中国建筑工业出版社,1990:103-104.

城市微气候是一个涉及地学、生态学和规划学等诸多学科的复杂学科。目前,城市微气候的研究方法主要有文献定性分析、遥感分析、实地观测、数值模拟等。以往对微气候的研究大多采用实地观测法,需投入大量的人力、物力和资金,更重要的是观测实验易受外界干扰,且难以获取时空连续的气象格点数据。数值模拟方法既可以方便地呈现复杂的城市气候现状问题,更好地控制和改变模型,节约时间与人力资源,又可以用直观的三维模型表达城市的真实环境,在研究城市布局与环境时更加可视化。因而,在城市微气候环境研究领域更具优势。目前,常用的数值模拟模型有Fluent、Phoenics、CTTC(Cluster Thermal Time Constant)、ENVI-met等,其中ENVI-met模型因可以便捷地模拟中小尺度上的三维城市环境而得到广泛使用。

本书使用ENVI-met 4.3.1版本进行实验的操作介绍。

2.3.1 ENVI-met 4.3.1简介

ENVI-met是由德国波鸿大学地理研究所的迈克尔·布鲁斯(Michael Bruce)和赫里伯特·弗列尔(Heribert Fleer)两位学者于1998年基于城市气象学、计算流体力学(Computational Fluid Dynamic,CFD)和热力学等相关理论开发的一款三维微气候模拟软件(软件网址:https://www.envi-met.com/,可下载免费试用版本)。ENVI-met是首个旨在再现城市大气主要进程的非静态数值计算的软件,适合模拟中小尺度城市环境中"表面(Surface)—植被(Vegetation)—空气(Atmosphere)"的相互作用。该模型水平空间范围为0.1~1.0 km,垂直范围最大为200 m,空间分辨率为0.5~10 m,最大时间步长为10 s,最大时长为4 d(表2-5)。

表2-5 ENVI-met的主要特征

空间尺度及分辨率	水平范围为0.1~1km,竖直范围≤200 m,空间分辨率0.5~10 m
时间尺度及分辨率	模拟时长≤4 d,时间分辨率≤5 s
物理过程	三维空间中"表面—植物—空气"之间的能量和物质交换过程
子模块	①大气;②植物;③土壤;④建筑;⑤生物气象

ENVI-met 模型由 3 个子模型和嵌套网格组成,子模型包括三维主模型、土壤模型、一维边界模型(图 2-8)。三维主模型包括水平坐标(x 和 y)和垂直坐标(z),在主模型中可以设置建筑和植被等参数(图 2-9)。土壤模型是一维模型,从下垫面表层到土壤深度 1.75 m,共包含 14 层,该模型可以计算地表到土壤内部的热传递过程、植物蒸腾作用以及土壤内部热湿传递引起的下垫面温湿度变化。为保证模拟边界条件的准确性,ENVI-met 的一维边界模型将三维主模型的高度扩展到 $H = 2\,500$ m 高度的大气边界层,并将所有初始值传递为三维核心模型所需实际模拟的边界条件。

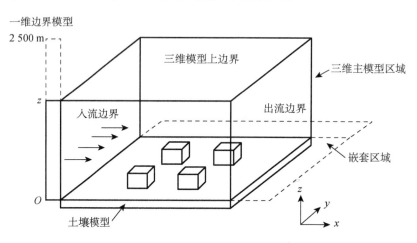

图 2-8　ENVI-met 模型示意图

资料来源:杨小山. 室外微气候对建筑空调能耗影响的模拟方法研究[D]. 广州:华南理工大学,2012.

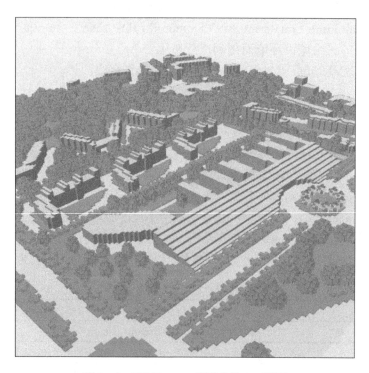

图 2-9　ENVI-met 模型中的 3D 视图

ENVI-met 提供了三类边界条件(Lateral Boundary Conditions,LBC):开式(Open) LBC、强迫式/闭式(Forced/Close)LBC 和循环(Cyclic)LBC。开式 LBC 对内部网格的影响最小,适用于模型周边街区的空间形态与模拟核心区域相似且两者有一定距离的情况,但由于该模式将模型内部的值传给边界,会带来数值的不稳定。强迫式/闭式 LBC 采用了独立的一维模型的计算结果作为三维模型的边界条件,适用于模拟周围区域平坦空旷的情况,在数值上最为稳定。循环 LBC 由于流出边界的值会循环迭代到流入边界中,在一定程度上也会导致数值的不稳定,适用于模拟周边街区的空间形态与模拟区域相似且非常接近的情况。

ENVI-met 的嵌套网格是分布于三维模拟区域外围的环状网格,是模型的缓冲地带,嵌套网格数越多,则模拟的核心区域距离边界就会越远。网格设置的目的是让模型边界远离模拟核心区域,避免边界效应产生的数值干扰,以便一维的入流边界条件进入核心区域前能够充分扩展,形成三维梯度风。

由于该软件操作简单,只需定义边界条件和数量匹配,可以方便地输出中小尺度上规划研究区的空气温度、湿度、风速、风向和平均辐射温度等城市微气候气象参数。因此,该软件非常适合进行城市规划设计不同方案对微气候的影响分析和评价。

2.3.2 ENVI-met 4.3.1 窗口简介

点击 Windows 任务栏的"开始"按钮,找到"所有程序"—"ENVI-met4"—"Headquarter",点击可启动 ENVI_MET Headquarter,程序会自动弹出 ENVI_MET Headquarter 4.3.1 主界面(图 2-10);或者通过直接双击桌面上的"ENVI_MET Headquarter"图标来启动 ENVI_MET Headquarter 4.3.1。

ENVI_MET Headquarter 4.3.1 的主界面主要由"菜单栏"和"工具栏"两部分组成(图 2-10)。菜单栏有"ENVI-met V4"(ENVI-met 模型的主功能)、"Data and settiings"(数据与设置,可对项目工作空间以及项目数据库进行设置,图 2-11)、"System"(系统设置)、"Interactive"(交互)4 个功能选项。

点击菜单栏中的"ENVI-met V4"选项卡,其对应工具条上的工具包括"ENVI-met(64Bit)"(模型 64 位的模拟程序)、"SPACES"(空间建模,对研究区进行建模的功能模块,可对空间模型进行编辑,如对研究区网格大小与经纬度设置,以及建筑、植被的生成与更改等)、"ConfigWizard"(设置向导,为模型参数设置模块,可进行模拟时长、温湿度情况及边界条件等参数的设置)、"BioMet"(生物体模块,为热舒适度分析计算模块)、"LEONARDO(64Bit)"(结果显示,为模拟结果数据可视化分析模块)、"Exit"(退出)。

图 2-10 ENVI_MET Headquarter 4.3.1 主界面

图 2-11 "Data and settiings"窗口界面

2.4 雨洪管理模型简介

快速城市化导致自然生态空间向城市空间不断转换，显著破坏了原有的水文生态循环系统，导致地面产汇流条件发生明显改变。以"快排模式"为主的传统城市雨洪管理模式使得雨洪径流量和洪峰流量显著增大，峰现时间提前，大量水体短时间内无法通过城市雨水管网排走，极易在城区低洼处形成积水，从而加剧了城市洪涝灾害发生的风险与防洪排涝的压力。与此同时，该模式未综合考虑雨水资源的循环利用，容易造成城市水资源的浪费和水环境污染。因而，探寻能够有效降低洪涝灾害风险的新型城市雨洪管理模式就显得尤为重要。

近年来，为应对城市雨洪带来的一系列生态环境问题，克服基于灰色基础设施（Gray Infrastructure）"以排为主、视雨洪为灾害"的传统管理理念，许多国家提出了一系列"将雨水转化为资源"的新型城市雨洪管理理念。例如，澳大利亚的水敏感性城市设计理念（Water Sensitive Urban Design，WSUD），英国的可持续排水系统（Sustainable Urban Drainage Systems，SUDS），美国的雨洪最佳管理措施（Best Management Practices，BMPs）和低影响开发（Low Impact Development，LID）理念，日本的雨水储存渗透计划，我国也于2014年提出了基于LID的海绵城市（Sponge City）建设理念等。

城市水文模型能够模拟地形、土壤、用地结构和气象水文等要素的空间变化对水文过程的影响，可为城市雨洪管理提供重要的决策依据。目前，在城市水文和雨洪管理中应用较多的模型主要有SWAT、STORM、MOUSE、Hydro CAD、SWMM和SUSTAIN等。Bosley（2008）应用典型区域对常用的19个水文模型进行了敏感性分析，发现SWMM（Storm Water Management Model）是最适合进行不同土地利用格局下雨洪模拟的模型。在该模型包含低影响开发（LID）模块之后，其在城市雨洪管理中的应用更加广泛。

本书将主要介绍SWMM 5.1和SUSTAIN，该章节将对这两款软件做简要介绍，而这两款软件的具体操作步骤，请参见实验17。

2.4.1 SWMM 5.1简介

1）SWMM 5.1简介

SWMM模型是1971年由美国环境保护署（U. S. Environmental Protection Agency，USEPA）开发的一个基于单个降水事件或者长期降水序列的降雨—径流模拟软件，它通过一系列能够接收降水的子流域作为径流或者污染物的来源，能有效进行水文、水力以及水质方面的模拟（软件网址：https://www.epa.gov/water-research/stormwater‑management‑model‑swmm)。

SWMM 模型经过不断地完善和升级,目前已经发展到 5.1 版本,其中 LID 子模块支持 7 种 LID 措施的设置,包括生物滞留池(Bioretention)、雨水花园(Rain Garden)、屋顶绿化(Green Roof)、渗透渠(Infiltration Trench)、透水铺装(Porous Pavement)、雨水桶(Rain Barrel)及植被草沟(Vegetable Swale)。目前,SWMM 模型已被广泛用于城市暴雨径流模拟和排水管道系统、流域规划、水敏性城市设计以及海绵城市规划与建设中。

SWMM 5.1 版本拥有更具现代化的模型结构及用户界面(图 2‑12),使得模型更易于操作使用;同时,还可以通过多种形式对研究区输入的数据进行编辑,模拟水文、水力和水质情况等,包括对排水区域和系统输水路线进行彩色编码,提供时间序列曲线和图表、坡面图及统计频率的分析结果等。

2) SWMM 5.1 窗口简介

点击 Windows 任务栏的"开始"按钮,找到"所有程序"——"EPA SWMM 5.1"——"EPA SWMM 5.1",点击可启动 SWMM 5.1,程序会自动弹出 SWMM 5.1 的主界面(图 2‑12);或者通过直接双击桌面上的"EPA SWMM 5.1"图标来启动 SWMM 5.1。

SWMM 5.1 的主界面(图 2‑12)主要由"菜单栏""工具条""工程和地图列表(Project/Map)""研究区地图(Study Area Map)""标题/备注(Title/Notes)"和"状态栏"组成(图 2‑12)。菜单栏包括"File"(文件)、"Edit"(编辑)、"View"(视图)、"Project"(工程)、"Report"(报告)、"Tools"(工具)、"Window"(窗口)、"Help"(帮助)8 个菜单,每一个菜单的主要功能见表 2‑6。

工具条可以停靠在主菜单条之下、浏览器面板的右侧,或者可拖动到 SWMM 工作空间的任何位置。工具条提供了常用操作的快捷键,共有 35 个图标,这些图标的具体功能见表 2‑7。

当选择了 SWMM 主界面中"工程和地图列表(Project/Map)"的"Project(工程)"选项,将显示工程数据浏览器面板,它提供了对工程中所有对象的访问;当选择了"Map(地图)"标签,将显示地图浏览器面板,它控制地图影射主题和显示在研究面积地图中的时段。"研究区地图(Study Area Map)"提供了排水系统内包含对象的平面示意图。

状态条位于 SWMM 主窗口的底部,分为 6 个部分。①Auto‑Length(自动长度):说明管渠长度和子汇水面积区域的自动计算功能关闭还是开启,可以通过点击下向箭头键进行设置。②Offsets(偏移):说明连接节点内底之上管段的位置表达为节点内底之上的深度,还是作为偏移的标高,可以点击下向箭头键,改变该选项。若改变设置,将弹出对话框,询问是否需要改变当前工程的所有现有偏移(即将深度偏移转向标高偏移,或者标高偏移转向深度偏移,取决于选择的选项)。③Flow Unit(流量单位):显示正在使用的流量单位,可以点击下向箭头,改变流量单位。如果选择公制流量单位,意味着所有量表达为公制单位;若选择美制流量单位,意味着所有其他量将表达为美制单位。④水龙头图标说明:如果没有产生模拟结果,水龙头下无水流;当产生了合理的模拟结果时,水龙头下有水流;当有模拟结果,但因修改了工程数据,模拟结果可能是不合理的,这时水龙头下水流断开。⑤Zoom Level(缩放水平):显示研究区地图的当前缩放水平(100%为全尺寸)。⑥X,Y:显示鼠标指针当前位置所在的研究区地图坐标。

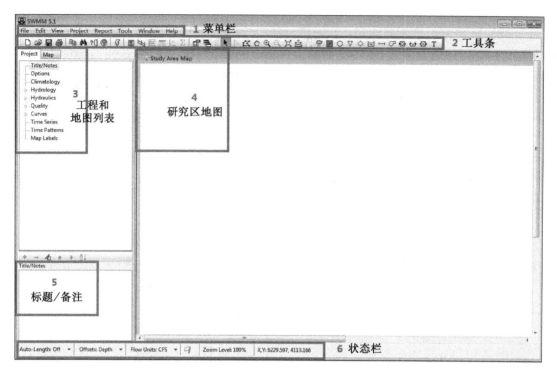

图 2-12 SWMM 5.1 主界面

表 2-6　SWMM 5.1 菜单栏主要功能简介

菜单	菜单主要功能简介
File(文件)	打开或新建一个工程,保存或打印
Edit(编辑)	对一个工程里的对象进行复制、选择和查找等操作
View(视图)	调节地图尺寸,更改软件主界面背景,调整主界面窗口布置等
Project(工程)	查看工程概况,设置工程缺省数据、校验数据,执行模拟等
Report(报告)	查看工程模拟完成后的结果,有图形、表格、统计等多种形式
Tools(工具)	设置程序偏好,修改研究面积地图中的各种符号标注等
Window(窗口)	调整窗口设置为重叠、并排或全关
Help(帮助)	提供引导用户使用 SWMM 的简要教程

表 2-7　SWMM 5.1 图标面板工具条图标简介

图标	主要功能	图标	主要功能
	新建工程		地图平移
	打开现有工程		地图放大
	保存当前工程		地图缩小
	打印当前活动窗口		绘制全尺寸地图

续表 2-7

图标	主要功能	图标	主要功能
	将选择的区域内容复制到剪贴板或者文件		测量地图中的长度或者面积
	查找研究面积地图中的指定对象或者状态报告中的指定文本		将雨量计添加到地图
	执行模拟运算		将子汇水面积添加到地图
	进行研究面积地图中的可视化查询		将连接节点(铰点)添加到地图
	创建模拟结果新的剖面线图		将排放口节点添加到地图
	创建模拟结果新的时间序列图		将分流器节点添加到地图
	创建模拟结果新的离散点图		将蓄水设施节点添加到地图
	创建模拟结果新的表格		将管渠管段添加到地图
	执行模拟结果的统计分析		将水泵管段添加到地图
	修改当前活动视图的显示选项		将孔口管段添加到地图
	以重叠方式布置窗口,填满研究面积地图的整个显示区域		将堰管段添加到地图
	选择地图中的对象		将出水口管段添加到地图
	选择管段或者子汇水面积的顶点	T	将标签添加到地图
	选择地图中的区域		

2.4.2 SUSTAIN 简介

1) SUSTAIN 简介

2009 年,USEPA 将最佳雨洪管理措施决策支持系统(Best Management Practices Decision Support System,BMPDSS)与 SWMM 进行整合,开发了城市降雨径流控制的模拟与分析整合系统 SUSTAIN(System for Urban Stormwater Treatment and Analysis INtegration) (USEPA, 2012, 网址 https://www.epa.gov/water-research/system-urban-stormwater-treatment-and-analysis-integration-sustain)。SUSTAIN 模型采用模块结构,包括框架管理、BMP 布局、土地模拟、BMP 模拟、传输模拟、优化模块和后处理模块。模型具有分散搜索算法(Scatter Search)和非支配排序遗传算法(Non-dominated Sorting Genetic Algorithm II, NSGA-II)两大优化算法,能够在给定的目标和成本限制条件下,选择最优的 BMP 布置方案,给出不同情景下的成本—效益分析,因

而可以帮助决策者执行环境目标并节约投资费用。

SUSTAIN 内置 BMP Siting Tool(BMP 选址工具)，可根据设定的 LID 适用条件，对不同 LID 设施的空间配置地点进行适应性选择。国外研究多用其进行流域或小场地的 LID 类型及空间位置选择，如学校、居住区、工业区等。为了概化 BMP/LID 的物理功能，BMP 选址工具内置了四种 BMP/LID 类型（点状 LID、点状 BMP、线性 BMP、区域 BMP）。点状 BMP/LID 是在特定位置削减上游排水的做法，可以使用滞留、渗透、蒸发、沉降和转换等组合来管理径流和清除污染物。线性 BMP 是窄的、线性形状的径流通道，具有过滤径流、吸收养分以及提供野生动物栖息地和审美价值的辅助优势。区域 BMP 是改善不透水区域、土地覆盖物和污染物投入（例如肥料、宠物废弃物）等非结构性的 BMP 管理做法。BMP 选址工具中可供选择的结构性 BMP/LID 类型见表 2-8。

表 2-8 BMP 选址工具中的 BMP/LID 类型

类型	BMP/LID 选择
点状 LID	Bioretention(生物滞留池)
	Cistern(蓄水池)
	Rain Barrel(雨水桶)
点状 BMP	Constructed Wetland(人工湿地)
	Dry Pond(干池)
	Infiltration Basin(下渗盆地)
	Sand Filter(砂滤)
	Wet Pond(湿池)
线性 BMP	Grassed Swale(草洼地)
	Infiltration Trench(渗透渠)
	Vegetated Filterstrip(植被过滤带)
区域 BMP	Green Roof(屋顶绿化)
	Porous Pavement(透水铺装)

BMP Siting Tool(BMP 选址工具)需要多种 ArcGIS 基础数据层，才能识别合适的用地位置，以便根据适宜性标准放置相应的 BMP/LID。所需基础数据主要包括规划研究区的坡度、土壤类型、城市土地利用现状、土地所有权、道路、水流位置和排水面积等（表 2-9）。

表 2-9 BMP 选址工具所需的 GIS 基础数据

所需数据	数据格式	数据描述
研究区范围	矢量数据	划定研究区范围
影像地图	PNG	谷歌影像图
地形栅格数据(DEM)	栅格数据	用于计算排水区及排水坡度大小，选择适宜 LID 布置的场地
土地利用性质	栅格数据	选择适宜 LID 布置的土地利用类型

续表 2-9

所需数据	数据格式	数据描述
透水率数据	栅格数据	选择适宜 LID 布置的场地透水率大小
土壤类型	矢量数据	选择适宜 LID 布置的土壤类型
道路分布	矢量数据	根据道路缓冲区选择 LID 适宜布置的场地
水流分布	矢量数据	根据水流缓冲区选择 LID 适宜布置的场地,减小对水流的影响
下垫面类型数据	矢量数据	城市下垫面类型数据包含建筑物的边界和为确定 LID 布局适当位置所需的不透水区域
土地所有权数据	矢量数据	用来确定公共或私有土地

2) SUSTAIN 窗口简介

SUSTAIN 具有单独的操作平台,也可以在 ArcGIS 9.3 中运行。本实验介绍的是在 ArcGIS 中的模型窗口。

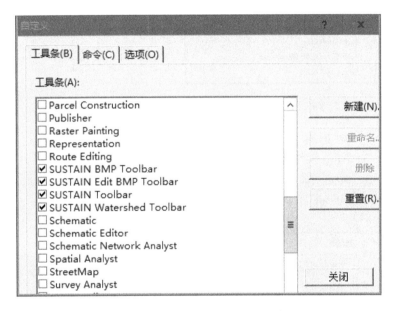

图 2-13 ArcMap 中的"自定义"窗口

SUSTAIN 软件安装后,打开 ArcMap 操作界面,点击任务栏的"自定义"—"自定义",找到"SUSTAIN BMP Toolbar""SUSTAIN Edit BMP Toolbar""SUSTAIN Toolbar"和"SUSTAIN Watershed Toolbar"4 个选项,并勾选(图 2-13),页面将会自动弹出"SUSTAIN"工具条(图 2-14)。

SUSTAIN 工具条包括一系列下拉菜单和功能键(图 2-14)。下拉菜单中有数据输入、土地模拟、BMP 设置、汇水区定义等基本的操作步骤;工具条中还有 BMP 模拟、径流路线设置、时间序列等快捷选择图标。点击"SUSTAIN"下拉菜单中的"About SUSTAIN",选择"Help",会弹出 SUSTAIN 具体操作的应用指南;在 Data Management 中加载好 GIS 处理好的数据后,就可以选择 SUSTAIN 菜单中的相关功能进行模拟(具体操作过程参见实验 17)。

图 2-14 "SUSTAIN"工具条中的"SUSTAIN"工具下拉菜单

BMP Siting Tool 内置于 ArcGIS 10.1 及以上版本内,作为单独模块运行。软件安装完成后,打开 ArcMap 操作界面,点击任务栏的"自定义"—"自定义模式",找到"BMP Siting Tool"选项并勾选(图 2-15),便可启动"BMP Siting Tool"模块,页面将会自动弹出模块"BMP Siting Tool"工具条(图 2-16)。

图 2-15 自定义模式

BMP 的选址工具条主要由 4 个部分组成:Data Management（数据管理）、Select BMP Types（BMP 类型选择）、BMP Siting Criteria（BMP 参数设置）和 Help（帮助）。实验基础数据在 GIS 中处理完成后,可运用数据管理工具输入进模型,然后进行 BMP/LID 类型的选择和参数的设置,即可运行（具体操作过程参见实验 17）。

图 2-16 BMP 选址工具条

2.5 激光雷达数据处理软件简介

激光雷达,英文全称为 Light Detection And Ranging,简称 LiDAR,即光探测与测量,是一种集激光、全球定位系统（GPS）和惯性导航系统（INS）3 种技术于一身的系统,可以获取高精度的三维点云数据并进而能够生成高精度的 DSM（数字表面模型）与 DEM（数字高程模型）数据。激光雷达测距精度可达厘米级,其最大的优势就是"精准"和"快速、高效作业",目前已被广泛应用于建筑测绘、三维城市建模、林业等众多领域。

激光雷达遥感技术始于 20 世纪 80 年代,是一种主动式遥感技术。按照三维激光扫描技术运行平台的不同,可将其分为 3 类:机载型激光扫描仪（ALS）、地面型激光扫描仪（TLS）、手持型激光扫描仪。

目前,国际上常用的点云数据处理开源软件有 CloudCompare、Lastools、BCAL LiDAR tools、FUSION 等,收费软件有奥地利的 Riscan pro、德国的 Leica Cyclone 等;国产点云处理软件主要有北京数字绿土开发的 LiDAR360、武汉海达数云开发的 HD 3LS SCENE 等。

本书将主要介绍 CloudCompare 和 LiDAR 360,该章节将对这两款软件做简要介绍,而这两款软件的具体操作步骤,请参见实验 3 的 3.5。

2.5.1 CloudCompare 2.10 简介

1) CloudCompare 2.10 简介

CloudCompare 软件为一款完全免费的开源软件,拥有强大的点云显示和处理功能（包括点云数据的可视化编辑,点云数据的处理与编辑,点云数据的测量与裁切等）,其开源性为用户提供了广阔的自由平台。本书使用 CloudCompare 2.10 版本进行实验的操作介绍。

2) CloudCompare 软件的数据格式

CloudCompare 2.10 版本支持的数据格式达 36 种,可以输出的数据格式有 21 种,几乎包括所有常见的点云格式（表 2-10）。我们常用的点云数据格式为 LAS1.2 或 LAS1.3。

3) CloudCompare 2.10 窗口简介

点击 Windows 任务栏的"开始"按钮,找到"所有程序"—"CloudCompare 文件"—"CloudCompare",点击可启动 CloudCompare 2.10,程序会自动弹出 CloudCompare 2.10 主界面（图 2-17）;或者通过直接双击桌面上的"CloudCompare 2.10"图标来启动该软件。

表 2-10 CloudCompare 2.10 常用的数据格式

支持输入数据格式	Bin(bin),Las cloud(las,laz),ASCII cloud(txt,asc,neu,xyz,pts),E57(e57),PTX(ptx),FARO(fls,fws),DP(dp),PCD(pcd),PLY(ply),VTK(vtk),STL(stl),OBJ(obj),OFF(off),FBX(fbx),SHP(shp),CSV(csv)等
支持输出数据格式	Las(las,laz),ASCII cloud(txt,asc,neu,xyz,pts),PLY(ply),Bin(bin),E57(e57),SHP(shp)等

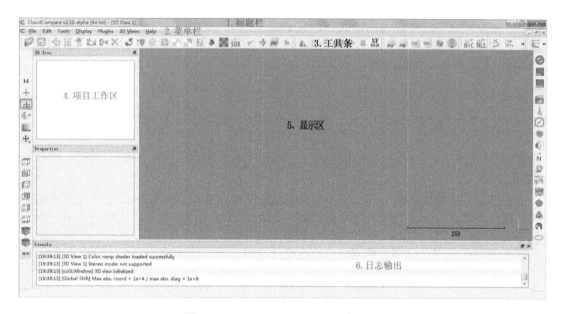

图 2-17 CloudCompare 2.10 主界面

CloudCompare 2.10 的主界面主要由"标题栏""菜单栏""工具条""项目工作区""显示区""日志输出"6个窗体组成,各自相互独立,均可以调整大小和位置(图 2-17)。

菜单栏(Menu Bar)由"File"(文件)、"Edit"(编辑)、"Tools"(工具)、"Display"(显示)、"Plugins"(插件)、"3D Views"(3D 视图)、"Help"(帮助)7个菜单组成,每一个菜单的主要功能见表 2-11;工具条中共有 42 个图标,这些图标的功能见表 2-12。项目工作区主要是显示用户数据、工程以及数据属性(点云数量、剪切板、格式转换等)的区域。显示区能够将点云数据可视化展现出来。日志输出展现用户使用软件的操作记录。

表 2-11 CloudCompare 2.10 图标面板菜单栏主要功能简介

菜单条	菜单主要功能简介
File(文件)	打开、保存文件;设置最大绝对坐标、最大实体对角线;改变原始点云的形状以及软件退出
Edit(编辑)	克隆选中点云;合并点云、网格;采集原始点云的子样本;调整点云显示颜色等
Tools(工具)	包含多种工具可实现点云的信息提取,如点云距离;计算统计分布等功能
Display(显示)	包含切换视图模式以及影像旋转;各种显示设置;调整缩放比例;工具栏显示设置等

续表 2-11

菜单条	菜单主要功能简介
Plugins(插件)	包含多种点云数据处理的实用性插件
3D Views(3D 视图)	包含创建与关闭 3D 视图;共享所有 3D 视图之间的显示空间以及以串联的方式排列所有 3D 视图等功能
Help(帮助)	包含帮助文档、插件信息与软件版本信息的介绍

表 2-12 CloudCompare 2.10 图标面板工具条部分图标简介

板块	图标	主要功能
数据加载		依次为打开、保存数据
显示工具		依次为左视图、前视图、底视图、后视图、顶视图、右视图、前等距视图、后等距视图、启用立体模式
操作工具		依次为选点工具、选点列表、根据选择的点追踪一条多段线、缩放和中心选择、设置枢轴可见性、设定当前检视模式、选择三个点来形成点云或网格

2.5.2 LiDAR360 简介

1) LiDAR360 软件简介

北京数字绿土科技有限公司自主研发的 LiDAR360 软件,是激光雷达数据处理与分析的全流程软件平台,涵盖原始数据解算、航带拼接、点云校正、去噪、滤波、分类、编辑等基础功能,支持 DEM、DOM、DSM、单体三维模型等标准产品生产,内嵌 LiMapper、LiForest、LiPowerline 等航测、林业、电力行业应用扩展模块。得益于开放式插件架构,LiDAR 360 既能开箱即用,又支持无限扩展的 LiDAR 数据处理和分析,为用户提供广阔的自由定制空间。

本书使用 LiDAR360 V2.1 版本进行实验的操作介绍。

2) LiDAR360 软件的主要功能

LiDAR360 软件具有强大的点云处理功能,包括海量点云数据可视化,丰富的点云处理与编辑工具,便捷的航带拼接功能,点云的测量、转换、去噪、归一化、裁切等操作工具,其主要功能见表 2-13。

表 2-13 LiDAR360 软件主要功能简介

功能	简介
去噪	消除数据采集过程中由于空气中的粗大颗粒、低飞的飞行物如鸟类等的影响而带来的高空噪点和测量中的多路径效应带来的低空噪点
滤波	将点云中的地面点与非地面点分离出来的过程
分类	进一步将非地面点分成不同的目标物,如植被、建筑物、道路等
点云可视化	多种显示模式下的高密度点云数据高性能数据可视化
航带拼接功能	基于严密的几何模型自动匹配不同航带的数据,支持自动计算,实时显示拼接结果
地形产品	生成数字高程模型(DEM)、数字表面模型(DSM)、等高线、断面图等产品

续表 2-13

功能	简介
数据格式转换	格式转换包含转换为 LiData、转换为 LAS、转换为 ASCII、转换为栅格、转换为 Shape、转换为 DXF、图像转换为 LiModel、转换为带纹理的 LiModel、LiModel 转换为图像、转换栅格为 ASCII 等
归一化	可去除地形起伏对点云数据高程值的影响
林业单木分割	使用 CHM 或点云分割算法分割单木，获取单木位置、树高、冠幅、胸径等属性
林业统计	用于提取森林郁闭度、叶面积指数、间隙率等林业参数，并生成用于回归分析的激光雷达高度和强度统计变量

3）LiDAR360 软件的数据格式

LiDAR360 V2.1 版本支持的数据格式达 20 多种，可以输出的数据格式有 9 种，几乎包括所有常见的栅格数据和矢量数据格式（表 2-14）。

表 2-14 LiDAR360 常用的数据格式

支持输入数据格式	LiData、Las cloud(las,laz)、ASCII cloud(txt,asc,neu,xyz,pts,csv)、Image(tif,jpg)、Vector(shp)、Model(LiModel,LiTin)、PLY clould(ply)、Table(csv)、OSG data(osgb,ive,desc,obj)等
支持输出数据格式	Las cloud(las,laz)、ASCII cloud(txt,asc,neu,xyz,pts,csv)、PLY clould(ply)等

目前，我们通常使用的 LAS 格式为 1.2，该格式文件由 3 个部分组成：公用文件头区、变长纪录区和点数据纪录区（图 2-18）。公用文件头区纪录的是工程 ID、采集日期、生成方式、点个数、使用坐标系、比例尺因子和坐标偏移量、最值等基本信息；变长纪录区的长度是灵活可变的，用来纪录数据的投影信息、元数据和用户自定义信息等；点数据纪录区包含了数据点的三维坐标、点分类及回波强度信息等。

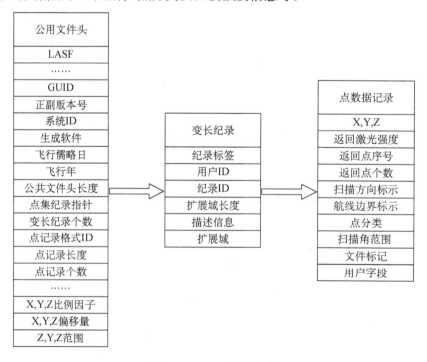

图 2-18 LAS 数据格式

4) LiDAR360 窗口简介

点击 Windows 任务栏的"开始"按钮,找到"所有程序"—"LiDAR360 文件"—"LiDAR360",点击可启动 LiDAR360,程序会自动弹出 LiDAR360 主界面(图 2-19);或者通过直接双击桌面上的"LiDAR360"图标来启动 LiDAR360 软件。

LiDAR360 的主界面主要由"标题栏""菜单栏""工具条""项目工作区""显示区""工具箱""日志输出"7 个窗体组成,各自相互独立,均可以调整大小和位置(图2-19)。我们可以通过点选菜单栏中的"Display(显示)"—"Language(语言)"—"Chinese(中文)",实现软件语言的切换。

菜单栏由"文件"(File)、"航带拼接"(Strip Alignment)、"数据管理"(Data Management)、"统计"(Statistics)、"分类"(Classify)、"地形"(Terrain),"机载林业"(ALS Forest)、"电力线"(Power Line)、"地基林业"(TLS Forest)、"矢量编辑"(Vector Editor)、"窗口"(Viewers)、"显示"(Display)、"视图"(Windows)、"帮助"(Help)等菜单组成,每一个菜单的主要功能见表 2-15。

工具条中主要分为 6 个功能区,共有 31 个图标,这些功能区和图标的具体功能见表 2-16。项目工作区主要是显示用户数据以及工程的区域,按照数据格式主要分为点云、栅格、矢量、表格、模型板块。工具箱将菜单栏中较为常用的板块罗列出来以方便用户使用。显示区能够将点云数据可视化展现出来。日志输出主要展现用户使用软件的相关操作记录。

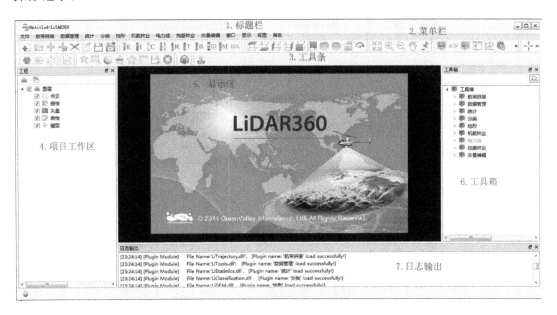

图 2-19　LiDAR360 2.1 中文版主界面

表 2-15　LiDAR360 2.1 版本菜单栏主要功能简介

菜单	菜单主要功能简介
文件(File)	新建工程、打开工程、加载合并点云数据以及保存工程等
航带拼接(Strip Alignment)	机载点云数据的拼接,以及拼接精度调整等

续表 2-15

菜单	菜单主要功能简介
数据管理（Data Management）	包含点云工具、栅格工具、裁剪、格式转换、提取等功能，实现对点云数据的预处理等工作
统计（Statistics）	可以实现格网统计与体积统计
地形（Terrain）	可实现数字高程模型、数字表面模型、冠层高度模型的生成等功能
分类（Classify）	包含将点云数据中的点按不同类别或高程划分开来的功能
机载林业（ALS Forest）	包含机载林业中常见的参数（高度变量、叶面积指数等）提取以及单木分割等功能
电力线（Power Line）	包含杆塔位置标记、样本训练、基于杆塔位置切档、电力线和杆塔自动分类、危险点检测和报告生成等功能
地基林业（TLS Forest）	包含地面点滤波以及单木分割等功能
矢量编辑（Vector Editor）	完成数据的矢量编辑
窗口（Viewers）	实现窗口的平铺、层叠和新建窗口等
显示（Display）	更改显示区的显示设置以及语言的转换
视图（Windows）	调整工具条中的工具图表
帮助（Help）	激活 License 与关于产品介绍

表 2-16　LiDAR360 图标面板工具条图标简介

板块	图标	功能
数据加载		加载/移除/保存数据或者工程
数据可视化		按高度、强度、类别、RGB、GPS 时间、混合显示、树 ID 显示、组合显示模式、EDL 显示
显示工具		依次为顶视图、底视图、左视图、右视图、前视图、后视图、前等距视图、后等距视图、设置投影方式、点选旋转中心
操作工具		依次为全局显示、放大、缩小、平移、转到
设置工具		依次为屏幕截图、交叉选择、屏幕联动、卷帘、设置点大小与类型、显示设置、相机设置、2D 显示、3D 显示
量测工具		依次为单点选择、多点选择、长度量测、面积量测、角度量测、高度量测、体积量测、点密度量测
其他功能		依次为显示模型、显示三角网、显示点、剖面图、多边形选择、矩形选择、球形选择、反选、内裁切、外裁切、保存裁切、取消裁切、校正、批处理

2.6 无人机数据处理软件简介

无人机(Unmanned Aerial Vehicle,UAV),是指通过无线电遥控装置或自驾自控装置操控的、执行飞行及其他任务的非载人飞行器,主要包括固定翼无人机、无人驾驶直升机和无人驾驶飞艇等。近年来,随着相关技术的发展,"无人机+"的概念得到各个行业的广泛认可。地形图修测、警用安防、灾情监测、消防救灾、环境检测、新闻报道、农林植保等领域均有无人机的参与。

为了精准掌握城市局部地区的具体情况,可以利用飞行高度较低且行动灵活的轻小型多旋翼无人机和无人直升机进行低空遥感测绘,通过相机等设备收集图像、视频等直观信息。无人机低空遥感技术也适用于违章建筑监管及城市环境监测等领域。相比传统的手段,无人机具有几个明显的优势,如高机动性、高分辨率(可达厘米级)、低成本等。另外,无人机起降方便,可根据任务随时起飞,并可执行有人飞机不宜执行的任务,能在特殊环境下快速及时且安全地获得地面信息。目前,无人机在城市规划中的作用逐渐受到重视,已成为中小尺度城市规划的重要数据来源。

随着无人机低空遥感技术的快速发展和迅速普及,许多机构开发了多款无人机数据处理软件,应用较多的软件有 PhotoScan Pro、Pix4D mapper、PhotoMetric 等。相对于 Pix4D mapper 来说,PhotoScan Pro 更加专业一些,在数据预处理阶段可以对相机参数等进行校正,支持多光谱数据的处理,能够对生成的点云数据进行处理(例如生成地面点、分类、根据掩模或颜色提取点云等操作)。Pix4D mapper 相比 PhotoScan Pro 的优势在于其操作更简单一些,并提供云处理服务,无须在本机进行数据处理,且多了根据 DEM 生成等高线及 TIN 的功能。

本书使用 PhotoScan Pro V1.4.2 版本进行实验的操作介绍。

2.6.1 PhotoScan Pro 简介

PhotoScan Pro 是一款基于最新计算机多目视觉影像三维重建技术的影像自动处理软件。该软件在应用时无须设置初始值,无须相机检校和控制点数据,就可以对具有影像重叠的照片进行处理;也可以通过给予的控制点生成真实坐标的三维模型。无论是航摄像片还是高分辨率数码相机拍摄的影像,都可以使用该软件进行处理。整个工作流程无论是影像定向还是三维模型重建过程都是完全自动化的。具体来说,PhotoScan Pro 软件能够支持倾斜影像、多源影像、多光谱影像及多航高、多分辨率影像等各类影像的自动空三(即空中三角测量,是根据少量的野外控制点,在室内进行控制点加密,求得加密点的高程与平面位置的测量方法)处理;具有影像掩模添加、畸变去除等功能,能够顺利处理非常规的航线数据或包含航摄漏洞的数据;同时它还支持多核、多线程 CPU 运算,支持 GPU 加速运算,支持数据分块拆分处理,高效快速地处理影像大数据。

2.6.2 PhotoScan Pro 窗口简介

点击 Windows 任务栏的"开始"按钮,找到"所有程序"—"Agisoft"—"Agisoft PhotoScan Professional",点击可启动 PhotoScan Pro,程序会自动弹出 PhotoScan Pro 主界面(图 2-20);

或者通过直接双击桌面上的"PhotoScan Pro"图标来启动 PhotoScan Pro。

PhotoScan Pro 主界面的"图标面板"(Icon Panel)主要包括菜单栏和工具条两部分(图2-20)。菜单栏主要包括"File"(文件)、"Edit"(编辑)、"Workflows"(工作流)、"Model"(模型)、"Photo"(相片)、"Ortho"(正射)、"Tools"(工具)、"Help"(帮助)等菜单，每一个菜单的主要功能见表2-17。工具条中共有7个功能区，这些功能区和图标的具体功能见表2-18。

另外，PhotoScan Pro 主界面中还包括"Workspace""Model"及"Photos"3个窗体，各自相互独立，均可以调整大小和位置(图2-20)。

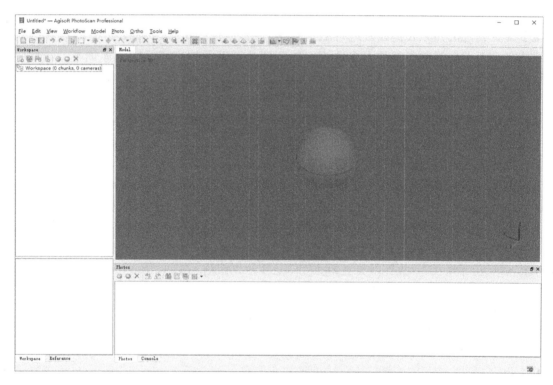

图2-20　PhotoScan Pro 主界面

表2-17　PhotoScan Pro 图标面板菜单栏主要功能简介

菜单	菜单主要功能简介
File(文件)	进行工程项目文件的新建与读取，导入及导出功能
Edit(编辑)	对软件操作进行撤销与恢复操作，及对选中的要素进行操作
Workflows(工作流)	完成照片的导入与对齐，生成密点云、格网、纹理、DEM 以及正射影像的功能
Model(模型)	对 Model 窗口中显示的要素进行设置，可对窗口内显示内容进行测量，并新建点线面要素
Photo(相片)	对项目中的单张照片进行编辑，选择及新建点线面要素
Ortho(正射)	对生成的 dem 或正射影像进行编辑，选择及新建点线面要素
Tools(工具)	对 Workflows 中生成的数据进行参数设置及初步处理，可设定相机参数及对波段进行设置
Help(帮助)	打开帮助文档及检查更新

表 2-18 PhotoScan Pro 图标面板工具条图标简介

图标	主要功能
	新建、打开与保存项目
	撤销与恢复操作
	对 Model 窗口进行移动、旋转、新建要素、测量等操作
	删除与裁剪所选择的内容
	放大、缩小、重置视图
	改变 Model 窗口的可视化模式
	选择在 Model 窗口中显示的要素，相机位置、形状、标记、图像等

2.7 大数据分析软件简介

当今，社会生活方方面面都在迅速数据化。在互联网浪潮推动下，搜索引擎、电子商务、定向广告等建立在海量数据之上的互联网应用取得了巨大成功，这启发人们去重新审视数据的价值。2011 年 5 月，麦肯锡全球研究院（McKinsey Global Institute）发布了研究报告《大数据：创新、竞争和生产力的下一个前沿领域》(*Big Data, The Next Frontier for Innovation, Competition, and Productivity*)；2012 年 1 月在瑞士达沃斯举行的世界经济论坛上，发布了题为《大数据，大影响》(*Big Data, Big Impact*) 的报告；2012 年 3 月，美国政府在白宫网站上发布了《大数据研究和发展倡议》(*Big Data Research and Development Initiative*)。这些研究报告与倡议都指出了在当前数据大爆炸的时代中数据本身所蕴含的巨大战略价值，全球迅速兴起一股大数据研究的热潮。

大数据为城乡规划中的空间分析提供了新的研究视角与分析方法，将会逐渐变革城乡规划研究的范式。在城市与区域规划中，利用大数据技术对自然、生态、环境、气象、水文等自然信息和经济、社会、文化、人口、交通等人文社会信息的深入挖掘，可以为城乡规划提供强大的决策支持，并提高城乡规划的科学性和前瞻性。

国外对大数据在城市规划上的应用已经开展了许多积极的探索。例如，《伦敦 2062》(*Imagining the Future City: London 2062*) 通过 Oyster 交通卡、地铁运行和公共自行车 GPS 等数据分析公共交通流；通过对出租车记录、打的软件和 Twitter 记录等数据分析城市网络簇群的空间分布。通过这些大数据的分析，《伦敦 2062》深入地研究了伦敦的流动空间 (Bell, 2013)。目前，国内已有不少学者使用微博、手机信令、公交与出租车 AVL (Automatic Vehicle Location)、百度热图数据等进行城市居民的时空行为与城市流的空间结构研究等（甄峰等，2012；关志超，2012；龙瀛等，2013；秦萧等，2013），初步展示了大数据在城市与区域规划研究中的具体应用，对推动城市与区域规划空间分析方法的变革具有重要的意义。

目前，在网络开放大数据的抓取、存储、分析、展示、制图等方面使用比较多的软件平台有 Python、R、SAS、JAVA、Hadoop、Google Earth Engine 等。

本书主要对 Python 和 Google Earth Engine 软件做简要介绍。

2.7.1 Python 简介

1) Python 简介

Python 是由荷兰人吉多·范·罗苏姆(Guido van Rossum)于 1989 年开发的一种面向对象的解释型计算机程序设计语言，1991 年第一个公开发行版发行。作为跨平台、开源免费、编写效率高的高级解释型编程语言，Python 不仅在科学领域被大量应用于学术研究和应用研究，且在解决商业问题、编写游戏、创建 Web 应用程序等领域同样应用广泛。Python 是纯粹的自由软件，源代码和解释器 CPython 遵循 GPL(GNU General Public License)协议。

Python 的主要特性有以下几方面。①Python 的跨平台、可移植性和兼容性能均非常好，可以运行在 Linux、Window、Mac OS、OS/2 等多种计算平台和操作系统中。②语法简洁，通俗易学，支持内存自动回收特性。Python 建立之初的定位便是"优雅、明确、简单"，语法如英文般简洁明确，代码整洁美观，因此相较于其他编程语言如 C/C++、Java 等，Python 在完成同样的任务时包含的代码行更少且代码更易阅读、调试和拓展。Python 具有内存自动回收功能，使用者在编程时，无须关注程序运行过程中的内存管理。对于大多数人来说，编程仅是完成其他工作的工具而已，Python 语言简单、易学等特性能够使使用者更多地关注待解决问题的逻辑、思路，而无须花费大量精力关注语言本身和计算机的数据处理过程。③面向对象(Object-Oriented)，Python 顺应程序设计语言的发展趋势，支持封装(Encapsulation)、重载(Override)和多重继承(Multiple Inheritance)，程序易于移植。④拥有强大的模块和数据类型支持，Python 拥有完善的内置模块和第三方模块，如 os、re、json、PIL、Tkinter、SMTP、request、beautiful soup 等，使得文件处理、正则表达式、图像处理、数据爬取、网络连接等程序的编写相当容易，许多功能不必从底层开始编写，可以直接在现有的模块基础上编写，大大提高了开发效率。⑤运行速度较慢，由于 Python 是解释型的脚本语言，即代码在执行时要先翻译为机器码，而翻译过程非常耗时，故 Python 的运行速度较 C/C++缓慢，相同的程序如果采用 C 语言编写，运行时间可能仅为 0.001 秒，但采用 Python 编写则可能需要 0.1 秒，运行速度相差可达百倍。Python 语言运行效率低的特性使其不适合编写需大量计算的计算密集型任务，但非常适合涉及网络、磁盘任务的 IO 密集型任务，如网络数据的爬取。

Python 与主流的 GIS 软件如 ArcGIS、QGIS 等深度集成。以 ArcGIS 为例，ESRI 已经将 Python 完全纳入 ArcGIS 中。ArcGIS 10.x 提供 Python 2 编写的 ArcPy 模块，实现了数据访问、空间数据处理与分析、自动化制图、自定义脚本工具构建、工具条开发等功能。类似地，QGIS 同样有 PyQGIS 模块，以支持 QGIS 插件开发、空间数据处理与分析等功能。当 GIS 软件的现有工具箱工具实现不了待解决问题、存在流程化的需求或存在批处理需求时，Python 可以灵活快速地帮助使用者实现需求，感兴趣的读者可进一步了解相关模块的具体使用方法。

Python 从诞生之初便受到许多领域的青睐，在众多领域应用广泛。①图形处理：Python 有 PIL、Tkinter、wxPython、QT 等图形模块支持，可以方便地进行图形处理，开发 GUI(图形用户界面)应用程序。使用者可以很方便地创建完整、功能健全的 GUI 用户界面。②科学计算、数据分析与数据挖掘：Python 的 Numpy 模块支持高性能科学计算和数据分析，处理矩阵的运算非常高效；Pandas 纳入大量标准数据模型、提供高效快速操作大型数据集的工具；Scipy 则致力于科学计算中常见问题的各个工具箱，如插值、积分、特殊函数等，是高级的科学计算库。③数据库编程：使用者可通过 Python DB - API（数据库应用程序编程接口）规范模块与 Microsoft SQL Server、Oracle、MySQL 等主流数据库通信。此外，Python 自带 Gadfly 模块，提供完整的 SQL 环境。④游戏应用：随着游戏产业的兴起，Python 开始越来越多地涉足游戏领域，Pygame 是 Python 开发游戏的模块，具体可参考 http://www.pygame.org。⑤嵌入式科学：Python 可嵌入 C/C++ 程序，联结使用 C/C++ 语言制作各种模块，其高于 Java、C/C++ 的代码复用能力使其在嵌入式科学领域发展迅速，如机器人、无人机项目。⑥自然语言处理(NLP)：Python 强大的功能可辅助 NLP 领域的热门话题——语义分析和情感分析。如 NLTK、Pattern 等模块能实现文本分类、文本摘要提取、文本相似度、文本聚类等等文本分析功能以及相关的机器学习算法，辅助语料库语言学学者的研究，拓展语料库语言学研究思路。

2) Python 的编辑与运行环境

Python 目前有两个不同的版本：Python 2 和较新的 Python 3，两个版本差别较大，且 Python 3 部分代码不兼容 Python 2。目前，由于 Python 3 对一些比较好用的库的支持还不够好，本书以 Windows 平台下的 Python 2 来进行简要介绍。

首先，在 Windows 环境下使用 Python 需要搭建开发环境，即在 Python 官网（https://www.python.org/）上下载相应的 msi 安装包。下载成功后，双击安装包开始进行程序安装，需要勾选"Add python.exe to Path"（图 2 - 21）。然后，点击"Next"按钮，安装结束后，将弹出安装成功画面（图 2 - 22）。点击"Finish"按钮，完成 Python 的安装。安装成功后，在安装目录下打开 IDLE(Python Integrated Development Environment)，便可在 IDLE 环境下直接运行 Python 语句（图 2 - 23）。此外，还可以将完整的代码写成.py 脚本（图 2 - 24），点击"F5"运行代码。至此，最简单的 Python 开发环境便搭建完成。

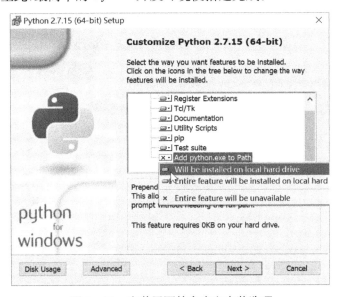

图 2 - 21　安装画面的自定义安装选项

图 2-22 Python 2.7.15 安装成功画面

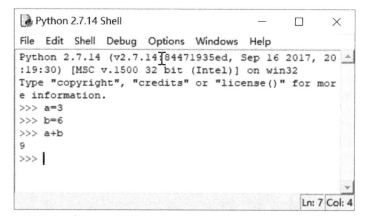

图 2-23 直接在 Python 的 IDLE 中运行代码

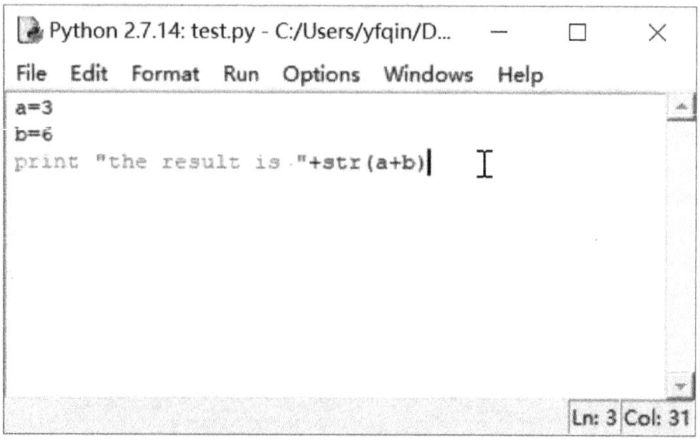

图 2-24 编写的脚本

3) Python 使用基础

(1) 数据类型与结构

Python 能够直接处理的数据类型有整数（如-1、100 等）、浮点数（如 1.23、-9.02 等）、字符串（如'abc'、"I'm fine"等）、布尔值（Ture 和 False）、空值（None）。Python 拥有 4 个内置的数据结构，即 List（列表）、Tuple（元组）、Dictionary（字典）以及 Set（集合）。

以最常用的 List 为例做简要介绍。List 是一种有序、可变的集合，可以随时添加和删除其中的元素，用方括号表示，如图 2-25 中变量 a 和 classmates 便是一个 List。List 的访问采用索引的方式（索引从 0 开始），索引值不能超过 List 中元素的数量即索引不可越界，否则程序将报错（图 2-26）。向 List 中添加元素可采用末尾追加元素〔.append()〕或向指定位置插入元素〔.insert(i, item)，i 是索引位置，item 是要添加的元素〕两种方式（图 2-27）。删除 List 中的元素可以采取删除末尾元素〔.pop()〕或删除指定位置元素〔.pop(i)，i 是索引位置〕两种方式（图 2-28）。

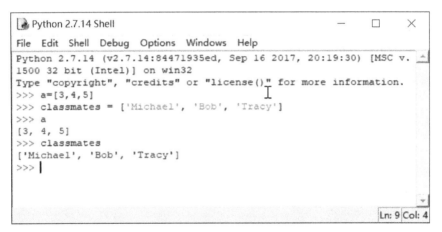

图 2-25　List 变量的创建

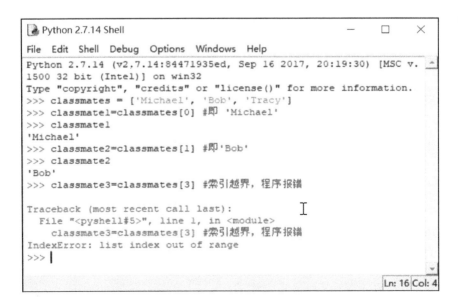

图 2-26　List 的访问

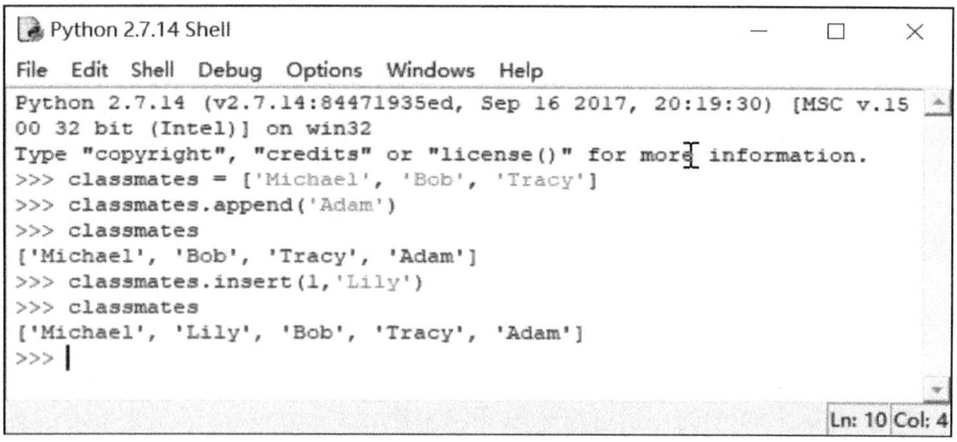

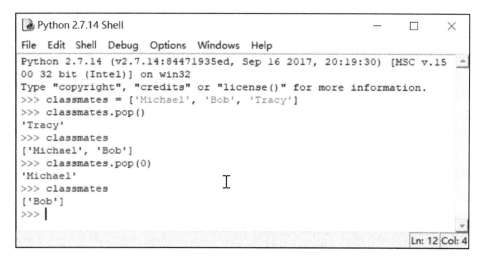

图 2-27 向 List 添加新元素

图 2-28 删除 List 中的元素

(2) 控制结构

顺序、选择、循环是所有编程语言的基本命令。Python 的选择判断语句如下：

条件1成立：
语句1
条件2成立：
语句2
语句3

Python 的循环同样是 for 循环和 while 循环(图 2-29)，其中 range(a,b)是左闭右开区间，a 为首项，b-1 为末项。

(3) 函数

Python 用 def 来自定义函数(图 2-30)。与一般编程语言不同的是，Python 的函数返回值可以是各种形式(如列表)，甚至返回多个值。

图 2-29　for 循环与 while 循环两种方式计算"1＋2＋…＋100"

图 2-30　函数定义

（4）面向对象

面向对象最重要的概念就是类(Class)和实例(Instance)。类是抽象的模板，而实例是根据类创建出来的具体对象，每个对象都拥有相同的方法，但各自的数据可能不同。Python 中定义类要通过"class"关键字，创建实例则通过类名＋()实现，"_init_"方法初始化对象的属性值。

例如，定义一个 Student 类，该类有姓名(name)和成绩(score)两个属性，有打印成绩〔def print_score(self)〕方法（图 2-31），进而创建 student1 和 student2 两个对象，分别访问其属性、调用其打印成绩的方法（图 2-32）。

图 2-31　Student 类构建

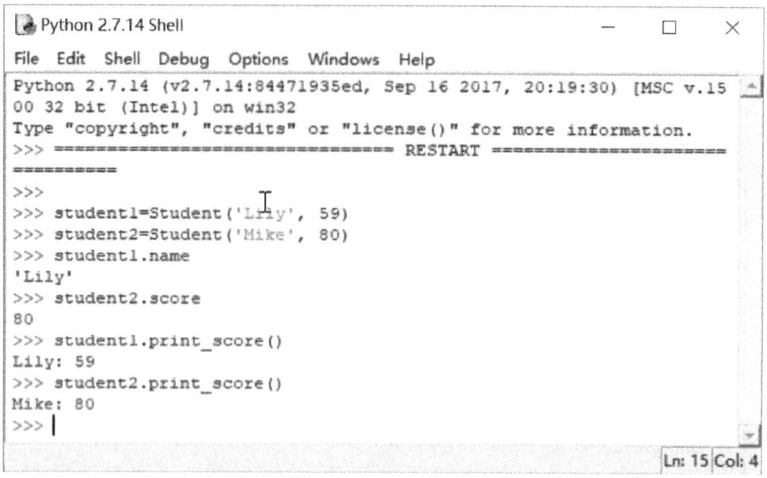

```
Python 2.7.14 Shell
File Edit Shell Debug Options Windows Help
Python 2.7.14 (v2.7.14:84471935ed, Sep 16 2017, 20:19:30) [MSC v.15
00 32 bit (Intel)] on win32
Type "copyright", "credits" or "license()" for more information.
>>> ================================ RESTART ================================
==========
>>>
>>> student1=Student('Lily', 59)
>>> student2=Student('Mike', 80)
>>> student1.name
'Lily'
>>> student2.score
80
>>> student1.print_score()
Lily: 59
>>> student2.print_score()
Mike: 80
>>>
```

图 2-32 实例化 Student 类

限于篇幅不能详细地展开 Python 的语法和使用，如果读者需要进一步了解 Python 或需要完成复杂的任务，请查阅相应的 Python 教程。

2.7.2 Google Earth Engine 简介

1）Google Earth Engine 简介

Google Earth Engine(GEE)是谷歌(Google)公司与卡内基梅隆大学和美国地质调查局共同开发的一个可以批量处理卫星影像和其他地球观测大数据的云计算平台。相比于 ERDAS、ENVI 等传统的遥感影像处理软件，GEE 可以快速、批量处理数量"巨大"的影像数据(免费在谷歌云上运算，处理能力强大，同时云端 GEE 采用的是 JS 编程，学习成本比较低)，通过相关算法获取大尺度的土地利用变化、NDVI 指数、水体指数等，在全球气候与环境变化检测、土地利用动态变化分析等众多领域具有很大的发展潜力，代表了未来地球观测大数据分析处理的发展趋势。

目前，根据官方统计，GEE 包含的数据集超过 200 个公共的数据集，超过 500 万幅影像，每天增加大约 4 000 幅影像的数据量，容量超过 5PB。我们经常使用的 GEE 数据集有：①Landsat 4、Landsat 5、Landsat 7、Landsat 8；②Modis；③Terrian；④Land Cover；⑤Atmospheric 等。

GEE 不仅提供了在线的 JavaScript API，同时也提供了离线的 Python API。通过这些 API 可以快速地建立基于 Google Earth Engine 以及 Google 云的 Web 服务。GEE 地址：https://code.earthengine.google.com。GEE 文档地址：https://developers.google.com/earth-engine/。

在浏览器中输入网址 https://code.earthengine.google.com，打开 GEE 网页，Google Earth Engine 的"资源搜素框"包含两个功能，一是搜索位置(Search places)，二是搜索资源(Search datasets)(图 2-33)。我们在"资源搜素框"中输入想要查找的地理位置(例如"nanjing")，通过关键字搜索可以快速定位到我们想要找的地点"南京"(图 2-34)；我们也可在"资源搜素框"中输入想要查找的资源名称关键字(例如"landsat")，通过关键字搜索可以快速查询到我们想要找的"landsat"卫星数据资源(图 2-35)。

实验2 其他专业软件与模型简介

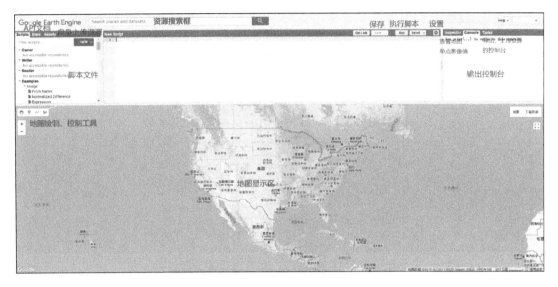

图 2-33 Google Earth Engine 界面说明

图 2-34 在"资源搜素框"中进行地理位置搜索

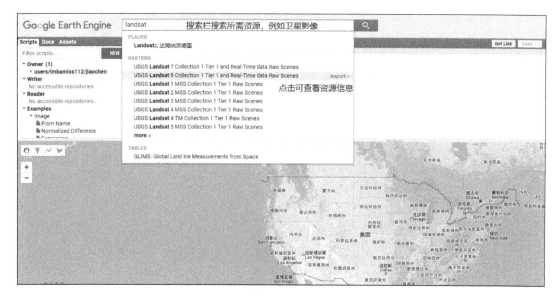

图 2-35 在"资源搜素框"中进行资源搜索

2) 应用案例:基于 Google Earth Engine 的南京地区土地利用分类

我们通过南京地区土地利用分类这一案例来了解一下基于 Google Earth Engine 的遥感数据在线解译与分析的基本操作。本案例利用 Google Earth Engine 自带的示范脚本中的 Classification 脚本对 landsat 影像数据进行土地利用类型的分类,并稍加修改后,分别获取南京地区 2000 年、2010 年、2017 年 3 个年份的土地利用分类数据。

首先,在"Scripts"界面找到"Classification",点击加载进入编辑区(图 2-36),由于 demo 中默认的代码是对旧金山地区进行分类,我们需要将分类训练数据更改为位于本例的研究区内。

在本例中,我们将利用 GEE 地图的添加标记功能,来进行分类训练数据的选择,并根据分类地区的具体情况,添加了农田(farmland)分类。利用 Google Earth 卫星图像进行目视解译获得的土地分类,添加不同属性的标记:

图 2-36 加载"Classification"脚本

(1) 将编辑区内原先默认添加的旧金山地区分类标记的代码删除,即有下划线的代码,或者将鼠标悬停在该部分,在弹出的按钮中点击"ignore"(图 2-37)。

(2) 在搜索栏中输入"南京",将地图定位至南京地区,并点击"卫星图像"按钮,将显示图层切换为卫星图像(图 2-38)。

(3) 在地图显示区点击地图工具"添加标记",在弹出的窗口中点击设置按钮(图 2-39),名字改为"urban",类型改为"FeatureCollection"(要素集),添加 Properties,属性

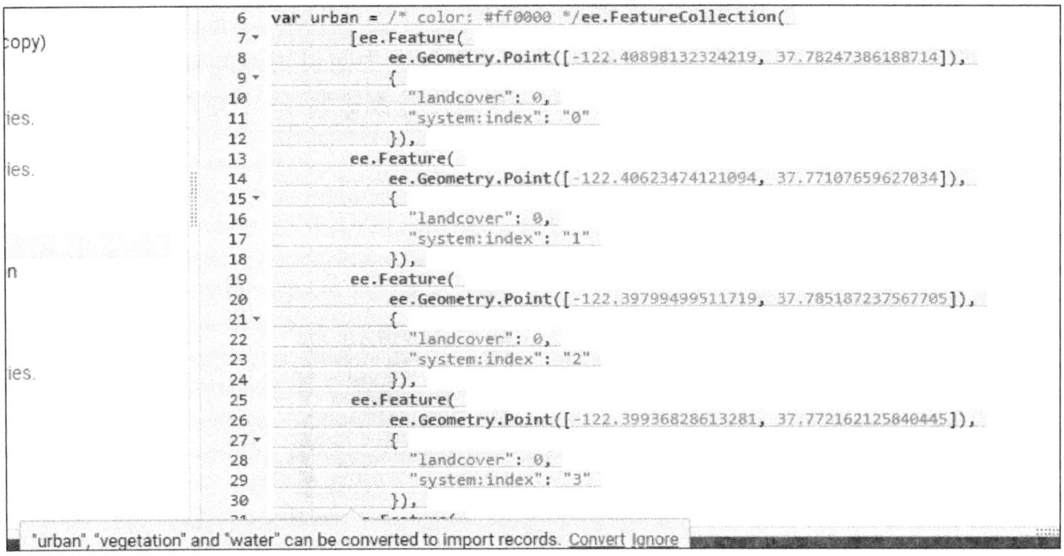

```
 6  var urban = /* color: #ff0000 */ee.FeatureCollection(
 7      [ee.Feature(
 8          ee.Geometry.Point([-122.40898132324219, 37.78247386188714]),
 9          {
10            "landcover": 0,
11            "system:index": "0"
12          }),
13      ee.Feature(
14          ee.Geometry.Point([-122.40623474121094, 37.77107659627034]),
15          {
16            "landcover": 0,
17            "system:index": "1"
18          }),
19      ee.Feature(
20          ee.Geometry.Point([-122.39799499511719, 37.785187237567705]),
21          {
22            "landcover": 0,
23            "system:index": "2"
24          }),
25      ee.Feature(
26          ee.Geometry.Point([-122.39936828613281, 37.772162125840445]),
27          {
28            "landcover": 0,
29            "system:index": "3"
30          }),
```

"urban", "vegetation" and "water" can be converted to import records. Convert Ignore

图 2-37 删除原始标记

图 2-38 将显示图层切换为卫星图像

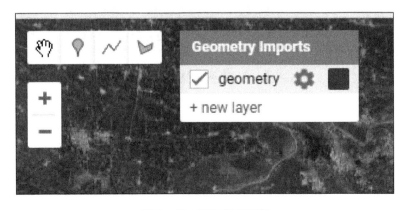

图 2-39 添加标记工具

名为"landcover",值为 0,并将颜色设置为红色(图 2-40)。设置完毕后点击"OK"按钮,回到卫星图像界面,此时左键点击卫星影像上目视解译为建设用地的地块即可设置标记,作为 urban 分类的训练数据(图 2-41),一般每个分类需要 30 个左右的标记点以进行分类训练。

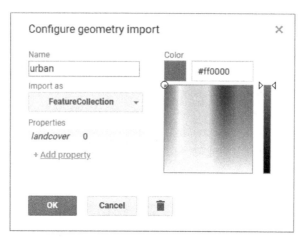

图 2-40 设置 urban 要素集

图 2-41 添加 urban 分类标记

将 urban 分类训练数据设置完成后,同理依次添加 vegetation、water、farmland 标记要素集,"landcover"属性值分别为"1、2、3",颜色一般分别为绿色、蓝色与黄色,当然也可根据需求进行更改。添加对应标记点后,即可完成 4 大分类训练数据的选取(图 2-42)。

然后,由于额外添加了 farmland(农田)分类,我们需要对原始代码进行一些改动。本例需要将原先 3 个分类的图层合并更改为 4 个分类的图层合并,并将输出图层功能代码改为输出 4 个分类的图层(代码如下所示)。

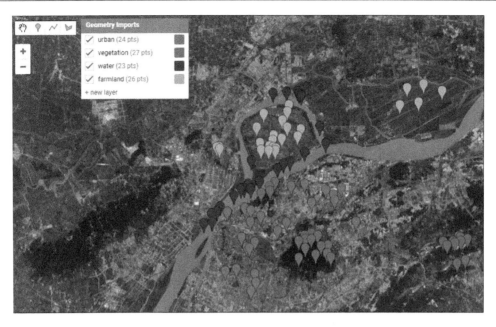

图 2-42 标记全部添加完成后的界面

//Merge the three geometry layers into a single FeatureCollection.
var newfc=urban.merge(vegetation).merge(water).merge(farmland);
//Classify the composite.
var classified=composite.classify(classifier);
Map.centerobject(newfc);
Map.add Layer (classified,{min:0,max:3,palette:['red','green','blue','yellow']});

最后,点击"Run"按钮,运行"Classification"程序脚本,可获得2017年南京地区的土地利用分类结果(图2-43)。

图 2-43　2017年南京地区土地利用分类结果

我们还需要获得 2000 年、2010 年南京地区的土地利用分类数据。在"Classification"脚本中我们不能只修改影像的时间,还需要修改数据源。因为我们 2017 年土地利用分类使用的数据是 landsat 8,其数据覆盖时间为 2013 年 4 月至现今,而 2000 年、2010 年的数据需要选择 landsat 5。我们通过在"资源搜素框"中搜索"landsat 5",并获得其对应的资源 ID(图 2-44)。将获得的资源 ID"LANDSAT/LT05/C01/T1"替换原脚本中 landsat 8 的资源 id*,并修改影像时间(代码如下所示)。

//Load the Landsat 8 scaled radiance image collection.
var landstatCollection = ee. Image Collection ('LANDSAT/LT05/C01/T1'). filterDate ('2000-01-01', '2000-12-31');

最后,点击"Run"按钮,运行"Classification"程序脚本,可获得 2000 年南京地区的土地利用分类结果(图 2-45),同理更改年份后可获得 2010 年结果(2-46)。

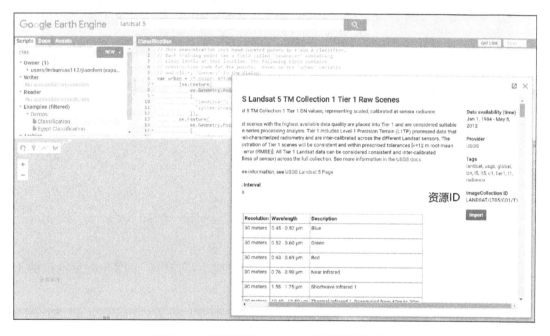

图 2-44 搜索到的 Landsat 5 的数据资源信息

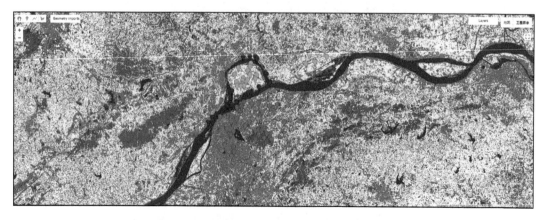

图 2-45 2000 年南京地区土地利用分类结果

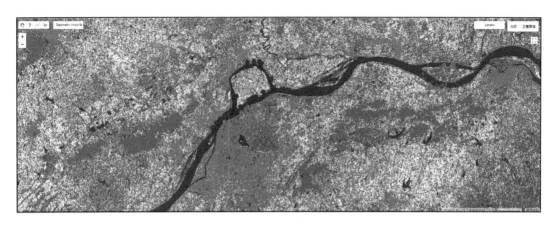

图 2-46　2010 年南京地区土地利用分类结果

至此,我们就获得了 2000 年、2010 年、2017 年 3 个年份南京地区的土地利用分类结果数据(当然,我们还可以选择更多时期的数据进行土地利用动态变化分析)。如果需要将分类结果数据进行存储,并用于将来进一步的分析处理,我们可以将解译获取的每个年份的分类数据通过点击"Import"按钮导入我们的资源列表,以便在之后快捷地调用这些数据(图 2-47)。

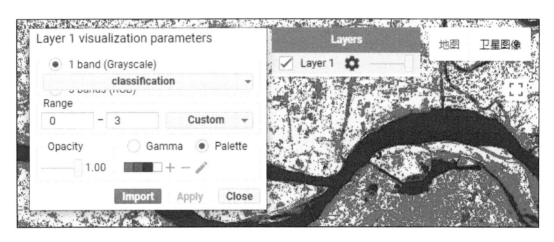

图 2-47　土地利用分类数据结果导入资源列表

2.8　实验总结

本试验主要介绍了自然生态环境分析(Fragstats、Graphab、ENVI-met)、海绵城市规划与评估(SWMM、SUSTAIN)等常用专业软件与模型的主要功能与基本组件。与此同时,本实验还简要介绍了激光雷达数据处理(CloudCompare、LiDAR360)、无人机数据处理(PhotoScan Pro)、城乡规划大数据分析(Python、Google Earth Engine)等数据分析处理软件的主要功能。本实验是后续实验学习的基础,也为城市与区域规划中综合使用这些软件提供了基础支撑。

表 2-19　本次实验主要内容一览

软件/程序	具体操作	页码
景观格局分析软件	(1) Fragstats 4.2.1 简介	P57
	(2) Graphab 2.2 简介	P61
城市微气候模拟软件	(1) ENVI-met 4.3.1 简介	P65
	(2) ENVI-met 4.3.1 窗口简介	P67
雨洪管理模型	(1) SWMM 5.1 简介	P68
	(2) SUSTAIN 简介	P71
激光雷达数据处理软件	(1) CloudCompare 2.10 简介	P75
	(2) LiDAR360 简介	P77
无人机数据处理软件	(1) PhotoScan Pro 简介	P81
	(2) PhotoScan Pro 窗口简介	P81
大数据分析软件	(1) Python 简介	P84
	(2) Google Earth Engine 简介	P90

第二篇
城乡规划数据获取与处理

"In God we trust, all others must bring data."——W. Edwards Deming
我们只信奉上帝,其他人都必须携数据而来。"——威廉·爱德华兹·戴明。

  中国的城乡规划研究与实践过去长期受制于数据获取手段的匮乏,基础数据高度依赖官方的国土数据、测绘数据、各主管部门的统计资料与官方发布的数据。在当前规划大数据快速发展的宏观背景下,城乡规划学科已成为一个数据高度依赖型的学科。真实、准确的数据已经成为我们开展各项规划工作的重要基础和依据。

  本篇主要介绍城乡规划数据获取与处理,主要包括城乡规划数据获取与预处理、地图数据的配准与数字化、遥感数据解译、地形制图与分析、基于 Esri CityEngine 的三维城市建模 5 个实验。这些实验通过 RS、GIS、GPS、Python 等技术与方法,获取了城乡规划的多源数据,并通过数据预处理、配准与数字化,构建了城乡规划空间数据库,为后续实验的分析奠定了数据基础。

  实验 3:城乡规划数据获取与预处理
  实验 4:地图数据的配准与数字化
  实验 5:遥感数据解译
  实验 6:地形制图与分析
  实验 7:基于 Esri CityEngine 的三维城市建模

实验 3　城乡规划数据获取与预处理

3.1　实验目的与实验准备

3.1.1　实验目的

通过本实验掌握使用 3S 技术(GIS、RS 和 GPS)与大数据方法(Python)获取规划研究区基础地理数据,并使用多种专业软件进行城乡规划多源数据预处理,为后续实验的分析提供数据基础和支撑。

具体内容见表 3-1。

表 3-1　本次实验主要内容一览

主要内容	具体内容
MODIS 与 DMSP/OLS 数据获取与预处理	(1) MODIS 数据获取与预处理
	(2) DMSP/OLS 夜间灯光数据获取与预处理
TM/ETM 数据获取与预处理	(1) TM/ETM 数据获取
	(2) TM/ETM 数据预处理
无人机数据获取与预处理	(1) 无人机数据获取
	(2) 无人机数据预处理
激光雷达数据获取与预处理	(1) 激光雷达数据获取
	(2) 激光雷达数据预处理
GPS 数据获取与预处理	(1) GPS 数据获取
	(2) GPS 数据预处理
DEM 数据获取与预处理	(1) DEM 数据获取
	(2) DEM 数据预处理
城乡规划大数据获取与预处理	(1) 城乡规划大数据(居住区数据)获取
	(2) 城乡规划大数据(居住区数据)预处理

3.1.2　实验准备

(1) 计算机已经预装了 Modis Swath Tool、ArcGIS 10.1 中文桌面版、ERDAS IMAGINE 9.2、LiDAR360、PhotoScan Pro 1.4.2、八爪鱼采集器、Python 2 或更高版本的软件。

(2) 本实验以南京市和上杭县作为规划研究区,请将实验数据 shiyan03 文件夹存放在 D:\data\目录下。

3.2 MODIS 与 DMSP/OLS 数据获取与预处理

3.2.1 MODIS 数据获取与预处理

1) MODIS 数据获取

MODIS(Moderate Resolution Imaging Spectrum-radiometer)传感器是 EOS(Earth Observing System)系列卫星中安装在 TERRA 和 AQUA 两颗卫星上的中分辨率成像光谱仪。MODIS 是当前世界上新一代"图谱合一"的光学遥感仪器,共有 36 个光谱通道,其中 1～19 通道和 26 通道分别为可见光和近红外通道,其余 16 个通道均为热红外通道;其中 2 个波段的空间分辨率为 250 m,5 个波段的空间分辨率为 500 m,另外 29 个波段的空间分辨率为 1 000 m;每 1～2 天对地球表面观测一次。MODIS 数据因具有光谱范围广、更新频率高等特点,在实时地球观测与应急处理(例如森林火灾监测)和地球科学的综合研究方面具有较大的应用价值。

首先,登录美国宇航局(NASA)戈达德宇宙飞行中心(Goddard Space Flight Center)网站(https://ladsweb.modaps.eosdis.nasa.gov/search/)查询并下载需要的 MODIS 数据(图 3-1)。

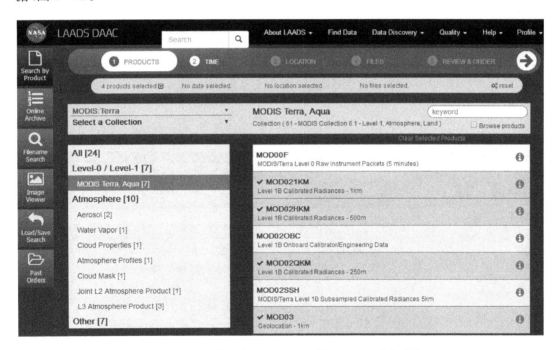

图 3-1 戈达德宇宙飞行中心网站与 MODIS 数据选取

本实验选取空间分辨率为 250 m、500 m 和 1 000 m 的 MOD02 数据,以及定标数据 MOD03(图 3-1)。我们假定数据检索时间设置为 2009 年 10 月 3 日,在"Coverage Selection(数据集)"中,勾选"Day"、"Night"和"Day-Night Boundary"(图 3-2)。在"Location"中的"Select Area of Interest"中选择"Enter Coordinates"即经纬度选项,并输入检索数据的空间范围(图 3-3,该数据范围涵盖了整个南京市)。然后,点击"FILES"

按钮进行数据检索,检索结果如图 3-4 所示。本实验选择卫星过境时间(02:00 和 02:05)的数据进行下载(图 3-5)。数据选择完毕并且已经登录网站,可以直接点击检索结果框右侧的"Download(下载)"按钮进行下载(数据存放在 D:\data\shiyan03\modis 文件夹下,共 8 个文件)。

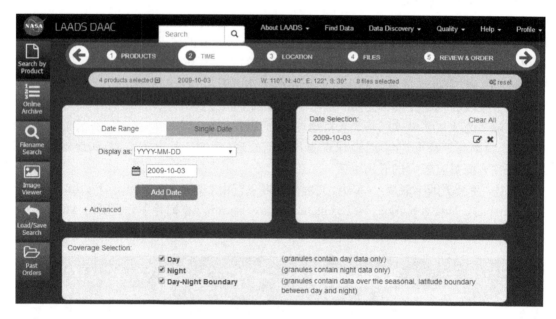

图 3-2 数据检索时间与数据集的设置

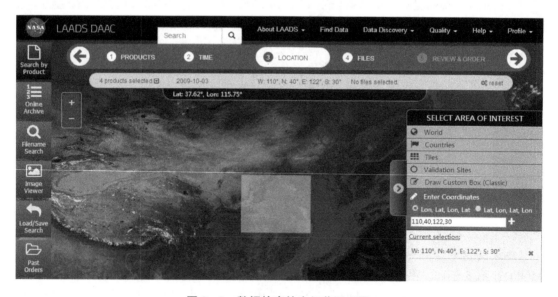

图 3-3 数据检索的空间范围设置

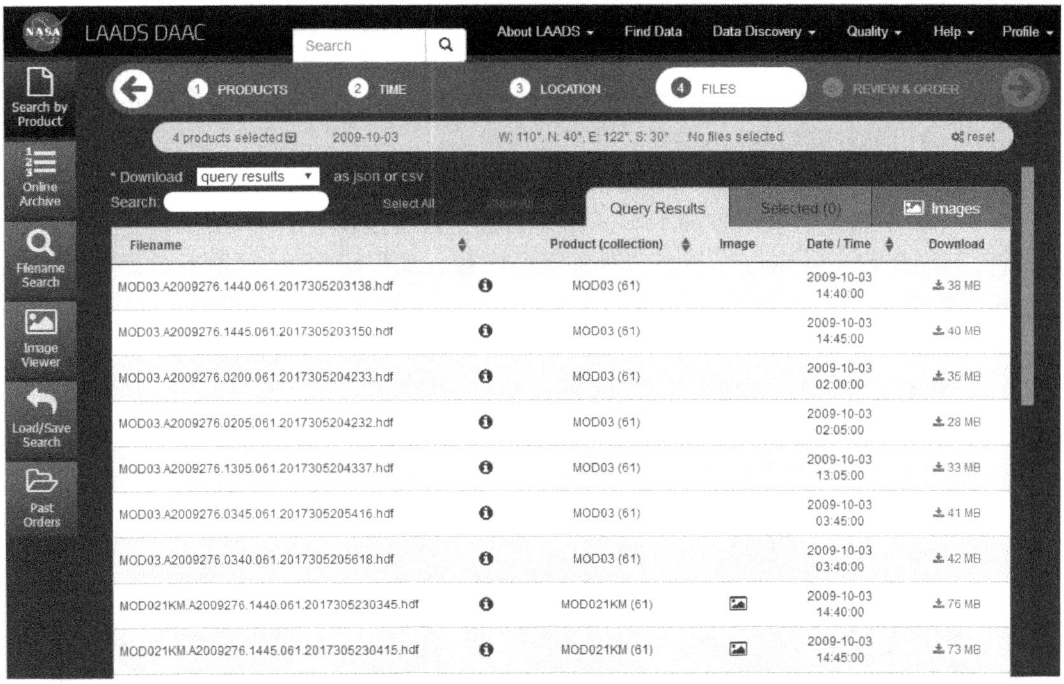

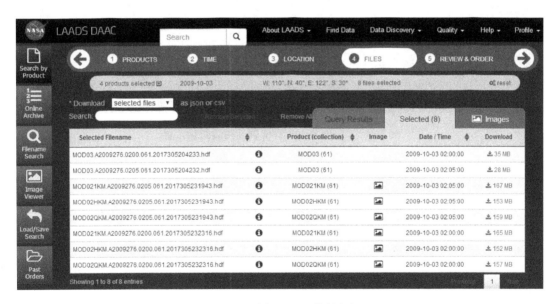

图 3-4 数据查询结果

图 3-5 选择需要下载的数据

2) MODIS 数据预处理

(1) MODIS 数据的几何校正

首先,安装 Modis Swath Tool 软件(安装包位于 shiyan03\modisswathtool 文件夹中)。该软件是 NASA 网站提供的对 HDF 格式 1B 数据进行几何精校正的工具,该软件使用 MOD03 数据对影像进行校正,处理速度快且使用简单方便。目前,The Land

Processes Distributed Active Archive Center(LP DAAC)网站上提供的是最新版本的 MODIS Reprojection Tool(MRT)Swath 软件(我们可以通过登录 LP DAAC 的官方网站 https://lpdaac.usgs.gov/tools/modis_reprojection_tool_swath,下载对应操作平台的 MRTSwath 软件安装包)。

本书仍使用 Modis Swath Tool 软件进行操作过程的演示。

➢ 步骤1:安装最新版本的 Java。如果电脑上已经预装了 Java,请检查是否存在版本过低、不符合 Modis Swath Tool 软件需要的问题。如果版本过低,请下载最新的适合自己电脑的 Java 进行升级安装即可。

➢ 步骤2:在 Windows 系统下启动 DOS 命令窗口,进入安装文件夹,并在目录下运行 install 脚本文件,进入安装命令界面;输入安装目标位置,如果想安装在当前目录下,直接回车即可,否则需要输入绝对路径(如:c:\modis)(图3-6);按照所提示问题进行输入,直到程序安装完成,并重启电脑。

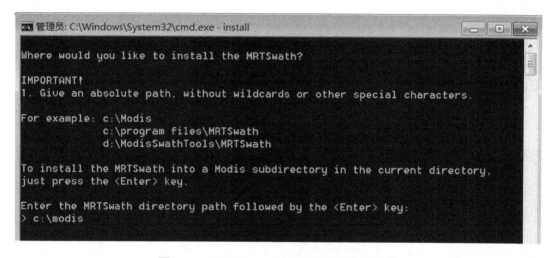

图3-6　Modis Swath Tool 软件安装路径设置

然后,进行 MODIS 数据的几何校正。

主要操作步骤如下:

➢ 步骤1:打开 Modis Swath Tool 软件(可通过双击 C:\modis\bin\Modis Swath Tool),通过点击"Open Input File…"导入待校正的文件,即已经下载的研究区格林尼治时间02:00 点的 MODIS 数据文件(MOD021KM.A2009276.0200.006.2014232233424.hdf,请大家留意,不同时间下载的数据文件名的最后一段数字可能不同,即不同时间下载的数据其文件名称可能不同)。

➢ 步骤2:将"Selected Bands"一栏中不需要的波段移至"Available Bands"中,保留2、5、17、18、19 波段的太阳反射数据(图3-7)。对于 MODIS 数据,2、5 波段为大气窗口通道,17、18、19 波段为大气吸收通道;带有"RefSB"的波段指的是太阳光反射波段,而带有"Emissive"指的是热辐射波段(表3-2、表3-3)。可通过查询 MODIS 1B 数据对应的波段标识来确定"Selected Bands"一栏中 2(EV_250_Aggr1km_RefSB_b1)、5(EV_500_Aggr1km_RefSB_b2)、17(EV_1KM_RefSB_b11)、18(EV_1KM_RefSB_b12)、19(EV_1KM_RefSB_b13)波段对应的数据波段名称(图3-7)。

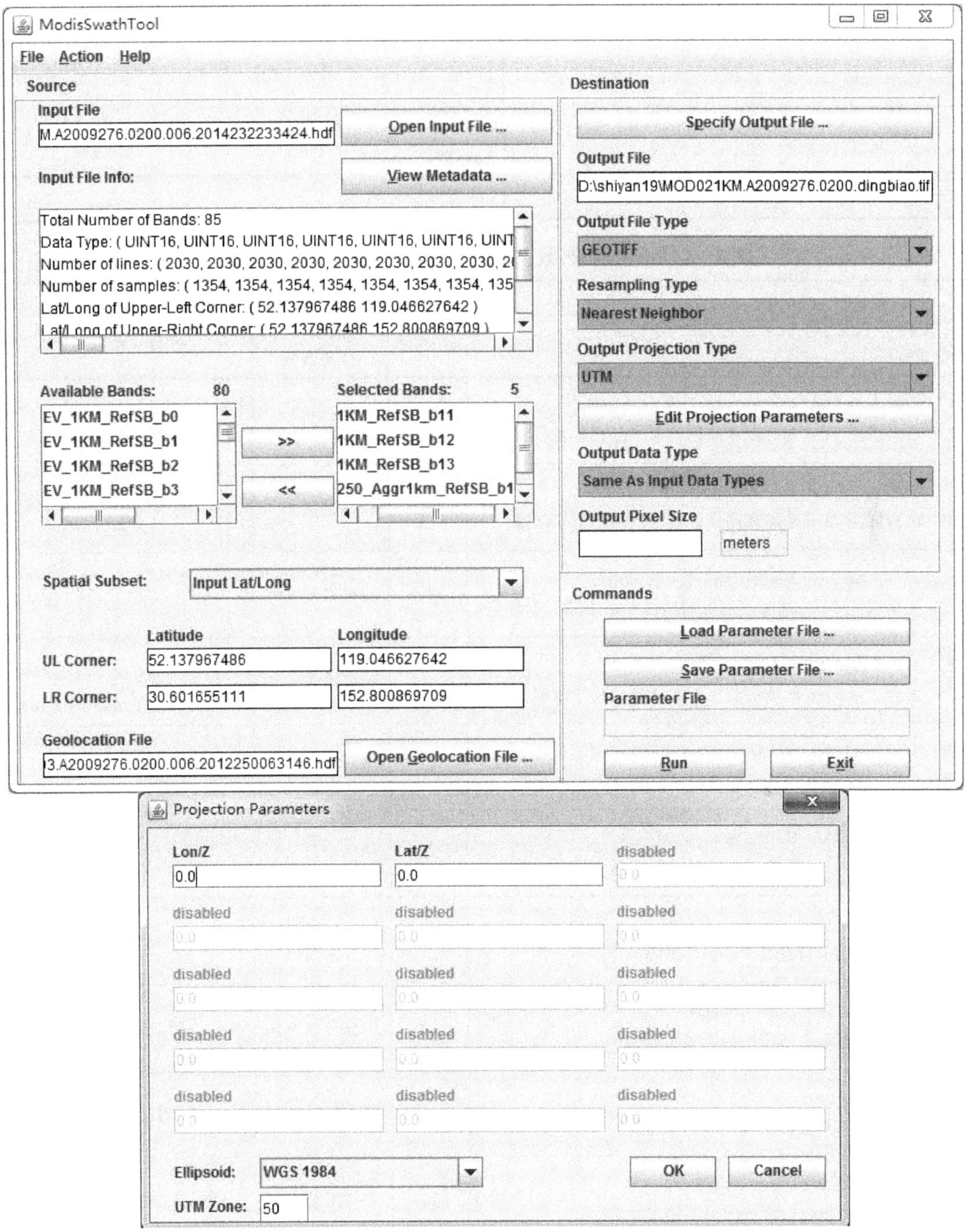

图 3-7 基于 Modis Swath Tool 软件的 MODIS 数据几何校正设置

表3-2 MODIS 1B产品中的各波段组

名称	分辨率	波段数	光谱波段
EV_250_RefSB	250 m	2	1、2
EV_500_RefSB	500 m	5	3、4、5、6、7
EV_1KM_RefSB	1 km	15	8~19(13、14各有两个分别为lo和hi的波段,详见图10-11)、26
EV_1KM_Emissive	1 km	16	20~25,27~36

表3-3 MODIS 1B数据1 km产品中的科学数据集概要

产品	第一维 波段数	第二维 扫描带数 * 探测器数	第三维 帧数 * 样本数
EV_250_Aggr1km_RefSB 250 m合成至1km地球观测反射波段产品科学数据	2	扫描带数 * 10	1354 * 1
EV_250_Aggr1km_RefSB_Uncert_Indexes 250 m合成至1km地球观测反射波段产品不确定指数	2	扫描带数 * 10	1354 * 1
EV_250_Aggr1km_RefSB_Samples_Used 250 m合成至1 k m地球观测反射波段产品所用样本数	2	扫描带数 * 10	1354 * 1
EV_500_Aggr1km_RefSB 500 m合成至1km地球观测反射波段产品科学数据	5	扫描带数 * 10	1354 * 1
EV_500_Aggr1km_RefSB_Uncert_Indexes 500 m合成至1km地球观测反射波段产品不确定指数	5	扫描带数 * 10	1354 * 1
EV_500_Aggr1km_RefSB_Samples_Used 500 m合成至1km地球观测反射波段产品所用样本数	5	扫描带数 * 10	1354 * 1
EV_1KM_RefSB 1 km地球观测反射波段产品科学数据	15	扫描带数 * 10	1354 * 1
EV_1KM_RefSB_Uncert_Indexes 1 km地球观测反射波段产品不确定指数	15	扫描带数 * 10	1354 * 1
EV_1KM_Emissive 1 km地球观测热辐射波段产品科学数据	16	扫描带数 * 10	1354 * 1
EV_1KM_Emissive_Uncert_Indexes 1 km地球观测热辐射波段产品不确定指数	16	扫描带数 * 10	1354 * 1
EV_Band26 1 km第26波段地球观测产品科学数据	1	扫描带数 * 10	1354 * 1
EV_Band26_Uncert_Indices 1 km第26波段地球观测不确定指数	1	扫描带数 * 10	1354 * 1

➤ 步骤3：点击"Open Geolocation File…"，导入研究区02：00的地理定标文件（MOD03.A2009276.0200.006.2012250063146.hdf）。

➤ 步骤4：在Destination模块中，单击"Specify Output File…"按钮，指定输出目录和文件名（MOD021KM.A2009276.0200.dingbiao.hdf），并分别在"Output File Type"和"Resampling Type"的下拉菜单中设置输出的文件格式和重采样的方法。本例中选择"GEOTIFF"格式和"Nearest Neighbor"重采样方法（图3-7）。

➤ 步骤5：在"Output Projection Type"中设置输出的投影类型。本例选择UTM投影。然后点击"Edit Projection Parameters"，在弹出的"Projection Parameters"对话框中输入相应的投影参数。由于南京市TM数据为WGS84坐标系、UTM投影，投影带号为50，因而将"Ellipsoid"选择WGS1984，"UTM Zone"选择50（图3-7）。

➤ 步骤6：在"Output Data Type"的下拉菜单中选择"Same As Input Data Types"，设置输出的数据类型与输入的数据类型相同。最后，单击"Run"按钮，进行MODIS数据的校正，此时会弹出"Status"文本框，显示运行的状态。校正完成后，可以在前面给定的输出目录下看到各个选定的波段的校正结果影像数据。

➤ 步骤7：按照以上操作步骤，将研究区02：05的MODIS数据进行几何校正，校正后的文件名称为MOD021KM.A2009276.0205.dingbiao.hdf。

（2）MODIS数据的影像拼接

➤ 步骤1：启动ERDAS IMAGINE 9.2软件，通过点击"DataPrep"—"Mosaic Images"—"Mosaic Tool"，弹出"Mosaic Tool"窗口。

➤ 步骤2：点击该对话框菜单条中的"Edit"—"Add Images"，弹出"Add Images"对话框，在File窗口下按住"Ctrl"键选择同一波段的两景几何校正后的影像数据（图3-8）。然后，点击Image Area Options，进入"Image Area Options"对话框（图3-9），选择"Compute Active Area"，最后点击"OK"按钮加载数据。

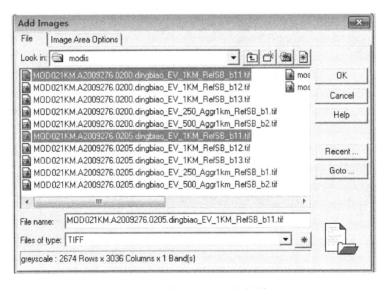

图3-8 "Add Images"对话框

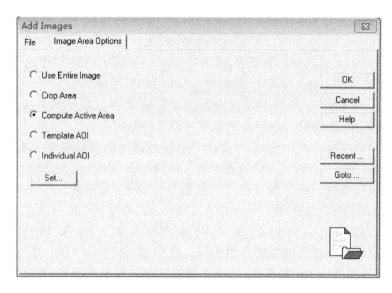

图 3-9 "Image Area Options"对话框

> 步骤 3：在"Mosaic Tool"窗口中（图 3-10），点击菜单条中"Edit"—"Set Overlap Function"，在弹出的对话框中选择"No Cutline Exists"和"Average"（图 3-11），点击"Apply"后关闭对话框即可。

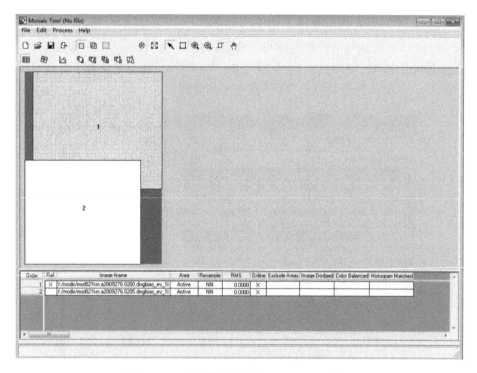

图 3-10 加载数据后的"Mosaic Tool"窗口

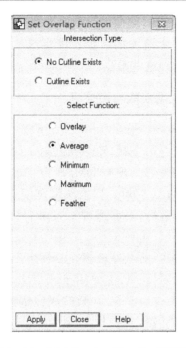

图 3‑11 "Set Overlap Function"对话框

➤ 步骤4：点击菜单条中的"Process"—"Run Mosaic…"，弹出"Output File Name"对话框，在 File 窗口中设置输出文件位置和名称(mosaicb11.tiff)；然后点击"Output Options"，在弹出的窗口中设置"Ignore Input Values"为 65535(图 3‑12)。全部设置完毕后点击"OK"按钮即可。

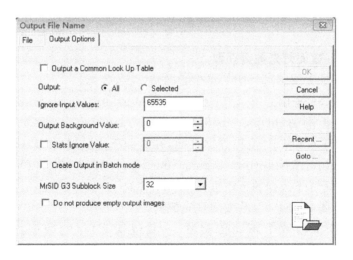

图 3‑12 "Output Options"对话框

➤ 步骤5：在 ArcMap 中，使用"裁剪"工具，将拼接结果使用 boundry2.shp 文件进行裁剪，得到 mosaicb11clip.tiff 文件。该边界文件的区域范围比 boundry1.shp 的稍大，主要是考虑 MODIS 数据分辨率是 1km，而 TM 融合数据是 30m 分辨率，如果使用同样的边界裁剪，则研究区的边界部分很难准确匹配。

> 步骤6：按照以上操作步骤，将研究区其他波段的两景MODIS数据分别进行拼接，最终得到拼接并裁剪后的5个波段的数据。请将这些处理得到的数据保存好，我们会在实验20的"温度反演"中用到这些数据。

3.2.2 DMSP/OLS夜间灯光数据获取与预处理

DMSP(Defense Meteorological Satellite Program)是美国国防部发射的极轨军事气象卫星，自1965年1月19日发射第1颗，至今共发射7代40多颗，目前在轨卫星有第6代5D-2—F6~14和第7代5D-3。现有DMSP为三轴姿态稳定卫星，运行在高度约830 km的太阳同步轨道，周期约101 min，扫描条带宽度3 000 km。DMSP卫星采用双星运行体制，两颗业务卫星同时运行，过赤道时间为05:36及10:52，每6h可提供一次全球云图。

DMSP卫星上搭载了OLS(可见红外成像，主要用于测量云层分布、云顶温度及地面火情等)、SSM/T-2(微波辐射计-2，主要用于测量大气水汽廓线)、SSM/T(微波辐射计，主要用于测量大气温度廓线)、SSM/I(微波成像辐射计，主要用于测量降水、液态水、冰覆盖和海面风速等)等传感器，主要目的是为了进行云图监测(以获得云的分类信息)、强风监测(以改善风暴、旋风等预报)、海况监测(为海军行动保障提供信息)和微光监测(允许可见光遥感器在夜间月光下工作)等。其中，DMSP卫星所搭载的能够探测夜间城市灯光甚至更小规模居民地、车流发出的低强度灯光的OLS传感器/线性扫描业务系统，在城市与区域规划中的土地利用格局时空变化研究方面具有广阔的应用前景。

本书在该节仅就DMSP/OLS夜间灯光数据获取与预处理加以简要介绍，而基于DMSP/OLS夜间灯光数据的城镇化空间格局分析我们将在实验13中进行详细介绍。

1) DMSP/OLS夜间灯光数据获取

> 步骤1：登录美国国家环境信息中心网站，获取数据。

登录美国国家环境信息中心(National Centers for Environmental Information, NCEI)地球观测小组网站(https://ngdc.noaa.gov/eog/index.html)，在网站上找到并点击"DMSP"图标进入DMSP卫星数据页面，在页面下方的"DMSP Data Download"中点击"Global DMSP-OLS Nighttime Lights Time Series 1992-2013 (Version 4)"即可进入DMSP/OLS夜间灯光数据的下载页面(图3-13)。

> 步骤2：下载DMSP/OLS夜间灯光数据。

夜间灯光数据源自6个不同传感器，一共包括21年的数据：F10(1992—1994年)、F12(1994—1999年)、F14(1997—2003年)、F15(2000—2007年)、F16(2004—2009年)和F18(2010—2012年)。网页上的两个表格中包含的分别是无云观测频次数据产品、平均灯光强度数据产品、稳定灯光数据产品和平均灯光X Pct(Average Lights X Pct)数据产品，其中将多时相不同增益下云、火光和油气燃烧对全年可见光/近红外通道数据的干扰滤除后，对各像元无云观测次数及其对应灰度值进行平均化处理得到的数据是平均灯光强度数据，灰度范围为0~63；稳定灯光数据是标定夜间平均灯光强度的年度栅格影像，包括城市、乡镇的灯光以及其他场所的持久光源且去除了

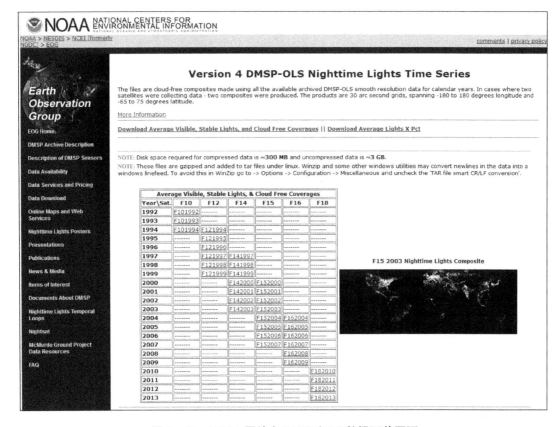

图 3-13 NOAA 网站上 DMSP/OLS 数据下载页面

月光云、光火及油气燃烧等偶然噪声的影响,去除了背景噪声,灰度范围为 0~63,数据稳定性相对较好。

本次试验使用 2012 年 F18 传感器获取的平均灯光数据 F182012,点击表格中对应的标题即可获取相关数据。

2) DMSP/OLS 夜间灯光数据预处理

➢ 步骤 1:启动 ArcMap,加载夜间灯光数据文件。

首先,解压缩下载的夜间灯光数据(图 3-14),其中包括 "F182012.v4c_web.avg_vis.tif.gz(平均灯光强度数据)","F182012.v4c_web.stable_lights.avg_vis.tif.gz(稳定灯光强度数据)","F182012.v4c_web.cf_cvg.tif.gz"(无云观测频次数据)以及"README_V4.txt(描述文本文档)"。

然后,再次解压缩 "F182012.v4c_web.avg_vis.tif.gz(平均灯光强度数据)"数据文件,即可得到对应的 TIFF 格式平均灯光强度数据 "F182012.v4c_web.avg_vis.tif"。

最后,启动 ArcMap,加载平均灯光强度数据文件 "F182012.v4c_web.avg_vis.tif"。数据的空间参考系为 WGS-84,空间分辨率为 30″(弧秒,赤道附近约为 1km,在 40°N 附处约为 0.8km)。

➢ 步骤 2:研究区(中原城市群)夜间灯光数据的提取。

首先,在 ArcMap 中加载研究区的行政边界矢量数据文件 "中原城市群.shp"。

然后,在 ArcToolbox 中选择 "Spatial Analyst 工具"—"提取分析"—"按掩膜提取",

名称	修改日期	类型	大小
F182012.v4c_web.avg_vis.tfw	2013/9/24 5:04	TFW 文件	1 KB
F182012.v4c_web.avg_vis.tif	2013/9/24 4:44	360压缩	109,903 KB
F182012.v4c_web.cf_cvg.tfw	2013/9/24 5:04	TFW 文件	1 KB
F182012.v4c_web.cf_cvg.tif	2013/9/24 4:43	360压缩	272,938 KB
F182012.v4c_web.stable_lights.avg_vis.tfw	2013/9/24 5:04	TFW 文件	1 KB
F182012.v4c_web.stable_lights.avg_vis.tif	2013/9/24 4:44	360压缩	18,657 KB
README_V4	2010/1/21 5:46	文本文档	5 KB

图 3-14 下载的平均灯光数据"F182012"数据中包含的文件

在弹出"按掩膜提取"对话框中作如下定义:"输入栅格",F182012.v4c_web.avg_vis.tif;"输入栅格数据或要素掩膜数据","中原城市群.shp";"输出栅格",shiyan03 文件夹中"F182012_zy.grid"(图 3-15)。

最后,点击"确定"按钮,执行"按掩膜提取"命令,将中原城市群研究区内的夜间灯光数据提取出来。

图 3-15 "按掩膜提取"对话框

> 步骤 3:对数据进行投影变换与重采样。

为避免影像网格形变带来的影响以及便于量算亮值像元的面积,需要将影像的投影坐标系转换为兰伯特等面积投影坐标系,并将网格重采样为 1 km×1 km。

首先,在 ArcToolbox 中选择"数据管理工具"—"投影和变换"—"栅格"—"投影栅格",在弹出的"投影栅格"对话框(图 3-16)中作如下定义:"输入栅格",F182012_zy.grid;"输出栅格数据集",shiyan03 文件夹下 f182012_lam.grid;"输出坐标系",点击"输出坐标系"右侧的"空间参考属性"按钮,进入"空间参考属性"设置对话框(图 3-17),鼠标右键点击"投影坐标系"—"Polar"—"North Pole Lambert Azimuthal Equal Area",在弹出的快捷菜单中选择"复制并修改",弹出"投影坐标系属性"对话框,将"Central_Meridian"设置为 113°,"Latitude_Of_Origin"设置为 34°;"重采样技术",采用默认的 NEAREST;"输出像元大小(可选)","X"与"Y"均设置为 1 000 m(即将夜间灯光栅格数据重采样为 1 km×1 km)。点击"确定"按钮,运行"投影栅格"命令,得到投影后的数据文件 F182012_lam.grid。

实验 3　城乡规划数据获取与预处理

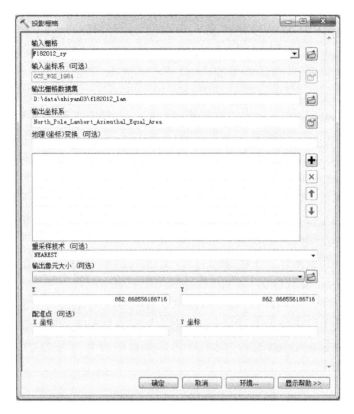

图 3-16　"投影栅格"对话框

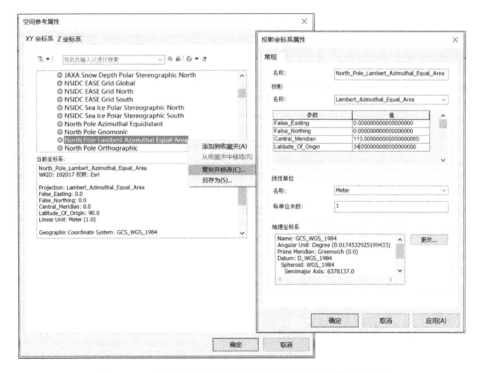

图 3-17　"空间参考属性"与"投影坐标系属性"对话框

然后,选择"数据管理工具"—"投影和变换"—"投影"工具,在弹出的"投影"对话框中作如下定义:"输入数据集或要素类",中原城市群.shp;"输出数据集或要素类",shiyan03文件夹下中原城市群_lam.shp;"输出坐标系",点击"输出坐标系"右侧的"空间参考属性"按钮,在弹出的"空间参考属性"对话框中选择"图层"—North_Pole_Lambert_Azimuthal_Equal_Area(因为我们已经在前面修改设置好了该投影,可以通过直接点击进行选择)。点击"确定"按钮,运行"投影栅格"命令,完成中原城市群行政边界矢量要素数据"中原城市群.shp"的投影变换,得到投影后的数据文件"中原城市群_lam.shp"。

此时,夜间灯光数据文件"f182012_lam.grid"与中原城市群行政边界矢量要素数据文件"中原城市群.shp"就统一到同样的North Pole Lambert Azimuthal Equal Area投影坐标系下。如果在ArcMap中投影后的两个数据与原来的数据无法同时在视图窗口中显示,可以另建一个新的"地图文档",将投影后的两个文件重新加载即可。

➤ 步骤4:对夜间灯光数据进行数值校正。

由于夜间灯光数据采用不同传感器,在不同年份获取的数据间缺乏连续性和可比性,同一传感器不同年度获取的相同位置亮度值存在波动,同一年度不同传感器获取的相同位置亮度值也存在差异,所以需要对获取的夜间灯光数据进行数值的校正。

本实验我们采用邹进贵等基于ArcGIS对DMSP/OLS夜间灯光影像的校正方法,对本期夜间灯光影像数据进行校正。校正后的影像数据将具有较好的连续性和一致性。校正回归模型如下:

$$DN_T = a \times DN^2 + b \times DN + c$$

式中:DN、DN_T分别为校正前、校正后像元的灰度值;a、b、c为回归参数,参数取值见表3-4。

表3-4 多传感器影像DN值校正的回归模型参数

传感器	年份	a	b	c	R^2
F10	1992	−0.001 1	1.165 4	0.416 4	0.807 2
	1993	0.001 1	1.143 4	1.831 1	0.804 5
	1994	0.003 4	0.953 1	1.817 9	0.808 4
F12	1994	0.002 9	0.988 1	2.231 7	0.801 7
	1995	0.007 4	0.639 8	3.772 1	0.797 9
	1996	0.101 3	0.512 5	4.606 4	0.821 2
	1997	0.010 9	0.350 8	5.530 4	0.801 7
	1998	0.011 7	0.276 4	5.613 4	0.813 9
	1999	0.007 5	0.569 1	3.361 8	0.831 9
F14	1997	0.001 8	0.988 6	2.888 1	0.810 7
	1998	0.005 2	0.854 3	2.580 8	0.787 6
	1999	−0.000 4	1.126 8	1.872 8	0.834 9
	2000	0.003 2	0.841 7	1.936 5	0.849 8
	2001	0.000 5	1.029 6	1.039 3	0.860 5
	2002	−0.002 3	1.037 7	2.295 4	0.804 8
	2003	−0.007 2	1.360 5	0.854 5	0.875 0

续表 3-4

传感器	年份	a	b	c	R^2
F15	2000	0.006 5	0.545 2	3.707 0	0.809 5
	2001	0.000 5	0.995 7	0.805 1	0.881 8
	2002	0.000 0	0.986 4	0.355 6	0.899 6
	2003	−0.009 2	1.518 8	1.216 4	0.824 5
	2004	−0.007 0	1.391 1	1.187 1	0.902 1
	2005	−0.004 5	1.305 2	0.846 3	0.815 7
	2006	−0.003 5	1.228 6	1.274 3	0.934 3
	2007	−0.004 2	1.280 3	0.426 8	0.957 7
F16	2004	−0.000 7	0.996 3	1.373 0	0.857 1
	2005	−0.004 0	1.317 2	−0.461 5	0.907 6
	2006	−0.004 2	1.280 1	0.025 3	0.948 2
	2007	0.000 0	1.000 0	0.000 0	1.000 0
	2008	0.003 2	0.792 0	1.585 5	0.953 7
	2009	0.006 5	0.464 9	2.518 3	0.906 4
F17	2010	0.008 6	0.258 5	3.516 2	0.871 6
	2011	0.004 6	0.504 4	3.097 4	0.784 0
	2012	0.007 4	0.280 1	4.396 1	0.842 5

资料来源：邹进贵，陈艳华，田径，等. 基于 ArcGIS 的 DMSP/OLS 夜间灯光影像校正模型的构建[J]. 测绘地理信息，2014，39(4)：33-37.

在 ArcToolbox 中选择"Spatial Analyst 工具"—"地图代数"—"栅格计算器"，在弹出的"栅格计算器"对话框中作如下定义："地图代数表达式"为 0.0074 * "f182012_lam" * "f182012_lam"+0.2801 * "f182012_lam"+4.3961；"输出栅格"，shiyan03 文件夹下"f182012_fixed"（图 3-18）。点击"确定"按钮，完成数值校正。

图 3-18 "栅格计算器"对话框

➤ 步骤5:将校正后的浮点栅格数据转换为整型栅格数据。

校正后的夜间灯光数据是浮点栅格数据,为方便后期数据的处理及分析,我们要将浮点型的夜间灯光数据(f182012_fixed)转换为整数型栅格数据(f182012_ok)。

在 ArcToolbox 中,选择"3D Analyst"—"栅格计算"—"转为整型"工具,在弹出的"转为整型"对话框中作如下定义:"输入栅格数据或常量值",f182012_fixed;"输出栅格",shiyan03 文件夹下"f182012_ok"(图 3-19)。点击"确定"按钮,将浮点型栅格数据转为整型栅格数据。

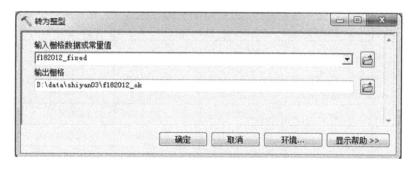

图 3-19 "转为整型"对话框

3.3 TM/ETM 数据获取与预处理

3.3.1 TM/ETM 数据获取

➤ 步骤1:登陆"地理空间数据云"服务平台网站,注册用户。

登陆中国科学院计算机网络信息中心"地理空间数据云"网站(图 3-20),网址:http://www.gscloud.cn/,按照要求免费注册用户。该网站提供包括 9 种 LANDSAT 系列数据的检索和查询(图 3-21),同时还提供 MODIS 陆地标准产品、DEM 数字高程数据、高分一号免费数据等多类数据产品,能够满足大中尺度城市与区域规划的数据需要。

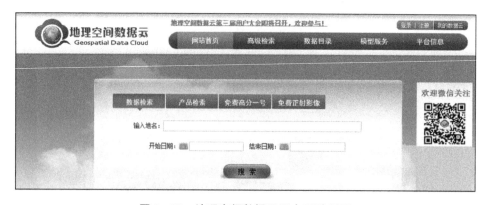

图 3-20 地理空间数据云平台网站网页

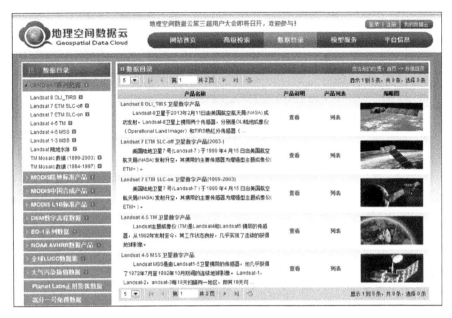

图 3-21 地理空间数据云平台网站"数据目录"菜单选项

有关 TM/ETM 等美国陆地资源卫星数据的相关介绍参见说明 3-1 和说明之后的补充说明。

✎ 说明 3-1:TM/ETM 遥感影像数据简介

TM/ETM 遥感影像数据是美国陆地卫星(Landsat)计划发射的卫星(4、5、7 号星)收集的多波段扫描影像,空间最高分辨率为 15 m 或 30 m,可用于中尺度以上的城市与区域规划研究。

TM 影像共有 7 个波段,影像空间分辨率除热红外波段为 120 m 外,其余均为 30 m,可满足农、林、土、地质、地理、测绘、区域规划、环境监测等专题分析和编制 1∶25 万或更小比例尺专题图的要求。对于城市与区域规划来讲,该数据尺度基本满足大中尺度的规划研究。

ETM 影像比 TM 影像增加了一个全色波段,共 8 个波段,全色波段分辨率为 15 m,热红外波段的分辨率为 60 m,其他波段分辨率均为 30 m。2003 年,Landsat-7 尾箱发生故障,导致了 2003 年以后的 ETM 影像产生条带。该数据能够满足中尺度及以上的城市与区域规划研究。

说明 3-1 中对 TM/ETM 遥感影像数据做了简要介绍,下面再作一些补充解释。

美国 NASA 的陆地卫星(Landsat)计划(1975 年前称为地球资源技术卫星 ERTS),从 1972 年 7 月 23 日以来,已发射 8 颗卫星(第 6 颗发射失败,第 8 颗于 2013 年发射)。目前 Landsat-1~Landsat-4 均相继失效,Landsat-5 仍在超期运行(从 1984 年 3 月 1 日发射至今)。Landsat-7 于 1999 年 4 月 15 日发射升空,传感器分别是 MSS、TM、ETM+,2003 年之后卫星失效。Landsat-8 于 2013 年 2 月 11 日发射升空,传感器分别是 OLI (Operational Land Imager,运营性陆地成像仪)和 TIRS(Thermal Infrared Sensor,热红外传感器),共 11 个波段,与之前的陆地资源卫星相比,Landsat-8 的光线、热量感应器精准度更高,性能更好(表 3-5、表 3-6、表 3-7、表 3-8)。

表 3-5　美国 Landsat-1～Landsat-7 号卫星参数一览表

卫星参数	Landsat-1	Landsat-2	Landsat-3	Landsat-4	Landsat-5	Landsat-6	Landsat-7
发射时间	1972.7.23	1975.1.12	1978.3.5	1982.7.16	1984.3.1	1993.1	1999.4.15
卫星高度(km)	920	920	920	705	705	发射失败	705
半主轴(km)	7 285.438	7 285.989	7 285.776	7 083.465	7 285.438		7 285.438
倾角(度)	103.143	103.155	103.115	98.9	98.2		98.2
经过赤道的时间	8:50 a.m.	9:03 a.m.	6:31 a.m.	9:45 a.m.	9:30 a.m.		10:00 a.m.
覆盖周期(天)	18	18	18	16	16		16
扫幅宽度(km)	185	185	185	185	185		185
波段数	4	4	4	7	7		8
机载传感器	MSS	MSS	MSS	MSS,TM	MSS,TM		ETM+
运行情况	1978年退役	1982年退役	1983年退役	1983年退役	在役服务		2003年5月出现故障

表 3-6　美国 Landsat 卫星 MSS 波段编号和波长范围

Landsat-1～3	Landsat-4～5	波长范围(μm)	分辨率(m)
MSS-4	MSS-1	0.5～0.6	78
MSS-5	MSS-2	0.6～0.7	78
MSS-6	MSS-3	0.7～0.8	78
MSS-7	MSS-4	0.8～1.1	78

表 3-7　美国 Landsat 卫星 TM、ETM+、OLI 波段、波长范围及分辨率

波段	波长范围(μm)			分辨率(m)		
	TM	ETM+	OLI	TM	ETM+	OLI
	—	—	0.433～0.453	—	—	30
1	0.45～0.53	0.45～0.515	0.450～0.515	30	30	30
2	0.52～0.60	0.525～0.605	0.525～0.600	30	30	30
3	0.63～0.69	0.63～0.690	0.630～0.680	30	30	30
4	0.76～0.90	0.75～0.90	0.845～0.885	30	30	30
5	1.55～1.75	1.55～1.75	1.560～1.660	30	30	30
6	10.40～12.50	10.40～12.50	—	120	60	—
7	2.08～2.35	2.09～2.35	2.100～2.300	30	30	30
8	—	0.52～0.90	0.500～0.680	—	15	15
9	—	—	1.360～1.390	—	—	—

表 3-8　美国 Landsat-8 卫星 TIRS 载荷参数

波段	中心波长(μm)	最小波段边界(μm)	最大波段边界(μm)	空间分辨率(m)
10	10.9	10.6	11.2	100
11	12.0	11.5	12.5	100

TM影像是指美国陆地卫星4～5号专题制图仪(Thematic Mapper, TM)所获取的多波段扫描影像,共有7个波段(波谱范围参见表3-6、表3-7),每波段像元数达61 662个(TM-6为15 422个),一景TM影像总信息量约为230兆字节,相当于MSS影像的7倍。

因TM影像具有较高的空间分辨率、波谱分辨率、极为丰富的信息量和较高定位精度,成为20世纪80年代中后期世界各国广泛应用的重要的地球资源与环境遥感数据源,能够满足有关农、林、水、土、地质、地理、测绘、区域规划、环境监测等专题分析和编制1:25万或更小比例尺专题图的要求。

ETM(Enhanced Thematic Mapper)是增强型专题绘图仪,美国陆地卫星6(Landsat-6)搭载的一种成像仪,8个波段(7个多光谱,+1个全色波段),15 m的分辨率,扫描带宽185 km。Landsat-6发射失败。Landsat-7卫星的主要有效载荷为增强型专题测绘仪(Enhanced Thematic Mapper Plus, ETM+)。ETM+是在Landsat-4和Landsat-5卫星的主要有效载荷专题测绘仪(Thematic Mapper)的基础上改进的。ETM+相对TM的主要不同之处在于:它增加了1个全色谱段(15 m分辨率)和两个增益区域,增加了太阳定标器,并提高了红外谱段的分辨率。

✎ 说明3-2:其他常用的遥感影像数据简介

遥感技术在城市规划实践中,主要针对具体应用需求,通过卫星地面站获取合适的覆盖范围的最新城市卫星地图影像数据,利用遥感图像专业处理软件对数据进行辐射校正、增强、融合、镶嵌等处理。同时,借助城市应用区域现有较大比例尺的地形数据,对影像数据进行投影变换和几何精校正,并从地形图上获得境界、城市、居民点、山脉、河流、湖泊以及铁路、公路等典型地貌地物信息,制作城市数字正射影像图和各类专题图,为决策部门提供现实有效的支持资料。与城市和区域规划密切相关的常用遥感影像数据还有:中巴陆地资源卫星数据、高分一号、高分二号、SPOT、IKONOS、QuickBird、航片等。

中巴陆地资源卫星携有不同空间分辨率的三种遥感器:20 m分辨率的五谱段CCD相机、80 m和160 m分辨率的四谱段红外多光谱扫描仪、256 m分辨率的两谱段宽视场成像仪,可用于监测国土资源的变化,为城市建设和区域发展提供动态信息。

高分一号卫星,是我国于2013年4月发射的第一颗高分辨率对地观测卫星,配置有2 m分辨率全色、8 m分辨率多光谱相机和16 m分辨率幅宽800 km的多光谱宽幅相机,重复周期为4天,能够为国土资源、规划建设、交通运输、农业、林业、环境保护等部门提供高精度、宽幅度的空间观测服务,可用于中小尺度的城市与区域规划研究。

高分二号卫星,是我国于2014年8月发射的第二颗高分辨率对地观测卫星,也是我国首颗亚米级高分辨率卫星,配置有优于1 m分辨率全色、优于4 m分辨率的多光谱相机(幅宽45 km),可用于小尺度的城市与区域规划研究。

法国SPOT卫星影像共5个波段,包括3个可见光波段、1个短波红外波段和1个全色波段,具有较高的地面分辨率,全色图像地面分辨率有2.5 m、5 m或10 m,多光谱波段地面分辨率为10 m或20 m,可用于中小尺度的城市与区域规划研究。

美国IKONOS卫星是世界上第一颗提供高分辨率卫星影像的商业遥感卫星,影像具有5个波段,包括1个具有1 m分辨率的全色波段和4 m分辨率多光谱波段，可用于小尺度的城市与区域规划研究。

美国 QuickBird 卫星是目前世界上最先提供亚米级分辨率的商业卫星，包含 4 个分辨率为 2.44 m 的多光谱波段和 1 个分辨率为 0.61 m 的全色波段，广泛应用于测绘、规划、国土、农业、林业、政府管理等各个方面，可以用于小尺度的城市与区域规划研究。

航片是采用航空摄影获取的数据产品，多为彩色相片，分辨率通常为亚米级，一般在 30 cm 左右，可用于小尺度的城市与区域规划研究。

➤ 步骤 2：TM/ETM 数据检索。

点击"地理空间数据云"服务平台网站页面菜单中的"高级检索"，打开数据检索窗口（图 3-22）。网站提供地名、经纬度和行政区查询 3 种检索方式，可供检索的数据集主要包括 LANDSAT 系列数据、MODIS 陆地标准产品、DEM 数字高程数据等多类数据产品（图 3-22）。

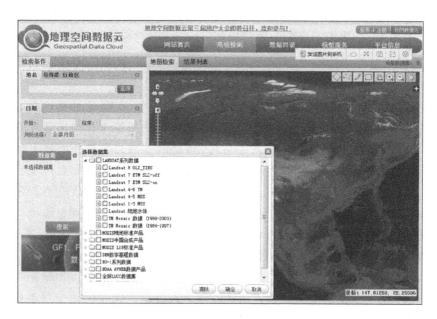

图 3-22 数据检索窗口

下面对 LANDSAT 系列数据中的前 6 类数据加以简要介绍：

（1）Landsat-8 OLI-TRIS（2013 年至今），为 Landsat-8 号资源卫星采集的数据产品，数据共包含 11 个波段，最高空间分辨率为 15 m（全色波段），能够满足中尺度及以上规划的精度需要，能够满足 1∶10 万比例尺的制图工作需要。

（2）Landsat-7 ETM SLC-off（2003 年至今），该数据因 Landsat-7 资源卫星在 2003 年后出现问题，数据出现条带状缺失，建议最好不要下载，确有需要且无替代数据可用时，可通过数据差值等方法进行数据修复后再使用。

（3）Landsat-7 ETM SLC-on（1999—2003 年），为 Landsat-7 资源卫星出现问题之前的数据，最高空间分辨率为 15 m，能够满足城市与区域规划中尺度及以上规划的精度需要。

（4）Landsat-4、Landsat-5 TM，为 Landsat-4 和 Landsat-5 资源卫星采集的数据产

品,数据的最高空间分辨率为 30 m,能够满足城市与区域规划大尺度规划的精度需要,例如城市群、城市区域的规划与研究等。

(5) Landsat-4、Landsat-5 MSS(1982—1992 年),为 20 世纪 80 年代美国发射的第二代试验型地球资源卫星(Landsat-4、Landsat-5)所采集的数据产品。卫星在技术上比第一代试验型地球资源卫星(Landsat-1、Landsat-2、Landsat-3)有了较大改进,平台采用新设计的多任务模块,增加了新型的专题绘图仪 TM,可通过中继卫星传送数据。TM 的波谱范围比 MSS 大,每个波段范围较窄,因而波谱分辨率比 MSS 图像高,其地面分辨率为 30 m(TM-6 的地面分辨率为 120 m)。

(6) Landsat-1、Landsat-2、Landsat-3 MSS(1972—1983 年),为 20 世纪 70 年代美国在气象卫星基础上研制发射的第一代试验型地球资源卫星(Landsat-1、Landsat-2、Landsat-3)所采集的数据产品。这 3 颗卫星上装有返束光导摄像机和多光谱扫描仪 MSS,分别有 3 个和 4 个谱段,分辨率为 78 m。

用户可根据规划研究需要,选择合适的遥感影像数据进行下载。本次实验以上杭县县域 TM/ETM 数据下载为例,对数据的获取作简单介绍。

首先,选择行政区查询方式,指定上杭县作为数据查询范围,此时会在右侧地图检索窗口中显示出上杭县的行政区划范围(图 3-23)。其次,选择要检索的数据日期,如果不输入则默认所有数据,本例选择 2000 年 1 月 1 日以来所有月份的影像数据(图 3-23)。再次,定义要检索的数据集,本例选择 Landsat-8 OLI-TRIS、Landsat-7 ETM SLC-on,以及 Landsat-4、Landsat-5 TM 3 类数据(图 3-23)。最后,点击搜索按钮,输出设定条件下的不同数据集的检索结果列表,列表中包含数据标识、条带号、行编号、日期、经度、纬度、云量、数据和缩略图等信息(图 3-24)。由于 Landsat 卫星数据的高重合率,以上杭县边界作为查询条件的检索结果可能会包括邻近区域的影像数据。例如,使用条带号/行编号为 120/42 和 120/43 的两景数据就能够覆盖整个上杭县,但通过行政区范围查询的数据中还包括了条带号/行编号为 121/42 和 121/43 的数据(图 3-24)。

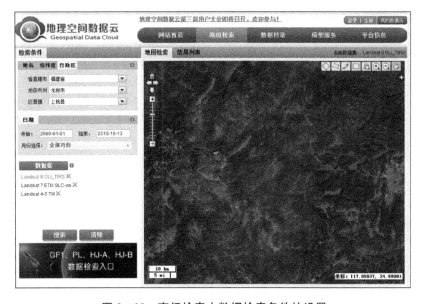

图 3-23 高级检索中数据检索条件的设置

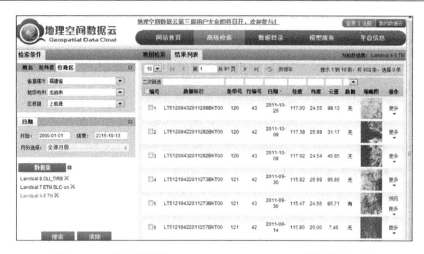

图 3-24　检索得到的 Landsat-4、Landsat-5 TM 数据结果列表

> 步骤 3:TM/ETM 数据择选。

选择遥感影像数据主要从两个方面来判别,一是成像时间,年份可以根据研究需要和数据情况综合确定,但最好选择 5~10 月成像的数据(视各地气候条件而定),这样有利于后期数据的解译(便于林地等信息的识别与提取);二是要注意成像质量,核心指标就是云量的多少,为了保证质量,应选择无云或少云的影像数据,云量最好低于 10%。云量有两个常用指标,一个是平均云量,一个是四角云量。

假定我们需要获取上杭县 2014 年以来的 Landsat 卫星遥感数据来制作规划研究区的土地利用现状图,那么通过前面的检索结果可以发现符合条件的数据仅在 Landsat-8 OLI-TRIS 数据中选取。本例在结果列表中进一步进行二次筛选,条带号设定为 120,云量设置为低于 15%,结果符合条件的数据有 12 条(图 3-25)。根据二次检索结果,基于数据的时效性和数据质量,我们选择 2014 年 10 月 17 日成像的两景数据进行下载(图 3-26)。

图 3-25　二次检索后符合条件的上杭县数据结果列表

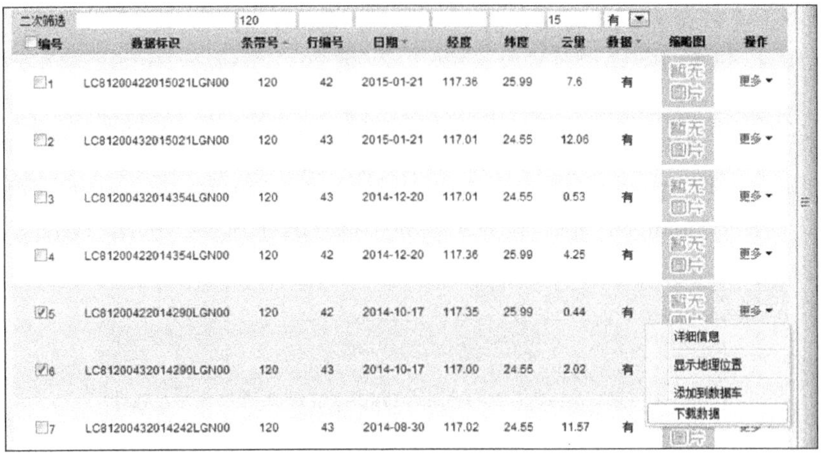

编号	数据标识	条带号	行编号	日期	经度	纬度	云量	数据	缩略图	操作
1	LC81200422015021LGN00	120	42	2015-01-21	117.36	25.99	7.6	有	暂无图片	更多
2	LC81200432015021LGN00	120	43	2015-01-21	117.01	24.55	12.06	有	暂无图片	更多
3	LC81200432014354LGN00	120	43	2014-12-20	117.01	24.55	0.53	有	暂无图片	更多
4	LC81200422014354LGN00	120	42	2014-12-20	117.36	25.99	4.25	有	暂无图片	更多
5	LC81200422014290LGN00	120	42	2014-10-17	117.35	25.99	0.44	有	暂无图片	更多
6	LC81200432014290LGN00	120	43	2014-10-17	117.00	24.55	2.02	有		
7	LC81200432014242LGN00	120	43	2014-08-30	117.02	24.55	11.57	有		

图 3-26　最终选择的符合条件的两景上杭县数据

另外，美国地质勘探局(United States Geological Survey，USGS)，或称为美国地质调查局，其网站上也有大量的免费遥感影像数据供用户下载。用户可以登录 http://www.usgs.gov/ 查找需要的遥感数据，也可以直接登录 Landsat 卫星数据的网页http://landsatlook.usgs.gov/直接查看或下载规划研究区的数据(图 3-27)。通常，USGS 网站上的数据比较新，且可以检索 Landsat-8 的数据。从检索结果的数据表中可以看出，与 2004 年新的数据的云量和影像质量相比均不高。如果确有需要(用 2013 年6～9月的影像数据作为规划研究区的现状)，可以向北京遥感地面站查询和购买符合要求的存档数据。

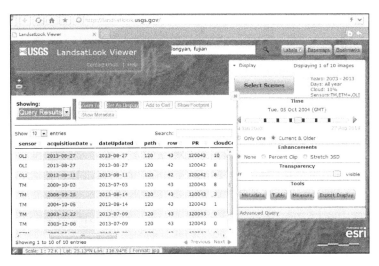

图 3-27　美国地质勘探局(USGS)网站上的 Landsat 数据检索结果

3.3.2　TM/ETM 数据预处理

TM/ETM 数据预处理主要包括：TM/ETM 数据多波段融合、TM/ETM 融合数据的裁剪、TM/ETM 多景遥感影像的拼接、规划研究区 TM/ETM 遥感影像的裁剪/提取等。在进行预处理之前，先将从中国科学院计算机网络信息中心“地理空间数据云”网站上下载的两景规划研究区的数据(压缩文件)进行解压缩。

1) TM/ETM 数据多波段融合

➤ 步骤 1：打开 ERDAS IMAGINE 9.2，设置"Layer Selection and Stacking"对话框。

首先，打开 ERDAS IMAGINE 9.2 软件，在 ERDAS IMAGINE 9.2 主界面的"图标面板"中，点击"Image Interpreter"（图像解译）模块图标，弹出"Image Interpreter"菜单，点击菜单中的"Utilities"，弹出"Utilities"菜单，再点击菜单中的"Layer Stack"，弹出"Layer Selection and Stacking"对话框（图 3－28）。

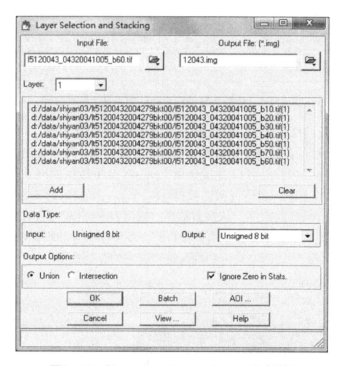

图 3－28　"Layer Selection and Stacking"对话框

在"Layer Selection and Stacking"对话框中，首先设置"Input File"栏，点击下拉文件夹菜单，出现"Input File"对话框，找到存放 TM/ETM 遥感卫星影像的文件夹（D:\data\shiyan03），在"Input File"对话框中的"Files of type"中选择 TIFF 格式（我们从"地理空间数据云"网站上下载的数据格式为 TIFF），然后选中第一个数据文件（TM/ETM 数据的第一波段，本例中文件名称为 *_B10.TIF），点击"Input File"对话框中的"OK"按钮，然后点击"layer Selection and Stacking"对话框中的"Add"按钮将第一波段数据加载。

重复以上 TM/ETM 数据波段加载的步骤，直至所有波段 TIFF 文件加载完毕（因为第 6 波段为近红外波段，可以选择不加载，但该波段可以进行规划研究区地面温度的遥感反演，感兴趣的用户可以查阅相关文献资料了解具体温度反演的过程和具体应用）；然后在"Output File"栏中选择保存的路径和文件名（保存在解压后的遥感数据文件夹中，文件名以行列号命名，以便于识别），保存格式选择.img 格式。勾选"Ignore Zero in Stats"（忽略零值）选项。点击"OK"按钮，开始进行数据波段的融合。

➤ 步骤 2：在 Viewer 窗口中打开融合后的影像文件。

将规划研究区的 120/43、120/42 两景 TM 影像多波段融合后，用户可以使用

"Viewer"(视图)窗口打开刚才融合后的影像文件。

首先,在 Viewer 窗口中,点击菜单条中的"File"—"Open"—"Raster Layer"选项(图 3-29),弹出"Select Layer To Add"对话框(图 3-30),找到融合后的文件 12043.img,然后点击"OK"按钮,文件 12043.img 加载进入 Viewer 窗口中。当然,用户也可以通过点击 Viewer 窗口中工具条上的"打开文件(open layer)"按钮,弹出"Select Layer To Add"对话框并进行文件的加载(图 3-30)。

数据加载后,默认的波段组合为 432,且可能由于图像显示范围问题使我们无法在窗口中看到图像。我们可以通过点击"View"菜单中的"Scale"—"Image To Window"按钮(图 3-31),当然也可以直接在 Viewer 窗口中的图像显示框内右击鼠标弹出视图文件显示快捷菜单(图 3-31),然后点击"Image To Window"选项,使影像适合窗口尺寸进行显示(图 3-32)。

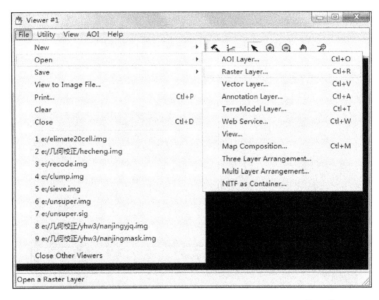

图 3-29　Viewer 窗口菜单条中的"Raster Layer"选项卡

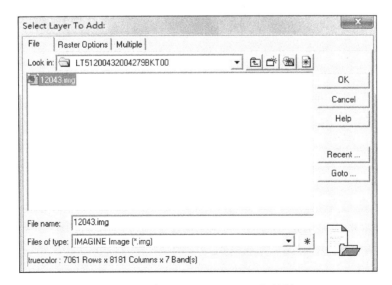

图 3-30　"Select Layer To Add"对话框

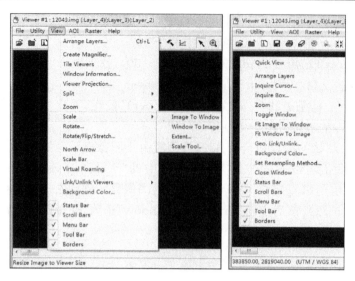

图 3-31 视图文件显示快捷菜单

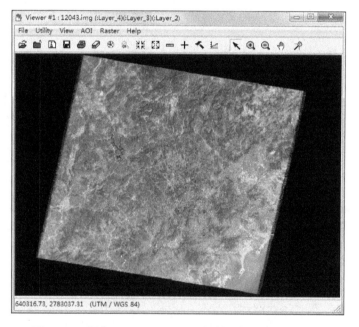

图 3-32 经"Image To Window"调整后的数据文件显示

➤ 步骤 3：调整影像的波段组合。

ERDAS IMAGINE 软件默认的波段组合为 432（图 3-32 文件标题栏所示），获得的图像植被呈红色，即通常所说的标准假彩色，由于突出表现了植被的特征，在植被、农作物、湿地、蓝藻监测等方面应用广泛，这是最常用的波段组合之一。用户可以通过调整融合后数据的波段组合来用不同的色调显示影像数据。

在 Viewer 窗口中，点击菜单条中的"Raster"—"Band Combinations"，弹出"Set Layer Combinations for"对话框（图 3-33），通过该对话框可以调整影像显示的波段组合，本例中可调整为 543，显示效果见图 3-34（图像经过放大处理，使得上杭县城和汀江明显可见）。

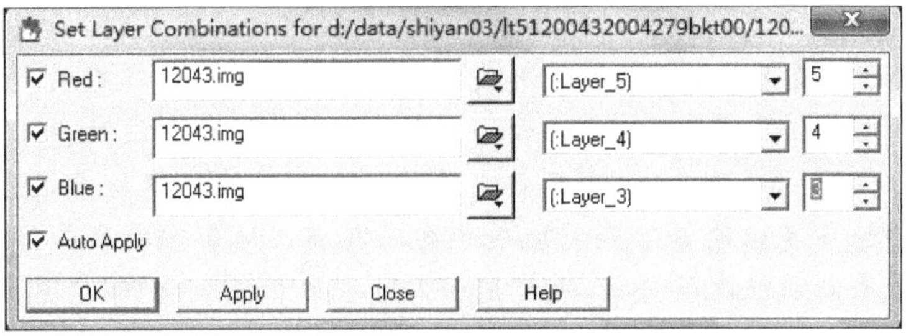

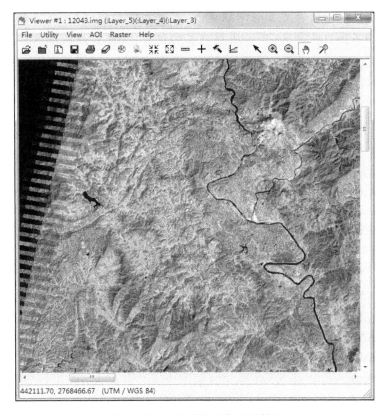

图 3-33 "Set Layer Combinations for"对话框

图 3-34 543 波段组合显示效果

另外,请尝试不同的波段组合(参见说明 3-3),了解不同波段组合反映的地物特征的差异。

✎ 说明 3-3:TM/ETM 波段融合后常用的波段显示组合

432:ERDAS IMAGINE 软件默认的波段组合,获得的图像植被为红色,即通常所说的标准假彩色。

543:合成图像不仅类似于自然色,较为符合人们的视觉习惯,而且由于信息量丰富,能充分显示各种地物影像特征的差别,非常适合于非遥感应用专业人员使用。可用于城镇和农村土地利用的区分,陆地和水体边界的确定等。

321:真彩色合成,获得自然彩色合成图像,图像的色彩与原地区或景物的实际色彩基本一致,适合于非遥感应用专业人员判读使用。

451:信息量最丰富的组合。计算各种组合的熵值的结果表明,由一个可见光波段、一个中红外波段及第 4 波段组合而成的彩色合成图像一般具有最丰富的地物信息,其中又常以 451 或 453 波段的组合为最佳。453 波段分别赋红、绿、蓝色合成的图像,色彩反差明显,层次丰富,而且各类地物的色彩显示规律与常规合成片相似,图上山地、丘陵、平原台地等喀斯特地貌景观及各类用地影像特征分异清晰。可以用于土壤湿度和植被状况的分析,也可用于内陆水体和陆地/水体边界的确定,以及水田旱地的区分等。

741:图面色彩丰富,层次感好,具有极为丰富的地质信息和地表环境信息;而且清晰度高,干扰信息少,地质可解译程度高,各种构造形迹(褶皱及断裂)显示清楚,不同类型的岩石区边界清晰,岩石地层单元的边界、特殊岩性的展布以及火山机构也显示清楚。

742:主要用于土壤和植被湿度的分析,内陆水体的定位等。

743:可用于监测林火及灾后变化。这是因为 7 波段对温度变化敏感;4、3 波段是反映植被的最佳波段,并有减少烟雾影响的功能。

754:适宜于湿润地区,可监测不同时期湖泊水位的变化。

另外,如果用户采用目视判读方法识别地物信息,一些土地利用类型可采用波段处理的方式使地物凸显。具体操作可使用 Index 命令工具进行波段加权求和。在 ERDAS IMAGINE 9.2 主窗口中,点击图标面板中的"Interpreter"图标—"GIS Analysis"—"Index"命令,在打开的"Index"对话框中进行图层(波段)的叠加运算,在此不再展开加以说明。

(1) 城市与乡镇的提取:TM1+TM7+TM3+TM5+TM6+TM2-TM4

(2) 乡镇与村落的提取:TM1+TM2+TM3+TM6+TM7-TM4-TM5

(3) 河流的提取:TM5+TM6+TM7-TM1-TM2-TM4

(4) 道路的提取:TM6-(TM1+TM2+TM3+TM4+TM5+TM7)

2) TM/ETM 融合数据的裁剪

由于波段融合后的 TM/ETM 影像数据的边缘存在锯齿,即边缘数据不完整,这并不影响影像数据的使用,因为 TM/ETM 影像数据相邻两景数据之间的重叠率很高,通常在 30%左右。如果规划研究区需要由两景及以上的影像拼接而成,我们可以根据研究区的位置和实际需要将其裁剪掉,也可以在多波段融合时就选择 AOI(Area of Interest,感兴趣区)将其直接裁减掉;如果研究区全部在一景影像上,则无须裁剪数据边缘的锯齿。本例中上杭县跨两景影像,因此可以首先进行数据边缘锯齿的裁剪,然后再进行数据的拼接。

➢ 步骤 1:在 ERDAS IMAGINE 视图窗口中,打开 12043.img。

在 Viewer 窗口中,打开融合后的遥感影像文件 12043.img。

➢ 步骤 2:绘制 AOI。

首先,点击 Viewer 窗口中菜单栏上的"AOI"—"Tools",弹出"AOI"工具集;也可通过直接点击 Viewer 窗口中工具条上的"工具按钮"打开"Raster"工具集,该工具集要比"AOI"工具集要素多(图 3-35)。

然后,使用工具集中的"多边形工具(正、长方形或任意多边形)"在 Viewer 窗口中画出裁剪后想要留下的区域,即 AOI(感兴趣区)(图 3-36),并将 AOI 保存,点击"File"—"Save"—"Save AOI as",弹出"Save AOI as"对话框,选择 shiyan03 文件夹路径和文件名(aoi12043.aoi),如果将来不再需要用到此 AOI 多边形的话,也可不进行 AOI 文件的保存。

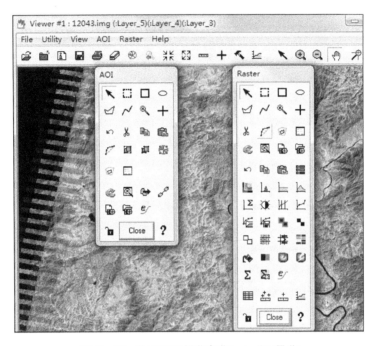

图 3-35 "AOI"工具集与"Raster"工具集

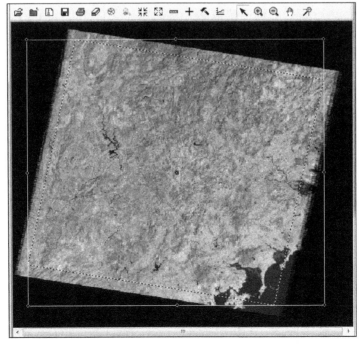

图 3-36 AOI 区域制作

➢ 步骤3:使用AOI进行数据裁剪。

点击ERDAS IMAGINE主窗口(面板窗口)中的"Interpreter"图标按钮——"Utilities"——"Subset Image",弹出"Subset"对话框(图3-37)。

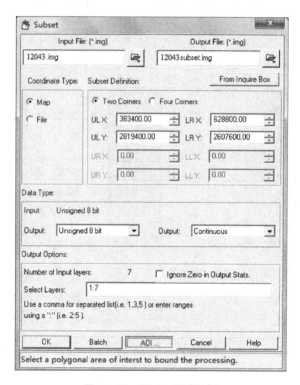

图3-37 "Subset"对话框

首先,在"Input File"栏中选择波段融合后的数据文件12043.img,在"Output File"中选择输出文件的路径(与12043.img文件放在同一个路径下)和文件名(12043subset.img)。

然后,点击对话框下方的"AOI"按钮,弹出"Choose AOI"对话框(图3-38),选择"AOI File",在弹出的"Select the AOI File"对话框中找到刚才保存的AOI文件(aoi12043.aoi)点击"OK"按钮加载;也可选择"Viewer"选项,即将Viewer窗口中制作的AOI多边形作为裁剪区域(此时,Viewer窗口中的AOI多边形应是活动的,不要关闭Viewer窗口)。

最后,勾选"Ignore Zero in Output Stats"选项。点击"OK"按钮,执行Subset命令。用户可以打开裁剪后的文件12043subset.img,查看裁剪的结果(图3-39)。

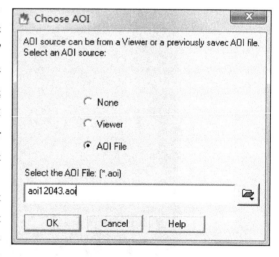

图3-38 "Choose AOI"对话框

图 3-39 使用 Subset 命令裁剪后的研究区 12043subset.img 文件

按照同样的步骤，用户可以将波段融合后的另一景 TM 遥感数据 12042.img 进行边缘裁剪，以符合两景影像拼接的需要。

3）TM/ETM 多景遥感影像的拼接

影像拼接（Mosaic Image）就是将具有地理参考的若干幅互为邻接（时相往往可能不同）的遥感数据图合并成一幅统一的新数字图像的过程。输入图像时必须经过几何校正处理或者进行过校正标定。要想制作一幅总体上比较均衡的拼接图像，一般需要做到：①拼接时应尽可能选择成像时间和成像条件接近的遥感图像，以减轻后续的色调调整工作；②图像应先进行辐射校正、几何校正，并去条带和斑点；③确定标准像幅，一般位于研究区的中央，并确定拼接顺序；④合理确定重叠区和进行色调调整。

本例中上杭县跨两景影像，因此需要将上面经过裁剪的数据进行拼接。

➢ 步骤 1：在 ERDAS IMAGINE 视图窗口中，打开"Mosaic Tool"命令对话框。

点击 ERDAS IMAGINE 主窗口（面板窗口）中的"Data Preparation"图标按钮或主菜单中的"Main"菜单—"Mosaic Images"—"Mosaic Tool"（图 3-40），弹出"Mosaic Tool"对话框。

➢ 步骤 2：加载需要拼接的图像。

我们下载的上杭县 TM 遥感数据已经经过辐射校正和几何校正的处理，且两景影像的成像时间一致，成像条件也基本一致。

首先，在"Mosaic Tool"对话框中，点击"Add Images"按钮，打开"Add Images"对话框（图 3-41），或者在菜单栏中，选择"Edit"—"Add Images"，打开"Add Images"对话框

（图 3-41）。通过路径查找找到 12043subset.img 和 12042subset.img 两个文件，分别将其加载。在数据加载过程中，ERDAS 会自动记录最近使用的文件的位置，因此，有时用户只需点击对话框中的"Resent"按钮，弹出"List of Recent Filenames"对话框（图 3-42），从中选择最近使用的数据就比较方便。

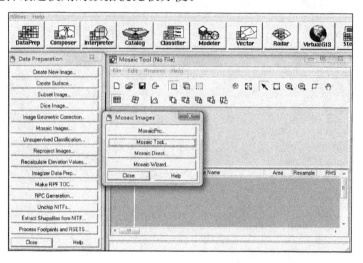

图 3-40　"Data Preparation"模块与"Mosaic Tool"按钮

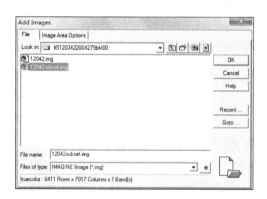

图 3-41　"Add Images"对话框

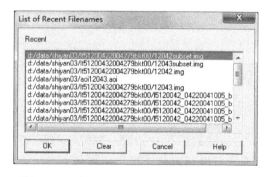

图 3-42　"List of Recent Filenames"对话框

在"Add Images"对话框中进行数据加载时，可点击对话框上方的"Image Area Options"标签，进入"Image Area Options"选项页面（图 3-43），进行数据拼接影像范围的选择。共有 5 种选择，默认设置为 Use Entire Image，即使用整幅图像进行拼接；Crop Area（裁剪区域），选择此项将出现裁剪比例（Crop Percentage）选项，即将每幅图像的矩形图幅范围按一定的百分比进行四周裁剪后再拼接；Compute Active Area（计算活动区），即只利用每幅图像中的有

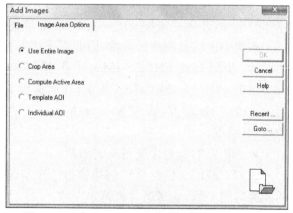

图 3-43　"Add Images"对话框中的"Image Area Options"选项页面

效数据覆盖范围进行拼接；Template AOI(模板 AOI)，即在一幅待拼接影像中利用 AOI 工具绘制用于拼接的图幅范围，该功能适合对研究区范围比较熟悉时使用，可有效降低数据冗余；Individual AOI(单一 AOI)，即利用人为指定的 AOI 从输入图像中裁剪感兴趣区域进行拼接。在本例中，前面已经进行了数据边缘锯齿的裁剪工作，所以此处选用默认设置 Use Entire Image。

最后，在"Add Images"对话框(图 3-41)中，点击"OK"按钮，加载规划研究区的两景裁剪后的影像数据(图 3-44)。

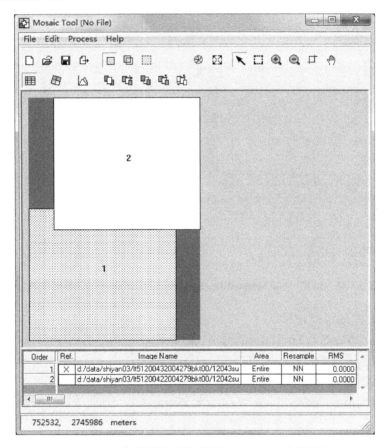

图 3-44 加载影像数据后的"Mosaic Tool"对话框

➢ 步骤 3：加载图像的叠置组合设置。

本例中只有两景数据，其重叠区是固定的，不需要调整数据的叠置顺序，而当有 3 幅及以上数据需要拼接时，则需要进行图像组合顺序的调整，以获取较好的拼接方案和效果。

本例中将 12043 作为标准像幅(上杭县域大部分在此景中)，放置在最上层，以示范图像顺序的调整。首先，选中 12043subset.img 图像，文件将会高亮显示，点击"Mosaic Tool"对话框中的"图像顺序调整"，选用"Send Selected Image(s) up one"(上移一层)，或者"Send Selected Image(s) to Top"(移至顶部)工具按钮(图 3-45)，12043subset.img 图像将被移至最上层。

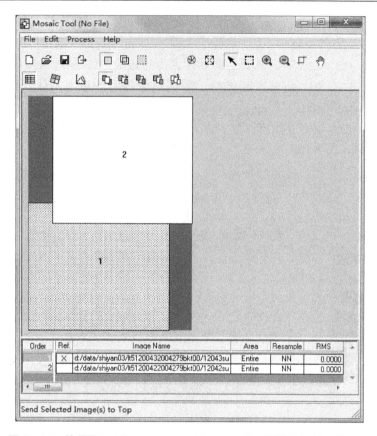

图 3-45 使用"Send Selected Image(s) to Top"工具按钮调整图像顺序

➤ 步骤 4:图像匹配设置。

首先,点击"Mosaic Tool"对话框中菜单栏"Edit"—"Set Overlap Function",打开"Set Overlap Function"对话框(图 3-46)。

然后,设置"Intersection Type"(相交关系)为"No Cutline Exists"(无剪切线),设置重叠图像元"Select Function"(灰度计算)为"Average"(均值),即叠加区各个波段的灰度值是所覆盖该区域图像灰度的均值。

最后,点击"Apply"按钮,再点击"Close"按钮关闭"Set Overlap Function"对话框,完成设置。

➤ 步骤 5:进行图像拼接。

首先,点击 Mosaic Tool 对话框中菜单条"Process"—"Run Mosaic",打开"Output File Name"对话框(图 3-47)。然后,设置确定输出文件名(shanghangmosaic.img),文件存放在 shiyan03 文件夹下(图 3-47),点击"OK"按钮,执行 Mosaic 命令,进行图像拼接。最后,Mosaic 命令运行完后,

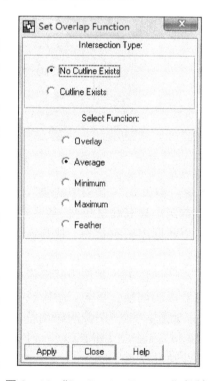

图 3-46 "Set Overlap Function"对话框

点击"OK"按钮,关闭 Mosaic 命令对话框,完成图像拼接。用户可以使用 Viewer 窗口打开拼接后的数据文件 shanghangmosaic.img,然后将两景影像的拼接处放大(图 3-48),可以发现两景数据的接缝几乎看不出来,主要原因是两景影像的成像时间和成像质量几乎没有差异。如果两景数据的成像时间和成像质量差异明显,则需要进行色彩(灰度)调整(点击"Edit"—"Color Corrections",弹出"Color Corrections"对话框进行相关设置,见图 3-49),否则很难获得很好的拼接效果。

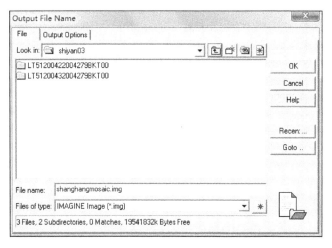

图 3-47 "Output File Name"对话框

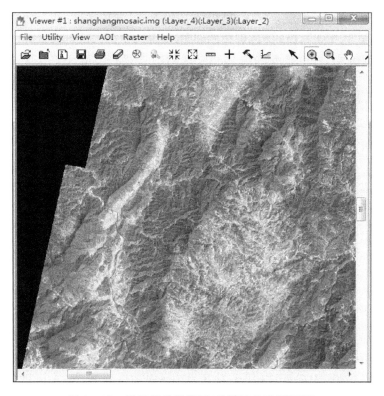

图 3-48 拼接后的影像图(接缝处几乎看不到)

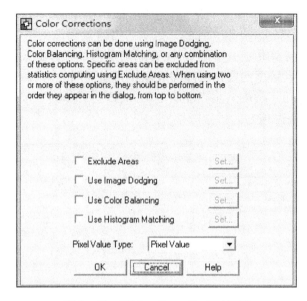

图 3-49 "Color Correction"对话框

TM/ETM 影像数据拼接时请注意数据的成像时间，如果规划研究区的数据有很多景，且成像时间各异，则需要谨慎选择拼接方法，以保证最后拼接的影像数据质量。基本原则是尽量保持高质量数据的亮度、色调等，可以将这些高质量的数据调整到上层，作为"标准像幅"，然后选择 Overlay 的方法进行拼接，这样重叠的部分将保留高质量数据的信息。但该方法也有缺点，那就是接缝处将比用 Average 方法拼接的明显。

4) 规划研究区 TM/ETM 遥感影像的裁剪/提取

在实际的研究中，我们经常需要用研究区的边界进行 TM/ETM 遥感影像的裁剪/提取，本例中使用 ERDAS 的图像掩膜(Mask)工具，以上杭县各乡镇的界限文件(乡镇界限.shp)作为研究区边界对拼接后的 TM 数据文件 shanghangmosaic.img 进行裁剪，当然，我们也可以使用 ArcToolbox 中的"Spatial Analyst 工具"—"提取分析"—"按掩膜提取"工具，进行研究区遥感影像数据的裁剪和提取。

图像掩膜分析就是按照一幅图像所确定的区域以及区域编码，借助掩膜方法，从相应图像中提取或裁剪出一定区域的图像，这些图像可以组成一幅或多幅图像，其经典应用就是用研究区或行政区边界裁剪影像，得到研究区或各个行政区内的图像。

首先，需要在 ArcMap 中使用数据转换工具箱将"乡镇界限.shp"文件转换成栅格文件(GRID 格式)，因为 ERDAS IMAGINE 软件的 Mask 文件格式中并不支持 Shapefile 格式的文件。

具体步骤为：①启动 ArcMap，在视图窗口中加载"乡镇界限.shp"数据图层文件。②打开该文件的属性表，添加一个名称为"studyarea"的字段，字段为短整型即可，在"studyarea"的字段处右击鼠标弹出快捷菜单(图 3-50)，点击"字段计算器"，弹出"字段计算器"对话框(图 3-51)，在公式编辑窗口区域中直接输入 10，点击"确定"按钮，将该字段被赋值为 10。③在 ArcMap 窗口中打开 ArcToolbox，启动 ArcToolbox 环境设置(图 1-53)，并将"输出坐标系"设置为同 img 文件相同，然后在 ArcToolbox 工具箱中点击"转换工具"工具箱—"转为栅格"—"面转栅格"，弹出"面转栅格"对话框(图 3-52)，设置输入要素为"乡镇界限.shp"数据文件,值字段设为用户创建并赋值为 10 的"studyarea"字段,输出栅格数据集名称设为 boundary,位置在 shiyan03 文件夹下,像元大小设置为 30 m,使其与 TM 遥感影像的分辨率一致。④单击"确定"按钮,执行"面转栅格"命令,得到研究区边界栅格数据文件 boundary,该文件会自动加载在 ArcMap 的内容列表和视图窗口中。

图 3-50 字段快捷菜单

图 3-51 "字段计算器"对话框

然后,点击 ERDAS IMAGINE 软件主窗口(面板窗口)中的"Interpreter"图标按钮—"Utilities"—"Mask",弹出"Mask"对话框(图 3-53)。在"Input File"中找到并加载数据文件 shanghangmosaic.img,在"Input Mask File"中找到并加载栅格数据文件

"boundary"作为掩膜文件,并设置"Output File"的文件名称为"shanghang. img",位置放置在 shiyan03 文件夹下。

最后,点选"Ignore Zero in Output Stats"(忽略零值)选项,点击"OK"按钮,执行 Mask 命令,对图像进行裁剪,裁剪结果如图 3-54 所示。

图 3-52 "面转栅格"对话框

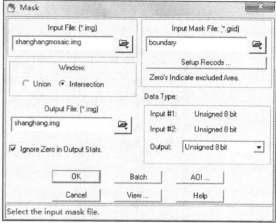

图 3-53 "Mask"对话框

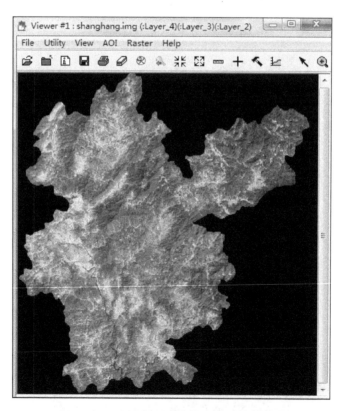

图 3-54 用研究区边界裁剪后的 TM 图像

3.4 无人机数据获取与预处理

3.4.1 无人机数据获取

目前,在规划建设领域获取航拍数据所用的无人机主要有固定翼无人机、无人飞艇和多旋翼无人机三大平台。固定翼无人机是军用和多数民用无人机的主流平台,最大特点是飞行速度较快,适用于大范围的航拍测绘项目;无人飞艇的续航较强,同样适用于大范围的测绘项目;多旋翼(多轴)无人机是消费级和部分民用用途的首选平台,操纵简单、成本较低,但因其续航时间短,仅适用于小区域的测绘项目。

本实验以大疆"悟 INSPIRE 2"无人机(搭载禅思 X5S 云台相机)获取的数据为例加以说明,数据存放在 D:\data\shiyan03 目录下的 wurenji 文件夹中,数据处理使用 PhotoScan Pro 软件。

3.4.2 无人机数据预处理

用 PhotoScan Pro 软件对无人机采集的图像数据进行处理主要包括以下步骤:数据加载、评估图像质量、对齐照片、生成密集点云、生成网格(三维多边形模型)、生成纹理、生成 DEM、生成正射影像等。

1) 无人机数据加载与对齐

➤ 步骤 1:打开 PhotoScan Pro 软件,将软件语言设置为中文。

打开 PhotoScan Pro 软件,在主界面的"菜单栏"中,点击点击"Tools"—"Preferences"(图 3 - 55),弹出"PhotoScan Preferences"对话框,点击对话框中的"Language"选项卡,选择"Chinese"(图 3 - 56),点击"OK(确定)"按钮,将软件语言由默认的英语改为中文。

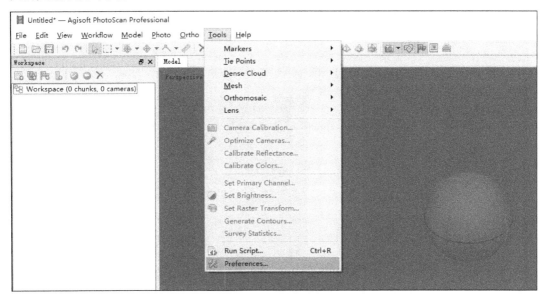

图 3 - 55 菜单栏中"Tools"菜单下的"Preferences"(偏好设置)

图 3-56 在"PhotoScan Preferences"对话框中修改软件语言

➤ 步骤2:加载无人机图像数据。

点击"工作流程"菜单中的"添加照片"或"添加文件夹"(图 3-57),本例中选择"添加文件夹"选项,在弹出的"添加文件夹"对话框中找到本实验的数据所在目录(D:\data\shiyan03\wurenji),弹出"添加照片"对话框,选择"从每个文件创建相机"选项(图 3-58),添加"wurenji"文件夹下的所有图像数据(图 3-59)。

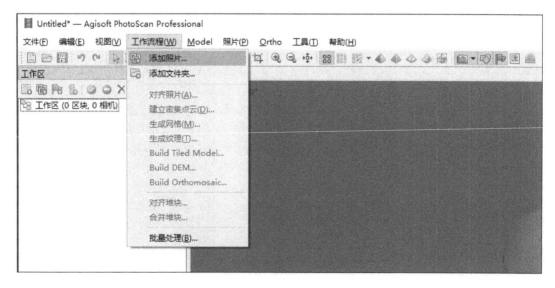

图 3-57 "工作流程"菜单中的"添加照片"与"添加文件夹"功能选项

图 3-58 "添加照片"对话框

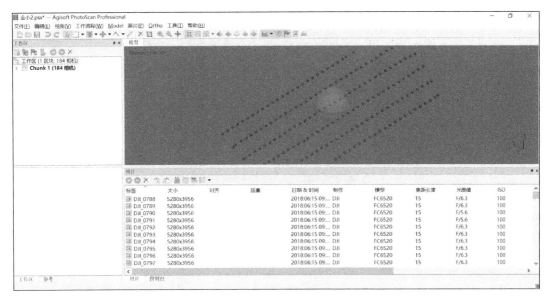

图 3-59 无人机图像数据添加之后的界面

> 步骤 3:评估加载的图像质量。

在主界面中的"照片"视图中,选择任一图像右击,弹出快捷菜单,点击"Estimate Image Quality"(估算图像质量)功能菜单(图 3-60),弹出"分析照片"对话框(图 3-61),点选"所有相机",然后点击"OK"按钮对所有加载的图像进行图像质量估算(通常质量评估得分需要大于 0.5)。本例中的图像质量均满足要求,得分最低的图像"DJI_0864"得分值为 0.612 914(图 3-62)。如果有数据质量不能满足质量要求,建议使用快捷菜单中的"删除相机"功能(图 3-60)将这些质量差的图像移除。

> 步骤 4:对齐照片。

"工作流程"菜单中的"对齐照片"功能,主要是找到加载的每张图像拍摄时的摄像头位置和方向,并构建了疏点云模型(Sparse Point Cloud Model),这一过程与 ArcGIS 中的影像数据配准与拼接功能相似。

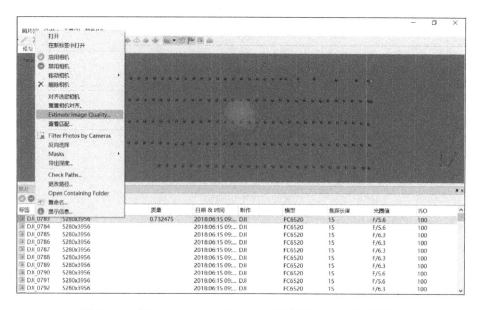

图 3-60 "Estimate Image Quality"(估算图像质量)功能菜单

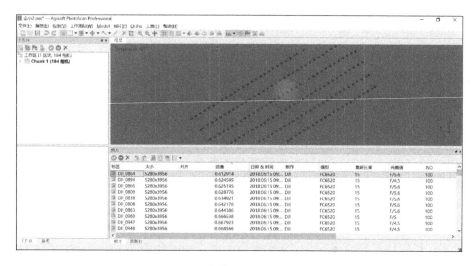

图 3-61 "分析照片"对话框

图 3-62 "估算图像质量"结果界面

首先,点击"工作流程"菜单中的"对齐照片"功能选项,弹出"对齐照片"对话框(图3-63)。然后,在对话框中选择对齐的精度(本例中,为了既能保证一定的精度,又能节省上机实验的时间,我们选择对齐的精度为"高",约需1小时;如果选择精度为"最高",预计需要2小时),其他选项采用默认设置。最后,点击"OK"按钮对所有加载的图像进行对齐,并构建疏点云模型(图3-64)。

图3-63 "对齐照片"对话框

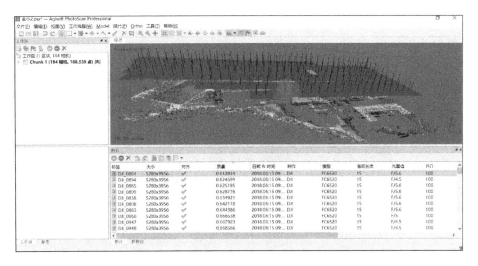

图3-64 执行"对齐照片"之后的界面

2）生成密集点云

"工作流程"菜单中的"生成密集点云"功能,主要是生成密集点云模型(Dense Point Cloud)并进行三维点云的可视化。根据"对齐图片"中估计的相机位置,计算每个相机的详细信息,并将其组合成一个密集的点云。PhotoScan Pro软件能够生成一个非常密的点云数据,密度几乎和激光雷达点云数据的密度一样。生成的密集点云数据是进行点云数据分类、网格生成、DEM/DSM构建、平铺模型构建、正射影像制作等的基础。

首先,点击"工作流程"菜单中的"生成密集点云"功能选项,弹出"生成密集点云"对话框(图3-65)。然后,在对话框中选择生成密集点云的质量(本例中,为了既能保证一定的精度,又能节省上机实验的时间,选择生成密集点云的质量为"中",预计运行时间为2小时;如果选择"超高"质量,则预计需要20小时),其他选项采用默认设置。最后,点击"OK"按钮生成密集点云模型并进行三维点云的可视化显示(图3-65)。如果我们只想将无人机拍摄的图片拼接为正射影像,不需要生成DEM与三维模型,则可以直接跳过该步骤,使用疏点云来生成网格。

图3-65 "生成密集点云"对话框

3)生成网格

基于前面步骤中生成的点云数据信息,"生成网格"功能菜单能够重建多边形模型——网格(Mesh)。

首先,点击"工作流程"菜单中的"生成网格"功能选项,弹出"生成网格"对话框(图3-66)。然后,在对话框中"一般"与"高级"设置栏中均采用默认设置("源数据"一栏中有"密集点云"和"疏点云"两个选项,为了生成高精度的格网,本例中我们采用默认的"密集点云"选项。当然,为了节省上机实验时间,我们也可以选择"疏点云"选项);面数如果太多,也需要耗费很长的计算时间,建议上机实验时尽量选择少一些。最后,点击"OK"按钮生成网格(图3-67)。

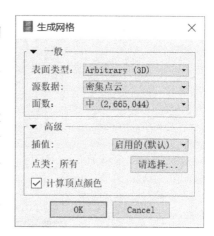

图3-66 "生成网格"对话框

图3-67 执行完"生成网格"之后的界面

4）生成纹理

生成纹理是填充对象的纹理特征，从而提高最终模型的视觉质量。

首先，点击"工作流程"菜单中的"生成纹理"功能选项，弹出"生成纹理"对话框（图 3-68）。然后，在对话框中"映射模式"下拉菜单中选择"自适应正射影像"，其他设置栏均采用默认设置。最后，点击"OK"按钮生成纹理。

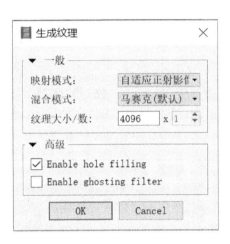

图 3-68 "生成纹理"对话框

图 3-69 "Build DEM"设置

5）生成 DEM（数字高程模型）

首先，点击"工作流程"菜单中的"Build DEM"功能选项，弹出"Build DEM"对话框（图 3-69）。然后，在对话框中"参数"栏下"插值"下拉菜单中选择"启用的（默认）"选项，其他设置栏均采用默认设置。最后，点击"OK"按钮生成 DEM。

本例中，使用的密集点云数据并未进行分类（点击"点类"选项后面的"请选择"按钮，弹出"选择点类"对话框，可以发现生成 DEM 的点云数据是未分类的数据，图 3-70）。因而，本例中生成的其实是 DSM（Digital Surface Model，数字表面模型）。如果需要生成真正意义上的 DEM，就必须首先进行点云分类得到地面点云数据。

图 3-70 "选择点类"对话框

图 3-71 "分类地面点"对话框

点击菜单栏中的"工具"—"密集点云"—"分类地面点"选项,弹出"分类地面点"对话框(图3-71),设置参数后,点击"OK"按钮,生成地面点云。我们也可以将密集点云数据导出来,使用 LiDAR360 等专业软件进行点云数据的处理。然后,使用提取的地面点云数据来制作高精度的 DEM(可参考 3.5.2 中的相关内容)。

6）生成正射影像

"工作流程"菜单中的"Build Orthomosaic"(生成正射影像)功能选项,主要利用数字高程模型对无人机拍摄的照片,经逐个像元纠正,按图幅范围裁切生成影像数据,它的信息比较直观,具有良好的可判读性和可量测性,可为规划师提供规划区高精度的现状调查地图。

首先,点击"工作流程"菜单中的"Build Orthomosaic"功能选项,弹出"Build Orthomosaic"对话框(图3-72)。然后,在对话框中"投影""参数"和"区域"设置栏均采用默认设置。最后,点击"OK"按钮生成正射影像(可在菜单栏的"文件"选项中使用"导出"功能将生成的影像数据导出)。

图3-72 "Build Orthomosaic"对话框

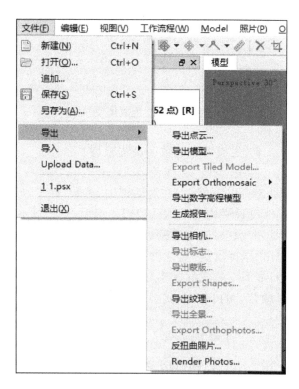

图3-73 数据导出

7）导出数据

当以上数据处理过程完成后,我们就获取了该研究区的密集点云数据、三维模型数据、DEM 数据、正射影像数据。为了便于数据的进一步分析,我们可以将相关数据文件导出来。点击菜单栏上的"文件"—"导出"功能选项,然后选择需要导出的数据(例如:导出点云、导出模型、导出数字高程模型、Export Orthomosaic 等)即可导出相关数据(图3-73)。

3.5 激光雷达数据获取与预处理

3.5.1 激光雷达数据获取

LiDAR 以激光束扫描的工作方式测量从传感器到地面上激光照射点的距离,即通过测量地面采样点激光回波脉冲相对于发射激光主波之间的时间延迟得到传感器到地面采样点之间的距离,其测距基本原理可表示为:

$$D = \frac{C \times T}{2} \qquad (公式3-1)$$

其中,D 是传感器到目标物体的距离,C 是光速,T 是激光脉冲从激光器到被测目标的往返传输时间。

目前激光雷达记录模式通常分为离散回波和全波形两种模式。全波形激光雷达记录返回信号的全部能量,可以完整地记录地物信息和返回能力,而离散回波激光雷达记录单个或多个回波,表示来自不同冠层的回波信号。

激光雷达系统根据传感器搭载平台,又可分为星载激光雷达(Spaceborne LiDAR)、机载激光雷达(Airborne Laser Scanning,ALS)和地基激光雷达(Terrestrial Laser Scanning,TLS)3 种类型。星载激光雷达为全波形系统,它往往具有较低空间分辨率和较高的连续垂直分辨率,在获取区域尺度的地物结构信息方面具有明显优势。但由于星载数据空间分辨率较低,且大光斑全波形数据易受地形变化影响,在城市与区域规划中应用还不普遍。机载激光雷达系统包括激光扫描系统(Laser Scanner,LS,用于精确测定距离)、机载差分校正全球定位系统(Differentially Corrected

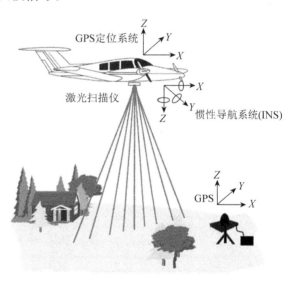

图 3-74 机载激光雷达系统组成示意图

Global Positioning System,DGPS,记录飞机的位置)和惯性导航系统(Inertial Navigation System,INS,记录飞机飞行的方位信息)(图 3-74)。由于机载激光雷达系统可以获取大尺度的地物三维信息,可为城市与区域规划研究提供高精度三维点云数据。地基激光雷达都是小光斑雷达,部分为离散回波类型,部分实现波形测量,它对地物的下层结构有很好的自下而上扫描探测能力,能获取高密度、高精度的点云数据。但由于 TLS 这种自下而上的扫描方式,不能完全获取地物上表面信息。

本实验以机载激光雷达系统获取的南京仙林地区数据为例加以说明(LAS 数据格式为 1.2 版本),数据存放在 D:\data\shiyan03 目录下的 lidar 文件夹中,数据处理使用 LiDAR360 软件。

选取的机载 LiDAR 数据是 2009 年 4 月 9 日、4 月 21 日和 4 月 22 日 3 个飞行架次获取的南京仙林地区数据。采用 ALTM Gemini 型号设备,激光波长 1 064 nm;4 月 9 日航高为 1 000 m,每秒 12.5 万次脉冲,扫描角 18 度;4 月 21 日和 22 日航高是 1 500 m,每秒 7 万次脉冲,扫描角 18 度;激光发射离散值都为 0.3 mrad;单次 LiDAR 激光脉冲测距的垂直分辨率为 1.8 m 和 2.1 m。

3.5.2 激光雷达数据预处理

激光雷达数据预处理主要包括数据加载与显示、合并与裁剪、去噪、归一化等。

1) LiDAR 数据加载与显示

➤ 步骤 1:加载 LiDAR 点云数据。

首先,打开 LiDAR360 软件,在主界面的"工具栏"中,点击" "(加载数据)符号,弹出"打开数据"页面,找到 D:\data\shiyan03\lidar 文件夹下需要载入的两景数据(sample_1 和 sample_2)。

然后,点击"打开"按钮,弹出"Open LAS File"对话框(图 3 - 75)。对话框中的"头信息"选项中显示了要打开的 LAS 数据的头文件信息,包括所在路径、头文件信息、版本号、源 ID、系统标识符、生成软件、文件创建日期、文件头大小、从文件起始处到第一个点数据记录首个字段的字节数、变长记录数、点数据格式 ID、点数据记录数、是否压缩、各个回波次数的点数、X/Y/Z 比例因子等;点击"属性选项"标签可以选择打开点云时对其进行个点抽稀,默认打开所有点(即默认采样选项为在 1 点中取一个点),也可以选择 LAS 数据的属性,默认导入 LAS 数据的所有属性信息(图 3 - 76);点击"坐标系选项"标签进入坐标系设置页面,我们可以选择 WKT、PRJ 等方式导入点云数据的坐标系(图 3 - 77)。本例中,我们的实验数据已经包含了坐标系信息,此处不做坐标系设置。

图 3 - 75 数据文件的"头信息"

图 3 - 76 数据文件的"属性选项"

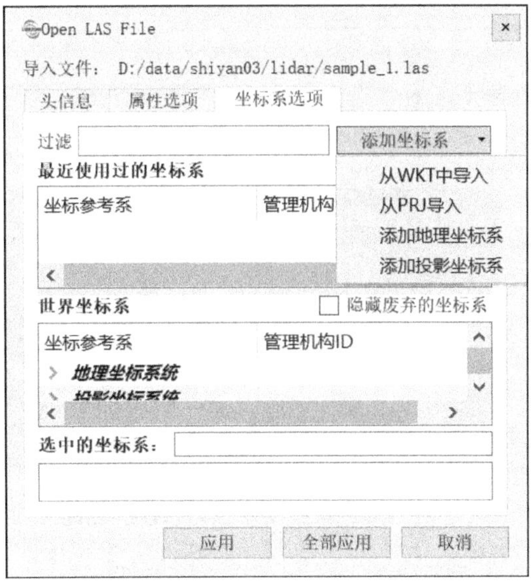

图 3-77 数据文件的"坐标系选项"

最后,点击"应用"加载当前选择的 LAS 数据,LAS 等格式的点云数据导入软件之后将自动生成对应的 LiData 格式进行后续处理(图 3-78)。"应用"表示将选择的 LAS 数据采用当前设置导入到软件中,而如果选择"全部应用",则在关闭软件之前,再导入其他 LAS 数据,软件将默认均采用当前的设置,不会再弹出"Open LAS File"对话框。

我们也可以在主界面左边的"工程"区域中"图层"—"点云"功能选项上右击,在弹出的快捷菜单中点击选择"导入数据"功能来导入点云数据(图 3-79)。

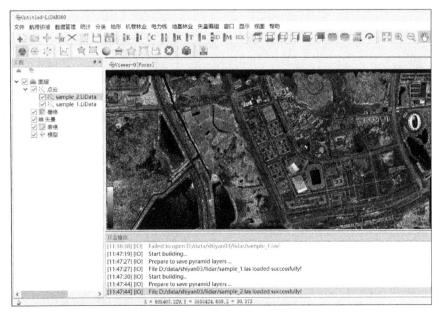

图 3-78 两景数据加载后的界面

图 3-79　通过"点云"快捷菜单"导入数据"功能添加数据

➤ 步骤 2：数据按高度显示。

在数据 sample_1 和 sample_2 加载完成后，点击工具栏中" E "（按高度显示）按钮，或在"工程"区域中在点云数据文件上点击右键，在弹出快捷菜单中点击"显示"—"按高度显示"功能（图 3-80），显示效果如图 3-81 所示。

LiDAR360 软件默认的是" 2D "显示（图 3-81）。我们可以通过点击工具栏中" 3D "（3D 视图）工具按钮来实现 3D 显示点云数据（图 3-82）。另外，通过左键点击数据显示区中的数据按住不放可以对数据进行三维旋转、拖动。点击"✛"（单点选择）工具按钮可以查看点云数据某个点的属性信息（图 3-82）。

图 3-80　"按高度显示"点云数据功能

图 3-81 "按高度显示"点云数据结果(2D 显示)

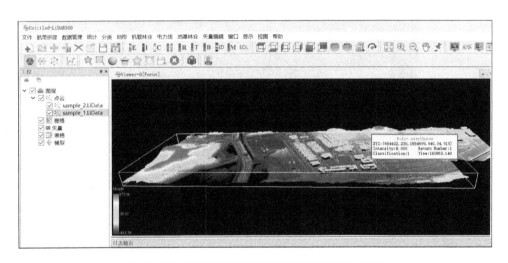

图 3-82 "按高度显示"点云数据结果(3D 显示)

2) LiDAR 数据合并与裁剪

➢ 步骤 1:数据合并。

实验数据为 sample_1 和 sample_2 两部分组成,现将这两景数据进行合并。点击"数据管理"菜单栏中的"点云工具"—"合并"功能(图 3-83),弹出"合并"对话框,选择合并的数据为 sample_1 和 sample_2,定义输出的路径为 D:\data\shiyan03\lidar,文件名设置为"merge"(图 3-84)。点击"确定"按钮进行两景数据的合并,并将合并之后的"merge"数据文件添加到当前工程中(此时两景数据已经融合为一景数据)。

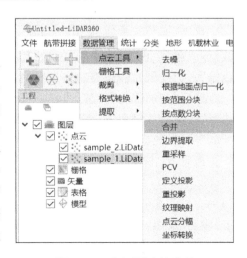

图 3-83 "合并"功能选项

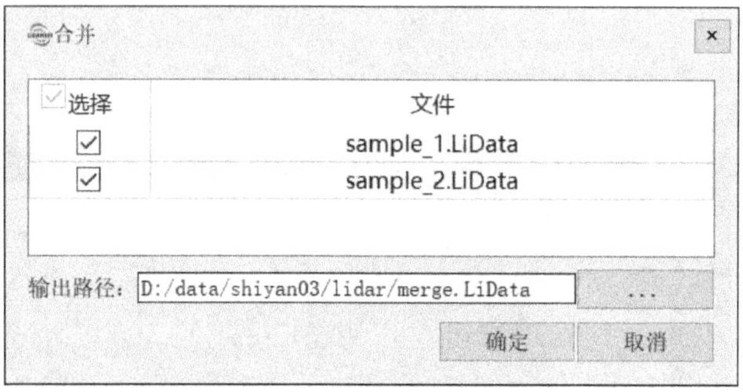

图 3-84 "合并"对话框设置

图 3-85 "合并"后的"merge"文件显示结果（2D）

➢ 步骤 2：数据裁剪。

本实验以南京大学仙林校区的部分区域作为研究区，我们将使用该研究区的边界对合并的数据进行裁剪。

首先，加载矢量数据"area.shp"。点击"➕"（加载数据）按钮载入研究区边界的矢量数据，或在"工程"区域中的"矢量"选项上点击右键，在弹出的快捷菜单上点击选择"导入数据"来加载研究区边界的矢量数据。

然后，在加载的研究区边界的矢量数据（area.shp）上右击，在弹出的快捷菜单上点击选择"按选择的颜色显示"，在弹出的"按选择的颜色显示"对话框中选择"红色"，点击"OK"按钮，数据将按照我们选择的红色进行显示（图 3-86）。

最后，点击"数据管理"—"裁剪"—"按多边形裁剪"工具，弹出"按多边形裁剪"对话框（图 3-87），在对话框中选择要裁剪的数据"merge.LiData"，裁剪用的边界矢量数据"area.shp"，修改输出路径并重命名为"nju"（D:\data\shiyan03\lidar\nju.LiData）。点击"确定"按钮，执行"按多边形裁剪"命令（图 3-88）。

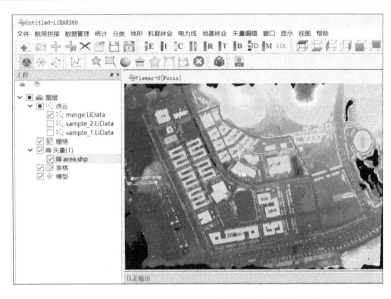

图 3-86 研究区边界数据按照我们选择的颜色进行显示

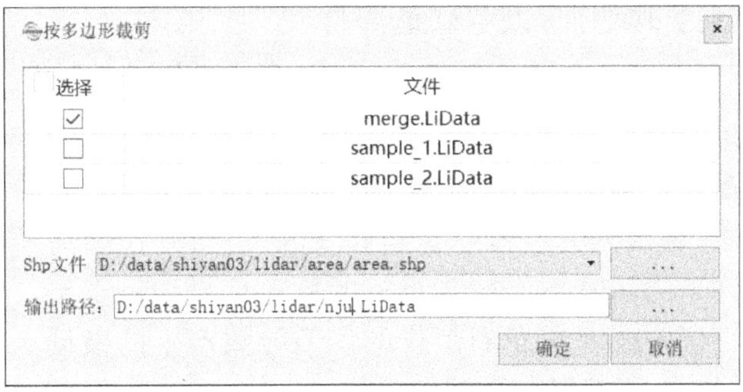

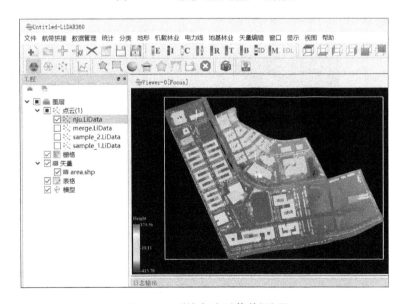

图 3-87 "按多边形裁剪"对话框

图 3-88 "按多边形裁剪"结果

3) LiDAR 数据去噪

➢ 步骤1:查看剖面图。

剖面窗口能够显示用户指定宽度范围内的数据,使得数据查看和测量变得更加容易。

首先,勾选"nju. LiData"数据,并点击""(剖面图)工具按钮,弹出"Class Setting"(类别设置)对话框(图3-89),然后点击对话框中的"全选",将能够选择的"初始类别"全部选择,点击"关闭"按钮进入主界面。

然后,在点云显示窗口中点击任一区域来创建起始点,点击第二个点来创建终点,将光标移动到这条线上,沿着垂直方向给出一个合适的显示宽度范围。双击左键,剖面图将在剖面窗口中显示(图3-90)。我们还可以使用""(旋转模式)来旋转剖面,以更好地调整显示的角度。

图3-89 "Class Setting"(类别设置)对话框

从图3-90中我们可以看出剖面中存在异常点(也称之为"噪点")。常见的噪声包括高位粗差和低位粗差。高位粗差通常是因为机载LiDAR系统在采集数据的过程中受到低飞的飞行物(比如鸟类或者飞机)的影响,误将这些物体反射回来的信号当作被测目标的反射信号记录下来。低位粗差则是由于测量过程中的多路径误差或者激光测距仪的误差导致产生的极低点。我们需要选择合适的参数,移除这些噪点,提高数据质量。

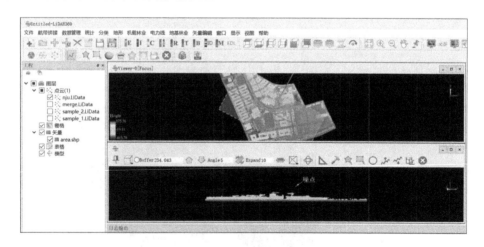

图3-90 创建的剖面与剖面图中的噪点

➢ 步骤2:去噪。

首先,点击"数据管理"—"点云工具"—"去噪"工具,弹出"去噪"对话框(图3-91),在对话框中设置需要去噪的文件(nju. LiData),"领域点个数"和"标准差倍数"采用默认的 10 和 5,输出的路径和文件名定义为 D:\data\shiyan03\lidar\nju_去噪.LiData。去噪算法主要通过领域点个数和标准差倍数两个参数来控制,计算每个点到邻近点间的距离,并计算平均距离的标准偏差,超出平均距离最小允许偏差范围外的点,被认为是噪点。然后,点击"确定"按钮,执行"去噪"命令,将生成的 nju_去噪.LiData 点云数据文件加载进来(图 3-92),可以看出之前的噪点已去除。

图 3-91 "去噪"对话框

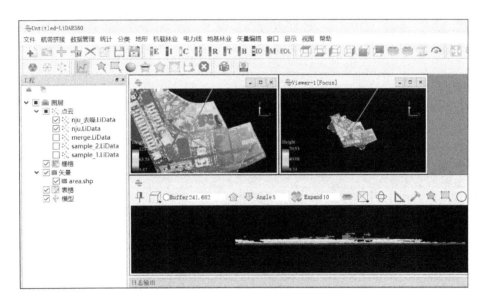

图 3-92 "去噪"结果界面

4) LiDAR 数据归一化

➤ 步骤 1:地面点分类

在点云数据中进行地面点分类对创建数字高程模型(DEM)非常重要。目前,从点云数据中分离地面点最常用的算法是改进的渐进加密三角网滤波算法(Improved Progressive TIN Densification,IPTD)。此算法首先通过种子点生成一个稀疏的三角网,然后通过迭代处理逐层加密,直至将所有地面点分类完毕。算法的具体步骤如下:①初始种子点的选择。在含有建筑物的点云数据中,量取最大建筑物尺寸作为格网大小对点云数据进行格网化,对于不含建筑物的点云数据,以默认值作为格网大小。取格网内的最低点作为起始种子点。②构建三角网。利用起始种子点构建初始三角网。③迭代加密过程。遍历所有待分类的点,查询各点水平面投影所落入的三角形,计算点到三角形的距离 d 及点到三角形三个顶点与三角形所在平面所成角度的最大值,将其分别与迭代距离与迭代角度进行比较,如果小于对应阈值,则将此点判定为地面点,并加入三角网中。重复此过程,直至所有地面点分类完毕。

首先,我们查看一下去噪后数据(nju_去噪.LiData)的点云分类情况。点击" "(按类别显示)工具按钮,弹出"按类别显示"对话框(图 3-93),勾选所有类别,点击"确定"按钮,进行数据的分类显示(我们可以发现该数据未分类)。

图 3-93 "按类别显示"对话框

然后,点击"分类"菜单中的"地面点分类",弹出"地面点分类"对话框(图 3-94)。我们先对对话框中的参数进行一些简要说明。

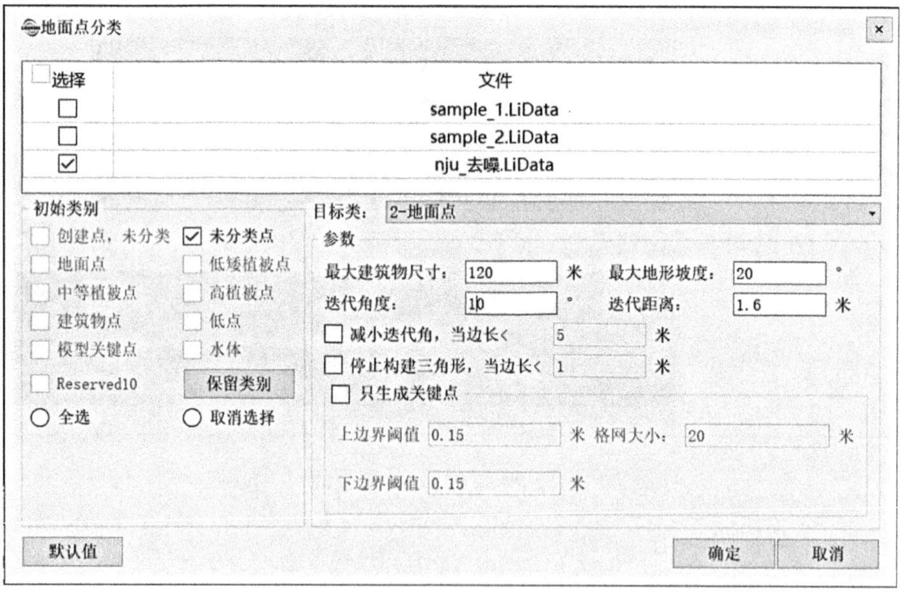

图 3-94 "地面点分类"对话框

(1) 最大建筑物尺寸:是指点云扫描中存在的建筑物边缘最大长度。建筑物的平顶可能被误认为地形,该参数可帮助算法确定扫描的一部分是属于地形还是建筑物,从而有助于最初的地面点分类。当点云数据中有建筑物时,可以利用菜单栏的" "(长度量测)工具来测量最大的建筑物尺寸,该参数的值最好大于测量得到的最大建筑物尺寸,我们将默认值"20"修改为"120"。

(2) 迭代角度：是指限制点和已知地面点间允许的角度范围。对地形起伏较大的区域可适当设置大一些，与迭代距离对应调节。一般设置为10°～30°，默认为30°。实验区地形起伏不大，将其设置为10°。

(3) 最大地形坡度：是指点云中显示的地形最大坡度。该算法可以更好地确定已被识别的地面点的相邻点是属于地形还是其他地物，默认为88°。本实验所选择的南大仙林校区地形平坦，因而将其设置为20°。

(4) 迭代距离：是指限制点和当前高程模型间允许的距离范围。地形起伏较大时可适当调大，与迭代角度对应调节，一般设置为1～5 m。本例使用默认值1.6 m。

(5) 减小迭代角：表示当三角网中三角形边长小于设定的阈值时，减小迭代角。

(6) 停止构建三角形：当边长小于设定的阈值时，则停止加密三角网，阈值设置可防止生成的地面点过密。

(7) 只生成关键点：在地面点滤波的基础上进一步提取模型关键点作为地面点类别，该功能可保留地形上的关键点而相对抽稀平缓地面区域的点。上边界阈值——由原始点所组成的三角网模型上所允许的最大高程容差值，超过该阈值则作为关键点，简单来讲，此值设置越大，提取的模型关键点越稀疏，反之，则越密。下边界阈值——由原始点所组成的三角网模型下所允许的最大高程容差值，超过该阈值则作为关键点，简单来讲，此值设置越大，提取的模型关键点越稀疏，反之，则越密。格网大小——设置该值以保证提取的模型关键点的密度，例如，想要保证每隔20 m至少有一个点，则此值设置为20。

设置好相关参数后(图3-94)，点击"确定"按钮，进行点云的地面点分类。待分类结束后，点击" C "(按类别显示)工具按钮，弹出"按类别显示"对话框，勾选所有类别，点击"确定"按钮，进行数据的分类显示(图3-95)。我们可以发现该数据已经被分为两类即"1—未分类点"和"2—地面点"。

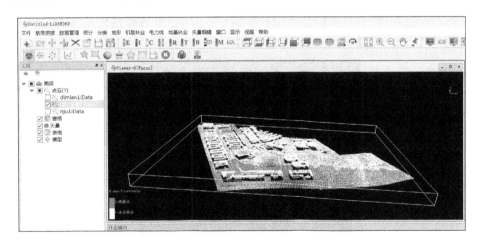

图3-95 "地面点分类"结果

➤ 步骤2：提取地面点。

首先，点击"数据管理"—"提取"—"按类别提取"工具，弹出"按类别提取"对话框(图3-96)，在对话框中的"初始类别"选项栏下仅点选"地面点"，并设置输出路径与文件名

(D:\data\shiyan03\lidar\dimian.LiData)。点击"确定"按钮,执行"按类别提取"工具,得到地面点文件(dimian.LiData),并将其加载进来(图 3-97)。

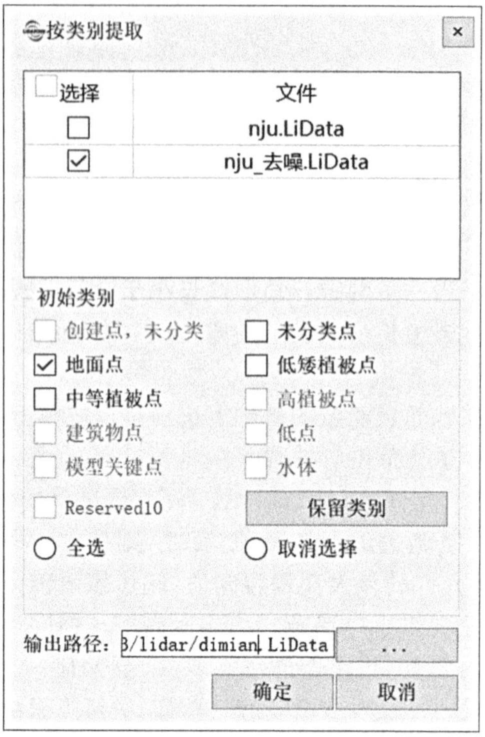

图 3-96 "按类别提取"对话框

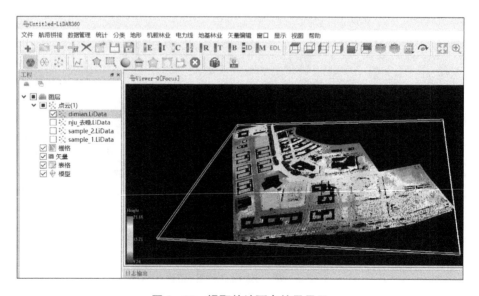

图 3-97 提取的地面点结果显示

➤ 步骤 3:生成数字高程模型(DEM)。

对点云进行地面点分类、提取后,我们可以使用提取的地面点点云数据生成研究区高精度的数字高程模型(DEM)。

首先,点击"地形"菜单中"数字高程模型",弹出"数字高程模型"对话框(图 3-98),在对话框中选择"dimian"点云数据,XSize 和 YSize 默认设置为 2 m,即生成的数字高程模型分辨率大小为 2 m×2 m(分辨率越高,处理时间越长,但效果越好)。本实验选择默认设置。插值方法有 3 种:IDW(反距离加权法)、Kriging(克里金插值法)、TIN(不规则三角网法),默认为 TIN 方法。我们选择 IDW,并采用默认参数(图 3-99)。设置输出路径与文件名(D:\data\shiyan03\lidar\DEM.tif)。

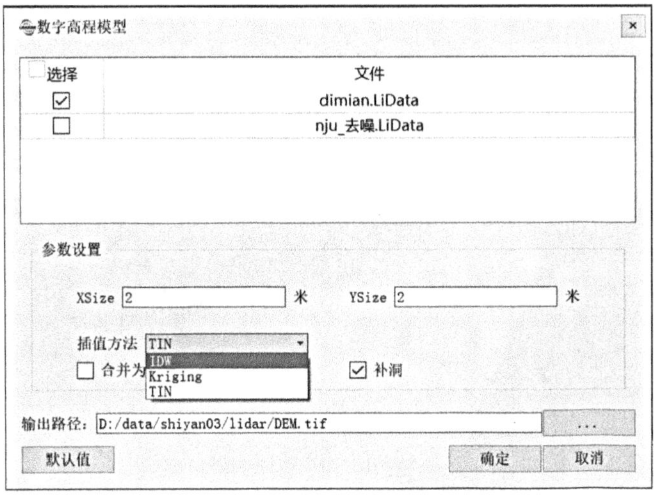

图 3-98 "数字高程模型"对话框

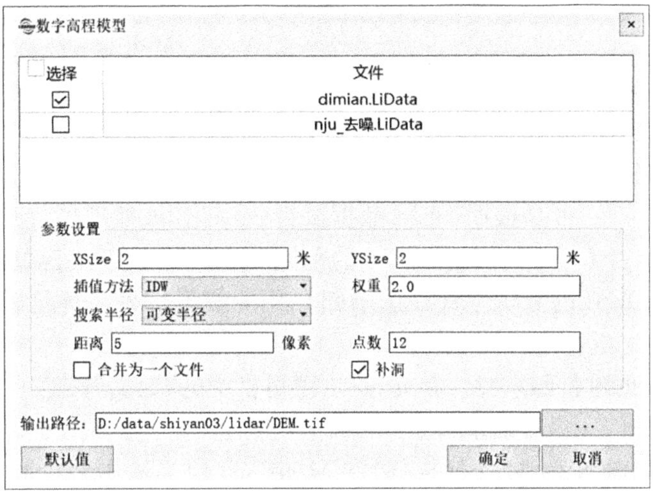

图 3-99 "数字高程模型"对话框中的 IDW 差值方法

然后,点击"确定"按钮运行"数字高程模型"命令,得到研究区的高精度数字高程模型。

最后,在"工程"区域右击"DEM",在快捷菜单中选择"直方图",弹出"图像直方图"对话框,可查看直方图信息并设置颜色条颜色(图 3-100)。点击"应用"按钮,应用当前设置,回到主界面(图 3-101)。

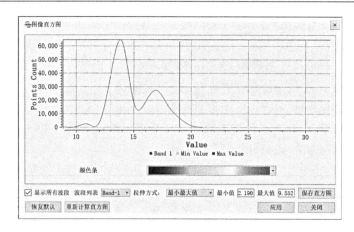

图3-100 "图像直方图"对话框

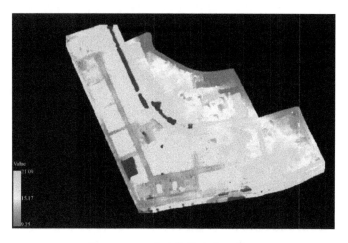

图3-101 生成的数字高程模型

➤ 步骤4:点云归一化。

为了获取数据的相对高度,需要将点云数据进行归一化处理。LiDAR360软件提供了两种归一化方法。一种是根据DEM数据进行归一化,该处理过程是需要所有点的高度减去相应投影位置DEM的高度,DEM的范围应该大于等于点云数据的范围,这是一种最常见的方法,DEM的分辨率往往影响归一化的效果。另一种是直接基于地面点进行归一化。

根据DEM数据进行归一化。首先,点击菜单栏中的"数据管理"—"点云工具"—"归一化"工具,弹出"归一化"对话框(图3-102)。然后,选择需要归一化的点云数据文件"nju_去噪.LiData",输入DEM文件选择"DEM.tif",并定义输出路径和文件名(D:\data\shiyan03\lidar\nju_去噪_归一化.LiData)。最后,点击"确定"按钮,得到"归一化"后的点云文件(图3-103)。

根据地面点进行归一化。首先,点击菜单栏中的"数据管理"—"点云工具"—"根据地面点归一化"工具,弹出"根据地面点归一化"对话框(图3-104)。然后,选择需要归一化的点云数据文件"nju_去噪.LiData",并定义输出路径和文件名(D:\data\shiyan03\lidar\ nju_去噪_根据地面点归一化.LiData)。最后,点击"确定"按钮,得到"根据地面点归一化"后的点云文件(图 3-105)。高度由原来的绝对高度变为相对高度(0~58.67 m)。

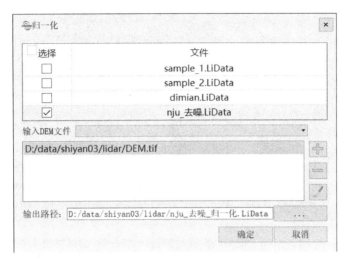

图 3-102 "归一化"对话框

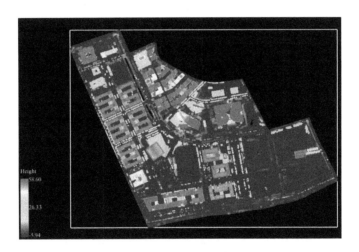

图 3-103 使用 DEM 数据进行"归一化"的结果图

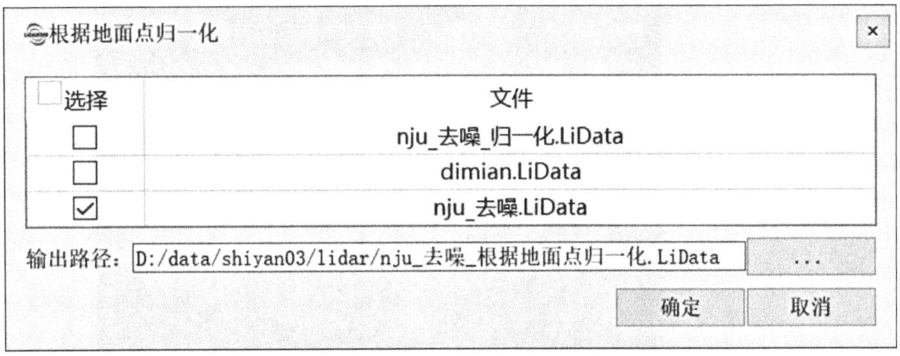

图 3-104 "根据地面点归一化"对话框

图 3-105 使用地面点数据进行"归一化"的结果图

5）建筑物信息提取

本例以前面经过裁剪与合并、去噪、地面点分类和使用地面点数据归一化处理之后的激光雷达数据（nju_去噪_根据地面点归一化.LiData，为方便数据加载与管理，将其重命名为 nju_normalization.LiData）为例，来演示基于激光雷达数据提取建筑物信息的操作过程。实验数据已经存放在 D:\data\shiyan03\lidar 目录下。

LiDAR360 软件拥有"建筑物分类"功能菜单，能够实现基于激光雷达数据的建筑物信息的直接提取。具体操作过程如下：

➢ 步骤 1：地面点与非地面点分类。

在此直接使用已经进行了地面点分类（即数据只有地面点和非地面点两类）的数据文件（nju_normalization.LiData）。首先，打开"nju_normalization.LiData"数据文件，并按类别显示（图 3-106）。

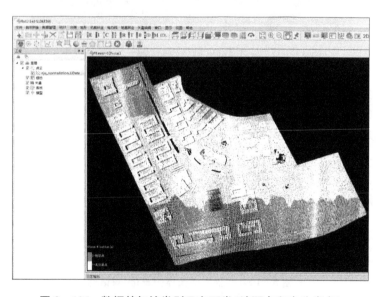

图 3-106 数据的初始类别只有两类（地面点和未分类点）

> 步骤2:使用"建筑物分类"功能菜单进行建筑物信息的提取。

首先,鼠标点击LiDAR360软件主界面菜单栏中的"分类"菜单,在弹出的下拉菜单中选择"建筑物分类"功能菜单(图3-107),弹出"建筑物分类"对话框(图3-108)。

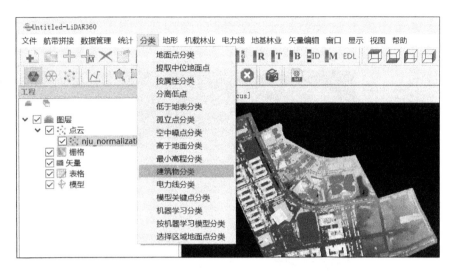

图3-107 "建筑物分类"功能菜单

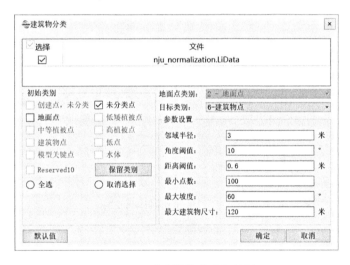

图3-108 "建筑物分类"对话框

然后,在"建筑物分类"对话框中做如下设置:在"选择"栏中勾选需要分类的数据(nju_normalization.LiData);在"初始类别"中勾选"未分类点";在"目标类别"选项中选择分类标识符(默认情况下,设置为6—建筑物点)。"参数设置"中的6个参数的简要说明如下:①邻域半径——计算点云法向量时的邻域半径,通常设置为点间距的4~6倍;②角度阈值——平面聚类时两点之间的角度阈值,小于该值则认为是同一簇点云;③距离阈值——平面聚类时点到平面的距离阈值,小于该值则认为是同一簇点云,一般设置为略大于点间距的值;④最小点数——建筑物面片的最小点数;⑤最大坡度——大于该值则认为不是建筑物顶面,而是墙面或者其他类别;⑥最大建筑物尺寸——最大建筑物长度,用于分块时,块之间建筑物面片的探测。可以用工具栏中"⊥⊥"量测工具对建筑物尺寸进行量测。本例中将最大建筑物尺寸设为 120 m,其他参数采用默认选项。

最后,点击"确定"按钮,执行建筑物分类命令,得到建筑物分类结果(图 3-109)。

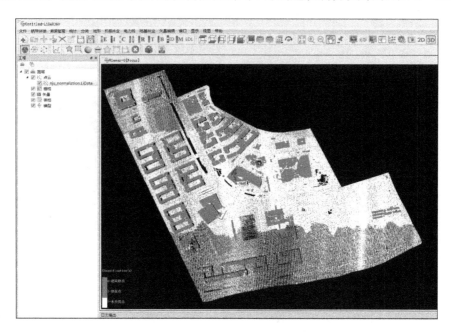

图 3-109 建筑物分类结果

> 步骤 3:将建筑物三维点云数据导出为独立点云数据文件。

首先,鼠标点击 LiDAR360 软件主界面菜单栏中的"数据管理"菜单,在弹出的下拉菜单中选择"提取"—"按类别提取"功能菜单,弹出"按类别提取"对话框(图 3-110)。

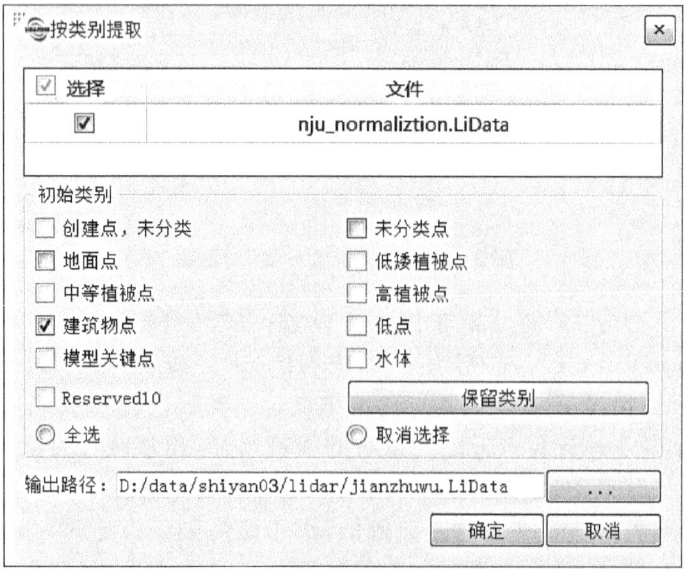

图 3-110 "按类别提取"对话框

然后,在"按类别提取"对话框中做如下设置:在"选择"栏中勾选需要按类别提取的数据(nju_normalization.LiData);在"初始类别"中勾选"建筑物点";在"输出路径"中定义文件存放的路径(shiyan03\lidar 文件夹下)和文件名称(jianzhuwu.LiData)。

最后,点击"确定"按钮,执行按类别提取命令,得到建筑物独立点云数据文件(图 3-111)。

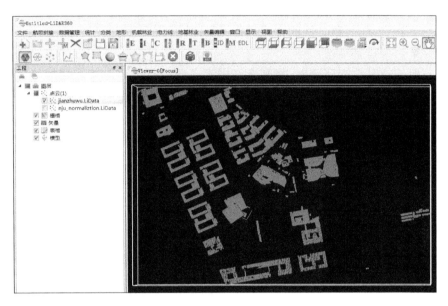

图 3-111　建筑物独立点云数据提取结果

3.6　GPS 数据获取与预处理

3.6.1　GPS 数据获取

GPS 是全球定位系统(Global Position System)的简称,相对传统测量方法来说具有观测站点间不用通视、定位精准高、观测时间短、提供三维坐标等特点。完整的 GPS 一般由空间部分、控制部分和用户部分组成。其中,空间部分指 GPS 卫星系统,控制部分指主控站、注入站和监控站,用户部分指 GPS 接收机。GPS 的定位方法可以根据定位所采用的观测值、定位模式、获取定位结果的时间和定位时接收机状态来加以区分。依据定位模式的不同,可以分为绝对定位(单点定位)和相对定位(差分定位),前者是指利用 GPS 独立确定用户接收机天线(观测站)在 WGS-84 坐标系中的绝对位置,后者是指在 WGS-84 坐标系中确定接收机天线(观测站)与某一地面参考点之间的相对位置,或者两个观测站之间的相对位置(多机)。

常规的 GPS 测算方法都需要在事后进行解算才能获得厘米级的精度,而载波相位动态实时差分(RTK)技术则能够实现在野外调查实时得到厘米级的定位精度。RTK 定位模式一般需要两台接收机天线(观测站)进行工作开展,其中一台作为基准站,另一台作为移动站(图 3-112)。在 RTK 作业模式下,基准站通过数据链将其观测值和测站坐标信息一起传送给移动站。移动站不仅通过数据链接收来自基准站的数据,还同时采集 GPS 观测数据,并在系统内组成差分观测值进行实时处理,同时给出厘米级定位结果。

移动站可处于静止状态,也可处于运动状态;可在固定点上先进行初始化后再进入动态作业,也可在动态条件下直接开机,并在动态环境下完成整周模糊度的搜索求解。在整周未知数解固定后,即可进行每个历元的实时处理,只要能保持四颗以上卫星相位观测值的跟踪和必要的几何图形,则流动站可随时给出厘米级定位结果。

本实验使用两台合众思壮(UniStrong)G970ⅡGPS设备,基于RTK技术,采用一台作为基准站、另一台作为移动站的方式进行GPS数据的采集。

➤ 步骤1:架设基准站。

通过三脚架或其他固定装置,将基准站固定在调查范围内比较开阔的位置。为保证移动站能够有效地与基准站进行差分定位,在架设基准站时应尽量满足以下3个条件:①高度角在15°以上,开阔、无大型遮挡物;②无明显的电磁波干扰(200 m内最好没有微波站、雷达站、手机信号站等,50 m内无高压线);③在用电台作业时,基站架设位置应尽量选择高一点的地点,基准站到移动站之间最好无大型遮挡物,否则差分信号传播距离将大为缩短。

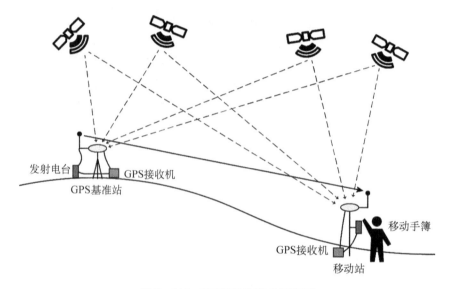

图3-112　RTK定位模式示意图

➤ 步骤2:设置工程项目和基准站工作模式。

首先,通过蓝牙、Wi-Fi或者移动数据等方式,将手簿与基准站相连接,新建工作项目。在设置工作项目的时候,需要对工作项目的坐标参数进行设置,其中包括椭球参数、投影参数、七参数、四参数等投影参数,GPS接收机将根据设置的投影参数将获取的WGS-84坐标数据进行投影坐标转换,将项目中保存的数据转换为所需要的目标投影坐标数据。我国常用的投影坐标有Beijing-54坐标、Xian-80坐标和CGCS-2000坐标。

然后,设置基准站的工作模式。在设置基准站工作模式时,主要设置的参数包括以下几个方面。①启动模式:指基准站的启动模式,以设置基准站的基站坐标。一般包括单点定位和自定义基站坐标两种模式。前者即基准站取当前点的近似WGS-84坐标来作为基站坐标;后者即用户指定基站坐标值,但指定的基站坐标值不能和当前点的准确WGS-84坐标差距太大,否则基站不能正常工作。②数据链模式:指基准站与移动站之间的通信模式。常见的方式包括网络模式、内置电台模式、外置电台模式和双发链路模式。网络模式即以网络进行差分数据的传输；内置电台即使用仪器内置电台工作模式，基准站通过内置电台发射差分信号，移动站通过内置电台接收基准站发过来的电台信号；外置电台即主机接外置大电台传输差分信号；双发链路模式指基准站同时通过网络和外置大电台传输差分数据，移动站可根据需要选择接收任何一路差分数据。常用的模式为网络模式和内置电台模式。③差分模式：差分模式根据仪器使用的硬件不同，可以采用不同的设置。④卫星系统：指基准站和移动站所通信的空间部分包括的卫星系统，常用的包括 GPS、GLONASS 和 BEIDOU 系统。

最后，完成设置之后则可以断开手簿与基准站的连接，进行下一步操作。

➢ 步骤 3：连接移动站，设置移动站工作模式。

进行移动站工作模式的详细参数设置如下：①数据链设置，与基准站参数保持一致，使其能与基准站正常通信；②差分模式，与基准站参数保持一致。

➢ 步骤 4：GPS 数据采集。

完成了基准站和移动站的工作模式、坐标参数、数据链模式等参数设置后，就可以开始进行 GPS 坐标数据采集的工作。在开始测量之前，需要根据实际情况设置移动站天线高度，这样才能保证获取的高程数据是地面的高程而不是移动站所在位置高程。

在进行 GPS 数据采集的过程中，GPS 解算状态一般包括 3 种：单点解、浮点解和固定解。单点解表示未收到差分数据，精度最低，一般定位精度在 10 m 以内；浮点解表示接收到基准站差分，经载波相位差分数据解算得到的初步解，精度较高，一般在 0.5 m 以内；固定解表示接收到基准站差分，经载波相位差分数据解算得到的最终解，精度最高，一般在 0.02 m 以内（厘米级）。通常，我们需要等到 GPS 数据状态为固定解时再进行数据采集，以达到高精度测量的要求。

➢ 步骤 5：坐标校正参数获取。

通常，GPS 接收机输出的数据是 WGS-84 经纬度坐标，要转化到施工测量坐标需要进行坐标转换参数的计算和设置。转换参数主要分为七参数、四参数+高程拟合参数、七参数+四参数+高程拟合参数 3 种转换模式，具体需要根据已知点的情况综合考虑使用哪种转换参数。使用七参数模式至少需要 3 个已知控制点，四参数模式至少需要两个已知控制点。在已获知控制点的情况下，坐标转换通常需要采用以下步骤：①使用移动站到测区已知点上测量出它们在固定解状态下的原始 WGS-84 坐标；②根据已知点的原始 WGS-84 坐标和当地坐标，利用坐标转换工具求解出两个坐标系之间的转换参数；③运用坐标转换参数，RTK 测出的原始 WGS-84 坐标就会自动转换成当地坐标。

3.6.2 GPS 数据预处理

通常，GPS 数据的预处理包括数据导出、格式转换和影像数据的精配准等。

➢ 步骤 1：GPS 数据的导出。

我们首先使用两台合众思壮(UniStrong)G970IIGPS 设备在某镇完成了高精度 GPS 数据的采集工作，需要将采集的数据按照一定格式导出以进行下一步的分析。首先，需要确定导出的数据内容，通常包括数据名称、经纬度坐标、投影坐标系坐标、高程等。然后，确定导出的数据格式，常用的数据格式包括 CASS 格式、原始测量数据 *.csv、*.

dxf、*.dat 等多种格式。在本例中,我们选择导出包含点名、经纬度坐标和高程的经纬度坐标.dat,坐标系统为 WGS-84 坐标。

➤ 步骤 2:修改 *.dat 文件后缀为 *.txt。

在"经纬度坐标.dat"文件(D:\data\shiyan03\gps\经纬度坐标.dat)上单击右键,选择重命名,将文件重命名为"经纬度坐标.txt"。

➤ 步骤 3:将"经纬度坐标.txt"添加到 ArcGIS 中,并导出为.shp 文件。

首先,启动 ArcMap,添加"经纬度坐标.txt"数据(D:\data\shiyan03\gps\经纬度坐标.txt)。

然后,右键点击"经纬度坐标.txt"图层名称,在弹出的快捷菜单中点击"打开"工具,弹出"表"对话框(图 3-113),可以看到采集的 GPS 点数据的名称、纬度、经度和高程(分别对应字段名称为"Field1""Field2""Field3""Field4")。

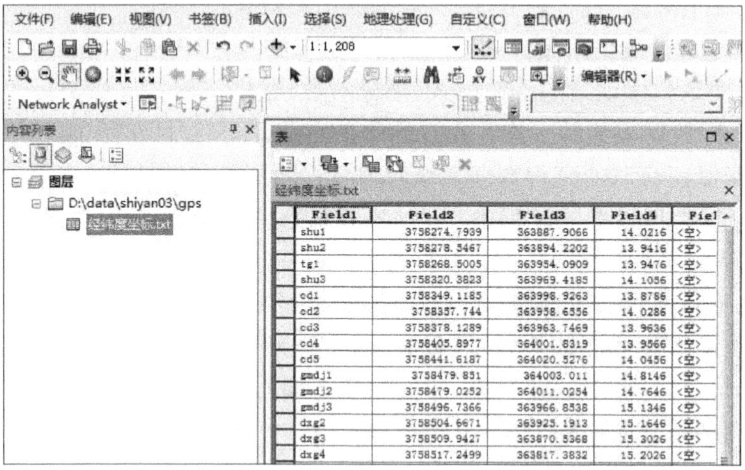

图 3-113 "GPS 点数据"的"表"对话框

再次,右键点击"经纬度坐标.txt"图层名称,在弹出的快捷菜单中点击"显示 XY 数据"工具,弹出"显示 XY 数据"对话框(图 3-114),在对话框中作如下定义:在"从地图中选择一个表或浏览到一个表"栏中选"经纬度坐标.txt";"X 字段"选择 Field3;"Y 字段"选择 Field2;"Z 字段"选择 Field4;"输入坐标的坐标系",地理坐标系—World—WGS1984,投影坐标系—Gauss Kruger—Beijing1954—Beijing_1954_3_Degree_GK_CM_117E(通过点击对话框中的"编辑"按钮来选择)。点击"确定",完成 GPS 数据在 ArcGIS 中的显示。

最后,右键点击"经纬度坐标.txt 个事件"图层名称,在弹出的快捷菜单中点击"数据"—"导出数据"工具,弹出"导出数据"对话框,在对话框中作如下定义:"导出",所有要素;"使用与以下选项相同的坐标系",选择"此图层的源数据";"导出要素类",D:\data\shiyan03\gps\gpsdata.shp。点击"确定"按钮,将 GPS 点数据以 shp 文件格式导出。

➤ 步骤 4:使用 GPS 数据对高分辨率遥感影像数据进行精配准。

将 GPS 点数据导入 ArcMap 后,就可以利用测量获得的 GPS 点数据和高分辨率影像图数据进行精配准。本实验利用 gpsdata.shp 文件进行影像图的配准操作。

首先,启动 ArcMap,添加在上一步中导出的"gpsdata.shp"点文件和"影像图.jpg"。

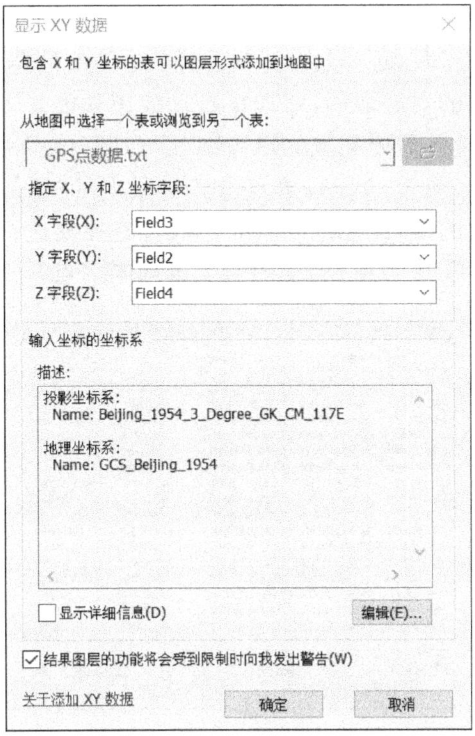

图 3-114 "显示 XY 数据"对话框

在"gpsdata"图层上点击鼠标右键,在弹出的快捷菜单中点击"属性",弹出"图层属性"对话框,并点击选择"标注"标签,勾选"标注此图层中的要素","标注字段"选择 Field1,"文本符号"中选择合适的字体、字号和颜色,单击"应用"即可将各个点名显示在 GPS 点数据的旁边(图 3-115)。

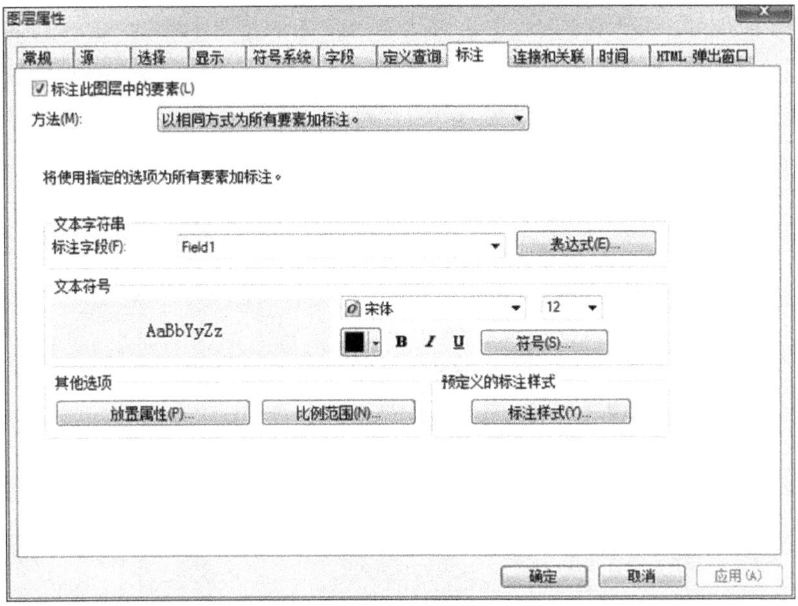

图 3-115 "图层属性"对话框中"标注"标签

然后，在ArcMap视窗中，鼠标右键点击工具条空白处，弹出快捷菜单，点击选择“地理配准”，加载“地理配准”工具条。点击“地理配准”工具条最左边的“地理配准”，在下拉菜单中将“自动校正”前面的对号取消，即禁止自动校正功能。点击“地理配准”工具条上的“选择地理配准图层”，选择需要配准的影像图“影像图.jpg”，并点击工具条上的“查看链接表”按钮，打开链接表(图3-116)，再点击工具条上的“添加控制点”图标按钮，进行控制点的输入。需要注意的是，此处控制点的输入首先在要进行配准的图层(影像图)上选择，然后再选择被参考(GPS点数据)的图层上选择同名点。

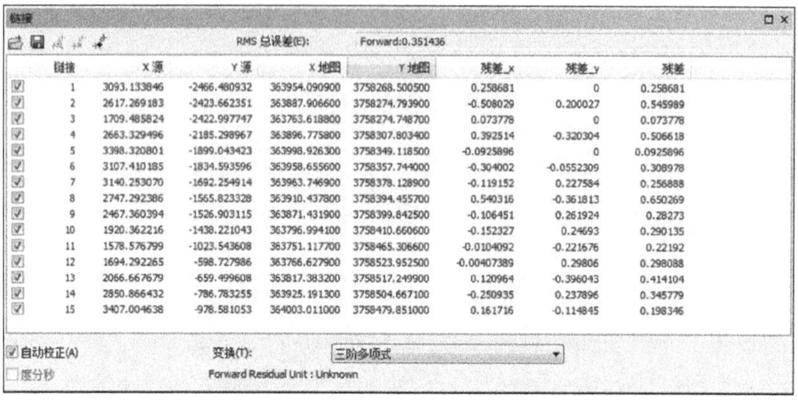

链接	X源	Y源	X地图	Y地图	残差_x	残差_y	残差
1	3093.133846	-2466.480932	363954.090900	3758268.500500	0.258681	0	0.258681
2	2617.269183	-2423.662351	363887.906600	3758274.793900	-0.508029	0.200027	0.545989
3	1709.485824	-2422.997747	363763.618800	3758274.748700	0.073778	0	0.073778
4	2663.329496	-2185.298967	363896.775800	3758307.803400	0.392514	-0.320304	0.506618
5	3398.320801	-1899.043423	363998.926300	3758349.118500	-0.0925896	0	0.0925896
6	3107.410185	-1834.593596	363958.655600	3758357.744000	-0.304002	-0.0552309	0.308978
7	3140.253070	-1692.254914	363963.746900	3758378.128900	-0.119152	0.227584	0.256888
8	2747.292386	-1565.823328	363910.437800	3758394.455700	0.540316	-0.361813	0.650269
9	2467.360394	-1526.903115	363871.431900	3758399.842500	-0.106451	0.261924	0.28273
10	1920.362216	-1438.221043	363796.994100	3758410.660600	-0.152327	0.24693	0.290135
11	1578.576799	-1023.543608	363751.117700	3758465.306600	-0.0104092	-0.221676	0.22192
12	1694.292265	-598.727986	363766.627900	3758523.952500	-0.00407389	0.29806	0.298088
13	2066.667679	-659.499608	363817.383200	3758517.249900	0.120964	-0.396043	0.414104
14	2850.866432	-786.783255	363925.191300	3758504.667100	-0.250935	0.237896	0.345779
15	3407.004638	-978.581053	364003.011000	3758479.851000	0.161716	-0.114845	0.198346

图3-116　“链接表”视图(已加入15个控制点，并计算了校正精度)

在配准过程中，将影像图上与GPS点数据的同名点作为控制点进行选择。本实验中一共选择了15个控制点(图3-116)。点击选择链接表中的“自动校正”功能，“变换”选择三阶多项式，影像图将与GPS点数据进行匹配，RMS总误差为0.35，配准结果可以接受。单击链接表工具条上的“保存”按钮将输入的控制点信息保存到文件中，以便下次再使用这些控制点时直接点击“加载”按钮从文件中加载这些控制点坐标。

最后，在“地理配准”工具条中，点击最左侧“地理配准”菜单，在弹出的下拉菜单中，点击选择“校正”工具，弹出“另存为”对话框(图3-117)，设置数据的输出位置为“gps”文件夹下，数据名称为“yx”，数据格式为“GRID”格式，其他采用默认设置。最后，点击“保存”按钮，执行数据校正与重采样工作，生成新的栅格数据“yx.grid”。

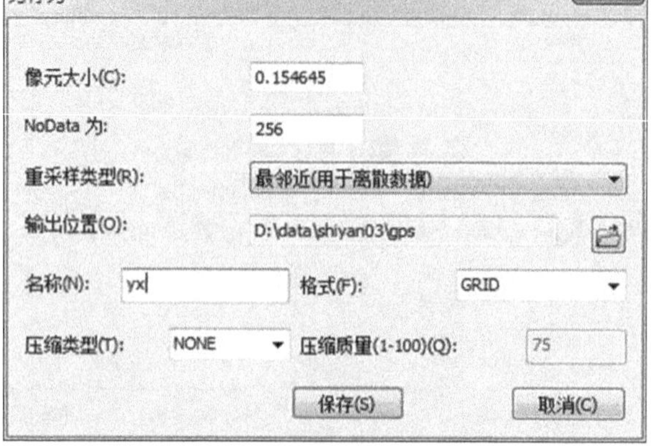

图3-117　“另存为”对话框

将校正后的"yx"文件加载进 ArcMap 视图窗口中,可以发现校正后的影像图与 GPS 点数据基本吻合(图 3-118),说明数据匹配结果较好,能够满足规划研究的需要。

图 3-118 配准后的界面

3.7 DEM 数据获取与预处理

3.7.1 DEM 数据获取

DEM(Digital Elevation Model,数字高程模型)是地球表面在特定投影平面上按照一定的水平间隔选择地面点的三维坐标集合,是零阶单纯的单项数字地貌模型,其他如坡度、坡向及坡度变化率等地貌特性可在 DEM 的基础上派生。

DEM 有规则网络结构和不规则三角网(Triangular Irregular Network,TIN)两种算法。目前常用的算法是 TIN,然后在 TIN 基础上通过线性和双线性内插可以构建 DEM。用规则方格网高程数据记录地表起伏的主要优点是(X,Y)位置信息可隐含,无须全部作为原始数据存储,且数据处理比较容易,但缺点是数据采集较麻烦,且因网格点不是特征点,一些微地形可能没有记录。TIN 结构数据的主要优点是能以不同层次的分辨率来描述地表形态,与格网数据模型相比,TIN 模型在某一特定分辨率下能用更少的空间和时间更精确地表示更加复杂的表面,特别当地形包含有大量特征如断裂线、构造线时,TIN 模型能更好地顾及这些特征,但其缺点也比较明显,就是数据结构复杂,不便于规范化管理,难以与矢量和栅格数据进行联合分析。

✎ 说明 3-4:建立 DEM 的主要方法简介

建立 DEM 的方法有多种。从数据源及采集方式角度来看主要有:

(1)直接从地面测量,例如用 GPS、全站仪、野外测量等。

(2)根据航空或航天影像,获取同一地区的立体像对,通过影像匹配,自动相关运算识别同名像点得其像点坐标,再经过摄影测量解算得到地面物体的空间三维坐标,从而获得 DEM 数据。

(3) 从现有地形图上采集,即将现有地形图扫描矢量化等高线,经过扫描、自动矢量化、内插 DEM 等一系列处理,来得到 DEM 数据。DEM 内插方法很多,主要有整体内插、分块内插和逐点内插 3 种。

DEM 应用可转换为等高线图、坡度图、坡向图、透视图、断面图以及其他专题图等表现地形特征的数字产品,也可以按照用户的需求计算出体积、空间距离、表面覆盖面积等工程数据和统计数据。

尽管 DEM 是为了模拟地面起伏而开始发展起来的,但也可以用于模拟其他二维表面的连续高度变化,如气温、降水量等。对于一些不具有三维空间连续分布特征的地理现象,如 GDP、投资强度、人口密度等,从宏观上讲,也可以用 DEM 进行表示、分析和计算,这为城市与区域规划中的社会经济空间的分析提供了良好的分析平台和表现形式,我们会在后面的规划研究区经济地理空间格局分析的实验中演示与体会这一具体应用。

对于城市与区域规划而言,通常会采用获取免费 DEM 数据和获取研究区地形图并加以内插获取 DEM 两种方式。受规划研究区尺度差异的影响,用户通常获取的大比例尺地形图(例如 1∶5 000、1∶2 000 等)多为 CAD 格式,而小比例尺地形图(例如 1∶50 000、1∶250 000 等)则多为 ArcGIS 的 Shapefile 格式。

此外,基于无人机获取的三维点云数据进行高精度 DEM 的制作已经成为目前大比例尺(1∶200、1∶500)精细尺度 DEM 获取的重要方式,能够满足小尺度城市规划与设计的需要(具体过程参见 3.4.2 中的相关内容)。

1) 免费 DEM 数据获取

➢ 步骤 1:登陆"地理空间数据云"服务平台网站。

与前面 TM/ETM 免费数据的获取方式基本一致,首先登陆中国科学院计算机网络信息中心"地理空间数据云"网站(图 3-20、图 3-21),网址:http://www.gscloud.cn/,该网站提供 SRTM 与 GDEM 两种 DEM 数据的检索查询和下载(图 3-119)。

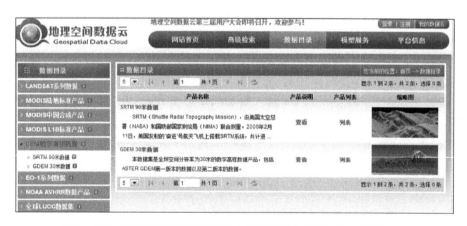

图 3-119 "地理空间数据云"平台网站提供的两种 DEM 数据检索

✎ 说明 3-5:全球两种免费 DEM 数据简介

(1) GDEM:利用 ASTER GDEM 第一版本(V1)数据加工得到的全球空间分辨率为 30 m 的数字高程数据产品。由于云覆盖,边界堆叠产生的直线、坑、隆起、大坝或其他异常等的影响,ASTER GDEM 第一版本原始数据局部地区存在异常,所以由 ASTER GDEM V1 加工的数字高程数据产品存在个别区域的数据异常现象,我们在使用过程中需要注意。该全球 30 m 的数字高程数据产品可以和全球 90 m 分辨率数字高程数据产品 SRTM 互相补充使用。数据时期为 2009 年;数据格式为 IMG;投影为 UTM/WGS84。

(2) SRTM(Shuttle Radar Topography Mission):由美国太空总署(NASA)和国防部国家测绘局(NIMA)联合测量。2000 年 2 月 11 日,美国发射的"奋进"号航天飞机搭载了 SRTM 系统,获取了北纬 60°至南纬 60°之间的雷达影像数据,覆盖地球 80%以上的陆地表面,制成了 SRTM 数字地形高程数据产品。此数据产品 2003 年开始公开发布,经历多次修订,数据按精度可以分为 SRTM1 和 SRTM3,分别对应的分辨率精度为 30 m 和 90 m(目前公开数据为 90 m 分辨率)。

➢ 步骤 2:进行数据检索与下载。

检索过程与 TM/ETM 数据检索类似。只需点击网站菜单条上的"高级检索",选择上杭县范围后,在数据集中勾选"DEM 数字高程数据",并可从中选择"GDEM DEM""SRTM DEM"等多类数据进行检索(图 3-120)。无论是哪一个数据集,都只有两景数据符合检索条件。本实验中,我们选择检索到的"GDEM DEM"两景数据进行下载(路径为 shiyan03 文件夹下)。

下载后,解压缩 DEM 数据文件,数据文件的格式为 IMG 文件格式。

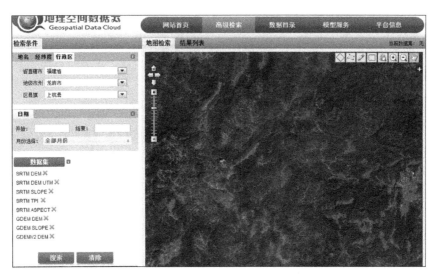

图 3-120　上杭县域 DEM 检索条件与数据集

2) 用 CAD 格式地形图数据制作 DEM

本实验仅以上杭县城 CAD 地形图(shanghangcity.dwg)为例来说明当我们获取了 CAD 格式的地形图时,如何进行高分辨率 DEM 的制作。另外,通常 CAD 数据格式与 GIS 数据的空间参照并不匹配,因此,需要首先进行 CAD 数据与规划研究区 GIS 数据的匹配,并进行数据格式的转换等(见实验 4 中的相关介绍)。本例直接使用已经配准、格式转换和定义投影后的 chengquline.shp 和 chengqupoint.shp 数据文件。

➤ 步骤 1：打开 ArcMap，加载 CAD 地形图数据文件，提取等高线和高程点文件。

由于 CAD 数据存储时可能有分层、数据输入等错误，我们首先需要对 chengquline.shp 和 chengqupoint.shp 数据的准确性进行检查。通过打开图层的属性表并按照"Elevation"字段进行排序，可以发现该字段中有很多 0 值和奇异值，通过该字段大致可以判断规划研究区域内的海拔在 173～422 m，且图层 DGX 为等高线图层。

在 ArcMap 窗口中，点击菜单栏上的"选择"—"按属性选择"，弹出"按属性选择"对话框（图 3-121）。图层栏为"chengquline"，方法为"创建新选择内容"，在其下方的字段显示窗口中，双击选择"Elevation"字段，该字段将放置在下方的窗口栏中，再选择输入""Elevation">173 AND"Elevation"<422 AND"Layer"='DGX'"。然后，点击"验证"按钮，已成功验证表达式，说明表达式正确，最后点击"确定"按钮，执行按属性选择工具。这时所选要素（规划研究区的等高线）在视图窗口中高亮显示。

图 3-121 "按属性选择"对话框

然后，鼠标右键点击内容列表中的 chengquline 数据图层，弹出图层快捷菜单，点击选择"数据"—"导出数据"，弹出"导出数据"对话框（图 3-122），将所选要素导出为 denggaoxian.shp 文件（文件存放在 shiyan03 文件夹下）。

另外，使用同样的方法和步骤，将 chengqupoint.shp 数据文件中的高程点数据选取并导出，得到 gaochengdian.shp 数据文件。按属性选择时，输入的检索条件为""Elevation">184 AND"Elevation"<487 AND"Layer"='GCD'"。

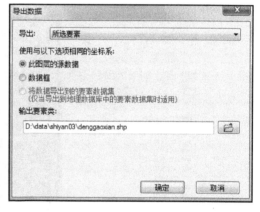

图 3-122 "导出数据"对话框

➤ 步骤 2：由等高线、高程点数据文件生成 TIN。

首先，在 ArcMap 中查看"3D Analyst"扩展模块是否激活。如果没有激活，点击菜单栏中的"自定义"—"扩展模块"，弹出"扩展模块"对话框，选中"3D Analyst"模块；在工具栏空白区域鼠标右键点击打开快捷菜单，点击选择"3D Analyst"工具，将 3D Analyst 工具条加载到窗口中。

然后，点击打开 ArcToolbox 工具箱，点击"3D Analyst 工具"—"数据管理"—"TIN"—"创建 TIN"，弹出"创建 TIN"对话框（图 3-123）。在"输出 TIN"栏中设置输出

TIN 文件的名称（chengqutin）和路径（shiyan03 文件夹下），"坐标系"通过图层中查找到与 gaochengdian.shp 或 denggaoxian.shp 文件一致的空间参考即可，"输入要素类"中将 gaochengdian.shp 或 denggaoxian.shp 文件分别加入，并将"高度字段"设置为"Elevation"。设定"SF Type"（三角网特征输入方式），有 3 种可供选择：Mass Points，Hard Line，Soft Line。①Mass points（采样点）：不规则分布的采样点，由 X 值、Y 值、Z 值表示，它是建立三角网的基本单位，在定义三角网面时，每一个 Mass Point 都非常重要。每一个 Mass Point 的位置都是仔细选择以获得表面形态的重要参数。②Hard Line（硬断线）：表示表面上突然变化的特征

图 3-123 "创建 TIN"对话框

线，如山脊线、悬崖及河道等。在创建 TIN 时，硬断线限制了插值计算，它使得计算只能在线的两侧各自进行，而落在隔断线上的点同时参与线两侧的计算，从而改变 TIN 表面的形状。③Soft Line（软断线）：添加在 TIN 表面上用以表示线性要素但并不改变表面形状的线，它不参与创建 TIN。本例选择 Hard Line，其他参数使用默认值。

最后，点击"确定"按钮，执行创建 TIN 命令，生成 chengqutin 文件（图 3-124）。

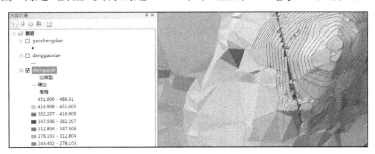

图 3-124 创建的 TIN 文件

另外，还可以打开 TIN 文件的"图层属性"对话框，选择"符号系统"选项（图 3-125），并将"边类型"和"高程"前面复选框中的对号去掉；然后，点击"添加"按钮，弹出"添加渲染器"对话框（图 3-125），可以编辑增加 TIN 的渲染方式，来显示坡度、坡向、三角网等，这里分别选择"具有相同符号的边"和"具有相同符号的结点"，点击"添加"按钮，该渲染要素加入"显示"栏中；最后，在"图层属性"对话框中点击"确定"按钮，TIN 文件的渲染方式已经改变。在 ArcMap 的内容列表中，将 TIN 图层局部放大，可以帮助我们理解 TIN 的存储模式及显示方式（图 3-126）。

➤ 步骤 3：由 TIN 生成 DEM 数据。

首先，点击打开 ArcToolbox 工具箱，点击"3D Analyst 工具"—"转换"—"由 TIN 转出"—"TIN 转栅格"，弹出"TIN 转栅格"对话框（图 3-127）。选择"输入 TIN"文件为

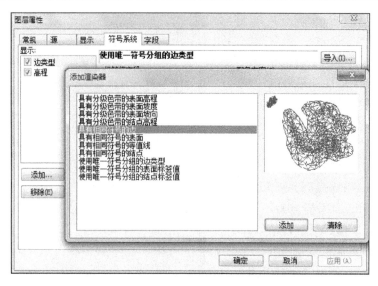

图3-125 "图层属性"与"添加渲染器"对话框

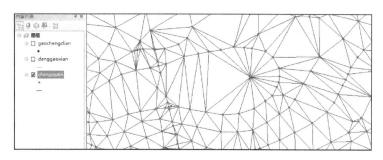

图3-126 调整渲染方式后TIN的显示方式

chengqutin;确定"输出栅格"的路径（shiyan03 文件夹下）和名称（dem2m）;"输出数据类型（可选）"有浮点型和整型两种，默认为"FLOAT"（浮点型）;"方法（可选）"有两种，LINEAR 是通过使用 TIN 三角形的线性插值法计算像元值，NATURAL-NEIGHBORS 是通过使用 TIN 三角形的自然邻域插值法计算像元值，LINEAR 是默认情况;"采样距离（可选）"有两种方法，OBSERVATIONS 250 是输出栅格的最长尺寸上的像元数，将对像元大小产生影响，像元数越多，像元越小，CELLSIZE 是直接定义输出栅格的大小，本例中设置为 2 m，其他设置

图3-127 "TIN转栅格"对话框

采用默认设置。

最后,点击"TIN 转栅格"对话框中的"确定"按钮,执行 TIN 转栅格命令,生成 dem2m 文件(GRID 格式)。

TIN 数据转换为 GRID 数据后,数据文件明显变小,这使得进行地形相关分析更为便捷。

3.7.2 DEM 数据预处理

DEM 数据的预处理主要包括数据的拼接、裁剪以及极值与奇异值的处理等。此处仅以从"地理空间数据云"网站下载的 DEM 数据为例,演示说明 DEM 数据的拼接、裁剪和极值处理。

> 步骤 1:多景 DEM 数据的拼接。

首先,在 ArcMap 中加载从"地理空间数据云"网站上下载的两景 DEM (ASTGTM_N25E116U_DEM_UTM. img 和 ASTGTM_N24E116C_DEM_UTM. img)数据文件。

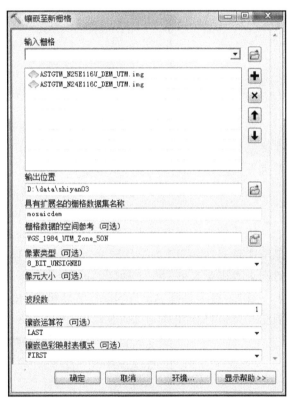

然后,点击打开 ArcToolbox 工具箱,点击"数据管理工具"—"栅格"—"栅格数据集"—"镶嵌至新栅格",打开"镶嵌至新栅格"对话框(图 3-128)。

在"输入栅格"中将两景 DEM 数据文件加入;定义"输出位置"为 shiyan03 文件夹;"具有扩展名的栅格数据集名称"设置为 mosaicdem;在"栅格数据的空间参考(可选)"中可以定义输出栅格文件的空间参考,如果不选则默认与已输入栅格文件一致;"像素类型"与"像元大小"均选用默认设置;"波段数"设置为 1,用户下载的 DEM 数据仅有 1 个波段;"镶嵌运算符(可选)"是确定镶嵌重叠部分的方法,默认状态为 LAST,即重叠部分取值为输入栅格窗口列表中的最后一个数据文件的栅格值;"镶嵌

图 3-128 "镶嵌至新栅格"对话框。

色彩映射表模式(可选)"是确定输出数据的色彩模式,默认状态下各输入数据的色彩将保持不变。

最后,在"镶嵌至新栅格"对话框中,点击"确定"按钮,执行镶嵌至新栅格命令,完成数据的拼接。

> 步骤 2:DEM 数据的裁剪。

用规划研究区边界(乡镇边界. shp)将已经拼接好的 DEM 数据(mosaicdem)进行裁

剪。ArcToolbox 中的 Spatial Analyst 工具箱中提供了多种对栅格数据的提取方法,提取分析工具集中包括值提取至点、多值提取至点、按圆提取、按多边形提取、按掩模提取、按点提取、按矩形提取等,其中按掩模提取功能可以通过不规则边界例如规划研究区边界来截取需要的栅格数据。

首先,点击打开 ArcToolbox 工具箱,点击"Spatial Analyst 工具"—"提取分析"—"按掩膜提取"工具,打开"按掩膜提取"对话框(图 3-129)。

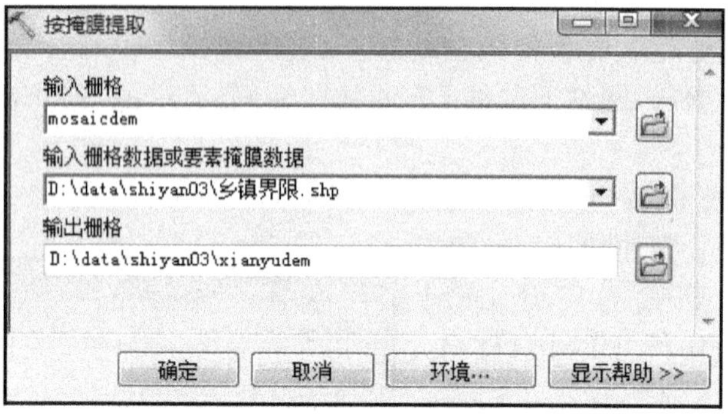

图 3-129 "按掩膜提取"对话框

在"输入栅格"中选择需要裁剪的栅格数据 mosaicdem 文件;在"输入栅格数据或要素掩膜数据"中选择矢量数据"乡镇界限.shp"文件;定义"输出栅格"的路径(shiyan03 文件夹下)和文件名称(xianyudem)。

然后,点击"确定"按钮,执行按掩膜提取命令,得到 xianyudem 栅格数据文件。

➢ 步骤 3:使用 DEM 数据进行 Hillshade 与晕渲图制作。

用裁剪好的研究区 DEM 数据(xianyudem)制作 Hillshade 文件,进而制作晕渲图。晕渲图是表达 DEM 的一种形式,它通过设置光源的高度角和方位角使其更形象或者更符合人类视觉来展示一个地区的地形。

首先,点击打开 ArcToolbox 工具箱,点击"3D Analyst 工具"—"栅格表面"—"山体阴影"工具,打开"山体阴影"对话框(图 3-130)。

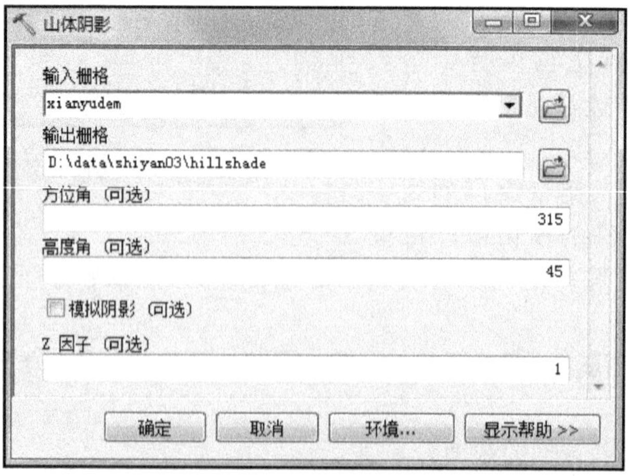

图 3-130 "山体阴影"对话框

然后,设置"输入栅格"为研究区 DEM 文件 xianyudem;定义"输出栅格"的路径(shiyan03 文件夹下)和文件名称(hillshade);确定光源方向,默认值"方位角(可选)"为 315°(从西北照向东南);确定光源"高度角(可选)",默认值为 45°;通过"模拟阴影(可选)"来设置要生成的地貌晕渲类型,选中表示输出晕渲栅格会同时考虑本地光照入射角度和阴影,输出值的范围从 0~255,0 表示阴影区域,255 表示最亮区域,取消选中表示输出栅格只会考虑本地光照入射角度而不会考虑阴影的影响,输出值的范围从 0 到 255,0 表示最暗区域,255 表示最亮区域;"Z 因子(可选)"表示一个表面 z 单位中地面 x 与 y 单位的数量,如果 z 单位与输入表面的 x 与 y 采用不同的测量单位,则必须将 z 因子设置为适当的因子,否则会得到错误的结果,

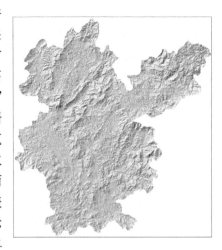

图 3-131 规划研究区山体阴影图

例如,如果 z 单位是英尺而 x 与 y 单位是米,则应使用 z 因子 0.3048 将 z 单位从英尺转换为米(1 ft=0.3048 m)。如果"x,y"单位和 z 单位采用相同的测量单位,则 z 因子为 1,这是默认值。本例中只定义输入输出栅格,其他采用默认值即可。

最后,点击"确定"按钮,执行山体阴影命令,得到研究区的山体阴影文件 hillshade,默认为灰度图(图 3-131)。

➤ 步骤 4:使用 DEM 与 Hillshade 制作研究区工作底图。

城市与区域规划中经常会使用 DEM 和 Hillshade 来直观地表征规划研究区的基础地形地貌等信息,作为工作的基础底图(彩色晕渲图),比在 CAD 中按照等高线进行分层设色要直观和有效。

首先,在 ArcMap 中加载裁剪好的研究区 DEM 数据(xianyudem)和 Hillshade 文件(hillshade),并调整图层顺序,使 DEM 数据在上,山体阴影文件在下。

然后,打开 DEM 数据的"图层属性"对话框,选择"显示"选项卡,设置图层透明度为50%,当然也可设置图层的对比度和亮度;再选择"符号系统"选项卡(图 3-132),将"色

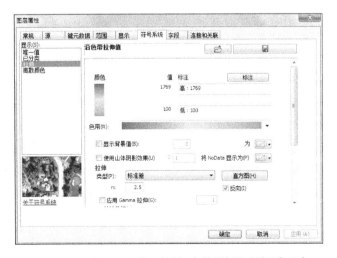

图 3-132 "图层属性"对话框中的"符号系统"选项卡

带"颜色进行调整,选择通常海拔的显示色带,即随着海拔的升高颜色由绿变红。如果色带颜色是反置的话,可以在 ArcMap 的内容列表中点击图层下面的色带,在弹出的"选择色带"对话框中,点击选择"反向",使色彩反置即可。

在 ArcMap 中通过对 DEM 数据设定颜色来实现彩色晕渲,并通过透明度设置使底层的表征地表起伏的山体阴影得到适当的显示,通过不断调整色彩和透明度直到获得的彩色晕渲图满意为止,这样一幅带有基础地形地貌特征的工作底图就做好了(图 3-133)。我们可以将现状水系、道路、行政区划边界等要素数据图层加载到 ArcMap 视图中,进一步丰富工作底图的要素与内容。

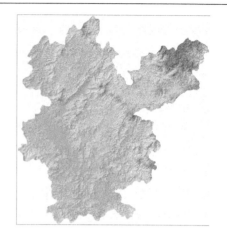

图 3-133　带有基础地形地貌特征的工作底图

3.8　城乡规划大数据的获取与预处理

"大数据"一般指规模非常大,以致超出传统软件、数据库的获取、存储、管理与分析能力的数据,其简单定义之一有"不能放在一张 Excel 表格中的数据"。大数据极大地促进了城乡规划数据获取技术、数据分析技术的发展。

互联网站、智能终端设备无时无刻不在产生海量数据,因而城乡数据类型十分广泛。当前新兴的城乡大数据主要分为互联网开放数据和城市智慧设施数据两大类。互联网开放数据指政府、企业或个人公开到互联网的数据,如政府政务公开数据、社交平台签到数据、地图 POI、公开的房价数据等。城市智慧设施数据有公交刷卡数据、手机信令数据、实时路况数据、出租车轨迹数据、航空和铁路班次数据等。

考虑到数据的有效性,本实验仅以居住区的房价、户数、容积率等数据为例,演示说明城乡规划大数据获取与预处理的操作过程,而 POI 数据的获取原理、获取技术与分析方法将在实验 14 中具体展开讲解。

3.8.1　城乡规划大数据(居住区数据)获取

各大房屋中介网站如安居客、链家、房天下等不仅展示了全国主要城市的房价数据,还提供各居住区的户数、容积率、停车位、绿化率等数据,其中房价信息包括单个房源的房价以及居住区的平均房价。此外,当前流行的数据采集器软件如八爪鱼、火车头、gooseeker 等均能够提供较为齐全的采集功能,辅助网页数据的获取。尽管与采用编程语言直接编写采集程序相比,这些采集器软件的操作不够灵活、操作占用系统资源较大、部分功能收费使用且后期可能需要进行更多的数据清洗工作,但其清晰可视化的界面与流程使得采集操作相对简便、学习成本低,适合不熟悉编程的人员快速完成较为容易的采集目标。

本实验使用八爪鱼采集器软件从网页获取安居客网站的南京市鼓楼区房价、居住区数据,其主要步骤主要包括:下载安装采集器软件、设置采集规则并采集、导出数据。各采集器软件的操作原理十分类似,感兴趣的读者可尝试使用其他采集器软件采集自己感兴趣的网页数据。
➢ 步骤1:下载安装八爪鱼采集器软件。
首先,在八爪鱼采集器官网(http://www.bazhuayu.com/download)下载最新版本的软件并安装。然后,需要首先免费注册为用户之后,才能激活并打开软件(图3-134)。
➢ 步骤2:采集居住区房价信息。
首先,新建采集任务。点击软件主界面中的"自定义采集"下方的"立即使用"按钮,打开"任务:新建任务"页面(图3-135),将展示南京鼓楼区居住区房价的网址(https://nanjing.anjuke.com/community/guloua/)粘贴到"采集网址"文本框中,并点击"保存网址"按钮保存该网址(图3-135)。

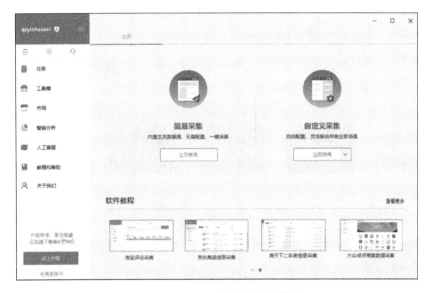

图3-134 八爪鱼软件主界面

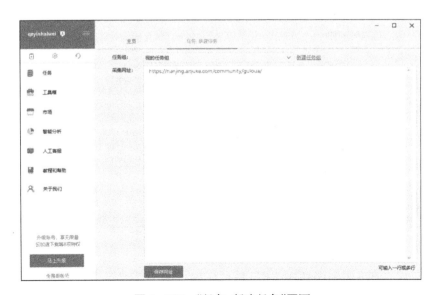

图3-135 "任务:新建任务"页面

其次,设置循环翻页。在软件的网页预览的窗口将滚动条拉到最下方,点击网页最下方的"下一页"按钮(图3-136),在"操作提示"窗口中会出现"已选中一个链接,同时发现7个同类链接,您可以:"的提示,点击其中的"循环点击下一页",完成循环翻页设置(图3-137)。

图3-136 "下一页"按钮

图3-137 循环翻页设置

再次,设置需要采集的居住区名称、居住区房价两个字段。点击网页列表中第一个居住区的名称,待名称出现绿色背景、出现"操作提示"对话框后,依次点击"操作提示"选项中的"采集该链接的文本""采集该链接地址"和"选中全部"。同样地,再点击第一个居住区的房价信息,待房价出现绿色背景后,"操作提示"将出现数据预览(图 3-137),可依次修改采集的 3 个字段名称为"名称""链接""房价"。至此,房价信息采集规则设置完毕。

图 3-138　设置采集字段

然后,点击窗口上方的"设置"按钮(图 3-138),在"智能防封"选项下方勾选"定时切换浏览器版本"和"定时清除 Cookie"(图 3-139)。单击"保存设置"后回到原窗口。

最后,点击"操作提示"窗口中的"采集数据"按钮(图 3-138),接着点击"操作提示"窗口中的"保存并开始采集"按钮,开始数据采集(图 3-140),并在弹出的"运行任务"对话框中选择"启动本地采集"(图 3-141)。采集完毕后,点击"导出数据"(图 3-142),将采集的房价数据导出为"房价.xls"。

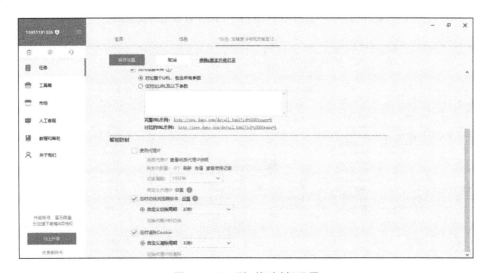

图 3-139　"智能防封"设置

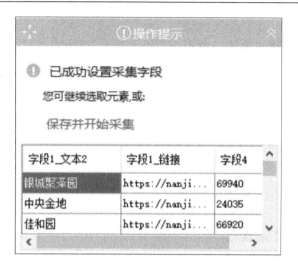

图 3-140 "操作提示"窗口中的"保存并开始采集"按钮

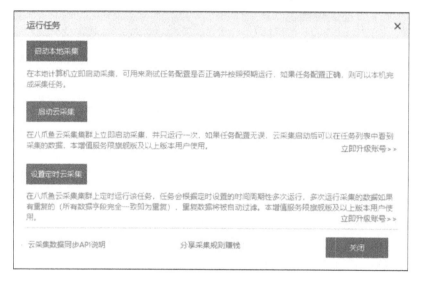

图 3-141 "运行任务"窗口中的"启动本地采集"按钮

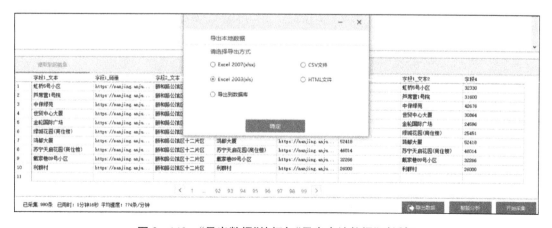

图 3-142 "导出数据"按钮与"导出本地数据"对话框

➤ 步骤3:采集居住区其他信息。

在任务网页页面,由于各个居住区的绿化率、户数等信息需要点击居住小区名称、打开新的网页才可在新网页上查看,因此需要将步骤2中采集的所有居住区的页面作为新的任务网址,遍历所有任务网站后获取。

首先,打开步骤2中获取的"房价.xls",复制 Excel 表格的"链接"列到采集器软件的"网址"文本框中(图3-143),并点击"保存网址"。然后,按照步骤2中选择字段的方法,依次选中预览页面的居住区名称、物业类型、总建面积、建造年代、容积率、物业费、总户数、停车位和绿化率等信息,每次在弹出的"操作提示"窗口中点击"采集该元素的文本"选项(图3-144),以采集居住小区的相关属性信息。

图3-143 "任务:新建任务"中的"采集网址"与"保存网址"

图3-144 "操作提示"中"采集该元素的文本"选项

然后，再次点击居住区名称，将"操作提示"窗口底部的标签设置为"Root→HTML→BODY→SCRIPT"。具体设置过程为，点击底部的"BODY"标签，则标签设置变为"Root→HTML→BODY"，再右击"BODY"右侧的展开箭头，在弹出的快捷菜单中选择"SCRIPT"（图3-145），并在弹出的"操作提示"窗口中再次点击"采集该元素的 Inner Html"，从而设置从网页源文件采集居住区经纬度信息的采集规则。至此，居住区其他信息的采集规则设置完毕。

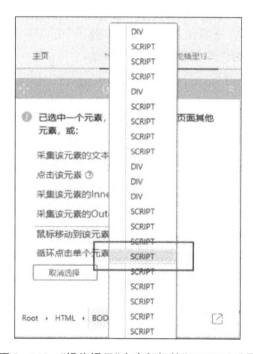

图3-145 "操作提示"中底部标签"SCRIPT"设置

最后，分别按照步骤2中采集方法开始采集居住区相关属性信息和经纬度信息数据，待采集完毕后，将数据导出为"居住区其他信息.xls"和"居住区其他信息.csv"。请大家特别注意，为避免之后的数据处理过程出错，请在 Excel 中首先取消"居住区其他信息.xls"表格中对"经纬度"列的自动换行设置。

此外，当本地短时间内访问网站过于频繁、采集数据过多时，网站的防采集机制（用户输入图片中的验证码、拖动滑块验证等方式）将会被触发，从而导致采集过程中断（图3-146）。

为避免网站的防采集机制对我们采集过程的影响，可采取如下方法：

（1）停止采集。

当出现图3-146所示的验证提示时，点击任务执行窗口右下角的"停止采集"按钮（图3-147），暂时中断采集任务的执行。

（2）使用浏览器通过网站验证。

首先，任意点击一个任务执行窗口"采集错误报告"栏——"采集对应的链接"列下方的链接（图3-147）。浏览器将自动打开被点击的链接，打开的内容即为"滑动滑块验证"页面。然后，在该页面用鼠标拖动滑块以完成验证。最后，待网站自动跳转为呈现居住区信息的页面后,关闭浏览器。

(3) 导出已采集数据,并从任务中断的位置重新开始采集。

由于八爪鱼采集器在重新开始中断的任务前会清空已采集数据,因此需要首先将已采集的数据导出。按照步骤2中的方法将已采集数据导出为临时文件"temp.xls"。

然后,打开任务编辑窗口右上角的"流程"开关,在展开的内容中点击"网页来源"右侧的"编辑"按钮(图3-148)。此时窗口内容将跳转到"采集网址"文本框(图3-143)。

最后,以"temp.xls"最后一条记录的居住区名称为关键字,从"房价.xls"确定该居住区名称对应的链接,并复制位于该条链接后的链接(即未采集的链接)到"采集网址"文本框中。点击"保存网址"按钮后,重新开始采集。验证操作后保存的"temp.xls"和最终的"居住区其他信息.xls"合并即可得到完整的数据。

图3-146 采集过程中出现的"滑动滑块"验证页面

图3-147 任务执行窗口的"停止采集"按钮与"采集时对应的链接"数据列

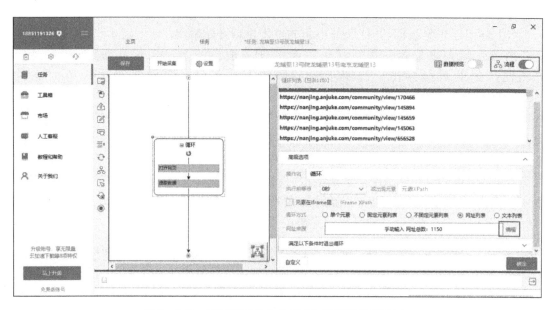

图 3-148 "流程"开关与"网页来源"的"编辑"按钮

3.8.2 城乡规划大数据(居住区数据)预处理

居住区数据的预处理主要包括表关联、经纬度坐标的提取、文本类型字段转化为浮点型字段以及相应 Shapefile 文件的生成。经过预处理操作后得到的 Shapefile 文件包含居住区经纬度的空间信息,也包含容积率、绿化率、物业费、户数、建筑面积、地址等属性信息。

➢ 步骤 1:表关联。

获取的居住区数据位于不同的表格之中("房价.xls""居住区其他数据.csv"),因此需要依据同名字段(居住区的"名称"字段),将两张表关联,得到居住区所有信息的新表格。

首先,在 ArcMap 中添加"房价.xls""居住区其他数据.csv"两张表格。

其次,在"内容列表"中右键点击"房价.xls"目录下的"Sheet1 $",在弹出的快捷菜单中选择"连接和关联(Joins and Relates)"—"连接(Join)"(图 3-149),弹出"连接数据(Join Data)"对话框(图 3-150),在"选择该图层中连接将基于的字段"和"选择此表中要作为连接基础的字段"下拉框中均选择"名称"字段(图 3-150)。点击"确定"按钮,进行两张表格的关联。

再次,在 ArcMap 中的"目录"窗口中,在 D:\data\shiyan03\bigdata 文件夹上右键点击弹出快捷菜单,点击"新建"—"文件地理数据库"工具(图 3-151),新建一个地理数据库文件,待建立后修改文件夹名称为"居住区信息.gdb"。

最后,右键点击"房价.xls"目录下的 Sheet1 $,在弹出的快捷菜单中选择"数据(Data)"—"导出(Export)",弹出"导出数据"对话框,选择我们新建的文件地理数据库文件夹("居住区信息.gdb"),"保存类型"选择"文件地理数据库表",定义导出的路径和文件名(D:\data\shiyan03\bigdata\居住区信息.gdb\juzhuqu),点击"确定"按钮,将关联好的表格导出到"juzhuqu"中。

实验3 城乡规划数据获取与预处理

图3-149 快捷菜单中的"连接"工具

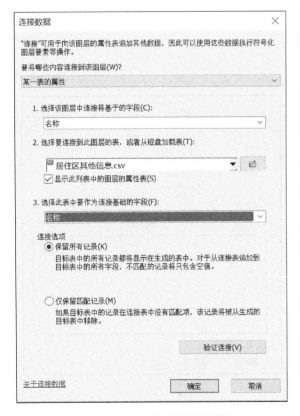

图3-150 "连接数据"对话框

图3-151 新建"文件地理数据库"工具

需要注意的是,关联后的文件和导出来的文件中的"经纬度"字段下看不到内容,这是因为"居住区其他数据.csv"文件中的"经纬度"字段中的长字符串有换行。如果我们复制一下"经纬度"字段下的值,再到 txt 文件或者 word 文档中进行粘贴,便可以看到这个字段的内容。因而,在进行经纬度坐标提取时,我们需要首先将"经纬度"字段中的换行符替换为空格。

> 步骤 2:经纬度坐标的提取。

居住区的经纬度坐标包含在获取的一段 JavaScript 代码中,采集器软件无法直接提取,需要使用 ArcMap 中的"字段计算器"工具并结合 Python 代码来提取。

首先,我们使用 ArcMap 在"juzhuqu"文件中新建两个浮点型字段"LON"和"LAT",用以代表经度和纬度,同时新建一个长度为 10 000 字符的文本型字段"str"。

然后,在 ArcMap 中"juzhuqu"文件的"表"窗口中,右键点击字段"str",在弹出的快捷菜单中点击"字段计算器",弹出"字段计算器"对话框(图 3 - 152)。在"解析程序"中选择"Python";在"str ="栏输入"! 经纬度!. replace('\n', ' ')"。点击"确定"按钮,将"经纬度"字段中的换行符替换为空格(此时"str"字段中已经显示了带有经纬度信息的长字符串)。

最后,与上面的步骤大致相同,右键点击字段"LON",打开"字段计算器"对话框,在"解析程序"中选择"Python",并点选"显示代码块"选项,将"代码 1. py"的代码复制粘贴到"预逻辑脚本代码"栏下;在"LON ="栏输入"getLON(! str!)"(图 3 - 153)。点击"确定"按钮,为"LON"字段进行赋值。同样的方法为"LAT"字段进行赋值(使用代码 2,图 3 - 154)。赋值的结果如图 3 - 155 所示。

图 3 - 152 "字段计算器"对话框(将"经纬度"字段中的换行符替换为空格)

实验3 城乡规划数据获取与预处理

图3-153 "字段计算器"对话框(为"LON"字段赋值)

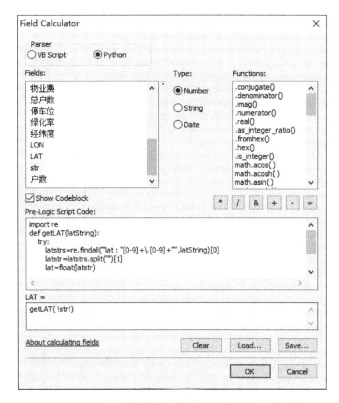

图3-154 "字段计算器"对话框(为"LAT"字段赋值)

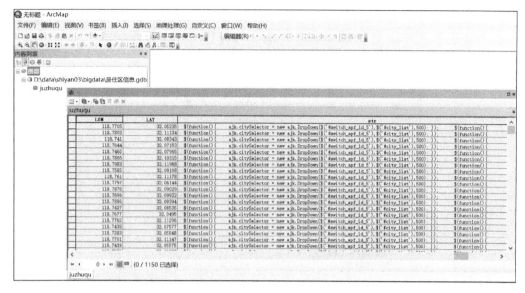

图 3-155 "LON、LAT、str"字段赋值结果

> 步骤 3：其他字段处理。

我们仅以"总户数"字段的处理为例来加以说明。该字段的值共有两类："暂无数据"和"数字+户"，我们把没有数据的字段值设为"0"，并提取格式为"数字+户"字段值中的数字。

首先，使用 ArcMap 在"juzhuqu"文件中新建一个浮点型字段"户数"。然后，右击该字段，在弹出的快捷菜单中点击"字段计算器"，弹出"字段计算器"对话框（图 3-156）。参照步骤 2 中的过程，使用代码 3.py，依照上述两个规则对"户数"进行赋值"getValue（！总户数！）"。

图 3-156 "字段计算器"对话框（为"户数"字段赋值）

➢ 步骤 4：Shapefile 点文件生成。

在 ArcMap 主界面中，右击"内容列表"中的"juzhuqu"（D:\data\shiyan03\bigdata\居住区信息.gdb 文件夹下），在弹出的快捷菜单中点击"显示 XY 数据"，弹出"显示 XY 数据"对话框。在该对话框中设置"X 字段"为"LON"字段，"Y 字段"为"LAT"字段，"输入坐标的坐标系"通过点击下方的"编辑"按钮找到并选择"GCS_WGS_1984"（在地理坐标系—World 下），完成设置后点击"确定"按钮（图 3-157）。此时，"内容列表"中会出现"juzhuqu 个事件"文件，右击该文件选择"数据"—"导出数据"，将"juzhuqu 个事件"导出为"juzhuqu.shp"（D:\data\shiyan03\bigdata\juzhuqu.shp）。

至此，居住区数据的主要预处理步骤完成，我们可对生成的 Shapefile 数据文件进一步进行投影转换、空间分析等。

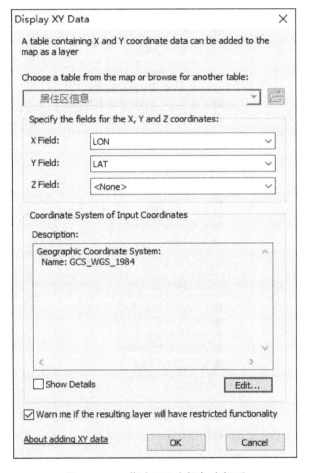

图 3-157 指定 XY 坐标与坐标系

3.9 实验总结

通过本实验掌握使用 3S 技术（GIS、RS 和 GPS）与大数据方法（Python）获取规划研究区基础地理数据并进行数据预处理的主要过程与基本操作，为后续实验的分析提供数据基础和支撑。

具体内容见表3-9。

表3-9 本次实验主要内容一览

主要内容	具体内容	页码
MODIS 与 DMSP/OLS 数据获取与预处理	(1) MODIS 数据获取与预处理	P101
	■ MODIS 数据获取	P101
	■ MODIS 数据预处理	P103
	(2) DMSP/OLS 夜间灯光数据获取与预处理	P110
	■ DMSP/OLS 夜间灯光数据获取	P110
	■ DMSP/OLS 夜间灯光数据预处理	P111
TM/ETM 数据获取与预处理	(1) TM/ETM 数据获取	P116
	■ TM/ETM 数据检索	P120
	■ TM/ETM 数据择选	P122
	(2) TM/ETM 数据预处理	P123
	■ TM/ETM 数据多波段融合	P124
	■ TM/ETM 融合数据的裁剪	P128
	■ TM/ETM 多景遥感影像的拼接	P131
	■ 规划研究区 TM/ETM 遥感影像的提取	P136
无人机数据获取与预处理	(1) 无人机数据获取	P139
	(2) 无人机数据预处理	P139
	■ 无人机数据加载与对齐	P139
	■ 生成密集点云	P143
	■ 生成网格与纹理	P144、145
	■ 生成 DEM 与正射影像	P145
	■ 导出数据	P146
激光雷达数据获取与预处理	(1) 激光雷达数据获取	P147
	(2) 激光雷达数据预处理	P148
	■ LiDAR 数据加载与显示	P148
	■ LiDAR 数据合并与裁剪	P151
	■ LiDAR 数据去噪	P154
	■ LiDAR 数据归一化	P155
	■ 建筑物信息提取	P162
GPS 数据获取与预处理	(1) GPS 数据获取	P165
	(2) GPS 数据预处理	P167
	■ GPS 数据导出与格式转换	P167
	■ 使用 GPS 数据对高分辨率遥感影像数据进行精配准	P168
DEM 数据获取与预处理	(1) DEM 数据获取	P171
	■ 免费 DEM 数据获取	P172
	■ 用 CAD 格式地形图制作 DEM	P173
	(2) DEM 数据预处理	P177
	■ 多景 DEM 数据的拼接	P177
	■ DEM 数据的裁剪	P177
	■ 使用 DEM 数据进行 Hillshade 与晕渲图制作	P178
	■ 使用 DEM 与 Hillshade 制作研究区工作底图	P179

续表 3-9

主要内容	具体内容	页码
城乡规划大数据获取与预处理	（1）城乡规划大数据（居住区数据）获取	P180
	■ 下载安装八爪鱼采集器软件 ■ 采集居住区房价等信息 ■ 采集居住区其他信息	P181 P181 P185
	（2）城乡规划大数据（居住区数据）预处理	P188
	■ 表关联 ■ 经纬度坐标的提取 ■ 居住区其他字段处理 ■ Shapefile 点文件生成	P188 P190 P192 P193

实验 4　地图数据的配准与数字化

4.1　实验目的与实验准备

4.1.1　实验目的

通过本实验了解和掌握地图数据的配准、数字化与地理数据库构建的基本操作,为后续实验的学习奠定基础。

具体内容见表 4-1。

表 4-1　本次实验主要内容一览

主要内容	具体内容
地图数据的配准	(1) 影像图的配准
	(2) CAD 图的配准
	(3) 扫描图件的配准
地图数据的数字化	(1) 要素分层数字化
	(2) 区域整体数字化
地理数据库构建	创建新的地理数据库文件

4.1.2　实验准备

(1) 计算机已经预装了 ArcGIS 10.1 中文桌面版或更高版本的软件。

(2) 通过现状调研,已经获取了规划研究区的基础数据资料(例如规划研究区上杭县的乡镇边界图、行政区划图、县城中心城区的 CAD 地形图以及规划局、国土局等相关局室提供的纸质资料等)。本实验以福建省上杭县作为规划研究区,请将实验数据存放在 D:\data\shiyan04 目录下。

4.2　地图数据的配准

地理配准是指使用地图坐标为地图要素指定空间位置。地图图层中的所有元素都具有特定的地理位置和范围,这使得它们能够定位到地球表面或靠近地球表面的位置。精确定位地理要素的功能对于制图和 GIS 来说都至关重要。

要正确地描述地理要素的位置和形状,需要一个用于定义实际位置的坐标框架。地理坐标系(Geographic Coordinate System)用于将地理位置指定给对象。地理坐标系统,也可称为真实世界的坐标系,是用于确定地物在地球上位置的坐标系。一个特定的地理坐标系是由一个特定的椭球体和一种特定的地图投影构成,其中椭球体是一种对地球形状的数学描述,而地图投影是将球面坐标转换成平面坐标的数学方法。

最常用的地理坐标系是经纬度坐标系,这个坐标系可以确定地球上任何一点的位置,如果将地球看作一个球体,而经纬网就是加在地球表面的地理坐标参照系格网。需要说明的是,经纬度坐标系不是一种平面坐标系,因为度不是标准的长度单位,不可用其量测面积和长度。

较为常见的还有一种平面坐标系(又称笛卡儿坐标系),可量测水平 X 方向和竖直 Y 方向的距离,可进行长度、角度和面积的量测,可用不同的数学公式将地球球体表面投影到二维平面上,而每一个平面坐标系都有一特定的地图投影方法。但是任何一种对地球表面的表示方法(即地图投影)都会在形状、面积、距离,或者方向上产生变形,不同的投影产生不同的变形,每一种投影都有其各自的适用方面。例如,墨卡托投影适用于海图,其面积变形随着纬度的增高而加大,但其方向变形很小;横轴墨卡托投影的面积变形随着距中央经线距离的加大而增大,适用于制作不同的国家地图。

地图投影是把地球表面的任意点,利用一定的数学法则,转换到地图平面上的理论和方法。地图投影就是指建立地球表面(或其他星球表面或天体面)上的点与投影平面(即地图平面)上点之间的一一对应关系的方法。它将作为一个不可展平的曲面即地球表面投影到一个平面的基本方法,保证了空间信息在区域上的联系与完整。这个投影过程将产生投影变形,而且不同的投影方法具有不同性质和大小的投影变形。

投影的分类如下。①按变形方式,可分为等角投影、等(面)积投影和任意投影 3 类。等角投影无形状变形(也只是在小范围内没有),但面积变形较大;等积投影反之;而任意投影两种变形都较小。任意投影为既不等角也不等积的投影,其中还有一类"等距(离)投影",在标准经纬线上无长度变形,多用于中小学教学图。②按转换法则,分为几何投影和条件投影。前者又分为方位投影、圆柱投影、圆锥投影和多圆锥投影;后者则包括伪方位投影、伪圆柱投影和伪圆锥投影。③按投影轴与地轴的关系,分为正轴(重合)、斜轴(斜交)和横轴(垂直)3 种。④几何投影中根据投影面与地球表面的关系分为切投影和割投影。

目前常用的投影方法有墨卡托投影(正轴等角圆柱投影)、高斯-克吕格投影(Gauss-Kruger Projection)等。

墨卡托投影:又称正轴等角圆柱投影,是圆柱投影的一种,由荷兰地图学家墨卡托(G. Mercator)于 1569 年创立,设想一个与地轴方向一致的圆柱切于或割于地球,按等角条件将经纬网投影到圆柱面上,将圆柱面展为平面后,得到平面经纬线网。一点上任何方向的长度比均相等,即没有角度变形,而面积变形显著,随远离标准纬线而增大。该投影具有等角航线被表示成直线的特性,保持了方向和相互位置关系的正确,故广泛用于编制航海图和航空图等。主要参数有:投影代号(Type)、基准面(Datum)、单位(Unit)、原点经度(Origin Longitude)、原点纬度(Origin Latitude)、标准纬度(Standard Parallel One)。

高斯-克吕格投影:由高斯拟定后经克吕格补充、完善,是等角横切椭圆柱投影(Transverse Elliptic Cylindrical Equalangle Projection)。设想一个椭圆柱(底面为椭圆的圆柱)横切于地球椭球某一经线(称"中央子午线"),根据等角条件,用解析法将中央经线两侧一定经差范围内地球椭球体面上的经纬网投影到椭圆柱面上,并将此椭圆柱面展为平面所得到的一种等角投影。该投影主要特性:①中央子午线是直线,其长度不变形,离开中央子午线的其他子午线是弧形,凹向中央子午线,离开中央子午线越远,变形越大;②投影后赤道是一条直线,赤道与中央子午线保持正交;③离开赤道的纬线是弧线,凸向赤道,通常按经差 6°或 3°分为六度带或三度带。六度带自本初子午线起每隔经差 6°自西向东分带,带号依次编为第 1,2,…,60 带。三度带是在六度带的基础上分成的,它的中央子午线与六度带的中央子午线和分带子午线重合,即自 1.5°子午线起每隔经差 3°自西向东分带,带号依次编为第 1,2,…,120 带。我国的经度范围西起 73°东至 135°,可分成六度带 11 个,各带中央经线依次为 75°,81°,87°,…,117°,123°,129°,135°,或三度带 22 个。主要投影参数有:投影代号(Type)、基准面(Datum)、单位(Unit)、中央经度(Origin Longitude)、原点纬度(Origin Latitude)、比例系数(Scale Factor)、东纬偏移(False Easting)、北纬偏移(False Northing)。

UTM 投影,全称为"通用横轴墨卡托投影(Universal Transverse Mercator)",是一种"等角横轴割圆柱投影",椭圆柱割地球于南纬 80°、北纬 84°两条等高圈,投影后两条相割的经线上没有变形,而中央经线上长度比为 0.999 6。UTM 投影是为了全球战争需要创建的,美国于 1948 年完成了这种通用投影系统的计算。与高斯-克吕格投影相似,该投影角度没有变形,中央经线为直线,且为投影的对称轴,中央经线的比例因子取 0.999 6 是为了保证离中央经线左右约 330 km 处有两条不失真的标准经线。UTM 投影分带方法与高斯-克吕格投影相似,是自西经 180°起每隔经差 6°自西向东分带,将地球划分为 60 个投影带。我国的卫星影像资料常采用 UTM 投影。

高斯-克吕格投影与 UTM 投影都是横轴墨卡托投影的变种,但从投影几何方式看,高斯-克吕格投影是"等角横切椭圆柱投影",投影后中央经线保持长度不变,即比例系数为 1;UTM 投影是"等角横轴割圆柱投影",投影后两条割线上没有变形,中央经线上长度比为 0.999 6。高斯-克吕格投影与 UTM 投影可近似采用 X[UTM]=0.999 6×X[高斯],Y[UTM]=0.999 6×Y[高斯],进行坐标转换(注意:如坐标纵轴西移了 500 000 m,转换时必须将 Y 值减去 500 000 乘上比例因子后再加 500 000)。从分带方式看,两者的分带起点不同,高斯-克吕格投影自 0°子午线起每隔经差 6°自西向东分带,第 1 带的中央经度为 3°;UTM 投影自西经 180°起每隔经差 6°自西向东分带,第 1 带的中央经度为-177°,因此高斯-克吕格投影的第 1 带是 UTM 的第 31 带。此外,两投影的东纬偏移都是 500 km,高斯-克吕格投影北纬偏移为零,UTM 北半球投影北纬偏移为零,南半球则为 10 000 km。

ArcMap 中的动态投影:是指改变 ArcMap 中的工作区(Data Frame)的空间参考或是对后加入 ArcMap 工作区中数据的投影变换。ArcMap 工作区的坐标系统默认为第一个加载到当前工作区的那个文件的坐标系统,后加入的数据,如果和当前工作区坐标系统不同,则 ArcMap 会自动做投影变换,把后加入的数据投影变换到当前坐标系统下显示,但此时数据文件所存储的实际数据坐标值并没有改变,只是显示形态上的变化。因此称之为动态投影。表现这一点最明显的例子就是在导出数据(Export Data)时,用户可以选择是按数据源的坐标系统导出(This Layer's Source Data),还是按照当前工作区的坐标系统(The Data Frame)导出数据。

当数据没有任何空间参考信息时,在 ArcCatalog 的坐标系统描述(XY Coordinate System)选项卡中会显示为 Unknown。这时如果要对数据进行投影变换就要先利用 Define Projection 工具来给数据定义一个 Coordinate System,然后再利用 Feature\

Project 或 Raster\Project Raster 工具来对数据进行投影变换。

每一个 ArcGIS 数据图层文件(无论是 Shapefile 或 Coverage 格式,还是栅格数据格式),都需要指定地理坐标系统和投影系统。用户在构建 GIS 数据库时,必须使用统一的地理坐标系统和投影系统,以便于数据的各种空间分析。本例中由于上杭县数据资料来源多样,例如来源于国际科学数据服务平台网站的 TM、ETM、DEM,上杭县国土局的县城高分辨率影像图,上杭县规划局的县城城区周边的 CAD 格式地形图,以及其他一些 jpg 图和经扫描的专题地图数据文件等。本例中以 TM 数据的地理坐标系统和地图投影作为构建的规划研究区数据库的地理坐标系统和地图投影,其他数据均与之相匹配。首先,启动 ArcMap,加载 shanghang.img;然后,在内容列表中鼠标右击图层,打开"图层属性"对话框,点击对话框中的"源"选项卡,可以查看数据的空间参考信息,其基本信息见图 4-1。

图 4-1 上杭县 TM 数据的空间参考(地理坐标与投影系统)信息

2018 年 7 月 1 日之前,我国常用的地理坐标系有 Beijing54、Xian80、CGCS2000 和 WGS84。其中前两者为参心坐标系,后两者为地心坐标系。按照国务院关于推广使用 2000 国家大地坐标系的有关要求,原国土资源部(现自然资源部)规定,2018 年 6 月底前完成全系统各类国土资源空间数据向 2000 国家大地坐标系转换,2018 年 7 月 1 日起全面使用 2000 国家大地坐标系。也就是说,Beijing54、Xian80 坐标系将正式退出历史舞台。

4.2.1 影像图的配准

以上杭县城高分辨率影像图(shiyan04\shanghangxiancheng.tif)为例来说明演示在 ArcGIS 软件中如何进行影像图与 TM 数据的空间匹配。我们通常购买的影像图都是经过初步校正的数据产品,已经包含空间参考信息。

➢ 步骤 1:启动 ArcMap,加载县城影像图和 TM 数据。

启动 ArcMap,分别加载上杭县城高分辨影像图(shanghangxiancheng.tif)和上杭县域 TM 影像图(shanghang.img),当加载 TM 影像数据时,ArcMap 弹出"地理坐标系警告"对话框(图 4-2),提示是否自动将"GCS_WGS_1984"坐标系转换为已经在视图中打开的县城高分辨影像图的坐标系,点击"关闭"按钮,关闭该对话框,ArcMap 将使用动态投影方式,将 TM 影像数据加入 ArcMap。

两幅图像存在较为明显的错位(图 4-3),打开图层的属性窗口,可以发现 shanghangxiancheng.tif 数据的空间参考信息与 TM 数据的不同,应首先将该数据进行投影变换,使其空间参考一致。

图 4-2 "地理坐标系警告"对话框

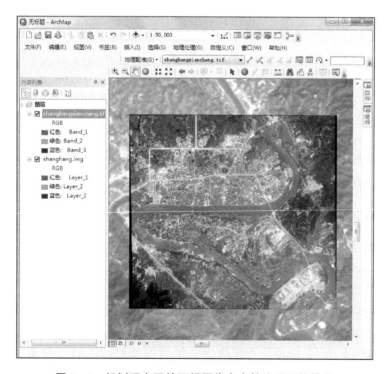

图 4-3 规划研究区的两幅图像存在较为明显的错位

➤ 步骤2：启动ArcToolbox，进行栅格数据的投影变换。

在ArcMap视窗中启动ArcToolbox，鼠标双击"数据管理工具"—"投影和变换"—"栅格"—"投影栅格"，弹出"投影栅格"工具对话框(图4-4)。

在对话框中，首先设置"输入栅格"栏，输入"shanghangxiancheng.tif"，该文件的坐标系将直接进入"输入坐标系（可选）"栏中；然后，在"输出栅格数据集"中定义输出的路径(shiyan04文件夹下)和文件名(shanghpro)；在"输出坐标系"栏中设置输出文件的空间参考，点击"输出坐标系"栏后面的图标，弹出"空间参考属性"对话框(图4-5)，点击"图层"前面的"田"字形按钮，展开显示ArcMap中已经加载的图层坐标投影信息，点击选择"WGS_1984"坐标投影，该坐标投影的信息将显示在该窗口的下面，点击"确定"按钮，选择的坐标投影信息加载到"投影栅格"工具对话框的"输出坐标系"栏中。其他保留默认设置，例如重采样采用默认的最小邻近法，输出

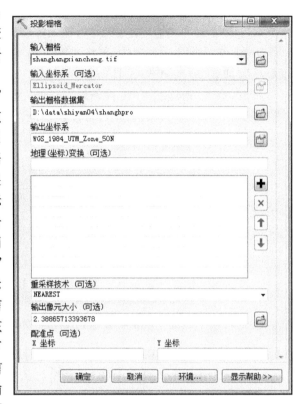

图4-4 "投影栅格"工具对话框

像元大小采用默认的2.388 657 133 936 78 m。最后，点击"确定"按钮，执行"投影栅格"命令，输出投影坐标转换后的数据会自动加载在ArcMap视窗中。

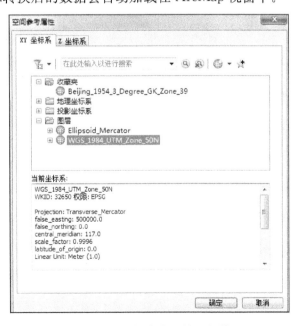

图4-5 "空间参考属性"对话框

虽然转换了高分辨影像图的空间参考，但是影像图与 TM 数据仍然存在着数据空间错位与不匹配问题。我们还需要使用"地理配准（Georeferencing）"工具进行数据的空间匹配。

➢ 步骤 3：加载地理配准工具，输入控制点。

首先，在 ArcMap 视窗中，鼠标右键点击工具条空白处，弹出快捷菜单，点击选择"地理配准"，加载"地理配准"工具条。

然后，点击"地理配准"工具条最左边的"地理配准"，在下拉菜单中将"自动校正"（图 4-6）前面的对号取消，即禁止自动校正功能。

图 4-6 "地理配准"工具条与自动校正功能

接着，点击"地理配准"工具条上的"选择地理配准图层"，选择需要配准的影像图"shanghpro"，并点击工具条上的"查看链接表"按钮，打开链接表（图 4-7），再点击工具条上的"添加控制点"图标按钮，进行控制点的输入，注意控制点的输入应首先在要进行配准的图层上选择，然后再在被参考（即已经配准好的）的图层上选择。需要注意的是，如果在"地理配准"工具条上待配准的影像图"shanghpro"无法选择，则需要首先创建一个新的空白地图文档，然后先将影像图"shanghpro"加载到新的 ArcMap 视图窗口中。

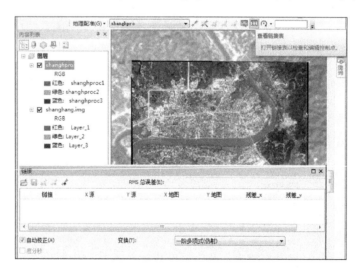

图 4-7 "地理配准"工具条上的"查看链接表"按钮与打开的链接表

在配准过程中，我们最好选择一些比较容易查找的点作为控制点，例如公里网格的交点，道路的交叉点，桥与河流的交点等，否则会因为数据的分辨率差异较大（TM 数据分辨率为 30 m,影像图数据分辨率小于 2.5 m),很可能很难找准控制点在两幅图中的准确位置,从而造成较大的误差。在实际配准时,控制点最好能够均匀分布在图像中,以有效控制图像在各个方向的变形情况。

一个样条函数或一阶多项式至少需要 3 个控制点连接,二阶多项式至少需要 6 个控制点连接,三阶多项式至少需要 10 个控制点连接。本例仅为演示,只选取 6 个控制点,采用一阶多项式进行变换(图 4-8)。

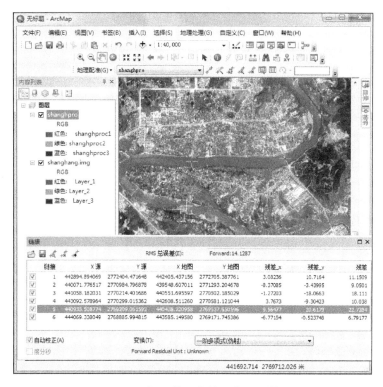

图 4-8 加入的 6 个控制点及其精度

点击选择链接表中的"自动校正"功能,影像图与 TM 图进行了匹配,虽然控制点的残差较大,5 号控制点达到 22.7 m,其结果可以接受,但最好小于半个像元以内(TM 数据分辨率 30 m,最好能够控制在 15 m 以内)。把 5 号控制点删除,重新选择一个控制点,直到满足空间匹配的精度要求后,再进行数据的空间匹配变换操作。我们可以通过单击链接表工具条上的"保存"按钮将输入的控制点信息保存到文件中,以便下次再使用这些控制点时直接点击"加载"按钮从文件中加载这些控制点坐标。

➢ 步骤 4:进行影像图的校正与空间匹配。

在地理配准工具条中,点选最左侧的"地理配准"菜单,弹出下拉菜单,点击选择"校正"菜单工具,弹出"另存为"对话框(图 4-9),设置数据的输出位置为 shiyan04 文件夹下,数据名称为"shhjiao",数据格式为 GRID 格式,其他采用默认设置。最后,点击"保存"按钮,执行数据校正与重采样工作,生成新的栅格文件 shhjiao.grid。

"重采样类型"中有 3 种选项:最邻近(用于离散数据)、双线性(用于连续数据)、双三次卷积(用于连续数据)。最邻近插值方法是将最邻近像元的值直接赋给输出像元,该方法简单,最大的优点是保持像元值不变,但校正后的图像可能具有不连续性,会影响制图效果,当相邻像元的灰度值差异较大时,可能产生比较大的误差。双线性插值法使用双线性方程和2×2窗口计算输出像元值,该方法简单且具有一定的精度,一般能够得到满意的插值效果,缺点是该方法具有低通滤波的效果,会损失图像中的一些边缘或线性信息,导致图像模糊。双三次卷积插值法是用三次方程和4×4窗口计算输出像元值,该方法产生的图像比较平滑,缺点是计算量较大。

图4-9 数据校正时弹出的"另存为"对话框

我们可以将校正生成的文件加载进ArcMap视图窗口中,可以发现校正后的影像图与TM数据基本吻合,说明数据匹配结果较好,能够满足规划研究的需要。

虽然校正的结果误差控制得较好,但具体在校正时最好能够使用规划研究区的地形图(1∶50 000、1∶10 000、1∶5 000等比例尺,本例分辨率在2.5 m左右,使用1∶10 000能够满足校正需要)进行高分辨影像图和TM数据的精校正工作,本例中地形图数据仅有城区部分且地形图多为保密数据,案例中将不再单独加以演示和说明,但校正过程基本一致。

另外,影像图的校正也可以使用ERDAS IMAGINE进行(Data Preparation—Image Geometric Correction),其基本思路和过程与GIS中的非常相似,在此不再展开说明,可参见其他ERDAS的教程。

4.2.2 CAD图的配准

1) 使用坐标控制点数据文件进行CAD图的配准

我们在进行中小尺度的城市与区域规划时,收集的地形图数据多为CAD格式,而通常CAD数据格式的地形图多为笛卡儿坐标系,没有带投影信息,与GIS数据的空间参照并不匹配。因此,需要进行CAD数据与规划研究区其他数据的空间匹配。本实验以上杭县城CAD格式的地形图(shanghangcity.dwg,此数据未加入附赠光盘中,用户可以使用自己获取的地形图数据进行练习)为例,演示说明CAD格式地形图与已有GIS数据(校正后的影像图shhjiao.grid)的空间匹配。

➤ 步骤1:在ArcMap中加载CAD地形图数据。

在ArcMap中加载CAD地形图数据shanghangcity.dwg,通过数据内容列表可以发现该文件共包含Annotation、MultiPatch、Point、Polygon、Polyline等5个要素(图4-10),在加载过程中,会弹出"未知的空间参考"提示框,说明该数据没有空间参考信息。

➤ 步骤2:在ArcMap中设置CAD地形图数据的单位。

加载CAD数据后,ArcMap视图窗口信息条中显示的坐标为未知单位,需要进行设置。在ArcMap主菜单中,点击"视图"—"数据框 属性",弹出"数据框 属性"对话框(图4-11),选择"常规"选项卡,将"单位"栏中的"地图"后面的"未知单位"更改为CAD中的单位,即"米";接着将"显示"后面的单位也改为"米"。然后,点击"确定"按钮。这时ArcMap状态条中显示了数据的单位"米"。

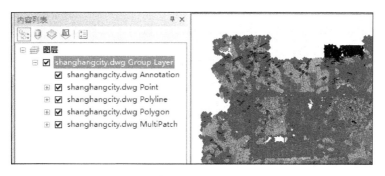

图 4-10 在 ArcMap 中加载 CAD 数据后的数据与图层显示

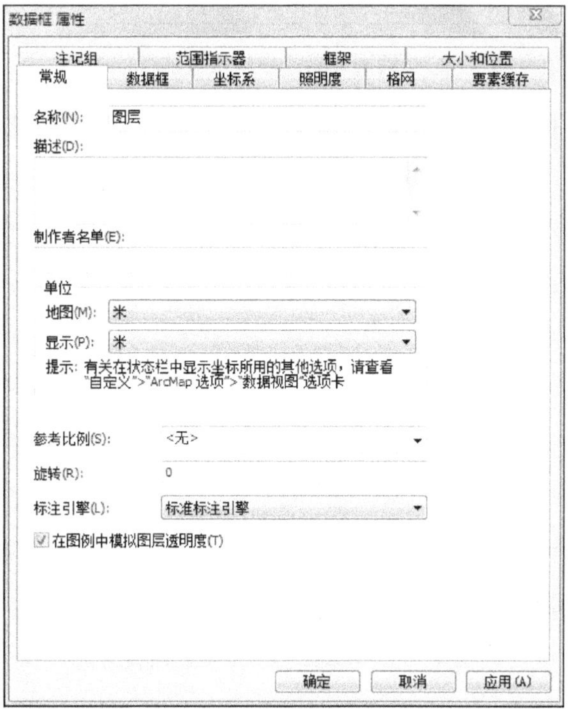

图 4-11 "数据框 属性"对话框

➤ 步骤 3：在 ArcMap 中加载配准后的高分辨率影像图。

在 ArcMap 中加载配准后的高分辨率影像图 shhjiao.grid,该数据与规划研究区 GIS 数据采用的坐标投影系统一致。点击工具条上的"全图"按钮来显示整个研究区域，我们会发现，两个数据图层根本不在一起，坐标相差甚远。

➤ 步骤 4：坐标控制点数据文件(shanghangcity.wld)的构建。

首先,在 ArcMap 中,定义两个转换的参照点。通常，这两个点需要相距较远，一般分布在数据范围的对角上，比如一个在 CAD 文件的西北角，另一个就需要在东南角。

其次，在内容列表中，鼠标右键点击 shanghangcity.dwg Group Layer 文件弹出快捷菜单，选择并点击"缩放至图层"，视图窗口中全图显示 shanghangcity.dwg 文件。接着，从西北角选择运动场的一个角作为第一个转换点。用放大工具将这个点的区域放大到不能再放大为止，通常这时的比例尺显示为 1∶0.01，甚至更大，例如 1∶0.00。此时，点击窗口菜单栏中的空白处,在弹出的快捷菜单中,选择"绘图"工具,将绘图工具条加载进窗口中,点击绘图工具条上的"绘制矩形"工具后方的小三角按钮,弹出下拉菜单,点击绘制点工具(图4-12),在选择的运动场的一角处点击,创建一个点。双击这个点,弹出"属性"对话框(图4-13),点击"位置"选项,可以看到该点在CAD文件中的X与Y坐标值。

图4-12 绘图工具条中的绘制点标记工具

图4-13 绘制的点的"属性"对话框

然后,建立一个记事本文件,在ArcMap中将该点在CAD文件中的X与Y坐标值复制粘贴到记事本中。注意只复制数值,不复制数值后面的空格和单位,例如"39440114.274292 2773078.658081米",则只复制39440114.274292与2773078.658081即可;在X坐标后加一个英文字符逗号,并在Y坐标的最后面加入一个空格。最后,记事本中的第一行为:

39440114.2745,2773078.6583

在ArcMap中,使用"缩放至图层"功能,显示CAD文件,按照以上步骤,建立第二个控制点,复制其坐标值到记事本文件中。第二个控制点选择了东南方向一所学校操场跑道的一角。记事本中的前两行为:

39440114.2745,2773078.6583
39442823.2499,2772180.9581

同样方式和步骤,使用"缩放至图层"功能,显示高分辨影像数据文件,用放大工具在影像图中分别找到与CAD中匹配的两个控制点的位置信息,并在原来的两个点的坐标

后面列出,创建的记事本文件的内容如下:

39440114.2745,2773078.6583 440176.8567,2771920.2103

39442823.2499,2772180.9581 442911.6833,2771004.4183

最后,将记事本文件另存到与 CAD 文件相同的文件夹(shiyan04)下,在"另存为"窗口中将默认的保存类型"文本文档(*.txt)"改为"所有文件(*.**)",编码方式仍为 ANSI 不变(图4-14),名称为原来 txt 文件的名称后面加一个.wld 的扩展名/后缀。本例保存为 shanghangcity.wld。

图 4-14 坐标数据另存为后缀为.wld 的文件

➢ 步骤 5:地形图数据与高分辨率影像图的匹配。

通过构建的 shanghangcity.wld 文件进行数据的空间匹配。在内容列表中鼠标右击需要转换的数据图层文件(shanghangcity.dwg Polyline),在弹出的快捷菜单中点击选择"属性",弹出"图层属性"对话框(图 4-15),点选"变换"选项卡,选中"启用变换"选项,在"坐标文件名称"中通过文件夹浏览找到 shanghangcity.wld 文件,"变换方式"选择"坐标文件"。最后,点击"确定"按钮,执行坐标变换。这时,我们可以看到 CAD 文件数据集将与参考数据(高分辨率影像图)叠置在一起进行显示(图 4-16),且从叠置的结果来看,数据匹配的精度较好,达到数据精度的要求。

图 4-15 "图层属性"对话框中的"变换"选项卡

该匹配只是将CAD数据图层通过两点坐标对应转换的方式匹配到参考数据上，CAD数据的原始坐标投影系统并未修改，我们需要将经过坐标变化的CAD文件格式转换为GIS的数据文件，以便后面在进行空间分析时使用。

另外，还可以使用ArcMap中的"地理配准"工具进行CAD及其他JPG等格式数据的空间匹配。这里不再阐述，在后面部分我们将介绍JPG图片配准的过程，与CAD格式的数据匹配过程基本一致。

图4-16 CAD地形图文件经坐标变换后与高分辨影像图叠置结果

➢ 步骤6：坐标变换后的地形图数据格式的转换。

ArcGIS软件支持对CAD格式数据的读取，但是我们通常需要对数据进行编辑、加工、分析等，就必须将它转换成GIS的数据格式（Shapefile，Coverage，Geodatabase）。由于CAD格式只是对数据进行逻辑分层，在物理存储上与几种数据的要素类结构不同，所以要在转换时将CAD的各层元素独立地识别和存储。

在步骤5数据坐标变换结果的基础上，鼠标右键点击ArcMap内容列表栏中的shanghangcity.dwg Polyline要素类，弹出图层快捷菜单，点击"数据"—"导出数据"，弹出"导出数据"对话框（图4-17）。选择导出"所有要素"，选择与此图层源数据相同的坐标系，并定义输出的位置（shiyan04文件夹下）、文件名称（chengquline）和文件类型（Shapefile）。最后，点击"确定"按钮，执行导出数据命令。

当然，我们也可以使用ArcToolbox中的"转换工具"箱，找到"转出至地理数据库"—"CAD至地理数据库"（图4-18），将CAD文件中的Annotation、Polyline、

图4-17 "导出数据"对话框

Polygon、Point 和 MultiPach 等 5 类要素批处理转换导入到一个地理数据库中。

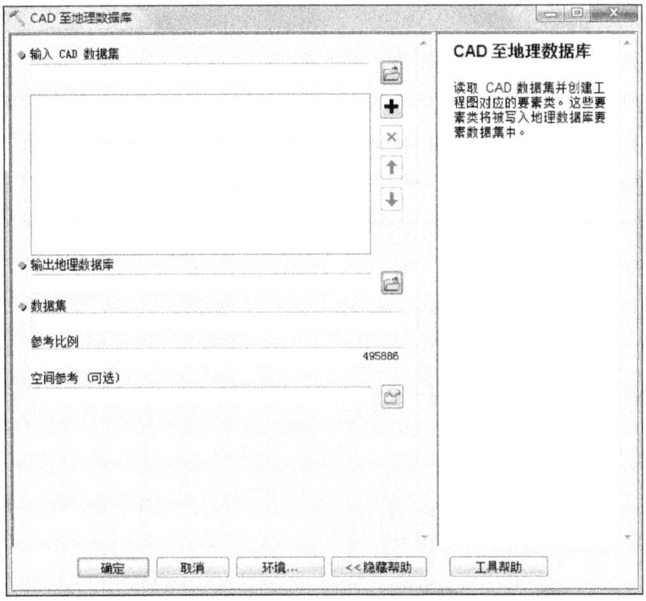

图 4-18 "CAD 至地理数据库"对话框

> 步骤 7：定义转换后的 GIS 数据投影坐标系统。

在 ArcMap 内容列表栏中鼠标右击 chengquline. shp 文件，查看图层属性中的"源"选项卡，可以发现该数据文件的坐标系为"未定义"。我们需要赋给该文件以坐标投影系统，以便使其与 TM 数据保持空间匹配。

首先，点击 ArcToolbox 图标，打开 ArcToolbox 工具箱，点击选择"数据管理工具"—"投影和变换"—"定义投影"工具，打开"定义投影"对话框（图 4-19）。

图 4-19 "定义投影"对话框

然后,在对话框中的"输入数据集或要素类"中选择 chengquline. shp 文件,"坐标系"选择与高分辨率影像图图层一致的 WGS_1984_UTM 坐标投影系统。然后,点击"确定"按钮,进行坐标投影系统定义。

我们可以采用相同的步骤和方法,将空间匹配后的 CAD 中的点要素 Point 数据文件导出为 chengqupoint. shp 文件,并定义文件投影,我们已在实验 3 中的"DEM 数据获取与预处理"部分讲解了利用由 CAD 获取的地形数据来制作 DEM 的过程。

2) 使用空间校正工具进行 CAD 图的配准

我们还可以先将 CAD 地形图数据文件导出为 GIS 数据格式(Shapefile),然后定义转换后的 GIS 数据的投影坐标系统,最后使用"空间校正"工具将文件配准到影像图"shhjiao. grid"上。该配准过程与使用坐标控制点数据文件进行 CAD 图的配准很多步骤基本一致,这里仅就使用"空间校正"工具进行 GIS 文件配准的步骤作简要说明。

➢ 步骤 1:在 ArcMap 中加载 CAD 地形图数据。
➢ 步骤 2:在 ArcMap 中设置 CAD 地形图数据的单位。
➢ 步骤 3:CAD 地形图数据格式的转换。

鼠标右键点击 ArcMap 内容列表栏中的 shanghangcity. dwg Polyline 要素类,弹出图层快捷菜单,点击"数据"—"导出数据",弹出"导出数据"对话框(图 4-17)。选择导出"所有要素",选择与此图层源数据相同的坐标系,并定义输出的位置(shiyan04 文件夹下)、文件名称(chengquline2)和文件类型(Shapefile)。最后,点击"确定"按钮,执行导出数据命令。

➢ 步骤 4:定义转换后的 GIS 数据投影坐标系统。

在 ArcMap 内容列表栏中鼠标右击 chengquline2. shp 文件,查看图层属性中的"源"选项卡,可以发现该数据文件的坐标系为"未定义"。我们需要赋给该文件坐标投影系统,以便使其与我们要匹配的高分辨影像图数据(shhjiao. grid)保持空间匹配。

首先,点击 ArcToolbox 图标,打开 ArcToolbox 工具箱,点击选择"数据管理工具"—"投影和变换"—"定义投影"工具,打开"定义投影"对话框(图 4-19)。

然后,在对话框中的"输入数据集或要素类"选择 chengquline2. shp 文件,"坐标系"通过选择与高分辨率影像图图层一致的 WGS_1984_UTM 坐标投影系统。然后,点击"确定"按钮,进行坐标投影系统定义。

➢ 步骤 5:在 ArcMap 中加载高分辨率影像图数据(shhjiao. grid)。
➢ 步骤 6:加载"空间校正"工具,并输入控制点。

首先,在 ArcMap 视窗中,鼠标右键点击工具条空白处,弹出快捷菜单,点击选择"空间校正",加载"空间校正"工具条。此时该工具条上的功能均为灰色,表示这些功能尚不可使用。

然后,点击"编辑器"工具条上的"开始编辑"按钮,使 chengquline2. shp 文件处于可以编辑状态。这时"空间校正"工具条上的功能处于可以使用的状态。点击"空间校正"工具条最左边的"空间校正",在下拉菜单中选择"设置校正数据"(图 4-20),弹出"选择要校正的输入"对话框(图 4-21),选择"以下图层中的所有要素",并勾选需要校正的数据(chengquline2. shp)。

接着,点击"空间校正"工具条最左边的"空间校正",在下拉菜单中选择"校正方法"

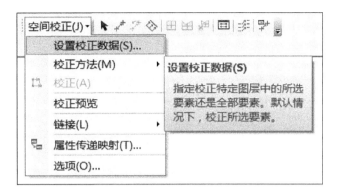

图 4-20 "空间校正"下拉菜单中的"设置校正数据"工具

图 4-21 "选择要校正的输入"对话框

(图 4-22),选择"变换—仿射"方法(该方法为默认选项)。点击"空间校正"工具条上的"查看链接表"按钮,打开链接表,再点击工具条上的"添加控制点"图标按钮,进行控制点的输入,注意控制点的输入应首先在要进行配准的图层上(chengquline2.shp)选择,然后再在被参考图层上(即已经配准好的 shhjiao.grid)选择。本例中我们仅选择了 4 个控制点,RMS 误差控制在 1.2 m 以内,满足精度要求(图 4-23)。

图 4-22 "校正方法"选项卡

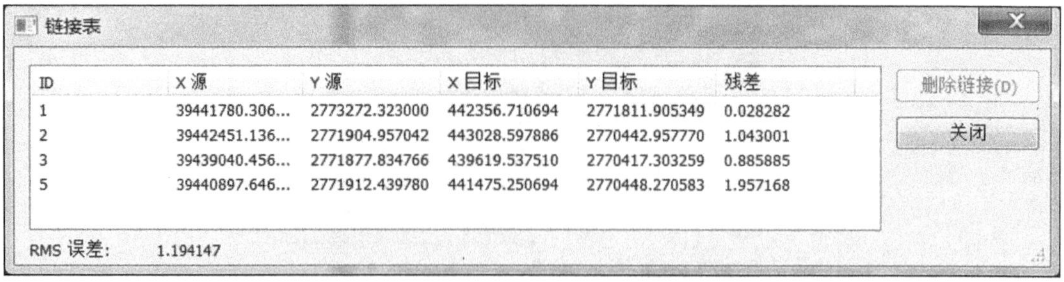

ID	X 源	Y 源	X 目标	Y 目标	残差
1	39441780.306...	2773272.323000	442356.710694	2771811.905349	0.028282
2	39442451.136...	2771904.957042	443028.597886	2770442.957770	1.043001
3	39439040.456...	2771877.834766	439619.537510	2770417.303259	0.885885
5	39440897.646...	2771912.439780	441475.250694	2770448.270583	1.957168

RMS 误差: 1.194147

图 4-23　加入的 4 个控制点及其精度

> 步骤 7:进行空间校正。

点击"空间校正"工具条最左边的"空间校正",在下拉菜单中选择"校正"工具,执行 chengquline2.shp 数据的校正工作,从校正的结果来看,数据匹配的精度很好(图 4-24)。待校正完成之后,依次点击"编辑器"工具条上的"保存编辑内容"与"停止编辑"按钮,保存对 chengquline2.shp 文件所做的修改。

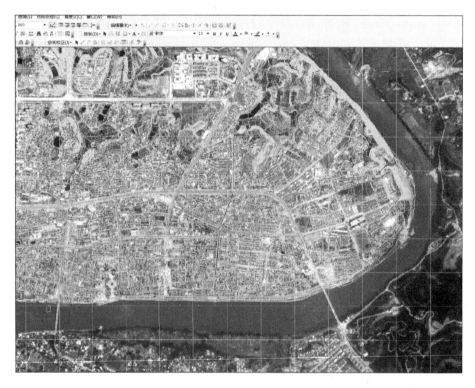

图 4-24　空间校正结果与高分辨率影像图的叠置

4.2.3　扫描图件的配准

城市与区域规划现状调研获取的数据资料多为纸质资料,包括很多大幅面的专题地图(多为纸质,有时是 JPG 格式的电子文档)。这时候,如果需要获取土地利用图、水系图、土壤图、地质图、自然保护区等等 GIS 专题图,我们可以将获取的这些纸质地图进行扫描,然后进行空间匹配。

本例以上杭县城老城区的影像图 laochengqu(JPG 格式)为例,演示说明扫描后的电子文件与地形图文件 chengquline.shp 的空间匹配过程。这一过程与前面带坐标系统的影像图的配准有很多相同之处,这里仅作简要说明。

> 步骤 1:在 ArcMap 中加载 laochengqu.jpg 和 chengquline.shp 文件。
> 步骤 2:加载地理配准工具条,输入控制点,并进行相关设置。

为了获取较高的数据匹配精度与质量,在影像图中选择 9 个道路交叉点等易于识别的控制点,选择一阶或二阶多项式变换方法(图 4-25,控制点应大致均匀分布,如果可能可以多选择一些控制点,误差最好控制在 2 m 以内)。

图 4-25 地理配准中控制点的输入

> 步骤 3:进行 laochengqu.jpg 影像图的校正与空间匹配。

在地理配准工具条中,点选最左侧的"地理配准"菜单,弹出下拉菜单,点击选择"校正"菜单工具,弹出"另存为"对话框,设置数据的输出位置为 shiyan04 文件夹下,数据名称为 laocheng,数据格式为 GRID 格式,其他采用默认设置。最后,点击"保存"按钮,执行数据校正与重采样工作,生成新的栅格文件 laocheng.grid。

> 步骤 4:定义校正后的 laocheng.grid 数据的投影坐标系统。

首先,点击 ArcToolbox 图标,打开 ArcToolbox 工具箱,点击选择"数据管理工具"—"投影和变换"—"定义投影"工具,打开"定义投影"对话框。

然后,在对话框中的"输入数据集或要素类"选择 laocheng.grid 文件,"坐标系"通过选择与 chengquline.shp 图层一致的 WGS_1984_UTM 坐标投影系统。然后,点击"确定"按钮,进行坐标投影系统定义。

4.3 地图数据的数字化

通过数字化工作获取规划研究区土地利用现状图、各类专题 GIS 数据图(水系图、道路图等)是 GIS 数据库构建的一项重要基础性工作,也是获取规划研究区空间数据信息的重要途径。

上杭县域范围内采取分层数字化的方式，上杭县城内则采用整体数字化的方式。所谓分层数字化是指按照要数字化的区域内的地物类型分别进行数字化工作，这种方式适合一些在规划区基本不重合的地物类型。例如，数字化研究区扫描的地形图中的等高线、高程点，就可以分层数字化，先建立一个线要素的文件、数字化等高线，然后再建立一个点要素的文件、数字化高程点；再如，数字化上杭县县域范围内的道路和河流，也可采取分层数字化的方式进行。但当我们需要在一个研究区内数字化所有地物类型时，这些地物类型多有公共边界，这时最好使用整体数字化的方式。例如，想通过数字化县城高分辨影像数据获取上杭县城区的土地利用现状图，这时可以首先建立一个线要素的文件，数字化所有的地物类型（都是线 Polyline），数字化后将其转换为多边形 Polygon，然后将每个多边形 Polygon 赋上土地利用的类型代码，这种数字化方式将有效解决因分层数字化产生的公共边不重合问题，并且可以提高数字化的效率。当然，我们也可以建立一个多边形文件，使用绘制多边形工具进行高分辨率影像图的数字化工作，具体采取哪种方式数字化需要从工作量、数字化习惯等方面综合考量。

本例以上杭县城区道路与水系数字化（分别获取道路图和水系图，采用分层数字化方式）和县城某片区数字化（获取土地利用现状图，采用整体数字化方式）为例加以演示说明。

4.3.1 要素分层数字化

本例以配准的上杭县城影像图 shhjiao.grid 为底图，进行分层数字化，分别数字化道路和水系两个要素，获取上杭县道路图和水系图。

➢ 步骤 1：创建一个新的线要素 Shapefile 文件。

根据个人数字化习惯和工作量，这里选用创建一个线要素（Polyline）文件。在 ArcMap 中，点击右侧 ArcCatalog 浮动窗口工具"目录"，在弹出的浮动窗口中右击弹出快捷菜单，点击"新建"—"Shapefile"，弹出"创建新 Shapefile"对话框（图 4-26），通过设置文件"名称""要素类型"和"空间参考"（与 TM 遥感数据一致），在 shiyan04 文件夹下创建了一个新的 Shapefile 线要素文件（road.shp）。

➢ 步骤 2：打开并编辑 road.shp 文件。

首先，在 ArcMap 中，添加新建的 road 线要素文件和上杭县城影像图 shhjiao.grid。

然后，在 ArcMap 的工具条空白处鼠标右击，弹出工具快捷菜单，点击"编辑器"工具，把该

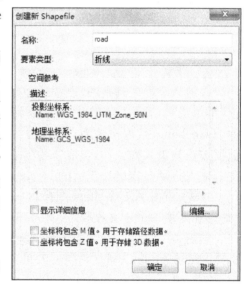

图 4-26 "创建新 Shapefile"对话框

工具加载进来，或者直接点击工具条上的"编辑器工具条"按钮，显示编辑器工具条（图 4-27）。

最后，点击编辑器工具条上最左边的"编辑器(R)▼"下拉菜单，选择"开始编辑"，弹出

"开始编辑"对话框(如果可编辑数据只有一个文件,则直接进入编辑状态),选择要编辑的图层文件"road",点击"确定"按钮,此时 road 图层进入可编辑状态。

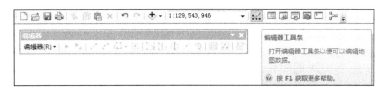

图 4-27 编辑器工具条

> 步骤 3:使用绘图工具进行数字化。

首先,点击编辑器工具条最右侧的"创建要素"工具,在主界面的右侧会显示"创建要素"面板(图 4-28)。面板上部分显示了可以编辑的要素类的绘图模板,点击相应模板后,面板下部分会显示对应的构造工具,选择"线"工具,这时编辑器面板上的绘制线的工具已经可以使用了(由原来的灰色变为正常颜色)。

然后,使用 ArcMap 工具条中的放大工具,将 shhjiao.grid 底图放大到一定程度后,能够辨识道路的边界,单击鼠标确定线的起点,然后移动鼠标到合适位置(线的拐点处)再单击鼠标添加一个线的拐点,依次操作沿道路边界方向描线,最后双击鼠标完成一条线的创建,按照此方法依次进行屏幕跟踪数字化,直到我们需要数字化的道路全部数字化完成。如果需要用 ArcMap 工具条中的平移工具移动视图,则点击平移工具移动完成后,再点击构图工具中的"线"工具,则可以接着前面数字化的线继续进行数字化。

图 4-28 "创建要素"面板与数字化道路的过程

数字化过程中要及时保存,防止数据丢失。点击编辑器工具条上最左边的"编辑器(R)▼"下拉菜单,选择"保存编辑内容",这时我们数字化的道路将被保存。本例仅为演示,我们数字化一部分道路后,点击"保存编辑内容"将数字化的道路保存。如果已经数字化完成,可以点击编辑器工具条上最左边的"编辑器(R)"下拉菜单,选择"停止编辑",则停止编辑会话,此时窗口右侧的"创建要素"和"构造工具"面板变为灰色,表示不可用状态。

另外,在数字化过程中,应尽量将地图放大,这样能够减少数字化误差,同时在道路拐弯处应尽量多画节点,如果道路弯道比较符合弧段特征,可以使用编辑器上的"端点弧段"工具来绘制弧段,也可以提高数据的精度。

在数字化过程中需特别注意两条线的交点,最好可以稍微多画出一点(图4-29),但不要不及,因为不及会产生悬挂点,在后面由线生成面的过程中会造成道路的丢失,从而增加不必要的工作量。GIS通常提供自动抓取节点的功能,在该功能开启状态下(会有一定的容限值,在该值内,能够自动捕捉到结点),如果数字化到两条道路线的交汇处,GIS会自动捕捉到道路节点,这时直接双击结束线段数字化即可,能够保证两条线是无缝衔接的,不会产生悬挂点。

请用户练习数字化的过程以及熟悉主要画图工具的使用技巧。

图4-29 数字化线段的交汇处的处理方式

> 步骤4:将线要素文件转换为多边形要素文件。

首先,点击 ArcToolbox 图标,弹出 ArcToolbox 工具箱,点击"数据管理工具"—"要素"—"要素转面"工具,弹出"要素转面"对话框(图4-30)。在"输入要素"栏中输入线要素文件 road;在"输出要素类"中设置输出的文件名称(roadpoly. shp)和路径(shiyan04 文件夹下);"XY 容差(可选)"是进行空间计算时所有要素坐标之间的最小距离以及坐标可以沿 X 或 Y 方向移动的距离,默认 XY 容差设定值为 0.001 m,或者为其等效值(以要素单位表示);"保留属性(可选)"是在输出要素类中保留(或忽略)标注要素的输入属性模式或属性,默认为选中;"标注要素(可选)"是指保存可传递到输出面要素的属性的可选输入点要素。本例中只定义输入要素和输出要素类,其他选用默认设置。

图4-30 "要素转面"对话框

然后,点击"确定"按钮,执行要素转面命令,得到面要素文件 roadpoly.shp。

➤ 步骤 5:面状道路数据的属性编辑与输入。

首先,打开转换后的面要素文件 roadpoly.shp 的属性表(图 4-31),可以发现表中只有"FID""Shape *"和"Id"3 个字段,我们可以增加"道路名称(文本型)"和"道路等级(短整型)"两个字段来存储道路的名称和等级信息。另外,被道路围合的区域也转换成为一个多边形(FID 为 1 的多边形,即线转面形成的"岛"),它不属于道路,在下面输入道路等级时,不输入属性信息,保持默认值 0 即可(图 4-32)。

然后,点击"编辑器"工具条上最左边的"编辑器(R)▼"下拉菜单,选择"开始编辑",使 roadpoly.shp 文件进入可编辑状态。这时,我们可以点击道路等级和名称输入相关属性信息(图 4-32),输入完毕后点击"保存编辑内容",并选择"停止编辑"。

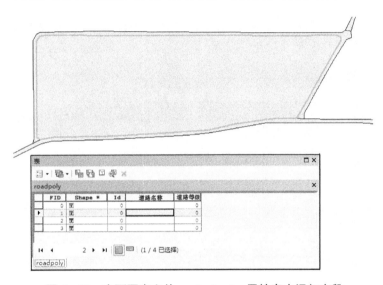

图 4-31 在面要素文件 roadpoly.shp 属性表中添加字段

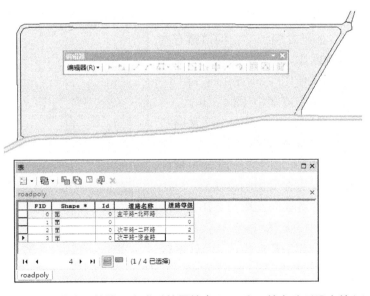

图 4-32 道路属性输入完成后的属性表(FID 为 1 的多边形没有输入)

图 4-33 "裁剪面工具"按钮

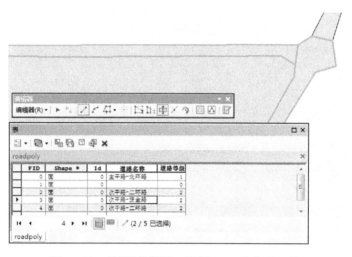

图 4-34 使用"裁剪面工具"将二环路分成两段

如果我们在规划研究中只需区分道路等级（1—主干路，2—次干路，3—支路）而无需知道道路名称，那么我们只需新建道路等级字段来存储道路等级信息即可。如果发现数字化的道路有些需要在某一路口分成两段，则可以在数字化时就在路口使线段闭合，或者使用"裁剪面工具"（图 4-33）将一个多边形分成两个或多个（图 4-34）。

使用"裁剪面工具"将二环路在一个交叉路口分成两段，即属性表中高亮显示的两个多边形，其属性值完全一致，将其中南北向的一段改为紫金路，点击"保存编辑内容"保存所做的修改。

➤ 步骤 6：面状道路数据选取与导出。

在 ArcMap 界面中，点击主菜单中的"选择"—"按属性选择"，弹出"按属性选择"对话框（图 4-35）。在"图层"栏中选择 roadpoly；在"方法"栏中选择"道路等级"字段，并点击"获取唯一值"按钮，可以看到只有"0、1、2"3 个唯一值，在选

图 4-35 "按属性选择"对话框

择条件中通过点击输入""道路等级"<>0",点击"验证"按钮检查检索条件是否正确;最后,点击"确定"按钮,执行按属性选择命令,可以看到除了道路围合的"岛"外,所有道路都已经选择上。

然后,在内容列表中的 roadpoly 图层上用鼠标右击,弹出图层快捷菜单,点击"数据"—"导出数据",弹出"导出数据"对话框(图 4-36)。在"导出"栏中选择"所选要素";在"坐标系"栏中选择"此图层的源数据";在"输出要素类"中定义文件路径(shiyan04 文件夹下)和文件名称(roadend.shp)。最后,点击"确定"按钮,执行导出数据命令。在弹出的"ArcMap(是否要将导出的数据添加到地图图层中)"提示框中点击"是",将导出的数据图层文件 roadend.shp 加载到地图图层中,此时可以看到该道路图层已经符合我们的要求,不再包含"岛"等非道路区域。

图 4-36 "导出数据"对话框

4.3.2 区域整体数字化

下面以县城某片区数字化获取土地利用现状图为例加以演示说明。

➢ 步骤 1:创建一个新的面要素 Shapefile 文件。

在 ArcMap 中,点击右侧 ArcCatalog 浮动窗口工具"目录",在弹出的浮动窗口中鼠标右击弹出快捷菜单,点击"新建"—"Shapefile",弹出"创建新 Shapefile"对话框,通过设置文件名称、要素类型和空间参考(与 TM 遥感数据一致),在 shiyan04 文件夹下创建一个新的 Shapefile 面要素文件(landuse.shp)。

➢ 步骤 2:打开并编辑 landuse.shp 文件,进行数字化。

首先,在 ArcMap 中,添加新建的 landuse.shp 面要素文件和上杭县影像图 shhjiao.grid。

然后,打开"编辑器"工具,点击编辑器工具条上的"编辑器(R)▼"下拉菜单,选择"开始编辑",使 landuse.shp 图层文件进入可编辑状态。如果此时"创建要素"窗口没有自动弹出,可以点击编辑器工具条上的"编辑器(R)▼"下拉菜单,点击"编辑窗口"—"创建要素"(图 4-37),弹出"创建要素"悬挂窗口。

在数字化过程中,最好采用从一个

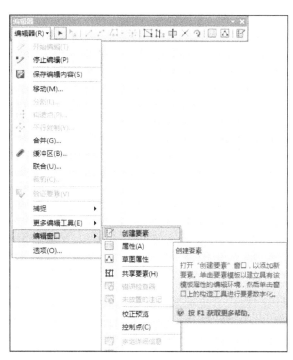

图 4-37 "创建要素"悬挂窗口

区域的一边开始,然后逐渐向前推进的渐进式、地毯式数字化方式,这样可以有效避免出现数字化遗漏的问题。如果数字化工作量较大,还可以按照区域分组进行数字化。例如,将上杭县城的遥感影像分为4~6个区域(最好以道路中心为界),小组成员可以每人分一部分进行数字化。数字化完成后再进行拼接。

为了演示方便,本例只选取一小片区域来演示。

点击"创建要素"面板中的landuse绘图模板,这时默认的"构造工具"为面,把鼠标移至绘图区域,图标呈"十"字,表示可以开始绘制多边形了。在视图中依次点击产生多边形的顶点,双击完成多边形绘制。

先数字化一条道路,然后再使用构造工具中的"自动完成面"工具(图4-38)绘制与之相邻的多边形,该工具可以不用重复绘制相邻多边形的公共边,既可以提高制图效率,又避免了因绘制公共边容易产生的不重合问题(产生狭长破碎多边形)。

我们可以在数字化多边形的同时打开图层属性表,进行多边形属性的输入,也可待一个片区数字化完成后,统一输入多边形的属性值。

图4-38 用"自动完成面"工具来创建具有公共边的多边形

如果已经数字化完成,点击"保存编辑内容"将数字化的内容保存,并点击"停止编辑",则停止编辑会话。数字化过程中要及时保存,防止数据丢失。

> 步骤3:进行landuse.shp文件属性的输入和计算。

首先,打开landuse.shp的属性表,增加"用地性质(文本型)"和"面积(浮点型)"两个字段来存储地块的用地性质和面积信息。

然后,点击"编辑器"工具条上的"编辑器(R)▼"下拉菜单,选择"开始编辑",使landuse.shp文件进入可编辑状态。这时,我们可以点击地块的用地性质输入相关属性信息(图4-39),输入完毕后点击"保存编辑内容",并选择"停止编辑"。

最后,点击选中属性表中的"面积"字段,右击鼠标弹出快捷菜单,点击"计算几何"按钮,弹出"计算几何"提示框,点击"是"按钮,弹出"计算几何"对话框,在"属性"栏中选择计算"面积",坐标系保持默认设置"使用数据源的坐标系","单位"栏中通过下拉列表选择"平方米",点击"确定"按钮,弹出"字段计算器"提示框,点击"是"按钮,面积被自动计算赋值在"面积"字段上。

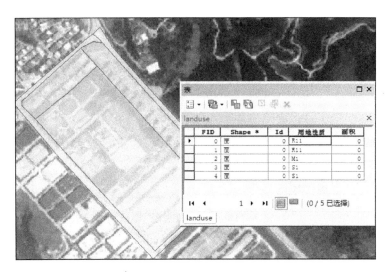

图 4-39 地块用地性质属性值的输入

➢ 步骤 4：土地利用图的制作与面积汇总统计。

在 ArcMap 布局视图窗口中，制作土地利用类型图，直到符合规范，满足要求为止。在实验 1 中已经介绍过 ArcMap 中专题地图的制作，这里不再赘述。此处仅就面积分类汇总统计加以说明。

首先，点击 landuse 属性表中"▤ ▾"表选项下拉菜单，点击选择"导出"，弹出"导出数据"对话框（图 4-40）。在"导出"栏中选择所有记录；在"输出表"中定义文件存放路径（shiyan04 文件夹下）和名称（土地分类统计.dbf）；点击"确定"按钮，导出属性数据表。

图 4-40 "导出数据"对话框

然后，用 Excel 打开"土地分类统计.dbf"文件，点击主菜单上的"插入"—"数据透视表"按钮（图 4-41），选择"数据透视表"，弹出"创建数据透视表"对话框，选择"用地性质"和"面积"两个字段作为数据透视表的数据区域，并点击选择"新工作表"，使生成的透视表放在新工作表中；点击"确定"按钮，进入"数据透视表"字段列表窗口（图 4-42），将"用地性质"字段拖放入"行标签"中，将"面积"字段拖放入"求和项:面积"中，在新工作表中自动完成按照用地性质进行面积汇总求和计算（图 4-42）。

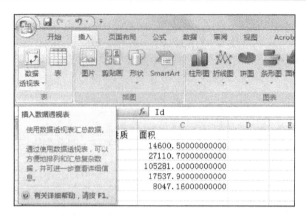

图 4-41 "数据透视表"按钮

图 4-42 "数据透视表"字段列表窗口与字段设置

4.4 地理数据库构建

为了便于数据的组织、存储与管理,可以创建一个属于上杭项目的地理数据库文件,并将获取和收集的上杭的地理数据移植到该地理数据库中。

建立地理数据库之前,应先进行地理数据库的设计。地理数据库设计是地理数据库构建的重要过程,应该根据项目的需要进行规划和不断调整。设计之前,需要考虑在数据库中存储什么数据、采用什么空间参考(坐标与投影系统)、如何组织对象类和子类、是否需要建立数据的修改规则、是否需要在不同类型对象间维护特殊的关系等。这些问题清楚了之后,就可以开始地理数据库的构建了。通常使用的方法是创建本地文件地理数据库,这里就以上杭本地地理数据库的构建为例来说明地理数据库的构建过程。

➤ 步骤 1:启动 ArcCatalog 10.1,并将 shiyan04 文件夹关联到目录树中。
➤ 步骤 2:创建新的地理数据库文件。

在 ArcCatalog 中可以构建两种地理数据库,本地地理数据库(个人地理数据库和文件地理数据库)和 ArcSDE 地理数据库(空间数据库连接)。本地数据库可以直接在 ArcCatalog 环境中创建,而 ArcSDE 地理数据库必须首先在网络服务器上安装数据库管理系统(DBMS)和 ArcSDE,然后才能建立从 ArcCatalog 到 ArcSDE 地理数据库的连接。这里只介绍本地数据库的构建过程,另外在实验 1 中已经介绍过个人地理数据库的构建和要素数据图层的导入,此处以创建一个新的文件地理数据库(File Geodatabase)为例加以说明。

在 ArcCatalog 界面中,点击主菜单上的"文件"—"新建"—"文件地理数据库"按钮,或者在目录树中,右键点击存放新地理数据库文件的文件夹,在快捷菜单中点击"新建"—"文件地理数据库"按钮,一个名称为"新建文件地理数据库.mdb"的个人地理数据库加载进入目录树中,且文件名称处于可修改状态,将文件名改为"上杭文件地理数据库"。这时,该数据库是不包含任何数据内容的空的地理数据库。

➢ 步骤 3:建立"上杭文件地理数据库"中的基本组成项。

地理数据库中的基本组成项包括要素数据集、要素类和对象类。当在数据库中创建了这些项目后,还可以创建一些子项目,例如子类、几何网络类和注释类。

首先,在"上杭文件地理数据库"中建立一个新的要素数据集。

具体步骤为:

① 鼠标右击"上杭文件地理数据库"文件,在弹出的快捷菜单中选择并点击"新建"—"要素数据集",弹出"新建要素数据集"对话框(图 4-43),并定义要素数据集的名称(上杭县域),点击"下一步"按钮,弹出"空间参考属性"对话框(图 4-44)。② 可以选择系统提供的某一坐标系统,也可以点击"导入"按钮,将已有要素的空间参考读进来,或者点击"新建"按钮,自己定义一个空间参考。本例中将 TM 遥感数据的坐标系统读进来。点击"下一步"按钮,弹出"选择 Z 坐标的坐标系"对话框,再点击"下一步",弹出"容差设置属性"对话框(图 4-45)。③ 使用默认设置,点击"完成"按钮,完成要素数据集的创建。

图 4-43 "新建要素数据集"对话框

图 4-44 "空间参考属性"对话框

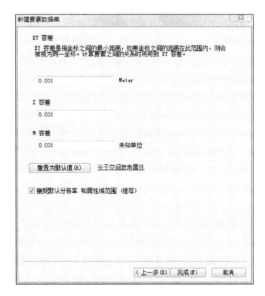

图 4-45 "容差设置属性"对话框

我们可以采用同样的过程创建一个名称为"上杭县城"的要素数据集。

然后,将已经收集的或数字化获取的要素类数据图层文件分类直接导入到"上杭文件地理数据库"中的"上杭县域"和"上杭县城"两个数据要素集中。

地理数据库中主要支持 Shapefile、Coverage、INFO 表和 dBASE 表、CAD、Raster 等类型,如果已经收集的数据不是上述数据格式,可以使用 ArcToolbox 中的转换工具进行数据格式的转换,然后再加载到地理数据库中。

要素数据图层导入地理数据库要素数据集的具体步骤为:

(1) 鼠标右击"上杭个人地理数据库"下的"上杭县域"要素数据集,在弹出的快捷菜单中选择并点击"导入"—"要素类(多个)"按钮〔也可导入单个要素图层,单击"要素类(单个)"〕,弹出"要素类至地理数据库(批量)"对话框(图 4-46)。

(2) 然后,查找到 shiyan04 文件下已有的需要导入的要素类数据图层文件(图 4-46),点击"确定"按钮,将它们都导入到"上杭文件地理数据库"下的"上杭县域"要素数据集中。

我们可以采用同样的过程将上杭县城的要素图层文件导入到"上杭文件地理数据库"下的"上杭县城"要素数据集中。

另外,还有一些数据是 IMG 或 GRID 格式的栅格数据,可以通过在"上杭文件地理数据库"下右键点击"新建"—"栅格数据集",弹出"创建栅格数据集"对话框(图4-47),来完成栅格数据集的构建;然后,同前面导入要素数据图层的过程,将栅格数据例如 shanghang.img 和 shanghangmosaic.img 等具有相同波段数的栅格数据导入到构建的栅格数据集中。

图 4-46 "要素类至地理数据库(批量)"对话框

图 4-47 "创建栅格数据集"对话框

对于城市与区域规划而言,我们构建地理数据库和数据集来存放和管理规划研究区的数据已经基本满足需要。当然,我们也可以通过进一步定义数据库来完善已经构建的数据库。例如,建立属性和空间索引,以提高对属性、空间要素的图像查询速度;创建关系类,以表征地理对象之间存在的各种关系,如宗地和业主之间的所属关系、供水系统中的水管和水管维修记录之间的关系等。

当我们将规划研究区的各类数据数字化、解译转换成 GIS 数据,并构建完成规划研究区的地理数据库时,我们规划分析研究之前的数据处理工作也已经基本完成。该过程通常时间长、任务重,且数据质量直接关乎最后的分析结果质量,因此,需要认真对待,并把握任务时间要求和数据精度之间的最佳切合点。

4.5 实验总结

通过本实验掌握使用 GIS 与 RS 技术获取规划研究区基础地理数据和构建规划研究区数据库的主要过程与基本操作,为后面的实验提供数据分析的基础和支撑。

具体内容见表 4-2。

表 4-2 本次实验主要内容一览

主要内容	具体内容	页码
地图数据的配准	(1) 影像图的配准	P199
	(2) CAD 图的配准	P204
	(3) 扫描图件的配准	P212
地图数据的数字化	(1) 要素分层数字化	P214
	(2) 区域整体数字化	P219
地理数据库构建	创建新的地理数据库文件	P222

实验 5　遥感数据解译

5.1　实验目的与实验准备

5.1.1　实验目的

在遥感数据日益成为城市与区域规划主要数据源的背景下，遥感数据的解译与处理已经成为城市与区域规划中获取规划研究区空间信息的重要技术手段。通过本实验了解和掌握城市与区域规划中常用遥感数据(TM/ETM 数据)解译的基本原理与基本操作步骤，为后续实验的学习奠定基础。本实验具体内容见表 5-1。

表 5-1　本次实验主要内容一览

主要内容	具体内容
TM/ETM 数据的增强处理	(1) TM 图像空间增强处理
	(2) TM 图像辐射增强处理
	(3) TM 图像光谱增强处理
TM/ETM 数据的解译	(1) 非监督分类
	(2) 监督分类

5.1.2　实验准备

(1) 计算机已经预装了 ArcGIS 10.1 中文桌面版、ERDAS 9.2 或更高版本的软件。

(2) 本实验以上杭县作为规划研究区，请将实验数据存放在 D:\data\shiyan05 目录下。

5.2　TM/ETM 数据的增强处理

在遥感数据日益成为城市与区域规划主要数据源的背景下，遥感数据的解译与处理已经成为城市与区域规划中获取规划研究区信息的重要技术手段。本例以上杭县 TM 数据解译获取县域土地利用现状图为例来说明遥感数据的处理过程。从数据精度要求的角度来讲，上杭县域使用 SPOT 数据(全色 5 m，多光谱 10 m)会更好。我们在湖南省"3+5"城市群规划、湖北省城镇化发展战略规划、青海省东部城市群城镇体系规划、昆明城市区域发展战略规划、冀中南空间发展战略规划等区域规划中均使用的是 TM/ETM 遥感数据，能够满足规划研究区的数据精度要求。

在实验 3 第 3 节中，我们已经介绍了 TM/ETM 遥感数据的获取与预处理(波段融合、拼接、裁剪等)。在遥感数据解译之前，我们还需要进行数据的精校正和图像增强等数据处理工作，这时可以使用研究区大比例尺的地形图对 TM/ETM 遥感数据进行精校正,并控制RMS误差在半个像元内。由于从网站上获取的数据是经过大气辐射校正、空间校正后的产品,所以本例仅就图像增强的方法以及模块的功能等加以说明。

> 步骤1:打开ERDAS,启动Interpreter模块。

利用ERDAS进行图像增强,主要采用ERDAS的Interpreter(图像解译器)模块,该模块包含了50多个用于遥感图像处理的功能模块,这些功能模块在执行过程中都需要通过各种按键或对话框定义参数。

打开ERDAS,点击Interpreter图标,启动"Image Interpreter"模块(图5-1)。该模块包含了9个方面的功能:"Spatial Enhancement"(空间增强)、"Radiometric Enhancement"(辐射增强)、"Spectral Enhancement"(光谱增强)、"Basic HyperSpectral Tools"(基础高光谱工具)、"Advanced HyperSpectral Tools"(高阶高光谱工具)、"Fourier Analysis"(傅立叶变换)、"Topographic Analysis"(地形分析)、"GIS Analysis"(地理信息系统分析)以及"Utilities"(其他实用功能)。每一项功能菜单中又包含若干具体的遥感图像处理功能。

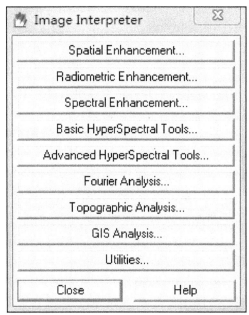

图5-1 "Image Interpreter"(图像解译器)功能模块菜单

> 步骤2:进行TM图像空间增强(Spatial Enhancement)处理。

空间增强技术是利用像元自身及其周围像元的灰度值进行运算,达到增强整个图像的目的。

首先,点击"Image Interpreter"窗口中的"Spatial Enhancement"图标,启动"Spatial Enhancement"功能菜单(图5-2)。空间增强处理功能菜单有"Convolution"(卷积增强)、"Non-directional Edge"(非定向边缘增强)、"Focal Analysis"(聚集分析)、"Texture"(纹理分析)、"Adaptive Filter"(自适应滤波)、"Resolution Merge"(分辨率融合)、"Crisp"(锐化处理)等12项。

Convolution(卷积增强):用一个系数矩阵对图像进行分块平均处理,可以改变图像的空

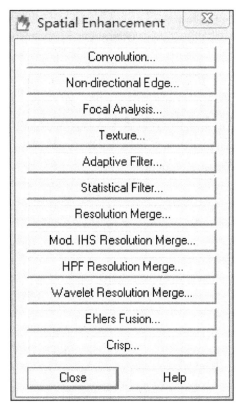

图5-2 "Spatial Enhancement"(空间增强)功能菜单

间频率特征。其处理的关键是卷积算子即系数矩阵的选择。ERDAS将常用的卷积算子放在default.klb的文件中,分为3×3、5×5、7×7三组,每组又包括Edge Detect/Edge Enhance/Low Pass/Highpass/Horizontal/Vertical/ Summary等7种不同的处理方式。

Non-directional Edge(非定向边缘增强):应用Sobel滤波器或Prewitt滤波器,通过两个正交算子(水平算子和垂直算子)分别对遥感图像进行边缘检测,然后将两个结果进行平均化处理。

Focal Analysis(聚集分析):采用类似卷积滤波的方法对像元属性值进行多种分析,基本算法是在所选择的窗口范围内,根据所定义的函数,应用窗口范围内的像元值计算窗口中心像元的值,从而达到增强图像的目的。

Texture(纹理分析):通过在一定的窗口内进行二次变异分析或三次非对称分析,使雷达图像或其他图像的纹理结果得到增强。

Adaptive Filter(自适应滤波):应用Wallis Adaptive Filter对图像的感兴趣区域进行对比度拉伸处理。

Resolution Merge(分辨率融合):对不同空间分辨率的遥感图像进行融合处理,使得融合后的图像既具有较高的空间分辨率,又具有多光谱特征。例如可以将TM30m和SPOT10m的影像进行融合。

Crisp(锐化处理):通过对图像进行卷积滤波处理,使整景图像的亮度得到增强而不使其专题内容发生变化。分为两种方法:其一是根据我们定义的矩阵直接对图像进行卷积处理(空间模型为Crisp-greyscale. gmd);其二是首先对图像进行主成分变换,并对第一主成分进行卷积滤波,然后再进行主成分逆变换(空间模型为Crisp-Minmax. gmd)。

本例中选用锐化增强处理方法。

然后,在"Spatial Enhancement"(空间增强)功能菜单中,点击"Crisp"工具按钮,打开"Crisp"对话框(图5-3)。在"Input File"(输入文件)中输入shanghang.img;在"Output File"(输出文件)中定义输出路径(shiyan05文件夹下)和文件名称(crisp.img);点击窗口下方的"View"按钮可以打开Model Maker视窗,可浏览Crisp功能的空间模型;点击选择"Ignore Zero in Stats"(忽略0值)。

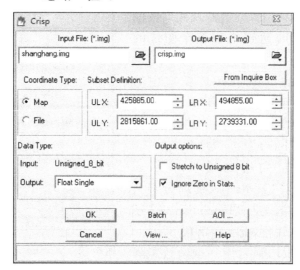

图5-3 "Crisp"对话框

最后,点击"OK"按钮,关闭"Crisp"对话框,执行锐化增强处理命令。经过 Crisp 处理后的影像数据的亮度、对比度发生了变化,但变化不大(图 5-4)。

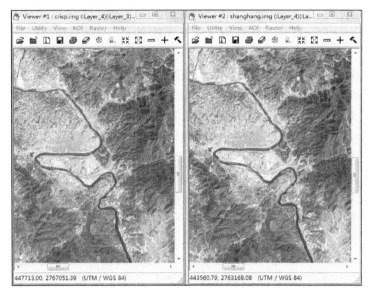

图 5-4 锐化增强处理前后对比

➢ 步骤 3:进行 TM 图像辐射增强(Radiometric Enhancement)处理。

辐射增强是通过直接改变图像中像元的灰度值来改变图像的对比度,从而改善图像质量的图像增强方法。

首先,点击"Image Interpreter"中的"Radiometric Enhancement"图标,启动"Radiometric Enhancement"(辐射增强)功能菜单(图 5-5)。该菜单主要有"LUT Stretch"(查找表拉伸)、"Histogram Equalization"(直方图均衡化)、"Histogram Match"(直方图匹配)、"Brightness Inversion"(亮度反转)、"Haze Reduction"(雾霾去除)、"Noise Reduction"(降噪处理)、"Destripe TM Data"(去条带处理)7 项。

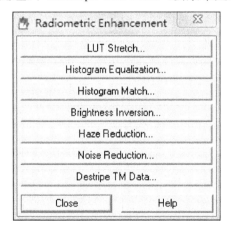

图 5-5 "Radiometric Enhancement"(辐射增强处理)功能菜单

LUT Stretch(查找表拉伸):遥感图像对比度拉伸的总合,通过修改图像查找表 Lookup Table 使输出图像值发生变化。根据我们对查找表的定义,可以实现线性拉伸、分段线性拉伸、非线性拉伸等处理。菜单中的查找表拉伸功能是由空间模块 LUT_stretch.gmd 支持运行的,我们可根据自己的需要,在"LUT Stretch"对话框中点击"View"按钮进入模型生成器视窗,双击查找表进入编辑状态来修改查找表。

Histogram Equalization(直方图均衡化):对图像进行非线性拉伸,重新分配图像像元值,使一定灰度范围内像元的数目大致相等,原来直方图中间的峰顶部分对比度得到增强,而两侧的谷底部分对比度降低,输出图像的直方图是一较平的分段直方图。

Histogram Match(直方图匹配):对图像查找表进行数学变换,使一幅图像的直方图与另一幅图像类似。直方图匹配经常作为相邻图像拼接或应用多时相遥感图像进行动态变化研究的预处理工具,通过直方图匹配可以部分消除由于太阳高度角或大气影响造成的相邻图像的效果差异。

Brightness Inversion(亮度反转):对图像亮度范围进行线性或非线性取反,产生一幅与输入图像亮度相反的图像。包含两个反转算法:其一是条件反转"Inverse",强调输入图像中亮度较暗的部分;其二是简单反转"Reverse",简单取反。

Haze Reduction(雾霾去除):降低多波段图像(Landsat TM)或全色图像的模糊度,对于 Landsat TM 图像,该方法实质上是基于缨帽变换法,首先对图像做主成分变换,找出与模糊度相关的成分并剔除,然后再进行主成分逆变换回到 RGB 彩色空间。对于全色图像,该方法采用点扩展卷积反转(Inverse Point Spread Convolution)进行处理,并根据情况选择 3×3 或 5×5 的卷积分别用于高频模糊度或低频模糊度的去除。

Noise Reduction(降噪处理):利用自适应滤波方法去除图像中的噪声,该方法沿着边缘或平坦区域去除噪声的同时,可以很好地保持图像中一些微小的细节。

Destripe TM Data(去条带处理):针对 TM 图像的扫描特点对其原始数据进行 3 次卷积处理,以达到去除扫描条带的目的。操作中边缘处理方法需要选定:反射(Reflection)是应用图像边缘灰度值的镜面反射值作为图像边缘以外的像元值,这样可以避免出现晕轮(Halo);而填充(Fill)则是统一将图像边缘以外的像元以 0 值填充,呈黑色背景。

本例中选用直方图均衡化增强方法。

然后,在"Radiometric Enhancement"(辐射增强)功能菜单中,点击"Histogram Equalization"(直方图均衡化)工具按钮,打开"Histogram Equalization"对话框(图5-6)。在"Input File"(输入文件)中输入 shanghang.img;在"Output File"(输出文件)中定义输出路径(shiyan05 文件夹下)和文件名称(histogram.img);点击选择"Ignore Zero in Stats"(忽略 0 值)。

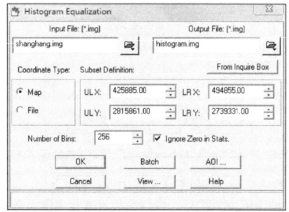

图 5-6 "Histogram Equalization"(直方图均衡化处理)对话框

最后,点击"OK"按钮,关闭"Histogram Equalization"对话框,执行直方图均衡化命令。处理后的影像数据的亮度、对比度发生了较大变化(图5-7)。

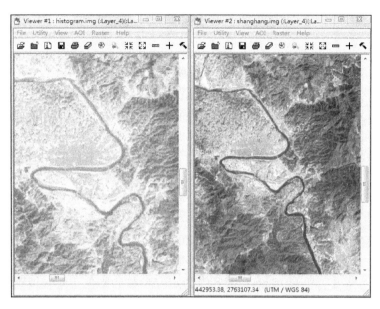

图 5-7 直方图均衡化前后的影像数据对比

➢ 步骤4:进行 TM 图像光谱增强(Spectral Enhancement)处理。

光谱增强是基于多波段数据对每个像元的灰度值进行变换,达到图像增强的目的。

首先,点击"Image Interpreter"窗口中的"Spectral Enhancement"图标,启动"Spectral Enhancement"(光谱增强)功能菜单(图5-8)。该菜单主要包括"Principal Components"(主成分变换)、"Inverse Principal Components"(主成分逆变换)、"Decorrelation Stretch"(去相关拉伸)、"Tasseled Cap"(缨帽变换)、"RGB to IHS"(彩色变换)、"IHS to RGB"(彩色逆变换)、"Indices"(指数运算)、"Natural Color"(自然色彩变换)等功能。

ERDAS 提供的 Principal Components(主成分变换)功能最多可以对含有 256 个波段的图像进行转换压缩。Inverse Principal

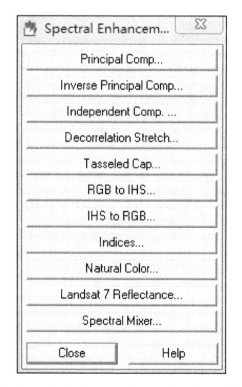

图 5-8 "Spectral Enhancement"(图像光谱增强)功能菜单

Components(主成分逆变换):将经主成分变换获得的图像重新恢复到 RGB 彩色空间,应用时输入的图像必须是由主成分变换获得的图像,而且必须有当时的特征矩阵参与变换。

Decorrelation Stretch(去相关拉伸):对图像的主成分进行对比度拉伸处理,达到图像增强的目的。

Tasseled Cap(缨帽变换):针对植物学家所关心的植被图像特征,在植被研究中将原始图像数据结构轴进行旋转,优化图像数据显示效果。基本思想是:多波段(N 个波段)图像可以看作是 N 维空间,每个像元都是 N 维空间中的一个点,其位置取决于像元在各个波段上的灰度值。研究表明,植被信息可以通过 3 个数据轴(亮度、绿度、湿度)来确定,而这 3 个轴的信息可以通过简单的线性计算和数据空间旋转获得;同时,这种旋转与传感器有关。

RGB to IHS(彩色变换):将遥感图像从 RGB(红绿蓝)组成的彩色空间转换到以亮度 I、色调 H、饱和度 S 作为定位参数的彩色空间,以便使图像的颜色与人眼看到的更为接近。其中,亮度表示整个图像的明亮程度,取值范围是 0~1;色调代表像元的颜色,取值范围是 0~360;饱和度代表颜色的纯度,取值范围是 0~1。IHS to RGB(彩色逆变换)是将遥感图像以亮度 I、色调 H、饱和度 S 作为定位参数的彩色空间转换到 RGB(红绿蓝)组成的彩色空间。

Indices(指数运算):应用一定的数学方法,将遥感图像中不同波段的灰度值进行各种组合运算,计算反映矿物及植被的常用比率和指数。ERDAS 集成的指数主要有:①比值植被指数 IR/R(Infrared/Red);②平方根植被指数 SQRT(IR/R);③差值植被指数 IR−R;④归一化差值植被指数;⑤NDVI 等多种。

Natural Color(自然色彩变换):模拟自然色彩对多波段数据进行变换,输出自然色彩图像。

本例以城市与区域规划中经常使用的植被指数 NDVI 的计算为例来加以演示说明。

然后,在"Spectral Enhancement"(光谱增强)功能菜单中,点击"Indices"(指数运算)工具按钮,弹出"Indices"对话框(图 5-9)。在"Input File"(输入文件)中输入 shanghang.img;在"Output File"(输出文件)中定义输出路径(shiyan05 文件夹下)和文件名称(indicendvi.img);在"Select Function"中选择"NDVI"。

最后,点击"OK"按钮,关闭 Indices 对话框,执行指数计算命令,得到 NDVI 植被指数(图 5-10)。

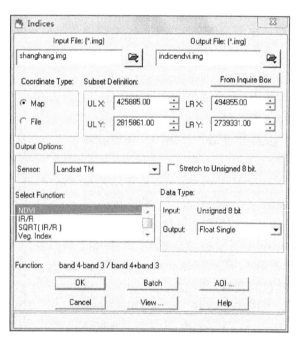

图 5-9 "Indices"对话框

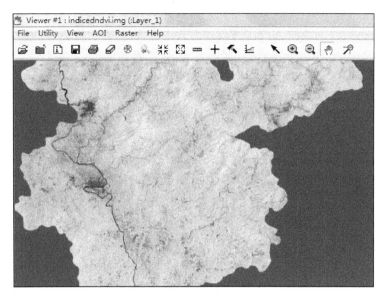

图 5-10　上杭县县域 NDVI 植被指数分布图

当遥感数字图像存在目视效果较差、对比度不够、图像模糊、边缘部分或现状地物不够突出,以及波段多、数据量大、各波段的信息量存在相关性、数据冗余大等问题时,图像空间增强是非常必要的。图像增强的目的就是要改变图像的灰度等级,提高图像对比度;或消除边缘和噪声,平滑图像;或突出边缘或线状地物,锐化图像;或压缩图像数据量,突出主要信息。

本例中的上杭县域 TM 遥感影像数据质量较好、地物清晰,已经经过初期的校正和图像处理,所以可以不用再进行相关增强处理。但是,如果遥感数据的成像质量一般,且多景数据的成像日期不一致,光谱特征不明显时,需要首先进行每景图像的增强处理,以使图像的亮度、对比度等提高,以及多景图像差异变小等。

5.3　TM/ETM 数据的解译

TM/ETM 数据的解译通常可分为目视解译和计算机解译(包括监督分类和非监督分类)。目视解译就是通过专业人员的判读进行数字化解译,这种方式耗时,但对于专业人员来说精度一般较好。通过 ERDAS 软件进行计算机解译,有两种方式,一种是非监督分类方法,就是计算机根据影像的特征值进行的自动解译分类,是指人们事先对分类过程不施加任何的先验知识,仅凭据遥感影像地物的光谱特征的分布规律,随其自然地进行分类;一种是监督分类方法,是我们首先设定地类的模板,然后计算机软件再根据模板进行解译分类,监督分类是以建立统计识别函数为理论基础,依据典型样本训练方法进行分类的技术,即根据已知样本,求出特征参数作为决策规则,以建立判别准则,再由计算机实现图像分类。

遥感图像分类的主要依据是地物的光谱特征,即地物电磁波辐射的多波段测量值,由于同物异谱和同谱异物现象的普遍存在,原始亮度值并不能很好地表达类别特征,需要对数字图像进行运算处理,以寻找能有效描述地物类别特征的模式变量,然后利用这些特征变量对数字图像进行分类。分类是对图像上每个像素按照亮度接近程度给出对应类别,以达到大致区分遥感图像中多种地物的目的。遥感图像计算机分类的依据是遥感图像像素的相似度。相似度是两类模式之间的相似程度,在遥感图像分类过程中,常使用距离和相关系数来衡量相似度。

计算机分类实现的思想基础:"同类地物具有相同(似)的光谱特征,不同地物的光谱特征具有明显的差别",但由于影响地物光谱特征的因素很多,所以影像的判读分类都是建立在统计分析的基础上的;同类地物的图像灰度概率在单波段(一维空间)符合正态分布规律;多维图像(即多波段)中的一个像元值(灰度)向量,在几何上相当于多维空间中的一个点,而同类地物的像元值,既不集中于一点,也绝非是杂乱无章的分布,而是相对地聚集在一起,形成一个点群(一个点群就是地物的一种类别),一般情况下,点群的边界不是截然分开的,而是有少部分重叠和交错的情况。

因此,监督分类是从研究区域选取有代表性的训练场地作为样本,根据已知训练区提供的样本,通过选择特征参数(如像素亮度均值、方差等),建立判别函数,据此对数字图像待分像元进行分类,依据样本类别的特征来识别非样本像元的归属类别。监督分类的主要方法有:最小距离分类、最大似然比分类、线性判别分类、平行管道分类等。

而非监督分类是在没有先验类别(训练场地)作为样本的条件下,即事先不知道类别特征,主要根据像元间相似度的大小进行归类合并(将相似度大的像元归为一类)的方法。主要采用聚类分析的方法进行图像分类,过程为:确定最初类别数和类别中心;计算每个像元对应的特征矢量与各聚类中心的距离;选与其中心距离最近的类别作为这一矢量(像元)的所属类别;计算新的类别均值向量;比较新的类别均值与原中心位置的变化,形成新的聚类中心;重复上述步骤反复迭代;如聚类中心不再变化,停止计算。常用的距离判别函数:欧氏距离、绝对值距离、明考斯基距离(欧氏距离和绝对距离的统一)、马氏(Mahalanobis)距离(考虑了特征参数间的相关性)。

5.3.1 非监督分类

非监督分类运用 ISODATA(Iterative Self-Organizing Data Analysis Technique A)算法,完全按照像元的光谱特性进行统计分类,常常用于对分类区没有什么了解的情况。使用该方法时,原始图像的所有波段都参与分类运算,分类结果往往是各类像元数大体等比例。由于人为干预较少,非监督分类过程的自动化程度较高。

非监督分类的大致步骤为:初始分类、专题判别、分类合并、色彩确定、分类后处理、色彩重定义、栅格矢量转换、统计分析。

ERDAS 中的 ISODATA 算法是基于最小光谱距离来进行的非监督分类,聚类过程始于任意聚类平均值或一个已有分类模板的平均值(初始类别中心);聚类每重复一次,聚类的平均值就更新一次,新聚类的均值再用于下次聚类循环。这个过程不断重复,直到最大的循环次数已达到设定阈值或者两次聚类结果相比有达到要求百分比的像元类别已经不再发生变化。ISODATA 算法的优点是人为干预少,不用考虑初始类别中心,只要迭代时间足够,分类的成功率很高,常用于监督分类前符号模板的生成;缺点是时间耗费较长,且没有考虑像元之间的同谱异物现象。

> 步骤1：打开分类（Classification）模块。

在 ERDAS 图标面板工具条中点击"Classification"图标，打开 Classification 功能菜单。

> 步骤2：打开非监督分类（Unsupervised Classification）工具进行分类。

首先，在 Classification 功能菜单中点击"Unsupervised Classification"按钮，弹出"Unsupervised Classification (Isodata)"对话框（图5-11）。

其次，在"Input Raster File"（输入栅格文件）中输入 shanghang.img；在"输出文件"中定义输出文件路径（shiyan05 文件夹下）和文件名称（unsupervisedclass.img）；在"Output Signature Set（生成分类模板文件）"中定义产生一个名称为 unsupervisedclass.sig 的模板文件。

再次，在 Clustering Options（聚类选项）中，点击选择"Initialize from Statistics"单选框（"Initialize from Statistics"指由图像文件整体或 AOI 的统计值产生自由聚类，分出类别的数目由我们自己决定；而"Use Signature Means"是基于选定的模板文件进行非监督分类，类别的数目由

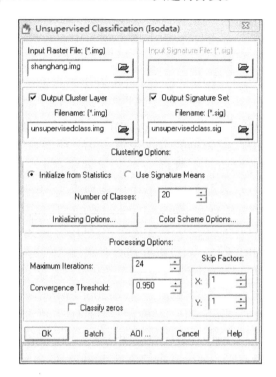

图5-11 "Unsupervised Classification(Isodata)"对话框

模板文件决定）；点击"Initializing Options"按钮可以调出"File Statistics Options"对话框以设置 ISODATA 的一些统计参数；点击"Color Scheme Options"按钮可以调出"Output Color Scheme Options"对话框以决定输出的分类图像是彩色的还是黑白的。本例中这两个设置项使用缺省值。

在"Number of Classes"（初始分类类别数）中定义为20（通常取最终分类数的2倍以上，估计规划研究区的分类数在6～8类，因而设置为20）；在"Maximum Iterations"（最大循环次数）中设置为24（最大循环次数是指重新聚类的最多次数，是为了避免程序运行时间太长或由于没有达到聚类标准而导致的死循环，一般取6次以上）；在"Convergence Threshold"（设置循环收敛阈值）中设置为0.950（设置循环收敛阈值指两次分类结果相比保持不变的像元占所有像元的百分比，此值同样可以避免 ISODATA 无限循环下去）。

最后，点击"OK"按钮，关闭"Unsupervised Classification"对话框，执行非监督分类命令。

> 步骤3：调整分类图像的属性。

在获得一个初步分类结果以后，可以应用分类叠加（Classification overlay）方法来评价检查分类精度。

首先,在同一个视窗中打开 shanghang. img 和 unsupervisedclass. img 两个文件,即在同一视窗中同时显示原图像与非监督分类图像。

具体操作步骤为:① 在视窗中打开 shanghang. img,默认波段组合为 432 假彩色;② 点击视窗菜单中的“Raster”—“Band Combinations”,弹出“Set Layer Combinations for ”对话框,将组合方式改为红(5)、绿(4)、蓝(3),以便于地物对比;③ 点击视窗菜单中的“File”—“Open”—“Multi Layer Arrangement”,弹出“Open Multi Layer”对话框,查找到文件 unsupervisedclass. img 后,点击“OK”按钮,该文件与 shanghang. img 文件在同一个视窗中打开(shanghang. img 在下层,unsupervisedclass. img 在上层)。

然后,打开分类图像属性并调整字段显示顺序。

具体操作步骤为:① 在视窗工具条中,点击“ ”(栅格工具)面板图标,弹出 Raster 工具面板,或者选择 Raster 菜单项,在下拉菜单中选择“Tools”菜单,打开工具面板。② 点击 Raster 工具面板上的属性表图标,打开“Raster Attribute Editor”对话框(图 5 - 12),或者在视窗菜单条中选择点击“Rster”—“Attributes”,打开“Raster Attribute Editor”对话框(unsupervisedclass. img 的属性表)。用户可以看到属性表中的 21 个记录分别对应产生的 20 个类以及 1 个 Unclassified 类(通常是 0 值的 1 个类),每个记录都有一系列的字段。如果想看到所有字段,需要用鼠标拖动浏览条,为了方便看到关心的重要字段,需要调整窗口大小或者改变字段显示顺序。③ 在“Raster Attribute Editor”对话框菜单条中,点击“Edit”—“Column Properties”,弹出“Column Properties”对话框(图 5 - 13),在 Columns 中选择要调整显示顺序的字段,通过 Up、Down、Top、Bottom 等几个按钮调整其合适的位置,通过选择“Display Width”调整其显示宽度,通过“Alignment”调整其对齐方式。如果点击勾选“Editable”复选框,则可以在“Title”中修改各个字段的名字及其他内容。本例中只将 Class_Names 字段调整在最上端,在属性表最前面一列中显示。最后点击“OK”按钮,返回“Raster Attribute Editor”对话框。

Row	Histogram	Color	Red	Green	Blue	Opacity	Class Names
0	2710040		0	0	0	0	Unclassified
1	22976		0.05	0.05	0.05	1	Class 1
2	154935		0.1	0.1	0.1	1	Class 2
3	15779		0.15	0.15	0.15	1	Class 3
4	72678		0.2	0.2	0.2	1	Class 4
5	166183		0.25	0.25	0.25	1	Class 5
6	224834		0.3	0.3	0.3	1	Class 6
7	255834		0.35	0.35	0.35	1	Class 7
8	198714		0.4	0.4	0.4	1	Class 8
9	306585		0.45	0.45	0.45	1	Class 9
10	247162		0.5	0.5	0.5	1	Class 10
11	274166		0.55	0.55	0.55	1	Class 11
12	281689		0.6	0.6	0.6	1	Class 12
13	187290		0.65	0.65	0.65	1	Class 13
14	224829		0.7	0.7	0.7	1	Class 14
15	124416		0.75	0.75	0.75	1	Class 15
16	171568		0.8	0.8	0.8	1	Class 16
17	97513		0.85	0.85	0.85	1	Class 17
18	84751		0.9	0.9	0.9	1	Class 18
19	39369		0.95	0.95	0.95	1	Class 19
20	8289		1	1	1	1	Class 20

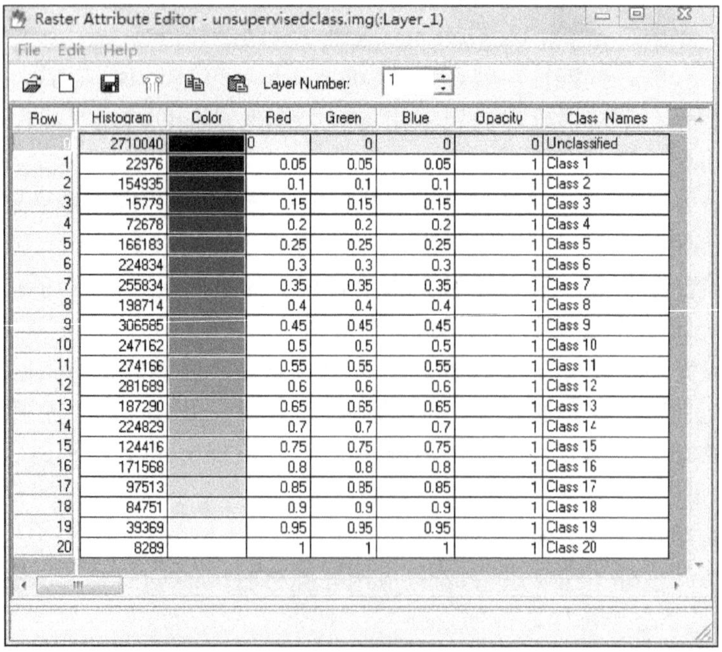

图 5 - 12　“Raster Attribute Editor”对话框

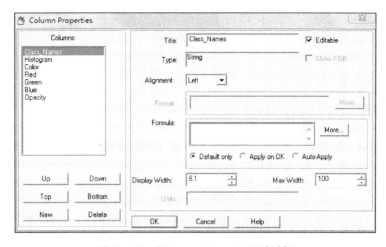

图 5-13 "Column Properties"对话框

最后,调整每一个类别的颜色。由于前面进行非监督分类时,选择的是默认值,生成的分类图是灰度图,如果需要将其改为彩色,则需要对每一类进行颜色设置。

具体操作步骤为:

(1) 在"Raster Attribute Editor"对话框中,点击"Row"字段下的一个类别,该类别被选中而高亮显示。

(2) 鼠标右键点击该类别在"Color"字段下方的颜色显示区,弹出颜色选择对话框,在对话框中点击选择一种颜色,该类别的显示颜色被改变;重复以上步骤直到给需要更改颜色的类别都赋予合适的颜色为止。

> 步骤 4:确定类别的专题意义和评价检查分类精度。

首先,在"Raster Attribute Editor"对话框中,设置 Class 1 的"Opacity"(不透明程度)为 1,即不透明,而将其他类别的"Opacity"设为 0,即改为透明。此时,在视窗中只有要分析类别的颜色显示在原图像 shanghang.img 的上面,其他类别都是透明的。

通过叠置的初步判读,可以判定 Class 1 为水域。

然后,点击视窗中菜单条上的"Utility"—"Flicker",弹出"Viewer Flicker"对话框(图 5-14)。

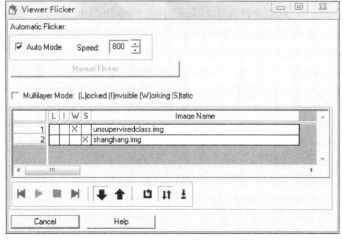

图 5-14 "Viewer Flicker"对话框

点击勾选"Auto Mode"功能,使得分类图像在原图像背景上自动闪烁,并将"Speed"调整为800(视个人情况确定闪烁的时间间隔),观察它与背景图像之间的关系,从而判定该类别的专题意义,并分析其分类准确与否。通过判读,可以判定 Class 1 为水域,且精度较高。

最后,在"Raster Attribute Editor"对话框中,点击"Class Names"字段下的 Class 1,使其进入可编辑状态,在该类别的名称改为"水域1",并将 Class 1 的显示颜色改为蓝色(图5-15)。

重复以上步骤,直到对所有 20 个类别都进行了专题意义的判读分析与类别名称以及颜色的修改处理,最后将所有类别设为不透明,在视窗中可以看到解译的结果图(图5-16)。

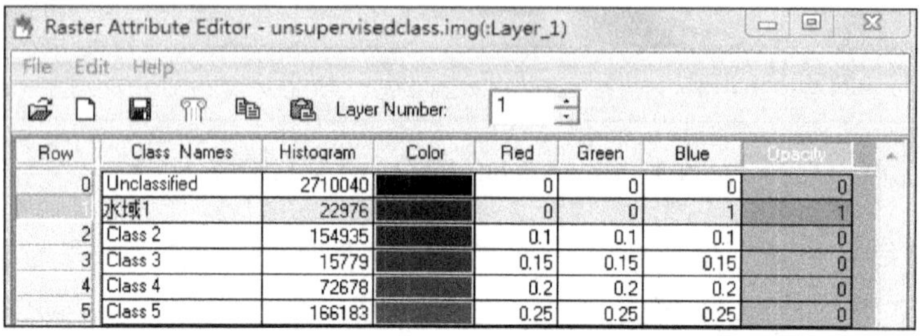

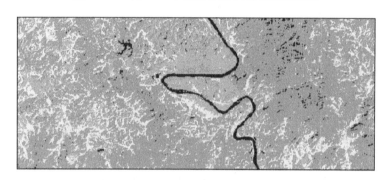

图5-15 将 Class 1 改为水域1,并设置为蓝色

图5-16 非监督分类类别判读完成后的解译结果

➤ 步骤5:数据重编码。

由于非监督分类一般要定义比最终分类多一定数量的类别数,在完全按照像元灰度值通过 ISODATA 聚类获得分类方案,并通过将专题分类图像与原始图像对照,判断每个分类的专题属性,然后需要对相近或类似的分类通过图像重编码进行合并,并定义新的类别名称和颜色。

具体操作过程如下:

(1) 在 ERDAS 中,点击"Interpreter"图标,启动"Image Interpreter"模块,点击"GIS Analysis",弹出"GIS Analysis"菜单,再点击菜单中的"Recode"按钮,弹出"Recode"对话框(图5-17)。

(2) 在"Recode"对话框中,"Input File"(输入文件)设置为 unsupervisedclass.img;在"Output File"(输出文件)

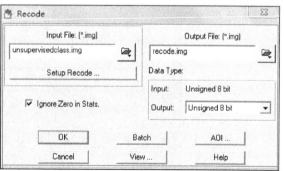

图5-17 "Recode"对话框

中定义输出文件路径(shiyan05 文件夹下)和文件名称(recode.img);点击"Setup Recode"按钮,打开"Thematic Recode"表格(图 5-18),根据需要改变"New Value"字段的取值(直接输入),设置新的类别编码,例如将所有的建设用地赋值为 1,林地赋值为 2,农田赋值为 3,水域赋值为 4,其他赋值为 5;点击"OK"按钮,关闭"Thematic Recode"表格,返回"Recode"对话框;在"Recode"对话框中确定输出数据类型为 Unsigned 8 bit,并点选"Ignore Zero in Stats"(忽略 0 值)。

(3) 在"Recode"对话框中点击"OK"按钮,关闭 Recode 对话框,执行重编码处理命令,得到 recode.img 文件,打开属性表调整类型颜色(图 5-19)。

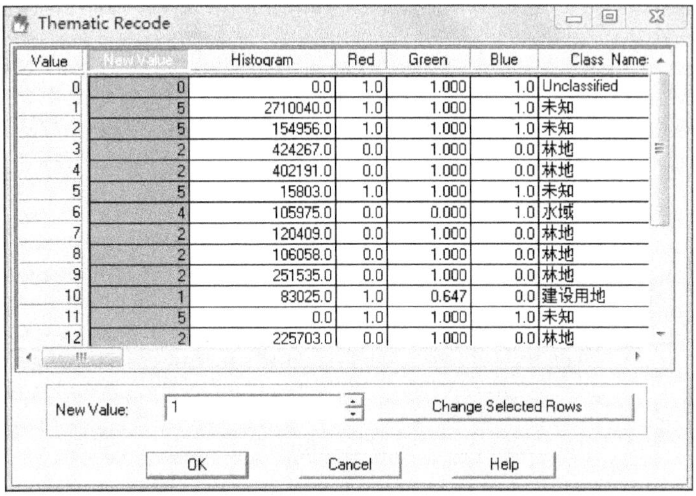

图 5-18　"Thematic Recode"表格中"New Value"字段值输入

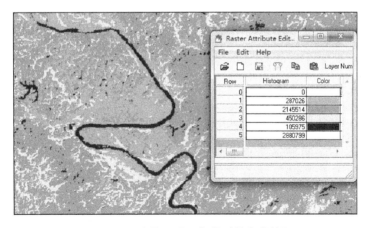

图 5-19　重编码后 5 个类别的分类结果

由于上杭县地处山地丘陵地带,道路标准与等级较低,道路用地在 TM 影像中不够清晰,多为混合像元,很难单独判读。我们可以使用高分辨影像图进行数字化来获取县域的道路图。

5.3.2　监督分类

监督分类比非监督分类更多地要求用户来控制,常用于对研究区域比较了解的情况。在监督分类过程中,首先选择可以识别或者借助其他信息可以判定其类型的像元建立模板,然后基于该模板使计算机系统自动识别具有相同特性的像元。对分类结果进行评价后再对模板进行修改,多次反复后建立一个比较准确的模板,并在此基础上进行分类和分类后的处理。

> **步骤1:定义分类模板。**

ERDAS IMAGINE 的监督分类是基于分类模板来进行的,而分类模板的生成、评价、管理和编辑等功能是由分类模板编辑器来负责的。

定义分类模板的主要操作如下:

(1) 在视窗中加载需要进行分类的图像 shanghang.img 文件,并调整显示的波段组合为 543。

(2) 打开 Signature Editor(模板编辑器)并调整显示字段。

首先,在 ERDAS 图标面板工具条中点击"Classification"图标,打开"Classification"菜单,在"Classification"菜单中点击"Signature Editor"菜单项,打开"Signature Editor"(模板编辑器)对话框(图 5-20)。

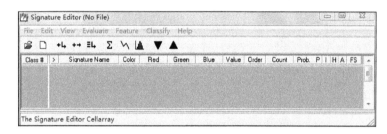

图 5-20 "Signature Editor"(模板编辑器)对话框

在该对话框有很多字段,有些字段对分类的意义不大,所以需要进行调整使不太需要的字段暂不显示。点击"Signature Editor"对话框菜单条中的"View"—"Columns",打开"View Signature Columns"对话框(图 5-21),按住左键不放,从"Column"字段下的数字 1 向下拖拉直到最后的数字 14 后松开鼠标(此时,所有字段都被选上,并用黄色缺省色高亮标示出来),然后在按住 Shift 键的同时分别点击 Red、Green、Blue 3 个字段(这 3 个字段将从选择中被集中清除),点击"Apply"按钮,再点击"Close"按钮,关闭"View Signature Columns"对话框。

(3) 使用 AOI 绘图工具获取分类模板信息。

首先,在视窗的菜单项中点击

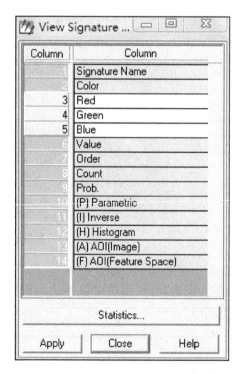

图 5-21 "View Signature Columns"对话框

"AOI"—"Tools",打开 AOI 工具面板,或者直接点击工具条中的"✎"(栅格工具)图标,打开"Raster"(栅格)工具面板。然后,点击工具面板中的"⌒"(任意多边形)图标,在视图窗口中选择一片林地区域,绘制一个多边形 AOI(图 5 - 22)。最后,切换到"Signature Editor"对话框,点击"+⌐"(创建新分类模板)图标,将刚才绘制的多边形 AOI 加载到 Signature 分类模板中(图 5 - 22),并修改模板的"Signature Name"和"Color"分别为林地 1 和 Green。

重复上述操作过程选择构建多个林地区域 AOI,并将其作为新的分类模板加入"Signature Editor"中,同时修改模板的名称和颜色。

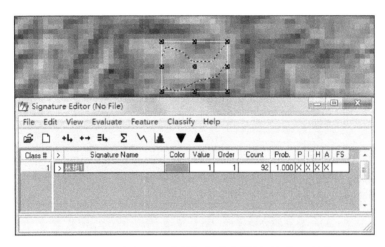

图 5 - 22 林地 AOI 绘制与新分类模板(林地 1)创建

定义模板原则:①必须在分类之前就知道研究区域的森林类型、覆盖范围以及图像的叠合现象,以保证输出分类的连续性;②当创建训练区时,对于每一个类别都有一些子类,每个子类选择的 AOI 区域应该不少于 5 个,并且每个 AOI 区域内像素的颜色类型尽量保持一致,跳跃不能很大,即不要出现杂色。例如,林地在山坡阳面和阴面呈现的色调差异较大,应分别在不同的区域多选一些模板。

我们分别提取林地、建设用地、水域、农田用地类型的分类模板,为了简便演示,每一类别选择 5~10 个子类来定义模板(图 5 - 23)。最后的模板保存为 supervisedclass.sig 文件。

如果对同一个专题类型(如林地、水域、建设用地等)采集了多个 AOI 并分别生成了分类模板,我们可以将这些模板合并生成一个新的模板,以使该分类模板具有区域的综合特性。方法是在"Signature Editor"对话框中,将该类的分类模板全部选中,例如将农田的 6 个模板全部选中,然后点击"Signature Editor"对话框工具条上的"≡⌐"(合并选择的分类模板)图标,这时一个综合的新模板将产生,原来的多个 Signature 同时存在。将新生成的分类模板改名为"农田综合",颜色设置为黄色。最后,点击"File"—"Save"按钮,保持分类面板文件的修改。

Class #	>	Signature Name	Color	Value	Order	Count	Prob.	P	I	H	A	FS
1		林地1		1	1	92	1.000	X	X	X	X	
2		林地2		2	2	58	1.000	X	X	X	X	
3		林地3		3	3	95	1.000	X	X	X	X	
4		林地4		4	4	123	1.000	X	X	X	X	
5		林地5		5	5	439	1.000	X	X	X	X	
6		林地6		6	6	489	1.000	X	X	X	X	
7		林地7		7	7	511	1.000	X	X	X	X	
8		建设用地1		8	8	100	1.000	X	X	X	X	
9		建设用地2		9	9	156	1.000	X	X	X	X	
10		建设用地3		10	10	112	1.000	X	X	X	X	
11		建设用地4		11	11	166	1.000	X	X	X	X	
12		建设用地5		12	12	7	1.000	X		X	X	
13		建设用地6		13	13	154	1.000	X	X	X	X	
14		水域1		14	14	74	1.000	X	X	X	X	
15		水域2		15	15	50	1.000	X	X	X	X	
16		水域3		16	16	168	1.000	X	X	X	X	
17		水域4		17	17	75	1.000	X	X	X	X	
18		水域5		18	18	47	1.000	X	X	X	X	
19		农田1		19	19	218	1.000	X	X	X	X	
20		农田2		20	20	48	1.000	X	X	X	X	
21		农田3		21	21	201	1.000	X	X	X	X	
22		农田4		22	22	88	1.000	X	X	X	X	
23		林地8		23	23	73	1.000	X	X	X	X	
24		林地9		24	24	102	1.000	X	X	X	X	
25		农田5		25	25	58	1.000	X	X	X	X	
26	>	农田6		26	26	26	1.000	X	X	X	X	

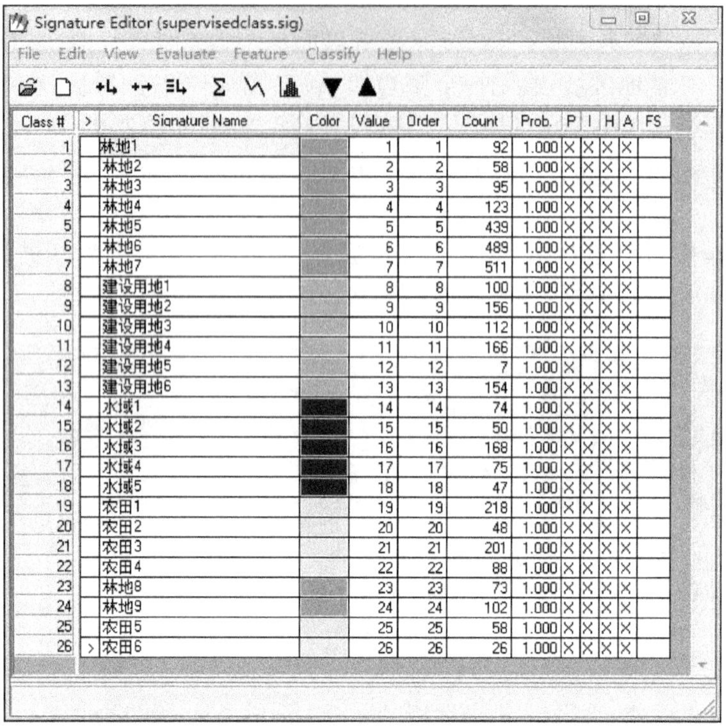

图 5-23　定义的分类模板(林地、建设用地、农田、水域共 26 个)

➢　步骤 2:进行监督分类。

在监督分类过程中用于分类决策的规则是多层次的,如对非参数模板有特征空间、平行管道等方法,对参数模板有最大似然法、Mahalanobis 距离法、最小距离法等方法。非参数规则和参数规则可以同时使用,但要注意非参数规则只能应用于非参数模板,参数模板要使用参数规则。另外,如果使用非参数模板,还要确定叠加规则和未分类规则。

首先,在 ERDAS 图标面板工具条中点击"Classification"图标,打开"Classification"功能菜单,再点击"Supervised Classification"按钮,弹出"Supervised Classification"对话框(图 5-24)。

图 5-24　"Supervised Classification"对话框

然后,在"Supervised Classification"对话框中做如下设置:"Input Raster File"(输入栅格文件)为 shanghang. img;定义输出的"Classified File"(分类文件)路径(shiyan05 文件夹下)和文件名称

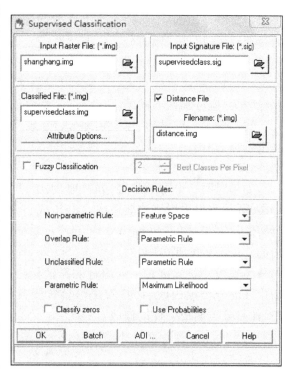

(supervisedclass. img);设置"Input Signature File"(输入的分类模板文件)为supervised-class. sig;点击勾选"Distance File"复选框,选择输出分类距离文件(用于分类结果进行阈值处理)的路径(shiyan05 文件夹下)和文件名称(distance. img);选择"Non-parametric Rule"(非参数规则)为 Feature Space,进而选择"Overlay Rule"(叠加规则)为 Parametric Rule(选择 Feature Space 后的默认值),选择"Unclassified Rule"(未分类规则)为 Parametric Rule,选择"Parametric Rule"(参数规则)为 Maximum Likelihood(即最大似然法);不选择 Classify zeros(即分类过程中不包括 0 值)。

最后,点击"OK"按钮,执行监督分类,得到分类结果 supervisedclass. img(图 5 - 25)。

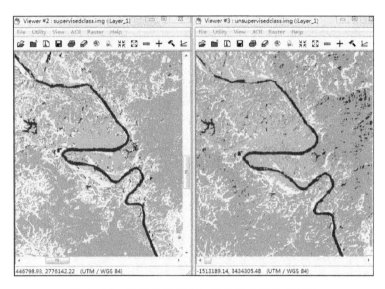

图 5 - 25 监督分类结果与非监督分类结果对比

监督分类相对于非监督分类,解译的效果要好一些。但是由于分类模板选择的不是太多,分类结果还有较大的提升空间,农田特别是梯田,还可以与裸地、林地等分得更清楚。此时,可以再重新增加模板的数量,然后重新进行监督分类。如果有研究区的地形图,可以参照地形图中确定地物的信息,进行分类模板的制作,比单纯依靠 TM 数据进行 AOI 区域的选择精度要好一些。当然,我们还可以结合规划研究区的高分辨率影像图来进行地物的识别,也有利于解译精度的提高。在本例中,不再调整分类模板,所以输出的结果可能难以满足使用的需要。在实际工作中,要反复地训练样本(分类模板),直至得到质量较好的结果为止。

➢ **步骤 3**:监督分类结果评价。

执行了监督分类之后,需要对分类结果进行评价(Evaluate Classification)。ERDAS 系统提供了多种分类评价方法,包括分类叠加(Classification Overlay)、阈值处理(Thresholding)、分类精度评估(Accuracy Assessment)等。

(1) 分类叠加(Classification Overlay)

将专题分类图像与原始图像同时在一个视窗中打开,将分类专题图置于上层,通过改变分类专题层的透明度和颜色等属性,查看分类专题与原始图像之间的关系。本方法具体操作参见非监督分类中的分类方案调整部分。

(2) 阈值处理(Thresholding)

阈值处理方法可以确定哪些像元最可能没有被正确分类,可将其从监督分类的初步结果中剔除,从而对解译结果进行优化。我们可以对每个类别设置一个距离阈值,将可能不属于它的像元(在距离文件中的值大于设定阈值的像元)筛选出去,赋予另一个分类值。

具体操作步骤为：

首先,在视图窗口中打开分类后的图像supervisedclass.img。

其次,在 ERDAS 图标面板工具条中点击"Classification"图标,打开"Classification"功能菜单,再点击"Threshold"选项,打开"Threshold"对话框(图 5 - 26),启动阈值处理功能。在"Threshold"对话框菜单条中点击"File"—"Open",或者直接点击" "(Open Files)图标,打开"Open Files"对话框(图 5 - 27),输入"Classified Image"(分类图像)文件为 supervisedclass.img 和"Distance Image"(距离图像)文件 distance.img,点击"OK"按钮,返回"Threshold"对话框(图 5 - 26)。

再次,进行视图选择及直方图计算。在"Threshold"对话框菜单条中点击"View"—"Select Viewer",并点击显示监督分类结果图像的视窗;并在"Threshold"对话框的菜单条中点击"Histograms"—"Compute"(计算各类别的距离直方图),此时" "(显示距离直方图)图标由灰色变为黑色,表明可以使用该功能;通过点击"File"—"Save Table",将文件保存。

接着,选择类别并确定阈值。在"Threshold"对话框的分类属性表格中,点击选择专题类别 Class 1(即林地 1),该类别高亮显示,这时点击" "图标,选定类别的"Distance Histogram"被显示出来(图 5 - 28);拖动 Histogram X 轴上的箭头到需要设置为阈值的位置,"Threshold"对话框中的 Chi-Square 自动发生变化,表明该类别的阈值设置完毕。然后重复上述步骤,依次设置每一个类别的阈值,直到分类结果得到优化。

最后,显示并观察阈值处理图像结果。

在"Threshold"对话框菜单条中点击"View"—"View Colors"—"Default Colors"

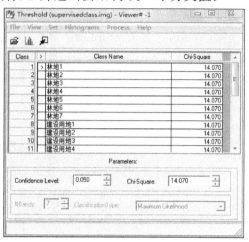

图 5 - 26 "Threshold"对话框

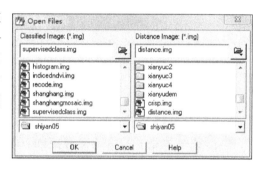

图 5 - 27 "Open Files"对话框

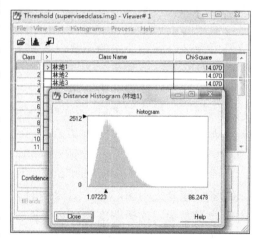

图 5 - 28 林地 1 的"Distance Histogram"

(环境设置,将阈值以外的像元显示为黑色,阈值之内的像元以分类色显示);在"Threshold"对话框菜单条中点击"Process"—"To Viewer",阈值处理图像将显示在分类图像之上,形成一个阈值掩膜(Threshold Mask)(图 5-29);将阈值处理图像设置为 Flicker 闪烁状态,观察处理前后的变化;然后点击"Process"—"To File",打开"Threshold to File"对话框,设置要生成的文件名称为 supervisedclasslindiadjust. img 和路径(shiyan05 文件夹下);点击"OK"按钮,执行 Threshold 命令。

调整认为解译精度不高、结果不太理想的土地利用类型,分别调整其阈值,直至调整结果满意为止。

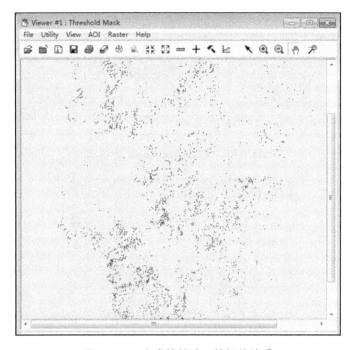

图 5-29 生成的林地 1 的阈值掩膜

(3) 分类精度评估

分类精度评估是将专题分类图像中的特定像元与已知分类的参考像元进行比较,实际工作中常常是将分类数据与地面真实值、先前的试验地图、航空相片或其他数据进行对比。

具体操作步骤为:

首先,在 Viewer 视图窗口中打开分类前的原始图像 shanghang. img,以便进行精度评估。

其次,在 ERDAS 图标面板工具条中点击"Classification"图标,打开"Classification"功能菜单,再点击"Accuracy Assessment"选项,打开"Accuracy Assessment"对话框。在"Accuracy Assessment"对话框中点击"File"—"Open",或者直接点击工具条上的"📂"(打开分类图像)图标,打开"Classified Image"对话框(图 5-30)。在"Classified Image"对话框中找到与视窗中对应的分类专题图像文件 supervisedclass. img,点击"OK"按钮,返回"Accuracy Assessment"对话框。在"Accuracy Assessment"对话框的工具条中点击"📌"图标,将光标在显示有原始图像的视窗中点击一下,这时原始图像视窗与精度评估视窗相连接;接着点击"View"—"Change colors",打开"Change colors"面板(图 5-31)。在该面板中定义下列参数:在"Points with no reference"(确定没有真实参考值的点的颜色)中设置白色,在"Points with reference"(确定有真实参考值的点的颜色)中设置黄色,点击"OK"按钮,返回"Accuracy Assessment"对话框。

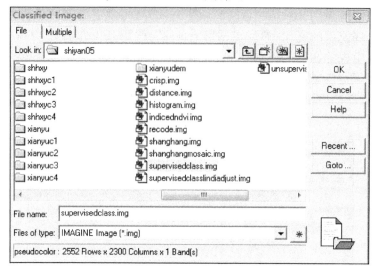

图 5-30 "Classified Image"对话框

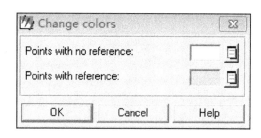

图 5-31 "Change colors"面板

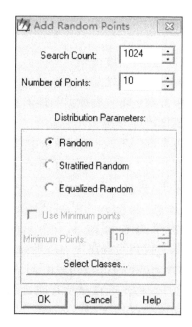

再次,在分类图像中产生一些随机点,需要用户给出随机点的实际类别,以便与分类图像的类别进行比较。在"Accuracy Assessment"对话框中点击"Edit"—"Create/Add Random Points",打开"Add Random Points"对话框(图 5-32)。在该对话框中定义下列参数:在"Search Count"中输入1024,在"Number of Points"中输入 10,在"Distribution Parameters"选择"Random"单选框,点击"OK"按钮,返回"Accuracy Assessment"对话框。这时,在"Accuracy Assessment"对话框的数据表中列出了 10 个比较点,每个点都有点号、X/Y 坐标值、Class、Reference 等字段(图 5-33)。

在"Add Random Points"对话框中,"Search Count"是指在确定随机点过程中使用的最多分析像元数;"Number of Points"设为 10 说明是产生10 个随机点,如果是做一个正式的分类评价,必须

图 5-32 "Add Random Points"对话框

产生 250 个以上的随机点；选择“Random”意味着将产生绝对随机的点，而不使用任何强制性规则；“Equalizes Random”是指每个类将具有同等数目的比较点；“Stratified Random”是指点数与类别涉及的像元数成比例，选择该复选框后可以确定一个最小点数，以保证小类别也有足够的分析点。

最后，在“Accuracy Assessment”对话框的菜单条中点击“View”—“Show All”(所有随机点均以设定的颜色显示在视窗中，见图 5－34)；接着点击“Edit”—“Show Class Values”(各点的类别号出现在数据表的 Class 字段中，见图 5－35)；在数据表的 Reference 字段输入各个随机点的实际类别值。在“Accuracy Assessment”对话框中点击“Report”—“Options”，通过点击确定分类评价报告的参数，选择“Error Matrix”“Accuracy Totals”和“Kappa Statistics”(图 5－36)；再点击“Report”—“Accuracy Report”(产生分类精度报告)(图 5－37)。

Point #	Name	X	Y	Class	Reference
1	ID#1	432665.000	2751841.000		
2	ID#2	442415.000	2801161.000		
3	ID#3	433595.000	2788561.000		
4	ID#4	436355.000	2796931.000		
5	ID#5	428555.000	2810791.000		
6	ID#6	471875.000	2813311.000		
7	ID#7	435695.000	2802361.000		
8	ID#8	439565.000	2758681.000		
9	ID#9	494225.000	2815441.000		
10	ID#10	478565.000	2767771.000		

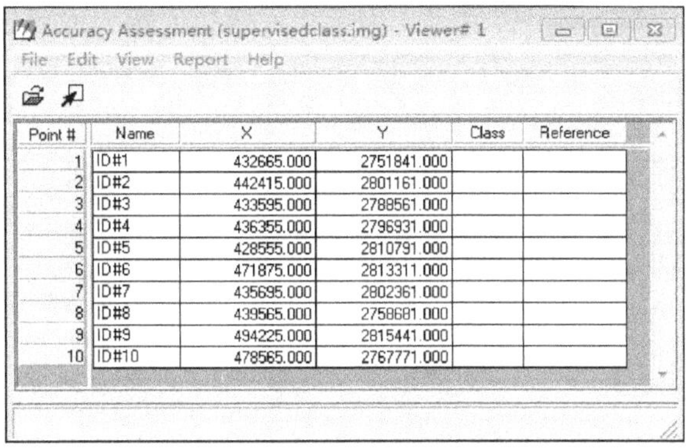

图 5－33　执行“Add Random Points”后加入了 10 个随机点

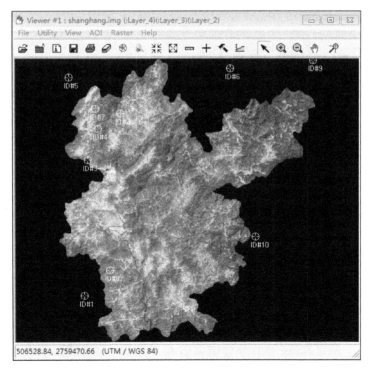

图 5－34　所有随机点均以设定的颜色显示在视窗中

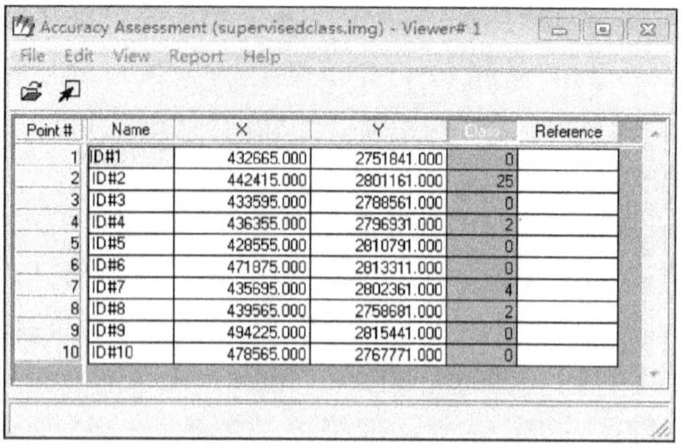

图 5-35 各点的类别号出现在数据表的 Class 字段中

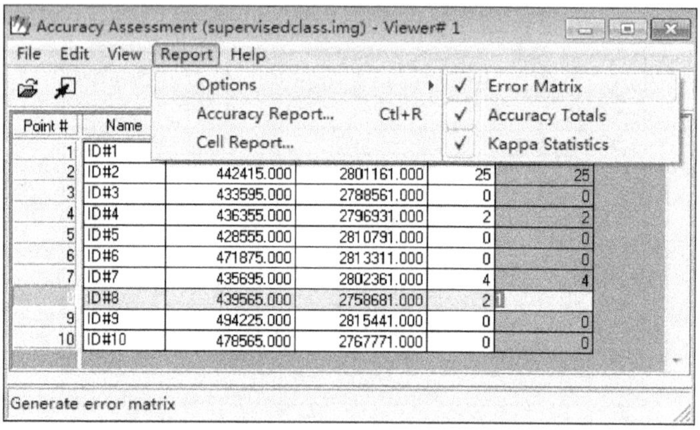

图 5-36 通过"Options"选择分类评价报告中的参数

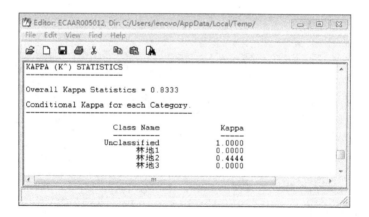

图 5-37 分类精度报告

在总报告中,总正确率"Accuracy Totals"=(正确分类样本数/总样本数)×100%;"Kappa Statistics"为分类过程中错误的减少与完全随机分类错误产生的比率。

> 步骤 4:分类后处理。

无论监督分类还是非监督分类,都是按照图像光谱特征进行聚类分析的,因此都带有一定的盲目性。所以,对获得的分类结果需要再进行一些处理工作,才能得到最终相对理想的分类结果,这些操作统称为分类后处理。ERDAS 系统提供了多种方法,包括重编码(Recode)、集聚处理(Clump)、滤网分析(Sieve)和去除分析(Eliminate)等。

(1) 重编码(Recode)

我们可以将定义的 20 多个分类模板得到的分类结果进行重编码,将同一类地物进行合并赋予统一的类别代码,生成新的 IMG 格式文件 supervisedrecode.img。前面非监督分类小节中已经介绍过,在此不再赘述。

(2) 集聚处理(Clump)

无论监督分类还是非监督分类,分类结果中都会产生一些面积很小的图斑,有必要进行剔除。集聚处理是通过分类专题图像计算每个分类图斑的面积,记录相邻区域中最大图斑面积的分类值等操作,产生一个 Clump 类组输出图像,其中每个图斑都包含 Clump 类组属性;该图像是一个中间文件,用于进行下一步处理。

具体操作过程如下:

首先,在 ERDAS 图标面板中点击"Interpreter"按钮,弹出"Image Interpreter"功能菜单,点击"GIS Analysis"按钮,弹出"GIS Analysis"功能菜单,再点击"Clump"工具,打开"Clump"对话框(图 5-38)。

然后,在"Clump"对话框确定下列参数。在"Input File"(输入文件)中输入重编码后的 supervisedrecode.img;在"Output File"(输出文件)设置 clump.img;在"Coordinate Type"(文件坐标类型)中点选 Map;确定"Connected Neighbors"(集聚处理邻域)为 8(统计分析将对每个像元周围的 8 个相邻像元进行,为默认选项);点击勾选"Ignore Zero in Output Stats"(忽略 0 值)选项。

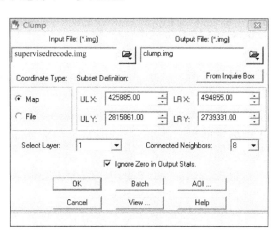

图 5-38 "Clump"对话框

最后,点击"OK"按钮,关闭"Clump"对话框,执行集聚处理命令。

(3) 滤网分析(Sieve)

滤网功能对经 Clump 处理后的 Clump 类组图像进行处理,按照定义的数值大小,删除 Clump 图像中较小的类组图斑,并给所有小图斑赋予新的属性。小图斑的属性可以与原分类图对比确定,也可以通过空间建模方法,调用"Delerows"或"Zonel"工具进行处理。Sieve 经常与 Clump 配合使用,对于无须考虑小图斑归属的应用问题,有很好的作用。

具体操作过程如下:

首先,在 ERDAS 中点击"Interpreter"—"GIS Analysis"—"Sieve"按钮,弹出"Sieve"对话框(图 5-39)。

然后,在"Sieve"对话框中确定下列参数。"Input File"(输入文件)为 clump.img;"Output File"(输出文件)为 sieve.img;确定最小图斑大小"Minimum size"为

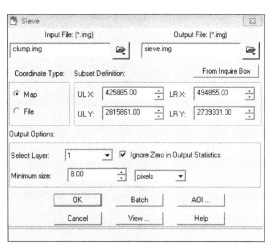

图 5-39 "Sieve"对话框

8 pixels；点击勾选"Ignore Zero in Output Statistics"（忽略 0 值）选项。

最后，点击"OK"按钮，关闭"Sieve"对话框，执行滤网分析命令。

（4）去除分析（Eliminate）

去除分析用于删除原始分类图像中的小图斑或 Clump 类组图像中的小 Clump 类组，与 Sieve 命令不同，Eliminate 将删除的小图斑合并到相邻的最大的分类当中。而且，如果输入图像是 Clump 类组图像的话，经过 Eliminate 处理后，分类图斑的属性值将自动恢复为 Clump 处理前的原始分类编码。可以说，Eliminate 处理后的输出图像是简化了的分类图像。

具体操作过程如下：

首先，在 ERDAS 中点击"Interpreter"—"GIS Analysis"—"Eliminate"按钮，弹出"Eliminate"对话框（图 5-40）。

然后，在"Eliminate"对话框中确定下列参数。"Input File"（输入文件）为 clump.img；"Output File"（输出文件）为 eliminate4.img；确定最小图斑大小"Minimum"为 4 pixels；确定输出数据类型为 Unsigned 8 bit；点击勾选"Ingore Zero in States"（忽略 0 值）选项。

最后，点击"OK"按钮，关闭"Eliminate"对话框，执行去除分析命令。

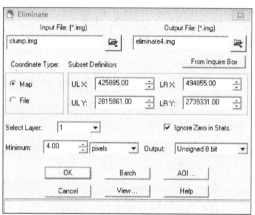

图 5-40 "Eliminate"对话框

注意：最小图斑的大小设置必须结合图像的实际用途、图像的信息量、分类图像的可分性等来确定。大家可以试着做几个不同的设置，看结果的差异，然后选择既能减少小图斑又能保持解译精度的最优图斑大小。本例中综合各方面因素，将其设置为 8 pixels。

ERDAS 中需要先进行聚类分析（Clump），再进行去除分析（Eliminate），得出的结果图像是按灰度显示，可修改为彩色。利用聚类分析得到的 clump.img 文件，分别进行 4 pixels、8 pixels、16 pixels、32 pixels 的去除分析，得到 4 个结果（图 5-41），通过比较发现 8 pixels 的去除分析比较合适，既减少了破碎多边形，又能够保持较高的数据解译精度。

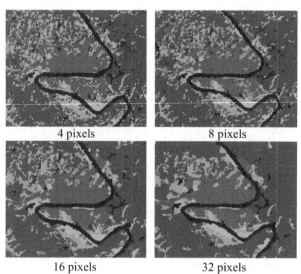

图 5-41 不同 pixels 设置下的去除分析结果

5.4 实验总结

通过本实验了解和掌握城市与区域规划中常用遥感数据(TM/ETM 数据)解译的基本原理与基本操作步骤,为后续实验的学习提供数据分析的基础和支撑。

具体内容见表 5-2。

表 5-2 本次实验主要内容一览

内容框架	具体内容	页码
TM/ETM 数据的增强处理	■ TM 图像空间增强处理 ■ TM 图像辐射增强处理 ■ TM 图像光谱增强处理	P227 P229 P231
TM/ETM 数据的解译	■ 非监督分类 ■ 监督分类	P234 P239

实验 6　地形制图与分析

6.1　实验目的与实验准备

6.1.1　实验目的

通过本实验掌握基础地形分析(海拔、坡度、坡向等的计算与分类)和延伸地形分析(地形起伏度、地表粗糙度、表面曲率、山脊线与山谷线的提取、地形鞍部点的提取、沟谷网络提取与沟壑密度计算、水文分析与流域划分、可视性分析等)的基本操作,能够制作规划研究区的三维视图与动画,并能够结合城市与区域规划中的具体规划需求选择合适的地形制图与分析方法。

具体内容见表 6-1。

表 6-1　本次实验主要内容一览

内容框架	具体内容
基于 DEM 的基础地形分析	(1) 高程分析与分类
	(2) 坡度计算与分类
	(3) 坡向计算与分类
基于 DEM 的延伸地形分析	(1) 地形起伏度分析
	(2) 地表粗糙度计算
	(3) 表面曲率分析
	(4) 山脊线与山谷线的提取
	(5) 地形鞍部点的提取
	(6) 沟谷网络提取与沟壑密度计算
	(7) 水文分析与流域划分
	(8) 可视性分析
基于 ArcScene 的三维地形可视化	(1) 三维可视化分析
	(2) 三维飞行动画制作

6.1.2　实验准备

(1) 计算机已经预装了 ArcGIS 10.1 中文桌面版或更高版本的软件。

(2) 本实验以福建省上杭县作为规划研究区,数据存放在 data\shiyan06 文件夹中,请将 shiyan06 文件夹复制到电脑的 D:\data\目录下。

6.2　基于 DEM 的基础地形分析

地形分析是城市规划中的重要内容,是城市规划的基础分析之一。地形地貌分析在城市规划的不同时期不同深度中都有非常广泛的应用,从宏观尺度的城市选址、城市布局、功能区组织到微观尺度的道路管网、景观组织无一不受地形地貌的影响。因此,地形分析对城市规划的影响无处不在。

长时间以来,城市规划的基础数据通常是平面的地形图数据,可以在其基础上进行简单的地形分析、等高线色彩渲染。近年来随着信息技术尤其是 GIS 技术的发展,各种新方法和应用模型不断融入城市规划领域,传统的地形分析由二维平面分析发展到了新的三维地形分析和三维透视图,从而帮助规划人员根据地形特征进行合理科学的城市规划。

根据地形分析的复杂性,可以将地形分析分为两类:一类是基本地形分析,包括海拔、坡度、坡向等的计算与分类;另一类是衍生出的其他地形分析,包括地形量算、通视分析、地形特征提取等。这些分析都通过对 DEM 进行数据计算和分析来实现。

城市规划中经常使用的基础地形分析有:高程分析、坡度分析和坡向分析。这3个分析涵盖了地形的3个基础要素:高程、坡度和坡向。基础地形分析可以用于辅助划分城市用地布局和建筑格局。

用户可以使用 TIN 和 DEM 进行基础地形分析,但一般 TIN 数据较大,本实验使用实验3中处理得到的 DEM 数据进行过程演示。

6.2.1 高程分析与分类

➢ 步骤1:启动 ArcMap,加载上杭县域 DEM 文件 xianyudem. grid。
➢ 步骤2:在 xianyudem 的图层属性对话框中进行高程分类。

首先,在 xianyudem 图层上单击鼠标右键,弹出图层快捷菜单,点击"属性",弹出"图层属性"对话框(图6-1)。

然后,点击"符号系统"选项卡,在窗口左侧的"显示"栏中点击选择"已分类","分类"栏中默认为采用"自然间断点分级法(Jenks)"将高程分为5类。如果需要更改分类方法和分类数,可以点击"分类"按钮,弹出"分类"对话框(图6-2)。

图6-1 "图层属性"对话框中的"符号系统"选项卡

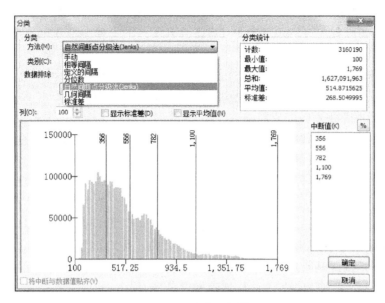

图 6-2 "分类"对话框

"分类"对话框的"方法"栏中提供了 7 种分类方法,自然间断点分级法(Jenks)为默认设置,其他分类方法还有手动、相等间隔、定义的间隔、分位数、几何间隔和标准差。本例中采用默认分类方法,但将规划研究区的高程分为 7 类。另外,"分类"对话框中提供了"分类统计"相关信息,如计数、最小值、最大值、总和、平均值和标准差,供分类时参考。同时,在窗口中提供了高程分布的柱状图供分类参考;在柱状图上方提供了"显示标准差"和"显示平均值"两个复选框,点击勾选后将标准差和平均值加入柱状图中(图 6-3)。

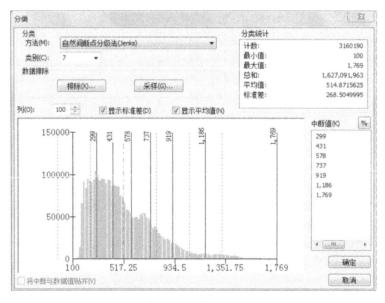

图 6-3 "分类"对话框中的分类统计信息、柱状图与复选框

最后,点击"确定"按钮,保存分类设置,返回"图层属性"对话框中的"符号系统"选项卡。再点击"色带"后方的下拉箭头,选择通常的高程色带,即随海拔从低到高由绿到红,还可以点击勾选"使用山体阴影效果",使高程显示更为逼真。点击"确定"按钮,完成高程分级和颜色设置(图 6-4)。

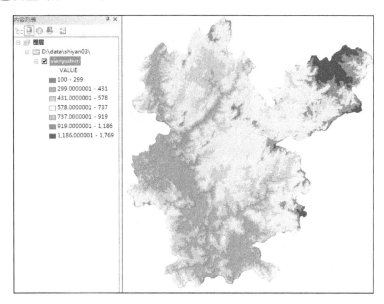

图 6-4　完成高程分级和颜色设置后的视图窗口

如果根据研究区的具体情况,需要手动输入分类数和分类"中断值"(即界值或阈值),则可在"分类"窗口中,选择"手动"分类方法,输入分类类别数后,在"中断值"栏中手动输入分类界值即可。

完成高程分级和颜色设置后,原始的 DEM 数据文件并未改变,而仅是显示方式的改变。为了分析研究的需要,通常将分类好的数据进行"重分类",获取一个新的栅格文件。

➢ 步骤 3:xianyudem 数据的重分类。

首先,在 ArcMap 中点击 ArcToolbox 图标,启动"ArcToolbox"窗口。

然后,点击"3D Analyst 工具"—"栅格重分类"—"重分类",弹出"重分类"对话框(图 6-5)。定义"输入栅格"为 xianyudem,"重分类字段"自动默认为栅格文件的 VALUE 字段,"重分类"中的"旧值"和对应的"新值"也将自动默认为用户前面一步中设置的 7 个类别;在"输出栅格"中定义输出文件的路径(shiyan06 文件夹下)和文件名称(haibareclass)。

最后,点击"确定"按钮,执行重分类,得到 haibareclass 文件(图 6-6)。

图 6-5　"重分类"对话框

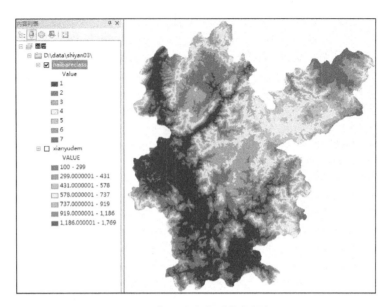

图 6-6 高程重分类后的数据视图

6.2.2 坡度计算与分类

➢ 步骤 1：启动 ArcMap，加载上杭县域 DEM 文件 xianyudem.grid。
➢ 步骤 2：基于 xianyudem 数据进行坡度计算。

首先，点击"3D Analyst 工具"—"栅格表面"—"坡度"，弹出"坡度"对话框（图 6-7）。

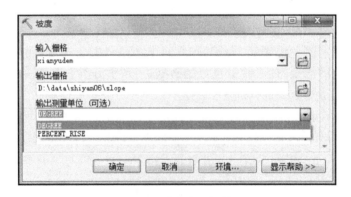

图 6-7 "坡度"对话框

定义"输入栅格"为 xianyudem；在"输出栅格"中定义输出文件的路径（shiyan06 文件夹下）和文件名称（slope）。

"输出测量单位（可选）"为确定输出坡度数据的测量单位，计算单位有两种，一种是度"DEGREE"，一种是百分比"PERCENT_RISE"。本例中选用度作为计算坡度的单位。

然后，点击"确定"按钮，执行坡度计算命令，生成 slope 文件。

➢ 步骤 3：slope 数据的重分类。

根据规划研究区的地形特点，进行坡度的重分类。本例中按照小于 5°、5°~10°、10°~15°、15°~25°、大于 25°分为 5 类（图 6-8、图 6-9）。

具体操作过程同高程的重分类过程。

图 6-8 "重分类"对话框

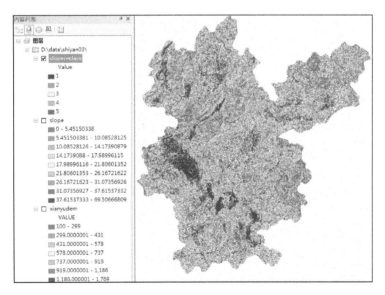

图 6-9 坡度重分类结果视图窗口

6.2.3 坡向计算与分类

➢ 步骤1：启动 ArcMap，加载上杭县域 DEM 文件 xianyudem.grid。
➢ 步骤2：基于 xianyudem 数据进行坡向计算。

首先，点击"3D Analyst 工具"—"栅格表面"—"坡向"，弹出"坡向"对话框（图 6-10）。定义"输入栅格"为 xianyudem；在"输出栅格"中定义输出文件的路径（shiyan06 文件夹下）和文件名称（aspect）。

然后，点击"确定"按钮，执行坡向计算命令，生成 aspect 文件（图 6-11）。

图 6-10 "坡向"对话框

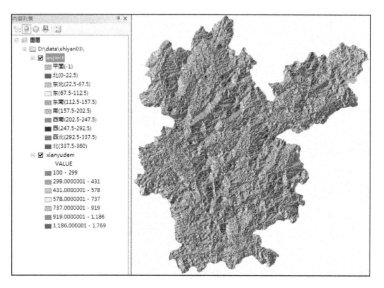

图 6-11 坡向计算结果视图窗口

➤ 步骤 3：aspect 数据的重分类。

我们得到的坡向数据中的 VALUE 数值被自动分为 10 类（图 6-11），分别为平面、北、东北、东、东南、南、西南、西、西北、北，可以按照图 6-12 所示的编码进行重分类（平面重新设置为 9），生成新的坡向分类图 aspectreclass（图 6-13）。

重分类的具体操作过程同高程与坡度的重分类过程。

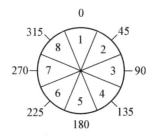

图 6-12 坡向数据重分类编码与界值对照图

图 6-13 "重分类"对话框

6.3 基于 DEM 的延伸地形分析

延伸的地形分析主要包括地形量算、土方量分析、地形剖面分析、通视分析、光照分析、流域网络与地形特征、洪水淹没分析等。通过对地形的延伸分析,可以制作出不同的专题图,为城市与区域规划的各项背景分析和决策提供参考与依据。

本实验中,仅介绍城市与区域规划经常使用的地形起伏度分析、地表粗糙度计算、表面曲率分析、山脊线与山谷线的提取、地形鞍部点的提取、沟谷网络提取与沟壑密度计算、水文分析与流域划分、可视性分析等。

6.3.1 地形起伏度分析

地形起伏度是指在一个特定的区域内,最高点海拔高度与最低点海拔高度的差值。它是描述某区域地形特征的一个宏观性指标。

从地形起伏度的定义可以看出,求地形起伏度的值,首先要求出一定范围内海拔高度的最大值和最小值,然后,对其求差值即可。

地形起伏度最早源于苏联科学院地理所提出的地形切割深度,地形起伏度已经成为划分地貌类型的一个重要指标。

地形起伏度的具体提取方法与操作步骤如下:
- ➢ 步骤 1:启动 ArcMap,加载上杭县域 DEM 数据文件 xianyudem.grid。
- ➢ 步骤 2:在 ArcToolbox 中启动"焦点统计"工具计算地形起伏度。

首先,在 ArcMap 中点击工具条上的 ArcToolbox 图标,启动 ArcToolbox 浮动窗口。

然后,点击"Spatial Analyst 工具"—"邻域分析"—"焦点统计",弹出"焦点统计"对话框(图 6-14)。

定义"输入栅格"为 xianyudem;在"输出栅格"中定义输出文件的路径(shiyan06 文件夹下)和文件名称(qifudu)。

定义"邻域分析（可选）"为矩形（默认设置），该设置是指定用于计算统计数据的每个像元周围的区域形状，选择邻域类型后，可设置其他参数来定义邻域的形状、大小和单位。本例中，"邻域设置"中高度、宽度均设置为 5，"单位"设置为像元（默认设置）。

在"统计类型（可选）"中定义为 RANGE（计算邻域内像元的范围，即最大值和最小值之差）。

点击勾选"在计算中忽略 NoData（可选）"，即如果在块邻域内存在 NoData 值，则 NoData 值将被忽略（此为默认设置）。

最后，点击"确定"按钮，执行焦点统计命令，生成地形起伏度栅格数据文件 qifudu.grid。

图 6-14 "焦点统计"对话框

> 步骤 3：地形起伏度数据（qifudu.grid）的重分类。

根据规划研究区的地形特点，进行起伏度的重分类。本例中按照小于 15 m、15～30 m、30～60 m、60～90 m、大于 90 m 分为 5 类（图 6-15、图 6-16）。

图 6-15 "重分类"对话框

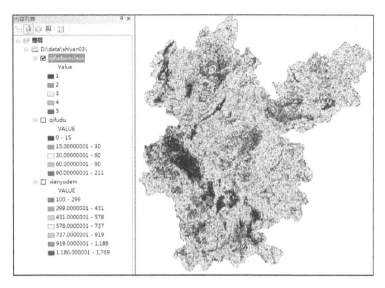

图 6-16 地形起伏度重分类后的视图窗口

具体操作过程同高程的重分类过程。

6.3.2 地表粗糙度计算

地表粗糙度是特定的区域内地球表面与其投影面积之比,是反映地表形态的一个宏观指标,是地面凹凸不平程度的定量表征。

具体计算过程如下:
> 步骤1:基于原始 DEM 数据进行坡度的计算,获取坡度图。
> 步骤2:使用"栅格计算器"工具进行粗糙度的计算。

首先,点击"Spatial Analyst 工具"—"地图代数"—"栅格计算器"工具,弹出"栅格计算器"对话框(图 6-17)。

图 6-17 "栅格计算器"对话框

在"栅格计算器"对话框中,定义"地图代数表达式"为"1/Cos("slope" * 3.1415926/180)";并定义输出栅格的路径(shiyan06 文件夹下)与文件名称(cucaodu)。

最后,点击"确定"按钮,执行栅格计算,获取地表粗糙度(图6-18)。

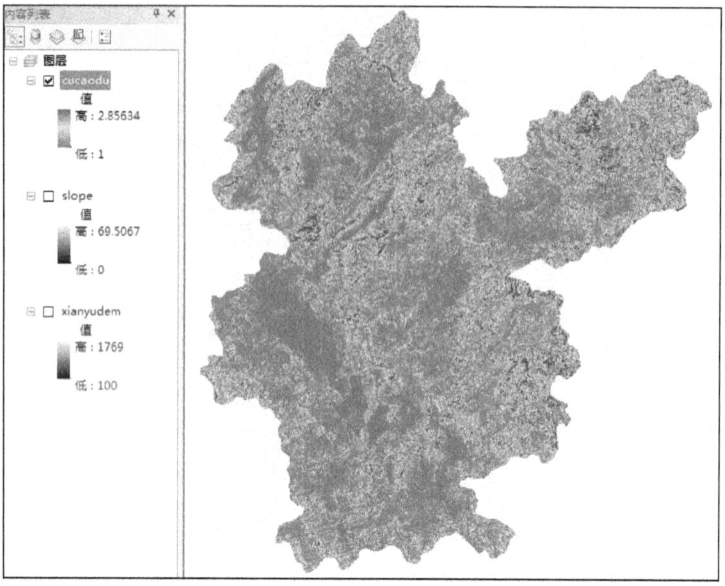

图6-18 地表粗糙度计算结果

6.3.3 表面曲率分析

曲率即坡度的变化率,是地形表面起伏度的综合反映,曲率越大说明地形起伏变化越大。平面曲率是在与坡度变化最大方向成90°的方向上进行曲率计算得到的;剖面曲率是沿坡度变化最大的方向进行曲率计算得到的。曲率是分析流域土壤侵蚀强度与地表径流过程的比较重要的一个因子。剖面曲率的大小决定着径流的速度,从而影响侵蚀和沉积的程度;而平面曲率则影响径流的汇集与发散。

具体计算过程如下:

> 步骤1:使用"曲率"工具进行表面曲率的计算。

首先,点击"3D Analyst 工具"—"栅格表面"—"曲率"工具,弹出"曲率"对话框(图6-19)。

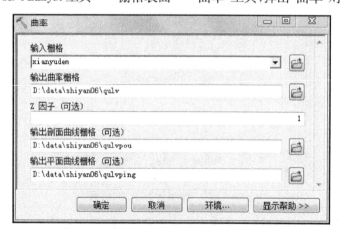

图6-19 "曲率"对话框

然后,在"曲率"对话框中,定义"输入栅格"为 xianyudem;定义"输出曲率栅格"的路径(shiyan06 文件夹下)与文件名称(qulv);定义"输出剖面曲线栅格(可选)"为 qulvpou;定义"输出平面曲线栅格(可选)"为 qulvping。

最后,点击"确定"按钮,执行曲率计算,获取表面曲率(图 6-20)。曲率为负值表示下凹,正值表示上凸,0 值表示平坦地形。

➢ 步骤 2:曲率数据的重分类。具体操作过程同高程、坡度等的重分类过程。

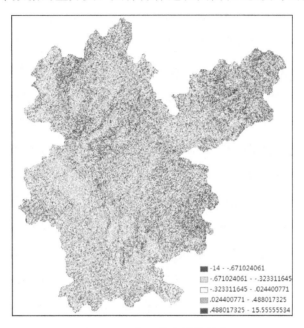

图 6-20 表面曲率计算结果

6.3.4 山脊线与山谷线的提取

作为地形特征线的山脊线、山谷线对地形地貌具有一定的控制作用。它们与山顶点、谷底点以及鞍部等一起构成了地形起伏变化的骨架结构。同时,由于山脊线具有分水性,山谷线具有合水特性,使得它们在地形分析中具有特殊的意义。

基于规则格网 DEM 是最主要的自动提取山脊线和山谷线的方法,从算法设计原理上来分,大致可以分为以下 5 种:基于图像处理技术的原理;基于地形表面几何形态分析的原理;基于地形表面流水物理模拟分析的原理;基于地形表面几何形态分析和流水物理模拟分析相结合的原理;平面曲率与坡形组合法。

本案例中以地形表面流水物理模拟分析方法来演示山脊线和山谷线的提取过程。使用的数据为上杭县域 DEM 数据(xianyudem.grid)。

具体提取过程如下:

➢ 步骤 1:正负地形的提取。

首先,在 ArcMap 中加载上杭县域 DEM 数据 xianyudem.grid。

其次,点击 ArcToolbox 中的"Spatial Analyst 工具"—"邻域分析"—"焦点统计",弹出"焦点统计"对话框(图 6-21)。在"输入栅格"中输入 xianyudem;在"输出栅格"中定义输出文件的路径(shiyan06 文件夹下)和名称(tongji);在"邻域分析(可选)"中选择"矩形";定义"邻域设置"中高度为11,宽度为11,单位为像元;在"统计类型"中选择"MEAN"。点击"确定"按钮,进行焦点统计。

再次,使用"栅格计算器"(图6-22),定义"地图代数表达式"为""xianyudem""—"tongji";定义"输出栅格"的路径(shiyan06文件夹下)与文件名称(zhengfudixing)。点击"确定"按钮,执行栅格计算,得到规划研究区正负地形的分布区域。

最后,使用"重分类"工具(图6-23)获取正、负地形。定义"输入栅格"为zhengfudixing;点击"分类"按钮,弹出"分类"对话框,设置分类类别数为2,并定义中断值为0,点击"确定"按钮返回"重分类"对话框。重新定义"新值",将大于0的区域赋值为1,小于0的区域赋值为0;在"输出栅格"中定义输出文件的路径(shiyan06文件夹下)和文件名称(zhengdixing),获取正地形。同样方法,将大于0的区域赋值为0,小于0的区域赋值为1;在"输出栅格"中定义输出文件的路径(shiyan06文件夹下)和文件名称(fudixing),获取负地形。

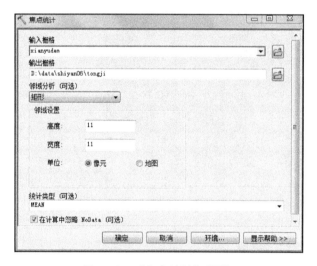

图6-21 "焦点统计"对话框

图6-22 "栅格计算器"对话框

图 6-23 "重分类"对话框(正地形提取)

> 步骤 2:DEM 数据的填洼、流向与流量分析。

首先,使用"Spatial Analyst 工具"—"水文分析"—"填洼"工具进行原始 DEM 数据的洼地填充。在"填洼"对话框中(图 6-24),定义"输入表面栅格数据"文件为 xianyudem;并在"输出表面栅格"中定义输出文件的路径(shiyan06 文件夹下)和名称(filldem)。"Z 限制(可选)"用以定义要填充的凹陷点与其倾泻点之间的最大高程差。如果凹陷点与其倾泻点之间的 Z 值差大于 Z 限制,则不会填充此凹陷点。默认情况下将填充所有凹陷点(不考虑深度)。本例中采用默认值,即将规划研究区内的所有洼地都进行填充。点击"确定"按钮,执行填洼命令。

然后,使用"Spatial Analyst 工具"—"水文分析"—"流向"工具进行无洼地 DEM 的水流方向计算。在"流向"对话框中(图 6-25),定义"输入表面栅格数据"文件为 filldem;并在"输出流向栅格数据"中定义输出文件的路径(shiyan06 文件夹下)和名称(flowdir)。"输出下降率栅格数据(可选)"用于输出下降率栅格数据。下降率栅格用于显示从沿流向的各像元到像元中心间的路径长度的最大高程变化率,以百分比表示。本例采用默认设置(不选)。点击"确定"按钮,执行流向计算命令。

图 6-24 "填洼"对话框

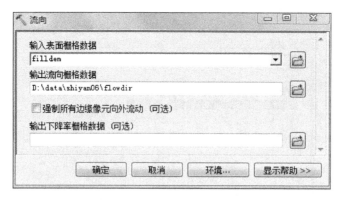

图 6-25 "流向"对话框

最后,使用"Spatial Analyst 工具"—"水文分析"—"流量"工具进行汇流累积量的计算。在"流量"对话框中(图 6-26),定义"输入流向栅格数据"文件为 flowdir;并在"输出蓄积栅格数据"中定义输出文件的路径(shiyan06 文件夹下)和名称(flowacc)。"输入权重栅格数据(可选)"用于对每一像元应用权重的可选输入栅格。配权数据一般是表示降水、土壤以及植被等造成径流分布不平衡的因子。如果未指定权重栅格,则将默认的权重值 1 应用于每个像元,计算出来的汇流累积量的数值就代表着该栅格位置流入的栅格数的多少。"输出数据类型(可选)"中提供了 FLOAT(浮点型,默认设置)或 INTEGER(整型)。本例均采用默认设置。点击"确定"按钮,执行流量计算命令。

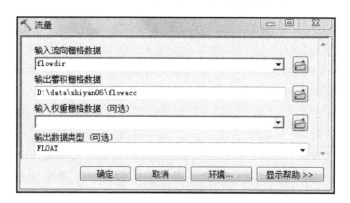

图 6-26 "流量"对话框

➤ 步骤 3:山脊线的提取。

首先,使用"栅格计算器"提取汇流累积量为 0 值的区域,通过定义地图代数表达式为"flowacc"=0 来获取。定义输出栅格的路径(shiyan06 文件夹下)与文件名称(flowacc0)。

在 ArcMap 中打开 flowacc0 文件,可以发现很多地方不是山脊线,用户还需要对此数据进行进一步的处理。

其次,使用"Spatial Analyst 工具"—"邻域分析"—"焦点统计"工具,对 flowacc0 数据进行 3×3 的邻域分析,求均值,使数据变得光滑,处理后的数据文件名称为 linyu-flowacc0。

再次,使用"Spatial Analyst 工具"—"表面分析"—"等值线"工具和"山体阴影"工具,分别生成原始 DEM 数据的等值线图(dengzhixian)和山体阴影晕渲图(hillshade)。

然后,在"图层属性"对话框中,对 linyuflowacc0 进行重新分级,将数据分为两级,这时需要不断地调整分级临界点(阈值),并以等值线图(dengzhixian)和山体阴影晕渲图(hillshade)作为辅助判断,最终确定的分界阈值为 0.55。按照该阈值将 linyuflowacc0 进行重分类,大于 0.55 的重新赋值为 1,其余的赋值为 0,并定义文件名称为 reclassflow。

最后,使用"栅格计算器"将文件 reclassflow 和正地形数据 zhengdixing 相乘,得到 shanjixian 数据文件,这样就消除了那些存在于负地形区域中的错误山脊线。再将 shanjixian 数据进行重分类,将所有属性值不为 1 的栅格重新赋值为 NoData,得到规划研究区的山脊线 reclassshjx(图 6-27、图 6-28)。

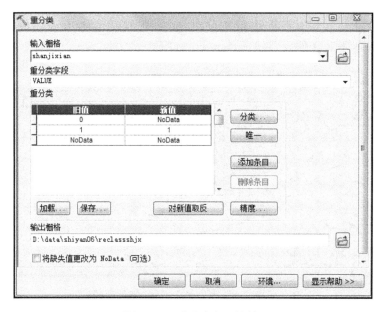

图 6-27 "重分类"对话框

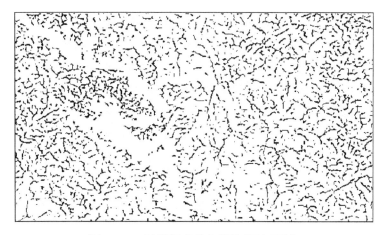

图 6-28 计算得出的山脊线(黑色区域)

➤ 步骤 4：山谷线的提取。

首先，使用"栅格计算器"获取规划研究区的反地形。在"栅格计算器"对话框中，定义地图代数表达式为 Abs(1769－"xianyudem")，1769 为研究区最高海拔值；定义输出栅格的路径（shiyan06 文件夹下）与文件名称（fandixing）。点击"确定"按钮，执行栅格计算命令，得到反地形 DEM 数据。

其次，按照前面山脊线提取的步骤，直到得到最终利用重分类方法将重新分级的邻域分析后的结果二值化为止（通过不断调整，最终分级阈值为 0.65）。这里不需要对反地形进行 DEM 的填洼分析。分别定义得到的文件名称为 fanflowdir，fanflowacc，fanflowacc0，linyufanacc0，reclassfanf1。

再次，使用"栅格计算器"将文件 reclassfanf1 和负地形数据 fudixing 相乘，得到 shanguxian 数据文件，这样就消除了那些存在于正地形区域中的错误山谷线。

最后，再将 shanguxian 数据进行重分类，将所有属性值不为 1 的栅格重新赋值为 NoData，得到规划研究区的山谷线 reclassshgx（图 6-29）。

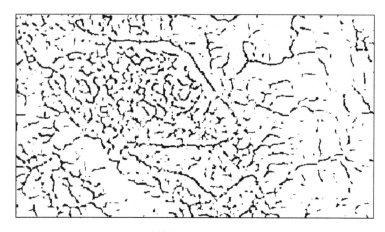

图 6-29　计算得出的山谷线（黑色区域）

6.3.5　地形鞍部点的提取

相邻两个山头之间呈马鞍形的低凹部分称为鞍部。鞍部点是一种重要的地形控制点，它和山顶点、谷底点、山脊线、山谷线等构成地形特征点线，对地形具有很强的控制作用。由于鞍部点的特殊地貌形态，使得基于 DEM 的鞍部点的提取方法比山顶点、谷底点更难，目前还存在一定的技术局限性。

鞍部可被认为是原始地形中的山脊和反地形中的山脊（山谷线）会合的地方，因此可以通过提取正反地形中的山脊线并求其交点，来获取鞍部点。

具体提取过程如下：

➤ 步骤 1：正负地形与山脊线、山谷线的提取。

正负地形与山脊线、山谷线的提取同前一小节中的提取方法完全一致，不再赘述。

➤ 步骤 2：鞍部点的提取。

首先，使用"栅格计算器"工具，将前面的山脊线数据（reclassshjx）和山谷线数据（reclassshgx）相乘，计算结果命名为 anbu。

其次，使用"栅格计算器"工具，将前面的 anbu 数据与正地形文件数据(zhengdixing)相乘，得到鞍部点的栅格数据(anbudian)。

再次，使用"重分类"工具，将 anbudian 数据进行重分类，将所有 0 值重新赋值为 NoData，属性为 1 的值保持不变，仍赋值为 1，得到重分类后的鞍部点栅格文件(reclassanbu)。

最后，使用 ArcToolbox 中的"转换工具"—"由栅格转出"—"栅格转点"工具(图 6-30)，将栅格数据文件 reclassanbu 转换成矢量点数据(anbudian.shp)(图 6-31)。参照等高线数据和山体阴影晕渲图，对矢量鞍部点数据(anbudian.shp)进行编辑，剔除伪鞍部点，注意保存数据的编辑工作，最后得到规划研究区的鞍部点数据。

图 6-30 "栅格转点"对话框

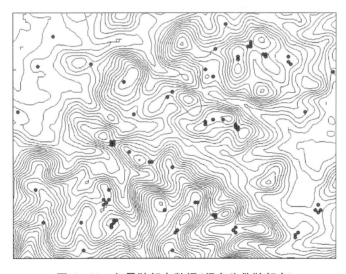

图 6-31 矢量鞍部点数据(很多为伪鞍部点)

6.3.6 沟谷网络提取与沟壑密度计算

沟壑密度是描述地面被水系切割破碎程度的一个指标。沟壑密度是气候、地形、岩石、植被等因素综合影响的反映。沟壑密度越大，地面越破碎，平均坡度增大，地表物质稳定性降低，且易形成地表径流，土壤侵蚀加剧。因此，沟壑密度的测定，对于了解规划研究区地表发育特征、水土流失强度、水土保持能力有着重要意义。

沟壑密度也称沟谷密度，是指单位面积内沟壑的总长度，单位为 km/km^2。

具体提取过程如下：

➢ 步骤1：沟谷网络的提取。

首先，对原始DEM数据(xianyudem)进行"填洼"分析，获取无洼地DEM(filldem)，然后进行"流向"(flowdir)分析和"流量"(flowacc)分析，获取汇流累积量。该过程与山脊线、山谷线的提取过程完全一致，不再赘述。

然后，使用"栅格计算器"进行栅格河网的生成。栅格河网的生成需要设置一个汇流累积阈值，超过该阈值则产生地表径流，形成河网水系。本例中设置为1 000。打开"栅格计算器"，在定义地图代数表达式为"flowacc">1 000；并定义输出栅格的路径(shiyan06文件夹下)与文件名称(hewang)。

最后，点击"确定"按钮，执行栅格计算，获取河流网络(图6-32)。

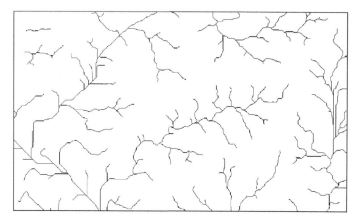

图6-32 提取的河流网络(累积汇流量大于1 000)

➢ 步骤2：栅格河网矢量化。

首先，在ArcToolbox中点击"Spatial Analyst工具"—"水文分析"—"栅格河网矢量化"，弹出"栅格河网矢量化"对话框(图6-33)。然后，定义"输入河流栅格数据"为hewang；定义"输入流向栅格数据"为flowdir；定义"输出折线要素"的路径(shiyan06文件夹下)和名称(rivernet)。"简化折线(可选)"默认状态为选中，即对要素进行去点操作以减少折点数。本例采用默认设置。最后，点击"确定"按钮，执行栅格河网矢量化命令，得到rivernet.shp矢量河网文件(图6-34)。

图6-33 "栅格河网矢量化"对话框

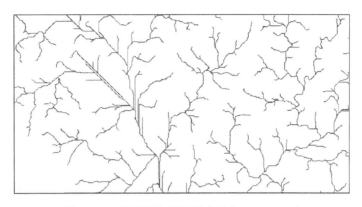

图 6-34　得到的矢量河网文件（rivernet.shp）

由于生成的矢量河网文件中含有非河网的要素，使用"选择"—"按属性选择"工具，将 GRID_CODE 等于 1 的河网线要素选择并导出，生成纯河网线要素组成的文件 rivernetnew.shp。

> 步骤 3：伪沟谷的删除。

由于基于 DEM 的河网提取是采用最大坡降方法，在平地区域的水流方向是随机的，因而容易产生平行状河流，这种平行状的沟谷多数为伪沟谷，需要借助山体阴影晕渲图、等值线图、真实河流现状图等，以手工编辑方式将伪沟谷剔除。

具体操作步骤为：

首先，在 ArcMap 中加载"编辑器"工具条，点击编辑器中的"开始编辑"，弹出"开始编辑"对话框（图 6-35），选择"rivernetnew"，点击"确定"按钮，rivernetnew 处于可编辑状态。

图 6-35　"开始编辑"对话框

然后，点击编辑器工具条中的"编辑工具"，点击选择平行状的沟谷，单击鼠标右键，从弹出的快捷菜单中选择"删除",等所有的伪沟谷删除完之后,点击"编辑器"下拉菜单中的"保存编辑内容",对所做修改进行保存,并点击"停止编辑"退出编辑状态。

> 步骤 4:计算整个研究区的沟壑密度。

首先,打开 rivernetnew 数据的属性表,添加一个名称为"Length"的字段,在属性字段"Length"上单击鼠标右键弹出字段快捷菜单,点击选择"几何运算",弹出"几何运算"对话框。定义计算属性为"长度";坐标系为"使用数据源的坐标系";定义单位为"米"(m)。

然后,点击"确定"按钮,执行几何运算命令,该字段被自动赋值。

最后,在属性字段"Length"上单击鼠标右键弹出字段快捷菜单,点击选择"统计",进行字段"Length"的统计分析,得到规划研究区的沟壑总长度为 2 082 284.399 551 m(即约 2 082.284 km),由此可以得到整个规划研究区的沟壑密度为 2 082.284 km/2 844.171 km² ≈ 0.732 1 km/km²。

6.3.7 水文分析与流域划分

水文分析是 DEM 数据应用的一个重要方面。利用 DEM 生成的集水流域和水流网络,成为大多数水文分析模型的主要输入数据。水文分析模型应用于研究与地表水流有关的各种自然现象如洪水水位及泛滥情况,或者划定受污染源影响的地区,以及预测当某一地区的地貌改变时对整个地区将造成的影响等,应用在城市与区域规划、农业及森林、交通道路等许多领域。

基于 DEM 的地表水文分析的主要内容是利用水文分析工具提取地表水流径流模型的水流方向、汇流累积量、水流长度、河流网络(包括河流网络的分级等)以及对研究区的流域进行分割等。通过对这些基本水文因子的提取和基本水文分析,可以在 DEM 表面之上再现水流的流动过程,最终完成水文分析过程。

本例采用上杭县域 DEM 数据来演示水文分析与流域划分的过程。

> 步骤 1:无洼地 DEM 数据的生成。

DEM 被认为是比较光滑的地形表面的模拟,但是由于内插的原因以及一些真实地形(如河流湖泊、喀斯特地貌)的存在,使得 DEM 表面存在着一些凹陷的区域。这些区域在进行地表水流模拟时,由于低高程栅格的存在,使得在进行水流流向计算时可能会得到不合理的或错误的水流方向,因此,在进行水流方向的计算之前,应该首先对原始 DEM 数据进行洼地填充,得到无洼地的 DEM。

洼地填充的基本过程是先利用水流方向数据计算出原始 DEM 数据的洼地区域,并计算其洼地深度,然后依据洼地深度设定填充阈值进行洼地填充。我们在前面山脊线、山谷线、鞍部点的提取过程中已经进行过类似的操作,但没有使用填充阈值,而是选择对全部洼地进行填充。

首先,基于 xianyudem 数据进行水流方向的提取,生成水流方向文件 flowdir(过程同前面的 6.3.4,不再赘述)。

其次,点击 ArcToolbox 中的"Spatial Analyst 工具"—"水文分析"—"汇",弹出"汇"对话框(图 6-36)。定义"输入流向栅格数据"为 flowdir;定义"输出栅格"文件路径(shiyan06 文件夹下)和文件名称(sink)。点击"确定"按钮,执行"汇"命令,进行洼地提取。

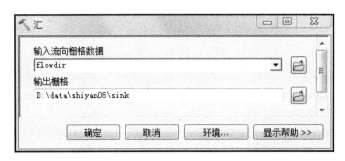

图 6-36 "汇"对话框

洼地区域是水流方向不合理的地方,可以通过水流方向来判断哪些地方是洼地,然后再对洼地进行填充。但并不是所有的洼地区域都是由于数据的误差造成的,有很多洼地区域是地表形态的真实反映。因此,在进行洼地填充之前,必须计算洼地深度,判断哪些地区是由于数据误差造成的洼地而哪些地区又是真实的地表形态,然后在进行洼地填充的过程中,设置合理的填充阈值。

再次,点击 ArcToolbox 中的"Spatial Analyst 工具"—"水文分析"—"分水岭",弹出"分水岭"对话框(图6-37)。定义"输入流向栅格数据"为 flowdir;定义"输入栅格数据或要素倾泻点数据"为 sink;定义"输出栅格"文件路径(shiyan06 文件夹下)和文件名称(sinkarea)。点击"确定"按钮,执行分水岭命令,用来计算洼地的贡献区域。

图 6-37 "分水岭"对话框

接着,计算每个洼地所形成的贡献区域的最低高程。点击 ArcToolbox 中的"Spatial Analyst 工具"—"区域分析"—"分区统计",弹出"分区统计"对话框(图6-38)。定义"输入栅格数据或要素区域数据"为 sinkarea;定义"输入赋值栅格"为 xianyudem;定义"输出栅格"为 zonalminmum;定义"统计类型"为 MINIMUM(最小值)。点击"确定"按钮,执行分区统计命令。

然后,计算每个洼地贡献区域出口的最低高程即洼地出水口高程。点击"Spatial Analyst 工具"—"区域分析"—

图 6-38 "分区统计"对话框

"区域填充",弹出"区域填充"对话框(图6-39)。定义"输入区域栅格数据"为 sinkarea;定义"输入权重栅格数据"为 xianyudem;定义"输出栅格"为 zonalmax。点击"确定"按钮,执行"区域填充"命令。

接着,使用"栅格计算器"计算洼地深度。在"栅格计算器"对话框中(图6-40),定义"地图代数表达式"为""zonalmax"－"zonalminimum"";定义"输出栅格"路径(shiyan06)与文件名称(sinkdep)。点击"确定"按钮,执行栅格计算命令。

图6-39 "区域填充"对话框

图6-40 "栅格计算器"对话框

经过以上步骤,可以得到所有洼地贡献区域的洼地深度。通过对规划研究区地形的分析,可以确定出哪些是由数据误差而产生的洼地,哪些洼地区域又是真实地表形态的反映,从而根据洼地深度来设置合理的填充阈值,使得生成的无洼地DEM更准确地反映地表形态。

最后,使用"Spatial Analyst工具"—"水文分析"—"填洼"工具进行洼地填充,生成无洼地的DEM。在"填洼"对话框中(图6-41),定义"输入表面栅格数据"为xianyudem;定义"输出表面栅格"为filldem;根据sinkdep的计算结果,定义"Z限制(可选)"为15 m。点击"确定"按钮,执行"填洼"命令。

洼地填充的过程是一个反复的过程。当一个洼地区域被填平之后,这个区域与附近区域再进行洼地计算,可能又会形成新的洼地,所以洼地填充是一个不断反复的过程,直到最后所有的洼地都被填平,新的洼地不再产生为止。

图 6-41 "填洼"对话框

> 步骤 2:汇流累积量的计算。

在地表径流模拟过程中,汇流累积量是基于水流方向数据计算而来的。对每一个栅格来说,其汇流累积量的大小代表着其上游有多少个栅格的水流方向最终汇流经过该栅格,汇流累积的数值越大,该区域越易形成地表径流。

具体计算过程如下:

首先,使用经过填洼处理的 DEM(filldem)进行水流方向的分析,得到的水流方向文件命名为 flowdirfill。

然后,使用"水文分析"中的"流量"工具进行汇流累积量的计算。在"流量"对话框中,定义"输入流向栅格数据"文件为 flowdirfill;并在"输出蓄积栅格数据"中定义输出文件的路径(shiyan06 文件夹下)和名称(flowaccfill)。"输入权重栅格数据(可选)"和"输出数据类型(可选)"均采用默认设置。点击"确定"按钮,执行流量计算命令。

> 步骤 3:水流长度的计算。

水流长度通常是指在地面上一点沿水流方向到其流向起点(终点)间的最大地面距离在水平面上的投影长度。水流长度是影响水土流失强度的重要因子之一,当其他条件相同时,水力侵蚀的强度依据坡的长度来决定,坡面越长,汇聚的流量越大,其侵蚀力就越强,水流长度直接影响地面径流的速度,从而影响对地面土壤的侵蚀力。

水流长度的提取方式主要有两种,顺流计算和溯流计算。顺流计算是计算地面上每一点沿水流方向到该点所在流域出水口的最大地面距离的水平投影;溯流计算是计算地面上每一点沿水流方向到其流向起点间的最大地面距离的水平投影。

具体操作过程如下:

首先,点击"Spatial Analyst 工具"—"水文分析"—"水流长度",弹出"水流长度"对话框(图 6-42)。定义"输入流向栅格数据"为 flowdirfill;定义"输出栅格"为 flowdown;选择"测量方向"为 DOWNSTREAM(顺流计算)。

图 6-42 "水流长度"对话框

然后,点击"确定"按钮,计算水流长度。

使用同样工具,选择"测量方向"为 Upstream(溯流计算),定义"输出栅格"为 flow-up,计算得到水流长度。

> 步骤 4:河网的提取。

目前常用的河网提取方法是采用地表径流漫流模型计算方法:首先是在无洼地 DEM 上利用最大坡降的方法得到每一个栅格的水流方向;然后利用水流方向栅格数据计算出每一个栅格在水流方向上累积的栅格数,即汇流累积量,所得到的汇流累积量则代表在一个栅格位置上有多少个栅格的水流方向流经该栅格;假设每一个栅格处携带一份水流,那么栅格的汇流累积量则代表着该栅格的水流量。基于上述思想,当汇流量达到一定值的时候,就会产生地表水流,那么所有那些汇流量大于这一临界数值的栅格就是潜在的水流路径,由这些水流路径构成的网络,就是河网。

在前面的沟谷网络的提取中已经介绍过河网的提取过程,即通过阈值设定获取栅格河网,然后转换成矢量河网,并进行编辑修改等,这里不再赘述,仅说明汇流累积量阈值设定的注意事项。

阈值的设定在河网的提取过程中很重要,直接影响到河网的提取结果。阈值的设定应遵循科学、合理的原则。首先应该考虑到研究的对象,研究对象中的沟谷的最小级别,不同级别的沟谷对应不同的阈值;其次考虑到研究区域的状况,不同的研究区域相同级别的沟谷需要的阈值也不同。所以,在设定阈值时,应对研究区域和研究对象进行充分分析,通过不断的实验和利用现有地形图等其他数据辅助检验的方法来确定能满足研究需要并且符合研究区域地形地貌条件的合适的阈值。本例中汇流累积量阈值设定为 1 000,得到的栅格河网文件名称为 hewang。

> 步骤 5:河网链接信息的提取。

使用"Spatial Analyst 工具"—"水文分析"—"河流链接"工具可以提取河流的链接信息。"河流链接"工具能够记录河网的结构信息,例如每条弧段连接着两个作为出水点或汇合点的结点,或者连接着作为出水点的结点和河网起始点。因此,使用"河流链接"工具能够得到每一个河网弧段的起始点和终止点,也可以得到该汇水区域的出水点。这些出水点具有很重要的水文作用,对于水量预测、水土流失强度分析等研究具有重要意义。同时,这些出水点的确定,也为进一步的流域划分与分割准备了数据。

具体操作步骤为:

首先,打开"河流链接"对话框(图 6-43),定义"输入河流栅格数据"为 hewang,"输入流向栅格数据"为 flowdirfill,"输出栅格"为 streamlink。

然后,点击"确定"按钮,执行"河流链接"命令。

图 6-43 "河流链接"对话框

> 步骤6:河网分级。

河网分级是对一个线性河流网络进行分级别的数字标识。在地貌学中,对河流的分级是根据河流的流量、形态等因素进行的。而基于DEM提取的河网分级具有一定的水文意义。利用地表径流模拟的思想,不同级别的河网首先是它们所代表的汇流累积量不同,级别越高的河网,其汇流累积量也越大,那么在水文研究中,这些河网往往是主流,而那些级别较低的河网则是支流。

在ArcGIS的水文分析中,提供两种常用的河网分级方法:Strahler分级和Shreve分级。对于Strahler分级来说,它是将所有河网弧段中没有支流河网弧段分为1级,两个1级河网弧段汇流成的河网弧段为2级,如此下去分别为3级、4级,一直到河网出水口。在这种分级中,当且仅当同级别的两条河网弧段汇流成一条河网弧段时,该弧段级别才会增加,对于那些低级弧段汇入高级弧段的情况,高级弧段的级别不会改变,这也是比较常用的一种河网分级方法。对于Shreve分级而言,其1级河网的定义与Strahler分级是相同的,所不同的是以后的分级,两条1级河网弧段汇流而成的河网弧段为2级河网弧段,那么对于以后更高级别的河网弧段,其级别的定义是由其汇入河网弧段的级别之和,如图6-44所示,一条3级河网弧段和一条4级河网弧段汇流而成的新的河网弧段的级别就是7级,那么这种河网分级到最后出水口的位置时,其河网的级别数刚好是该河网中所有的1级河网弧段的个数。

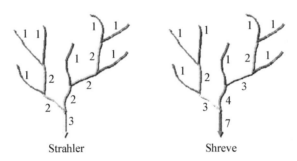

图6-44 Strahler河网分级和Shreve河网分级

河网分级的具体操作过程为:

首先,点击"Spatial Analyst工具"—"水文分析"—"河网分级",弹出"河网分级"对话框(图6-45)。

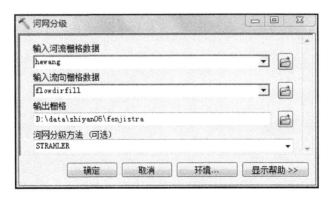

图6-45 "河网分级"对话框

然后,定义"输入河流栅格数据"为 hewang,"输入流向栅格数据"为 flowdirfill,"输出栅格"为 fenjistra;"河网分级方法(可选)"栏中提供 Strahler 分级和 Shreve 分级两种方法,默认为 Strahler 分级方法,本例选择默认设置。

最后,点击"确定"按钮,执行河网分级命令。

➢ 步骤7:流域划分。

流域(Watershed)又称集水区域,是指流经其中的水流和其他物质从一个公共的出水口排出从而形成一个集中的排水区域。用来描述流域的还有流域盆地(Basin)、集水盆地(Catchment)或水流区域(Contributing Area)。流域数据显示了区域内每个流域汇水面积的大小。汇水面积是指从某个出水口(或点)流出的河流的总面积。出水口(或点)即流域内水流的出口,是整个流域的最低处。流域间的分界线即分水岭。

任何一个天然的河网,都是由大小不等的、各种各样的水系所组成的,而每一条水系都有自己的特征,自己的汇水范围(流域面积),较大的流域往往是由若干较小的流域联合组成。

流域划分的具体操作步骤为:

首先,使用"Spatial Analyst 工具"—"水文分析"—"盆域分析"工具,进行流域盆地的获取。在"盆域分析"对话框中(图6-46),定义"输入流向栅格数据"为 flowdirfill,"输出栅格"为 basin。再点击"确定"按钮,执行"盆域分析"命令,得到流域盆地栅格数据。

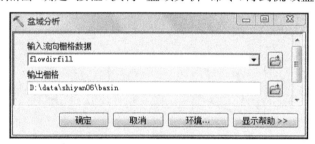

图6-46 "盆域分析"对话框

为了使计算结果更容易理解,可以将前面计算出的河网数据在同一视图窗口中打开,进行辅助分析(图6-47)。可以看到,所有流域盆地的出水口都在研究区域的边界上。使用流域盆地分析,可以将感兴趣的流域划分出来。

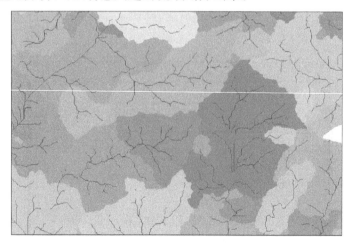

图6-47 "盆域分析"计算结果(叠置了河网数据)

然后,使用"Spatial Analyst 工具"—"水文分析"—"捕捉倾泻点"工具(图 6-48),进行流域出水口的获取。

经过上一步得到的流域盆地是一个比较大的流域盆地,在很多的水文分析中,还需要基于更小的流域单元进行分析,那么就需要使用流域分割将这些流域从大的流域中分解出来。流域分割首先要确定小级别流域的出水口位置,小级别流域出水口的位置可以使用"捕捉倾泻点"工具寻找。它的思想是利用一个记录着 point 的点栅格数据,在这个

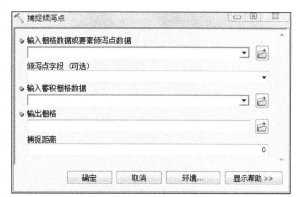

图 6-48 "捕捉倾泻点"对话框

数据层中,属性值存在的点作为潜在的出水点,在该点位置上指定距离内的汇流累积量的数据层上搜索具有较高汇流累积量栅格点的位置,这些搜索到的栅格点就是小级别流域的出水点。当然,也可以利用已有的出水点的矢量数据。如果没有出水点的栅格或矢量数据,可以使用基于河网数据生成的 streamlink 数据作为汇水区的出水口数据。因为 streamlink 数据中隐含着河网中每一条河网弧段的联结信息,包括弧段的起点和终点等,相对而言,弧段的终点就是该汇水区域的出水口所在位置。

本例中直接使用"河网链接"工具获取的 streamlink 数据作为汇水区的出水口数据。

最后,使用"Spatial Analyst 工具"—"水文分析"—"分水岭"工具(图 6-49),进行集水流域的获取。其基本思路为先确定一个出水点,也就是该集水区的最低点,然后结合水流方向数据,分析搜索出该出水点上游所有流过该出水口的栅格,直到所有的该集水区的栅格都确定了位置,也就是搜索到流域的边界,分水岭的位置。

具体操作步骤为:

在"分水岭"对话框中(图 6-49),定义"输入流向栅格数据"为 flowdirfill,"输入栅格数据或要素倾泻点数据"为 streamlink,"输出栅格"数据为 fenshuiling;然后,点击"确定"按钮,执行"分水岭"命令,得到集水流域。

为了更好地表现流域的分割效果,可以加载前面得到的流域盆地和河网数据(图 6-50)。由结果可见,通过 streamlink 作为流域的出水口数据所得到的集水区域是每一条河网弧段的集水区

图 6-49 "分水岭"对话框

域,也就是要研究的最小沟谷的集水区域,它将一个大的流域盆地按照河网弧段分为一个个小的集水盆地。

图 6-50 "分水岭"工具计算结果(分水岭与集水流域)

另外,基于水文分析还可获取规划研究区的重要生态涵养区(可以在研究区海拔高、坡度大、地形起伏较大、林地覆盖较好的区域设置生态涵养区,维持水土,涵养水源)和水质保持区(在一些主要河流上游的某些集水区域设立水质保持区,净化水质,维持生物多样性)的空间分布图,进而用于生态环境敏感性分析和建设用地适宜性分析。

6.3.8 可视性分析

可视性分析,也称通视分析,是指以某一点为观察点,研究某一区域通视情况的地形分析。可用于城市与区域规划中的视廊分析、建筑高度控制,以及旅游规划中的风景评价等多个方面。

通视分析的类型大致有:一点对整个区域的通视面积计算,两点之间的通视性判断,多点通视面积的交集计算,由被覆盖的可视面积反求待定位置与高度等。本例中主要介绍通视分析、视点分析、视域分析和剖面线分析,使用实验 3 中构建的 2 m 分辨率的 DEM(dem2m)。

1) 通视分析

➢ 步骤 1:在 ArcMap 中加载"3D Analyst"工具条。

在 ArcMap 工具条中的空白处右击鼠标,弹出快捷菜单,点击选择"3D Analyst",加载"3D Analyst"工具条(图 6-51)。

图 6-51 "3D Analyst"工具条

➢ 步骤 2:进行通视分析。

首先,点击 3D Analyst 工具条上的" "(创建视线)工具图标,弹出"通视分析"对话框(图 6-52)。

在对话框中设置"观察点偏移"和"目标偏移"分别为 20 m 和 10 m,即观察者和被观察者距离地面的距离。因为通常观察点和被观察点都不会紧贴地面,而是有一定的高度,比如站在某寺庙的塔楼上观察汀江对面的某一酒店大楼。

然后,在地图显示窗口中,分别点击确定观察者位置和目标点位置,出现通视线,红色表示不可见,绿色表示可见(图 6-53)。

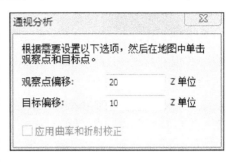

图 6-52 "通视分析"对话框

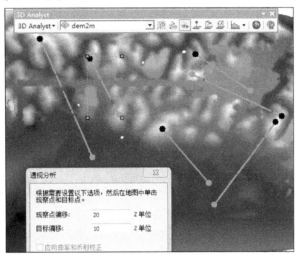

图 6-53 通视分析结果

2) 视点分析

➤ 步骤 1:创建观察点要素文件。

首先,创建一个新的 Shapefile 文件(guanchadian.shp),并连同配准后的上杭县城高分辨影像图(shhjiao)加载到 ArcMap 视图窗口中。

然后,打开"编辑器"工具条,使 guanchadian.shp 进入可编辑状态,输入 6 个主要的观察点(图 6-54),并保存所做的修改,接着退出编辑状态。

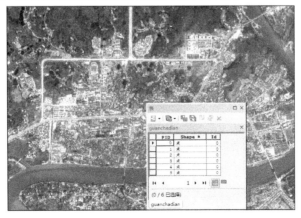

图 6-54 生成的观察点文件

➤ 步骤2：进行视点分析。

点击"3D Analyst 工具"—"可见性"—"视点分析"工具，打开"视点分析"对话框(图6-55)。

在"视点分析"对话框中，定义"输入栅格"为dem2m，定义"输入观察点要素"为guanchadian，定义"输出栅格"为shidian01。"使用地球曲率校正(可选)"用以定义是否允许对地球的曲率进行校正。默认设置为不选中，本例采用默认设置。

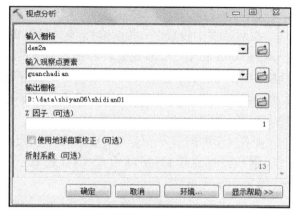

图6-55 "视点分析"对话框

点击"确定"按钮，执行视点分析命令，得到视点分析结果(图6-56)，使用" "(识别工具)图标点击查询任一位置的信息，在弹出的"识别"对话框中(图6-57)记录了观察这6个点时可见的点(值为1的点)。

图6-56 视点分析结果

图6-57 "识别"对话框

3) 视域分析

在 GIS 中,可以计算地形表面上单点视域或者多点视域,甚至可以计算一条线(线段节点的集合)的视域。计算结果为视域栅格图,栅格单元值表示该单元对于观测点是否可见,如果是多个观测点,则其值表示可以看到该栅格的观测点的个数。

具体操作过程如下:首先,点击"3D Analyst 工具"—"可见性"—"视域"工具,弹出"视域"对话框(图 6-58);定义"输入栅格"为 dem2m,定义"输入观察点或观察折线要素"为 guanchadian,定义"输出栅格"为 shiyu01;然后,点击"确定"按钮,执行视域分析命令,得到视域栅格图(图 6-59)。

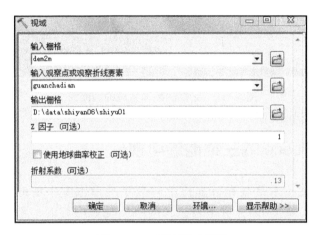

图 6-58 "视域"对话框

图 6-59 视域栅格图(绿色为可见区域,红色为不可见区域)

4) 剖面线分析

在城市与区域规划中,经常会提取道路途经地区的地形变化情况,为道路的规划和调整提供参考信息,再比如可以通过提取河流流经地区的地形变化情况,来了解河流的坡降,从而为堤坝的修建和洪水的治理提供重要信息。

剖面线提取的主要步骤为:

首先,点击"3D Analyst"工具条上的" "(插入线工具)图标,使用插入线工具创建一条线(图 6-60),以确定剖面线的起点(右下方)和终点(左上方)。

然后，点击"3D Analyst"工具条上的""（创建剖面图）工具图标，生成剖面图（图 6-60）。

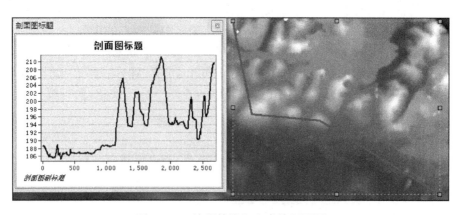

图 6-60　绘制的线和生成的剖面图

6.4　基于 ArcScene 的三维地形可视化

三维地形可视化技术是指在计算机上对数字地形模型中的地形数据进行逼真的三维显示、模拟仿真、简化、多分辨率表达和网络传输等内容的一种技术，它可用直观、可视、形象、多视角、多层次的方法，快速逼真地模拟出三维地形的二维图像，使地形模型和用户有很好的交互性，使用户有身临其境的感觉。三维地形逼真模拟在地形漫游、城市与区域规划、土地利用规划、三维地理信息系统等众多领域都有着广泛的应用。

ArcScene 是一个适合于展示三维透视场景的平台，可以在三维场景中漫游并与三维矢量与栅格数据进行交互。ArcScene 是基于 OpenGL 的，支持 TIN 数据显示。显示场景时，ArcScene 会将所有数据加载到场景中，矢量数据以矢量形式显示，栅格数据会默认降低分辨率显示以提高效率。

6.4.1　三维可视化分析

本例以上杭县域和上杭县城的三维可视化为例进行演示。

➢ 步骤1：点击"3D Analyst"工具条上的 ArcScene 启动按钮（图 6-61），打开 ArcScene 视图窗口（图 6-62）。

图 6-61　"3D Analyst"工具条上的 ArcScene 启动按钮

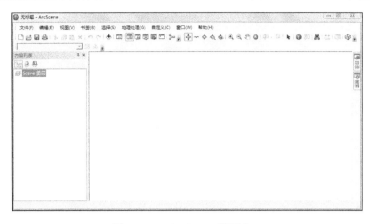

图 6-62　ArcScene 视图窗口

> 步骤 2：加载上杭县域的 DEM 数据（xianyudem）和县域的 TM 遥感影像数据（shanghang.img），以及乡镇界线数据（乡镇界线.shp）。

将需要的数据加载后，使用工具条中的 相应工具调整数据显示的角度等相关参数。另外，为了获得真彩色的影像显示效果，可以选择 TM5、TM4、TM3 的波段组合。

> 步骤 3：通过图层属性设置来定义基本高度。

首先，打开图层 shanghang.img 文件的图层属性，选择"基本高度"选项卡（图 6-63），在"从表面获取的高程"栏中点击选择"在自定义表面上浮动"，选择高程文件为 xianyudem，并定义"栅格分辨率"为 30 m×30 m。如果规划研究区的地形变化较小，想让地形变得突出些，可以将"从要素获取的高程"栏中的"自定义"夸张系数设置为大于 1 的数值。然后，点击"确定"按钮，可以看到 shanghang.img 文件变为三维视图（图 6-64）。同样的方法步骤，我们可以制作上杭县城某片区高分辨率的三维可视化地图（图 6-65）。

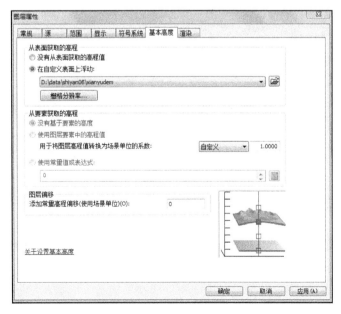

图 6-63　"图层属性"对话框中的"基本高度"选项卡

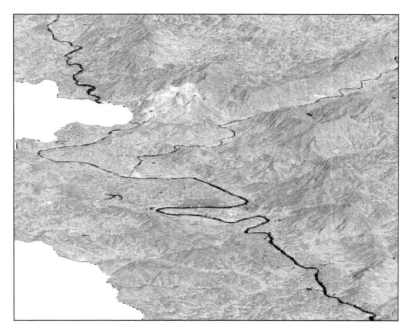

图 6-64　TM 影像数据的三维可视化

图 6-65　上杭县城某片区影像数据的三维可视化

➢ 步骤 4：三维视图的导出。

在 ArcScene 视图窗口中，点击主菜单中的"文件"—"导出场景"—"2D"（也可以选择 3D，本例选择 2D），弹出"导出地图"对话框（图 6-66）。定义输出"文件名"为 xianyu3D，"保存类型"为 JPEG，"分辨率（R）"为 500 dpi。点击"保存"按钮，三维视图导出为 xianyu3D.jpg 文件。

图 6-66 "导出地图"对话框

如果用户需要制作规划研究区的虚拟现实系统或更接近现实的可视化,那就需要将每一栋建筑物都进行高度赋值,使这些建筑物立起来,并进行建筑的贴面或者将在 3dMax 中制作的建筑物导入 ArcScene 中,以获得更为逼真的效果。

6.4.2 三维飞行动画制作

本例以上杭县域 TM 数据来演示制作三维飞行动画的过程。ArcScene 提供了多种途径来创建动画,这里就常用的 4 种方法加以简要说明。

1) 通过创建一系列帧组成轨迹来形成动画

➢ 步骤1:在 ArcScene 中加载上杭县域 TM 数据 shanghang.img,并在工具条空白处点击鼠标右键,在弹出的快捷菜单中选择"动画",加载"动画"工具条。

➢ 步骤2:通过创建一系列帧组成轨迹来形成动画。

首先,设置动画第一帧的场景属性。点击"动画"下拉菜单,选择"创建关键帧",打开"创建动画关键帧"对话框(图 6-67)。定义"类型(T)"为透视(照相机),即由不同场景构成动画的帧。

然后,点击"新建"按钮,创建一个动画,点击"创建"按钮,抓取第一帧。

最后,改变场景后,再次点击"创建"按钮,抓取第二帧。根据需要抓取全部需要的帧,然后点击"关闭"按钮,关闭"创建动画关键帧"对话框。本例中共创建了 5 帧。

图 6-67 "创建动画关键帧"对话框

➢ 步骤3:播放预览动画。

点击"动画"工具条上的"▶︎▍▍"(动画控制器)按钮,弹出"动画控制器"工具条,点击其中的"选项"按钮还可进行播放设置(图6-68),点击"▶︎"(播放)按钮,预览创建的5帧组成的动画。

➢ 步骤4:编辑和管理动画属性。

点击"动画"下拉菜单,选择"动画管理器",打开"动画管理器"对话框(图6-69)。可以通过调整关键帧、轨迹和时间视图来调整动画。

➢ 步骤5:保存动画。

点击"动画"下拉菜单,选择"保存动画文件",弹出"保存动画"对话框(图6-70)。将动画文件保存在shiyan06文件夹下,名称为donghua01。或者使用"导出动画",将动画保存为AVI格式的动画文件,供其他软件调用。

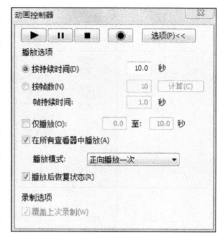

图6-68 "动画控制器"工具条

图6-69 "动画管理器"对话框

图6-70 "保存动画"对话框

2) 通过录制导航动作或飞行创建动画

点击动画控制器上的"●"(录制)按钮开始录制,在场景中通过"✥"工具按钮进行视图调整或者通过"✈"(飞行)工具按钮进行飞行,操作结束后再次点击"录制"按钮停止录制。该按钮类似于录像器。动画的管理和保存与前面的方法步骤一致。

3）通过捕捉不同视角，并自动平滑视角间过程创建动画

点击"动画"工具条上的" "（捕获视图）按钮捕捉此时的视角，然后将场景调整成另一个视角，再次用"捕获视图"按钮捕捉视角，依次捕捉多个视角。动画功能会自动平滑两个视角之间的过程，形成一个完整的动画过程。动画的管理和保存与前面的方法步骤一致。

4）通过导入路径的方法生成动画

首先，在场景中加载表示飞行路径的矢量线要素文件，并设置其基本高度。

然后，选中飞行路径要素，并在"动画"工具条中选择"动画"—"根据路径创建飞行动画"，弹出"根据路径创建飞行动画"对话框（图6-71）。定义"垂直偏移"为10，即视高为10 m；在"路径目标"中点击选择"沿路径移动观察点和目标（飞越）（B）"，此为默认设置；点击"导入"按钮，输入路径。

最后，浏览动画，编辑动画，保存动画。方法过程同前。

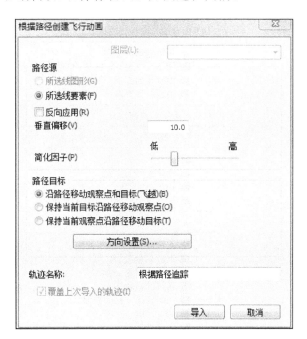

图 6-71 "根据路径创建飞行动画"对话框

关于三维制图与地形分析的应用案例，请参见数据文件中的附件内容，了解三维制图与地形分析在城市与区域规划中的具体应用。

6.5 实验总结

通过本实验掌握基础地形分析（海拔、坡度、坡向等的计算与分类）和延伸地形分析（地形起伏度、地表粗糙度、表面曲率、山脊线与山谷线的提取、地形鞍部点的提取、沟谷网络提取与沟壑密度计算、水文分析与流域划分、可视性分析等）的基本操作，能够制作规划研究区的三维视图与动画，并能够结合城市与区域规划中的具体规划需求选择合适的地形制图与分析方法。

具体内容见表 6-2。

表 6-2 本次实验主要内容一览

内容框架	具体内容	页码
基于 DEM 的基础地形分析	(1) 高程分析与分类	P253
	(2) 坡度计算与分类	P256
	(3) 坡向计算与分类	P257
基于 DEM 的延伸地形分析	(1) 地形起伏度分析	P259
	■ 启动 ArcMap,加载上杭县城 DEM 数据文件	P259
	■ 启动"焦点统计"工具计算地形起伏度	P259
	■ 地形起伏度数据的重分类	P260
	(2) 地表粗糙度计算	P261
	栅格计算器	P261
	(3) 表面曲率分析	P262
	(4) 山脊线与山谷线的提取	P263
	■ 正负地形的提取	P263
	■ DEM 数据的填洼、流向与流量分析	P265
	■ 山脊线的提取	P266
	■ 山谷线的提取	P268
	(5) 地形鞍部点的提取	P268
	(6) 沟谷网络提取与沟壑密度计算	P269
	■ 沟谷网络的提取	P270
	■ 栅格河网矢量化	P270
	■ 伪沟谷的删除	P271
	■ 计算整个研究区的沟壑密度	P272
	(7) 水文分析与流域划分	P272
	■ 无洼地 DEM 数据的生成	P272
	■ 汇流累积量的计算	P275
	■ 水流长度的计算	P275
	■ 河网的提取	P276
	■ 河网链接信息的提取	P276
	■ 河网分级	P277
	■ 流域划分	P278
	(8) 可视性分析	P280
	■ 通视分析	P280
	■ 视点分析	P281
	■ 视域分析	P283
	■ 剖面线分析	P283
基于 ArcScene 的三维地形可视化	(1) 三维可视化分析	P284
	■ 打开 ArcScene 视图窗口	P284
	■ 加载数据	P285
	■ 定义基本高度	P285
	■ 三维视图的导出	P286
	(2) 三维飞行动画制作	P287
	■ 通过创建一系列帧组成轨迹来形成动画	P287
	■ 通过录制导航动作或飞行创建动画	P288
	■ 通过捕捉不同视角,并自动平滑视角间过程创建动画	P289
	■ 通过导入路径的方法生成动画	P289

实验 7　基于 Esri CityEngine 的三维城市建模

7.1　实验目的与实验准备

7.1.1　实验目的

通过本实验掌握基于 Esri CityEngine 的三维城市建模方法,熟悉基于 CGA 规则快速批量建模的主要步骤,能够制作规划研究区的三维城市模型,从而为该规划研究区的城市规划与设计、建设与管理提供重要的三维可视化信息。

具体内容见表 7-1。

表 7-1　本次实验主要内容一览

内容框架	具体内容
Esri CityEngine 三维建模的基本原理与基础操作	(1) Esri CityEngine 三维建模的基本原理
	(2) Esri CityEngine 三维建模的基础操作
CGA 规则编写	(1) 规则
	(2) 属性
	(3) 自定义函数
	(4) 注释
	(5) 常用函数
南京市鼓楼区三维城市模型构建	(1) 基础数据的准备与预处理
	(2) 三维城市模型构建

7.1.2　实验准备

(1) 计算机已经预装了 ArcGIS 10.1 中文桌面版、Esri CityEngine 2016 或更高版本的软件。

(2) 本实验以南京市鼓楼区作为实验研究区,请将实验数据存放在 D:\data\shiyan07 目录下。

7.2　Esri CityEngine 三维建模的基本原理与基础操作

7.2.1　Esri CityEngine 三维建模的基本原理

Esri CityEngine 三维建模的基本原理,从本质上来说是通过定义和编写一种形状语法来驱动计算机完成的建模。形状语法的工作原理是将一系列控制形状生成的规则组合在一起,然后逐步运算,生成最终设计。形状语法的优点在于,如果设计人员定义了明确的初始形态和语法规则,那么在该前提下,该规则可以表达出该范围内的所有设计结果。

CGA(Computer Generated Architecture)形状语法是 Esri CityEngine 平台特有的建筑设计语言,通过该语言可以生成高质量的建筑三维模型。通过定义 4 个组件:形状、属性、操作及语法规则,它可以完成各种形状的构造。在 CGA 形状语法中,形状由符号、几何和数值属性组成,通常由符号识别。几何属性对应于范围,它是空间中的一个方向包围盒,最重要的几何属性是位置 P、描述坐标系统的 3 个正交矢量及尺寸矢量 S。形状操作是形状语法中一个非常重要的组件,主要包括 4 种类型:首先,范围操作可以修改给定形状的范围,包括拉伸、平移、旋转和缩放;其次,分割操作以分割尺寸为属性并沿着给定的轴分割范围;再次,重复操作在一个给定的方向上重复几何形状,在 CGA 形状语法中它们都被编写为分割规则的一部分;最后,组件的分割操作可以将三维范围分割为更小尺寸的形状,如面、边界、顶点。形状语法规则可以修改和替换形状,通过添加更多的细节(墙、地板、窗、门)进行迭代进化和发展设计,模型生成通常从建筑物底面形状开始,随着规则的依次应用,形状被逐步细化。

CGA 规则建模方法是一种典型的数字化建模方法,其规则的表达类似于历史模型文本化表达,它详细定义了一个简单二维形状逐步向复杂三维模型演化的过程。

7.2.2 Esri CityEngine 三维建模的基础操作

Esri CityEngine 安装完成后,对于场景的浏览默认设置为:鼠标左键为选择;"F"为缩放到所选内容,如果什么都不选,缩放到全图;"Alt+鼠标左键"为旋转,"Alt+鼠标右键"为缩放;鼠标滚轮为缩放;"Ctrl+A"为全选;"Shift+Ctrl+A"为取消选择。

Esri CityEngine 的基础操作主要有:工程创建、数据准备、场景与图层创建、模型贴地处理和 CGA 规则应用。

1) 工程创建

有两种方式可以创建 Esri CityEngine 工程,第一种也是最常用的方式,启动 Esri CityEngine 软件,依次点击"File"—"New"—"CityEngine Project"创建(图 7-1);第二种是通过链接的方式添加工程,依次点击"File"—"Import/Link Project Folder into Workspace"链接到工程文件(图 7-2)。

2) 数据准备

为了使用方便,默认的项目工程包含的文件夹如下(图 7-3)。

Assets:存放模型零件与纹理图片;

Data:存放道路或地块数据,例如:.shp、.dxf、.osm;

Images:存放场景快照;

Maps:存放地图图层来源的影像、图片数据。例如:.jpg、.png、.tif。

Models:导出的 3D 模型默认存放位置,试用版只支持模型导出;

Rules:存放规则文件.cga;

Scenes:存放场景文件.cej;

实验 7　基于 Esri CityEngine 的三维城市建模

图 7-1　新建工程方法一

图 7-2　新建工程方法二

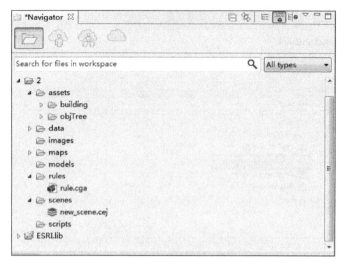

图 7-3 项目工程所包含的文件夹

Scripts：存放脚本文件。

Esri CityEngine 可支持不同格式的数据，可用于导入 CityEngine 场景图层的文件类型包括 CEJ、DAE、DXF、File GDB、KML、KMZ、OBJ、OSM、Shapefile、Terrain、Texture 等。在开始对一个城市或其他场景进行模型构建时，需要准备 maps、data、assets 3 个文件夹内的数据，其余文件夹内的数据均可在 CityEngine 中创建。

3) 场景与图层创建

Esri CityEngine 模型由单独的场景文件控制，每个场景文件能够记录规则包所生产出的所有模型。由于所有模型生产都需要在场景中进行，所以该软件建模时首先需要进行场景的创建。CityEngine 场景创建有两种方式，第一种是在 Navigator 窗口中选中相应的 scenes 文件夹，右击弹出快捷菜单，依次点击"New"—"CityEngine scene"(图 7-4)，弹出"GityEngine scene"窗口(图 7-5)；第二种是通过点击菜单栏中"File"—"New"—"CityEngine scene"(图 7-6)调出"GityEngine scene"窗口(图 7-5)。

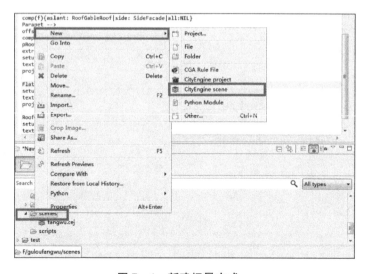

图 7-4 新建场景方式一

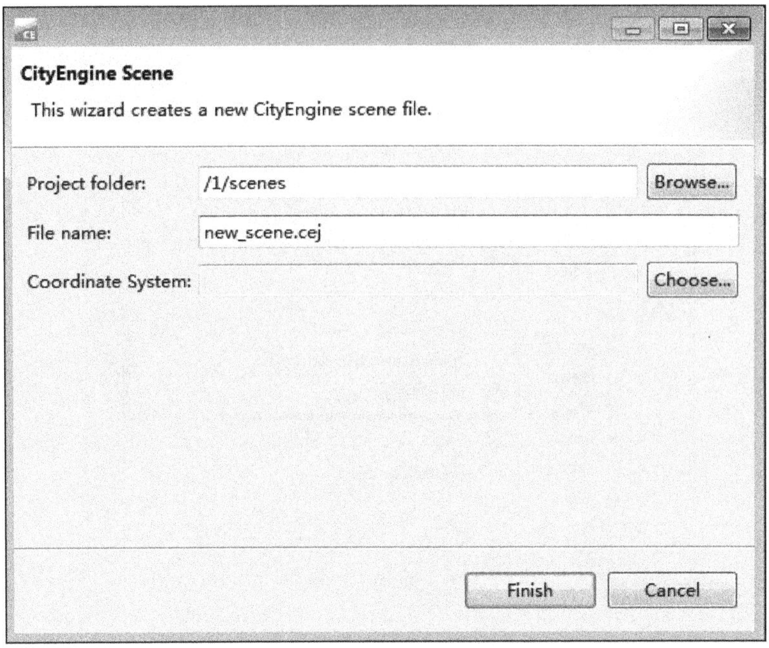

图 7－5　场景创建窗口

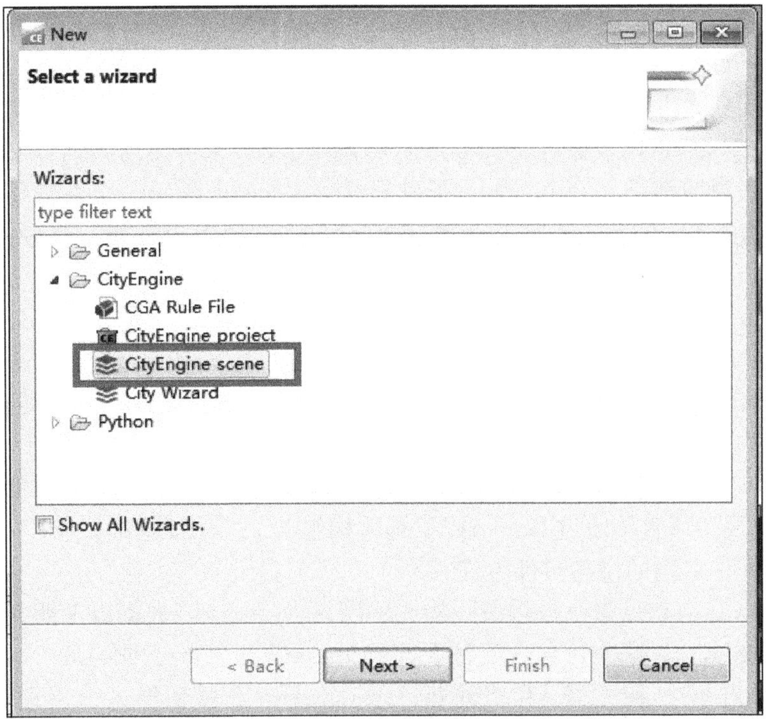

图 7－6　新建场景方式二

CityEngine 场景中的模型是由不同图层的模型组合而成,场景中有 5 类不同的图层,如图 7-7 所示。

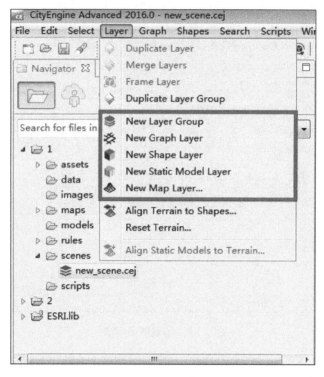

图 7-7 图层菜单

(1) Layer Group:用来管理其他图层,其他图层可以放入一个 Layer Group 中进行编组,这个图层极大方便了我们对工程进行管理。

(2) Shape Layer:用来保存 Shape 形状的图层。Shape 形状是每个 CGA 规则建模的起点,最终的模型都是从一个 Shape 形状开始,给 Shape 赋予一定的规则就可以产生模型。通过调整和改变 Shape 将直接影响到后续的模型生成结果。当创建 Shape 时,CityEngine 将自动创建一个 Shape Layer 来存储 Shape。

创建 Shape 的方式有 3 种:手动创建、自动生成和导入。手动创建是通过工具栏中的"Create Shape Tool"工具来创建和编辑 Shape。自动生成是通过在闭合的线段中指定地块大小来创建 Shape。导入则是利用菜单栏中的"Import"工具将各种类型的文件,如".obj"".dxf"".shp"".osm"等导入到当前场景中创建 Shape。

(3) Static Model Layer:用来存放外部静态模型的图层,这个图层内的模型是无法编辑的。外部模型可直接通过"Import"工具将模型导入,可以通过在应用 CGA 规则时利用"assets"文件夹内的模型零件生成。

(4) Graph Layer:用来存放多段线构成的网络(Network)数据以及闭合多段线形成的块(Blocks)数据。网络中则包含两种数据(Segment)和节点(Node)。

生成 Graph 有 3 种方式:手动创建、GrowStreet 工具和导入。手动创建是通过 Graph 编辑工具,手动绘制创建。GrowStreet 工具是 CityEngine 中一个自动化路网生成工具,输入相应参数即可完成相应 Graph 的创建。另外一种方式是通过菜单栏中的

"Import"工具,将对应的数据导入到场景中。

(5) Map Layer:地图图层。其有两个主要功能:一是使用影像数据添加地图对象到场景中来,二是使用影像地图数据的各种属性。创建 Map Layer 需通过点击菜单栏中的"Layer"—"New Map Layer"工具来完成,如图 7-8 所示。

Map Layer 有 5 种类型:纹理(Texture),创建具有纹理信息的平面地图模型;障碍(Obstacle),控制道路增长算法生成道路网,作为属性提供图层,提供真假值;映射(Mapping),映射图层是用来控制 CGA 规则属性对象的图层,如果图层中有属性与规则中的属性相对应,该图层可以作为属性的源控制相映射区域模型的生成;地形(Terrain),地形图层,创建一个高程地图格网作为场景的高程基础,需要注意的是导入高程数据时 CityEngine 目前只支持 tif;函数(Function),任意数学函数用来控制规则属性。

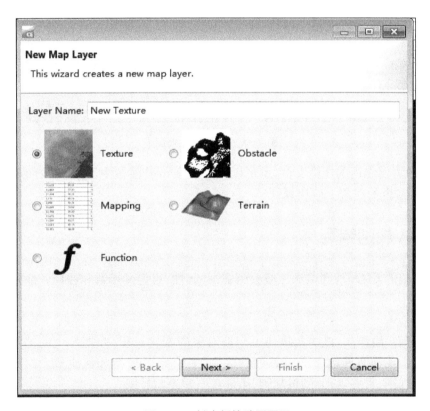

图 7-8 创建新的地图图层

4) 模型贴地处理

由于有些地形存在起伏,Shape、Graph 在创建后往往不能与地形贴合,这就需要对模型进行贴地操作。通过软件自带的贴地工具,可以将 Shape、Graph 中所有的节点与地形贴合,而通过修整地形工具,则可以完成对多边形区域附近地形的处理,例如将低于多边形平面的部分进行填补,对高出多边形平面部分进行去除,最终使地形平整。具体操作为选择"Layer"—"Align Terrain to Shapes"(图 7-9)—"Apply"。

5) CGA 规则应用

CGA 规则的应用较为简单,可以在选中对象后,在其"Inspector"面板中的"Rule"栏

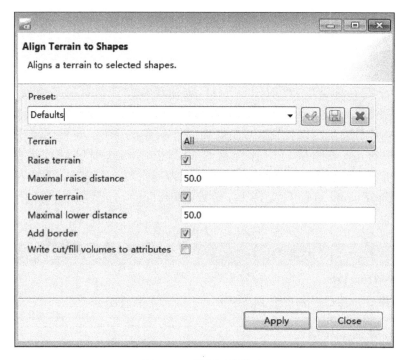

图 7-9　模型贴地处理

中,直接选中需要应用的规则文件,也可以从"Navigator"面板中,将规则文件直接拖拽到 Viewport 窗口内的对象上应用规则。

7.3　CGA 规则编写

一套完整的 CGA 规则语法一般会由规则、属性、自定义函数和注释 4 部分组成。

7.3.1　规则

规则就是一组语句,该语句描述了当前对象的变化过程,并把变化的结果赋给一个或多个对象。规则文件包含了一系列的规则,它决定了模型如何生成,文件后缀.cga。可分为标准规则、带参规则、随机规则、条件规则和递归规则。

1) 标准规则基本形式

PredecessorShape——＞Successor

PredecessorShape:规则名称,代表执行前的模型对象。——＞:表示执行。Successor:形状操作和模型标识。

示例:Lot——＞extrude(10)Mass

2) 带参规则基本形式

PredecessorShape(Parameters)——＞Successor

带参规则是 CGA 规则中最常用的规则,但在其使用过程中也要注意,参数的类型没有太多限制,可以是布尔型(Bool)、浮点数值(Float)和字符型(String),也可以是表达式。

3）随机规则基本形式

PredecessorShape——>

percentage%：Successor1

percentage%：Successor2

……

else：SuccessorN

4）条件规则基本形式

PredecessorShape——>

casecondition1：Successor1

casecondition2：Successor2

……

else：SuccessorN

条件规则通过使用case，else这两个关键字，过程类似于函数中的条件语句，是根据设置条件的不同去完成不同外观模型的生产。

5）递归规则基本形式

PredecessorShape——>

casecondition_1：Operations PredecessorShape

casecondition_2：Successor2

……

else：SuccessorN

递归规则的原理是通过循环语句，让模型在一定条件下重复执行某一指令操作。

7.3.2 属性

属性是一组静态的全局变量（在一个规则文件中），每个属性被初始化一个特定的值。根据值的特点，属性又分为变量和常量。

变量：用关键字"attr"定义变量参数，该属性的参数可在"Inspector"面板里调整，与对象的属性字段做关联；当定义的属性名与字段名一致时，二者会自动关联。对变量参数添加range函数可以定义变量参数的取值范围。

常量：用关键字"const"定义常量参数，该属性的参数值不能在"Inspector"面板里调整，也不能在规则中利用set函数调整其值。需要注意的是，当规则中缺少关键字时，CityEngine会将该函数默认为自定义函数。

7.3.3 自定义函数

CityEngine中的自定义函数类似于属性，但前面没有关键字。自定义函数可以被参数化、随机化和条件化。

7.3.4 注释

注释可以增加CGA规则的易读性，主要分为行注释、块注释和内置注释。

行注释在代码前面加上//或#即可；块注释是在几行代码的首尾分别加上/*和

*/；内置注释和块注释形式类似，只不过是在代码中间添加，形式为/＊……＊/。

7.3.5 常用函数

1) extrude(拉伸)函数

拉伸规则就是把地块变成一个建筑。

基本形式为 extrude(height)或 extrude(axisWorld, height)。

height：拉伸的高度，默认沿着模型的 Y 轴拉伸。axisWorld：设定拉伸的轴线，使用世界坐标系的轴作为拉伸轴线。

2) comp(拆分组件)函数

comp 函数用来从模型中分离出满足一定条件的模型。

基本形式为 comp(compSelector){selector operator operations | selector operator operations …}

compSelector(keyword)：要分割组件的类型。可选值 f 为面，e 为边，v 为点。selector(keyword)：可选值 front，back，left，right，top，bottom，即前、后、左、右、上、下。

3) split(分割)函数

分割函数即沿一定方向切割模型。

基本形式为 split(splitAxis){size1：operations1 | size2：operations2 | … | sizen－1：operationsn－1}

splitAxis：取值 X，Y，Z。sizen：分割的宽度。

4) texture(贴图)函数

基本形式为 texture("图片存储路径")

CGA 规则中包含了丰富的函数库，可以帮助编写人员实现各种不同的功能，本书在此不再赘述，如有需求，可查询相关专门介绍 CGA 规则编写的教材。在编写 CGA 规则时，如果知道了一个函数的关键词，可以同时按键盘上的"Alt"和"/"，CityEngine 会弹出函数提示框，双击所需函数即可快速补充参数完成规则编写。

7.4 南京市鼓楼区三维城市模型构建

7.4.1 基础数据的准备与预处理

在本节中需要准备的数据主要是南京市鼓楼区建筑房屋的矢量数据和贴图数据，鼓楼区的 DEM 数据。对于建筑房屋的矢量数据来说，属性表中要包括楼层数或建筑高度的属性字段。另外，为了更准确地表达建筑外观，我们还增加了屋顶的属性数据（图 7-10）。

贴图数据是为了模型的美观和方便规则的调用。在本节中，我们准备了一般性建筑房屋贴图数据和屋顶贴图数据（如果有条件的话，最好可以采集实地的照片进行贴图处理，这样会使得最终模型的效果更贴合实际）。为了方便后面在规则中调用这些贴图并保证贴图后的模型与实际大小尺寸一致，这里对贴图的命名进行了一定的规范，例如：05

_floors03_tiles06，如图 7－11 所示。

FID	Shape *	Id	Floor	fenzu	RoofType
0	面	0	3	003	Flat
1	面	0	4	004	RoofGable
2	面	0	4	004	RoofGable
3	面	0	4	004	Flat
4	面	0	1	001	RoofGable
5	面	0	2	002	Flat
6	面	0	2	002	Flat
7	面	0	2	002	RoofGable
8	面	0	2	002	RoofGable
9	面	0	2	002	Flat
10	面	0	2	002	RoofGable

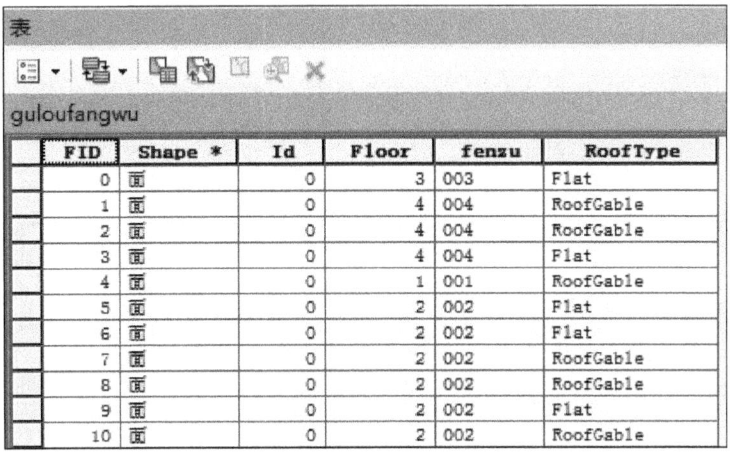

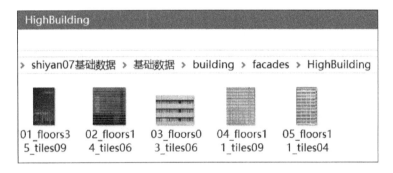

图 7－10　建筑房屋数据属性表

图 7－11　贴图命名示例

一般性建筑除了体现其立面要素外还要表现其屋顶效果，本节准备了两种屋顶贴图数据，即平顶贴图和坡顶贴图。

对于 CityEngine 来说，它对影像/地形的大小有一定的限制，一般要求影像和地形的单幅行列数控制在 8192×8192 以内。如果数据超出这个范围，可以利用重采样等方法对其进行预处理。

7.4.2　三维城市模型构建

南京市鼓楼区三维城市模型构建的具体步骤如下：

➢ 步骤 1：启动 CityEngine 2016，依次点击“File”—“New”—“CityEngine Project”—“Next”，创建一个新的工程(图 7－12)。

➢ 步骤 2：创建完新的工程后，在“Navigator”面板中我们可以看到“nanjingfangwu”文件夹，打开选中“scenes”文件夹，右键新建一个场景“new_scene.cej”。

➢ 步骤 3：首先，将存放在 D:\data\shiyan07\基础数据中的“gulou”文件夹复制粘贴到新建工程文件夹下的“maps”文件夹中。然后，点击菜单栏中的“Layer”—“New Map Layer”，在弹出的窗口中选择“Texture”—“Next”，并在弹出的“Texture”窗口中，在“Texture file”处导入“maps”文件夹中的 gulounew1.tif 文件(图 7－13)。

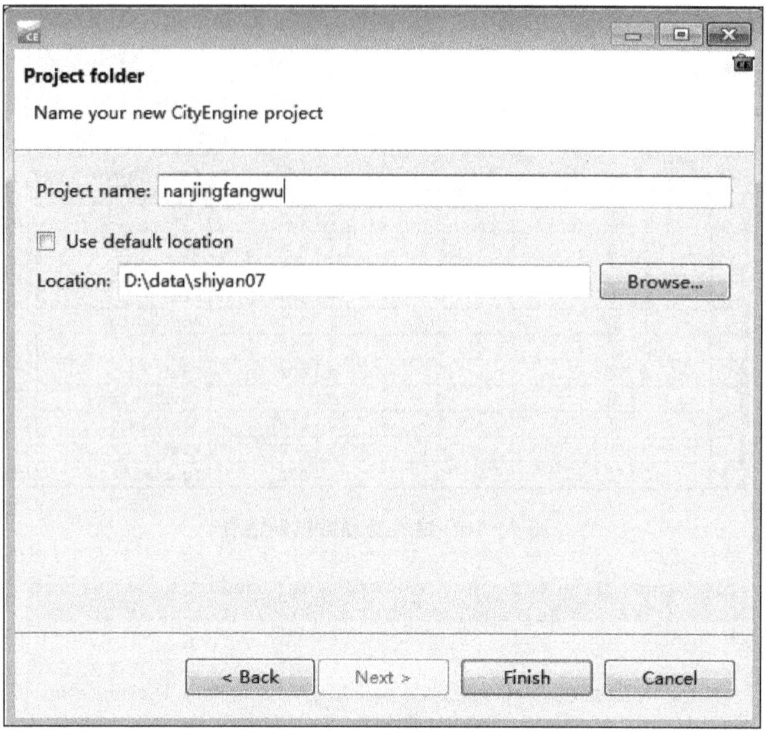

图 7-12 新建工程

图 7-13 创建新的纹理图层

➤ 步骤 4：在"Navigator"面板中，打开"nanjingfangwu"文件夹，选中"data"文件夹，右键—"Import"—"Shapefile Import"，选择存放在 D：\data\shiyan07\基础数据\nanjingjianzhu 中的矢量数据。在 Viewport 窗口中，我们可以看到建筑房屋的矢量数据已经成功导入到 CityEngine 中（图 7 - 14）。

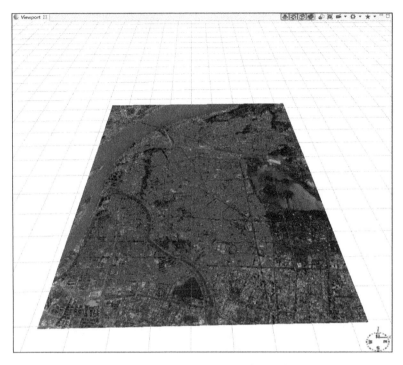

图 7 - 14　Viewport 视窗中的矢量数据

➤ 步骤 5：将 D：\data\shiyan07\基础数据\building 文件夹复制到 D：\data\shiyan07\project\assets 文件夹下。

➤ 步骤 6：在"Navigator"面板中，打开"nanjingfangwu"文件夹，选中"rules"文件夹，右键—"New"—"CGA Rule File"，新建一个 CGA 规则文件"rule. cga"。

➤ 步骤 7：新建规则文件成功后会自动弹出 CGA 规则编辑器窗口，或者双击"rules"文件夹下的"rule. cga"也会弹出规则编辑器窗口（图 7 - 15）。

我们可以在此窗口中编写 CGA 规则，本节建模所用 CGA 规则（双斜杠及其后面说明均为注释，整体复制到 CGA 规则编辑器中即可，或者只复制规则代码）详解如下：

attr Floor = 0 //获取建筑房屋属性 Floor，若无属性值则取 0
attrGroundFloor_height = 4 //建筑底层高度，可在 inspector 面板中调整数值
Floor_height = case Floor < 7：3.5
else：3 //自定义函数中间楼层的高度，当楼层数小于 7 时中间楼层的高度为 3.5 米，大于等于 7 时为 3 米
Lot --->
extrude(GroundFloor_height + (Floor - 1) * Floor_height)
comp(f){top：Rooftop|side：Facade}
//Lot 规则按照建筑的楼层数和楼层高度把建筑底面拉伸成一定高度，同时把建筑

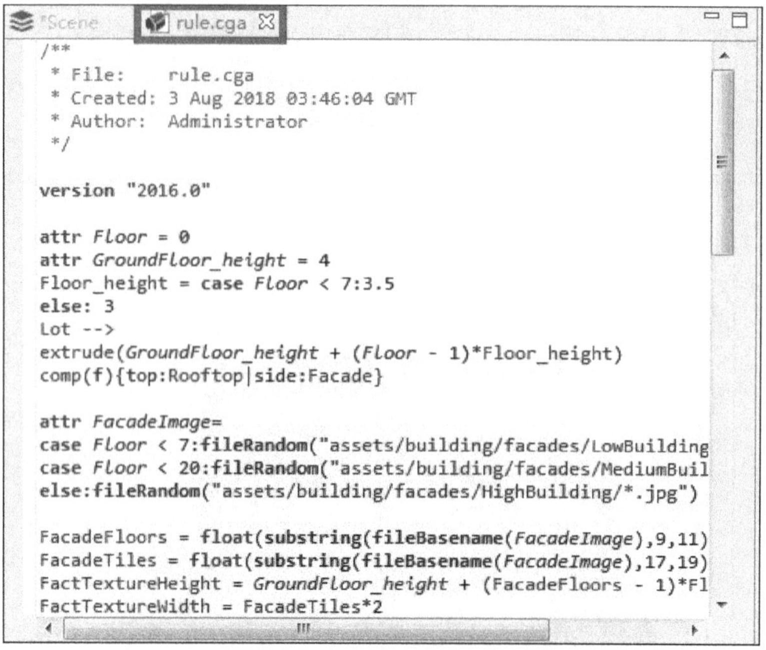

图 7-15 规则编辑器窗口

图 7-16 拉伸分割后的模型

拆分为立面和顶面,规则效果如(图 7-16)所示。

attrFacadeImage=

case Floor < 7:fileRandom("assets/building/facades/LowBuilding/ * .jpg")

case Floor < 20:fileRandom("assets/building/facades/MediumBuilding/*.jpg")
else:fileRandom("assets/building/facades/HighBuilding/*.jpg")
//根据建筑物的不同高度从之前准备的贴图文件夹中随机选择图片
FacadeFloors = float(substring(fileBasename(FacadeImage),9,11))
FacadeTiles = float(substring(fileBasename(FacadeImage),17,19))
FactTextureHeight = GroundFloor_height + (FacadeFloors - 1) * Floor_height
FactTextureWidth = FacadeTiles * 2
//获取贴图实际代表的楼层数和房间数,由此算出贴图实际代表的高度和宽度
Facade -->
setupProjection(0, scope.xy, FactTextureWidth, FactTextureHeight)
texture(FacadeImage)
projectUV(0)
//对立面进行贴图,规则效果如图7-17所示。

图 7-17 进行建筑立面贴图后的模型

attrRoofType = "Flat" //获取建筑房屋数据中的 RoofType 属性,若无属性值则默认取值"Flat"
Flat_Texture = fileRandom("assets/building/roofs/Flat/*.jpg")
Gable_Texture = fileRandom("assets/building/roofs/Gable/*.png")
//随机获取平顶和坡顶建筑的贴图
Rooftop -->
case RoofType == "Flat": //当屋顶类型为"Flat"时,根据楼层数生成不同样式的平顶
   case Floor > 20: //当楼层数大于20时,如果建筑的长宽比不大,则在顶面上生成

一个内接长方体

```
case scope.sx/scope.sy<1.5||scope.sx/scope.sy>0.6:FlatRoof
innerRect
center(xy)
RoofExtrude
else:FlatRoof
case Floor>7||Floor<15:Parapet  //当楼层数大于 7 小于 15 时,生成女儿墙
else:FlatRoof
else:  //当屋顶类型不是"Flat"时,生成双坡式屋顶,用 comp 函数拆分成三部分——
坡面、立面、底面。
roofGable(25)
comp(f){aslant:GableRoof|side:Facade|all:NIL}
Parapet -->  //生成女儿墙
offset(-0.2)
comp(f){border:FlatRoof|inside:extrude(-0.4) comp(f){bottom:NIL|all:
FlatRoof}}
//对顶部拉伸的部分进行贴图
RoofExtrude -->
extrude(rand(2,5))
setupProjection(0, scope.xz, '1.4, '1.4)
texture(Flat_Texture)
projectUV(0)
//平屋顶贴图
FlatRoof -->
setupProjection(0, scope.xy, '1, '1)
texture(Flat_Texture)
projectUV(0)
//坡屋顶贴图
GableRoof -->
setupProjection(0, scope.xy, 8, 8)
texture(Gable_Texture)
projectUV(0)
```

//应用屋顶贴图规则后模型效果如图 7-18 所示。

> 步骤 8:应用编写完成的"rule.cga"文件,点击"*Scene"视窗,右击矢量文件——"Assign rule file"—在弹出的对话框中选择 rule.cga—"open"。或者在 Viewport 视窗中,右击选择"select"—"select all",然后在 Inspector 面板中 Rules 栏 Rule File 处选择编写的 rule.cga 文件。然后,点击菜单栏中的"Generate"命令构建三维模型。

应用完整的规则文件后,建模结果如图 7-18 所示,南京市鼓楼区所有建筑房屋均已建成 3D 模型。

图 7-18 进行屋顶贴图后的模型

7.5 实验总结

通过本实验掌握利用 Esri CityEngine 进行批量三维建模的基本原理与基础操作,能够编写与读懂简单的 CGA 规则,制作规划研究区的三维城市模型,从而为该规划研究区的城市规划与设计、建设与管理提供重要的三维可视化信息。

具体内容见表 7-2。

表 7-2 本次实验主要内容一览

内容框架	具体内容	页码
Esri CityEngine 三维建模的基本原理与基础操作	(1) Esri CityEnyine 三维建模的基本原理	P291
	(2) Esri CityEnyine 三维建模的基础操作	P292
CGA 规则编写	(1) 规则	P298
	■ 标准规则基本形式	P298
	■ 带参规则基本形式	P298
	■ 随机规则基本形式	P299
	■ 条件规则基本形式	P299
	■ 递归规则基本形式	P299
	(2) 属性	P299
	(3) 自定义函数	P299
	(4) 注释	P299
	(5) 常用函数	P300

续表 7-2

内容框架	具体内容	页码
CGA 规则编写	■ extrude(拉伸)函数	P300
	■ comp(拆分组件)函数	P300
	■ split(分割)函数	P300
	■ texture(贴图)函数	P300
南京市鼓楼区三维城市模型构建	(1) 基础数据的准备与预处理	P300
	■ 矢量数据	P300
	■ 贴图数据	P300
	(2) 三维城市模型构建	P301
	■ 新建工程和场景	P301
	■ 导入基础数据	P301
	■ 编写 CGA 规则	P303
	■ 应用规则	P306
	■ 生成模型	P307

第三篇
社会经济空间格局分析

"……daßdie ökonomische Produktion und die aus ihr mit Notwendigkeit folgende gesellschaftliche Gliederung einer jeden Geschichtsepoche die Grundlage bildet für die politische und intellektuelle Geschichte dieser Epoche……"——Friedrich Engels [Vorwort zum "Manifest der Kommunistischen Partei" (deutsche Ausgabe von 1883)]

每一历史时代主要的经济生产方式与交换方式以及必然由此产生的社会结构,是该时代政治的和精神的历史所赖以确立的基础。——恩格斯《共产党宣言1883年德文版序》

社会经济地理空间格局是对区域社会经济活动集聚现象或者空间不平衡现象的描述与定量表征,是区域分析与区域规划所要探讨的核心问题。定量分析社会经济地理的总体格局特征、静态与动态格局演化规律,能够为城市与区域规划中的社会经济发展决策选择、社会经济空间合理布局及其他相关内容的规划制订提供方法支撑和决策支持。

本篇主要介绍城乡规划中的社会经济地理空间格局分析的相关内容与方法,主要包括区域经济地理空间格局分析、城镇综合竞争力评价、基于相互作用模型的经济区划分、基于流空间的城镇空间联系强度分析、城市公共服务设施的可达性与公平性分析、基于DMSP/OLS夜间灯光数据的城镇化空间格局分析、基于互联网开放数据的城市居住小区生活便利度分析7个实验。

实验8:区域经济地理空间格局分析
实验9:城镇综合竞争力评价
实验10:基于相互作用模型的经济区划分
实验11:基于流空间的城镇空间联系强度分析
实验12:城市公共服务设施的可达性与公平性分析
实验13:基于DMSP/OLS夜间灯光数据的城镇化空间格局分析
实验14:基于互联网开放数据的城市居住小区生活便利度分析

实验 8　区域经济地理空间格局分析

8.1　实验目的与实验准备

8.1.1　实验目的

通过本实验了解和掌握区域经济地理空间格局专题制图、区域经济地理总体格局特征、区域经济地理的静态与动态格局演化分析的常用方法及其基本操作,能够有助于我们全面、系统地认识和把握研究区域经济地理空间格局的动态演化特征、趋势与规律。

具体内容见表 8-1。

表 8-1　本次实验主要内容一览表

主要内容	具体内容
区域经济地理空间格局专题制图	(1) GIS 中的主要插值方法
	(2) GIS 中的密度分析方法
	(3) 经济地理格局专题制图
区域经济地理空间格局分析	(1) 区域经济地理格局总体特征分析
	(2) 区域经济地理静态空间格局分析
	(3) 区域经济地理动态空间格局分析

8.1.2　实验准备

(1) 计算机已经预装了 ArcGIS 10.1 中文桌面版、PASW Statistics 18、Excel 2013 或更高版本的软件。

(2) 本实验主要以中原城市群作为规划研究区,请将实验数据存放在 D:\data\shiyan08 目录下

8.2　区域经济地理空间格局专题制图

下面简要介绍基于 GIS 平台绘制区域经济地理空间格局专题图的过程,同时展示 GIS 专题制图在城市与区域规划分析中的重要应用。

在进行区域经济地理空间格局专题图制作之前,首先介绍 GIS 中的主要插值方法和密度分析方法,为各类专题图的制作提供方法支撑。

8.2.1　GIS 中的主要插值方法

空间插值方法可以分为确定性插值和地质统计学方法(又称克里金插值,或非确定

性插值)。

确定性插值方法是基于信息点之间的相似程度或者整个曲面的光滑性来创建一个拟合曲面。根据插值时采样点数据的选取方式,又可分为全局性插值和局部性插值两类。全局性插值方法以整个研究区的样点数据集为基础来计算预测值,例如全局多项式插值;局部性插值方法则使用一个大研究区域内较小的空间区域内的已知样点来计算预测值,例如反距离权重法(IDW)、局部多项式插值、径向基插值等。

地质统计学插值方法是利用样本点的统计规律,使样本点之间的空间自相关性定量化,从而在待预测的点周围构建样本点的空间结构模型,例如克里金(Kriging)插值法。

根据是否能够保证创建的表面经过所有的采样点,空间插值方法又可以分为精确性插值和非精确性插值。精确性插值法预测值在样点处的值与实际值相等,例如反距离权重法(IDW)和径向基插值等;非精确性插值法预测值在样点处的值与实测值一般不会相等,例如全局多项式插值、局部多项式插值、克里金插值等。

下面以中原城市群各地级市 2016 年的 GDP 指标为例演示主要的插值方法的过程。

1) 采用反距离权重法(IDW)进行中原城市群各地级市 GDP 的插值分析

➢ 步骤 1:启动 ArcMap,加载"中原城市群地级市.shp"文件,并添加字段。

首先,启动 ArcMap,加载"中原城市群地级市.shp"文件,该文件是中原城市群地级市的多边形文件。

然后,用鼠标右键点击该数据层,打开属性表,查看属性表主要字段,可以发现属性表中与 EXCEL 表格"中原城市群经济地理格局指标数据.xlsx"具有的共同字段为地市名称(分别为"NAME"和"城市")。为了便于后面步骤中"地区生产总值"字段数据的连接与存储,在属性表中新增加一个浮点型字段"GDP"。

➢ 步骤 2:将 EXCEL 数据与"中原城市群地级市.shp"文件进行连接(Join)。

数据的关联需要有公共字段(如果是空间关联分析,则需要空间中有包含关系等),本例中可以使用城市名称作为关联字段。

鼠标右键点击该图层数据,在弹出的快捷菜单中点击"连接和关联"—"连接",打开"连接数据"对话框(图 8-1)。在"要将哪些内容连接到该图层"中选择"某一表的属性";在"选择该图层中连接将基于的字段"中选择"NAME"字段;在"选择要连接到此图层的表"中,通过文件浏览找到 shiyan08 文件夹下的"中原城市群经济地理格局指标数据.xlsx"文件中的"2016 $"(需要注意的是,因 ArcGIS 与 Office 等软件版本的差异,如果.xlsx 文件无法进行数据连接,则需要将.xlsx 文件另存为低版本的.xls 文件再进行连接),并在"选择

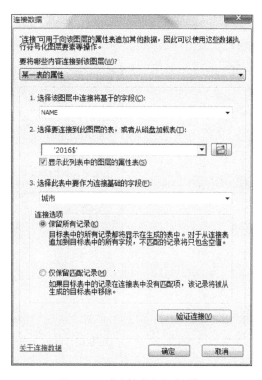

图 8-1 "连接数据"对话框

此表中要作为连接基础的字段”中选择“城市”字段；在“连接选项”中选择“保留所有记录”。点击“确定”按钮，执行文件连接。

数据文件连接后，图层文件的属性表将发生变化，即将连接表（中原城市群经济地理格局指标数据.xlsx）中的字段也显示出来（图 8－2）。但这些连接的字段仅仅是在属性表中显示而已，当我们关闭 ArcMap 后，数据连接将消失。

为了将需要的地区生产总值（GDP）数据进行保存，使用“字段计算器”（在需要计算的字段处右击弹出快捷菜单，选择点击字段计算器）功能（图 8－3）将 Excel 表格中连接的字段值赋给该图层属性表中加入的“GDP”字段中。将图层文件移除后，可再重新进行加载，观察属性表的变化。

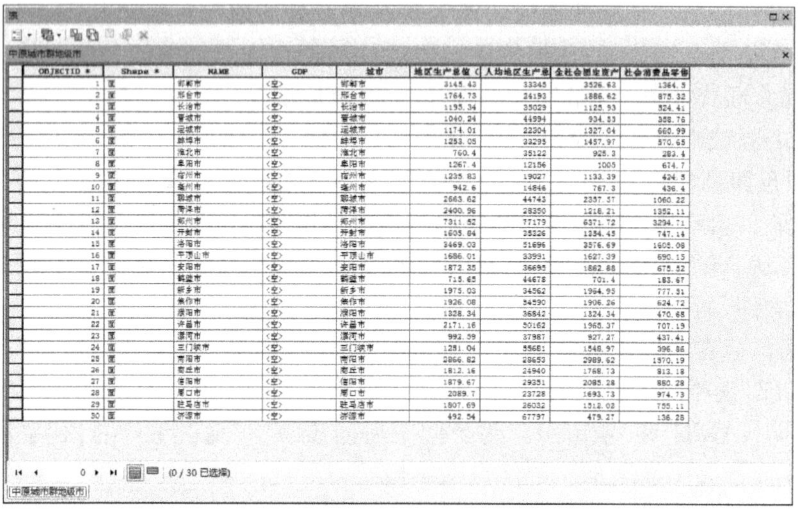

表

中原城市群地级市

OBJECTID *	Shape *	NAME	GDP	城市	地区生产总值（	人均地区生产总	全社会固定资产	社会消费品零售
1	面	邯郸市	<空>	邯郸市	3145.43	33345	3526.62	1364.5
2	面	邢台市	<空>	邢台市	1764.73	24193	1886.62	875.32
3	面	长治市	<空>	长治市	1195.34	35029	1125.93	524.41
4	面	晋城市	<空>	晋城市	1040.24	44994	934.53	358.76
5	面	运城市	<空>	运城市	1174.01	22304	1327.04	660.99
6	面	蚌埠市	<空>	蚌埠市	1253.05	33295	1457.97	570.65
7	面	淮北市	<空>	淮北市	760.4	35122	925.3	283.4
8	面	阜阳市	<空>	阜阳市	1267.4	12156	1005	674.7
9	面	宿州市	<空>	宿州市	1235.83	19027	1133.39	424.5
10	面	亳州市	<空>	亳州市	942.6	14846	767.3	436.4
11	面	聊城市	<空>	聊城市	2663.62	44743	2357.57	1060.22
12	面	菏泽市	<空>	菏泽市	2400.96	28350	1218.21	1352.11
13	面	郑州市	<空>	郑州市	7311.52	77179	6371.72	3294.71
14	面	开封市	<空>	开封市	1605.84	35326	1354.45	747.14
15	面	洛阳市	<空>	洛阳市	3469.03	51696	3576.69	1605.08
16	面	平顶山市	<空>	平顶山市	1686.01	33991	1627.39	690.15
17	面	安阳市	<空>	安阳市	1872.35	36695	1862.88	675.52
18	面	鹤壁市	<空>	鹤壁市	715.65	44678	701.4	183.67
19	面	新乡市	<空>	新乡市	1975.03	34562	1964.95	777.51
20	面	焦作市	<空>	焦作市	1926.08	54590	1906.26	624.72
21	面	濮阳市	<空>	濮阳市	1328.34	36842	1324.34	470.68
22	面	许昌市	<空>	许昌市	2171.16	50162	1965.37	707.19
23	面	漯河市	<空>	漯河市	992.59	37987	927.27	437.41
24	面	三门峡市	<空>	三门峡市	1281.04	55681	1548.97	396.86
25	面	南阳市	<空>	南阳市	2866.82	28653	2989.62	1570.19
26	面	商丘市	<空>	商丘市	1812.16	24940	1768.73	813.18
27	面	信阳市	<空>	信阳市	1879.67	29351	2085.28	880.28
28	面	周口市	<空>	周口市	2089.7	23728	1693.73	974.73
29	面	驻马店市	<空>	驻马店市	1807.69	26032	1512.02	755.11
30	面	济源市	<空>	济源市	492.54	67797	479.27	136.28

(0 / 30 已选择)

中原城市群地级市

图 8－2　数据连接后的属性表

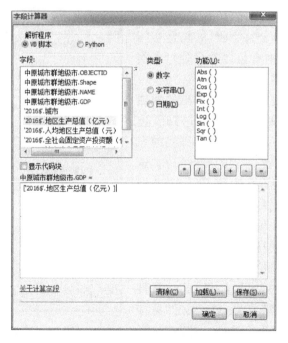

图 8－3　“字段计算器”对话框

我们也可以鼠标右键点击该图层数据,在弹出的快捷菜单中点击"连接和关联"—"连接"—"移除连接"—"移除所有连接",将表格数据与要素属性表的连接取消。此时,要素属性表中关联的表格数据字段都已经移除。

➢ 步骤 3:将"中原城市群地级市.shp"文件转换为点要素文件"中原城市群地级市_pt.shp"。

使用 ArcToolbox 中的"数据管理工具"—"要素"—"要素转点"工具将多边形要素文件转换为点要素文件。

➢ 步骤 4:采用反距离权重法(IDW)进行插值分析。

反距离权重法(IDW)是根据地理学第一定律(相似相近原理,即两个物体离得越近,它们的值越相似;反之,离得越远则相似性越小)进行的加权插值方法。它以插值点与样本点间的距离为权重进行加权平均,离插值点越近的样本点赋予的权重越大。这种方法的假设前提是每个采样点间都有局部影响,并且这种影响与距离大小成反比。这种方法适用于变量影响随距离增大而减小的情况。如计算某一超市的消费者购买力权值,由于人们通常喜欢就近购买,所以距离越远权值越小。

方次参数控制着权系数如何随着离开一个格网结点距离的增加而下降。对于一个较大的方次,较近的数据点被给定一个较高的权重份额,对于一个较小的方次,权重比较均匀地分配给各数据点。计算一个格网结点时给予一个特定数据点的权值与指定方次的从结点到观测点的该结点被赋予距离倒数成比例。当计算一个格网结点时,配给的权重是一个分数,所有权重的总和等于 1.0。当一个观测点与一个格网结点重合时,该观测点被给予一个实际为 1.0 的权重,所有其他观测点被给予一个几乎为 0.0 的权重。换言之,该结点被赋给与观测点一致的值,这就是一个精确性插值。距离倒数法的特征之一是要在格网区域内产生围绕观测点位置的"牛眼"。

用距离倒数格网化时可以指定一个圆滑参数。选择大于零的圆滑参数,则对于一个特定的结点,没有哪个观测点被赋予全部的权值,即使观测点与该结点重合也是如此。圆滑参数通过修匀已被插值的格网来降低"牛眼"的影响。

其具体操作过程如下:

首先,在 ArcToolbox 中的"环境设置"中定义"处理范围"为"中原城市群地级市.shp"文件的范围。

其次,点击 ArcToolbox 中的"Spatial Analyst 工具"—"插值分析"—"反距离权重法"工具,弹出"反距离权重法"对话框(图 8-4)。

再次,在"反距离权重法"对话框做如下定义。"输入点要素":中原城市群地级市_pt.shp;"Z 值字段":中原城市群地级市_GDP;"输出栅格":shiyan08 文件夹下,文件名称为 GDP_IDW;"输出像元输出大小"采用 1 000。"幂(可选)"是用来定义距离的指数,用于控制内插值周围点的显著性。幂值越高,远数据点的影响会越小,它可以是任何大于 0 的实数,但使用从 0.5 到 3 的值可以获得最合理的结果,默认值为 2。本例采用默认值。"搜索半径(可选)"定义要用来对输出栅格中各像元值进行插值的输入点,共有两个选项:变量(默认选项)和固定。默认设置下,可以定义"点数",指定要用于执行插值的最邻近输入采样点数量的整数值,默认值为 12 个点;也可以定义"最大距离",使用地图单位指定距离,以此限制对最邻近输入采样点的搜索,默认值是范围的对角线长度。本例采用默认设置。

最后,点击"确定"按钮,执行反距离权重法插值(图 8-4)。由结果可见,"牛眼"特征较为明显,且数据范围是中原城市群地级市.shp 文件的外接最大长方形(图 8-5)。

图 8-4 "反距离权重法"对话框

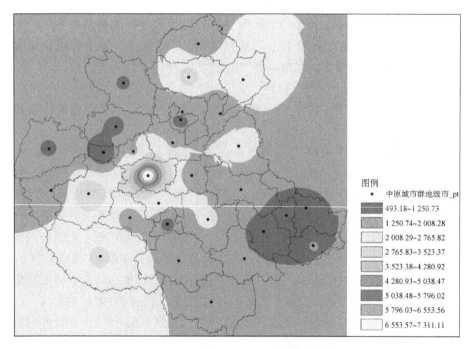

图 8-5 反距离权重法插值结果

2) 采用克里金法进行中原城市群各地级市 GDP 的插值分析

克里金插值法,又称空间自协方差最佳插值法,是以南非矿业工程师 D. G. Krige 的名字命名的一种最优内插法。它首先考虑空间属性在空间位置上的变异分布,确定对一个待插点值有影响的距离范围,然后用此范围内的采样点来估计待插点的属性值。该方法在数学上可对所研究的对象提供一种最佳线性无偏估计(某点处的确定值)的方法,在数据点多时,其内插的结果可信度较高。

克里金法的假设前提是采样点间的距离和方向可反映一定的空间关联,并用它们来解释空间变异。克里金法试图表示隐含在数据中的趋势,例如,高点会是沿一个脊连接,而不是被牛眼形等值线所孤立。该方法适用于已知数据含距离和方向上的偏差的情况,常用于社会科学研究及地质学中。

按照空间场是否存在漂移(Drift)可将克里金插值分为普通克里金和泛克里金,其中普通克里金(Ordinary Kriging,简称 OK 法)常被称作局部最优线性无偏估计。

下面直接使用反距离权重法中第三步得到的点数据文件进行克里金插值分析。

其具体操作过程如下:

首先,在 ArcToolbox 中的"环境设置"中定义"处理范围"为"中原城市群地级市.shp"文件的范围。

其次,点击 ArcToolbox 中的"Spatial Analyst 工具"—"插值分析"—"克里金法"工具,弹出"克里金法"对话框(图 8-6)。

图 8-6 "克里金法"对话框

在"克里金法"对话框做如下定义。"输入点要素":中原城市群地级市_pt;"Z值字段":中原城市群地级市_GDP;"输出表面栅格":shiyan08 文件夹下,文件名称为 GDP_Kri;"输出像元大小"采用 1 000;"半变异函数属性":"克里金方法"定义为普通克里金(默认设置),"半变异模型"定义为球面模型(默认设置)。"搜索半径(可选)":定义"点数"为 12(默认设置),"最大距离"使用默认值。

最后,点击"确定"按钮,执行克里金插值。由结果可见,"牛眼"特征仍较为明显(图 8-7)。

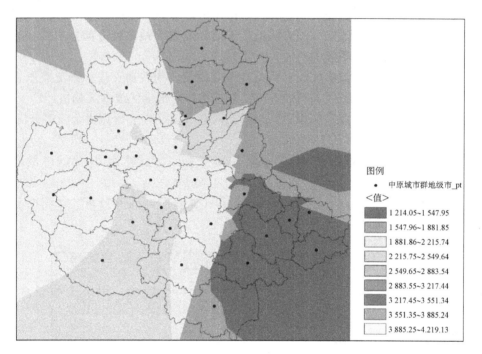

图 8-7 克里金法插值结果

3) 采用其他插值方法进行中原城市群各地级市 GDP 的插值分析

另外,GIS 中还有自然邻域法、样条函数法、趋势面法等插值方法。其基本操作过程同前,在此不再赘述,仅将插值方法的对话框罗列如下(图 8-8~图 8-10)。

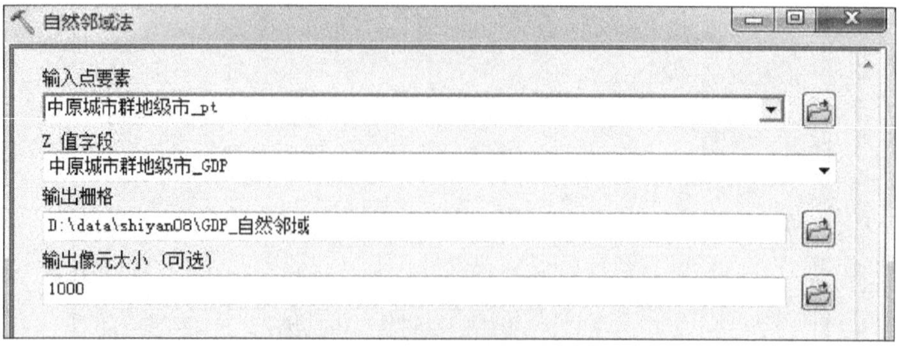

图 8-8 "自然邻域法"对话框

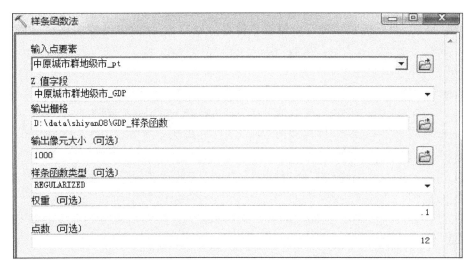

图 8-9 "样条函数法"对话框

图 8-10 "趋势面法"对话框

8.2.2 GIS 中的密度分析方法

密度分析是根据输入的要素数据计算整个区域的数据聚集情况,从而产生一个连续的密度表面。GIS 中的密度分析主要针对点要素数据和线要素数据生成,其实质是一个通过离散采样点进行表面内插的过程。

根据内插原理的不同,可以分为核密度分析和简单密度分析。核密度分析是在将落入搜索区的点赋予不同的权重,靠近格网搜索区域中心的点或线会被赋予较大的权重,随着其与格网中心距离的增大,权重降低,计算结果分布较为平滑。简单密度分析包括点密度分析和线密度分析。点密度分析是将落入搜索区的点赋予相同的权重,先对其进行求和,再除以搜索区域的大小,从而得到每个栅格的点密度值。线密度分析是将落入搜索区的线赋予相同的权重,先对其进行求和,再除以搜索区域的大小,从而得到每个栅格的线密度值。

1）采用核密度分析方法进行中原城市群各地级市人均 GDP 的空间格局分析

➢ 步骤 1：启动 ArcMap，加载"中原城市群地级市.shp"文件，并添加浮点型字段 "GDPper"。

➢ 步骤 2：将 EXCEL 数据与"中原城市群地级市.shp"文件进行连接（Join），并采用"字段计算器"将"人均地区生产总值"字段值转赋给"GDPper"字段。

➢ 步骤 3：将"中原城市群地级市.shp"文件转换为点要素文件 GDPper.shp 数据。

➢ 步骤 4：进行核密度分析。

首先，在 ArcToolbox 中的"环境设置"中定义"处理范围"为"中原城市群地级市.shp"文件的范围。

其次，点击 ArcToolbox 中的"Spatial Analyst 工具"—"密度分析"—"核密度分析"工具，弹出"核密度分析"对话框（图 8-11）。

图 8-11 "核密度分析"对话框

再次，在"核密度分析"对话框做如下定义。"输入点或折线要素"：GDPper；"Population 字段"：GDPper；"输出栅格"：shiyan08 文件夹下，文件名称为 GDPper_Kernal；"输出像元大小"采用 1 000；"搜索半径"定义为 100 000，"面积单位"采用默认值。

最后，点击"确定"按钮，执行核密度分析，得到人均地区生产总值的空间分布格局栅格图（图 8-12）。

2）采用点密度分析方法进行中原城市群各地级市人均 GDP 的空间格局分析

点要素数据的获取同前面的步骤 1～3。

首先，在 ArcToolbox 中的"环境设置"中定义"处理范围"为"中原城市群地级市.shp"文件的范围。

其次，点击 ArcToolbox 中的"Spatial Analyst 工具"—"密度分析"—"点密度分析"工具，弹出"点密度分析"对话框（图 8-13）。

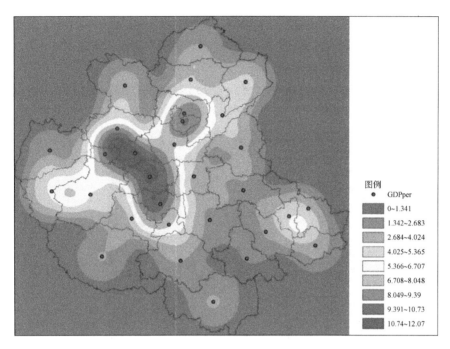

图 8-12 核密度分析结果

图 8-13 "点密度分析"对话框

再次,在"点密度分析"对话框做如下定义。"输入点要素":GDPper;"Poulation 字段":GDPper;"输出栅格":shiyan08 文件夹下,文件名称为 GDPper_pd;"输出像元大小"采用 1 000;"邻域分析"采用圆形(默认设置);"邻域设置"中的半径取 100 000,单位选择地图(默认设置);"面积单位"采用默认值。

最后,点击"确定"按钮,执行点密度分析,得到中原城市群各地级市人均 GDP 的空间分布格局栅格图(图 8-14)。

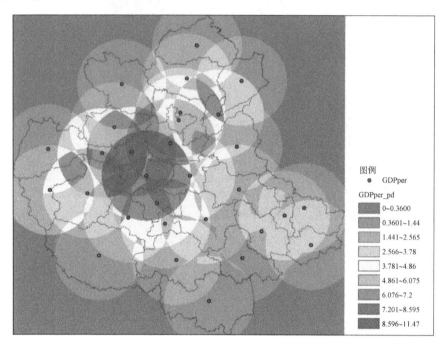

图 8-14　点密度分析结果

3) 采用线密度分析方法进行南京市鼓楼区道路密度的空间格局分析

➢ 步骤 1:在 ArcMap 菜单栏中选择"文件"—"新建",在"新建文档"弹出窗口中选择"空白地图",单击确定新建 ArcMap 地图文档。

➢ 步骤 2:加载"鼓楼道路.shp"文件

➢ 步骤 3:进行线密度分析

首先,在 ArcToolbox 中的"环境设置"中定义"处理范围"为"鼓楼道路.shp"文件的范围。

其次,点击 ArcToolbox 中的"Spatial Analyst 工具"—"密度分析"—"线密度分析"工具,弹出"线密度分析"对话框(图 8-15)。

再次,在"线密度分析"对话框做如下定义。"输入折线要素":鼓楼道路;"Population 字段":NONE;"输出栅格":shiyan08 文件夹下,文件名称为"鼓楼道路_线密度";"输出像元大小"设置为 100;"搜索半径"定义为 500,"面积单位"采用默认值。

最后,点击"确定"按钮,执行线密度分析,得到南京市鼓楼区道路密度的空间分布格局栅格图(图 8-16)。

图 8-15 "线密度分析"对话框

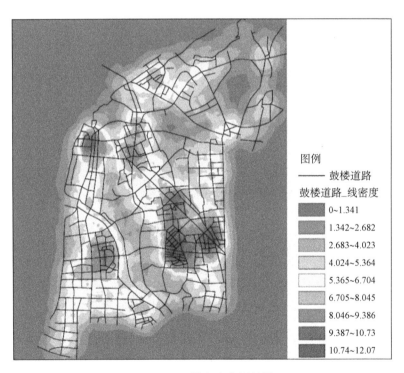

图 8-16 线密度分析结果

8.2.3 经济地理格局专题制图

绘制一幅满足工作需要的专题地图是一个比较复杂的过程,需要熟练地掌握 GIS 中的地图数据符号化与注记标注、图面设计、构图要素(图例、坐标、指北针等)的加入与调整等很多工作。

我们已经在实验1中介绍了专题图的制作过程。此处仅以中原城市群各地级市的社会消费品零售总额来简要说明专题图的制作过程。

1) 中原城市群地级市社会消费品零售总额专题图的制作

➢ 步骤1：启动 ArcMap，加载"中原城市群地级市.shp"文件，并添加浮点型字段"Retail"。

➢ 步骤2：将 EXCEL 数据与"中原城市群地级市.shp"文件进行连接（Join），并采用"字段计算器"将"社会消费品零售总额"字段值转赋给"Retail"字段。

➢ 步骤3：进行不同类型专题图的制作。

专题制图的具体过程在实验1中已经介绍过，此处仅介绍专题图的不同符号系统类型，以及每种类型的效果。

在图层数据文件处右击鼠标，在弹出的快捷菜单中点击"属性"，弹出"图层属性"对话框，通过"符号系统"选项卡来定义不同的符号系统类型(图8-17)。

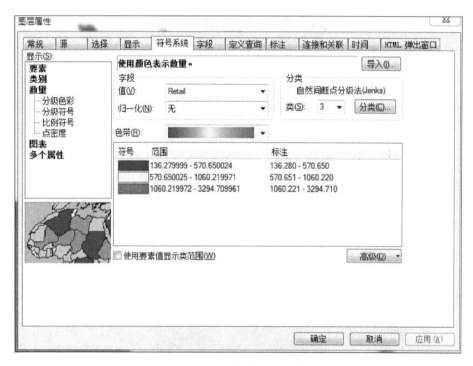

图8-17 "图层属性"对话框

这里使用的 Retail 字段不是定序字段，是定量字段，适合使用显示栏下的"数量"来设置专题图的符号系统。GIS 提供4种常用的类型：分级色彩(用不同色彩表示分级)、分级符号(用不同符号表示分级)、比例符号(用同一符号的不同大小表示数量关系)和点密度(用点的疏密表示数量关系，每一个点表示一个固定的数值)。

这里分别按照4种符号系统进行专题制图，得到中原城市群各地级市的社会消费品零售总额分级(类型)图(图8-18)。

2) 中原城市群各地级市的社会消费品零售总额3D图的制作

➢ 步骤1：将"社会消费品零售总额"字段值转赋给"Retail"字段后的"中原城市群地级市.shp"，转换为点要素文件(Retail_pt.shp)。

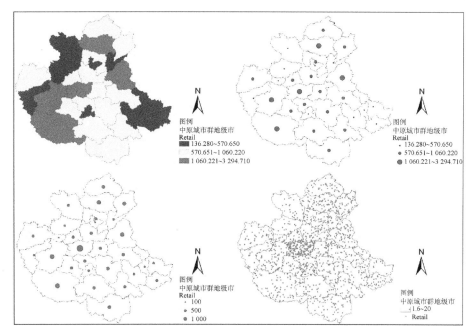

图 8-18 使用不同符号系统得到的专题图

➤ 步骤 2:在"环境设置"对话框中设置处理范围为研究区行政边界(中原城市群地级市.shp),也可以在处理范围中通过设置捕捉栅格文件定义分析区域,还可以在栅格分析中设置数据分析的掩膜。

➤ 步骤 3:采用反距离权重法(IDW)进行插值得到中原城市群各地级市的社会消费品零售总额的插值结果(Retail_IDW)(图 8-19)。

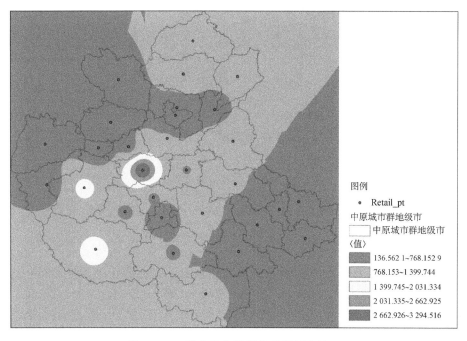

图 8-19 社会消费品零售总额插值结果

➤ 步骤 4:点击 ArcToolbox 中的"Spatial Analyst 工具"—"提取分析"—"按掩膜提取"工具,弹出"按掩膜提取"对话框(图 8-20)。

➤ 步骤 5:在"按掩膜提取"对话框做如下定义。"输入栅格":Retail_IDW;"输入栅格数据或要素掩膜数据":中原城市群地级市.shp;"输出栅格":shiyan08 文件夹下,文件名称为 Retail_mask;将中原城市群行政边界范围内的插值结果提取出来,提取结果如图 8-21 所示。

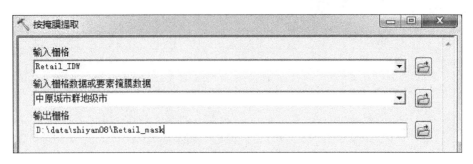

图 8-20 "按掩膜提取"对话框

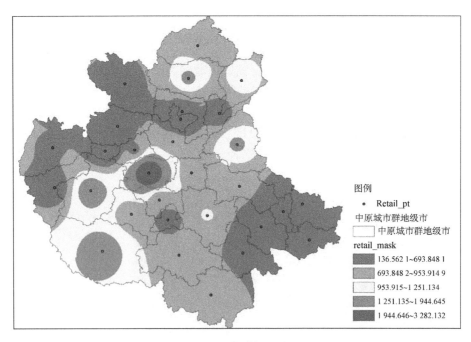

图 8-21 掩膜提取结果

➤ 步骤 6:启动 ArcScene,加载按掩膜提取后的中原城市群各地级市的社会消费品零售总额的插值结果(Retail_mask)和研究区行政边界文件(中原城市群地级市.shp)。

➤ 步骤 7:3D 专题图的制作与导出。

首先,通过鼠标右键点击数据图层文件 Retail_mask,在弹出的快捷菜单中点击"属性",打开"图层属性"对话框,选择"基本高度"选项卡(图 8-22)。

然后,定义"从表面获取的高程"为"在自定义表面上浮动",并通过文件浏览方式找到 shiyan08 文件夹下的 Retail_mask 文件;点击"栅格分辨率"按钮,在弹出的对话框中设置栅格大小,将栅格大小设置为 1 000;将"从要素获取的高程"栏下的"自定义"设置为

30,从而将获取的数据高差进行适当压缩。点击"应用"按钮,查看视图窗口中的数据显示,如果没有显示,可点击"全图"按钮,查看数据的显示情况。如果数据结果比较符合需要,点击"确定"按钮,退出"图层属性"对话框。采用同样的方式设置"中原城市群地级市.shp"的图层属性,同时将该图层多边形的填充颜色设置为无颜色,多边形的边界轮廓宽度设置为1,即可将中原城市群行政区边界附着在"Retail_mask"栅格表面。

最后,将制作好的满意的3D专题图导出为JPG格式的图片(图8-23)。

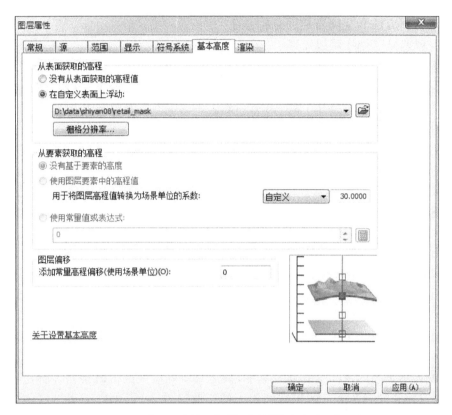

图8-22 "图层属性"对话框中的"基本高度"选项卡

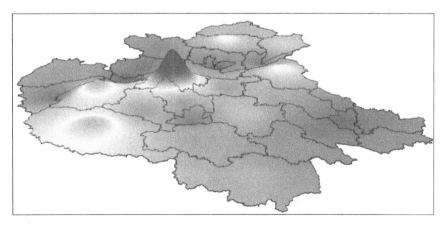

图8-23 中原城市群各地级市社会消费品零售总额3D专题图

从3D专题图的结果可以看出，3D专题图与使用不同符号系统得到的专题图相比，具有形象直观的鲜明特点，是一种非常好的经济地理空间数据表达方式，在城市与区域规划研究中有着非常好的应用前景。

8.3 区域经济地理空间格局分析

区域经济地理空间格局主要分析方法包括区域差异(集聚)系数计算、空间插值分析等空间属性分析方法和空间自相关分析方法。

(1) 区域差异(集聚)系数计算

区域差异(集聚)系数计算是指通过计算某种系数来反映区域内各空间单元由于自然资源、历史基础、人口、技术、资金等发展要素不同而导致在经济发展水平和速度等方面出现的不平衡性现象的方法。常用的区域差异(集聚)系数包括基尼系数、泰尔指数、沃尔夫森指数、集中指数、锡尔指数、变差系数等。

(2) 空间插值分析等空间属性分析方法

空间属性分析指对区域中各空间单元的属性进行比较分析，主要用于区域经济地理格局中的经济冷热区及其动态演化分析。为了更好地表征区域规划的空间特性以及获得更好的表达效果，空间属性分析的结果还可以采用经济地理专题地图、空间插值分析以及三维可视化表达等手段呈现。

空间属性分析包括单因子分析和复合因子分析。单因子分析指针对区域中各空间单元的单一同类属性进行比较研究，如各空间单元的GDP比较分析。复合因子分析指针对区域中各空间单元的多个属性进行综合比较研究，如各空间单元的综合竞争力比较分析。

(3) 空间自相关分析方法

空间自相关分析是在考虑区域内各空间单元空间属性关联的基础上，对区域内空间单元的某一属性与相邻空间单元同一属性的相关程度进行考量的分析方法。区域差异系数计算的前提是空间单元是相互独立的，只能对不同层次的区域经济差异进行表象描述，而空间自相关分析考虑了区域空间单元的空间属性，可以很好地揭示区域内相邻空间单元的相互作用，从而发现空间集聚或异化现象。空间自相关性分析的常用技术手段是ESDA，它是一系列空间数据分析方法和技术的集合，以空间关联测度为核心，通过对事物或现象空间分布格局的描述与可视化，发现空间集聚和空间异常，揭示研究对象之间的空间相互作用机制(吕晨等，2009)。

空间自相关性分析包括全局相关性分析和局部相关性分析。全局相关性分析是对区域内所有空间单元的整体相互联系程度进行分析，用于判断区域的某一属性在空间上的聚集程度，但无法回答区域属性的空间聚集格局。局部相关性分析是针对区域中的单个空间单元，计算其某一属性与相邻空间单元同一属性的相关程度，进而可以计算出具有某种特征的聚集区，从而揭示出经济地理空间格局的基本特征。

本实验使用中原城市群2003年、2008年、2012年、2016年4个年份的社会经济统计数据，分别对研究区的社会经济地理空间的总体差异、静态与动态格局演化分析过程进行演示。

8.3.1 区域经济地理格局总体特征分析

本节将以中原城市群2003年、2008年、2012年、2016年4个年份的地区生产总值

(GDP)为例,来演示区域经济地理总体格局特征分析的过程。

1) 中原城市群 GDP 的总体差异特征分析

选取中原城市群 4 个年份的 GDP 数据,分别计算中原城市群 4 个时间节点的标准差系数和变异系数,以表征中原城市群的经济差异程度。

① 标准差系数。用于衡量区域经济发展的绝对差异水平。

$$S = \sqrt{\frac{\sum_{i=1}^{n}(Y_i - \bar{Y})^2}{n}} \quad \text{(公式 8-1)}$$

其中,Y_i 代表第 i 个空间单元的属性值,$\bar{Y}$ 代表区域所有空间单元的属性平均值,n 是区域空间单元的个数。

② 变差(变异)系数。用于衡量区域经济发展的相对差异水平。

$$COV = \frac{S}{\bar{Y}} = \frac{1}{\bar{Y}}\sqrt{\frac{\sum_{i=1}^{n}(Y_i - \bar{Y})^2}{n}} \quad \text{(公式 8-2)}$$

其中变量的含义与(公式 8-1)一致,下同。

两个系数的具体计算过程如下:

➢ 步骤 1:启动 Excel,打开"中原城市群经济地理格局指标数据.xlsx"文件,并添加新的工作表。

首先,启动 Excel,打开"中原城市群经济地理格局指标数据.xlsx"文件,该文件是中原城市群各地级市 4 个年度的社会经济数据。

然后,在表格最下方点击"2016"右侧的加号,新建一个工作表并用鼠标右键单击标签,重命名为"图表"。

➢ 步骤 2:启动 PASW Statistics 18,将 4 个年度的地区生产总值数据导入。

首先,启动 PASW Statistics 18,在欢迎界面上点击"取消",进入空白数据表。

然后,单击左下角"变量视图",进入变量视图界面(图 8-24),定义前五项数据及其相关属性。

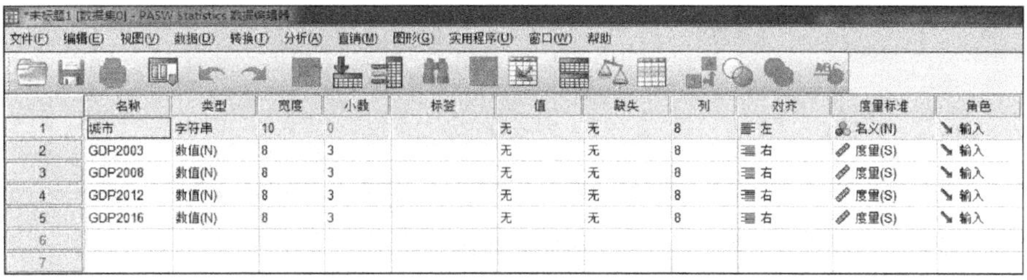

图 8-24 "变量视图"定义结果

最后,单击左下角"数据视图",将之前打开的 Excel 中 4 个标签页中城市名称以及各年度地区生产总值复制进 PASW Statistics 18 数据视图中的相应列中(图 8-25)。当然,我们也可以通过导入 Excel 文件中数据表的方式将 Excel 中的相关表格直接导入 PASW Statistics 18 中。

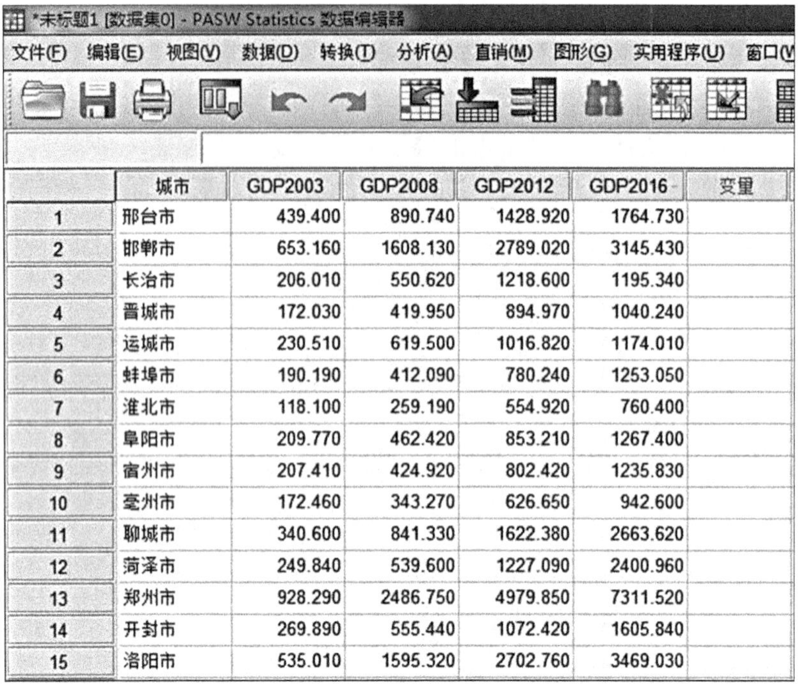

	城市	GDP2003	GDP2008	GDP2012	GDP2016	变量
1	邢台市	439.400	890.740	1428.920	1764.730	
2	邯郸市	653.160	1608.130	2789.020	3145.430	
3	长治市	206.010	550.620	1218.600	1195.340	
4	晋城市	172.030	419.950	894.970	1040.240	
5	运城市	230.510	619.500	1016.820	1174.010	
6	蚌埠市	190.190	412.090	780.240	1253.050	
7	淮北市	118.100	259.190	554.920	760.400	
8	阜阳市	209.770	462.420	853.210	1267.400	
9	宿州市	207.410	424.920	802.420	1235.830	
10	亳州市	172.460	343.270	626.650	942.600	
11	聊城市	340.600	841.330	1622.380	2663.620	
12	菏泽市	249.840	539.600	1227.090	2400.960	
13	郑州市	928.290	2486.750	4979.850	7311.520	
14	开封市	269.890	555.440	1072.420	1605.840	
15	洛阳市	535.010	1595.320	2702.760	3469.030	

图8-25 “数据视图”定义结果

➢ 步骤3:利用PASW Statistics 18计算各年度标准差系数与变异系数。

首先,在变量视图中新建一类变量,名称定义为“VAR001”,其他属性采用默认设置,在数据视图中输入该列数据全为1,数量与城市数量相同。

然后,选择菜单栏“分析”—“描述统计”—“比率”工具,弹出窗口“比值统计量”(图8-26),鼠标左键按住“GDP2003”“VAR00001”和“城市”标签,分别拖入右侧“分子”“分母”和“组变量”窗口中。

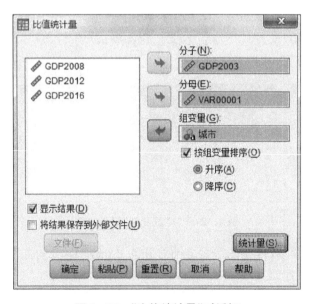

图8-26 “比值统计量”对话框

接着,单击"统计量"按钮,在弹出窗口中勾选"均值""标准差"和"均值居中COV"3类数据(图8-27),单击继续回到上一窗口。

最后,点击确定,进行比值统计量计算。

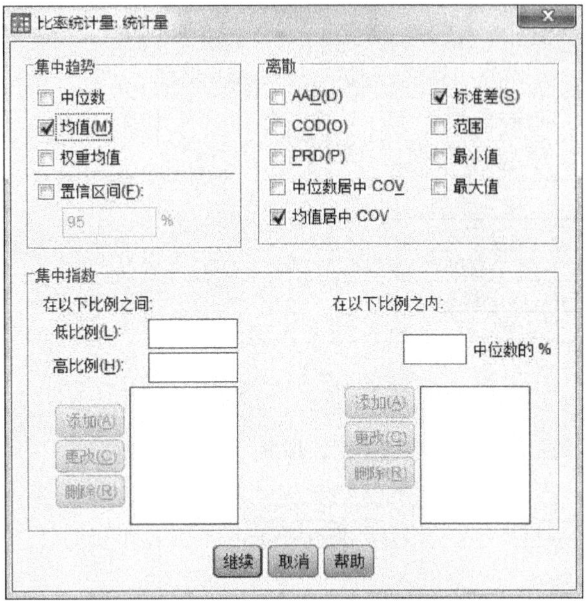

图 8-27 "比率统计量:统计量"对话框

➤ 步骤4:在计算结果中查看标准差系数和变异系数

在弹出的"输出"窗口中,可以看到此次比值统计量计算结果。下拉到"Ratio Statistics for GDP2003/VAR001"表格,表格中后两列的最后一排数据,即"Std. Deviation"和"Coefficient of Variation(Mean Centered)",分别是2003年中原城市群GDP的标准差系数和变异系数(图8-28)。

Ratio Statistics for GDP2003 / VAR00001			
Group	Mean	Std. Deviation	Coefficient of Variation Mean Centered
安阳市	312.640	.	.%
蚌埠市	190.190	.	.%
亳州市	172.460	.	.%
长治市	206.010	.	.%
阜阳市	209.770	.	.%
邯郸市	653.160	.	.%
菏泽市	249.840	.	.%
鹤壁市	105.050	.	.%
淮北市	118.100	.	.%
济源市	79.610	.	.%
焦作市	287.620	.	.%
晋城市	172.030	.	.%
开封市	269.890	.	.%
聊城市	340.600	.	.%
洛阳市	535.010	.	.%
漯河市	200.770	.	.%
南阳市	625.060	.	.%
平顶山市	321.510	.	.%
濮阳市	237.130	.	.%
三门峡市	197.180	.	.%
商丘市	342.720	.	.%
宿州市	207.410	.	.%
新乡市	340.460	.	.%
信阳市	311.920	.	.%
邢台市	439.400	.	.%
许昌市	362.820	.	.%
运城市	230.510	.	.%
郑州市	928.290	.	.%
周口市	413.560	.	.%
驻马店市	331.690	.	.%
Overall	313.080	180.141	57.5%

图 8-28 比率统计结果

➤ 步骤5:将计算结果录入打开的Excel表格"中原城市群经济地理格局指标数据.xlsx"的"图表"工作表中。

采用相同的方法,用GDP2008、GDP2012、GDP2016替换步骤3中的分子部分,分别计算此3年相应的标准差系数与变异系数,并将其录入Excel表格中(图8-29)。

➤ 步骤6:利用Excel制作4个时间点的标准差系数和变异系数变化图表。

在Excel的图表工作表中,生成标准差系数和变异系数逐年变化的折线图(图8-30)。

由图8-29和图8-30可见,2003—2016年中原城市群内部各地级市的变异系数和标准差系数均在变大,说明其经济差异程度不断扩大且幅度较大。因而,遏制中原城市群区域内部差异变大的速度进而缩小区域内差异,理应成为未来中原城市群发展的重要目标之一。

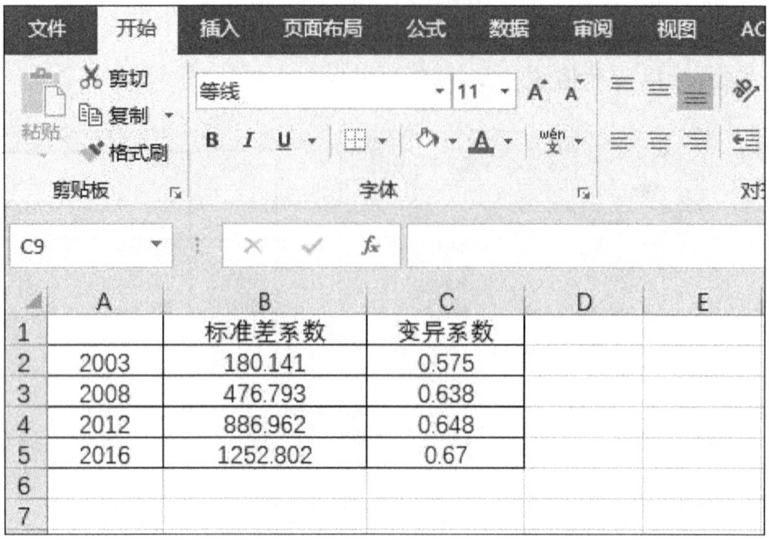

图 8-29 Excel 中输入的标准差系数和变异系数结果

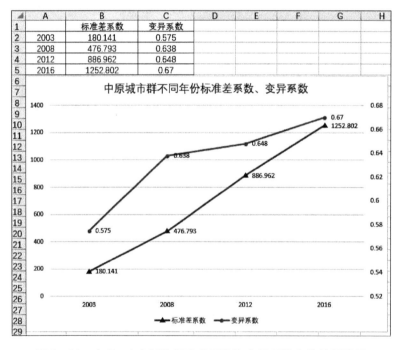

图 8-30 在 Excel 中制作标准差系数和变异系数变化的折线图

2) 中原城市群 GDP 的空间自相关分析

本实验选取中原城市群 2003 年、2008 年、2012 年、2016 年 4 个年份的地区生产总值（GDP）数据，对其进行空间自相关分析。

选取的计算指标为全局莫兰指数（Moran's I），它能够反映区域内各空间单元整体相关程度。

实验 8 区域经济地理空间格局分析

$$\text{Moran's } I = \frac{\sum_{i=1}^{n}\sum_{j=1}^{n} w_{ij}(x_i - \bar{x})(x_j - \bar{x})}{s^2 \sum_{i=1}^{n}\sum_{j=1}^{n} w_{ij}} \qquad (公式 8-3)$$

式中:x_i、x_j 分别为区域 i、j 的属性值,$\bar{x}$ 为区域的平均值;W_{ij} 为空间权重矩阵,用于定义空间单元的相互邻接关系,相邻为 1,不相邻为 0;n 为研究单元总数;$S^2 = \sum_{i=1}^{n} \frac{(x_i - \bar{x})^2}{n}$。同时,采用常用的标准化统计量 Z 来对 Moran's I 进行统计检验,计算方法如下:$Z(I) = \frac{I - E(I)}{\sqrt{Var(I)}}$,其中 $E(I)$ 为期望值,$Var(I)$ 为变异系数。

具体计算过程如下:

➢ 步骤 1:启动 ArcMap,加载"中原城市群地级市.shp"文件,并添加字段。

首先,在属性表中新增加 4 个浮点型字段"GDP2016""GDP2012""GDP2008"和"GDP2003"。

然后,使用"连接"工具,在"要将哪些内容连接到该图层"中选择"某一表的属性";在"选择该图层中连接将基于的字段"中选择"NAME"字段;在"选择要连接到此图层的表"中,通过文件浏览找到文件夹下的"中原城市群经济地理格局指标数据.xlsx"文件中的"2016 $"$,并在"选择此表中要作为连接基础的字段"中选择"城市"字段;在"连接选项"中选择"保留所有记录"。点击"确定"按钮,执行文件连接。

最后,使用"字段计算器"功能将连接的"2016 $.地区生产总值(亿元)"字段值赋给该图层属性表中加入的"GDP2016"字段中,完成后该字段将被赋予对应的数值。使用相同的方法,将属性表中的其他 3 年 GDP 字段赋予对应的数值,完成所有 4 个属性表字段的赋值。此时,我们可以在"连接和关联"—"连接"—"移除连接"中选择'2016 $',移除与表格中 2016 年数据的关联。

➢ 步骤 2:点击 ArcToolbox 中的"空间统计工具"—"分析模式"—"空间自相关(Moran I)"工具,弹出"空间自相关(Moran I)"对话框。

在"空间自相关(Moran I)"对话框(图 8-31)中作如下定义:"输入要素类":中原城市群地级市;"输入字段":GDP2016;勾选生成报表;"空间关系的概念化":CONTIGUITY_EDGES_CORNES,共享边界、结点或重叠的面要素会影响目标面要素的计算;"标准化":NONE。

➢ 步骤 3:查看空间自相关计算结果。

首先,在 ArcMap 中,点击"地理处理"—"结果",弹出"结果"对话框。

然后,点击"当前会话"—"空间自相关(Moran I)",可以在次级菜单中看到计算结果(图 8-32)。其中"指数"即基于 2016 年地区生产总值计算的中原城市群地级市空间自相关系数;"Z 得分"和"P 值"可以用来判断是否拒绝空间分析的零假设,P 值代表数据来源的可靠性,Z 得分和莫兰指数都表示此数据是否有明显的规律。"P 值"是一个概率,表示所观测到的空间模式是由某一随机过程创建而成的概率,当 P 很小时,意味着所观测到的空间模式不太可能产生于随机过程,空间上呈现出显著的集聚分布或离散分布,反之则代表空间分布趋于完全随机的零假设模式;"Z 得分"指标准差的倍数,能够用来判别空间集聚或离散的程度。空间自相关结果的判读结果可以参考表 8-2。

图 8-31　"空间自相关(Moran I)"对话框

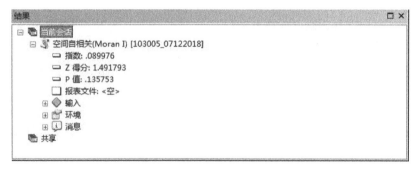

图 8-32　空间自相关"结果"对话框

表 8-2　不同置信度下的临界 P 值和临界 Z 得分

Z 得分(标准差)	P 值(概率)	置信度
<-1.65 或>+1.65	<0.10	90%
<-1.96 或>+1.96	<0.05	95%
<-2.58 或>+2.58	<0.01	99%

从 2016 年 GDP 的自相关分析结果来看,中原城市群区域经济空间分布上没有呈现显著的集聚或离散分布,而是呈现出概率约为 13.5% 的随机分布,说明该年度各地级市经济发展的空间相关程度较小,区域联动的程度不高。

最后,双击"报表文件",将从浏览器弹出窗口"空间自相关报表"(图 8-33)。也可以看到 Z 得分 1.491 793 属于中间的随机(Random)分布,整体数据呈现出随机分布,没有显著的空间集聚或离散。

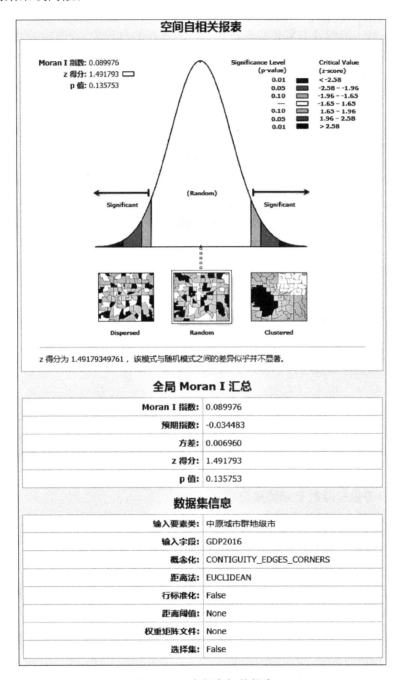

图 8-33 空间自相关报表

➢ 步骤 4:采用相同方式计算另外 3 个年度的莫兰指数,并将数据录入 Excel 表格的图表工作表中,制作 4 个年度的莫兰指数变化折线图(图 8-34)。

由图 8-34 可见,2002—2008 年,全局莫兰指数从 0.104 278 变大到 0.158 239,说明中

原城市群内部各地级市经济发展的相关程度有所提升;而2008—2016年,全局莫兰指数从0.158 239减少到0.089 976,表明2008—2016中原城市群内部各地级市经济发展的相关程度有所下降,逐渐回归到了2003年的水平。这一结果表明中原城市群内部各地级市区域联动发展的程度不够,各地级市尚处于各自为政的发展阶段,没有形成区域性的集中发展片区。因而,中原城市群各城市需要在各自社会经济发展的过程中,加强区域协作,尽快形成城市发展轴(带),从而引领城市群逐渐从目前的雏形阶段向逐渐成熟的阶段跃升。

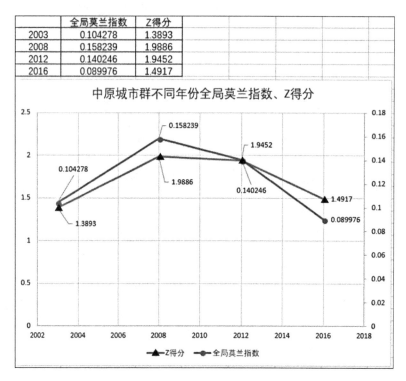

图8-34 中原城市群不同年份的全局莫兰指数、Z得分变化折线图

8.3.2 区域经济地理静态空间格局分析

本节将以中原城市群2016年的社会经济数据为例来演示区域经济地理静态空间格局分析的过程,主要包括专题地图法、空间插值法和局部自相关分析法。

1) 基于GIS专题地图方法的经济地理静态空间格局分析

➤ 步骤1:启动ArcMap,加载"中原城市群地级市.shp"文件,添加字段。

首先,在属性表中新增加4个浮点型字段"GDP""GDPper""Invest"和"Retail"。

然后,使用"连接"工具,将"中原城市群经济地理格局指标数据.xlsx"表格中"2016"工作表连接至属性表中。

最后,使用字段计算器,将"地区生产总值""人均地区生产总值""全社会固定资产投资额"和"社会消费品零售总额"分别添加到"GDP""GDPper""Invest"和"Retail"这4个字段中,完成后移除表格的连接(图8-35)。

➤ 步骤2:制作经济地理专题地图。

首先,使用前文中讲述的方法,在图层数据文件处右击鼠标,在弹出的快捷菜单中点

表

中原城市群地级市

OBJECTID *	Shape *	NAME	GDP	GDPper	Invest	Retail
1	面	邯郸市	3145.43	33345	3526.63	1364.5
2	面	邢台市	1764.73	24193	1886.62	875.32
3	面	长治市	1195.34	35029	1125.93	524.41
4	面	晋城市	1040.24	44994	934.55	358.76
5	面	运城市	1174.01	22304	1327.04	660.99
6	面	蚌埠市	1253.05	33295	1457.97	570.65
7	面	淮北市	760.4	35122	925.3	283.4
8	面	阜阳市	1267.4	12156	1005	674.7
9	面	宿州市	1235.83	19027	1133.39	424.5
10	面	亳州市	942.6	14846	767.3	436.4
11	面	聊城市	2663.62	44743	2357.57	1060.22
12	面	菏泽市	2400.96	28350	1218.21	1352.11
13	面	郑州市	7311.52	77179	6371.72	3294.71
14	面	开封市	1605.84	35326	1354.45	747.14
15	面	洛阳市	3469.03	51696	3576.69	1605.08
16	面	平顶山市	1686.01	33991	1627.39	690.15
17	面	安阳市	1872.35	36695	1862.88	675.52
18	面	鹤壁市	715.65	44678	701.4	183.67
19	面	新乡市	1975.03	34562	1964.95	777.51
20	面	焦作市	1926.08	54590	1906.26	624.72
21	面	濮阳市	1328.34	36842	1324.34	470.68
22	面	许昌市	2171.16	50162	1965.37	707.19
23	面	漯河市	992.59	37987	927.27	437.41
24	面	三门峡市	1251.04	55681	1548.97	396.86
25	面	南阳市	2866.82	28653	2989.62	1570.19
26	面	商丘市	1812.16	24940	1768.73	813.18
27	面	信阳市	1879.67	29351	2085.28	880.28
28	面	周口市	2089.7	23728	1693.73	974.73
29	面	驻马店市	1807.69	26032	1512.02	755.11
30	面	济源市	492.54	67797	479.27	136.28

(0 / 30 已选择)

中原城市群地级市

图 8-35　完成定义后的属性表

击"属性",弹出"图层属性"对话框,通过"符号系统"选项卡来定义不同的符号系统类型。在符号系统页面中,选择"数量"—"分级色彩",将相关属性设置如下:定义"值"为 GDP;"归一化"选无;点击"分类"按钮,在弹出窗口中将"方法"设置为自然间断点分级法,"类别"设置为 4,点击确定返回符号系统页面;鼠标左键点击"标注"选项条,选择格式化标注,将"数值"中的"取整"设置为合适的位数,此处选择"有效数字位数"为 6,单击确定;符号系统设置完成(图 8-36)。

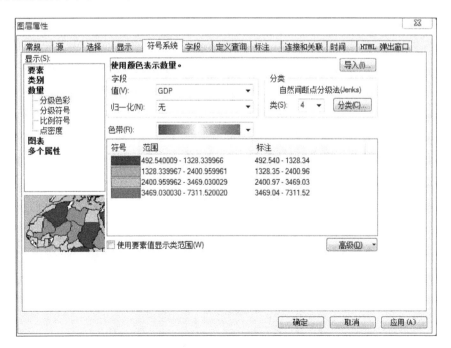

图 8-36　"符号系统"标签对话框

然后,点击"标注"选项卡,按照如下进行设置:勾选"标注此图层中的要素";"方法"选择"以相同方式为所有要素加标注";"标注字段"为 NAME;"文本符号"设置为合适的字形,标注设置完成(图 8-37)。

图 8-37 "标注"页面对话框

接着,点击数据窗口左下角的"布局窗口"按钮,进入"布局"视图,在空白处单击鼠标右键,选择"页面和打印设置",将"纸张"设置为 A4 大小、横向,单击确定返回布局视图。调整数据框大小,使得数据图位于图纸中的合适位置(图 8-38)。

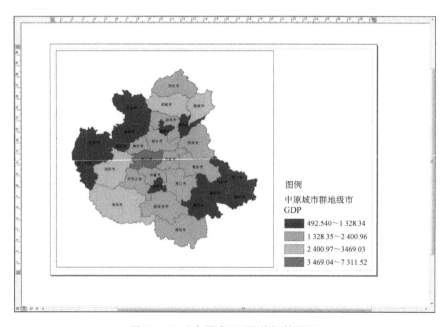

图 8-38 "布局窗口"调整好的页面

最后,选择 ArcMap 菜单栏中"插入"—"图例",弹出图例向导窗口,单击下一步进入每一个详细设置,最后单击完成,将在布局视图中插入图例。按住 Shift+鼠标左键进行缩放,将图例框缩放至合适大小。在菜单栏中选择"文件"—"导出地图",在导出地图窗口中将文件名命名为中原城市群 GDP. jpg,导出至 shiyan08 文件夹中,完成 GDP 专题地图制作与导出。

> 步骤 3:完成其他 3 类数据的专题地图制作。

采用与步骤 2 相同的方法,通过将"符号系统"—"数量"—"分级色彩"设置中的"值"分别更改为"GDPper""Invest"和"Retail",采用同样方法,即可完成另外 3 类数据的专题地图制作与导出(图 8-39)。

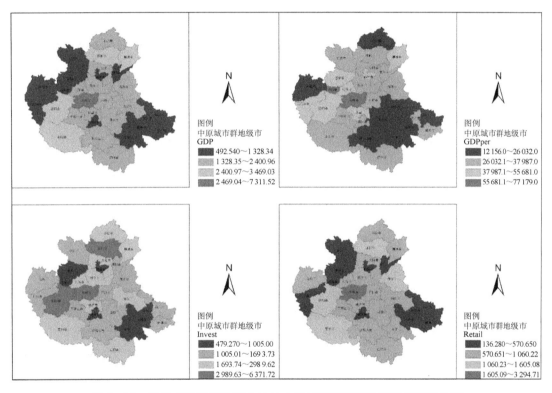

图 8-39 基于 GIS 专题地图方法的中原城市群经济地理空间格局分析

2) 基于 GIS 空间插值方法的经济地理静态空间格局分析

> 步骤 1:将"中原城市群地级市. shp"面要素文件转为点要素文件"中原城市群地级市_pt"。

> 步骤 2:在 ArcToolbox 中的"环境设置"中定义"处理范围"为"中原城市群地级市. shp"文件的范围。

> 步骤 3:点击 ArcToolbox 中的"Spatial Analyst 工具"—"插值分析"—"反距离权重法"工具,采用与 8.2.1 中基本一致的设置,对中原城市群各地级市 2016 年的 GDP 数据进行差值分析(图 8-40),命名为"GDP_IDW"。

> 步骤 4:点击 ArcToolbox 中的"Spatial Analyst 工具"—"提取分析"—"按掩膜提取"工具,以"中原城市群地级市. shp"为掩膜,对得到的"GDP_IDW"文件进行按掩膜

提取处理,得到"GDP_Mask"文件,即中原城市群范围内的插值栅格数据。

图 8-40 "反距离权重法"对话框

➤ 步骤 5:采用同样方法,对另外 3 类数据完成反距离权重法插值分析并按掩膜进行提取,导出图像得到空间插值法获得的中原城市群经济地理空间格局(图 8-41)。

3)基于 GIS 三维可视化方法的经济地理静态空间格局分析

➤ 步骤 1:启动 ArcScene,加载上一步完成的 4 幅经济地理数据空间插值图(GDP_Mask、GDPper_Mask、Invest_Mask、Retail_Mask)和研究区行政边界文件(中原城市群地级市.shp)。

➤ 步骤 2:3D 专题图的制作与导出。

采用与 8.2.3 中的相同方法,通过调整"图层属性"对话框中"基本高度"选项卡。定义"从表面获取的高程"为"在自定义表面上浮动";"栅格分辨率"为 1 000;将"从要素获取的高程"栏下的"自定义"设置为合适大小,从而将获取的数据高差进行适当压缩,完成 4 类经济要素的三维空间格局分析图制作(图 8-42)。

由分析结果可见,中原城市群整体发展极不均衡,郑州市的中心地位尤为凸显。无论是 GDP 总量,还是人均 GDP、全社会固定资产投资和社会消费品零售总额等经济指标均表现出巨大的优势。从 GDP 空间格局来看,郑州市的集聚能力尤为明显;邯郸、洛阳则作为区域副中心城市,中原城市群重要的增长极核心。从人均 GDP 来看,郑州和济源市则属于高值区,另外晋城、三门峡、洛阳和聊城则也较为突出。从全社会固定投资额和社会消费品零售总额也可以看出,高值区依然以郑州为中心,辐射周边的主要城市。中原城市群总体上呈现出东北—西南向的发展轴(尽管尚处于雏形发展阶段),西北、东南

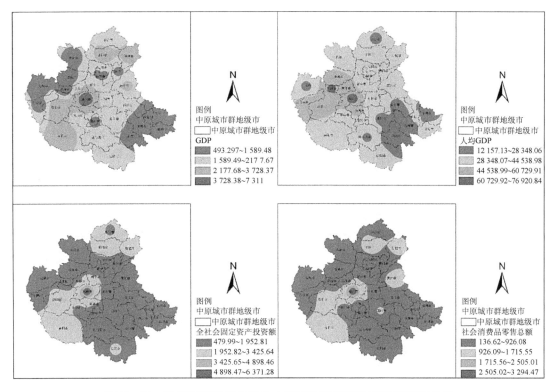

图8-41 基于空间插值方法的中原城市群经济地理空间格局分析

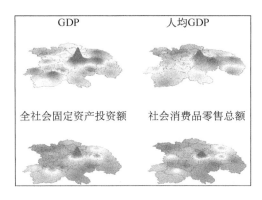

图8-42 基于三维可视化方法的中原城市群经济地理空间格局分析

侧则整体上各项指标均非常低。

4) 基于局部空间自相关分析的经济集聚区分析

局部空间自相关性分析能够考量区域局部几个空间单元在某个属性上的相关关系与程度,进而推断出与该属性相关的特征聚集的空间范围。局部空间自相关性分析一般采用 LISA(Local Indicators of Spatial Association)分析和 G(Getis-Ord G)统计进行表征。

① LISA 分析:空间集聚分析。

常用的 LISA 分析有局部 Moran's I 指数和 Moran 散点图。

局部 Moran's I 指数：Local Moran's $I_i = Z_i \sum_{j=1}^{n} w_{ij} z_j$ （公式 8-4）

其中 $Z_i = \dfrac{(x_i - \bar{x})}{\sqrt{\dfrac{1}{n}\sum_{i=1}^{n}(x_i - \bar{x})^2}}$，$Z_j = \dfrac{(x_j - \bar{x})}{\sqrt{\dfrac{1}{n}\sum_{j=1}^{n}(x_j - \bar{x})^2}}$，是各空间单元属性值的标准化形式。

在设定的显著水平下（一般是 $p < 0.05$），当 I_i 与 Z_i 均为正时，表面区域空间单元 i 与其相邻的空间单元的属性值均为高值，即区域在 i 空间单元处出现高高聚集现象（即 High-High 现象）；当 I_i 与 Z_i 均为负时，表明区域空间单元 i 与其相邻的空间单元的属性值均为低值，即区域在 i 空间单元处出现低低聚集现象（即 Low-Low 现象）；当 I_i 为负、Z_i 为正时，表明区域空间单元 i 的属性值高于与其相邻的空间单元的属性值，即区域在 i 空间单元处出现高低聚集现象（即 High-Low 现象）；当 I_i 为正、Z_i 为负时，表明区域空间单元 i 的属性值低于与其相邻的空间单元的属性值，即区域在 i 空间单元处出现低高聚集现象（即 Low-High 现象）。

对不同区域聚集现象进行分析可以得到区域经济发展的各类分区。高高聚集现象代表了经济连片发达区，低低聚集现象代表了经济连片低洼区，高低聚集现象反映了区域中经济落后地区的中心单元，低高聚集现象反映了区域中经济发达地区中的塌陷单元。

Moran 散点图是描述某个空间单元的属性值 z 与它的空间滞后值 w_z（即该空间单元相邻单元的加权平均）的相关关系的一种图形方法。Moran 散点图分析以 z 值作为横轴、w_z 作为纵轴，将区域所有空间单元分别划入 4 个象限，这 4 个象限分别对应 4 种空间集聚现象：落入第一象限的空间单元属于高高聚集区域；落入第二象限的属于低高聚集区域；落入第三象限的属于高低聚集区域；落入第四象限的属于低低聚集区域。这与 LISA 分析中的局部 Moran's I 指数确定空间集聚现象类似，但 Moran 散点图并没有给出显著水平，需要局部 Moran's I 指数补充分析。

② G 统计分析：经济冷热区分析。

$$G_i = \dfrac{\sum_{j=1}^{n} w_{ij} x_j}{\sum_{j=1}^{n} x_j} \quad \text{（公式 8-5）}$$

为了更好地进行分析和比较，一般将 G_i 进行标准化处理：

$$Z(G_i) = \dfrac{G_i - E(G_i)}{\sqrt{Var(G_i)}} \quad \text{（公式 8-6）}$$

其中，$E(G_i)$ 是 G_i 的期望值，$Var(G_i)$ 是 G_i 的变异系数。

如果 $Z(G_i)$ 显著且为正，表示空间单元 i 相邻单元的属性值相对较高，属于高值聚集区；反之亦反。

本节将以中原城市群各地级市 2003 年、2008 年、2012 年、2016 年 4 个年份的人均 GDP 数据，利用 ArcGIS 平台下的 Local Moran's I 模块计算中原城市群 4 个时间节点各地级市的集聚分区，以表征内部经济集聚的空间分布。

> 步骤1:启动 ArcMap,加载"中原城市群地级市.shp"文件,添加字段并连接数据。

在"中原城市群地级市.shp"的属性表中分别添加 GDPper2003、GDPper2008、GDPper2012、GDPper2016 4 个浮点型字段,并与"中原城市群经济地理格局指标数据.xlsx"各年度数据连接(图8-43)。

OBJECTID *	Shape *	NAME	GDPper2003	GDPper2008	GDPper2012	GDPper2016
1	面	邯郸市	7710	18406	30270	33345
2	面	邢台市	6632	12978	20027	24193
3	面	长治市	6569	16887	34625	35029
4	面	晋城市	7903	18926	39205	44994
5	面	运城市	4736	12313	19733	22304
6	面	蚌埠市	3564	12818	24594	33295
7	面	淮北市	5905	12674	26225	35122
8	面	阜阳市	2346	5515	11202	12156
9	面	宿州市	3544	7448	14959	19027
10	面	亳州市	3239	6718	12866	14846
11	面	聊城市	6712	27561	32968	44743
12	面	菏泽市	2904	8424	18730	28350
13	面	郑州市	14527	34069	56853	77179
14	面	开封市	5757	11855	22972	35326
15	面	洛阳市	8489	25120	41198	51696
16	面	平顶山市	6634	16976	30227	33991
17	面	安阳市	5978	15326	28806	36695
18	面	鹤壁市	7422	19195	31763	44678
19	面	新乡市	6268	14095	26198	34562
20	面	焦作市	8599	25230	40810	54590
21	面	濮阳市	6745	14976	25066	36842
22	面	许昌市	8173	19968	36924	50162
23	面	漯河市	8108	17601	29487	37987
24	面	三门峡市	8995	23201	46049	55681
25	面	南阳市	5909	13814	21590	28653
26	面	商丘市	4258	10014	17779	24940
27	面	信阳市	4034	10539	20603	29351
28	面	周口市	3936	8051	15734	23728
29	面	驻马店市	4053	8665	17396	26032
30	面	济源市	12326	33199	55095	67797

图 8-43 完成定义的属性表

> 步骤2:点击 ArcToolbox 中的"空间统计工具"—"聚类分布制图"—"聚类和异常值分析(Anselin Local Moran I)"进行空间局部自相关分析。

在弹出的"聚类和异常值分析(Anselin Local Moran I)"对话框(图8-44)中作如下定义。"输入要素类":中原城市群地级市;"输入字段":GDPper2003;"输出要素类":shiyan08 文件夹下 GDPper2003_聚类.shp;"空间关系的概念化":CONTIGUITY_EDGES_CORNES;"标准化":NONE。

> 步骤3:得到 2003 年人均 GDP 的经济集聚区分析结果,导出空间集聚分区图。

> 步骤4:采用相同方法制作其他 3 个时间点的人均 GDP 经济集聚区分析结果并导出(图8-45)。

由分析结果可见,2003 年和 2008 年均只出现了高高集聚和低低集聚区,即既有经济发达集聚区,又有经济落后的集聚,集聚范围均涉及 3~4 个地级市;而 2012 年、2016 年则出现了低高集聚区。2003 年经济发达集聚区包括郑州、焦作、洛阳,经济落后集聚区包括商丘、亳州和阜阳;而 2008 年发达集聚区则增加了济源,落后集聚区增加了周口市。2012 年和 2016 年经济发达集聚区包括郑州、焦作、洛阳和济源,而 2012 年经济落后区包括商丘、亳州、阜阳和周口,2016 年则不包括商丘和周口;运城则 2012 年、2016 年两年均处于低高集聚区中。综上所述,基于人均 GDP 判断,2003—2016 年中原城市群的经济发达区域和经济落后区域一直没有太大变化,而运城则在这段时间中经济逐渐落后于周边城市。

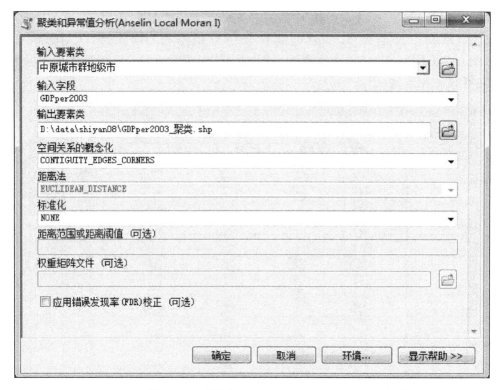

图 8-44 "聚类和异常值分析(Anselin Local Moran I)"对话框

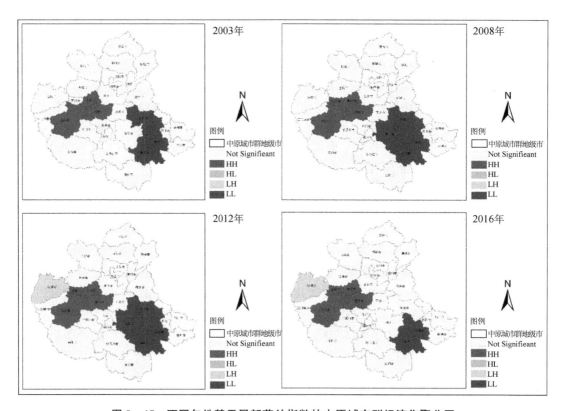

图 8-45 不同年份基于局部莫兰指数的中原城市群经济集聚分区

8.3.3 区域经济地理动态空间格局分析

上一节基于中原城市群各地级市的各类经济静态数据进行了空间格局分析,本节将基于中原城市群各地级市 2003 年和 2016 年两个年份的 GDP 数据,计算各市县 GDP 的平均增长率和相对发展率(NICH)两个指标,并依托 ArcGIS 平台,利用 GIS 专题地图方法、空间插值分析方法(本次案例以反距离权重法为例)对各地级市的经济发展速度进行定量分析与空间上的可视化表达,进而依托可视化表达结果对中原城市群经济地理空间格局的动态变化进行分析。

2003—2016 年中原城市群各地级市 GDP 年均增长率 $= \sqrt[13]{\dfrac{G_{i2016}}{G_{i2003}}} - 1$,相对发展率(NICH) $= \dfrac{(G_{i2016} - G_{i2003})}{(G_{总2016} - G_{总2003})}$,其中 G_{i2016}、G_{i2003} 分别指中原城市群的 i 县(市、区)2016 年和 2003 年的 GDP 水平;$G_{总2016}$、$G_{总2003}$ 分别指中原城市群区域整体 2016 年和 2003 年的 GDP 水平。相对发展率(NICH)能够较好地测度各地区在一定时期内相对大区域的发展速度,是衡量地区经济增长能力的指标。

首先,借助 Excel 计算中原城市群各地级市 GDP 增长的年均增长率和相对发展率,并利用 ArcGIS 平台的"连接"工具将数据添加入"中原城市群地级市.shp"的属性表中,新建两个浮点型字段"年均增长率"和"相对发展率"(图 8 - 46)。

图 8 - 46　完成定义后的属性表

1) 基于 GIS 专题地图方法的经济增长冷热区分析

➢ 步骤 1:利用 ArcGIS 平台的分类显示方法,通过调整符号系统,将年均增长率和相对发展率按自然间断裂点法分为 4 类,进行空间的可视化表达。

➢ 步骤 2:插入图例,完成两种数据的专题地图制作(图 8-47)。

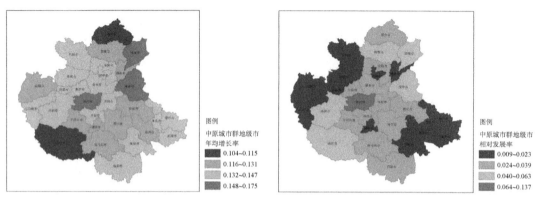

图 8-47 基于 GIS 专题图制作的中原城市群区域增长冷热区分析

2) 基于 GIS 空间插值方法的经济增长冷热区分析

➢ 步骤 1:将"中原城市群地级市.shp"面要素文件转为"中原城市群地级市_pt.shp"点要素文件。

➢ 步骤 2:点击 ArcToolbox 中的"Spatial Analyst 工具"—"插值分析"—"反距离权重法"工具,采用 8.2.1 中基本一致的设置进行差值分析,分别命名为"年均增长_IDW"和"相对发展_IDW",并进行掩膜提取处理得到"年均增长_Mask"和"相对发展_Mask"差值文件。

➢ 步骤 3:插入图例,完成两种数据的空间插值图制作(图 8-48)。

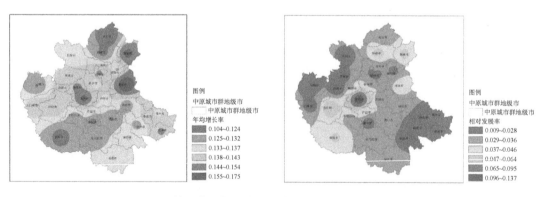

图 8-48 基于空间插值方法的中原城市群增长冷热区分析

从年均增长率看,中原城市群 2003—2016 年间发展速度较快的区域位于中部和东北部地区,经济总量较大的郑州依然保持了较快的发展速度;从空间插值的结果也可以看到,中原城市群东北—西南方向存在一条发展轴线,发展速度较快,另外东北部沿线也存在一片发展较快的区域,总体呈现出 T 形的发展格局。

从相对发展率来看,郑州仍然保持着相对较大的发展速度,对周边地区也有一定的带动作用；而发展速度较快的东南部地区，包括亳州、阜阳和淮北等发展速度依然较小，增长能力不足；从插值的结果来看，邯郸、聊城和菏泽则保持了相对较好的发展速度。

总体来看，中原城市群增长热区位于"聊城—郑州—南阳"和"聊城—菏泽—蚌埠"两大发展带上，而位于西北侧的长治、晋城、运城的相对增长速度则不如其他区域，发展相对缓慢。

3）基于局部空间自相关分析的增长集聚区分析

利用 ArcGIS 平台下的 Local Moran's I 模块计算中原城市群年均增长率和相对发展率指数进行集聚分区，以表征中原城市群区域的增长集聚分区。

➢ 步骤1：点击 ArcToolbox 中的"空间统计工具"—"聚类分布制图"—"聚类和异常值分析（Anselin Local Moran I）"进行空间局部自相关分析。

采用和上一节中基本相同的方法设置"聚类和异常值分析（Anselin Local Moran I）"对话框中的相关属性，将"输入字段"分别定义为"年均增长率"和"相对发展率"，得到两种指标的空间集聚分区。

➢ 步骤2：插入图例，导出空间集聚分区图（图8-49）。

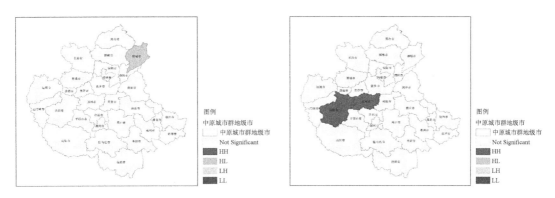

图 8-49　不同年份基于局部莫兰指数的中原城市群经济增长集聚分区

从年均增长率来看，中原城市群在 2003—2016 年间只有高低集聚区，即增长极化区，位于聊城，说明其周边的地级市区域中，只有聊城属于快速增长的单元，其余地区均增长较慢，该区域出现了单核极化增长的情况。

从相对发展率来看，中原城市群在 2003—2016 年间只有高高集聚区，即增长扩散区，分别是郑州和洛阳两个地级市。两个集聚区均属于增长量较大且相互促进的区域。

综合年均增长率和相对发展率看，中原城市群发展很不均衡，相对发展快的地市强度一般，而发展强度大的区域速度则较慢，区域整体发展的可持续性欠佳，缺乏发展又快又强的城市中心极核。

8.4　实验总结

通过本实验了解和掌握区域经济地理空间格局专题制图、区域经济地理总体格局特征、区域经济地理的静态与动态格局演化分析的常用方法及其基本操作。

具体内容见表 8-3。

表 8-3　本次实验主要内容一览

内容框架	具体内容	页码
区域经济地理空间格局专题制图	(1) GIS 中的主要插值方法	P310
	■ 采用反距离权重法(IDW)进行中原城市群各地级市 GDP 的插值分析	P311
	■ 采用克里金法进行中原城市群各地级市 GDP 的插值分析	P315
	■ 采用其他插值方法进行中原城市群各地级市 GDP 的插值分析	P316
	(2) GIS 中的密度分析方法	P317
	■ 采用核密度分析方法进行中原城市群各地级市人均 GDP 的空间格局分析	P318
	■ 采用点密度分析方法进行中原城市群各地级市人均 GDP 的空间格局分析	P319
	■ 采用线密度分析方法进行南京市鼓楼区道路密度的空间格局分析	P320
	(3) 经济地理格局专题制图	P321
	■ 中原城市群地级市社会消费品零售总额专题图的制作	P322
	■ 中原城市群各地级市的社会消费品零售总额 3D 图的制作	P322
区域经济地理空间格局分析	(1) 区域经济地理格局总体特征分析	P326
	■ 中原城市群 GDP 的总体差异特征分析	P327
	■ 中原城市群 GDP 的空间自相关分析	P330
	(2) 区域经济地理静态空间格局分析	P334
	■ 基于 GIS 专题地图方法的经济地理静态空间格局分析	P334
	■ 基于 GIS 空间插值方法的经济地理静态空间格局分析	P337
	■ 基于 GIS 三维可视化方法的经济地理静态空间格局分析	P338
	■ 基于局部空间自相关分析的经济集聚区分析	P339
	(3) 区域经济地理动态空间格局分析	P343
	■ 基于 GIS 专题地图方法的经济增长冷热区分析	P344
	■ 基于 GIS 空间插值方法的经济增长冷热区分析	P344
	■ 基于局部空间自相关分析的增长集聚区分析	P345

实验 9　城镇综合竞争力评价

9.1　实验目的与实验准备

9.1.1　实验目的

城镇竞争力评价有助于城镇了解自身在区域与国家宏观发展图景中的地位与能级、优势与不足,从而调整现有发展战略以提升城镇掌握核心发展要素的能力。另外,通过城镇竞争力评价可以更好地认识并发挥某一区域内城镇各自的比较优势,进而在该区域各城镇之间构建一个分工合理、功能各异、协作紧密的有机整体,带动区域和整个国家竞争力的整体提升。

通过本实验掌握聚类分析、主成分分析和层次分析法等常用统计分析方法在城镇综合竞争力评价中的具体应用,以便我们更好地认识某一区域内城镇各自的比较优势和在区域与国家宏观发展图景中的地位与能级。

具体内容见表 9-1。

表 9-1　本次实验主要内容一览

内容框架	具体内容
综合竞争力评价指标体系构建	综合竞争力评价指标遴选
城镇综合竞争力评价	(1) 基于聚类分析的综合竞争力评价
	(2) 基于主成分分析的综合竞争力评价
	(3) 基于层次分析法的综合竞争力评价

9.1.2　实验准备

(1) 计算机已经预装了 ArcGIS 10.1 中文桌面版、PASW Statistics 18 或更高版本的软件。

(2) 本实验主要以河北省冀中南区域作为规划研究区,请将实验数据 shiyan09 文件夹存放到电脑的 D:\data\ 目录下。

9.2　综合竞争力评价指标体系构建

区域综合竞争力(综合实力)是一个地区与国内其他地区在竞争某些相同资源时所表现出来的综合经济实力的强弱程度,它体现在区域所拥有的区位、资金、人口、科技、基础设施、资源支持等多个方面。

城镇综合竞争力定量评价过程实质上是一个"指标体系构建—确定指标权重—计算竞争力得分—综合评价"的过程。其中,最为关键的是指标体系构建与指标权重的计算方法选择,这直接关系到竞争力评价结果的真实性与可靠性。综合评价阶段将竞争力分析与城镇发展提升策略相结合,是竞争力评价发挥现实指导作用的重要环节,可以根据各城镇综合竞争力得分及排序结果,通过可视化处理(如实验8中的GIS专题图和3D分析图等)进行区域城镇格局分析,能够清晰反映出区域中心的分布特征以及中心城市与周边城市的联系,进而有针对性地提出不同城镇的发展策略以及规划建议。

在城市与区域规划过程中,经常需要对规划研究区在大区域中的综合实力进行比较分析与评价,以掌握规划研究区在大区域中的地位;也经常需要对规划研究区内部的不同行政区进行定量分析与评价,以掌握规划研究区内部的社会经济、生态环境等差异。本实验以冀中南区域内部综合竞争力差异的定量评价为例说明演示聚类分析、主成分分析和层次分析法在城市与区域规划中的具体应用。

在进行竞争力分析评价过程中,首先需要构建规划研究区的竞争力评价指标体系。本例基于科学性、全面性、可操作性、数据可获得性等原则,从经济发展、基础设施和人民生活3个方面,选取18个指标因子构建了综合竞争力评价指标体系(图9-1)。

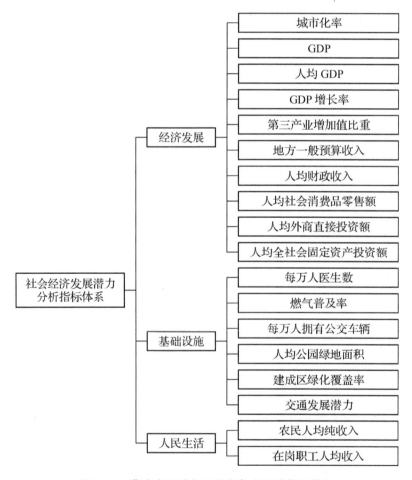

图9-1 冀中南区域各县市竞争力评价指标体系

通过冀中南各地市的统计年鉴,我们获取了冀中南区域所有县市区的18项统计指标,并在EXCEL中输入并保存为"冀中南数据.xlsx"(shiyan09文件夹下)。

现状综合竞争力并不能代表某一区域未来真正的发展潜力,但能够基本表征一个区域未来发展的大致态势。为了增加指标对未来发展潜力的表征性,评价指标中增加了一项交通发展潜力,该指标是通过计算"十二五道路网规划"中的各县市的高等级路网密度来表征的。

9.3 城镇综合竞争力评价

在城市与区域规划研究中,为了更好地认识某一区域内城镇各自的比较优势和在区域与国家宏观发展图景中的地位与能级,通常基于定量计算方法来进行城镇综合竞争力的评价。因而,本节将重点介绍聚类分析、主成分分析、层次分析法等定量分析方法。尽管目前综合竞争力评价方法还有很多,例如数据包络分析法(DEA)、结构方程模型法、模糊曲线法等,但是这些方法计算过程较为复杂,在城市与区域规划实践中使用频率相对较少。

9.3.1 基于聚类分析的综合竞争力评价

分类学是科学研究的重要方法之一,数值分类学有着极为广泛的应用。人们认识某类事物时,往往先对事物的各个对象进行分类,以便寻找不同类型的差异。将事物按照一定原则进行类型划分的过程就是聚类分析。聚类分析的实质是建立一种分类方法,它能够将一批样本数据按照它们在性质上的亲密程度在没有先验知识的情况下自动进行分类。因而,聚类分析是一种探索性的分析,在分类过程中,人们不必事先给出一个分类标准,聚类分析能够从样本数据出发,自动进行分类。聚类分析使用的方法与参数不同,往往会得出不同的分类结论。

下面结合冀中南数据主要介绍PASW Statistics 18分类分析(Classify)中的逐步聚类分析(K-Means Cluster Analysis)和系统聚类分析(Hierarchical Cluster Analysis)两种聚类分析方法。

1) 采用逐步聚类分析方法进行冀中南区域竞争力类型划分

逐步聚类法(K-Means Cluster Analysis)又称快速聚类分析、动态聚类分析、K均值聚类分析,是实际工作中常用聚类分析方法之一,可有效处理多变量、大样本的聚类分析,而又不占用太多的内存空间。其计算原理与步骤大致为:首先,我们指定聚类数,软件自动确定每一个类的初始类中心点;其次,所有样本按照其特征向量离哪一个类中心的特征向量最近就把它分到哪一类,形成一个新的K类,完成一次迭代过程;再次,计算属于同一类样本的平均特征向量并作为该类新的类中心特征向量;然后,按照最小距离分类原则对所有样本进行新的分类,计算每一类中各个变量的变量值均值,重新确定K个类的中心点(以均值点作为新的类中心点);最后,如此反复进行计算,直到所有样本所属类别不再变化或者迭代次数达到预先给定的次数为止。

具体操作过程如下:
➢ 步骤1:在PASW Statistics 18中打开"冀中南数据.xlsx"。

首先,点击打开PASW Statistics 18软件,在软件启动窗口中点击"取消"按钮,直接进入软件的数据编辑窗口(图9-2)。

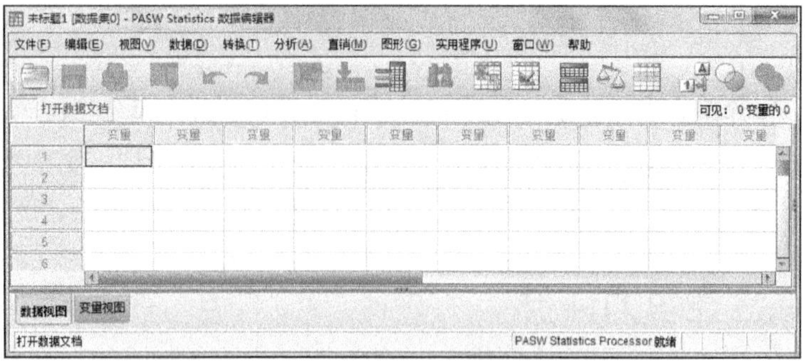

图 9-2 PASW Statistics 18 的数据编辑窗口

然后,点击窗口工具条中的"📁"(打开数据文档)图标,弹出"打开数据"对话框,定义文件类型为"Excel",并找到 shiyan09 文件夹下的"冀中南数据.xlsx"文件,点击"打开"按钮,弹出"打开 Excel 数据源"对话框(图 9-3),点击勾选"从第一行数据读取变量名"选项,并定义工作表范围,以及字符串列的最大宽度等,此处均选用默认设置,点击"确定"按钮,"冀中南数据.xlsx"中的属性表数据加载进入 PASW Statistics 18 的数据窗口中。

图 9-3 "打开 Excel 数据源"对话框

我们可以通过点击窗口右下方的视图按钮进行数据视图和变量视图的切换,分别查看数据信息和变量信息。

最后,如果数据信息和变量信息是正确的,点击窗口工具条上的"💾"(保存数据)图标,弹出"将数据保存"对话框,将数据保存在 shiyan09 文件夹下,名称为"冀中南分类分析.sav"。

➢ 步骤 2:使用"K 均值聚类分析"工具进行逐步聚类分析。

点击工具条上的"分析"—"分类"—"K 均值聚类",弹出"K 均值聚类分析"对话框(图 9-4)。

图 9-4 "K 均值聚类分析"对话框

定义"个案标记依据"为"市(县)"字段,通过点击左侧窗口中的变量名称,然后点击"🔄"(载入)按钮,将该字段加入"个案标记依据"下方的列表中;采用同样方法将除了市(县)变量之外的其他所有变量,载入"变量"下方的列表中(图9-4)。定义"聚类数"为3类,"方法"为迭代与分类(默认设置),"聚类中心"采用默认设置,既不读取初始聚类中心,也不写入最终聚类中心。

以上设置完成后,下面需要定义"迭代""保存"和"选项"3项内容。

首先,点击"迭代"按钮,弹出"K-均值聚类分析:写入文件"对话框(图9-5)。该对话框只有在设置聚类方法中选择了"迭代与分类"后,才能激活和使用。定义"最大迭代次数"为20(即当逐步聚类达到最大迭代次数,即使尚未满足收敛准则,也将终止迭代);定义"收敛性标准"为0.02,即当收敛值为0.02时迭代终止,当新一次迭代形成的若干个类中心

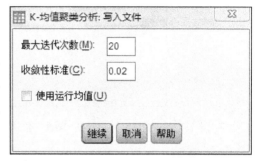

图9-5 "K-均值聚类分析:写入文件"对话框

点和上一次的类中心点间的最大距离小于指定的0.02时,终止聚类迭代分析过程;复选框"使用运行均值"是用来定义如何更新聚类中心,如果勾选表示每当一个样本分配到一类后重新计算新的类的中心点,快速聚类分析的类中心点将与样本进入的先后顺序有关,如果不选(默认设置)则在完成所有样本依次类分配后计算各类中心点,这种方式可以节省运算时间,尤其是样本容量较大的时候。点击"继续"按钮,返回"K-均值聚类分析"对话框。

其次,点击"保存"按钮,弹出"K-Means群集:保存新变量"对话框(图9-6)。分别点击勾选"聚类成员"和"与聚类中心的距离"选项,即输出所有样本所属类的类号和所有样本距所属类中心点的距离。点击"继续"按钮,返回"K均值聚类分析"对话框。

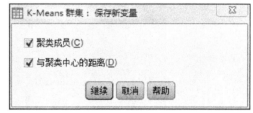

图9-6 "K-Means群集:保存新变量"对话框

再次,点击"选项"按钮,弹出"K均值聚类分析:选项"对话框(图9-7)。在"统计量"栏中,点击勾选"初始聚类中心"(为默认设置,即计算并输出各聚类中变量均值的初始估计值)、"ANOVA表"(输出方差分析表,包括每个聚类的单变量F检验值,如果所有个案均分配到单独一个聚类,则不显示方差表)和"每个个案的聚类信息"(将输出每个个案的最终聚类、个案到聚类中心的Euclidean距离、聚类中心间的Euclidean距离)。在"缺失值"中定义缺失值的处理方式,默认设置为"按列表排除个案",即删除任何聚类变量中有缺失值的个案;如果选择"按对排除个案",则仅仅剔除所用到的变量的缺失值。点击"继续"按钮,返回"K均值聚类分析"对话框。

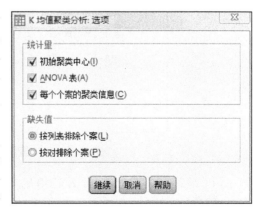

图9-7 "K均值聚类分析:选项"对话框

最后,点击"确定"按钮,执行 K 均值聚类分析,得到分析结果(图 9-8)。点击窗口工具条上的" "(保存数据)图标,弹出"将输出另存为"对话框,将数据保存在 shiyan09 文件夹下,名称为"K 均值聚类分析结果.spv"。

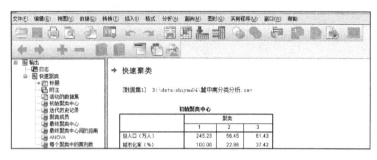

图 9-8 K 均值聚类分析结果

> 步骤 3:K 均值聚类分析结果分析。

按照输出结果表格的顺序分别进行简要的解释说明。

(1) 初始聚类中心表,存储的是 K 均值聚类分析的初始类中心点。

(2) 迭代历史记录表,记录了迭代历史过程,共迭代了 4 次。第 4 次迭代后,聚类中心内的更改均为 0.000,说明第 4 次迭代之后类中心点没有发生变化。另外,表格下面的文字说明表示,迭代分析结束的原因是类中心点没有发生变化或变化很小,并给出了初始中心点之间的最小距离为 23 886.926。

(3) 聚类成员表(图 9-9),记录了每一个样本的归属和离类中心点的距离。

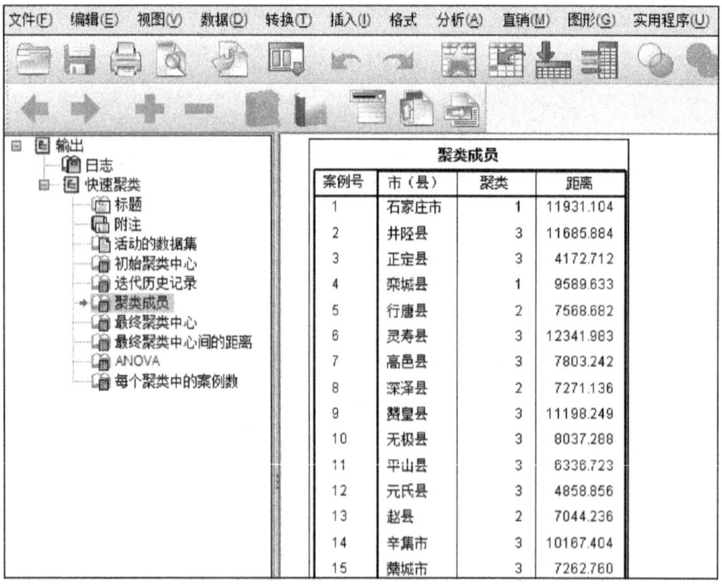

图 9-9 K 均值聚类分析结果中的聚类成员

(4) 最终聚类中心表,是 K 均值聚类分析的最终类中心点。与第 1 个表格(初始类中心点)相比,中心点位置有一些变化,表示迭代过程中,中心点位置有了转移。

(5) 最终聚类中心间的距离表(图 9-10),是最终的类中心点之间的欧氏距离。可以看出,第 2 类和第 3 类之间的距离最小,为 15 404.052,第 1 类和第 2 类中心点之间的距离最大，为 36 591.680。

聚类	1	2	3
1		36 591.680	21 497.026
2	36 591.680		15 404.052
3	21 497.026	15 404.052	

图 9－10　K 均值聚类分析结果中的最终聚类中心间的距离

(6) ANOVA 表(图 9－11)，是各类样本之间的单因素方差分析表。表格中第 1 行变量为总人口(万人)，它的组间平方和(聚类均方 Mean Square)为 5 906.992，平均组内平方和(误差均方 Mean Square)为 917.175，F 统计值为 6.440，F 统计值的相伴概率为 0.003。相伴概率小于显著性水平 0.01(也可以使用 0.05 的显著性水平，即 5%)，因此可以认为对于总人口(万人)变量，63 个县市之间存在着显著的差异。

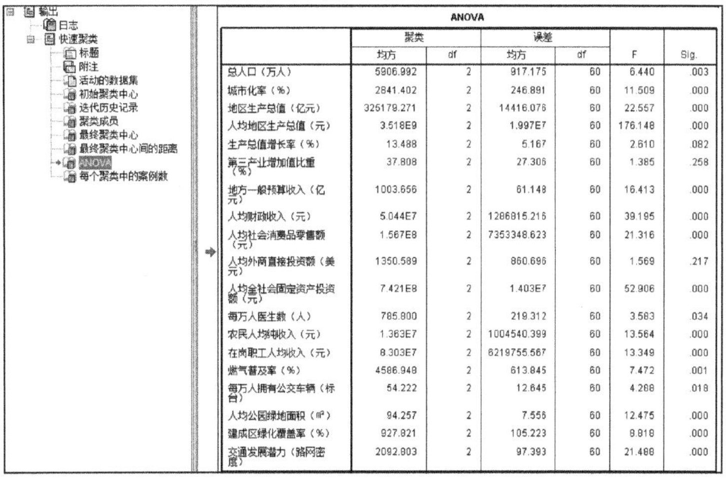

ANOVA

	聚类		误差		F	Sig.
	均方	df	均方	df		
总人口（万人）	5906.992	2	917.175	60	6.440	.003
城市化率（%）	2841.402	2	246.891	60	11.509	.000
地区生产总值（亿元）	326179.271	2	14416.076	60	22.557	.000
人均地区生产总值（元）	3.518E9	2	1.997E7	60	176.148	.000
生产总值增长率（%）	13.488	2	5.167	60	2.610	.082
第三产业增加值比重（%）	37.808	2	27.306	60	1.385	.258
地方一般预算收入（亿元）	1003.656	2	61.148	60	16.413	.000
人均财政收入（元）	5.044E7	2	1286815.216	60	39.195	.000
人均社会消费品零售额（元）	1.567E8	2	7353348.623	60	21.316	.000
人均外商直接投资额（美元）	1350.589	2	860.696	60	1.569	.217
人均全社会固定资产投资额（元）	7.421E8	2	1.403E7	60	52.906	.000
每万人医生数（人）	785.800	2	219.312	60	3.583	.034
农民人均纯收入（元）	1.363E7	2	1004540.399	60	13.564	.000
在岗职工人均收入（元）	8.303E7	2	6219755.567	60	13.349	.000
燃气普及率（%）	4586.948	2	613.845	60	7.472	.001
每万人拥有公交车辆（标台）	54.222	2	12.645	60	4.288	.018
人均公园绿地面积（㎡）	94.257	2	7.556	60	12.475	.000
建成区绿化覆盖率（%）	927.821	2	105.223	60	8.818	.000
交通发展潜力（路网密度）	2092.803	2	97.393	60	21.488	.000

图 9－11　K 均值聚类分析结果中的 ANOVA 表

(7) 每个聚类中的案例数表，记录了每一个聚类中包含的样本数，以及样本总的有效数和缺失数。

另外，在前面的步骤中曾指定了将样本所属类以及样本和类中心点的距离，作为样本的两个新变量保存到 SPSS 的数据编辑窗口中。聚类分析之后，可以看到新增加了两个变量 QCL_1 和 QCL_2，分别表示样本所属类以及样本和类中心点的距离(图 9－12)。

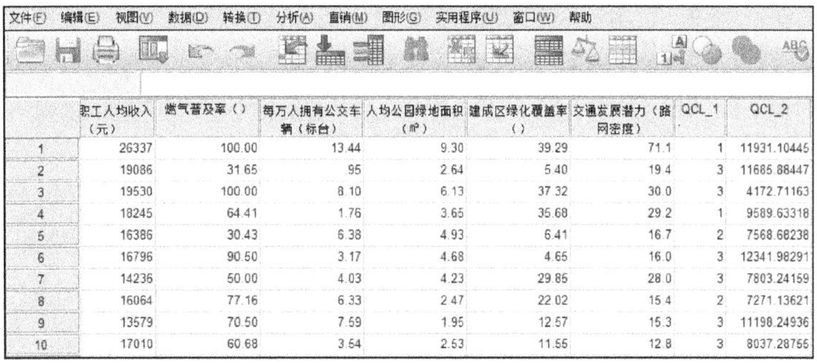

	职工人均收入（元）	燃气普及率（）	每万人拥有公交车辆（标台）	人均公园绿地面积（㎡）	建成区绿化覆盖率（）	交通发展潜力（路网密度）	QCL_1	QCL_2
1	26337	100.00	13.44	9.30	39.29	71.1	1	11931.10445
2	19086	31.65	95	2.64	5.40	19.4	3	11685.88447
3	19530	100.00	8.10	6.13	37.32	30.0	3	4172.71163
4	18245	64.41	1.76	3.65	35.68	29.2	1	9589.63318
5	16386	30.43	6.38	4.93	6.41	16.7	2	7568.68238
6	16796	90.50	3.17	4.68	4.65	16.0	3	12341.98291
7	14236	50.00	4.03	4.23	29.85	28.0	3	7803.24159
8	16064	77.16	6.33	2.47	22.02	15.4	2	7271.13621
9	13579	70.50	7.59	1.95	12.57	15.3	3	11198.24936
10	17010	60.68	3.54	2.53	11.56	12.8	3	8037.28756

图 9－12　K 均值聚类分析之后增加的 QCL_1 和 QCL_2 变量

通过K均值聚类分析得到了综合竞争力划分为三类的结果(表9-2)。我们从分类结果中很难准确把握和解释综合竞争力的类间差异。

表9-2 K均值聚类分析分类结果统计表

分类	县市名称
第一类	石家庄市、栾城县、鹿泉市、邯郸市、邯郸县、涉县、武安市
第二类	行唐县、深泽县、赵县、枣强县、武邑县、武强县、饶阳县、安平县、故城县、景县、阜城县、冀州市、深州市、临城县、柏乡县、隆尧县、任县、南和县、宁晋县、巨鹿县、新河县、广宗县、平乡县、威县、临西县、南宫市、临漳县、成安县、大名县、肥乡县、永年县、邱县、鸡泽县、广平县、馆陶县、魏县、曲周县
第三类	井陉县、正定县、灵寿县、高邑县、赞皇县、无极县、平山县、元氏县、辛集市、藁城市、晋州市、新乐市、衡水市、邢台市、邢台县、内丘县、清河县、沙河市、磁县

2) 采用系统聚类分析方法进行冀中南区域竞争力类型划分

系统聚类分析,也称层次聚类分析,是根据观察值或变量之间的亲疏程度,将最相似的对象结合在一起,以逐次聚合的方式,将观察值分类,直到最后所有样本都聚成一类。这种聚类方式是自下而上的分类方法。

系统聚类分析有两种形式,一种是对样本(个案)进行的分类,称为Q型聚类,也称样本聚类分析,它使具有共同特点的样本聚齐在一起,以便对不同的样本进行分析;另一种是对研究对象的观察变量进行分类,称为R型聚类,也称指标聚类分析,它使具有共同特征的变量聚在一起,以便从不同类中分别选出具有代表性的变量作分析,从而减少分析变量的个数。

本例以冀中南数据为例进行系统聚类中的Q型聚类分析。

具体操作过程如下:

➢ 步骤1:在PASW Statistics 18中打开"冀中南分类分析.sav"数据文件。

➢ 步骤2:使用"系统聚类分析"工具进行系统聚类分析。

首先,点击工具条上的"分析"—"分类"—"系统聚类",弹出"系统聚类分析"对话框(图9-13)。

定义"分群"方法为个案(默认设置),即选用Q型聚类分析;定义"标注个案"为"市(县)"字段,通过点击左侧窗口中的变量名称,然后点击"➡"(载入)按钮,将该字段加入标注个案下方的列表中;采用同样方法将除了市(县)变量之外的其他所有变量,载入"变量"下方的列表中(图9-13)。在"输出"栏中点击勾选"统计量"和"图"复选框(为默认设置)。

图9-13 "系统聚类分析"对话框

然后,在"系统聚类分析"对话框中分别设置"统计量""绘制""方法"和"保存"选项。

点击"统计量"按钮,弹出"系统聚类分析:统计量"对话框(图9-14)。系统默认选中"合并进程表"选项,即输出系统聚类分析的凝聚状态表来表示类别合并的进程;点击勾选"相似性矩阵"复选框,即输出样本间的距离矩阵。另外,在"聚类成员"中有3个选项:

无,不输出系统聚类分析的所属类成员情况;单一方案,并指定聚类数,则仅输出指定聚类数的系统聚类分析的所属类成员情况;方案范围,并指定聚类数范围,则输出指定聚类数区间的系统聚类分析的所属类成员情况。为了和 K 均值聚类结果对比,这里选择"单一方案",聚类数为 3 类,点击"继续"按钮,退出"系统聚类分析:统计量"对话框。

点击"绘制"按钮,弹出"系统聚类分析:图"对话框(图 9-15)。点击勾选"树状图",即以树状图形式输出聚类结果,树状图以树的形式展现聚类分析的每一次合并过程,程序首先将各类之间的距离重新转换到 0~25 之间,然后再近似地表示在图上。在"冰柱"栏中可以定义以冰柱图输出聚类结果,默认设置为"所有聚类",即输出聚类全过程的冰柱图,如果选择"聚类的指定全距",并定义"开始聚类""停止聚类"和"排序标准",则可以指定显示聚类中某一阶段的冰柱图,如果选择"无",则不输出冰柱图。可以在"方向"栏中定义冰柱图显示的方向,有"垂直"和"水平"两个选项,默认设置为垂直。本例中,"冰柱"和"方向"栏中均采用默认设置。点击"继续"按钮,退出"系统聚类分析:图"对话框。

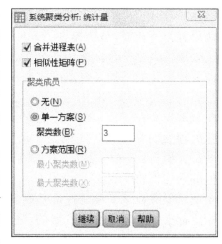

图 9-14 "系统聚类分析:统计量"对话框

点击"方法"按钮,弹出"系统聚类分析:方法"对话框(图9-16)。在"聚类方法"栏中通过下拉菜单指定聚类分析计算方法,下拉框中设置的是小类之间的距离计算方法,程序提供了 7 种方法供我们选择:组间联接(Between-groups Linkage)、组内联接(Within-groups Linkage)、最近邻元素(Nearest Neighbor)、最远邻元素(Furthest Neighbor)、质心聚类法(Centroid Clustering)、中位数聚类法(Median Clustering)、Ward 法(Ward's Method)。组间联接为默认设置,本例采用默认设置。

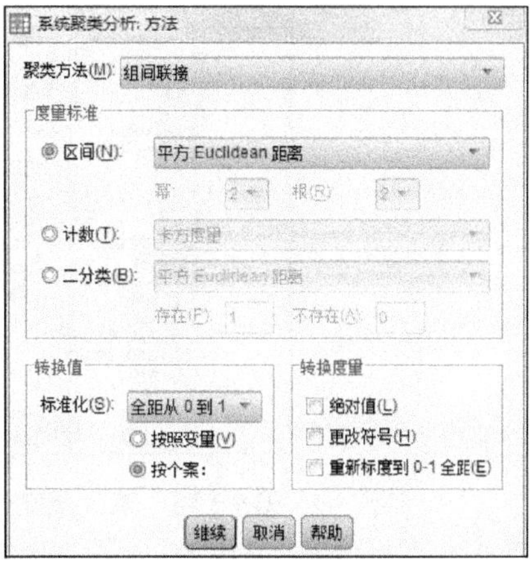

定义"度量标准"栏下的"区间",即定义计算样本距离的方法,适合于连续性变量,共有 8 个可选项,分别为 Euclidean 距离、平方 Euclidean 距离(默认设置)、余弦、Pearson 相关性、Chebychev 距离、块、Minkowski 距离、定义距离。"计数"适合于顺序或名义变量,系统提供两种选择方式:卡方度量(默认设置)和 Phi 方度量。"二分类"适应于二值变量,系统提供多种选择方式,默认的是平方欧氏距离。本例选择组间联接聚类方法,度量标准选择区间中的平方 Euclidean 距离。

图 9-15 "系统聚类分析:图"对话框

图 9-16 "系统聚类分析:方法"对话框

在“转换值”栏中可定义标准化的方式，以对不同数量级的数据做标准化处理，系统默认设置为不转换，系统提供了6种标准化的方法，分别为“z得分”(也叫标准差标准化，经过处理的数据符合标准正态分布，即均值为0，标准差为1)，“全距从−1到1”(表示将所需要标准化处理的变量范围控制在[−1,1]，变量中必须含有负数，由每个变量值除以该变量的全距得到标准化处理后的变量值)，“全距从0到1”(表示将所需标准化处理的变量范围控制在[0,1]，由每个变量值减去该变量的最小值再除以该变量的全距得到标准化处理后的变量值)，“1的最大量”(处理以后变量的最大值为1，由每个变量除以该变量的最大值得到)，“均值为1”(由每个变量值除以该变量的平均值得到，因此该变量所有取值的平均值将变为1)，“标准差为1”(表示将所需标准化处理的变量标准差变成1，由每个变量值除以该变量的标准差得到)。如果选择了上面的一种标准化处理方法，则需要制定标准化处理是针对变量的，还是针对个案的。“按照变量”表示针对变量，适应于R型聚类；“按个案”表示针对样本，适用于Q型聚类。本例中选择“全距从0到1”和“按个案”方法对数据进行标准化处理。

“转换度量”是用于指定得到的距离的转换方式，默认状态为不选择。点击“继续”按钮，退出“系统聚类分析：方法”对话框。

点击“保存”按钮，弹出“系统聚类分析：保存”对话框(图9-17)。定义“聚类成员”为“单一方案”，并输入“聚类数”为3，即将系统聚类分析的最终结果以变量的形式保存到数据编辑窗口中。点击“继续”按钮，退出“系统聚类分析：保存”对话框。

图9-17　“系统聚类分析：保存”对话框

最后，在“系统聚类分析”对话框中，点击“确定”按钮，执行系统聚类分析，得到聚类结果数据文件，并将其保存到shiyan09文件夹下，命名为“系统聚类分析结果.spv”。

➢　步骤3：系统聚类结果分析。

按照输出结果表格的顺序分别进行简要的解释说明。

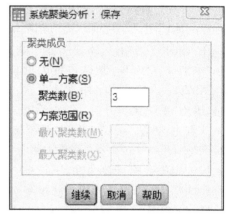

(1) 近似矩阵表(图9-18)，存储的是63个样本两两之间的距离矩阵。

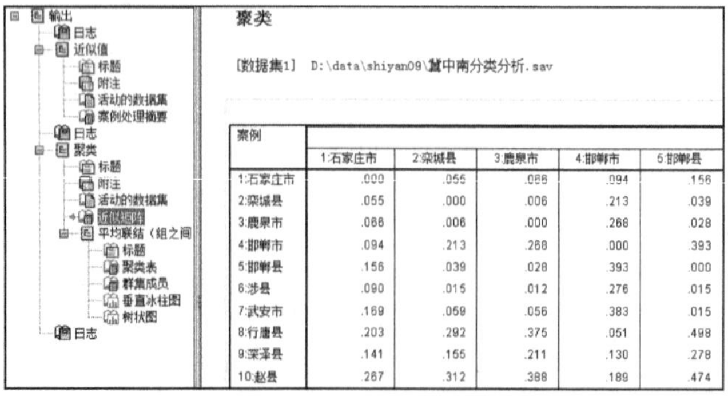

案例	1:石家庄市	2:栾城县	3:鹿泉市	4:邯郸市	5:邯郸县
1:石家庄市	.000	.055	.066	.094	.156
2:栾城县	.055	.000	.006	.213	.039
3:鹿泉市	.066	.006	.000	.266	.028
4:邯郸市	.094	.213	.266	.000	.393
5:邯郸县	.156	.039	.028	.393	.000
6:涉县	.090	.015	.012	.276	.015
7:武安市	.169	.059	.056	.383	.015
8:行唐县	.203	.292	.375	.051	.498
9:深泽县	.141	.155	.211	.130	.278
10:赵县	.267	.312	.388	.189	.474

图9-18　系统聚类分析结果中的近似矩阵(或不相似矩阵)

(2) 聚类表，也称聚类分析的凝聚状态表(图9-19)。该表格第1列(阶)表示聚类分析的步骤，可以看出本例共进行了62个步骤的分析；第2列(群集1)和第3列(群集2)表示某步聚类分析中,哪两个样本或类聚成了一类;第 4 列(系数)表示两个样本或类间的距离,从表格中可以看出,距离小的样本之间先聚类;第 5 列和第 6 列(首次出现阶群集)表示某步聚类分析中,参与聚类的是样本还是类,0 表示是样本,数字 n(非零)表示第 n 步聚类产生的类参与了本步聚类;第 7 列(下一阶)表示本步骤聚类结果在下面聚类的第几步中用到。

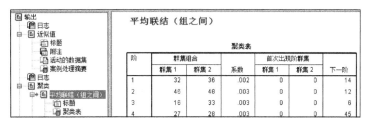

图 9-19 系统聚类分析结果中的聚类表

(3) 群集成员表(图 9-20),记录了聚类分析聚成 3 个类时,每一个样本的类归属情况。

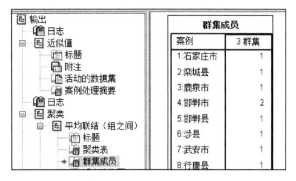

图 9-20 系统聚类分析结果中的群集成员表

(4) 垂直冰柱图(图 9-21),冰柱图的纵轴表示类数。冰柱图应从最低端开始观察。

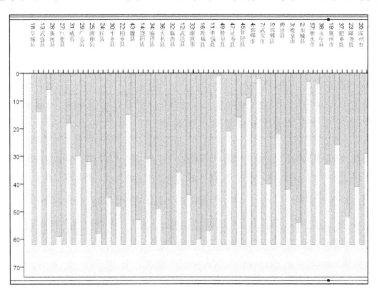

图 9-21 系统聚类分析结果中的垂直冰柱图

(5) 树状图(图 9-22),可以直观地显示整个聚类的过程。从图中可以看出,各个类之间的距离在 25 的坐标内。由于本例中部分样本或小类之间距离差距较小,集中分布在小于 5 的低值区,因此从本图很难清晰地看出哪几个样本先聚类,这时需要借助凝聚状态表进行判别。

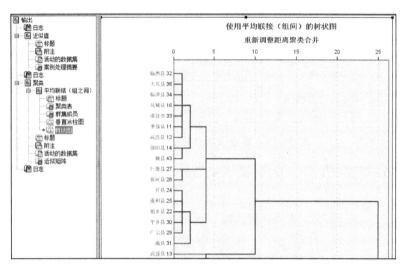

图 9-22 系统聚类分析结果中的树状图

另外,在前面的步骤中曾指定了将样本所属类作为样本的新变量保存到 SPSS 的数据编辑窗口中。然后,将系统聚类分析得到的综合竞争力划分为 3 类的结果整理成分类结果统计表(表 9-3),从分类结果中很难准确把握综合竞争力的类间差异。

表 9-3 系统聚类分析分类结果统计表

分类	县市名称
第一类	石家庄市、栾城县、鹿泉市、邯郸县、涉县、武安市、行唐县、深泽县、赵县、安平县、景县、冀州市、深州市、临城县、隆尧县、宁晋县、成安县、肥乡县、永年县、邱县、鸡泽县、广平县、馆陶县、曲周县、正定县、高邑县、无极县、平山县、元氏县、辛集市、藁城市、晋州市、新乐市、衡水市、邢台市、邢台县、内丘县、清河县、沙河市、磁州县
第二类	邯郸市、井陉县、灵寿县、赞皇县
第三类	枣强县、武邑县、武强县、饶阳县、故城县、阜城县、柏乡县、任县、南和县、巨鹿县、新河县、广宗县、平乡县、威县、临西县、南宫市、临漳县、大名县、魏县

另外,R 型聚类分析是对变量的聚类分析,可以通过变量之间的亲疏关系将其分为若干个类别,其过程与 Q 型聚类基本一致,在此不再赘述。

K 均值聚类和系统聚类分析一致,以距离(或相似性)为样本之间亲疏程度的标志,主要差异在于:系统聚类可以对不同的聚类类数产生一系列的聚类解,而 K 均值聚类只能产生固定类数的聚类解,类数需要我们事先指定。

从 K 均值聚类分析和系统聚类分析的结果来看,两者存在较大的差别,说明不同的聚类分析方法可能会产生不同的分类结果。另外,分成 3 类的结果不是很符合我们的判断和实际情况。因此,单纯的聚类分析有时并不能很好地表征样本的实际情况,其原因可能是样本评价的指标之间有很多重复的信息,造成 N 维空间中点相对积聚,区分度不太好。树状图也说明了这一点,太多的样本在低值区积聚。因而,在综合竞争力评价中,使用主成分分析和层次分析法比较多,应用也更广。

9.3.2 基于主成分分析的综合竞争力评价

在分析处理多变量问题时,变量间往往存在一定的相关性,有些变量之间密切相关,使观测数据所反映的信息多有重叠,因此,人们希望能够找出较少的彼此之间互不相关的综合变量尽可能反映原来变量的信息,以达到数据简化(Data Reduction)的目的。显然,在一个低维空间解释系统要比在高维系统容易得多。

因子分析(Factor Analysis,FA)就是用少数几个因子来描述许多指标或因素之间的联系,以较少的几个因子来反映原始资料的大部分信息的统计学分析方法。例如,美国统计学家斯通(Stone)在 1947 年关于国民经济的研究中,根据美国 1927—1938 年的数据,得到 17 个反映国民收入与支出的变量因素,经过因子分析,得到 3 个新变量,可以解释 17 个原始变量 97.4% 的信息;英国统计学家莫泽·斯科特(Moser Scott)在 1961 年对英国 157 个城镇发展水平进行调查时,原始测量的变量有 57 个,而通过因子分析发现,只需用 5 个新的综合变量就可以解释 95% 的原始信息。

从数学角度来看,因子分析是一种化繁为简的降维处理技术,其应用非常广泛,非常适用于城市与区域综合竞争力的评价。

主成分分析(Principal Component Analysis,PCA)是因子分析的一个特例和一种类型,是使用最多的因子提取方法。它通过坐标变换手段,将原有的多个相关变量,做线性变化,转换为另外一组不相关的变量。选取前面几个方差最大的主成分,这样达到了因子分析较少变量个数的目的,同时又能用较少的变量反映原有变量的绝大部分的信息。

主成分分析具有以下 4 个主要特点:①因子变量的数量远少于原有的指标变量的数量,因而对因子变量的分析能够减少分析中的工作量;②因子变量不是对原始变量的取舍,而是根据原始变量的信息进行重新组构,它能够反映原有变量大部分的信息;③因子变量之间不存在显著的线性相关关系,对变量的分析比较方便,但原始部分变量之间多存在较显著的相关关系;④因子变量具有命名解释性,即该变量是对某些原始变量信息的综合和反映。

根据研究对象的不同,把因子分析分为 R 型和 Q 型两种。当研究对象是变量时,属于 R 型因子分析;当研究对象是样品时,属于 Q 型因子分析。但有的因子分析方法兼有 R 型和 Q 型因子分析的一些特点,如因子分析中的对应分析方法,有的学者称之为双重型因子分析,以示与其他两类的区别。

这里以冀中南数据为例介绍 PASW Statistics 18 中主成分分析的具体应用。

> 步骤 1:在 PASW Statistics 18 中打开"冀中南分类分析.sav"数据文件。
> 步骤 2:使用"因子分析"工具进行 R 型因子分析。

首先,点击工具条上的"分析"—"降维"—"因子分析",弹出"因子分析"对话框(图 9-23)。将对话框左侧变量列表中的除"市(县)"变量外的其他所有变量加载到"变量"栏中。

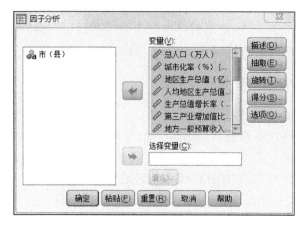

图 9‑23 "因子分析"对话框

其次,点击"因子分析"对话框中的"描述"按钮,弹出"因子分析:描述统计"对话框(图 9‑24)。"统计量"栏中有两个选项:"单变量描述性"(输出变量均值、标准差等)和"原始分析结果"(默认设置,输出初始公因子方差、特征值及其变量解释的百分比等)。本例中两项都选。"相关矩阵"栏中有 7 个选项,提供了 7 种检验变量是否适合做因子分析的检验方法,分别是系数(相关系数矩阵)、显著性水平、行列式(相关系数矩阵的行列式)、逆模型(相关系数矩阵的逆矩阵)、再生(再生相关矩阵,原始相关与再生相关的差值)、反映象(反映象相关矩阵检验)、KMO 和 Bartlett 的球形度检验。

图 9‑24 "因子分析:描述统计"对话框

下面就常用的几个因子分析检验方法作简要解释。

(1) Bartlett 的球形度检验。该检验以变量的相关系数矩阵作为出发点,它的零假设 H0 为相关系数矩阵是一个单位阵,即相关系数矩阵对角线上的所有元素都为 1,而所有非对角线上的元素都为 0,即原始变量两两之间不相关。Bartlett 球形度检验的统计量是根据相关系数矩阵的行列式得到的。如果该值较大,且其对应的相伴概率值小于我们指定的显著性水平,那么就应拒绝零假设 H0,认为相关系数不可能是单位阵,也即原始变量间存在相关性。

(2) 反映象相关矩阵检验。该检验以变量的偏相关系数矩阵作为出发点,将偏相关系数矩阵的每个元素取反,得到反映象相关矩阵。偏相关系数是在控制了其他变量影响的条件下计算出来的相关系数,如果变量之间存在越多的重叠影响,那么偏相关系数就会越小,这些变量越适合进行因子分析。

(3) KMO(Kaiser‑Meyer‑Olkin)检验。该检验的统计量用于比较变量之间的简单相关和偏相关系数。KMO 值介于 0~1,越接近 1,表明所有变量之间简单相关系数平方和远大于偏相关系数平方和,越适合因子分析。其中,Kaiser 给出一个 KMO 检验标准:

KMO>0.9,非常适合;0.8<KMO<0.9,适合;0.7<KMO<0.8,一般;0.6<KMO<0.7,不太适合;KMO<0.5,不适合。

本例中,选择常用的系数、显著性水平、反映象、KMO 和 Bartlett 的球形度检验 4 个选项。单击"继续"按钮,返回"因子分析"对话框。

再次,点击"因子分析"对话框中的"抽取"按钮,弹出"因子分析:抽取"对话框(图 9-25)。在"方法"栏中提供了因子分析的 7 种方法,本例采用默认的主成分方法。

图 9-25 "因子分析:抽取"对话框

主成分(Principle Components Analysis),为默认的提取方法,该方法形成观察变量间不相关的线性组合,第一个成分具有最大的方差,其余的成分对方差解释的比例逐渐变小,且各成分间均不相关。

未加权的最小平方法(Unweighted Least Squares),该方法使观察的相关性矩阵和再生相关矩阵之差的平方和最小。

综合最小平方法(Generalized Least Squares),又称广义最小二乘法,该方法可以使观察值的相关性矩阵和再生相关性矩阵之间的差的平方和最小。

最大似然(Maximum Likelihood),在样本来自多变量正态分布的情况下,它生成的参数估计最有可能生成观察到的相关矩阵。

主轴因子分解(Principal Axis Factoring),从原始相关矩阵提取公因子,用多元相关系数的平方代替对角线的值作为公因子方差的初始估计值,并用估计新公因子方差的因子载荷替代对角线中旧的公因子方差。当公因子方差的改变符合收敛准则的要求时,将终止迭代过程。

α因子分解(Alpha Factoring),把分析的变量看作来自一个潜在总体的样本,使因子的α可靠性系数最大。

映象因子分解(Image Factoring),把部分映象(变量的公共部分)看作剩余变量的线性回归。

"分析"栏中有相关性矩阵(默认设置)和协方差矩阵两项。本例采用默认设置。

"输出"栏中有未旋转的因子解(默认设置,显示未旋转的因子载荷、公因子方差及因子解的特征值)和碎石图(以降序方式显示与成分或因子关联的特征值以及成分或因子的数量)两项。本例两项均选择。

"抽取"栏用于定义因子个数的提取标准,有两种方式:基于特征值(默认设置,特征值大于1)和因子的固定数量(我们可以定义要提取的因子数量)。本例采用默认设置。

"最大收敛性迭代次数"用于定义因子分析收敛的最大迭代次数,系统默认的最大迭代次数为25。本例采用默认设置。点击"继续"按钮,返回"因子分析"对话框。

接着,点击"因子分析"对话框中的"旋转"按钮,弹出"因子分析:旋转"对话框(图9-26),选择因子旋转方法。系统共提供了"最大方差法"(又称方差最大正交旋转法,使每个因子中具有最高载荷的变量数最小的正交旋转法,可简化因子的解释)、"直接 Oblimin 方法"〔又称直接斜交旋转法,当 Delta 值为0时,结果为最大斜交,Delta 值越小,因子的斜交程度越小,Delta 值的范围是(-1,0)〕、"最大四次方值法"(使需要解释的每个变量的因子数最小,可简化对观察变量的解释)、"最大平衡值法"(又称相等最大正交旋转法,是方差最大正交旋转法与最大四次方值法的组合,使每个因子中具有最高载荷的变量数量最小及需要解

图 9-26 "因子分析:旋转"对话框

释的每个变量的因子数最小)、"Promax"(最优斜交旋转,进行因子的校正,适用于大样本数据,并同时给出 Kappa 值,默认值为4)。因子旋转目的是为了简化结构,以帮助我们解释因子。系统默认不进行旋转(无),本例选择最大方差法。

"输出"栏中有两个选项,"旋转解"(输出旋转后的因子载荷矩阵)和"载荷图"(输出载荷散点图)。本例两项均选择。

本例"最大收敛性迭代次数"采用默认设置"25"。点击"继续"按钮,返回"因子分析"对话框。

然后,点击"因子分析"对话框中的"得分"按钮,弹出"因子分析:因子得分"对话框(图9-27),对因子得分进行设置。点击选择"保存为变量"(将最终的因子得分保存到新变量中),系统提供了因子得分的3种计算方法。本例选择"回归"方法。

回归(Regression):因子得分均值为0,采用多元相关平方。

Bartlett(巴特利法):因子得分均值为0,采用超出变量范围各因子平方和被最小化。

Anderson-Rubin(安德森-洛宾法):因子得分均值为0,标准差1,彼此不相关。

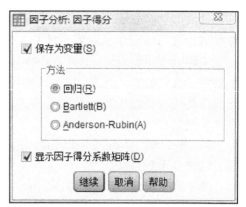

图 9-27 "因子分析:因子得分"对话框

点击选择“显示因子得分系数矩阵”，点击“继续”按钮，返回“因子分析”对话框。

最后，点击“因子分析”对话框中的“选项”按钮，弹出“因子分析：选项”对话框(图 9 - 28)。在“缺失值”栏中定义缺失值的处理方式，系统提供 3 种方法：按列表排除个案(Exclude Cases Listwise，默认设置，去除所有缺失值的个案)、按对排除个案(Exclude Cases Pairwise，含有缺失值的变量，去掉该案例)、使用均值替换(Replace with Mean，用平均值代替缺失值)。

图 9 - 28　“因子分析：选项”对话框

成对(Pairwise)排除的意思是如果一个个案(Case)中有若干个变量数据，其中某一个或者多个变量数据缺失，那么这个个案(Case)中所有的数据就会被排除不纳入计算；另外一个成列(Listwise)排除，就是说如果用到了某个个案中缺失的数据就会自动将此个案排除，但是在对其他无缺失数据的变量进行计算时，此个案还被纳入计算。本例选择默认设置按列表排除个案。

“系数显示格式”用于控制因子得分系统矩阵的显示格式，一种是按大小排序，一种是取消小系数(排除绝对值小于我们定义值的系数)。本例选择按大小排序。点击“继续”按钮，返回“因子分析”对话框。点击“确定”按钮，执行因子分析命令，得到因子分析结果，并将文件保存在 shiyan09 文件夹下，命名为“主成分分析结果. spv”。

➢　步骤 3：因子分析结果的简要解释。

按照输出结果表格的顺序分别进行简要的解释说明。

(1) 描述统计量表，存储了变量的均值、标准差和分析的个案数等基本统计信息。

(2) 相关矩阵表(图 9 - 29)。通过相关矩阵可以看出哪些变量之间存在高相关，存在高相关也说明原始变量之间存在高信息重叠。

		总人口（万人）	城市化率（%）	地区生产总值（亿元）	人均地区生产总值（元）
相关	总人口（万人）	1.000	.567	.896	.382
	城市化率（%）	.567	1.000	.688	.560
	地区生产总值（亿元）	.896	.688	1.000	.655
	人均地区生产总值（元）	.382	.560	.655	1.000
	生产总值增长率（%）	.046	.049	.109	.362
	第三产业增加值比重（%）	.325	.227	.199	-.144
	地方一般预算收入（亿元）	.871	.768	.960	.550
	人均财政收入（元）	.509	.862	.723	.803
	人均社会消费品零售额（元）	.457	.693	.647	.683
	人均外商直接投资额（美元）	.345	.314	.400	.304
	人均全社会固定资产投资额（元）	.372	.516	.598	.744
	每万人医生数（人）	.330	.809	.477	.366
	农民人均纯收入（元）	.258	.174	.351	.622
	在岗职工人均收入（元）	.555	.798	.664	.593
	燃气普及率（%）	.286	.425	.392	.488
	每万人拥有公交车辆（标台）	.275	.516	.388	.351
	人均公园绿地面积（m²）	.281	.498	.405	.533
	建成区绿化覆盖率（%）	.310	.457	.389	.487
	交通发展潜力（路网密度）	.590	.828	.736	.615

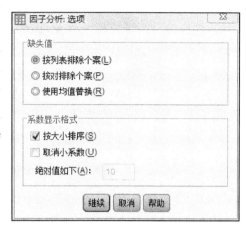

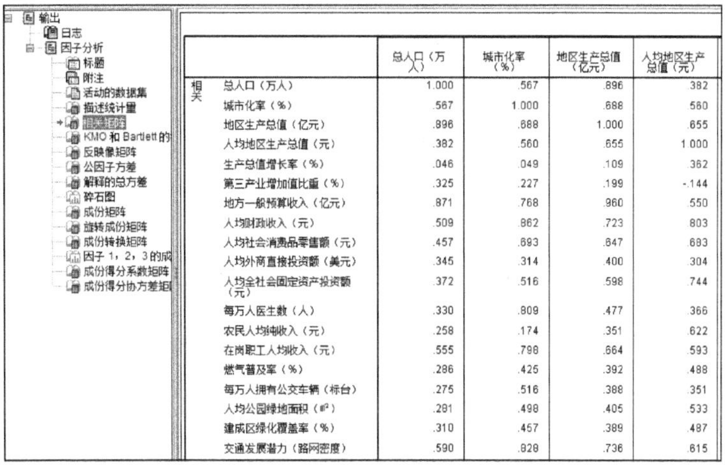

图 9 - 29　因子分析结果中的相关矩阵

(3) KMO 和 Bartlett 的检验结果表(图 9 - 30)。该结果是判断是否适合进行因子分

析的重要参照,因此,因子分析需要首先按照此分析结果进行判定。本例中,KMO检验值为0.823,大于0.6,适合因子分析;Bartlett的检验相伴概率为0.000,小于显著性水平0.01,同样适合因子分析。因此,该例适合进行因子分析。

KMO 和 Bartlett 的检验

取样足够度的 Kaiser-Meyer-Olkin 度量。		.823
Bartlett 的球形度检验	近似卡方	1182.677
	df	171
	Sig.	.000

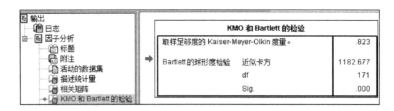

图 9-30　因子分析结果中的 KMO 和 Bartlett 的检验

(4) 反映象矩阵表。

(5) 公因子方差表(图 9-31),给出了初始变量的共同度。这是因子分析的初始结果,该表格的第1列列出了所有原始变量的名称;第2列为初始变量共同度;第3列是根据因子分析最终解计算出的变量共同度。根据最终提取的m个特征值和对应的特征向量计算出因子载荷矩阵。这时由于因子变量个数少于原始变量的个数,因此每个变量的共同度必然小于1。例如,总人口的共同度为0.885,可以理解为几个公因子能够解释总人口方差的88.5%。

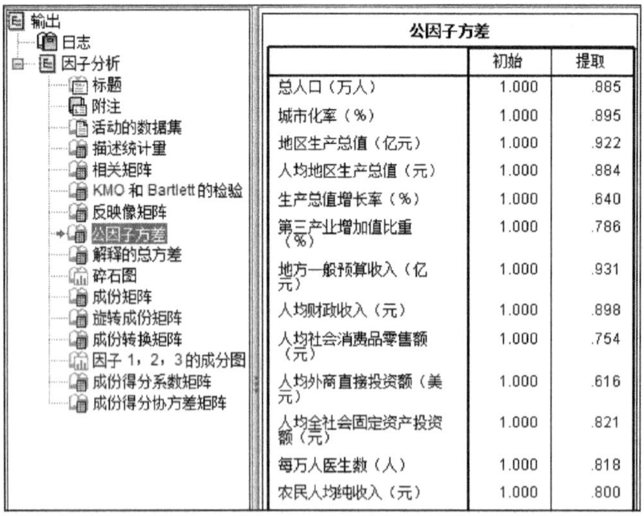

公因子方差

	初始	提取
总人口(万人)	1.000	.885
城市化率(%)	1.000	.895
地区生产总值(亿元)	1.000	.922
人均地区生产总值(元)	1.000	.884
生产总值增长率(%)	1.000	.640
第三产业增加值比重(%)	1.000	.786
地方一般预算收入(亿元)	1.000	.931
人均财政收入(元)	1.000	.898
人均社会消费品零售额(元)	1.000	.754
人均外商直接投资额(美元)	1.000	.616
人均全社会固定资产投资额(元)	1.000	.821
每万人医生数(人)	1.000	.818
农民人均纯收入(元)	1.000	.800

图 9-31　因子分析结果中的公因子方差

(6) 解释的总方差表(图 9-32),又称因子方差贡献率表。该表格是因子分析后因子提取和因子旋转的结果。第1列是因子分析19个初始解序号。第2列是因子变量的方差贡献(特征值),它是衡量因子重要程度的指标。第3列是各因子变量的方差贡献率,表示该因子描述的方差占原有变量总方差的比例。第4列是因子变量的累计方差贡献率,表示前m个因子描述的总方差占原有变量总方差的比例。第5列到第7列则是从初始解中按照一定标准(在前面的分析中设定了提取因子的标准是特征值大于1)提取了4个公共因子后对原变量总体的描述情况。各列数据的含义和前面第2列到第4列相同,可见提取了4个因子后,它们反映了原变量的大部分信息(72.619%)。第8列到第

10列是旋转以后得到的因子对原变量总体的刻画情况。一般来说,累积方差贡献率达到70%以上即认为比较满意。

成分	初始特征值			提取平方和载入			旋转平方和载入		
	合计	方差的%	累积%	合计	方差的%	累积%	合计	方差的%	累积%
1	9.045	47.607	47.607	9.045	47.607	47.607	6.188	32.568	32.568
2	1.944	10.230	57.837	1.944	10.230	57.837	3.063	16.123	48.691
3	1.533	8.070	65.907	1.533	8.070	65.907	2.663	14.018	62.709
4	1.275	6.712	72.619	1.275	6.712	72.619	1.883	9.910	72.619
5	.996	5.245	77.863						
6	.841	4.426	82.289						
7	.738	3.884	86.172						
8	.584	3.075	89.248						
9	.507	2.669	91.917						
10	.342	1.799	93.716						
11	.291	1.530	95.246						
12	.259	1.361	96.607						
13	.189	.997	97.603						
14	.173	.910	98.513						
15	.135	.712	99.225						
16	.062	.329	99.554						
17	.050	.265	99.820						
18	.027	.144	99.963						
19	.007	.037	100.000						

提取方法:主成分分析。

图 9-32　因子分析结果中的解释的总方差

(7) 碎石图(图9-33)。特征值的大小代表了主成分的方差贡献率的大小和重要性程度。

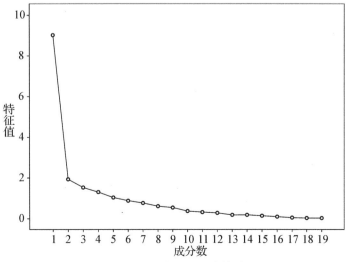

图 9-33　因子分析结果中的碎石图

(8) 成分矩阵图(图9-34),记录了每一个变量在4个主成分上的载荷矩阵。如果在第1主成分的载荷远大于其他主成分,那么该变量对第1主成分贡献率大,接近第1主成分。根据此特征,可以进行因子的命名和解释。

项 目	成分			
	1	2	3	4
人均财政收入(元)	.911	.004	−.082	−.226
地区生产总值(亿元)	.877	−.139	.282	.105
城市化率(%)	.874	−.276	−.093	−.165
地方一般预算收入(亿元)	.871	−.288	.245	−.018
交通发展潜力(路网密度)	.866	−.165	.033	−.076
人均社会消费品零售额(元)	.825	.203	.146	.112
在岗职工人均收入(元)	.813	−.152	−.092	−.082
人均地区生产总值(元)	.803	.478	.035	−.006
总人口(万人)	.707	−.303	.353	.246
人均全社会固定资产投资额(元)	.706	.347	.314	−.295
每万人医生数(人)	.665	−.330	−.067	−.381
人均公园绿地面积(m²)	.598	.199	−.549	.050
每万人拥有公交车辆(标台)	.574	−.160	−.478	−.064
建成区绿化覆盖率(%)	.572	.140	−.364	.447
燃气普及率(%)	.560	.218	−.406	.279

图9-34 因子分析结果中的成分矩阵

(9) 旋转成分矩阵表,记录了经过旋转后的每一个变量在4个主成分上的载荷矩阵。旋转之后的因子载荷矩阵更易解释原始指标是接近哪个主成分变量,更易于因子命名和解释。

(10) 成分转换矩阵表。

(11) 成分1、2、3的成分图(图9-35),即载荷散点图,是旋转后因子载荷矩阵的图形化表示方式。

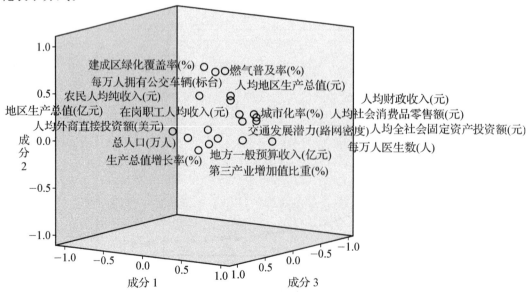

图9-35 因子分析结果中的成分图

(12) 成分得分系数矩阵（图 9-36）。根据成分得分可以得出最终的因子得分方程。

	成分			
	1	2	3	4
总人口（万人）	.026	-.066	.029	.339
城市化率（%）	.193	-.023	-.104	-.038
地区生产总值（亿元）	.063	-.058	.077	.204
人均地区生产总值（元）	-.020	.096	.230	-.080
生产总值增长率（%）	-.010	-.163	.392	-.145
第三产业增加值比重（%）	-.067	-.017	-.125	.509
地方一般预算收入（亿元）	.138	-.114	.009	.157
人均财政收入（元）	.165	-.008	.012	-.130
人均社会消费品零售额（元）	-.010	.054	.160	.085
人均外商直接投资额（美元）	.066	-.011	.037	-.055
人均全社会固定资产投资额（元）	.107	-.166	.283	-.121
每万人医生数（人）	.268	-.139	-.119	-.142
农民人均纯收入（元）	-.262	.211	.288	.255
在岗职工人均收入（元）	.132	.025	-.059	-.021
燃气普及率（%）	-.100	.350	-.046	-.013
每万人拥有公交车辆（标台）	.106	.187	-.210	-.142
人均公园绿地面积（m²）	-.005	.320	-.097	-.182
建成区绿化覆盖率（%）	-.148	.387	-.065	.112
交通发展潜力（路网密度）	.136	-.026	-.018	.028

提取方法：主成分。
旋转法：具有 Kaiser 标准化的正交旋转法。
构成得分。

图 9-36　因子分析结果中的成分得分系数矩阵

(13) 成分得分协方差矩阵。从协方差矩阵看，不同因子之间的数据为 0，因而也证实了因子之间是不相关的。

因子分析最后生成的 4 个主成分的得分值将作为新列写入原来表格后面。我们可以对 4 个主成分的方差贡献率进行总和标准化处理，使其总贡献率和为 1，计算得到新值作为每个主成分的权重，从而采用加权求和方法计算每个县市的综合得分值。具体步骤为：首先，将"冀中南分类分析.sav"文件另存为 Excel 格式"冀中南分类分析.xls"。然后，将 4 个主成分的方差贡献率进行总和标准化处理，得到 4 个主成分的权重，并加权求和得到每一市县的综合得分值。最后，采用极差标准化方法，将综合得分值进行标准化处理，使得分值位于 [0,1] 区间，为了便于分析，可将综合得分值的标准化得分乘以 100，得到各县市的最后综合得分值。

➢ 步骤 4：冀中南区域综合竞争力分类。

主成分计算结果虽然没有直接给出综合竞争力的类别，但能够得到一个综合的评价得分值。我们可以根据该得分值，对冀中南区域各县市进行综合判断和分析，进而进行区域综合竞争力类型的划分。

为了和前面的聚类分类结果进行对比,将研究区分为3类,石家庄(100)、邯郸市(76.41)、衡水市(67.11)、邢台市(64.21)为综合竞争力最强的一类,综合竞争力指数值都大于60,明显高于第二类。由此可见,冀中南经济空间格局仍呈现高首位度、高积聚度的总体发展态势,在未来的发展过程中,集聚发展、壮大核心城市仍然是区域发展的核心主题。将综合得分值大于10的县市划分为第二类,包括武安市(33.53)、涉县(26.35)、邯郸县(25.79)、内丘县(21.13)、鹿泉市(21.08)等25个县市。其他综合竞争力得分值低于10的县市划为第三类,包括冀州市(9.86)、无极县(3.52)、临漳县(2.36)、阜城县(1.78)、任县(0.00)等34个县市。

对比聚类分析的结果,可以发现聚类分析是根据样本的亲疏来划分类别的,而主成分分析是通过因子载荷矩阵和特征根等来表征,从而得到因子得分和总得分。两种分析方法得到的结果存在较大的差异。

9.3.3 基于层次分析法的综合竞争力评价

层次分析法(Analytic Hierarchy Process,AHP)是20世纪70年代中期由美国运筹学家托马斯·L.萨迪(Thomas L. Saaty)提出的一种定性和定量相结合的、系统化、层次化(将与决策有关的元素分解成目标、准则、方案等层次)的分析方法。该方法的特点是在对复杂决策问题的本质、影响因素及其内在关系等进行深入分析的基础上,利用较少的定量信息使决策的思维过程数学化,从而为多目标、多准则或无结构特性的复杂决策问题提供简便的决策方法,尤其适合于对决策结果难于直接准确计量的场合。

由于AHP在处理复杂决策问题上的实用性和有效性,很快在世界范围得到重视,它的应用已遍及经济计划和管理、能源政策和分配、行为科学、军事指挥、运输、农业、教育、人才、医疗、环境等领域。

AHP采用先分解后综合的系统思想,通过整理和综合人们的主观判断,使定性分析与定量分析有机结合,实现定量化决策。其基本步骤为:建立递阶层次结构—构建两两判别矩阵—进行层次排序与一致性检验。

➤ 步骤1:建立递阶层次结构。

通过调查研究和分析弄清楚决策问题的范围和目标,问题包含的因素,各因素之间的相互作用关系;然后将各个因素按照它们的性质聚集成组,并把它们的共同特征看成是系统中高一层次中的一些因素,而这些因素又按照另外一些特性被组合,从而形成更高层次的因素,直到最终形成单一的最高目标(这往往就是决策问题的总目标)。如此,构成了一个以目标层、若干准则层和方案层所组成的递阶层次结构。

本例使用图9-1中的层次结构,即目标层为综合竞争力(综合实力),约束层包括经济发展、基础设施和人民生活3个方面,指标层包括18个具体的指标(图9-1)。

➤ 步骤2:构建两两判别矩阵。

如果有一组物体,需要知道它们的重量,而又没有衡器,那么就可以通过两两比较它们的相互重量,得出每对物体重量比的判断,从而构成判别矩阵;然后通过求解判别矩阵的最大特征值和它所对应的特征向量,就可以得出这一组物体的相对重量。

构建两两判别矩阵是定量表征一组变量相对重要性的重要手段。按照表9-4相对重要性权数的定义来构建冀中南指标层和约束层的两两判别矩阵(表9-5~表9-7)。

由于人民生活约束层下仅有两个指标,可将两个指标设置为相同权重,即各为0.50。

表9-4 两两判别矩阵中相对重要性权数的定义

相对重要性权数	意义	解释
1	同等重要(Equal Importance)	对于目标,两个活动的贡献率是等同的(Equally)
3	稍重要(Weak Importance)	经验与判断稍微倾向、偏向一个活动(Moderately)
5	明显重要(Essential Importance)	经验与判断明显倾向、偏向一个活动(Strongly)
7	强烈重要(Very Importance)	非常强烈地偏向一个活动(Very Strong)
9	极端重要(Absolute Importance)	对一个活动的偏爱的程度是极端的(Extremely)
2,4,6,8	以上相邻尺度的中值(Intermediate Values)	

注:两两比较时,前者比后者相对不重要些,则采用以上标度的倒数表示。

表9-5 经济发展约束层下各指标的两两判别矩阵

项 目	①	②	③	④	⑤	⑥	⑦	⑧	⑨	⑩
①城市化率	1	1	1/5	1	1/2	1	1/3	1/2	1	1/2
②GDP	1	1	1/5	1	1/2	1	1/3	1/2	1	1/2
③人均GDP	5	5	1	5	3	5	2	3	5	3
④GDP增长率	1	1	1/5	1	1/2	1	1/3	1/2	1	1/2
⑤第三产业增加值比重	2	2	1/3	2	1	2	3	1	2	1
⑥地方一般预算收入	1	1	1/5	1	1/2	1	1/3	1/2	1	1/2
⑦人均财政收入	3	3	1/2	3	1/3	3	1	2	3	2
⑧人均社会消费品零售额	2	2	1/3	2	1	2	1/2	1	2	1
⑨人均外商直接投资额	1	1	1/5	1	1/2	1	1/3	1/2	1	1/2
⑩人均全社会固定资产投资额	2	2	1/3	2	1	2	1/2	1	2	1

表9-6 基础设施约束层下各指标的两两判别矩阵

项 目	①	②	③	④	⑤	⑥
①每万人医生数	1	2	2	1	1	1/3
②燃气普及率		1	1	1/2	1/2	1/3
③每万人拥有公交车辆			1	1/2	1/2	1/3
④人均公园绿地面积				1	1	1/2
⑤建成区绿化覆盖率					1	1/2
⑥交通发展潜力						1

表9-7 约束层的两两判别矩阵

项 目	①	②	③
①经济发展	1	2	1
②基础设施		1	1/2
③人民生活			1

➢ 步骤3:进行层次排序与一致性检验。

层次排序的目的是对于上一层次中的某元素而言,确定本层次与之有联系的各元素重要性次序的权重值。它是本层次所有元素对上一层次某元素而言的重要性排序的数据基础。

层次排序的任务可以归结为计算判别矩阵的特征根和特征向量问题,即对于判别矩阵 A,计算满足 $AW = \lambda_{max}W$,可以用线性代数知识求解,并且能够用计算机求得高精度的结果。但事实上,在 AHP 决策分析中,判别矩阵的最大特征根及其所对应的特征向量的计算并不需要太高的精度。我们可以采用方根法与和积法两种近似算法求解。

(1) 用方根法计算最大特征根及其所对应的特征向量

首先,计算判别矩阵每一行元素的乘积 M_i。

其次,计算 M_i 的 n 次方根 N_i。

再次,将向量 N_i 归一化得特征向量 W_i (可采用总和标准化方法)。

最后,采用下面的公式计算最大特征根 λ_{max}。

$$\lambda_{max} = \sum_{i=1}^{n} \frac{(AW)_i}{nW_i} \qquad (公式9-1)$$

这里以约束层的两两判别矩阵的求解过程为例加以说明。

$$A = \begin{bmatrix} 1 & 2 & 1 \\ 1/2 & 1 & 1/2 \\ 1 & 2 & 1 \end{bmatrix} \quad M = \begin{bmatrix} 2 \\ 1/4 \\ 2 \end{bmatrix} \quad N = \begin{bmatrix} 1.259\,9 \\ 0.630\,0 \\ 1.259\,9 \end{bmatrix} \quad W = \begin{bmatrix} 0.4 \\ 0.2 \\ 0.4 \end{bmatrix}$$

$(AW)_1 = 1 \times 0.4 + 2 \times 0.2 + 1 \times 0.4 = 1.2$

$(AW)_2 = 1/2 \times 0.4 + 1 \times 0.2 + 1/2 \times 0.4 = 0.6$

$(AW)_3 = 1 \times 0.4 + 2 \times 0.2 + 1 \times 0.4 = 1.2$

$$\lambda_{max} = \sum_{i=1}^{n} \frac{(AW)_i}{nW_i} = \frac{1.2}{3 \times 0.4} + \frac{0.6}{3 \times 0.2} + \frac{1.2}{3 \times 0.4} = 3.0$$

(2) 用和积法计算最大特征根及其所对应的特征向量

首先,将判别矩阵每一列元素进行归一化 M (一般可采用总和归一化方法)。

其次,将所得矩阵 M 按行进行求和得到 N。

再次,将向量 N 再归一化得特征向量 W_i。

最后,采用前面的公式计算最大特征根 λ_{max}。

下面以约束层下的经济发展指标的两两判别矩阵的求解过程为例加以说明。

$$A = \begin{bmatrix} 1 & 1 & 1/5 & 1 & 1/2 & 1 & 1/3 & 1/2 & 1 & 1/2 \\ 1 & 1 & 1/5 & 1 & 1/2 & 1 & 1/3 & 1/2 & 1 & 1/2 \\ 5 & 5 & 1 & 5 & 3 & 5 & 2 & 3 & 5 & 3 \\ 1 & 1 & 1/5 & 1 & 1/2 & 1 & 1/3 & 1/2 & 1 & 1/2 \\ 2 & 2 & 1/3 & 2 & 1 & 2 & 3 & 1 & 2 & 1 \\ 1 & 1 & 1/5 & 1 & 1/2 & 1 & 1/3 & 1/2 & 1 & 1/2 \\ 3 & 3 & 1/2 & 3 & 1/3 & 3 & 1 & 2 & 3 & 2 \\ 2 & 2 & 1/3 & 2 & 1 & 2 & 1/2 & 1 & 2 & 1 \\ 1 & 1 & 1/5 & 1 & 1/2 & 1 & 1/3 & 1/2 & 1 & 1/2 \\ 2 & 2 & 1/3 & 2 & 1 & 2 & 1/2 & 1 & 2 & 1 \end{bmatrix} \quad W = \begin{bmatrix} 0.047\,7 \\ 0.051\,3 \\ 0.275\,5 \\ 0.051\,3 \\ 0.127\,5 \\ 0.051\,3 \\ 0.146\,8 \\ 0.098\,7 \\ 0.051\,3 \\ 0.098\,7 \end{bmatrix}$$

$$M=\begin{bmatrix} 0.05 & 0.05 & 0.06 & 0.05 & 0.06 & 0.05 & 0.04 & 0.05 & 0.05 & 0.05 \\ 0.05 & 0.05 & 0.06 & 0.05 & 0.06 & 0.05 & 0.04 & 0.05 & 0.05 & 0.05 \\ 0.26 & 0.26 & 0.29 & 0.26 & 0.35 & 0.26 & 0.23 & 0.29 & 0.26 & 0.29 \\ 0.05 & 0.05 & 0.06 & 0.05 & 0.06 & 0.05 & 0.04 & 0.05 & 0.05 & 0.05 \\ 0.11 & 0.11 & 0.10 & 0.11 & 0.12 & 0.11 & 0.35 & 0.10 & 0.11 & 0.10 \\ 0.05 & 0.05 & 0.06 & 0.05 & 0.06 & 0.05 & 0.04 & 0.05 & 0.05 & 0.05 \\ 0.16 & 0.16 & 0.14 & 0.16 & 0.04 & 0.16 & 0.12 & 0.19 & 0.16 & 0.19 \\ 0.11 & 0.11 & 0.10 & 0.11 & 0.12 & 0.11 & 0.06 & 0.10 & 0.11 & 0.10 \\ 0.05 & 0.05 & 0.06 & 0.05 & 0.06 & 0.05 & 0.04 & 0.05 & 0.05 & 0.05 \\ 0.11 & 0.11 & 0.10 & 0.11 & 0.12 & 0.11 & 0.06 & 0.10 & 0.11 & 0.10 \end{bmatrix}$$

$$N=\begin{bmatrix} 0.4774 \\ 0.5156 \\ 2.7553 \\ 0.5126 \\ 1.2753 \\ 0.5126 \\ 1.4677 \\ 0.9869 \\ 0.5126 \\ 0.9869 \end{bmatrix} \quad W=\begin{bmatrix} 0.0477 \\ 0.0513 \\ 0.2755 \\ 0.0513 \\ 0.1275 \\ 0.0513 \\ 0.1468 \\ 0.0987 \\ 0.0513 \\ 0.0987 \end{bmatrix}$$

$$\lambda_{\max}=\sum_{i=1}^{n}\frac{(AW)_i}{nW_i}=10.1733$$

我们可以采用同样的方法计算基础设施指标层的最大特征根及其所对应的特征向量。

在计算完最大特征根及其所对应的特征向量后,需要进行一致性检验。

当判别矩阵 A 具有完全一致性时,$\lambda_{\max}=n$。但是,在一般情况下是很难做到完全一致性的。为了检验判别矩阵的一致性,需要计算它的一致性指标 CI(Consistency Index),见公式 9-2。当 $CI=0$ 时,判别矩阵具有完全一致性;CI 越大,一致性越差。

$$CI=\frac{\lambda_{\max}-n}{n-1} \quad \text{(公式 9-2)}$$

为了检验判别矩阵是否具有令人满意的一致性,需要将 CI 与平均随机一致性指标 RI(Random Index)进行比较。

判别矩阵的随机一致性比例的求算。首先,分别对 3~10 阶递阶层次结构各构造 500 个随机样本矩阵。其次,随机用 1~9 标度填满样本矩阵上三角各项,对角线各要素为 1,转置位置项为上述对应位置的随机数的倒数。最后,对 500 个随机样本矩阵分别计算一致性指标值,然后求取平均值,即得到平均随机一致性指标 RI。

一致性指标 CI 与同阶平均随机一致性指标 RI 之比,称为随机一致性比例,记为 CR(Consistency Ratio),见公式 9-3。

$$CR = \frac{CI}{RI} \qquad \text{(公式 9-3)}$$

一般当 $CR<0.10$ 时,就认为判别矩阵具有令人满意的一致性,当 $CR \geq 0.10$ 时,就需要调整判别矩阵,直到满意为止。

首先,对每一个约束层下的指标体系进行层次单排序与一致性检验。此处以社会经济约束因子层为例加以说明。

$$CI = \frac{\lambda_{max}-n}{n-1} = \frac{10.1733-10}{10-1} \approx 0.0193 \quad CR = \frac{CI}{RI} = \frac{0.0193}{1.49} \approx 0.0130 < 0.10$$

查 RI 对照表可得,当 $n=10$ 时,$RI=1.49$。计算得到 CR 为 0.013,远小于 0.10,通过一致性检验。

其次,对约束层的 3 个因子进行一致性检验。$CR=0$,远小于 0.10,通过一致性检验。

最后,得到了每一个约束层和每一个指标的权重值(表 9-8)。

表 9-8 冀中南区域综合竞争力评价指标体系与权重

目标层	约束层及其权重	指标层及其权重
综合竞争力	经济发展 0.4	①城市化率(0.0511)
		②GDP(0.0511)
		③人均 GDP(0.2743)
		④GDP 增长率(0.0511)
		⑤第三产业增加值比重(0.1271)
		⑥地方一般预算收入(0.0511)
		⑦人均财政收入(0.1466)
		⑧人均社会消费品零售额(0.0983)
		⑨人均外商直接投资额(0.0511)
		⑩人均全社会固定资产投资额(0.0983)
	基础设施 0.2	①每万人医生数(0.1585)
		②燃气普及率(0.0885)
		③每万人拥有公交车辆(0.0885)
		④人均公园绿地面积(0.1677)
		⑤建成区绿化覆盖率(0.1677)
		⑥交通发展潜力(0.3290)
	人民生活 0.4	①农民人均纯收入(0.5)
		②在岗职工人均收入(0.5)

➢ 步骤 4:综合实力评价与等级划分。

由于原始指标体系中的指标值量纲不一致,数值差异显著,因而首先采用极差标准化方法将指标原始值进行归一化处理(无量纲化处理),这一步骤可以在 Excel 中完成。

极差标准化时需要特别注意反向指标的处理。

然后,根据前面计算的权重,进行加权求和计算得到每一个县市的综合得分值。为了便于区分,将综合得分值进行极差标准化,并将其归一化值乘以100得到最后的总得分(表9-9)。

表9-9 基于层次分析法的综合竞争力标准化得分值

市(县)	最后得分	市(县)	最后得分	市(县)	最后得分
石家庄市	100	内丘县	31	南和县	16
邯郸市	88	冀州市	30	枣强县	16
武安市	79	元氏县	28	任县	14
邢台市	73	无极县	27	新河县	14
鹿泉市	72	南宫市	24	大名县	14
邯郸县	60	平山县	23	魏县	14
衡水市	59	柏乡县	22	馆陶县	13
正定县	57	曲周县	22	鸡泽县	13
藁城市	52	宁晋县	22	临漳县	13
栾城县	50	成安县	22	灵寿县	12
晋州市	48	肥乡县	21	饶阳县	11
辛集市	46	高邑县	21	行唐县	11
涉县	46	隆尧县	21	巨鹿县	10
沙河市	44	深泽县	21	威县	10
清河县	43	深州市	20	故城县	10
邢台县	42	景县	20	平乡县	7
磁州县	39	安平县	20	武邑县	5
新乐市	38	临西县	20	赞皇县	4
井陉县	37	临城县	19	广宗县	4
永年县	34	邱县	18	阜城县	0
赵县	33	广平县	17	武强县	0

根据总得分值,将规划研究区划分为3类。总得分大于55的划分为第一类,主要包括石家庄市、邯郸市、武安市、邢台市、鹿泉市、邯郸县、衡水市、正定县等8个县市;总得分大于或等于30且小于或等于55的划分为第二类,主要包括藁城市、栾城县、晋州市、辛集市、涉县、沙河市等15个县市;总得分小于30的划分为第三类,主要包括武邑县、赞皇县、广宗县、阜城县、武强县等40个县市。

与前面的分析结果进行对比,可以发现,聚类分析根据N维空间的距离大小进行类别的划分,但类别的概念相对较为模糊,即类别不一定就是代表综合竞争力的强弱。主成分分析和层次分析法的综合得分值很好地代表了竞争力的大小,能够得到较为科学的分类结果,但采用的方法不一样,通常得到的结果会存在一定的差异。因此,在城市与区域规划与研究过程中要具体问题具体分析。

9.4 实验总结

通过本实验掌握聚类分析、主成分分析和层次分析法等常用统计分析方法在城镇综合竞争力评价中的具体应用,并能够使用这些方法进行其他相关领域的分析。

具体内容见表 9-10。

表 9-10 本次实验主要内容一览

内容框架	具体内容	页码
综合竞争力评价指标体系构建	综合竞争力评价指标遴选	P347
城镇综合竞争力评价	(1)基于聚类分析的综合竞争力评价	P349
	■ 采用逐步聚类分析方法进行冀中南区域竞争力类型划分	P349
	■ 采用系统聚类分析方法进行冀中南区域竞争力类型划分	P354
	(2)基于主成分分析的综合竞争力评价	P359
	■ 使用"因子分析"工具进行 R 型因子分析	P359
	■ 因子分析结果的简要解释	P363
	■ 冀中南区域综合竞争力分类	P367
	(3)基于层次分析法的综合竞争力评价	P368
	■ 建立递阶层次结构	P368
	■ 构建两两判别矩阵	P368
	■ 进行层次排序与一致性检验	P370
	■ 综合实力评价与等级划分	P372

实验 10　基于相互作用模型的经济区划分

10.1　实验目的与实验准备

10.1.1　实验目的

通过本实验掌握基于费用加权距离的可达性分析方法和基于相互作用模型的区域经济联系强度分析方法,熟悉这些方法在城市与区域规划中经济区划分领域的具体应用,并能够使用这些方法进行其他相关领域的分析,例如使用可达性分析进行公共服务空间布局、资源的合理分配研究等,使用相互作用模型进行城市之间联系的测度与腹地的划分等。

具体内容见表 10-1。

表 10-1　本次实验主要内容一览

内容框架	具体内容
可达性分析	(1) 建立成本距离分析的源文件
	(2) 建立行进成本(成本面)文件
	(3) 使用成本距离工具进行可达性分析
	(4) 可达性结果重分类
城镇之间联系强度评价	(1) 使用采样命令提取累积成本值
	(2) 根据相互作用模型计算上杭县城与其他乡镇的相互作用强度
	(3) 计算城镇之间两两联系强度矩阵
上杭县域经济区划分	上杭县域经济区划分

10.1.2　实验准备

(1) 计算机已经预装了 ArcGIS 10.1 中文桌面版或更高版本的软件。

(2) 本实验的规划研究区为福建省上杭县,请将 shiyan10 文件夹复制到电脑的 D:\data\目录下。

10.2　可达性分析

可达性是指从空间中给定地点到感兴趣点(如工作、购物、娱乐、就医等)的方便程度或难易程度的定量表达。可达性的重要性不言而喻。资源或服务设施都是稀缺的,资源有效配置的决定性因素是消费者的可达性。因而,可达性已经成为资源或服务设施空间分布合理性的重要评价指标之一。

行进成本分析法(又称费用加权距离方法)通过计算空间中任意一点到感兴趣的区域所需要的时间来表征可达性,充分考虑了道路网络的完善程度,能够较好地实现行进路径与现实道路的拟合,是目前较常使用的一种空间可达性计算方法。该方法与欧式距离计算方法的显著差异在于:它不是简单的计算一点到另一点的直线距离,而是确定从每一个"源(Source)"像元(Cell)到最近"邻近"像元的最短加权距离(Shortest Weighted Distance)或累积行进成本(Accumulative Travel Cost);其计算的单位也不是地理单位,而是成本单位(Cost Units/Distance)。

费用加权距离方法采用节点/连线(Node/Link)计算法则,并采用迭代运算(Iterative Algorithm),首先计算研究区内某像元到源像元的所有可能路径的累积行进成本,然后通过比较其大小,最后将最小的累积行进成本值赋给该像元,并记录这条路径。每个像元的行进成本值是根据不同的对象对行进的阻抗力(Impedance)不同来定义的,它表征穿过该像元所消耗的单位距离成本(Cost-per-unit Distance)。

本实验以上杭县城的可达性为例加以演示说明。

> 步骤1:建立成本距离分析的源文件(Source Grid File)。

首先,启动 ArcMap,加载上杭县建设用地数据文件"城乡建设用地.shp"。

然后,打开"编辑器"工具条,使"城乡建设用地.shp"文件进入可编辑状态,并从中将县城的建设用地斑块选中(图 10-1)。

最后,用鼠标右键点击"城乡建设用地.shp"图层,在弹出的快捷菜单中点击选择"数据"—"导出数据",将选择的县城建设用地斑块导出为"县城斑块.shp"文件,放置在 shiyan10 文件夹下,并将其载入视图窗口中。成本距离分析需要的源文件(县城斑块.shp)就制作完成了。

> 步骤2:建立行进成本文件(Cost Surface Grid File),即创建成本消费面模型。

不同土地利用类型的行进成本不同。本书行进成本采用通过空间某一像元的相对难易程度来衡量,其值为移动 10 km 所需要的分钟数。

图 10-1 上杭县城建设用地斑块选择

在无道路的陆地区域采用步行移动模式,并设定步行平均时速为 5 km/h(cost 值为 120);在有道路的区域采用车行模式,并设定交通主干路例如高速公路的车行时速平均为 100 km/h(cost 值设为 6),国道车行时速平均为 60 km/h(cost 值设置为 10),省道、铁路的车行时速平均为 50 km/h(cost 值设置为 12),县道车行时速平均为 30 km/h(cost 值设为 20),其他道路车行时速平均为 20 km/h(cost 值设为 30)。

虽然河流水域很难通行(有桥梁、隧道的地方除外),但其在可达性计算中起重要作用,如果不设置其行进成本值,将会很大程度上影响河流水域周边的可达性结果,例如汀江，因仅有为数不多的大桥和航线相通，如果不考虑其时间成本值，按照费用加权距离方法计算的汀江两岸的可达性将出现大的偏差，因为水域对城市斑块具有分割性，一般需要绕行一定距离才能到达对岸。鉴于此，本书将汀江及其主要支流（河流宽度在 50 m 左右）的行进成本值设定为 1 000，一般水系的行进成本值设为 500。

另外，研究区是多山地丘陵地区，可达性将受到地形的强烈限制，因此将地形的坡度因子纳入 cost 值的设置中。定义如下：坡度小于 5°区域，步行平均时速为 5 km/h，成本值为 120；5°～15°区域，成本值设为 180；15°～25°区域，成本值设为 300；大于 25°区域设置为 500。

地形起伏度也对行进速度产生一定的影响，故也将地形起伏度纳入 cost 值的设置中，划分为 4 类，地形起伏度小于 15 m 的区域，步行平均时速仍为 5 km/h，成本值为 120；地形起伏度介于 15～30 m 的区域，步行平均时速为 4 km/h，成本值为 150；地形起伏度介于 30～60 m 的区域，成本值设为 180；地形起伏度大于 60 m 的区域，成本值设置为 300。

下面分别设置道路、水系、坡度、地形起伏度的成本值。

（1）设置所有道路的成本值

首先，通过缓冲区分析获取道路多边形数据文件。

由于道路数据图层都是线文件，因此首先按照高速公路红线宽度 60 m，国道 30 m，省道 24 m，县道 18 m，其他道路 10 m，铁路 20 m 来进行道路宽度的大致设置，通过线文件分别做 30 m，15 m，12 m，9 m，5 m，10 m 缓冲区得到面状多边形文件。

在 ArcMap 中加载高速公路图层数据文件（gaosu.shp），使用 ArcToolbox 中的"分析工具"—"邻域分析"—"缓冲区"工具将高速公路线要素文件做 30 m 缓冲（图 10-2），得到红线宽度为 60 m 的高速公路多边形要素文件（gaosubuffer.shp）。

图 10-2 "缓冲区"对话框

其次，在高速公路多边形要素文件（gaosubuffer.shp）中添加一个浮点型的"cost"字段（添加字段时需先"停止编辑"），并用"字段计算器"将所有高速公路的"cost"字段赋值为 6。

再次，使用 ArcToolbox 中的"转换工具"—"转为栅格"—"面转栅格"工具（图 10-3），将高速公路多边形要素文件（gaosubuffer.shp）按照"cost"字段转换为栅格数据文件（gaosucost.grid），栅格

图 10-3 "面转栅格"对话框

大小为 10 m×10 m。

然后,采用上面的方法和步骤,将国道、省道、县道、其他道路分别做缓冲区、添加字段与赋值、转换为栅格数据文件。

最后,进行所有道路栅格数据的镶嵌。

使用 ArcToolbox 中的"数据管理工具"—"栅格"—"栅格数据集"—"镶嵌至新栅格"工具(图 10-4),将高速、国道、省道、县道、其他道路赋值后的栅格文件按照取最小值方法进行镶嵌,得到新的栅格文件 roadcost,即得到所有道路的成本值。

图 10-4 "镶嵌至新栅格"对话框

(2) 设置所有河流的成本值

首先,设置主要河流(为面状多边形要素)的成本值。

在 ArcMap 中加载主要河流图层文件(riverpoly. shp);打开其属性表并添加一个浮点型的"cost"字段;使用"字段计算器"将"cost"字段赋值为 1 000;使用面转栅格工具将其按照"cost"字段转换为栅格数据文件(riverpcost. grid),栅格大小为 10 m×10 m。

然后,设置一般河流(为线状要素)的成本值。

在 ArcMap 中加载一般河流图层文件(riverline. shp);使用缓冲区工具在河流两侧做 10 m 的缓冲区,得到河流缓冲区面状多边形要素数据文件,打开其属性表并添加一个浮点型的"cost"字段;使用"字段计算器"将"cost"字段赋值为 500;使用面转栅格工具将其按照"cost"字段转换为栅格数据文件(riverlcost. grid),栅格大小为 10 m×10 m。

最后,进行河流栅格数据的镶嵌。

使用 ArcToolbox 中的"镶嵌至新栅格"工具,将主要河流和一般河流的栅格文件按照取最大值方法进行镶嵌,得到新的栅格文件 rivercost,即得到所有河流的成本值。

(3) 设置地形坡度因子的成本值

首先,进行坡度的计算和分级。

使用从地理空间数据云网站下载的 DEM 数据为数据源(shiyan10 文件夹下的 shanghang_acc.img),将 DEM 数据文件加载到 ArcMap 中,进行坡度的计算、分类和赋值(坡度、分类与重分类等工具的使用具体过程参见实验 6),得到坡度的成本值(Cost)文件 poducost.grid。由于 DEM 数据的分辨率是 30 m,因此坡度成本文件的栅格大小为 30 m×30 m。

成本值的定义如下:坡度小于 5°区域,成本值为 120;5°~15°区域,成本值设为 180;15°~25°区域,成本值设为 300;大于 25°区域设置为 500(图 10-5)。

需要特别说明的是,可达性的范围应比研究区范围要大一些,主要是因为规划区是山区,而有些道路需要经过县外后又回到县内,如果以县界作为可达性分析的范围,有些区域的可达性将被明显低估。

图 10-5 "重分类"对话框

然后,进行坡度成本值栅格文件的重采样。

由于 DEM 数据是 30 m×30 m 的栅格,我们需要进行栅格数据的重采样,以便得到 10 m×10 m 的栅格文件,从而与前面生成的栅格数据进行空间叠置和镶嵌。

使用 ArcToolbox 中的"数据管理工具"—"栅格"—"栅格处理"—"重采样"工具(图 10-6),将坡度成本值栅格文件(poducost)按照 NEAREST 采样方法进行重采样处理,得到 10 m×10 m 的栅格文件(poducostre)。

图 10-6 "重采样"对话框

(4) 设置地形起伏度因子的成本值

首先,进行地形起伏度的计算。

在 ArcMap 中加载 DEM 数据文件(shanghang_acc.img);使用"Spatial Analyst 工具"—"邻域分析"—"焦点统计"工具进行地形起伏度的计算、分类和赋值(焦点统计、分类与重分类等工具的使用具体过程参见实验6),得到地形起伏度的成本值(cost)文件 qifucost.grid(图10-7、图10-8)。

地形起伏度的成本值设置作如下定义:地形起伏度小于15 m的区域,成本值为120;地形起伏度介于15~30 m的区域,成本值为150;地形起伏度介于30~60 m的区域,成本值设为180;地形起伏度大于60 m的区域,成本值设置为300。

然后,进行栅格数据的重采样。

使用"重采样"工具,将地形起伏度成本值栅格文件(qifucost)按照 NEAREST 采样方法进行重采样处理,得到10 m×10 m的栅格文件(qifucostre)。

图10-7 "焦点统计"对话框

图10-8 "重分类"对话框

(5) 创建总的消费面(Cost Surface)文件

首先,按照取最大值的原则将地形因子(坡度 poducostre 和起伏度 qifucostre)和河流因子(rivercost)进行镶嵌,得到新的栅格文件 dixingriver.grid。

然后,再按照取最小值的原则将道路因子(roadcost)和地形河流因子(dixingriver.grid)进行镶嵌,得到总的消费面栅格文件 costsurface.grid(图 10-9、图 10-10)。

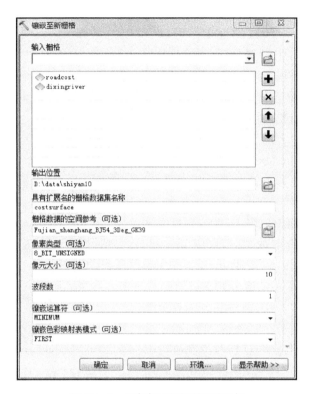

图 10-9 "镶嵌至新栅格"对话框

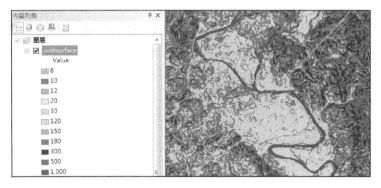

图 10-10 最后的成本消费面栅格文件

➢ 步骤 3:使用成本距离工具进行可达性分析。

首先,在 ArcMap 中加载源文件(县城斑块.shp)和成本消费面文件(costsurface)。

然后,使用"Spatial Analyst 工具"—"距离分析"—"成本距离"工具进行可达性的计算。

在"成本距离"对话框中做如下设置(图10-11):"输入栅格数据或要素源数据"为县城斑块.shp;"输入成本栅格数据"为costsurface;"输出距离栅格数据"为kedaxing;"最大距离(可选)"与"输出回溯链接栅格数据(可选)"采用默认设置。

需要特别注意分析区域的设定。可以直接在ArcToolbox窗口中设置,也可在"成本距离"对话框中点击"环境",在弹出的"环境设置"对话框中定义处理范围。可将处理范围设定为与costsurface范围一致。

点击"确定"按钮,执行成本距离命令,得到累积成本距离文件kedaxing。

最后,使用分级色彩方法将累积成本距离文件kedaxing进行分类。

根据累积成本距离值除以10 000,即可换算成行进所需的时间(分钟数)。按照<15 min、15～30 min、30～60 min、60～90 min、>90 min(对应的累积成本距离值界值分别为150 000、300 000、600 000、900 000)将可达性分为5个等级,生成可达性分析结果(图10-12)。

➢ 步骤4:按照上面的过程与步骤进行上杭县其他乡镇的可达性计算,并保留好得到的可达性数据文件,以便在后面的分析中使用。

图10-11 "成本距离"对话框

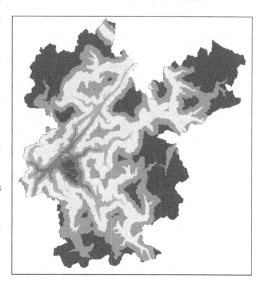

图10-12 可达性分析结果图

10.3 城镇之间联系强度评价

本例采用空间相互作用模型来定量测度城镇之间的联系强度。

空间相互作用模型,也称重力模型、引力模型,是城市与区域研究的经典模型之一,是空间联系分析中应用比较广泛的一种模型。它因形式与物理学的万有引力定律(两物体之间的引力与物体的质量成正比,与物体之间距离的平方成反比)近似而得名。

最早的引力模型是用在研究地区间人口的移动问题上,因为研究者发现任何两个城市之间的人口流动量,似乎都正比于城市人口总数而反比于它们之间的距离,这种现象恰似物体之间的引力关系。

其一般形式为:

$$G = k \frac{M_1 M_2}{D^2} \quad \text{(公式10-1)}$$

本例中,将两地之间距离的测度由传统的欧式距离替换为成本距离(转换为分钟数的成本距离)，M 为每一个城镇的综合得分值，可以采用实验 9 中第三节的方法求得(PCA 方法或 AHP 方法)。在本例中，已经作为"value"字段存储在上杭县城镇点要素数据文件(chengzhenpoint. shp)中。

下面以县城与其他乡镇的联系强度计算为例演示主要操作过程。

➢　步骤 1：使用采样命令，提取县城可达性文件中的累积成本值，并转换为分钟数。

首先，启动 ArcMap，加载上杭县城镇点要素数据文件(chengzhenpoint. shp)和可达性结果文件(kedaxing)。

然后，使用"Spatial Analyst 工具"—"提取分析"—"采样"工具进行数据采样。

在"采样"对话框(图 10－13)中做如下设置："输入栅格"为 kedaxing；"输入位置栅格数据或点要素"为 chengzhenpoint；"输出表"为 xiancheng；"重采样技术(可选)"采用默认选项 NEAREST。点击"确定"按钮，执行采样命令，得到 xiancheng 数据表(图 10－14)。数据表中记录了每个采样点的 X、Y 坐标和 kedaxing 字段值(即累积成本距离值)。

图 10－13　"采样"对话框

最后，在 chengzhenpoint. shp 属性表中增加一个浮点型字段"timemin"，通过使用"连接"工具将属性表与数据表 xiancheng 相连接(图 10－15)，并采用"字段计算器"工具将数据表 xiancheng 中的 kedaxing 字段值除以 10 000 后转赋给"timemin"字段(图 10－16)，得到县城与其他乡镇驻地的可达性水平(用时间表示，单位为 min)。

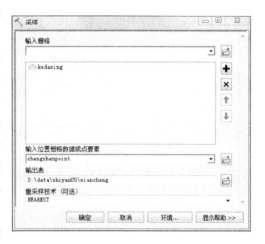

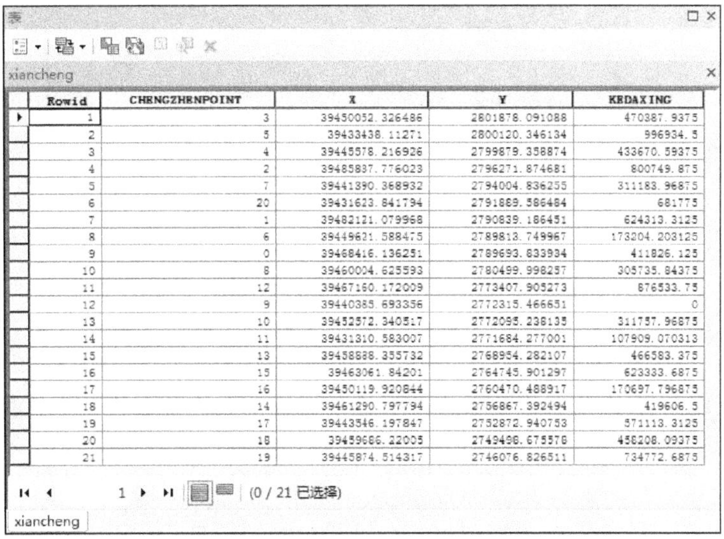

表

xiancheng

Rowid	CHENGZHENPOINT	X	Y	KEDAXING
1	3	39450052.326486	2801878.091088	470387.9375
2	5	39433438.11271	2800120.346134	996934.5
3	4	39445578.216926	2799879.358874	433670.59375
4	2	39485837.776023	2796271.874681	800749.875
5	7	39441390.368932	2794004.836255	311183.96875
6	20	39431623.841794	2791889.586484	681775
7	1	39482121.079968	2790839.186451	624313.3125
8	6	39449621.588475	2789813.749967	173204.203125
9	0	39468416.136251	2789693.833934	411826.125
10	8	39460004.625593	2780499.998257	305735.84375
11	12	39467160.172009	2773407.905273	876533.75
12	9	39440385.693356	2772315.466651	0
13	10	39452572.340517	2772095.238135	311757.96875
14	11	39431310.583007	2771684.277001	107909.070313
15	13	39458888.355732	2768954.282107	466583.375
16	15	39463061.84201	2764745.901297	623333.6875
17	16	39450119.920844	2760470.488917	170697.796875
18	14	39461290.797794	2756867.392494	419606.5
19	17	39443546.197847	2752872.940753	571113.3125
20	18	39459686.22005	2749498.675578	458208.09375
21	19	39445874.514317	2746076.826511	734772.6875

1　(0 / 21 已选择)

xiancheng

图 10－14　采样得到的上杭县城与其他乡镇的累积成本距离值

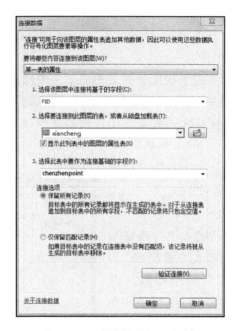

图10-15 "连接数据"对话框

图10-16 "字段计算器"对话框

➤ 步骤2:根据相互作用模型计算上杭县城与其他城镇的相互作用强度。

首先,将上杭县城镇点要素数据文件(chengzhenpoint.shp)的属性表导出(联系强度.dbf)。

然后,使用EXCEL打开"联系强度.dbf",新建一个字段"联系强度",使用相互作用模型公式进行公式编辑与计算(使用"value"和"timemin"两个字段),得到上杭县城与其他城镇的相互作用强度(图10-17)。

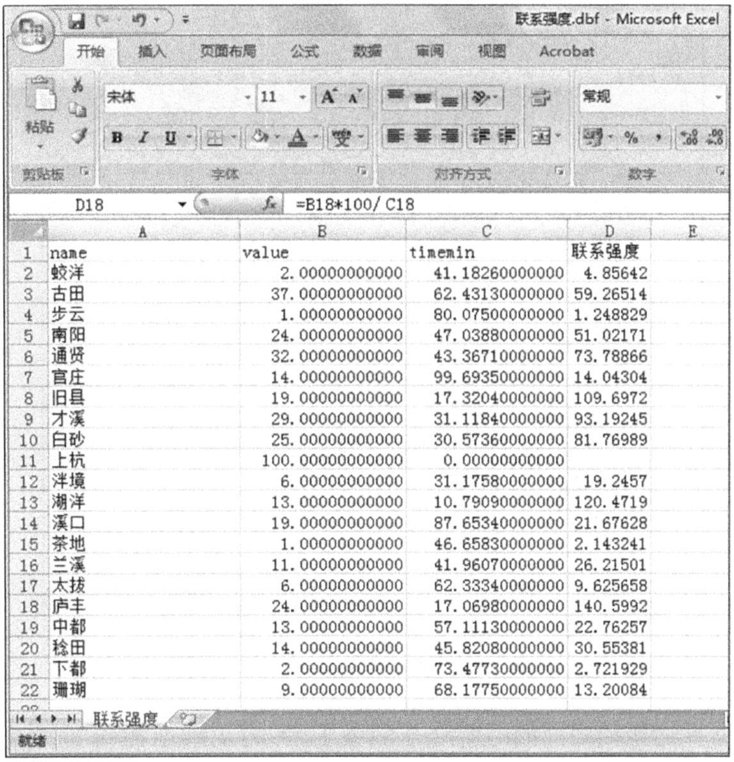

	A	B	C	D
1	name	value	timemin	联系强度
2	蛟洋	2.00000000000	41.18260000000	4.85642
3	古田	37.00000000000	62.43130000000	59.26514
4	步云	1.00000000000	80.07500000000	1.248829
5	南阳	24.00000000000	47.03880000000	51.02171
6	通贤	32.00000000000	43.36710000000	73.78866
7	官庄	14.00000000000	99.69350000000	14.04304
8	旧县	19.00000000000	17.32040000000	109.6972
9	才溪	29.00000000000	31.11840000000	93.19245
10	白砂	25.00000000000	30.57360000000	81.76989
11	上杭	100.00000000000	0.00000000000	
12	洋境	6.00000000000	31.17580000000	19.2457
13	湖洋	13.00000000000	10.79090000000	120.4719
14	溪口	19.00000000000	87.65340000000	21.67628
15	茶地	1.00000000000	46.65830000000	2.143241
16	兰溪	11.00000000000	41.96070000000	26.21501
17	太拔	6.00000000000	62.33340000000	9.625658
18	庐丰	24.00000000000	17.06980000000	140.5992
19	中都	13.00000000000	57.11130000000	22.76257
20	稔田	14.00000000000	45.82080000000	30.55381
21	下都	2.00000000000	73.47730000000	2.721929
22	珊瑚	9.00000000000	68.17750000000	13.20084

图 10-17　使用 EXCEL 进行县城与其他乡镇联系强度的计算

如果需要将得到的联系强度关联到点要素数据文件（chengzhenpoint. shp）上，可以在点要素文件中新建一个浮点型的“xianchengto”字段来存储连接后转赋的属性值。

由联系强度分析结果可见，县城与庐丰、湖洋、旧县乡镇的联系强度强，联系强度值均大于 100，与才溪和白砂乡镇的联系也较强，联系强度值均大于 80。

➢　步骤 3：采用上面的步骤与方法，分别计算某一乡镇与其他乡镇之间的联系强度，直到得到 21 个乡镇（或县城）两两之间的联系强度为止，从而得到两两联系强度矩阵。

➢　步骤 4：安装适合 ArcGIS 版本的 ET GeoWizards 插件（见实验数据 data 10 下的 GeoWizards 文件夹下）。

在 ArcMap 窗口中通过在工具栏的空白处点击右键，在弹出的快捷菜单中找到 ET GeoWizards 工具并打开。然后，双击“Point”—“Connect Points”工具，弹出“Connect Points Wizard”对话框（图 10-18）。选择 chengqupoint. shp 文件，并定义输出的文件位置和文件名称（lianjiexian. shp）；为了能够生成所有乡镇点之间的连接线，“Specify Cutoff distance”选项是用以定义两点连成线的最大距离阈值，如果不设置则默认为所有点均被连接（图 10-18）。点击“Finish”按钮，形成上杭县所有乡镇点之间的连接线（图 10-18）。

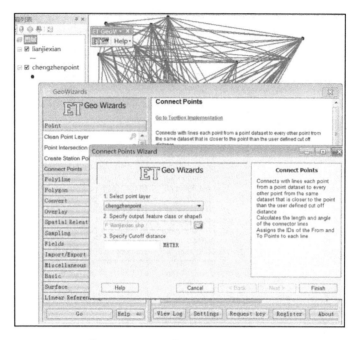

图 10-18 "GeoWizards"和"Connect Points Wizard"对话框

> 步骤 5：根据城镇之间的两两联系强度矩阵，将矩阵值输入 lianjiexian.shp 文件的属性表中，并据此绘制城镇联系强度分析图，直观地表征城镇之间的联系强度与联系方向(图 10-19)。

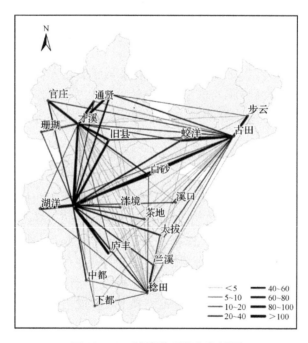

图 10-19 城镇联系强度分析图

10.4 上杭县域经济区划分

经济区划分除了相互作用强度的因素外,还有其他例如历史上的隶属关系、文化制度等方面的因素,而对于上杭县而言,可能地形也是非常重要的限制因素,这也是进行经济区划分的重要原因之一,因为县城无法辐射偏远的山区,所以才需要进行小尺度上的经济区划分。

综合考虑相互作用强度和地形因素(我们已经在实验3中进行过上杭县域的三维可视化分析,图10-20),以及文化制度等方面的影响,在对现状进行充分论证、把握未来上杭县发展趋势的基础上,得到县域经济板块的最终划分结果。

将上杭县县域空间划分为5大经济片区(经济板块),分别为县城经济板块、古田经济板块、才南经济板块、稔田经济板块和溪口经济板块。

图 10-20 上杭县域三维可视化分析图

1) 县城经济板块

县城经济板块以上杭县临城、临江为中心,包括现状庐丰乡、中都乡、旧县乡、湖洋乡、茶地乡。该区域是上杭县经济社会集聚能力最强的地区,具有丰富的地方资源,便利的交通,未来将发展成为龙岩市域的次中心。规划县城经济板块未来为上杭县综合服务区、特色工业产业区。整合现状产业资源,将部分产业转移至才南经济板块和古田经济板块,提升该经济板块产业等级。未来着重将县城经济板块打造成为全县域综合服务中心。

2) 古田经济板块

古田经济板块包括现状的古田镇、蛟洋乡和步云乡,是以工业、旅游业和特色农业为主的经济发展区。该区域规划有厦蓉龙长高速、蛟城高速、赣龙铁路及其复线、308省道以及多条上杭县县道通过,并规划建立1处铁路客运站场、1处铁路货运站场、2处高速互通口(蛟洋互通口和古田互通口),交通十分便捷。同时,该区为高海拔区,拥有独特的地理气候优势,适宜发展花卉、反季节蔬菜及高山茶等特色农业。目前坪埔地区工业已经形成一定规模,为未来新城工业发展提供了重要基础。规划古田经济板块远期为上杭县重要物流中心、工业中心和国家重要旅游胜地。

3）才南经济板块

才南经济板块主要是以才溪为中心的旅游型城镇和以南阳为中心的工贸型城镇的聚集区,主要包含现状的官庄、才溪、通贤、珊瑚和南阳。该区域交通便利,内部有7条县道、1条205国道和1条永武高速通过,并于才溪东南部地区设立1座高速互通口。该区域基础优势明显,才溪是著名红色旅游基地,南阳的硅、钨产业已形成一定规模。规划才南经济板块为未来上杭县北部重要红色旅游胜地与重工业聚集地;依托现状才溪乡红色旅游资源,联合古田新城共同打造县域北部一条以红色旅游为主的旅游线路;继续扩大南阳镇现状工业规模,延伸硅、钨产业上下游产业链,未来形成上杭县重要重工业产业园区。

4）稔田经济板块

稔田经济板块以稔田为中心,包括周边的下都、兰溪。该区域农业及生态资源丰富,是发展名优特农副产品的好基地,同时拥有优美的山水资源以及丰富的客家旅游资源,棉花滩库区及汀江风光秀丽,是未来上杭县重要的旅游基地之一。规划本区发展为山水度假、生态农业及名优特农副产品加工区。

5）溪口经济板块

溪口经济板块以溪口为中心,包括周边的白砂、太拔、茶地。以溪口作为重要基地,整合周边山水旅游资源,规划将该经济板块打造成上杭县重要的温泉度假与旅游胜地。

10.5 实验总结

通过本实验掌握基于费用加权距离的可达性分析方法和基于相互作用模型的区域经济联系强度分析方法,熟悉这些方法在城市与区域规划中经济区划分领域的具体应用,并能够使用这些方法进行其他相关领域的分析。

具体内容见表10-2。

表10-2 本次实验主要内容一览

内容框架	具体内容	页码
可达性分析	（1）建立成本距离分析的源文件	P376
	（2）建立行进成本(成本面)文件	P376
	■ 设置所有道路的成本值	P377
	■ 设置所有河流的成本值	P378
	■ 设置地形坡度因子的成本值	P379
	■ 设置地形起伏度因子的成本值	P380
	■ 创建总的消费面文件	P381
	（3）使用成本距离工具进行可达性分析	P381
	（4）可达性结果重分类	P382
城镇之间联系强度评价	（1）使用采样命令提取累积成本值	P383
	（2）根据相互作用模型计算上杭县城与其他城镇的相互作用强度	P384
	（3）计算城镇之间两两联系强度矩阵	P385
上杭县域经济区划分	上杭县域经济区划分	P387

实验 11 基于流空间的城镇空间联系强度分析

11.1 实验目的与实验准备

11.1.1 实验目的

城镇空间联系强度的定量分析是制定区域城镇空间组织结构的重要支撑,也是落实区域宏观发展政策以及因地制宜地制定区域和地方城镇空间发展战略的重要依据。实验 10 中我们已经学习了基于相互作用模型的城镇之间联系强度评价,本实验将主要介绍基于流空间的城镇空间联系强度分析方法。

通过本实验掌握基于流空间的城镇空间联系强度分析方法,熟悉该方法在城市与区域规划中的具体应用,并能够使用这些方法进行其他相关领域的分析,例如通过通信信息流进行市域及省域层面的经济联系强度分析等。

具体内容见表 11-1。

表 11-1 本次实验主要内容一览

内容框架	具体内容
基于交通流的城镇空间联系强度分析	(1) 基于公路客运班次的城镇空间联系强度分析
	(2) 基于铁路客运班次的城镇空间联系强度分析
基于网络信息流的城镇空间联系强度分析	基于网络信息流的城镇空间联系强度分析

11.1.2 实验准备

(1) 计算机已经预装了 ArcGIS 10.2 中文桌面版或更高版本的软件。
(2) 本实验的规划研究区为山东省省域范围,请将实验数据 shiyan11 文件夹复制到电脑的 D:\data\ 目录下。

11.2 基于交通流的城镇空间联系强度分析

在区域分析和区域规划研究中,城镇往往被视为空间中的"节点"。节点在发展和演化过程中不断与外界发生着经济、社会、文化等各类功能性的交互作用。因而,节点地位的变化是由它与其他节点的相互作用所决定的,也正是由于节点间的相互影响、相互联系,才把空间上彼此分离的城镇有机结合为具有一定结构和功能的城镇体系(许学强等,1995)。通常,我们把这种城镇节点间的相互作用称之为城镇空间联系。

城镇空间联系是区域地理学、经济地理学、城市与区域规划研究的主要范畴和前沿问题(李春芬,1995;熊剑平等,2006)。通过对城镇空间的定量分析,可以定量地揭示出区域空间组织的结构与演化规律,从而有利于了解区域和城市经济的空间组织模式和内在联系强度,有利于明确区域和城市城镇实体的空间发展方向,有利于合理组织和构建区域内的交通运输体系(郑焕友等,2009)。

传统的城镇空间联系强度定量测度方法主要为基于城镇静态属性数据的理论模型模拟方法,例如凯利于1858年提出的城市引力模型(或称经济联系强度模型、重力模型)。近年来,社会学家卡斯特尔(Castells)的"流空间(Space of Flow)"理论为城镇空间的横向联系提供了新的研究思路(Castells,1996)。该方法通常通过直接测度城镇间包括人流、物流、技术流、信息流、金融流在内的各种要素流的强度来表征城镇之间的相互联系,进而识别区域城镇网络结构。基于此,城市空间城镇空间联系研究的视角开始从城镇自身的属性特征转为更为广阔的各类城镇间要素的流动特征。

流数据根据来源可以分为两类。一类是能够直接反映城镇关联结构的流数据,较为典型的有交通客流量、通讯联系流量、资金流量、快递包裹信件流量等,此类数据具有准确、直接、真实的优势,能够揭示城镇间各类要素流的真实流量和流向,但由于数据获取比较困难,目前在城镇联系研究中还较难采用。另一类是间接反映城镇关联结构的流数据,较为典型的有长途客运班次、列车班次(间接表征城市间的客流量)、企业分支机构数(间接表征城市间的经济关联度)、地名共现的网络搜索量(间接表征城市间的信息流联系)等。虽然基于替代流数据分析的城镇关系结构分析仍存在确定性和准确性上的不足,但该类数据具有较易获取与处理的优势,能够间接表征城镇间的各类流的空间关联,可以较为接近地反映城镇间的空间关联特征。

交通流体现了城际人口流动的频率,是反映城镇互动关系的重要指标。山东省域内部城市众多、空间类型丰富,不同的城市区域由于区位和职能分工的不同,其构成的交通联系强度也不同。本实验将通过交通流(公路客运班次和铁路客运班次)的测度来反映山东省内各地级市之间的城镇空间联系强度与城际关系。

由于山东省内公路网络完善,长途客车是城市间出行的主要交通方式,同时近几年来随着铁路网络的不断完善,铁路出行分担比在逐步加大。因此,本案例选取长途客运流与铁路客运流两组数据,旨在较真实、全面地反映山东省域交通流的空间格局。考虑到市际层面的实际交通流量数据难以获取,本案例中所采取的两组数据都是通过客运班次数来替代真实流数据。由于客运交通部门对客运班次的制定是依据市场供需情况及时调整的,因此采用客运班次的数据替代方法可以较为近似地反映真实的流量关系。其中,公路客运日发车总班次数据是通过山东交通出行网(http://www.sdjtcx.com/)提供的长途客车发车班次数据获取;各市县间的日均铁路客运班次数据是通过中国铁路客户服务中心网(http://www.12306.cn)的列车班次查询功能获取,统计对象包含高速列车、动车、特快列车、快速列车和普快列车。

11.2.1 基于公路客运班次的城镇空间联系强度分析

研究流程主要包括数据收集、处理与分析3大步骤。具体操作过程如下:
> 步骤1:交通流数据的采集与预处理。

首先,登陆山东交通出行网(http://www.sdjtcx.com/),选择"公路出行",在"客运班次信息"中依次搜索山东省两两城市之间的客运班次,在 Excel 中构建数量矩阵文件(公路.xlsx,表 Sheet1)。为简化实验过程,本实验仅选用地级市之间的客运班次信息。由于城市之间往返的客运班次数会有一定的不同,因而本实验选用城市之间往返的客运班次数的平均值来表示两个城市之间的客运班次数(公路.xlsx,表 Sheet2)。

然后,在 Excel 中新建若干个工作表,每个工作表中仅存放单个城市与其他地级市之间的班次数目表,方便随后与 GIS 属性表进行连接。本例以济南为例作为交通流的起点,数据存放在"公路.xlsx"文件的 Sheet3 工作表中。

接着,启动 ArcMap,使用 ArcToolbox 中的"转换工具"—"Excel"—"Excel 转表"进行转表操作(此功能需安装 ArcGIS 10.2 及以上版本)。在"Excel 转表"对话框(图 11-1)中做如下设置:"输入 Excel 文件"为公路.xlsx;"输出表"为 jinan;"工作表"为 Sheet3。

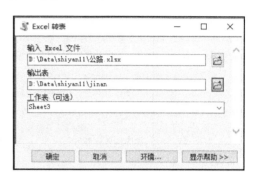

图 11-1 "Excel 转表"对话框

最后,点击"确定"按钮,执行转表命令,得到各地级市至济南班次数的数据表(图 11-2)。

➢ 步骤 2:设定交通流的起止点坐标。

我们利用计算几何与字段计算器工具设定交通流的起止点坐标。

首先,在 ArcMap 中加载山东省省域的多边形文件(山东省.shp)与山东省地级市点文件(地级市.shp)。

然后,打开"地级市.shp"文件的属性表,添加一个名为"X"的浮点型字段作为交通流终点(起点为济南市)的 X 坐标,同时,添加一个名为"Y"的浮点型字段作为交通流终点的 Y 坐标。鼠标右击字段名称,选择"计算几何",分别计算点文件的 X 坐标与 Y 坐标(图 11-3)。

最后,再分别添加一个名为"X1"与"Y1"的浮点型字段作为交通流起点的 X 坐标与 Y 坐标(起点为济南市)。鼠标右击字段名称,选择"字段计算器",分别输入交通流起点的 X 坐标与 Y 坐标。

图 11-2 济南市与其他各地级市之间的班次数

本例以济南为例作为交通流的起点,X 坐标为 117.006,Y 坐标为 36.6671(图 11-4)。

➢ 步骤 3:生成基于公路客运班次的交通流 OD 分析图。

首先,在"地级市.shp"文件属性表的"表选项"中选择"连接与关联"—"连接",弹出"连接数据"对话框(图 11-5),将属性表与数据表 jinan 相连接,得到新的属性表(图 11-6)。在表选项中选择"导出",将连接后的表格导出到 shiyan11 文件下,并命名为 jinan_Output.dbf。

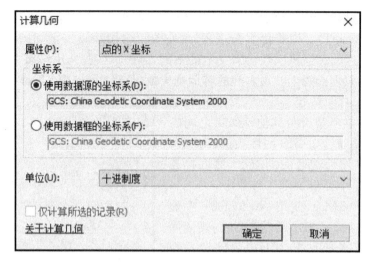

图 11-3 "计算几何"对话框

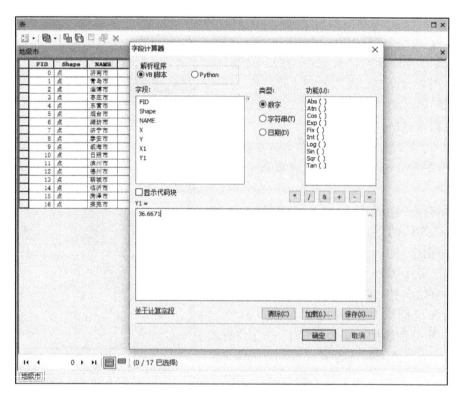

图 11-4 "字段计算器"对话框

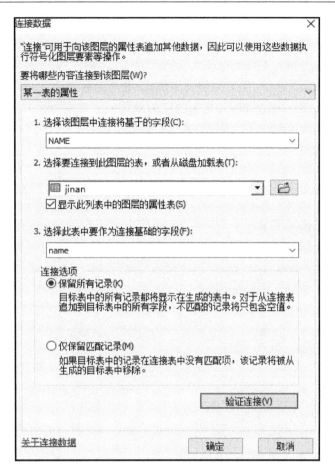

图 11-5 "连接数据"对话框

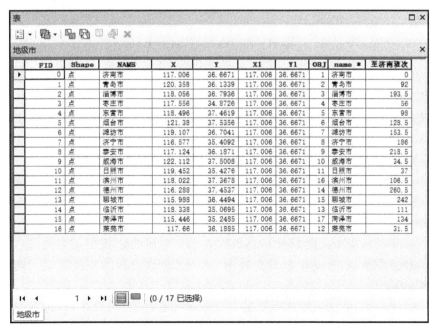

图 11-6 连接后的属性表

然后,使用"数据管理工具"—"要素"—"XY 转线"工具生成基于公路客运班次的交通流 OD 图。在"XY 转线"对话框(图 11-7)中做如下设置:"输入表"为 jinan_Output. dbf;"输出要素类"为 jinan_OD;"起点 X 字段"为 X1;"起点 Y 字段"为 Y1;"终点 X 字段"为 X;"终点 Y 字段"为 Y;"ID"为至济南班次;参考坐标系在图层中选择 GCS_China_Geodetic_Coordinate_System_2000;其余选项为默认值。点击"确定"按钮,执行 XY 转线命令,得到济南市至其他地级市之间的 OD 联系图。

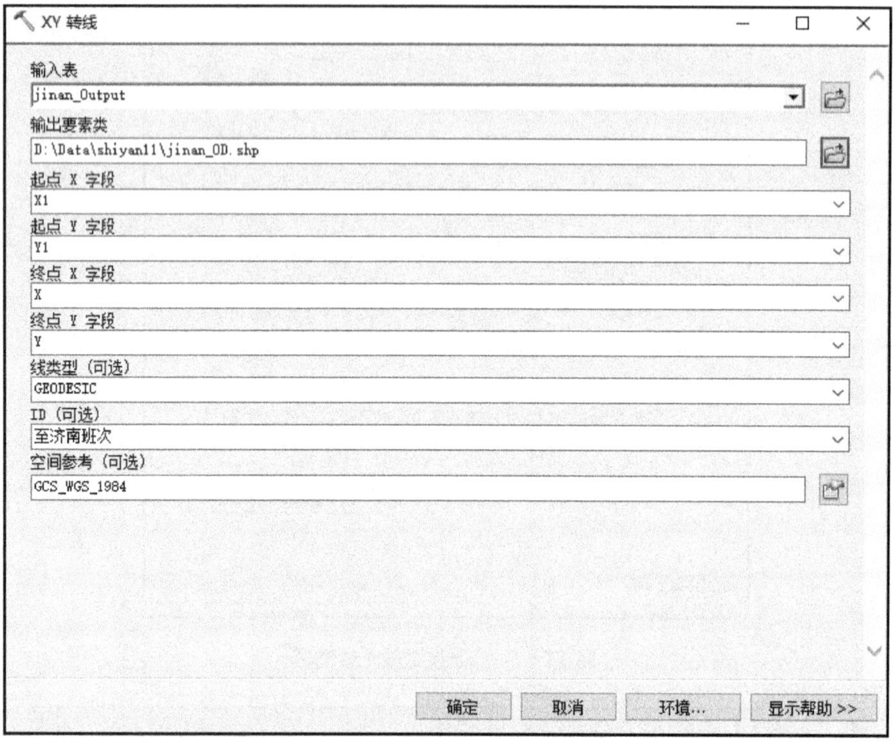

图 11-7 "XY 转线"对话框

最后,在"内容列表"中鼠标右击 jinan_OD 文件,在属性中选择"符号系统"—"数量"—"分级符号",在弹出的对话框中设置"值(V)"为至济南班次,并分为 6 类,符号大小根据需要进行调整。点击"确定"按钮,得到济南与其他地级市的公路客运联系强度图(图 11-8)。

➢ 步骤 4:基于公路客运班次的城镇空间联系强度分析总图制作。

采用以上大致相同的步骤与方法,分别建立某一地级市与其他地级市之间的联系强度图,直到得到 17 个地级市两两之间的公路客运联系强度为止,生成基于山东省各地级市之间公路客运班次的城镇空间联系强度分析总图(图 11-9)。

我们可以将两地级市之间日发车总班次大于 250 班的连接定义为两城市间已基本形成紧密的相互联系,将日发车总班次处于 200～250 班之间的连接定义为两城市间拥有较为紧密的联系。

由图 11-9 可见,济南表现出很强的交通枢纽核心地位,与德州(两地日发车总班次 261 班,下同)已形成完全的公交一体化,并且与聊城(242 班)、泰安(219 班)等城市间的

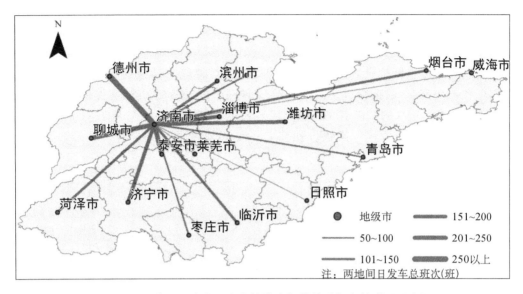

图 11-8　基于公路客运班次的济南与其他地级市的联系强度图

数据来源：山东省交通出行网客运班次查询，2018 年 7 月数据。

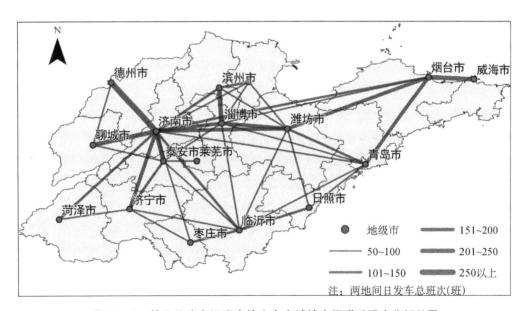

图 11-9　基于公路客运班次的山东省城镇空间联系强度分析总图

数据来源：山东省交通出行网客运班次查询，2018 年 7 月数据。

交通联系也十分紧密，两地间日发车总班次已超过 200 班，发车间隔在 15 分钟以内，已具有形成公交一体化的趋势。相对而言，青岛市的客运联系相对薄弱一些，与其构成较为紧密关联的城市较少，呈相对独立发展态势。已建立或者具有公交一体化趋势的城市区域有济南—聊城（242 班）、济南—泰安（219 班），淄博—滨州（223 班）、威海—烟台（206 班），这些区域是具有紧密联系趋势的城市区域。

11.2.2 基于铁路客运班次的城镇空间联系强度分析

本案例通过中国铁路客户服务中心网(http://www.12306.cn)的列车班次查询功能获取山东省各市县间的日均列车班次数据,统计对象包含高速列车、动车、特快列车、快速列车和普快列车,数据存放在shiyan11文件夹下的"铁路.xlsx"文件中。

基于铁路客运班次的城镇空间联系强度分析的具体操作步骤与基于公路客运班次的城镇空间联系强度分析过程与操作步骤基本一致,在此不再赘述。分析结果如图11-10所示。

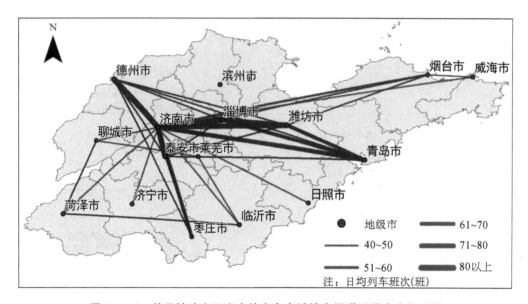

图 11-10 基于铁路客运班次的山东省城镇空间联系强度分析总图

数据来源:http://www.12306.cn,2018年7月数据。

由图11-10可见,胶济铁路沿线城镇之间的交通联系最为紧密,该轴线已经成为山东省内各类要素最为密集的廊道,发挥着极为重要的交通支配作用,沿轴线的淄博、潍坊等城市都表现出了较高的铁路枢纽地位。此外,京沪铁路沿线城镇之间(德州、泰安、枣庄3城之间)也表现出了较高的空间联系强度,但目前来看,其联系强度仍与济青轴线相差很大。

我们根据山东省各市县2018年7月的日发车(到达)铁路客运班次总量分布情况,采用GIS空间差值方法(反距离权重法,IDW)进行空间差值分析,得到了山东省各市县铁路客运日发车(到达)班次空间差值结果图(图11-11)。

由图11-11可见,山东省内主要铁路交通流表现出沿"T"字形轴线高度集聚的态势,济青、京沪这两条轴线承载了省内大部分的铁路客运流,形成连接山东省东、中、西3大片区的综合交通联系骨架。济南作为这两条轴线的交点,在山东省内表现出核心的铁路枢纽地位,而京九铁路作为重要的铁路运输廊道,却没有表现出很强的拉动作用,菏泽、聊城两市并没有凸显出京九线上枢纽城市的地位;在临沂、威海、烟台等城市,整个市域的铁路客流呈现出较低水平的均衡分布态势,中心城市的铁路枢纽地位不够凸显,东营、滨州、莱芜地区由于几乎没有客运铁路通过,在客运铁路网络中被严重边缘化。

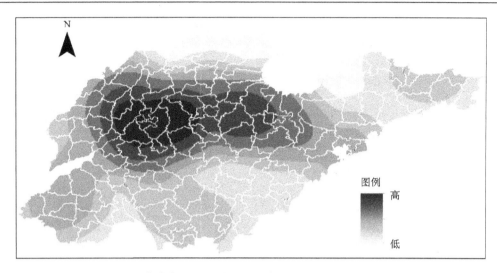

图 11-11 山东省各市县铁路客运日发车(到达)班次空间差值结果图

数据来源:http://www.12306.cn,2018 年 7 月数据。

11.3 基于网络信息流的城镇空间联系强度分析

网络信息联系强度是通过网络信息流的间接测度来反映城镇间的联系。这一方法通过搜索区域城镇两两之间关联事件相关信息出现的频次,来刻画城镇间的联系强度。假设若某条新闻事件同时出现了两个地级市名,则其在某种程度上建立了一定的互动关系,若同时包含两城市名的新闻越多,则这两个城市的经济联系越强。基于此假设,可以通过城市名共现的新闻数目来反映两市的联系强度。

本实验以山东省域各地级市之间的网络信息联系强度为例加以演示说明。我们利用中国经济网的站内新闻搜索功能,搜索山东省两两城市共同出现在标题中的经济新闻数量,来反映城市之间的联系强度。本实验采用两两城市共同出现的经济新闻绝对数量来进行分析,数据存放在 shiyan11 文件夹下的"网络流.xlsx"文件中。

基于网络信息流的城镇空间联系强度分析的具体操作步骤与基于公路或铁路客运班次的城镇空间联系强度分析过程与操作步骤基本一致,在此不再赘述。分析结果如图 11-12 所示。

由山东省各地级市网络关联强度的分析结果(网络关联度绝对量分析图,图 11-12)可见,在关联新闻发生频率的格局上山东省域整体呈现出北强南弱、东高西低的态势,中部与东部地区城市间高度关联,南部与西部地区呈现低水平均衡的态势。对应于省域的双中心格局,济南(新闻数 113 000,下同)、青岛(134 000)作为两个相关新闻发生频率最高的信息关联中心,分别在济南都市圈和山东半岛地区中表现出核心的地位(图 11-13)。此外,烟台(34 300)、潍坊(21 700)等城市也在各自区域中具有中心联系的地位。

在济南、青岛以及其他可识别出的重要关联节点(例如潍坊和烟台)的带动下,济南都市圈东部与山东半岛城市群地区相互之间也表现出较为活跃的强互动关系,尤其是济南与青岛的联系十分紧密,而与鲁西南地区关联较为薄弱;在鲁西南地区呈现低度关联的整体格局。另外,山东省域内部整体呈现出东西向经济联系强于南北向联系的总体态势。

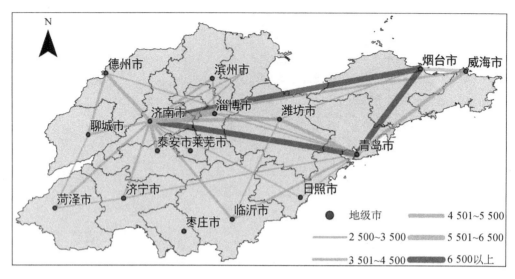

图 11-12　山东省各地级市网络关联度绝对量分析

数据来源：中国经济网数据库，2018年7月数据。

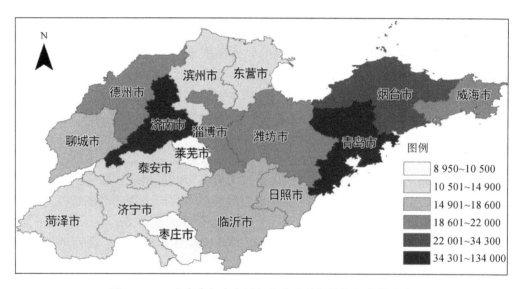

图 11-13　山东省包含各地级市名称的经济新闻数量分布

数据来源：中国经济网数据库，2018年7月数据。

11.4　实验总结

通过实验掌握基于流空间的城镇空间联系强度分析方法，熟悉该方法在城市与区域规划中的具体应用，并能够使用这些方法进行其他相关领域的分析，例如通过通信信息流进行市域及省域层面的经济联系强度分析等。

具体内容见表 11-2。

表 11-2 本次实验主要内容一览

内容框架	具体内容	页码
基于交通流的城镇空间联系强度分析	（1）基于公路客运班次的城镇空间联系强度分析	P390
	■ 交通流数据的采集与预处理	P390
	■ 设定交通流的起止点坐标	P391
	■ 生成基于公路客运班次的交通流 OD 分析图	P391
	■ 基于公路客运班次的城镇空间联系强度分析总图制作	P394
	（2）基于铁路客运班次的城镇空间联系强度分析	P396
基于网络信息流的城镇空间联系强度分析	基于网络信息流的城镇空间联系强度分析	P397

实验 12　城市公共服务设施的可达性与公平性分析

12.1　实验目的与实验准备

12.1.1　实验目的

通过本实验掌握基于缓冲区分析法、最小邻近距离法、吸引力指数法、行进成本法和两步移动搜索法等多种可达性分析方法和基于需求指数叠置的公平性分析方法，熟悉这些方法在城市与区域规划中公共服务设施优化配置的具体应用，并能够使用这些方法进行其他相关领域的分析。

具体内容见表 12-1。

表 12-1　本次实验主要内容一览

内容框架	具体内容
城市公共服务设施的可达性分析	（1）基于缓冲区分析法的可达性分析
	（2）基于最小邻近距离法的可达性分析
	（3）基于吸引力指数法的可达性分析
	（4）基于行进成本法的可达性分析
	（5）基于两步移动搜索法的可达性分析
城市公共服务设施的公平性分析	（1）弱势群体需求指数的构建与计算
	（2）公共服务设施的空间公平性评价

12.1.2　实验准备

（1）计算机已经预装了 ArcGIS 10.2 中文桌面版、PASW Statistics 18 或更高版本的软件。

（2）本实验的规划研究区为南京市鼓楼区区域，请将实验数据 shiyan12 文件夹存放到电脑的 D:\data\ 目录下。

12.2　城市公共服务设施的可达性分析

城市公共设施是与人们日常生活密切相关的各类公共的、半公共的公共服务设施的统称，主要包括公园及绿地、教育设施、医疗卫生设施、体育设施、电影院等休闲娱乐设施、便利店等商业设施、垃圾收集站点等。

城市公共设施建设水平是城市居民物质文化生活水平及城市文明程度的重要体现。目前，我国城镇建设逐渐由量的积累阶段向质的提升阶段转变，人们对城市公共设施的需求日益提高,也日益多元化,这在一定程度上使得我国城市公共设施的合理规划与布局面临更高的时代要求。在此背景下,有关城市公共设施可达性和公平性布局的研究逐渐成为近期学术界研究的重要议题。

可达性是指个体克服距离和时间阻力到达某一目标活动场所的能力大小或潜在机会的定量表达。目前,可达性分析已被广泛应用于探讨城市公共服务资源的空间合理性,并成为国内外城市地理学研究的重要领域之一。

所谓城市公共服务设施的空间可达性,主要是指从空间上任意一点或任意一个区域到达城市公共服务设施的相对难易程度,即所需花费的成本大小。可以从两方面来理解:一是到达公共服务设施的阻力大小,以时间成本或距离长短来衡量;二是在一定范围内可享受到的公共服务设施资源,以其数量和质量来衡量。

目前,借助 GIS 技术,以定量方式测度可达性的方法较多,比较常见的主要有缓冲区分析法、最小邻近距离法、吸引力指数法和行进成本法(又称费用加权距离方法)4 类(见表 12-2)。近年来,使用两步移动搜索法的可达性分析逐渐增多,本实验也将在后面对该方法做相关介绍。

表 12-2 城市公共服务设施可达性的常用计算方法

方法	简要描述
缓冲区分析法	计算某一点或区域一定半径距离内的城市公共服务设施的数量、类型以及面积,或者计算城市公共服务设施一定半径距离内的某类要素(如居住区)的数量、面积
最小邻近距离法	计算某一点到最邻近城市公共服务设施的直线距离(欧式距离)
吸引力指数法	是根据物质间的万有引力理论引申而来,因此该指数不仅仅考虑距离的影响,而且考虑城市公共服务设施自身大小或其他特性的影响
行进成本法	计算从某一点或区域到城市公共服务设施所需的时间或者所消耗的物质(一般指时间和金钱)

本实验以南京市鼓楼区为例,选取公园绿地作为典型公共服务设施,进行可达性与公平性分析过程的操作演示。

12.2.1 基于缓冲区分析法的可达性分析

基于 ArcGIS 软件平台的缓冲区(Buffer)分析方法是最简单、最常用的一种分析城市公共服务设施可达性的方法。许多学者研究发现,多数居民希望步行 3～5 min(即步行 400～500 m)就可以到达公园。另外,2012 年原住建部印发《关于促进城市园林绿化事业健康发展的指导意见》中指出,要按照城市居民出行"300 米见绿,500 米见园"的要求,加快各类公园绿地建设。鉴于此,我们将可达性水平按照缓冲区距离的远近划分为 4 类:缓冲半径 500 m 内的区域为可达性好,500～1 000 m 内的为可达性一般,1 000～1 500 m 内的为可达性差,而大于 1 500 m 的划归为可达性很差。

➢ 步骤 1:确定需要做缓冲区的源(Origin),并进行缓冲区的建立与处理。

首先,启动 ArcMap,加载南京市鼓楼区绿地公园数据文件"绿地.shp"与带街道行政区边界的鼓楼区数据文件"鼓楼区.shp"。

然后,使用 ArcToolbox 中的"分析工具"—"邻域分析"—"缓冲区"工具,进行 500 m 缓冲区的建立(图 12-1)。其中"输入要素"选择"绿地";"输出要素"输入"绿地_500";

"线形单位"输入500 m;"侧类型"选择默认选项FULL;"融合类型"选择ALL。点击"确定"按钮,执行缓冲区命令,得到500 m缓冲区的面文件(绿地_500.shp)。同理可获得1 000 m、1 500 m缓冲区数据文件。另外,我们也可以使用"分析工具"—"邻域分析"—"多环缓冲区"工具一次生成多个缓冲区。

由于此时获得的不同范围的绿地缓冲区文件存在着重叠的关系,所以需要用"擦除"工具来获得每个缓冲区范围互不重叠的数据文件(图12-2)。使用ArcToolbox中的"分析工具"—"叠加分析"—"擦除"工具,输入要素选择"绿地_1000.shp","擦除要素"输入"绿地_500","输出要素"输入"擦除_1000",其余保留默认设置,点击"确定"按钮,得到1 000 m环状缓冲区范围的数据文件(擦除_1000.shp)。同理,可获得1 500 m环状缓冲区数据文件(擦除_1500.shp)。

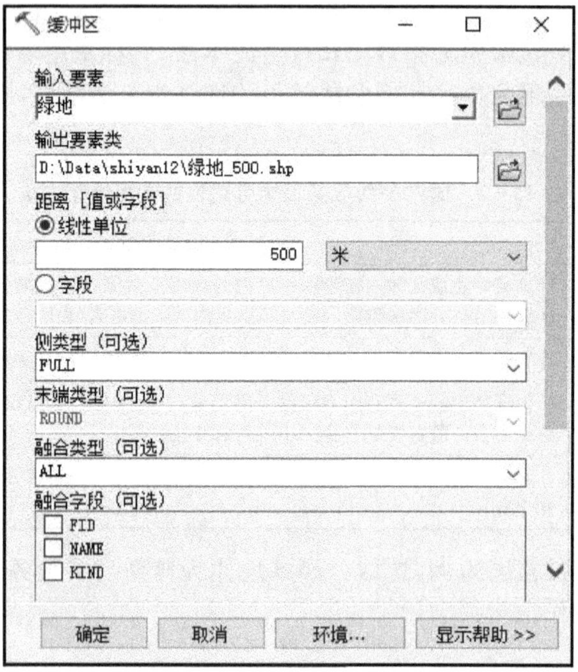

图12-1 "缓冲区"对话框

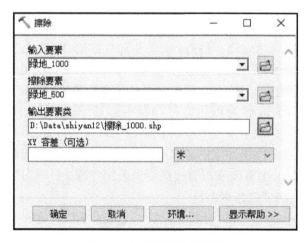

图12-2 "擦除"对话框

由于我们需要获得研究区范围内部的居住用地面积大小及所占研究区的比例,所以只需要保留鼓楼区范围内的数据。使用 ArcToolbox 中的"分析工具"—"提取分析"—"裁剪"工具,进行鼓楼区范围内的数据获取。在"裁剪"对话框中(图12-3),输入要素选择"鼓楼区.shp","裁剪要素"选择"绿地_500.shp","输出要素"输入"裁剪_500",其余保留默认设置,点击确定,获得鼓楼区范围内 500m 缓冲区绿地范围的数据文件(裁剪_500.shp)。同理可获得鼓楼区范围内 1 000m 与 1 500m 缓冲区绿地范围的数据文件(裁剪_1000.shp、裁剪_1500.shp)。

图 12-3 "裁剪"对话框

➢ 步骤 2:基于缓冲区分析的公园绿地可达性计算。

首先,打开"裁剪_500"的属性表,添加一个名为"500 m 面积"的浮点型字段,右键选择"计算几何",计算每个街区处于 500 m 绿地辐射范围内的面积,单位选择公顷(图 12-4)。同时,添加一个名为"占比"的浮点型字段,右键选择"字段计算器",输入公式"[面积]/[area]",点击"确定"按钮,获得每个街区处于 500 m 绿地辐射范围内的面积比例(图 12-5)。同理,可获得 1 000m 与 1 500 m 的相关数据。最后,将所得的数据进行统计分析(表 12-3)。

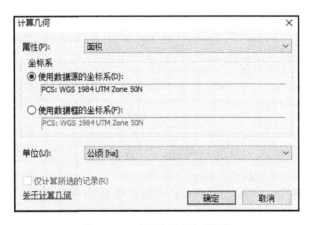

图 12-4 "计算几何"对话框

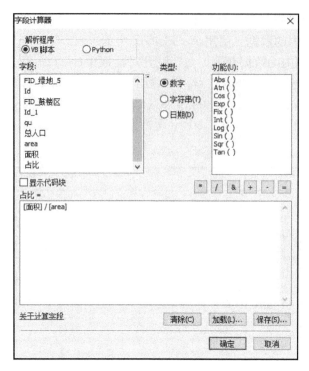

图 12-5 "字段计算器"对话框

表 12-3 基于缓冲区分析的公园绿地可达性占比结果

街道名称	街道面积(ha)	≤500 m		500~1 000 m		1 000~1 500 m		>1 500 m	
		面积(ha)	比例	面积(ha)	比例	面积(ha)	比例	面积(ha)	比例
凤凰街道	336.39	147.00	43.70%	126.56	37.62%	56.33	16.75%	6.50	1.93%
华侨路街道	359.41	289.65	80.59%	67.27	18.72%	2.49	0.69%	0.00	0.00%
宁海路街道	400.46	223.63	55.84%	150.36	37.55%	26.47	6.61%	0.00	0.00%
湖南路街道	270.83	91.50	33.78%	134.63	49.71%	44.69	16.50%	0.00	0.00%
中央门街道	342.64	46.80	13.66%	160.55	46.86%	126.06	36.79%	9.23	2.69%
热河南路街道	300.47	260.53	86.71%	39.43	13.12%	0.50	0.17%	0.01	0.00%
挹江门街道	329.32	216.37	65.70%	65.36	19.85%	45.79	13.91%	1.79	0.54%
江东街道	581.26	266.94	45.92%	229.58	39.50%	82.22	14.14%	2.52	0.43%
建宁路街道	220.67	53.13	24.08%	118.64	53.76%	48.90	22.16%	0.00	0.00%
下关街道	505.40	183.39	36.28%	219.86	43.50%	101.81	20.14%	0.35	0.07%
小市街道	306.56	158.62	51.74%	136.69	44.59%	11.25	3.67%	0.00	0.00%
宝塔桥街道	853.45	532.31	62.37%	253.14	29.66%	68.00	7.97%	0.00	0.00%
幕府山街道	622.17	593.70	95.42%	28.47	4.58%	0.00	0.00	0.00	0.00%
合计	5 429.03	3 063.57	56.43%	1 730.54	31.88%	614.51	11.32%	20.40	0.38%

➤ 步骤 3:结合研究区人口的分布情况,计算研究区及可达半径为 500 m 情况下各街道的可达性指数(Accessibility Index,ACI)。

基于缓冲区分析可以得到不同可达半径内的居住用地的面积大小及其占研究区的比例(见表 12-3)。但由于不同街道不同居住区的人口密度的差异无法体现,简单的缓冲区分析无法更为准确地表达不同缓冲区半径内居住人口的数量和比例,而匹配各街道人口数量的可达性指数能够反映不同半径内的人口数量和比例。因此,可以更为准确地表征不同街道和研究区的可达性等级情况。

可达性指数的计算公式如下:

$$ACI_i = \sum_{j=1}^{n} \lambda_{ij} f(d_{ij}, D) \qquad (公式 12-1)$$

$$ACI = \sum_{i=1}^{m} \sum_{j=1}^{n} P_{ij} f(d_{ij}, D) / P \qquad (公式 12-2)$$

式中 ACI_i、ACI 分别为第 i 街道和研究区的绿地公园可达性指数;λ_{ij}、P_{ij} 分别为第 i 街道和第 j 居住区人口数和占该街道总人口的比例;P 为研究区总人口;函数 $f(d_{ij}, D)$ 为距离判别函数,如果第 i 街道第 j 个居住区位于一定标准的可达半径(如 500 m、1 000 m、1 500 m) 内,即 $d_{ij} \in D$,则 $f(d_{ij}, D) = 1$,反之 $f(d_{ij}, D) = 0$。

本实验在计算各街道可达性指数时仅选择 500 m 的可达半径,而计算研究区的可达性指数时分别选用小于等于 500 m、500~1 000 m、1 000~1500 m、大于 1 500 m。

首先,进行各街道 500 m 半径内的可达性指数计算。在 ArcMap 中加载鼓楼区居住小区数据文件"居住区.shp"。在 ArcMap 菜单栏中点击"选择"—"按位置选择"选项进行居住小区的筛选。

在"按位置选择"对话框(图 12-6)中做如下设置:"选择方法"选择从以下图层中选择要素;"目标图层"勾选居住区;"源图层"选择"裁剪_500";"目标图层要素的空间选择方法"选择与源图层要素相交。点击"确定"按钮,即可得到位于 500 m 缓冲区范围内的所有居住小区。

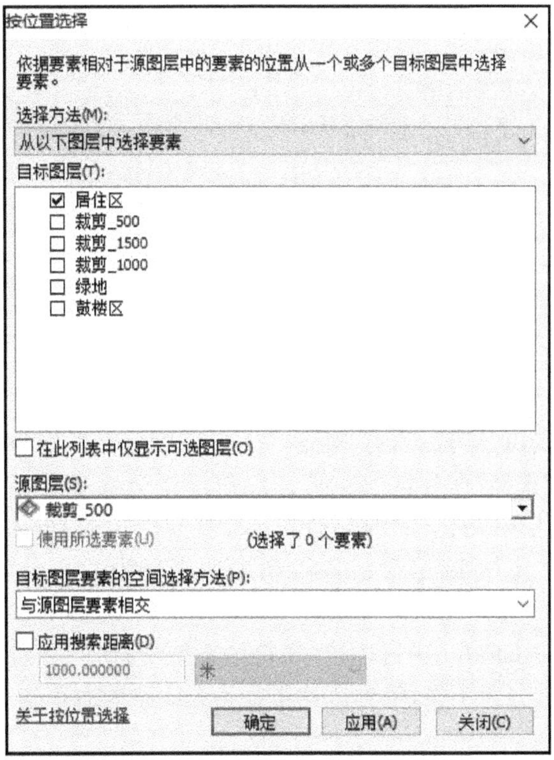

图 12-6 "按位置选择"对话框

然后,单击属性表下方的"显示所选记录"按钮,使其只显示选择的部分。鼠标右击"居住区"数据文件,添加一个名为"占比"的浮点型字段,通过使用"连接"工具将属性表与鼓楼区属性表相连接(图12-7)。鼠标右击"占比"字段,选择"字段计算器",输入计算公式"[居住区.小区人数]/[鼓楼区.街道人口]",点击"确定"按钮,得到每个小区人数占其所在街道总人数的比例。

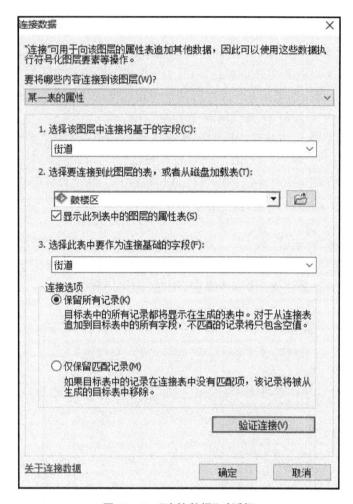

图12-7 "连接数据"对话框

最后,鼠标右击"街道"字段,选择"汇总"。在"汇总"对话框(图12-8)中做如下设置:"1.选择汇总字段"选择"居住区.街道";"2.选择一个或多个要包括在输出表中的汇总统计信息"勾选"居住区.占比"中的"总和";"3.指定输出表"输入ACI.dbf;勾选"仅对所选记录进行汇总"。点击"确定"按钮,得到可达半径为500 m时不同街道的可达性指数。

将鼓楼区.shp与ACI.dbf进行连接,在符号系统中选择"数量"—"分级色彩","值"选择"Sum_占比",将其分为4类,得到可达半径为500 m时各街道可达性指数分布图(图12-9)。

采用相同的方法,可计算得出整个研究区鼓楼区的可达性指数(表12-4)。

实验 12　城市公共服务设施的可达性与公平性分析

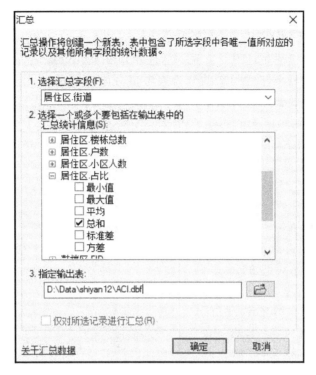

图 12-8　"汇总"对话框

图 12-9　可达半径为 500 m 时各街道可达性指数分布图

表 12-4　基于缓冲区分析的公园绿地可达性指数结果

项　目	≤500 m	500～1 000 m	1 000～1 500 m	>1 500 m
居住区面积(ha)	3 063.57	1 730.54	614.51	20.4
占居住区总面积比例(%)	56.43%	31.88%	11.32%	0.38%
可达性指数(ACI)	0.502 0	0.391 7	0.103 4	0.002 9

12.2.2 基于最小邻近距离法的可达性分析

最小邻近距离分析法是通过计算某一居住用地到最邻近绿地公园的直线距离(欧氏距离),然后再通过对最小邻近距离的分析来考量开敞空间的可达性。人们通常喜欢到距离自己居住地最近的公园进行娱乐、游憩,以放松身心,而最小邻近距离方法是通过计算居民到达最邻近公园的距离来表征可达性水平。因此,该方法是可达性分析比较合适、计算简便、最常使用的一种方法。

具体计算过程如下:

➢ 步骤1:使用近邻分析工具生成所有居住区到公园绿地的最邻近距离。

首先,启动 ArcMap,加载南京市鼓楼区绿地公园数据文件"绿地.shp"与鼓楼区居住小区数据文件"居住区.shp"。

然后,使用"分析工具"—"邻域分析"—"近邻分析"工具进行数据分析(图12-10)。在"输入要素"中选择居住区;"邻近要素"选择绿地;其余选项为默认选项,点击"确定"按钮,执行近邻分析命令,会在居住区文件的属性表中新生成两个字段:①NEAR_FID(存储最邻近要素的 ID);②NEAR_DIST(存储输入要素与最邻近要素之间的距离)。此字段的值采用输入要素的坐标系的线性单位。

最后,将居住区数据文件(居住区.shp)的属性表导出(近邻分析.dbf)。此步骤也可利用"分析工具"—"邻域分析"—"生成近邻表"工具直接进行数据导出(图12-11)。

➢ 步骤2:使用 SPSS 进行最小邻近距离的统计分析。

首先,点击打开 PASW Statistics 18 软件,打开文件"近邻分析.dbf"。

然后,依次点击"分析"—"描述统

图 12-10 "近邻分析"对话框

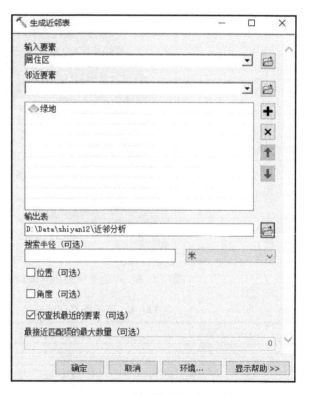

图 12-11 "生成近邻表"对话框

计"—"频率",弹出"频率"对话框。将分析变量"near_dist"添加到右侧分析框中(图 12-12)。点击"统计量",弹出"频率:统计量"对话框,勾选需要分析的项目(图 12-13)。然后点击"图表",弹出"频率:图表"对话框,选择直方图,并勾选"在直方图上显示正态曲线"(图 12-14)。最后点击"确定"按钮,执行分析,并将所得数据进行统计(表 12-5、图 12-15)。

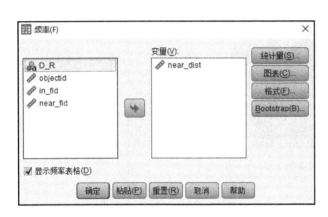

图 12-12 "频率"对话框

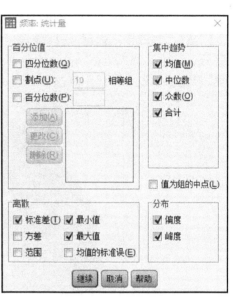

图 12-13 "频率:统计量"对话框

图 12-14 "频率:图表"对话框

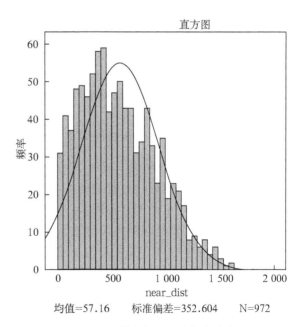

图 12-15 最小邻近距离频率分布图

表 12-5 基于近邻分析的最小邻近距离总体特征统计表(m)

最大值	最小值	均值	中位数	偏度	峰度
1 613.7	0	570.1	515.7	0.509	−0.427

> 步骤3：利用各街道内所有居住区的平均最小距离来计算各街道的可达性水平。

首先，在ArcMap中，打开居住区数据文件(居住区.shp)的属性表，右击"街道"字段选择"汇总"，勾选"NEAR_DIST"信息中的"平均"，然后输出表(Sum_Output.dbf)。

然后，将鼓楼区数据文件(鼓楼区.shp)与输出的表(Sum_Output.dbf)进行连接，在符号系统中选择"数量"—"分级色彩"，"值"选择"Average_NEAR_DIST"，将其分为4类，得到基于最小邻近距离法的各街道平均可达性水平分类图(图12-16)。

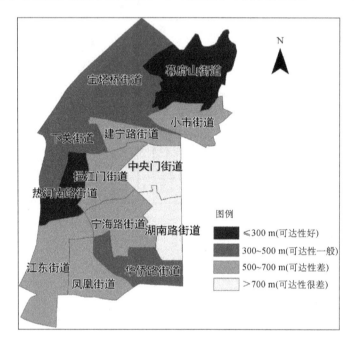

图 12-16 基于最小邻近距离法的各街道平均可达性水平分类图

12.2.3 基于吸引力指数分析法的可达性分析

绿地公园的大小、等级及其特征对可达性有着重要的影响，通常一个大型的、等级较高的绿地公园对市民的影响力范围要高于面积小的、等级较低的绿地公园。缓冲区和最小邻近距离分析法均未考虑这种影响。吸引力指数分析法是根据物质间的万有引力理论引申而来的，不仅要考虑距离对绿地公园吸引力的影响，而且还要考虑绿地公园自身大小、等级或其他特性对其吸引力的影响。绿地公园大小的数据比较容易获得，而其自身具有的吸引力特征及其强度数据却比较难获得和量化。因此，本实验仅考虑绿地公园面积大小对其吸引力大小及其范围的影响，计算研究区及各街道的绿地公园吸引力指数(Gravity Index, GI)。

具体计算过程如下：
> 步骤1：确定绿地公园的吸引力范围。

判断绿地公园的吸引力范围可以借用牛顿力学万有引力原理和物理学力场与场强

的概念,把绿地公园的吸引力范围称之为绿地公园的"力场",吸引力的大小称之为"场强"(张落成,2001;张明举等,2003;杜志伟等,2003),则绿地公园周围任意一点的"场强"的计算公式为:

$$F_{kl} = a_k / d_{kl}^2 \qquad (公式12-3)$$

式中,F_{kl} 为第 k 绿地公园在 l 点上的吸引力大小;a_k 为第 k 绿地公园的面积(m^2);d_{kl} 为第 k 绿地公园到 l 点的直线距离(m)。

绿地公园的吸引力或影响力是有一定范围的,超过这个范围,城市居民到达此绿地公园的意愿就会大幅降低,即断裂点(或影响距离)的问题。居民一般的出行意愿为 500 m 左右,因而我们定义面积为 5 hm² 绿地公园的影响距离为 500 m,由此可求得断裂点处的吸引力值(场强)为 5/25。据此,各绿地公园的吸引力距离可以根据公式 $d_k = 5\sqrt{a_k/5}$ 求出〔d_k 为第 k 绿地公园吸引力的影响距离(m)〕。

其具体操作过程如下:

首先,启动 ArcMap,加载南京市鼓楼区绿地公园数据文件"绿地.shp"、带有街道行政区边界的鼓楼区数据文件"鼓楼区.shp"与鼓楼区居住小区数据文件"居住区.shp"。

然后,在"绿地.shp"数据文件中添加一个浮点型字段"面积",并利用"计算几何"工具进行"面积"字段的计算,单位选择"平方米"。接着,再添加一个浮点型字段"吸引力距离",右击选择"字段计算器",在"字段计算器"对话框(图 12-17)中输入公式:"5 * Sqr([面积]/5)"。点击"确定"按钮,进行吸引力影响距离的计算。

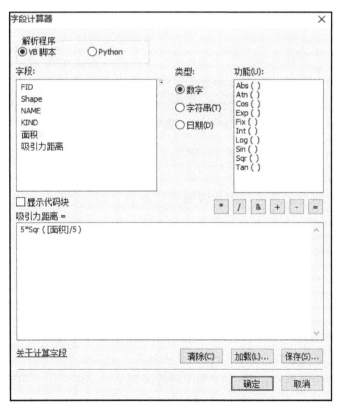

图 12-17 "字段计算器"对话框

> 步骤2：按照绿地公园的吸引力距离进行缓冲区分析。

首先，使用ArcToolbox中的"分析工具"—"邻域分析"—"缓冲区"工具，弹出"缓冲区"对话框（图12-18）。然后，在对话框中进行如下设置："输入要素"选择"绿地"；"输出要素"输入"绿地_Buffer"；"距离"点击"字段"，并选择"吸引力距离"，"侧类型"选择默认选项FULL，"融合类型"选择ALL。然后，点击"确定"按钮，进行缓冲区分析，得到面文件（绿地_Buffer.shp）。

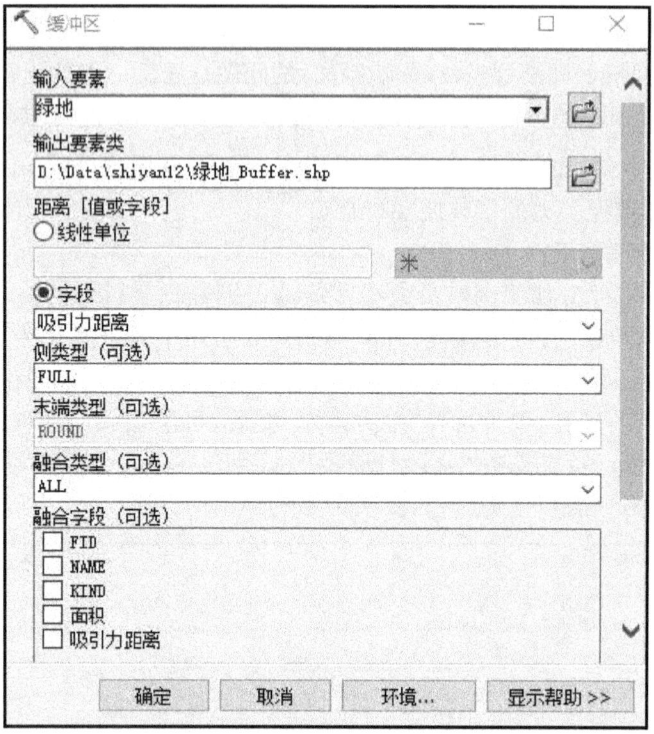

图12-18 "缓冲区"对话框

> 步骤3：结合研究区各街道人口的分布情况，计算研究区及各街道的绿地公园吸引力指数（Gravity Index，GI）。

吸引力指数即研究区及各街道在绿地公园吸引力影响范围内的人口占总人口的比例，其计算公式如下：

$$GI_i = \sum_{j=1}^{n} \lambda_{ij} f(d_{ij}, D_k) \qquad (公式12-4)$$

$$GI = \sum_{i=1}^{m} \sum_{j=1}^{n} P_{ij} f(d_{ij}, D_k) / P \qquad (公式12-5)$$

式中，GI_i、GI分别为第i街道和研究区的绿地公园的开敞空间吸引力指数；λ_{ij}、P_{ij}分别为第i街道和第j居住区的人口数和其占该街道总人口的比例；P为研究区总人口；函数$f(d_{ij}, D_k)$为距离判别函数，如果第i行政区第j个居住区位于第k个开敞空间的吸引力影响范围内，即$d_{ij} \in D_k$，则$f(d_{ij}, D_k) = 1$，反之$f(d_{ij}, D_k) = 0$。

计算过程与12.2.1步骤3基本相同，此处不再赘述。计算结果见表12-6、图12-19。

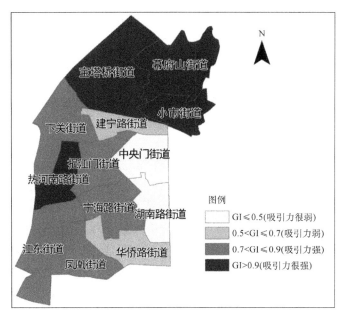

图 12-19 基于吸引力指数法的各街道吸引力指数分布图

表 12-6 基于吸引力指数分析的绿地公园可达性结果

位于吸引力范围内的居住区面积(ha)	占居住区总面积比例(%)	吸引力指数(GI)
4 448.47	81.94%	0.756 8

12.2.4 基于行进成本分析法的可达性分析

缓冲区、最小邻近距离和吸引力指数分析法均采用直线距离来表征居住区到绿地公园的距离,然而由于直线距离通常并不是现实存在的路径,因此这些方法还不能实现现实路径的自由选择。

行进成本法通过计算居住区到绿地公园所需要的时间或消耗的金钱来表征可达性,该方法充分考虑了道路网络的完善程度,能够较好地实现行进路径与现实道路的拟合。本节行进成本计算采用费用加权距离方法,其详细介绍与操作步骤参见实验 10 中的基于可达性分析的城镇联系强度评价部分。

本节行进成本采用城市居民通过空间某一像元的相对难易程度来衡量,其值为移动 10 km 所需要的分钟数。人们在日常出行过程中,由于所经过路径的不同,可采用的出行方式不同,行进速度也将根据路况出现一定差异,从而影响到由行进速度间接代表的行进成本值的大小。成本栅格图的建立需要针对不同的用地类型分别设定相应的时间成本值。

本实验中对行进成本值做如下定义(表 12-7):

表 12-7 不同用地类型的相对时间成本值参照

土地类型	快速路	主干道	其他干道	铁路	水域	建筑	无道路陆地区域
缓冲区大小(m)	20	15	10	20			3 000
时间成本值(min)	120	120	120	1 000	1 000	1 000	150

(1) 城市道路：鼓楼区城市道路可分为城市快速路、主干道和其他干道3种。但考虑到居民日常出行到达公园绿地的主要方式为步行，因而本实验将3种城市道路的出行成本值设置为相同值(120 min，即步行速度设置为5 km/h)。

(2) 建筑、水域与铁路：建筑、水域与铁路是研究区内对人们出行有直接阻隔作用的地物类型，对城市用地分割也比较严重，属于较为重大的出行障碍，穿越的时间成本值比较大。本实验将其时间成本值设为1 000 min。

(3) 其他用地(无道路陆地区域)：城市道路、建筑、水域与铁路以外的其他用地类型。因该区域没有道路，会对步行交通产生一定的影响，穿过该区域多采用迂回通达形式(折线行进)。因此，本书在城市道路成本值的基础上进行适当折减，设其步行通行速度为4 km/h，即时间成本值为150 min。

需要特别注意的是，涉及道路网络可达性分析时必须考虑边缘效应的影响。因为人为划定的行政区边界会对道路网络在研究区边界处形成明显的分割，导致边界附近的可达性结果失真。因此，本实验采用在研究区外围做一定宽度缓冲区的方法来消解这一影响。根据本研究区的实际情况，在鼓楼区行政边界外做了3 km宽度的缓冲区(图12-20)。

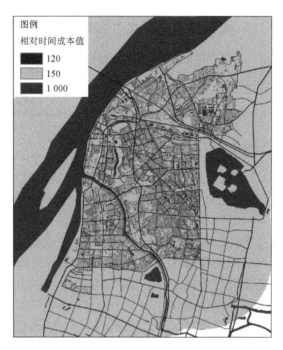

图12-20　不同土地利用类型的相对时间成本值

➤ 步骤1：消费面制作。

首先，按照表12-7中的不同土地利用类型的时间成本赋值，分别制作5 m×5 m的成本栅格文件。具体操作过程参见实验10中的消费面制作部分。

然后，采用镶嵌至新栅格命令(Mosaic to New Raster)对所获得的栅格数据进行叠合：先对建筑、水域、铁路与陆地(鼓楼区.shp)进行叠合，其镶嵌方式为最大值(Maximum)；在此基础上，将第一次叠合所得的栅格文件与道路(快速路、主干路、其他干道)再一次叠合，镶嵌方式采用最小值(Minimum)，从而得到分析所需的成本栅格图(图12-20)。

➤ 步骤 2：使用成本距离工具进行可达性分析。

首先，使用 ArcToolbox 中的"Spatial Analyst 工具"—"距离分析"—"成本距离"工具进行可达性的计算，即可得到研究区居民使用公园的累积行进成本栅格图。

然后，使用分级色彩方法将累积行进成本栅格图进行分类。

根据累积成本距离值除以 10 000，即可换算成行进所需的时间（分钟数）。按照≤5 min、5～10 min、10～15 min、>15 min（对应的累积成本距离值界值分别为 50 000、100 000、150 000）将可达性分为 4 个等级，生成可达性等级分布图（图 12-21）。

使用 ArcToolbox 中的"Spatial Analyst 工具"—"重分类"—"重分类"工具，对上述累计行进成本栅格图的评价等级进行重新划分并赋值：可达性好（≤5 min），可达性一般（5～10 min），可达性差（10～15 min），可达性很差（>15 min），得到相应的可达性分级评价图（图 12-21）。

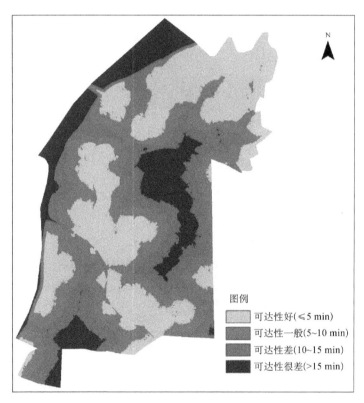

图 12-21 基于行进成本分析法的可达性分级评价图

➤ 步骤 3：不同可达性等级的面积与百分比统计。

首先，使用 ArcToolbox 中的"转换工具"—"由栅格转出"—"栅格转面"工具，将可达性分级评价的栅格图转换为多边形矢量文件。然后，使用"分析工具"—"叠加分析"—"联合"工具，将转化后的矢量文件与"鼓楼区.shp"文件相联合。最后，根据本实验中缓冲区分析法的步骤 2 的统计方法进行不同可达性等级的面积与百分比统计（表 12-8）。

表 12-8 基于行进成本分析的公园绿地可达性分析结果

	≤5 min	5～10 min	10～15 min	>15 min
居住区面积(ha)	1 984.57	1 544.21	984.27	915.97
占居住区总面积比例(%)	36.55%	28.44%	18.13%	16.88%
可达性指数(ACI)	0.26	0.3744	0.244 6	0.121

> 步骤 4：结合研究区人口的分布情况，进行可达性指数的统计与分析。

我们在计算各街区的可达性指数时仅选择≤5 min 的可达半径，而计算研究区的可达性指数时分别选用≤5 min、5～10 min、10～15 min、15～20 min、>20 min 的可达半径。

具体操作过程参见本实验中缓冲区分析法的步骤 3。分析结果见表 12-8，图 12-22。

图 12-22 基于行进成本分析法的各街道可达性水平图

12.2.5 基于两步移动搜索法的可达性分析

两步移动搜索法(Two-step Floating Catchment Area, 2SFCA)是一种基于机会累积思想的可达性研究方法，最早是由 Radke 等(2000)提出，由 Luo 等(2003)进一步改进并命名为两步移动搜寻法。2SFCA 分别以供给地和需求地为基础，以设定的出行极限距离或时间的临界值为搜索半径(即距离阈值)，移动搜寻两次，对临界值内居民可以接近的资源或设施数量进行比较，数值越高，可达性越好，因此该方法被称为两步移动搜寻法。

第一步，对每个供给点 j，搜索所有在 j 距离阈值(d_0)范围(即 j 的搜索区)内的需求点(k),计算供需比 R_j：

$$R_j = \frac{S_j}{\sum_{k\in\{d_{kj}\leqslant d_0\}} G(d_{kj},d_0)P_k} \quad \text{（公式 12-6）}$$

式中：S_j 是绿地的规模,本实验以绿地的面积进行表征；P_k 是绿地 j 缓冲区内($d_{kj}\leqslant d_0$)居住区 k 的人口数量；d_{kj} 是从居住区 k 中心到绿地 j 中心的距离；$G(d_{kj},d_0)$ 是考虑到空间衰减的高斯方程,计算方法如下所示：

$$G(d_{kj},d_0)=\begin{cases}\dfrac{e^{-(\frac{1}{2})\times(\frac{d_{kj}}{d_0})^2}-e^{-(\frac{1}{2})}}{1-e^{-(\frac{1}{2})}}, & if\ d_{kj}\leqslant d_0\\ 0, & if\ d_{kj}>d_0\end{cases} \quad \text{（公式 12-7）}$$

第二步,每个居住区 i 以 d_0 为半径形成另一个缓冲区,同样对落在缓冲区内的每块绿地 l 的供给比率 R_l 进行高斯方程权重赋值,然后对加权后的供给比率 R_l 求和,得到每个居住区 i 的绿地可达性 A_i^F。A_i^F 值的大小也可以理解为该区域内城市公园绿地的人均占有量,此时单位为 $m^2/$人。

$$A_i^F = \Sigma_{l\in\{d_{il}\leqslant d_0\}} G(d_{il},d_0)R_l \quad \text{（公式 12-8）}$$

式中,R_l 表示居住区 i 的缓冲区内($d_{il}\leqslant d_0$)绿地 l 的供给比率。其他指标说明与公式12-6 相同。

图 12-23 与图 12-24 是高斯两步移动搜索法的示例。在图 12-23 中,以 d_0 为阈值,有 1、2、3 三个街道中心点落在了绿地 a 的空间作用域内。对于其中每一个街道中心点,与绿地的空间距离也可以量度,那么可分别根据公式 12-7 建立相应的高斯方程；另外,绿地 a 的面积与各街道中心点所代表的人口数量也是已知的,那么就可以根据公式 12-6 求得相应的供需比率。同样在图 12-24 中,以 d_0 为阈值,有 a、c 两个绿地中心点落在了街道 2 的空间作用域内,根据公式 12-6,对 a、c 高斯方程加权后的供需比率进行累加,便得到了街道 2 的绿地可达性。按照两步移动搜索法的计算过程,实际上可达性数值可以解释为经过特殊加权处理后的人均绿地面积(魏冶,2014)。

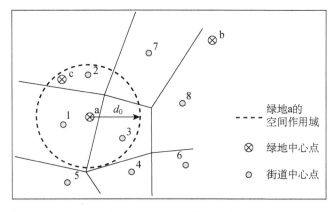

图 12-23 高斯两步移动搜索法示意图（第一步）

资料来源：魏冶,修春亮,高瑞,等.基于高斯两步移动搜索法的沈阳市绿地可达性评价,地理科学进展,2014(04):479-487.

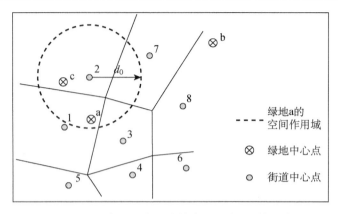

图 12-24 高斯两步移动搜索法示意图(第二步)

资料来源:资料来源:魏冶,修春亮,高瑞,等.基于高斯两步移动搜索法的沈阳市绿地可达性评价.地理科学进展,2014(04):479-487.

在实际的计算过程中,选择合理的空间距离阈值 d_0 是两步移动搜索法的关键。按照以往经验,人的步行速度为 5 km/h。一般而言步行者出行的最大心理承受时限不会超过 30 min,那么以 5 km/h 的平均水平,半个小时可到达的距离约为 2.5 km,因此 d_0 取 2.5 km 为宜。

此处需要注意的是,两步移动搜索法最终得出的可达性数值 A_i 可以理解为该区域内城市公园绿地的人均占有量。因而,如果本实验只统计鼓楼区内部居住区的人口数量,不考虑相邻行政区人口数量的话,将会导致一些边缘部分的公园绿地人均占有量结果失真。故本实验统计了鼓楼区及其周边行政区的人口数据,以消除这种边缘效应。

> 步骤 1:供需比 R_j 的计算。

首先,启动 ArcMap,加载南京市鼓楼区绿地公园数据文件"绿地.shp"与鼓楼区及周边行政区居住小区的数据文件"所有居住区.shp"。

其次,使用"数据管理工具"—"要素"—"要素转点"工具,将绿地公园多边形矢量文件(绿地.shp)转化为质心点矢量文件(绿地质心.shp)。

再次,使用"分析工具"—"邻域分析"—"点距离"工具,计算公园与居民点的欧氏距离并提取 2.5km 阈值内的数据。在"点距离"对话框(图 12-25)中做如下设置:"输入要素"选择"绿地质心";"邻近要素"选择"所有居住区";"输出表"为"distance";"搜索半径"输入 2 500 m。点击"确定"按钮,得到 distance 数据表。

图 12-25 "点距离"对话框

然后,在 distance 数据表中依次将属性表与绿地质心数据文件(绿地质心.shp)与所有居住区数据文件(所有居住区.shp)相连接。连接绿地质心数据文件时连接将基于的字段与作为连接基础的字段分别选择"INPUT_FID"与"OBJECTID"(图 12-26);连接所有居住区数据文件时连接将基于的字段与作为连接基础的字段分别选择"NEAR_FID"与"FID"(图 12-27)。

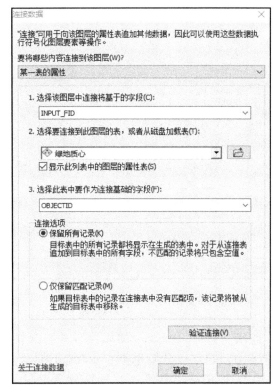

图 12-26 连接绿地质心数据

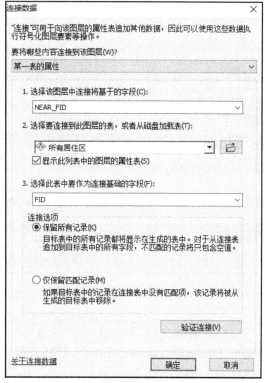

图 12-27 连接所有居住区数据

在 Distance 数据表中增加一个浮点型字段,打开"字段计算器",输入公式,即:"(((EXP((−0.5) * (([Distance.DISTANCE])/2500)^2)) − (EXP(−0.5)))/(1 − EXP(−0.5))) * [所有居住区.小区人数]"(图 12-28),点击"确定"按钮进行计算,计算所得 P 的结果即为公式 12-6 中 $G(d_{kj}, d_0)P_k$ 部分。随后移除所有连接,并对"INPUT_FID"字段进行汇总(图 12-29),汇总统计信息选择"P"中的总和,"指定输出表"输入 Sum_P,点击"确定"按钮,得到每个绿地的所有潜在使用者数量,即公式中 R_j 的分母部分。

最后,将得到的统计表(Sum_P.dbf)与绿地质心数据文件(绿地质心.shp)相连接,连接将基于的字段与作为连接基础的字段分别选择"INPUT_FID"与"OBJECTID"。然后,新添加一个名为"R_j"的浮点型字段,在"字段计算器"中输入公式:"[绿地质心.area]/[Sum_P.Sum_P]",点击"确定"按钮,计算所得的值即为第一步所需要的供需比 R_j。

➤ 步骤 2:可达性 A_i^F 的计算。

首先,与第一步类似,使用"分析工具"—"邻域分析"—"点距离"工具计算公园与居民点的欧氏距离,并提取 2.5 km 阈值内的数据。不过在这里"输入要素"和"邻近要素"分别为所有居住区、绿地质心,与步骤一中的设置刚好相反。"搜索半径"输入 2 500 m,"输出表"输入 Distance2。

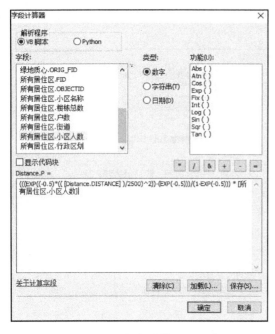

图 12-28 "字段计算器"对话框

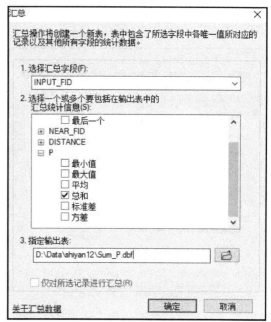

图 12-29 "汇总"对话框

然后,移除文件"Sum_P"与"绿地质心"的连接,打开 Distance2 的属性表并与文件"Sum_P"相连接,连接将基于的字段与作为连接基础的字段分别选择"NEAR_FID"与"INPUT_FID"。添加一个名为"Ai"的浮点型字段,选择"字段计算器",输入公式:"(((EXP((-0.5)*(([Distance2.DISTANCE])/2500)^2))-(EXP(-0.5)))/(1-EXP(-0.5)))*[Sum_P.Rj]"。计算所得的结果 A_i 即为公式 12-8 中 $G(d_{il},d_0)R_l$ 部分。随后移除所有连接,并对"INPUT_FID"字段进行汇总,汇总统计信息选择"A_i"中的总和,"输出表"输入 A_i,点击"确定"按钮,得到每个居住区 i 的绿地可达性 A_i,即最终的可达性 A_i^F。

> 步骤 3:可达性的统计与分析。

打开所有居住区数据文件(所有居住区.shp)的属性表,将其与所得到的绿地可达性表(Ai.dbf)相连接,连接将基于的字段与作为连接基础的字段分别选择"FID"与"INPUT_FID"。然后,点击 ArcToolbox 中的"Spatial Analyst 工具"—"插值分析"—"克里金法"工具,参照实验 8 中克里金差值方法进行插值分析,得到插值分析的结果(图 12-30)。另外,我们也可应用汇总工具统计各街道的平均可达性,得出统计结果(图 12-31)。

将所有可达性分析方法分析得出的可达性结果进行汇总,得到表 12-9。

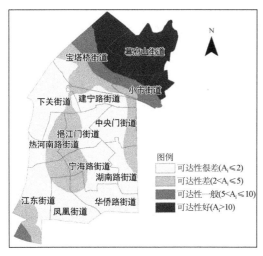

图 12-30 克里金法插值结果

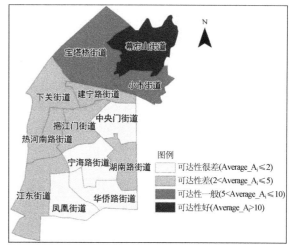

图 12-31 基于两步移动搜索法的各街道平均可达性水平图

表 12-9 不同分析方法可达性分类结果统计表

项目	可达性好	可达性一般	可达性差	可达性很差
缓冲区分析法	幕府山街道、宝塔桥街道、挹江门街道、热河南路街道、华侨路街道	小市街道、下关街道、江东街道、凤凰街道、宁海路街道	湖南路街道	建宁路街道、中央门街道
最小邻近距离法	幕府山街道、热河南路街道	宝塔桥街道、下关街道、华侨路街道	小市街道、建宁路街道、挹江门街道、宁海路街道、凤凰街道、江东街道	中央门街道、湖南路街道
吸引力指数法	幕府山街道、宝塔桥街道、热河南路街道、小市街道	下关街道、挹江门街道、宁海路街道、凤凰街道、江东街道	华侨路街道、建宁路街道	中央门街道、湖南路街道
行进成本法	幕府山街道	挹江门街道、华侨路街道	宝塔桥街道、热河南路街道、下关街道、江东街道、宁海路街道	建宁路街道、中央门街道、湖南路街道、凤凰街道、小市街道
两步移动搜索法	幕府山街道	小市街道、宝塔桥街道	建宁路街道、热河南路街道、下关街道、挹江门街道、江东街道、湖南路街道	宁海路街道、华侨路街道、凤凰街道、中央门街道

12.3 城市公共服务设施的公平性分析

城市绿地公园等城市公共服务设施是由政府主导建设的一类公共服务资源,具有很强的社会公益属性。因而,评价其空间分布的合理性,探讨其在资源配置过程中的公平程度,就显得非常重要和必要。

只有基于人口需求(Population Need)的公共服务资源分配与布局才可以被认为在空间上是公平的。也就是说,公共服务设施的空间布局应充分考虑并最大限度地满足社会各阶层的使用需求。因此,在国内外许多公共资源如公园、学校、商业中心等的布局研究中,需求指数被广泛应用于评价资源分配的公平性。

通常,人们对城市绿地的需求程度与人口的性别、年龄、经济收入等特征紧密相连,而妇女、儿童、老年人、低收入以及残疾人等弱势群体的需求均需给予特别关注,以充分体现社会公平。一方面,这是社会和谐、社会基本伦理道德与价值的重要体现;另一方面,弱势群体通常都是公园日常使用的主要群体。因而,从某种意义上来说,只有基于弱势群体空间分布特征的可达性研究才能真正揭示公园资源在空间配置上的公平性情况。因为如果弱势群体的可达性都能够得到良好的保障,那么相对强势的群体的可达性一般情况下都不会比弱势群体差。

国外许多学者公共设施空间布局的研究结果也证实了这一点,他们通常选择反映弱势群体的一些人口特征指数(主要包括少数族裔比重、非白人人口比重、老人比重、女性比重等)来构建需求指数,并进而与可达性结果相耦合,从而定量表征城市绿地公园的可达性与需求指数之间的等级相关性,进而说明城市绿地公园空间布局的公平性与合理性程度。

本实验将首先构建南京市鼓楼区的弱势群体需求指数,然后进行需求指数与绿地公园可达性空间格局的耦合,进而分析研究区绿地公园空间分布的公平性与合理性程度。

12.3.1 弱势群体需求指数的构建与计算

弱势群体,也称社会脆弱群体或社会弱者群体(Social Vulnerable Groups),其主要源自社会学领域,是社会问题研究、社会政策研究中的一个核心概念。弱势群体的具体内涵较广,主要包括儿童、老年人、残疾人、精神病患者、失业者、贫困者、下岗职工、灾难中的求助者、农民工、非正规就业者以及在劳动关系中处于弱势地位的人(如体制外人员、较早退休的体制内人员)等,各个群体彼此之间存在一定的交叉。

目前需求指数的构建通常选取性别、年龄、收入等因子。鉴于数据资料的可获取性、实验操作的可行性,本实验基于2010年全国第六次人口普查及2015年南京市鼓楼区街道人口统计资料,选取65岁以上老年人口比重、14岁以下少年儿童比重、女性人口比重、残疾人口比重、低保人口比重等5项指标作为构建鼓楼区弱势群体需求指数的基础参量,以此衡量街道尺度上弱势群体使用公园的潜在需求的空间差异情况。其中,前四项反映的是人口的社会结构特征,最后一项则用以表征人口的经济结构特征(低收入群体)。

需求指数的具体计算步骤如下:

> 步骤1:数据指标的极差标准化。

首先,将鼓楼区多边形数据文件(鼓楼区.shp)的属性表导出为 dBASE 文件(鼓楼区.dbf),并用 Excel 软件打开。

然后,在 Excel 中通过公式分别计算得到南京市鼓楼区 13 个街道的 65 岁以上老年人口的比重、14 岁以下少年儿童比重、女性人口比重、残疾人口比重和低保人口比重 5 项指标值。

最后,为使指标数据具有可比性,对指标数据进行极差标准化(归一化)处理(公式12-9),以消除数据量纲的影响。

$$C_i = \frac{F_i - F_{\min}}{F_{\max} - F_{\min}} \tag{公式 12-9}$$

其中，C_i 为 i 街道某一类弱势人群归一化处理值，F_i 为 i 街道某一类弱势人群的比重值，F_{max} 和 F_{min} 为各街道某一类弱势人群比重的最大值和最小值。

➤ 步骤2：弱势群体需求指数计算与分类。

首先，将标准化处理后的五项指标进行等权重求和（即加和求平均值），得到每个街道的弱势群体需求指数（Social-vulnerable-groups Demand Index,SDI）。

然后，根据 SDI 的计算结果，我们将研究区 13 个街道划分为 4 个等级，即：很高需求（SDI≥0.5），高需求（0.4≤SDI<0.5），低需求（0.3≤SDI<0.4）和很低需求（SDI<0.3）（图 12-32、表 12-10）。

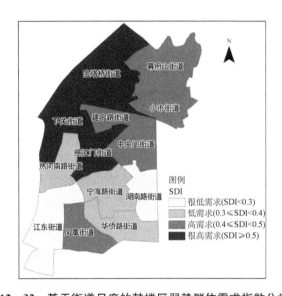

图 12-32 基于街道尺度的鼓楼区弱势群体需求指数分类图

表 12-10 基于街道尺度的弱势群体需求指数（SDI）分类统计表

弱势群体需求指数分类	街道数量	占鼓楼区街道总量的百分比（%）	累计百分比（%）
很低需求（SDI<0.3）	2	15.4	38.5
低需求（0.3≤SDI<0.4）	3	23.1	
高需求（0.4≤SDI<0.5）	5	38.4	61.5
很高需求（SDI≥0.5）	3	23.1	

12.3.2 公共服务设施的空间公平性评价

要定量测度城市绿地公园分布的空间公平性，需要将可达性分析和弱势群体需求指数计算的结果进行耦合。本实验基于 ArcGIS 软件平台，仅以缓冲区分析法与最小邻近距离法得到的可达性结果为例，拟采用叠置分析（或关联分析）的方法定量测度研究区公园空间布局的公平性情况。与其他可达性分析结果的耦合分析与下面的分析过程基本一致，在此不再赘述。

具体操作步骤如下：

首先，在带有街道行政区边界的鼓楼数据文件（鼓楼区.shp）的属性表中添加 3 个新的字段，分别用以记录缓冲区分析法和最小邻近距离方法所得的可达性水平分类结果以及弱势群体需求指数分类结果,以"1,2,3,4"对应表示"可达性很好,可达性好,可达性差,可达性很差",或"很低需求,低需求,高需求,很高需求"。

然后,通过属性表导出后在 Excel 中进行数据的交叉统计分析。根据属性表的统计分析结果,将研究区鼓楼区 13 个街道划分为 4 大类,即:低需求而可达性水平较好的街道(SDI<0.4 且最小邻近距离≤500 m 或 ACI>0.4),低需求且可达性水平较差的街道(SDI<0.4 且最小邻近距离>500 m 或 ACI≤0.4),高需求但可达性水平较好的街道(SDI≥0.4 且最小邻近距离≤500 m 或 ACI>0.4),以及高需求而可达性水平较差的街道(SDI≥0.4 且最小邻近距离>500 m 或 ACI≤0.4)。

最后,我们可以将交叉统计的结果连接到带有街道行政区边界的鼓楼数据文件(鼓楼区.shp)的属性表中,并以专题图方式将交叉统计结果进行分类显示(图 12-33、图 12-34)。

基于两种可达性分析方法的鼓楼区城市绿地公园公平性评价结果表明,鼓楼区整体上绿地公园的空间公平性较好,由图 12-33 基于缓冲区分析法的城市公园公平性分布结果可知,高需求的 8 个街道仅有建宁路街道与中央门街道的可达性较差;基于最小邻近距离法的城市公园公平性分布结果显示(图 12-34),高需求的 8 个街道有 5 个街道可达性较差;基于最小邻近距离法的城市公园公开性分布结果显示(图 12-34),高需求的 8 个街道有 5 个街道可达性较差。因此,在未来的城市规划建设中应优先考虑提升和改善这些具有高需求而低可达性街道的绿地公园资源供给数量与交通设施水平。

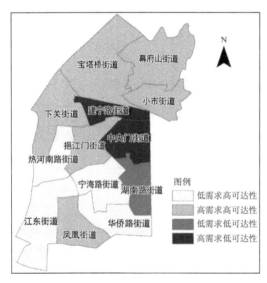 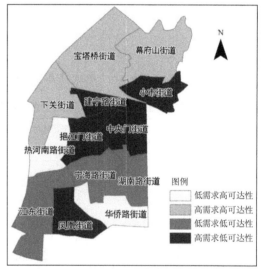

图 12-33 基于缓冲区分析法的城市公园公平性分布结果图　　图 12-34 基于最小邻近距离法的城市公园公平性分布结果图

12.4 实验总结

本实验以南京市鼓楼区为例,基于 ArcGIS 软件平台,采用缓冲区分析法、最小邻近距离法、吸引力指数法、行进成本法和两步移动搜索法等多种可达性分析方法对研究区进行了街道尺度的城市公共服务设施可达性分析,并选取 65 岁以上老年人口比重、14 岁以下少年儿童比重、女性人口比重、残疾人口比重和低保人口比重 5 项指标作为基础参量,构建了鼓楼区弱势群体的需求指数,最后基于叠置分析,对鼓楼区城市公共服务设施的空间公平性进行了评价,得到了具有高需求而低可达性的街道,从而为今后城市与区域规划中公共服务设施优化配置提供科学依据。

通过本实验掌握基于缓冲区分析法、最小邻近距离法、吸引力指数法、行进成本法和两步移动搜索法等多种可达性分析方法和基于需求指数叠置的公平性分析方法,熟悉这些方法在城市与区域规划公共服务设施优化配置中的具体应用,并能够使用这些方法进行其他相关领域的分析。

具体内容见表 12-11。

表 12-11 本次实验主要内容一览

内容框架	具体内容	页码
城市公共服务设施的可达性分析	(1) 基于缓冲区分析法的可达性分析	P401
	(2) 基于最小邻近距离法的可达性分析	P408
	(3) 基于吸引力指数分析法的可达性分析	P410
	(4) 基于行进成本分析法的可达性分析	P413
	(5) 基于两步移动搜索法的可达性分析	P416
城市公共服务设施的公平性分析	(1) 弱势群体需求指数的构建与计算	P422
	(2) 公共服务设施的空间公平性评价	P423

实验 13 基于 DMSP/OLS 夜间灯光数据的城镇化空间格局分析

13.1 实验目的与实验准备

13.1.1 实验目的

通过本实验掌握基于夜间灯光数据提取城市建成区范围,并进而进行区域城镇化空间格局分析(主要包括城镇化水平动态演化、空间扩展模式与空间格局演化分析)的具体分析过程与基本操作。

具体内容见表 13-1。

表 13-1 本次实验主要内容一览

内容框架	具体内容
基于夜间灯光数据的城市建成区提取	基于 DMSP/OLS 夜间灯光数据提取城市建成区
基于夜间灯光数据的城镇化空间格局分析	(1) 基于 CNLI 的区域整体城镇化水平动态演化分析
	(2) 基于扩展速度与强度指数的区域城镇空间扩展模式分析
	(3) 基于空间自相关与景观格局指数的区域城镇化空间格局演化分析

13.1.2 实验准备

(1) 计算机已预装了 ArcGIS 10.1 中文桌面版、fragstats 4.2、Excel 2013 或更高版本的软件。

(2) 本实验以中原城市群作为规划研究区,请将实验数据存放在 D:\data\shiyan13 目录下。

13.2 基于夜间灯光数据的城市建成区提取

在实验 3 中,我们已经对 DMSP/OLS 夜间灯光数据的获取与预处理进行了介绍,本实验将直接使用实验 3 中已经完成数据校正、取整后的 2012 年中原城市群夜间灯光数据(f182012_ok.grid),来进行城市建成区范围的提取。因为像元的灰度值越高,它所对应的区域属于城市建成区的概率就越大,属于误差像元的概率则越小。因而,从受干扰较大的灯光数据中提取城市建设用地范围,首先需要设定一个区别城市建成区像元和其他误差像元的阈值。

常用的阈值设定方法包括经验阈值法、空间比较法和突变检测法。经验阈值法是根据研究区的夜间灯光数据亮度值的分布情况，根据研究人员的经验，人为设定一个比较可靠的阈值；空间比较法是基于社会经济统计数据等辅助资料，如人口普查数据、土地覆盖数据、统计年鉴中的城市建成区统计数据等，来确定最佳的提取阈值；突变检测法是通过识别城市多边形周长或面积突然大幅度变化的阈值来确定分类阈值，可通过制作亮度值与超过该亮度值像元所组成多边形的周长或面积的变化曲线来进行阈值的判断。

本实验我们选择历年统计年鉴中各地级市城市建成区面积数据来辅助确定城市建设用地提取的阈值，即采用空间比较法。

具体操作步骤如下：

➢ 步骤1：启动 ArcMap，添加"中原城市群_lam.shp"矢量数据和"f182012_ok.grid"栅格数据。

➢ 步骤2：添加各地级市的统计面积数据（中原城市群数据.xlsx 文件中的统计面积工作表），并进行数据连接。

如果我们在加载数据过程中出现"连接到数据库失败，出现基础数据库错误，没有注册类"的提示（图13-1），导致无法进行数据加载和进一步的分析操作，则需要安装 shiyan13 文件夹中的"AccessDatabaseEngine.exe"，为本计算机提供数据库管理的功能。安装完成后，即可在 ArcGIS 10.2 以上版本中加载"中原城市群数据.xlsx"文件。如果我们使用的 ArcGIS 10.1 版本，则建议先将 2013 版本的"中原城市群数据.xlsx"文件转换为低版本（97-2003 版本）的"中原城市群数据.xls"文件后再进行加载。本实验将使用低版本的"中原城市群数据.xls"文件进行操作演示。

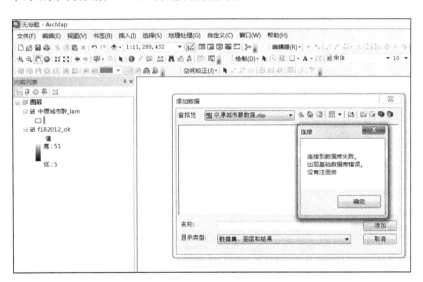

图13-1 添加"中原城市群数据.xlsx"数据时弹出的"连接"提示框

首先，在"中原城市群_lam"数据图层上点击鼠标右键，在弹出的快捷菜单中点击"打开属性表"，并在属性表中添加一个浮点型字段"area"，用于存储统计年鉴中各地级市的城市建成区面积（图13-2）。

然后，在"中原城市群_lam"数据图层上点击鼠标右键，在弹出的快捷菜单中选择"连接和关联"—"连接"，在弹出的"连接数据"对话框中作如下定义。"要将哪些内容连接到该图层"：某一表的属性；"选择该图层中连接将基于的字段"：NAME；"选择要连接到此

图 13-2 在表中添加字段与"连接数据"对话框

图 13-3 添加"中原城市群数据.xls"数据中的"统计面积"工作表

图层的表,或者从磁盘加载表":点击右侧文件夹图标找到"中原城市群数据.xls",选择其中的"统计面积"工作表(图 13-3);"选择此表中要作为连接基础的字段":名称。点击"确定"按钮,完成数据连接。

最后,在属性表中"area"字段上点击鼠标右键,选择"字段计算器",在弹出的"字段计算器"窗口中,双击"字段"对话框中的"统计面积$.F6"字段(即 Excel 表格中 2012 年各地级市的城市建成区统计面积数据,如果使用 ArcGIS 10.2 以上版本加载"中原城市群数据.xlsx"文件,则变量名称会显示为"统计面积$.2012"),将其添加到下方的运算框中

(图13-4)。单击"确定"按钮,完成字段数据的赋值。字段赋值完成后,我们可以在"中原城市群_lam"数据图层上点击鼠标右键,选择"连接和关联"—"移除连接"—"移除所有连接",即可将数据的连接移除。此时,Excel表格中2012年各地级市的城市建成区统计面积数据已经添加至"中原城市群_lam.shp"文件属性表的"area"字段中。

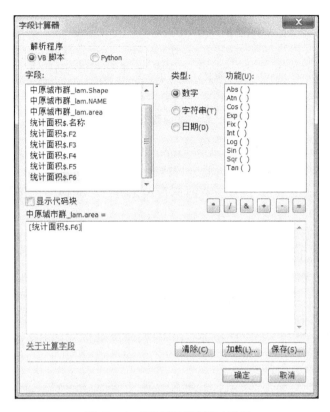

图13-4 "字段计算器"对话框

> 步骤3:获取单个城市的夜间灯光数据文件。

首先,打开"中原城市群_lam"数据图层的属性表,选择第一个城市"邯郸"。这时,可以看到数据窗口中显示邯郸的行政区范围被选中,且高亮显示。

然后,使用"Spatial Analyst 工具"—"提取分析"—"按掩膜提取"工具(图13-5),以"中原城市群_lam"为掩膜提取"F182012_ok"栅格文件上的数据。由于我们只选中了邯郸的行政区范围,故只会提取出了邯郸行政区内部的夜间灯光栅格数据,命名为"handan"(图13-5)。

> 步骤4:确定单个城市建成区范围的提取阈值。

在确定单个城市建成区的提取阈值时,我们采用空间比较法,即首先将"handan.grid"文件的亮度值按照从高到低进行排序,然后计算高于每一个亮度值的累积像元个数,当某一亮度值的累积像元面积(即累积像元个数乘以单个像元的面积)与实际城市建成区面积的统计值("area"字段中对应的城市建成区面积值)最为接近时,我们将该亮度值作为该城市建成区范围提取的阈值。

本实验将采用先按亮度值降序排列再从高到低进行累积的方法确定城市建成区提取的阈值。

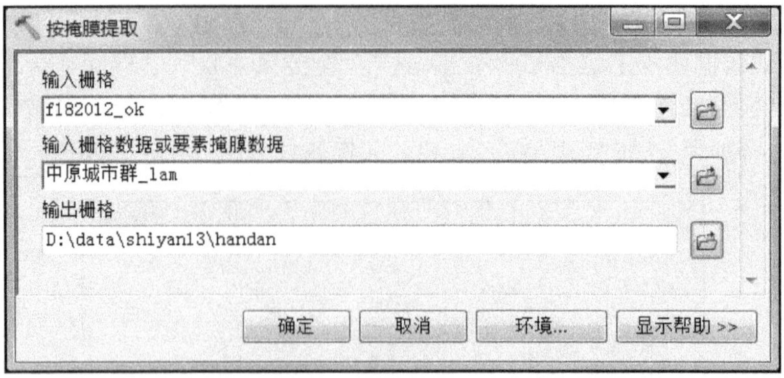

图 13-5 "按掩膜提取"对话框

首先,打开"Handan"数据图层的属性表,在"VALUE"字段上点击鼠标右键,选择"按降序排列",将亮度值按照从高到低进行排序。如果无法进入"Handan"数据图层的属性表,我们需要在 ArcToolbox 中选择"数据管理工具"—"栅格"—"栅格属性"—"构建栅格属性表",在弹出的"构建栅格属性表"对话框中选择需要构建属性表的数据文件"Handan",点击"确定"按钮即可为"Handan"栅格图层构建栅格属性表。

然后,将"COUNT"字段中的数据,自上而下进行累加。我们将"VALUE"为 n 时的"COUNT"值累加之和计为 $S(n)$,邯郸市建成区的统计数据为 A,则当 $|S(n)-A|$ 取最小值时,对应的 n 值为邯郸市城市建成区范围提取的亮度阈值。我们可以先将"Handan"数据图层的属性表导出为"handan.dbf"文件(dBASE 表,图 13-6),然后用 Excel 软件打开该文件,进行统计分析(图 13-7)。经统计分析发现,2012 年邯郸城市建成区范围提取的阈值为 47。

图 13-6 "导出数据"对话框

> 步骤 5:提取 2012 年单个城市的城市建成区范围。

使用"Spatial Analyst 工具"—"地图代数"—"栅格计算器"工具(图 13-8),定义"地图代数表达式"为"Con("handan">=47,1,0)",即将灰度值大于等于 47 的栅格转为 1,

实验 13 基于 DMSP/OLS 夜间灯光数据的城镇化空间格局分析

	A	B	C	D	E	F
1	VALUE	COUNT	SUM	面积	邯郸2012年建成区统计面积	
2	51	7	7	7	117	
3	50	45	52	52	117	
4	49	32	84	84	117	
5	47	36	120	120	117	
6	46	25	145	145	117	
7	45	52	197	197	117	
8	44	41	238	238	117	
9	43	36	274	274	117	
10	42	38	312	312	117	

图 13-7 邯郸市建成区范围提取阈值的统计分析结果

小于 47 的栅格转为 0；"输出栅格"为"handan_mask"，数据保存路径为 shiyan13 文件夹下。点击"确定"按钮，生成邯郸市 2012 年的城市建成区范围图（图 13-9）。

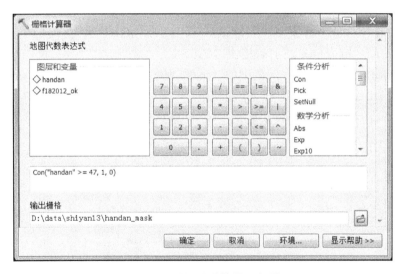

图 13-8 "栅格计算器"对话框

➢ 步骤 6：基于夜间灯光数据的中原城市群城市建成区范围提取与制图。

首先，依据与前面步骤 2 至步骤 4 大致相同的分析方法，完成中原城市群其他各地级市城市建成区范围二值图的提取。

然后，在 ArcToolbox 中选择"数据管理工具"—"栅格"—"栅格数据集"—"镶嵌至新栅格"，在弹出的"镶嵌至新栅格"对话框中作如下定义。"输入栅格"：将各地级市城市建成区二值图全部添加进数据框；"输出位置"：shiyan13 文件夹；"具有扩展名的栅格数据

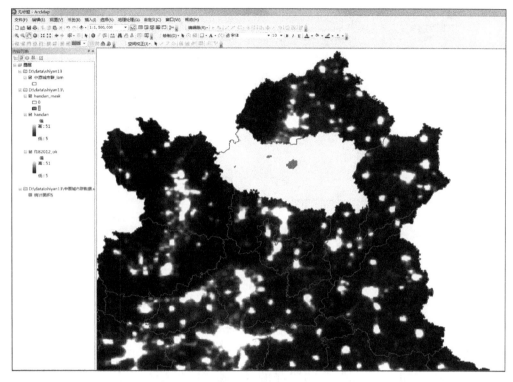

图 13-9 邯郸市 2012 年提取的城市建成区范围结果图

集名称":f182012_mask;"像素类型":默认 8_BIT_UNSIGNED;"波段数":1;"镶嵌运算符":MAXIMUM;"镶嵌色彩映射表模式":FIRST。点击"确定"按钮,执行镶嵌至新栅格命令,生成中原城市群城市建成区范围的二值图数据文件(f182012_mask.grid)。

最后,"SpatialAnalyst 工具"—"地图代数"—"栅格计算器"工具(图 13-10),定义表达式为""f182012_mask" * "f182012_ok""(通过运算提取出城市建成区范围内的夜间灯

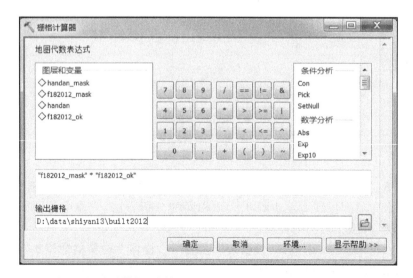

图 13-10 使用"栅格计算器"计算 2012 年中原城市群城市建成区范围内的亮度值

光数据亮度值),"输出栅格"为 shiyan13 文件夹下"built2012",点击"确定"按钮,得到 2012 年中原城市群城市建成区范围内的夜间灯光亮度值数据文件"built2012.grid"(图 13-11)。

基于大致相同的分析过程,我们可以分别获取中原城市群 1992 年、1998 年、2003 年、2008 年的城市建成区范围内的亮度值数据文件(分别命名为 built1992、built1998、built2003、built2008)。

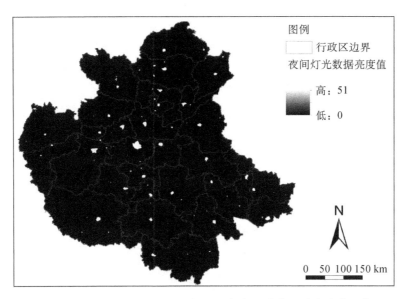

图 13-11　基于夜间灯光数据提取的 2012 年中原城市群城市建成区范围结果

13.3　基于夜间灯光数据的城镇空间格局分析

本节将使用上一节中获取的中原城市群城市建成区范围内夜间灯光数据文件(built1992、built1998、built2003、built2008、built2012),首先采用复合夜间灯光指数(Compounded Night Light Index,CNLI)来评价不同年度的中原城市群区域整体城镇化发展水平,然后采用增长速度与强度指数分析城镇化的空间扩展模式,最后使用空间自相关和景观格局指数分析方法对中原城市群城镇化的空间格局演化进行分析。

13.3.1　基于 CNLI 的区域整体城镇化水平动态演化分析

复合夜间灯光指数(CNLI)用来评价不同年度中原城市群的区域整体城镇化发展水平。CNLI 为去除噪声后,某区域内灯光斑块的平均相对灯光强度与灯光斑块面积占区域总面积比的乘积。计算方法为:

$$CNLI = I \times S \qquad (公式 13-1)$$

其中,I 为某区域内灯光斑块的平均相对灯光强度,S 为灯光斑块面积占区域总面积的比重。

$$I = \frac{1}{N_L \times DN_M} \times \sum_{i=P}(DN_i \times n_i) \quad \text{(公式 13-2)}$$

$$S = \frac{Area_N}{Area} = \frac{N_L}{N} \quad \text{(公式 13-3)}$$

将公式 13-2 和 13-3 带入公式 13-1 可得：

$$CNLI = \frac{\sum_{i=P}(DN_i \times n_i)}{DN_M \times N} \quad \text{(公式 13-4)}$$

其中，DN_i 代表区域内第 i 级像元灰度值，n_i 为区域内该灰度级像元总数，P 为去除误差的阈值，DN_M 为最大可能灰度值，N 为区域内总像元数量，N_L、$Area_N$ 分别为区域内满足条件 $DN_M \geqslant DN \geqslant P$ 的像元数量和占据的总面积，$Area$ 为研究区域总面积。

由此可见，$CNLI$ 实际上就是区域内灯光像元总亮度值与最大可能总亮度值(63)之比。该指数能够反映区域内灯光强度达到的水平，其与各类城镇化指标例如城市化率、人口数等均呈显著正相关(通过 0.001 显著性水平检验)。

本实验将利用前面提取的 1992 年、1998 年、2003 年、2008 年、2012 年 5 个年度中原城市群城市建成区范围内的夜间灯光亮度数据，采用复合夜间灯光指数(CNLI)对区域整体城镇化水平的动态演化进行简要的分析与评价。

具体计算步骤如下：

➢ 步骤 1：启动 ArcMap，添加栅格数据"built1992.grid""built1998.grid""built2003.grid""built2008.grid""built2012.grid"和矢量数据"中原城市群.shp"。

➢ 步骤 2：统计区域各年度夜间灯光总亮度值和总像元数。

首先，在 ArcToolbox 中选择"Spatial Analyst"—"区域分析"—"以表格显示分区统计"工具，在弹出"以表格显示分区统计"对话框(图 13-12)中作如下定义。"输入栅格数据或要素区域数据"：中原城市群；"区域字段"：NAME；"输入赋值栅格"：built2012.grid；"输出表"：shiyan13 文件夹下的"light2012"；勾选"在计算中忽略 NoData"；"统计类型"：SUM。点击"确定"按钮，执行以表格显示分区统计命令，即可将各地级市行政区内的灯光亮度值总和输出到"light2012"表格中。

图 13-12 "以表格显示分区统计"对话框

然后,在"light2012"数据图层上点击鼠标右键,选择"打开",其中"COUNT"字段是各地级市行政区边界内的总像元数,"SUM"字段是各地级市行政区边界内的灯光像元总值(图13-13)。在表格图层名称上点击鼠标右键,选择"数据"—"导出",在弹出"导出数据"对话框中,将输出表定义为 shiyan13 文件夹下,名称为"light2012",数据类型为"dBASE 表",单击"确定"按钮将数据导出。

Rowid	NAME	ZONE-CODE	COUNT	AREA	SUM
1	邯郸市	1	12063	12063000000	5980
2	邢台市	2	12351	12351000000	3231
3	长治市	3	13872	13872000000	2528
4	晋城市	4	9370	9370000000	1922
5	运城市	5	14120	14120000000	2141
6	蚌埠市	6	5914	5914000000	4637
7	淮北市	7	2739	2739000000	3342
8	阜阳市	8	10089	10089000000	3256
9	宿州市	9	9902	9902000000	2352
10	亳州市	10	8515	8515000000	2329
11	聊城市	11	8591	8591000000	3204
12	菏泽市	12	12138	12138000000	3611
13	郑州市	13	7560	7560000000	16915
14	开封市	14	6241	6241000000	4158
15	洛阳市	15	15209	15209000000	8828
16	平顶山市	16	7921	7921000000	3068
17	安阳市	17	7331	7331000000	3653
18	鹤壁市	18	2147	2147000000	2388
19	新乡市	19	8257	8257000000	4898
20	焦作市	20	4034	4034000000	4001
21	濮阳市	21	4283	4283000000	3929
22	许昌市	22	4994	4994000000	3537
23	漯河市	23	2695	2695000000	2538
24	三门峡市	24	9890	9890000000	1307
25	南阳市	25	26385	26385000000	4837
26	商丘市	26	10695	10695000000	2766
27	信阳市	27	18806	18806000000	2937
28	周口市	28	11952	11952000000	2115
29	驻马店市	29	15079	15079000000	2220
30	济源市	30	1897	1897000000	1607

图 13-13 light2012 表

最后,采用相同方法(使用"以表格显示分区统计"工具)计算其余4个年度的灯光总亮度值和总像元数,并导出为"dBASE 表",分别命名为"light2008.dbf""light2003.dbf""light1998.dbf"和"light1992.dbf"。

➤ 步骤3:在Excel数据表中录入各年度灯光亮度数据。

首先,在Excel中打开"中原城市群数据.xls",新建名称为"城镇化率"的工作表,并分别建立相关的数据列名称(图13-14)。

然后,在 Excel 中依次打开"light2012.dbf""light2008.dbf""light2003.dbf""light1998.dbf""light1992.dbf"文件。

最后,分别将其中一个年份 dBASE 表的"COUNT"字段中的数据复制粘贴到"总像元数"字段中。由于研究区各地级市的行政边界没有变化,因此5个年份的总像元数没有发生变化,故只需录入一次即可(图13-14)。将5个年份的"SUM"字段中的数据复制粘贴到对应年份的字段中(例如,2012年的 SUM 字段赋值粘贴到"2012"字段中),直到

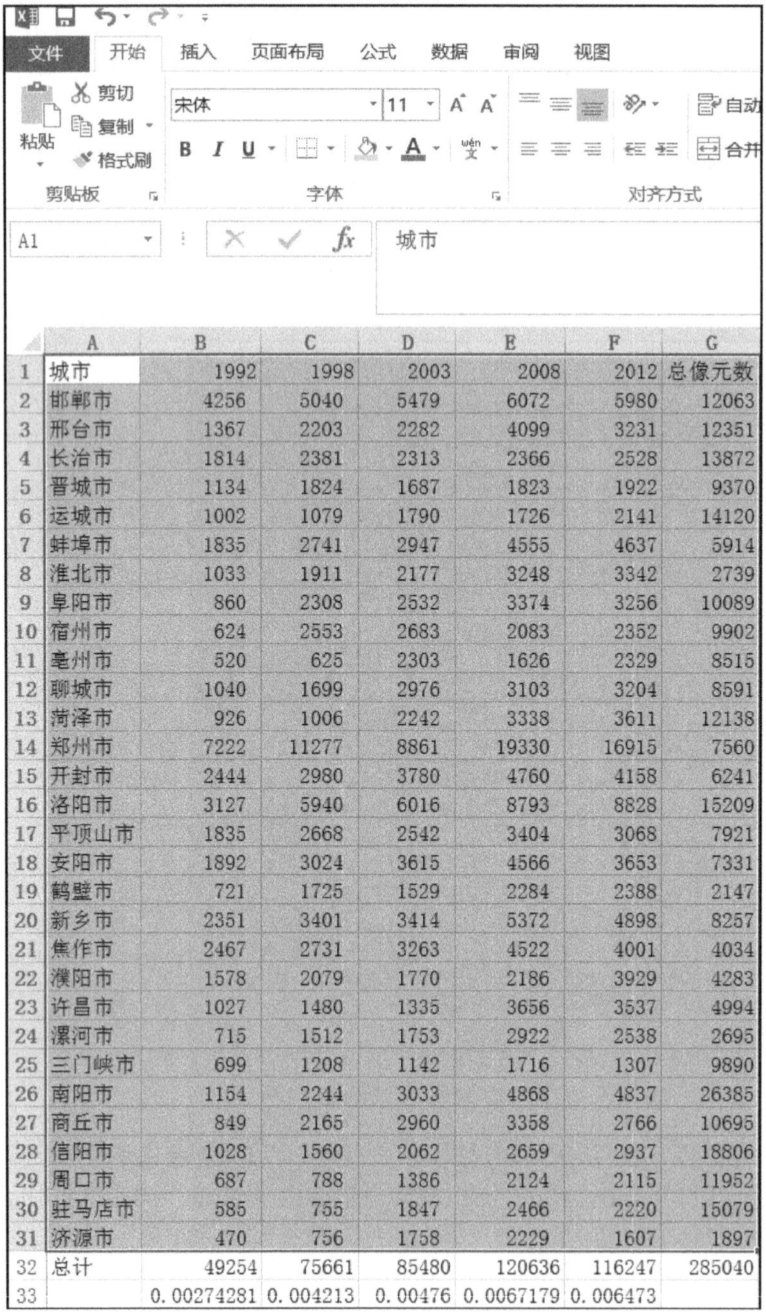

	A	B	C	D	E	F	G
1	城市	1992	1998	2003	2008	2012	总像元数
2	邯郸市	4256	5040	5479	6072	5980	12063
3	邢台市	1367	2203	2282	4099	3231	12351
4	长治市	1814	2381	2313	2366	2528	13872
5	晋城市	1134	1824	1687	1823	1922	9370
6	运城市	1002	1079	1790	1726	2141	14120
7	蚌埠市	1835	2741	2947	4555	4637	5914
8	淮北市	1033	1911	2177	3248	3342	2739
9	阜阳市	860	2308	2532	3374	3256	10089
10	宿州市	624	2553	2683	2083	2352	9902
11	亳州市	520	625	2303	1626	2329	8515
12	聊城市	1040	1699	2976	3103	3204	8591
13	菏泽市	926	1006	2242	3338	3611	12138
14	郑州市	7222	11277	8861	19330	16915	7560
15	开封市	2444	2980	3780	4760	4158	6241
16	洛阳市	3127	5940	6016	8793	8828	15209
17	平顶山市	1835	2668	2542	3404	3068	7921
18	安阳市	1892	3024	3615	4566	3653	7331
19	鹤壁市	721	1725	1529	2284	2388	2147
20	新乡市	2351	3401	3414	5372	4898	8257
21	焦作市	2467	2731	3263	4522	4001	4034
22	濮阳市	1578	2079	1770	2186	3929	4283
23	许昌市	1027	1480	1335	3656	3537	4994
24	漯河市	715	1512	1753	2922	2538	2695
25	三门峡市	699	1208	1142	1716	1307	9890
26	南阳市	1154	2244	3033	4868	4837	26385
27	商丘市	849	2165	2960	3358	2766	10695
28	信阳市	1028	1560	2062	2659	2937	18806
29	周口市	687	788	1386	2124	2115	11952
30	驻马店市	585	755	1847	2466	2220	15079
31	济源市	470	756	1758	2229	1607	1897
32	总计	49254	75661	85480	120636	116247	285040
33		0.00274281	0.004213	0.00476	0.0067179	0.006473	

图 13-14 数据输入之后的"城镇化率"工作表

完成 5 个年份数据的录入(图 13-14)。

> 步骤 4:在 Excel 中计算区域复合夜间灯光指数(CNLI)。

首先,利用 Excel 中的自动求和工具,计算各年度区域夜间灯光亮度总值(数据存放在该表格第 32 行对应的数据列下,图 13-14)。例如,计算 1992 年的区域夜间灯光亮度总值,我们可以在 B 列的第 32 行的单元格中输入求和公式"=SUM(B1:B31)"即可。

然后,进行区域复合夜间灯光指数计算。我们将 B33 单元格数值定义为

"= B32/(G32*63)",即用1992年区域灯光亮度总值除以区域最大可能灯光亮度值,得到1992年的区域复合夜间灯光指数$CNLI_{1992}$。采用相同方法,我们可以计算得到另外4个年份的区域复合夜间灯光指数$CNLI_{1998}$、$CNLI_{2003}$、$CNLI_{2008}$、$CNLI_{2012}$。

最后,我们利用计算得到的五个年份的区域复合夜间灯光指数(CNLI),制作表征其动态演化的折线图(图13-15)。

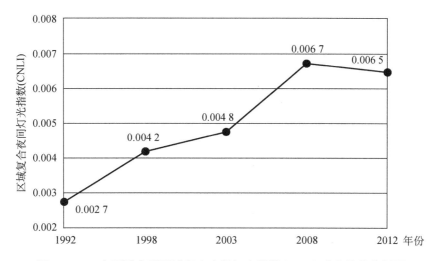

图13-15 中原城市群区域复合夜间灯光指数(CNLI)动态演化分析图

由图13-15可见,从1992—2008年,区域灯光指数不断提高,说明区域总体城镇化水平在不断增加。其中,2003—2008年区域城镇化水平增长很大;但2008—2012年区域复合夜间灯光指数却有一定程度的下降,代表区域总体城镇化水平有一定的缩减,然而根据研究区统计年鉴的城市建成区的统计数据,研究区的城市建成区面积仍在不断扩大,这在一定程度上说明中原城市群新增的城市建成区可能由于配套尚不完善致使人口入住较低,在个别区域存在"鬼城"现象。

诚然,我们仅对中原城市群整体的复合夜间灯光指数进行了简要分析,因而对具体地级市城镇化水平的动态演化过程尚无法表征。如果需要进行不同地级市建成区范围的时空动态演化分析,可以按照前面的步骤进行行政区单元尺度上的复合夜间灯光指数计算与分析,也可通过提取的不同年份建成区范围的变化情况来刻画该尺度上的城镇化动态演化特征。

13.3.2 基于扩展速度与强度指数的区域城镇空间扩展模式分析

我们选取扩展速度和扩展强度两个指数来刻画中原城市群城镇空间扩展模式。与CNLI分析时选择的尺度相一致,本节我们仍然仅计算中原城市群整体上的建成区扩展速度与强度。大家可以按照大致相同的方法和过程,进行地级市尺度上的两个指数的计算,以获取各地级市城镇空间扩展模式的相关信息。

扩展速度为建成区面积的年增长率,代表区域内城市建成区扩展的总体规模和趋势。计算公式为:

$$M = \frac{\Delta A}{\Delta t \times A} \times 100\%$$ (公式13-5)

其中：M 为扩展速度；A 为研究初期区域内城市建成区的总面积；ΔA 为区域内城市建成区扩展面积；Δt 为时间间隔。M 越大，表征区域内城市建成区的扩展速度越快。

扩展强度为一定时间跨度内一个区域的城市建成区扩展面积占该区域土地总面积的比率，常用于不同时期一个区域内城市建成区扩展的强弱、快慢和趋势的比较。计算公式为：

$$I = \frac{\Delta U}{\Delta t \times TA} \times 100\% \qquad (公式 13-6)$$

其中：I 为扩展速度；TA 为研究区内城市土地总面积；ΔU 为不同时期城市建成区扩展的面积差；Δt 为时间间隔，I 越大，表征区域内城市建成区扩展强度越大。

本实验以 1992 年、1998 年、2003 年、2008 年、2012 年 5 个年度的中原城市群各地级市城市建成区数据为基础，分析不同时期的区域整体的城市空间扩展模式。

➢ 步骤 1：启动 ArcMap，添加数据"f181992_mask.grid""f181998_mask.grid""f182003_mask.grid""f182008_mask.grid""f182012_mask.grid"和"中原城市群边界.shp"。

➢ 步骤 2：统计中原城市群区域整体的城市建成区面积。

首先，在 ArcToolbox 中选择"Spatial Analyst"—"区域分析"—"以表格显示分区统计"工具，在弹出"以表格显示分区统计"对话框（图 13-16）中作如下定义。"输入栅格数据或要素区域数据"：中原城市群边界；"区域字段"：NAME；"输入赋值栅格"：f181992_mask.grid；"输出表"：shiyan13 文件夹下的"area1992"；勾选"在计算中忽略 NoData"；"统计类型"：SUM。点击"确定"按钮，即可将统计的中原城市群内城市建成区像元总数输出到名称为"area1992"的表格中。

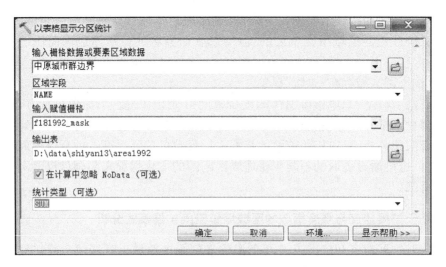

图 13-16 "以表格显示分区统计"对话框

其次，在"area1992"数据图层名称上点击鼠标右键，选择"打开"，打开"area1992"数据的"表"文件（图 13-17）。由于"f181992_mask.grid"栅格数据的像元大小是 1 km × 1 km，即每个栅格的面积为 1 km²。另外，城市建成区像元的栅格值为 1，非建成区像元的栅格值为 0，故其中"COUNT"字段存储的是中原城市群整体的土地面积总量（即研究区总面积为 285 040 km²），"SUM"字段是中原城市群边界内的城市建成区面积，单位为

km²(即 847 km²)。

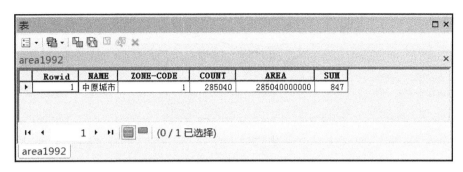

图 13-17 "area1992"数据的"表"文件

再次,在表格图层名称上点击鼠标右键,选择"数据"—"导出",在弹出"导出数据"对话框中,将输出表定义为 shiyan13 文件夹下,名称为"area1992",数据类型为"dBASE 表",单击"确定"按钮将数据导出。

最后,采用相同方法统计其余 4 个年度的中原城市群整体的城市建成区面积,并分别将统计结果导出为 dBASE 表,分别命名为"area1998""area2003""area2008"和"area2012"。

➢ 步骤 3:在 Excel 中录入各年度城市建成区面积数据,并进行扩展速度和扩展强度的计算与制图。

首先,在"中原城市群.xls"文件中新建一个名为"扩展模式"的工作表,并将"area1992""area1998""area2003""area2008"和"area2012"5 个 dBASE 表中各年度的城市建成区面积数据(即 SUM 字段中的数据)和土地总面积数据(即 COUNT 字段中的数据)录入到"扩展模式"工作表中(图 13-18)。

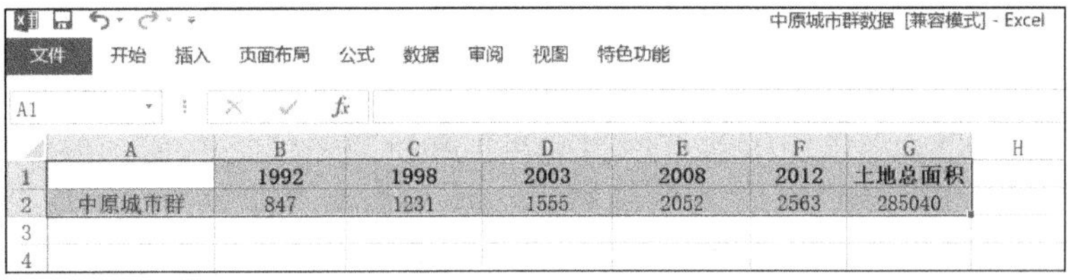

图 13-18 1992—2012 年中原城市群城市建成区面积与土地总面积统计表

然后,利用 Excel 进行统计计算(具体计算过程参见"中原城市群.xls"文件中的"扩展模式"工作表),得到各时间段的扩展速度和扩展强度(表 13-2),并在 Excel 中制成折线图以更好地表征其变化特征(图 13-19)。

表 13-2 中原城市群城市建成区时间尺度扩展分析表

指标	1992—1998 年变化	1998—2003 年变化	2003—2008 年变化	2008—2012 年变化
面积增长量/km²	384	324	497	511
年均扩展/km²	64	64.8	99.4	127.75
扩展速度/(%)	7.56	5.26	6.39	6.23
扩展强度/(%)	0.003 7	0.004 5	0.007 0	0.014 9

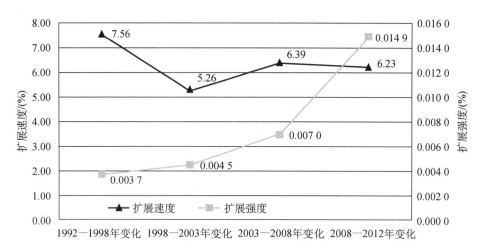

图 13-19　1992—2012 年不同时段中原城市群城市建成区扩展模式

由图 13-19 可见，整体上中原城市群建成区在 1992—1998 年时段的扩展速度最快，在 1998—2003 年速度最慢；扩展速度维持在 6% 左右。而扩展强度则由 1992—1998 年的 0.0037% 增加到 2008—2012 年的 0.0149%，涨幅较大，1992—2012 年中原城市群城市建成区的扩展强度越来越高，表明城市建设的强度逐渐变强。

尽管以上计算的中原城市群整体上的建成区扩展速度与强度能够从区域尺度上反映中原城市群建成区总体的发展态势，但尚不能很好地表征区域内部不同地级市建成区的扩展过程与模式。大家可以按照大致相同的方法和过程，计算各地级市的两个指数，并结合建成区范围的变化方向等，综合判定和概括总结不同地级市城镇空间的扩展模式。

13.3.3　基于空间自相关与景观格局指数的区域城镇化空间格局演化分析

1）基于空间自相关的区域城镇化空间格局演化分析

➤ 步骤 1：计算各地级市的复合夜间灯光指数（CNLI）。

首先，在 Excel 中打开"中原城市群数据.xls"，进入名称为"城镇化率"的工作表，将 H2 单元格定义为"=B2/（\$G2*63）"（图 13-20），即以 1992 年邯郸市的灯光亮度总值除以邯郸行政区边界内最大可能灯光总亮度值（计算结果为复合夜间灯光指数，参见公式 13-4），计算得到邯郸市 1992 年的城市复合夜间灯光指数，用以表征邯郸市的城镇化发展水平。

然后，鼠标点击 H2 单元格，并将鼠标移动到 H2 单元格的右下角，待出现黑色"+"光标时双击鼠标左键，即将 H2 单元格的计算公式应用到整个 H 列的其他行中，得到 30 个地级市的复合夜间灯光指数。

最后，在 Excel 中采用相同方法，可计算得到各地级市 5 个年度的复合夜间灯光指数数据（详见"中原城市群.xls"文件中的"扩展模式"工作表）。

➤ 步骤 2：将 Excel 数据与 GIS 空间数据进行连接。

首先，在 ArcMap 中，加载"中原城市群.shp"文件，并在其属性表中添加 5 个浮点型字段，分别命名为"L92""L98""L03""L08""L12"（图 13-21）。

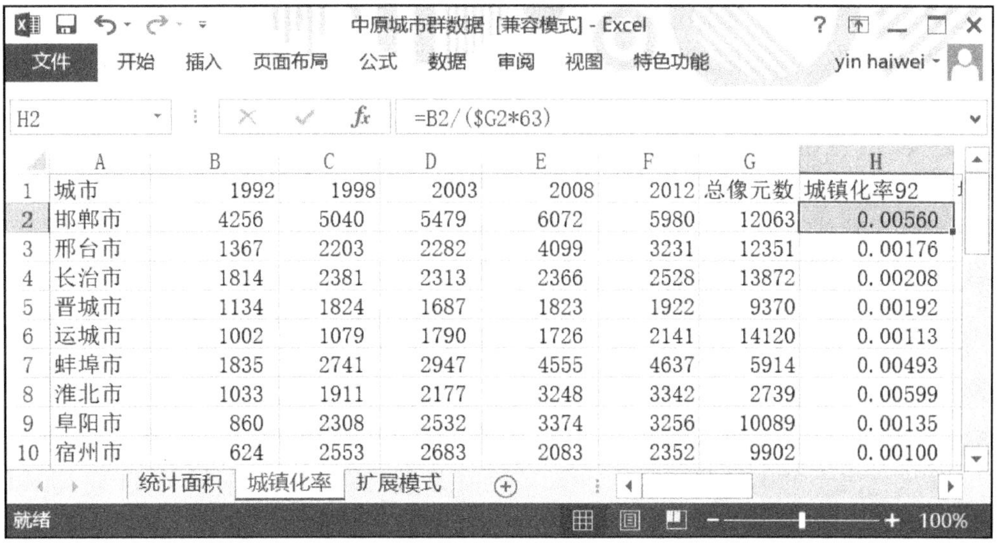

	A	B	C	D	E	F	G	H
1	城市	1992	1998	2003	2008	2012	总像元数	城镇化率92
2	邯郸市	4256	5040	5479	6072	5980	12063	0.00560
3	邢台市	1367	2203	2282	4099	3231	12351	0.00176
4	长治市	1814	2381	2313	2366	2528	13872	0.00208
5	晋城市	1134	1824	1687	1823	1922	9370	0.00192
6	运城市	1002	1079	1790	1726	2141	14120	0.00113
7	蚌埠市	1835	2741	2947	4555	4637	5914	0.00493
8	淮北市	1033	1911	2177	3248	3342	2739	0.00599
9	阜阳市	860	2308	2532	3374	3256	10089	0.00135
10	宿州市	624	2553	2683	2083	2352	9902	0.00100

图 13－20　1992 年中原城市群各地级市复合夜间灯光指数计算

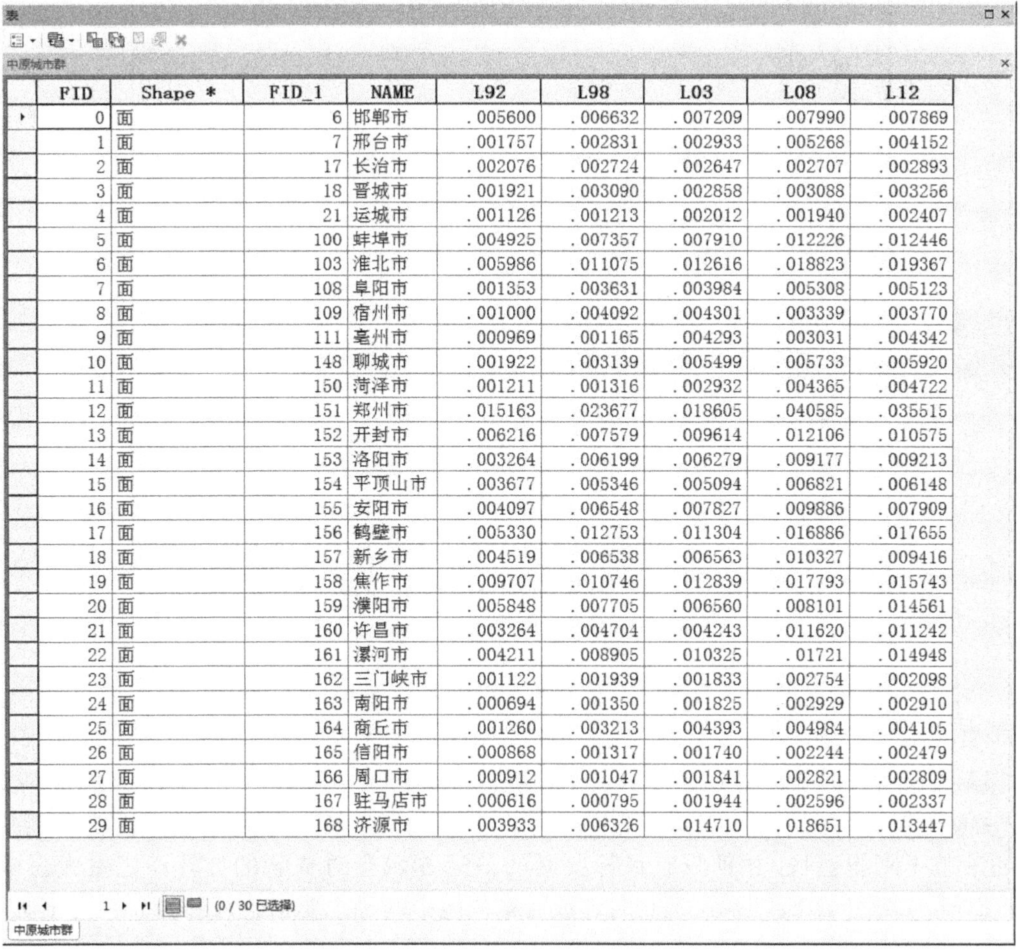

FID	Shape *	FID_1	NAME	L92	L98	L03	L08	L12
0	面	6	邯郸市	.005600	.006632	.007209	.007990	.007869
1	面	7	邢台市	.001757	.002831	.002933	.005268	.004152
2	面	17	长治市	.002076	.002724	.002647	.002707	.002893
3	面	18	晋城市	.001921	.003090	.002858	.003088	.003256
4	面	21	运城市	.001126	.001213	.002012	.001940	.002407
5	面	100	蚌埠市	.004925	.007357	.007910	.012226	.012446
6	面	103	淮北市	.005986	.011075	.012616	.018823	.019367
7	面	108	阜阳市	.001353	.003631	.003984	.005308	.005123
8	面	109	宿州市	.001000	.004092	.004301	.003339	.003770
9	面	111	亳州市	.000969	.001165	.004293	.003031	.004342
10	面	148	聊城市	.001922	.003139	.005499	.005733	.005920
11	面	150	菏泽市	.001211	.001316	.002932	.004365	.004722
12	面	151	郑州市	.015163	.023677	.018605	.040585	.035515
13	面	152	开封市	.006216	.007579	.009614	.012106	.010575
14	面	153	洛阳市	.003264	.006199	.006279	.009177	.009213
15	面	154	平顶山市	.003677	.005346	.005094	.006821	.006148
16	面	155	安阳市	.004097	.006548	.007827	.009886	.007909
17	面	156	鹤壁市	.005330	.012753	.011304	.016886	.017655
18	面	157	新乡市	.004519	.006538	.006563	.010327	.009416
19	面	158	焦作市	.009707	.010746	.012839	.017793	.015743
20	面	159	濮阳市	.005848	.007705	.006560	.008101	.014561
21	面	160	许昌市	.003264	.004704	.004243	.011620	.011242
22	面	161	漯河市	.004211	.008905	.010325	.01721	.014948
23	面	162	三门峡市	.001122	.001939	.001833	.002754	.002098
24	面	163	南阳市	.000694	.001350	.001825	.002929	.002910
25	面	164	商丘市	.001260	.003213	.004393	.004984	.004105
26	面	165	信阳市	.000868	.001317	.001740	.002244	.002479
27	面	166	周口市	.000912	.001047	.001841	.002821	.002809
28	面	167	驻马店市	.000616	.000795	.001944	.002596	.002337
29	面	168	济源市	.003933	.006326	.014710	.018651	.013447

图 13－21　数据连接与字段赋值之后的“中原城市群.shp”属性表

然后，右键单击"中原城市群.shp"数据图层名称，选择"连接和关联"—"连接"，在弹出的"连接数据"对话框中作如下定义。"选择该图层中连接基于的字段"：NAME；"选择要连接到此图层的表或从磁盘加载表"：选择"中原城市群.xls"表格中的"城镇化率"工作表，单击"确定"按钮将两个数据进行连接。

最后，利用"字段计算器"工具，将5个年度各地级市的城镇化率数据赋值给属性表中新建的5个对应字段（图13-21）。赋值完成后，在"连接和关联"中选择"移除连接"—"所有连接"，移除两个数据的连接。

➤ 步骤3：利用聚类和异常值分析工具进行空间局部自相关分析。

首先，鼠标右键点击 ArcToolbox 中的"空间统计工具"—"聚类分布制图"—"聚类和异常值分析（Anselin Local Moran I）"，在弹出的"聚类和异常值分析"对话框（图13-22）中作如下定义。"输入要素类"：中原城市群.shp；"输入字段"：L92；"输出要素类"：shiyan13 文件夹下的 LocalMoran92.shp；"空间关系的概化"：CONTIGUITY_EDGES_CORNERS；"标准化"：NONE。

图13-22 "聚类和异常值分析"对话框

"空间关系的概念化"一栏需要指定要素空间关系的概念化方式。聚类和异常值分析工具提供了7种方式。①INVERSE_DISTANCE，反距离法，与远处的要素相比，附近的邻近要素对目标要素计算的影响要大一些。②INVERSE_DISTANCE_SQUARED，反距离平方法，与 INVERSE_DISTANCE 类似，但它的影响随距离的平方而快速衰减，因此影响下降得更快，并且只有目标要素的最近邻域会对要素的计算产生重大影响。③FIXED_DISTANCE_BAND，将对邻近要素环境中的每个要素进行分析。在指定临界距离内的邻近要素将分配值为1的权重，并对目标要素的计算产生重大影响。在指定临界距离外的邻近要素将分配值为零的权重，并且不会对目标要素的计算产生任何影响。

④ZONE_OF_INDIFFERENCE,在目标要素指定临界距离内的要素将分配值为1的权重,并且会影响目标要素的计算。一旦超出该临界距离,权重(以及邻近要素对目标要素计算的影响)就会随距离的增加而减小。⑤CONTIGUITY_EDGES_ONLY,只有共用边界或重叠的相邻面要素会影响目标面要素的计算。⑥CONTIGUITY_EDGES_CORNERS,共享边界、结点或重叠的面要素会影响目标面要素的计算。⑦GET_SPATIAL_WEIGHTS_FROM_FILE,通过文件获取空间权重,将在空间权重文件中定义空间关系。指向空间权重文件的路径可在"权重矩阵文件"参数中加以指定(图13-22)。

"距离法"一栏用于指定计算每个要素与邻近要素之间的距离的方式。该工具提供两种距离方式可供选择。①EUCLIDEAN_DISTANCE,欧氏距离,即两点间的直线距离。②MANHATTAN_DISTANCE,曼哈顿距离,即沿垂直轴度量的两点间的距离(城市街区);计算方法是对两点的x坐标和y坐标的差值(绝对值)求和。

"标准化"一栏用于设置是否对空间权重进行标准化处理,当要素的分布由于采样设计或施加的聚合方案而可能偏离时,建议使用行标准化。该工具提供两种标准化方式可供选择。①NONE,不对空间权重执行标准化。②ROW,对空间权重执行标准化,每个权重都会除以行的和(所有相邻要素的权重和)。

"距离范围或距离阈值(可选)"一栏用于为"反距离"和"固定距离"选项指定中断距离(即指定一个阈值),并将在对目标要素分析中忽略该指定中断阈值之外的要素。但是,对于"无差别的区域",指定距离之外要素的影响会随距离的增大而变弱,而在距离阈值之内的影响则被视为是等同的。输入的距离值应该与输出坐标系的值匹配。对于空间关系的"反距离"概念化,值为0表示未应用任何阈值距离;当将此参数留空时,将计算并应用默认阈值。此默认值为确保每个要素至少具有一个邻域的欧氏距离。如果选择了"面邻接"或者"通过文件获取空间权重"空间概念化,则此参数不会产生任何影响。

"权重矩阵文件(可选)"一栏将用于指定包含权重(其定义要素间的空间关系以及可能的时态关系)的文件及其路径。

然后,点击"确定"按钮,计算得到1992年中原城市群城镇灯光指数空间集聚格局分布情况。

最后,使用相同的方法,更改"输入字段"为其余4个年份的,计算1992—2012年中原城市群灯光指数的空间集聚格局分布情况(图13-23、图13-24)。

由图13-23、图13-24可见,1992—2012年中原城市群各地级市灯光指数在空间上一直是仅在郑州和焦作之间表现出高高集聚现象,而其他城市之间没有明显的空间集聚。这在一定程度上说明中原城市群城镇化水平整体较差,同时城镇化的集中度较高。从空间上来看,中原城市群城镇化水平相对较高的城市是郑州和焦作,同时二者的城镇化水平相较其周边城市都有较大的优势,同时除了这两个城市以外的中原城市群城市则在城镇化水平上相差并不大,且水平相对都不高;从时间上看,自1992—2012年的20年中,中原城市群的城镇化水平一直处于郑州和焦作领先其他城市的情况,说明中原城市群城市的城镇化发展总体上仍处于极化发展的阶段。

2) 基于景观格局指数的区域城镇化空间格局演化分析

本实验将使用景观生态学中的景观格局指数分析方法进行中原城市群城镇化的空间格局演化分析。

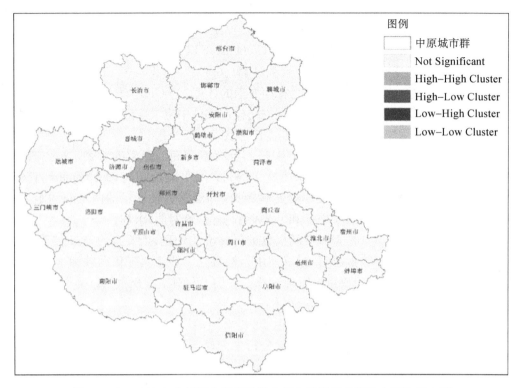

图 13-23 1992 年中原城市群各地级市复合夜间灯光指数空间格局布图

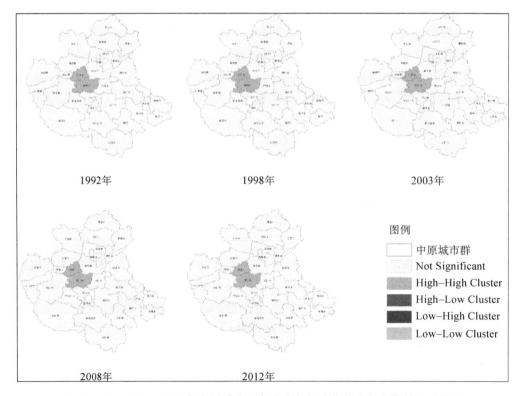

图 13-24 1992—2012 年中原城市群复合夜间灯光指数空间集聚格局分布图

首先,根据研究区的实际情况,结合基于夜间灯光数据提取的建成区范围的空间分布情况,选取了景观总面积(TA)、总斑块数量(NP)、斑块密度(PD)等共 11 个典型景观格局指标(表 13-3)。然后,使用 Fragstats 4.2 软件计算中原城市群 1992 年、1998 年、2003 年、2008 年、2012 年 5 个年份建成区的空间格局及其动态演化特征。

表 13-3 景观格局指标

景观指数	全称	简写	单位
景观总面积	Total Area	CA/TA	ha
景观类型比重	Percentage of Landscape	PLAND	%
斑块数量	Number of Patches	NP	个
斑块密度	Patch Density	PD	个/km^2
最大斑块指数	Largest Patch Index	LPI	无
总边界长度	Total Edge	TE	m
平均边界密度	Edge Density	ED	m/ha
景观形状指数	Landscape Shape Index	LSI	无
聚集度指数	Aggregation Index	AI	无
蔓延度指数	Contagion Index	CONTAG	无
周长—面积分维数	Perimeter Area Fractal Dimension	PAFRAC	无

需要特别注意的是,Fragstats 4.2 软件对中文路径与文件名称不太支持,软件容易出现无法正常运行的情况,因此请将所有文件保存在全英文(或汉语拼音)目录下,文件命名也请使用英文(或汉语拼音)。

具体操作步骤如下:

➤ 步骤 1:启动 ArcMap,添加"mask_1992.tif""mask_1998.tif""mask_2003.tif""mask_2008.tif""mask_2012.tif"数据文件,并进行数据的重分类与导出。

首先,在 ArcToolbox 中选择"Spatial Analyst 工具"—"重分类"—"重分类"工具,在弹出"重分类"对话框(图 13-25)中作如下定义。"输入栅格":mask_1992.tif;"重分类字段":Value;"重分类":旧值"0""1"的新值为"1""2"(重分类的目的是避免 0 值一类在后续分析中可能遇到的问题,比如与默认 0 值不参与计算等),"NoData"依然为"NoData";"输出栅格":shiyan13 文件夹下的"mask1992_frag",点击"确定"按钮完成重分类。

然后,在"mask1992_frag"图层名称上点击鼠标右键,选择"数据"—"导出数据",在弹出的"导出栅格数据"对话框(图 13-26)中作如下定义。"范围":栅格数据集;"空间参考":栅格数据集;"输出栅格":勾选"方形","像元大小"定义为 1 000×1 000,"NoData"设置为 127;"位置":shiyan13 文件夹(注意路径不能有中文名称);"名称":frag1992.tif;"格式":TIFF;"压缩类型":NONE,点击确定完成栅格数据的导出。

最后,采用相同方法,完成其余 4 个年份夜间灯光数据二值图的重分类和导出,导出的数据文件分别命名为"frag1998.tif""frag2003.tif""frag2008.tif""frag2012.tif"。

另外,在 5 个文件的"重分类"过程中,因为操作过程相同,我们可以使用批处理工具来进行。在 ArcToolbox 中的"Spatial Analyst 工具"—"重分类"—"重分类"工具上右击鼠标,弹出快捷菜单,选择"批处理"工具,打开"重分类"批处理对话框(图 13-27),分别进行"输入栅格""重分类字段""重分类""输出栅格""将缺失值更改为 NoData"等相关设置。

图 13-25 "重分类"对话框

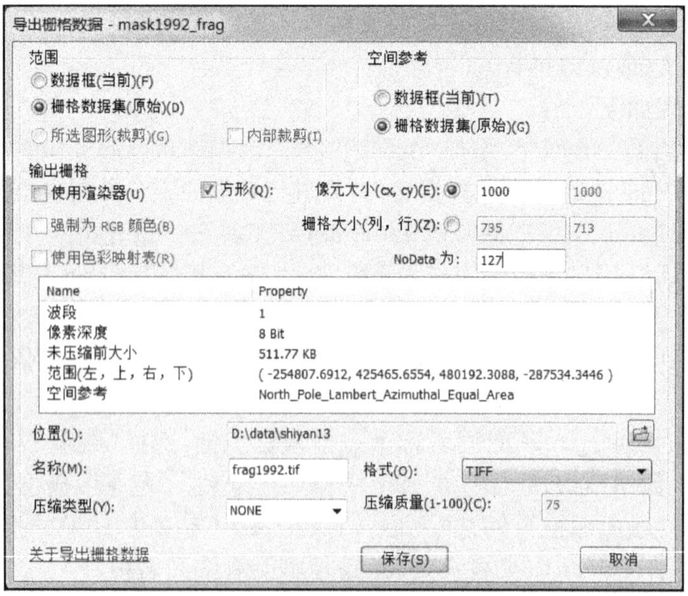

图 13-26 "导出栅格数据"对话框

➢ 步骤 2：启动 Fragstats 4.2，添加需要计算景观格局指数的数据文件。

首先，启动 Fragstats 4.2，在主界面中点击工具条上的"New（新建）"按钮，打开"新建工程"界面（图 13-28），新建工程自动命名为"unnamed1"，我们可以使用"Save as（另存为）"将工程的名称修改为"zhongyuanindex"（图 13-29）。

实验 13　基于 DMSP/OLS 夜间灯光数据的城镇化空间格局分析　　·447·

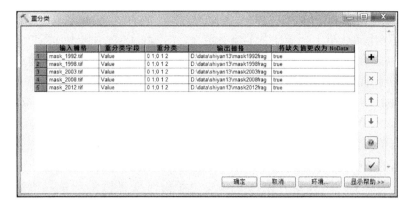

图 13-27　"重分类"批处理对话框

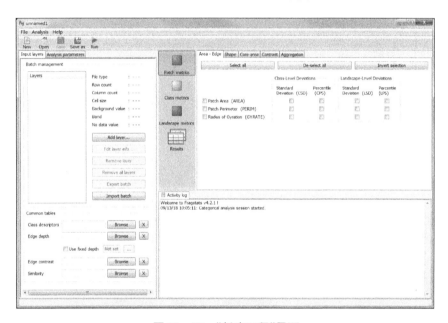

图 13-28　"新建工程"界面

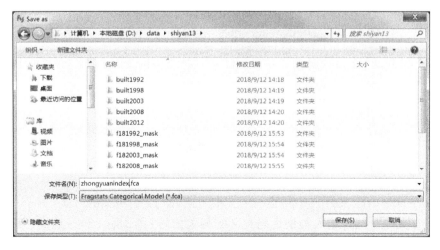

图 13-29　"Save as（另存为）"界面

然后，在主界面中的"Input Layers"窗口中，点击"Add Layer"按钮，在弹出的"Select input dataset"对话框（图13-30）中作如下定义。"Data type selection"："Geo TIFF grid（. tif）"（Tiff格式数据在Fragstats 4.2软件中运行更为稳定，不易出错，建议大家使用该数据格式进行景观格局指数分析）；"Dataset name"：shiyan13文件夹下的"frag1992. tif"。"frag1992. tif"文件被选中之后，软件会从该文件的头文件中自动读取行列数、栅格大小、波段数以及Nodata值，这些参数在对话框中就会变为灰色，无法更改（图13-30）。唯一可以进行更改的是"Background value（背景值）"，该值默认为999。点击"OK"按钮，导入需要分析的1992年数据。

最后，采用相同方法，设置并添加其余4个年份需要进行景观格局指数分析的Tiff格式数据（图13-31）。

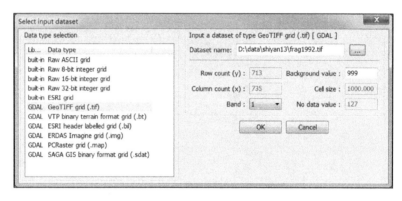

图13-30 "Select input dataset"对话框

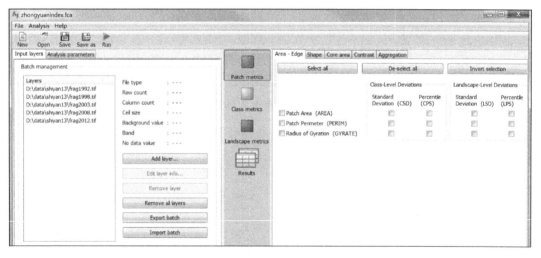

图13-31 所有数据图层添加之后的界面

➤ 步骤3：创建Fragstats软件分析所需的类型说明文件（*. fcd）。

首先，在shiyan13文件夹中新建一个文本文档，命名为"leixing. txt"。

然后，在文本文档中输入类型代码含义的相关内容（图13-32）。其中："ID"为像元分类的值；"Name"为类型；"Enabled"为可见性，true为可见，false为不可见；"IsBackground"为是否在进行指数计算时考虑背景值（false，表示在指数计算时不参与计算)。注意第一行每一个","后加一个空格。该描述文档是 Fragstats 计算所需要的类型说明文件,用以对输入的栅格文件按照栅格值进行分类,并计算不同栅格值所对应的景观类型的景观格局指数。

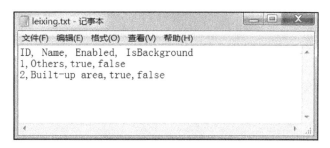

图 13-32　Fragstats 计算所需要的类型说明文件"leixing. txt"

利用类型说明文件,我们可以对不同取值的所有地表类型进行特定的描述,比如是否对每种地表类型都进行计算,是否把某种地类视为背景等。类型说明文件并不是必要的,不输入时软件会默认所有地表类型全部参与运算,除了已经设定好的背景值(默认值是 999)。

最后,保存文本文档文件"leixing. txt",并将其文件后缀改为". fcd"。

➢ 步骤 4:选择需要计算的景观格局指数。

首先,在 Fragstats 软件进行类型说明文件"leixing. fcd"的设置。在主界面的"Common tables"一栏中,选择"Class descriptors"右侧的"Browser(浏览)"按钮,在弹出的"打开"对话框中选择 shiyan13 文件夹下的"leixing. fcd"文件,点击"打开"按钮,完成类型说明文件的添加(图 13-33)。

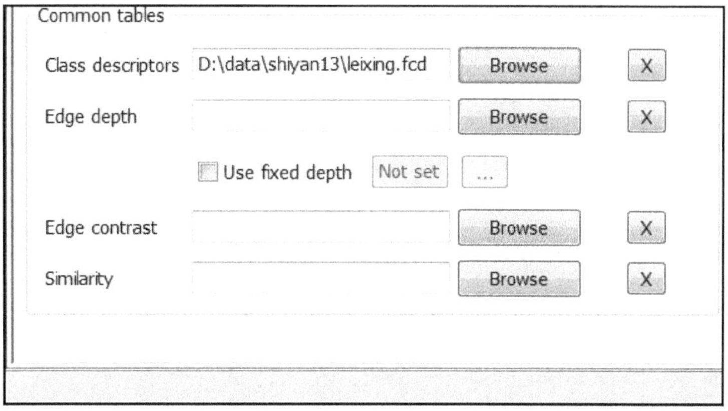

图 13-33　类型说明文件"leixing. fcd"的设置

然后,在主界面的右侧窗口中点击选择"Class metrics"(类型水平上的空间格局指标),在"Area - Edge"标签页中选择"Total Area(CA/TA)""Percentage of Landscape (PLAND)""Largest Patch Index(LPI)""Total Edge(TE)""Edge Density(ED)"5 个指数(图 13-34);在"Shape"标签页中选择"Perimeter - Area Fractal Dimension (PAFRAC)"指数(图 13-35);在"Aggregation"标签页中选择"Number of Patches (NP)""Patch Density(PD)""Aggregation Index(AI)""Landscape Shape Index(LSI)"4 个指标(图 13-36)。

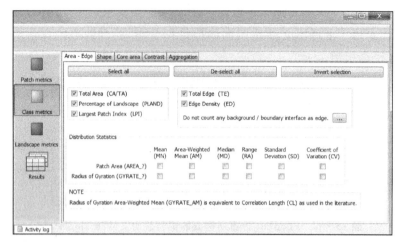

图 13-34　在"Area-Edge"标签页中勾选的指标

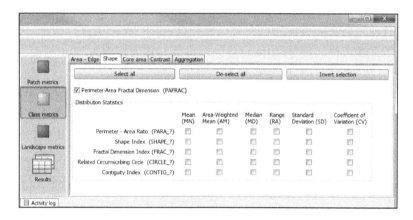

图 13-35　在"Shape"标签页中勾选的指标

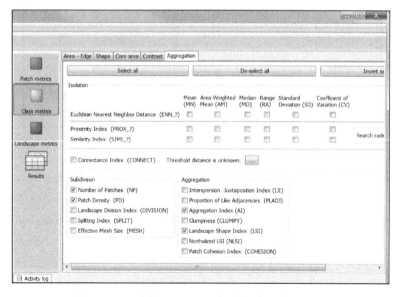

图 13-36　在"Aggregation"标签页中勾选的指标

接着,在主界面的右侧窗口中点击选择"Landscape metrics"(景观/全局水平上的空间格局指标),在"Aggregation"标签页中选择"Contagion(CONTAG)"指标(图13-37)。

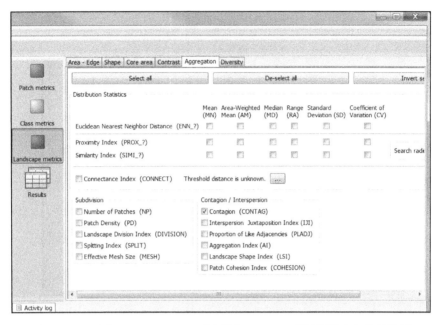

图 13-37　在"Landscape metrics"中的"Aggregation"标签页中勾选的指标

最后,点击主界面左侧的"Analysis parameters"按钮,切换到"Analysis parameters"窗口,在该窗口的"General options"中选择"Use 8 cell neighborhood rule"(为默认设置),在"Sampling strategy"栏中,选择"No sampling"(为默认设置),并勾选"Class metrics""Landscape metrics"两项,完成计算指标的设置(图13-38)。

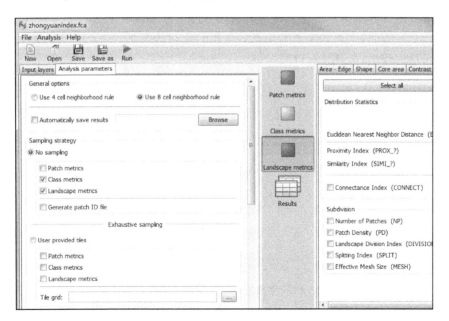

图 13-38　"Analysis parameters"窗口中的相关设置

➢ 步骤 5：景观格局指数的计算与整理。

首先，在 Fragstats 软件主界面中的工具条上点击"Run"（运行）按钮，在弹出的"Running"（运行）对话框（图 13-39）中点击"Proceed"按钮，开始进行景观格局指标的计算。

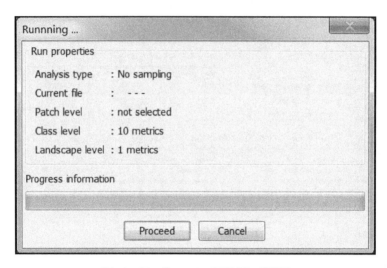

图 13-39 "Running"（运行）对话框

然后，计算完成后，在主界面右侧点击"Results（结果）"按钮（或者通过软件菜单栏中的"Analysis"—"View results"来打开结果表），查看景观格局指数的计算结果。在"Run list"窗口中共有 5 个以"R-001"开头的计算结果数据，分别对应 1992 年、1998 年、2003 年、2008 年、2012 年 5 个年份的景观格局指数计算结果。

我们选择第一个结果，在右侧点击"Class"标签，可以查看"Class metrics"中勾选的景观格局指数的计算结果（图 13-40），其中"TYPE"为"Built-up area"（城市建设用地）的景观指数 CA 值（84 700 ha＝874 km²），与我们之前计算的 1992 年中原城市群城市建成区总面积是一致的（见图 13-17）。

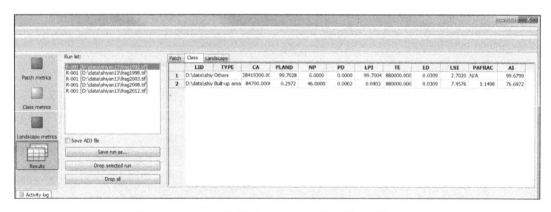

图 13-40 1992 年类型水平上景观格局指数计算结果

需要说明的是，斑块密度 PD 指标在 Fragstats 中的单位为个/km²，本实验中由于该指标值过小而无法很好地进行表征，我们将 PD 指标的单位转化为个/万 km² 里（即将当前计算的 PD 结果值乘以 10 000 即可)。

最后,将各年度计算所得的景观格局指数结果在 Excel 中加以整理(图 13-41),并制作景观格局指数随时间的变化图(图 13-42)。

	A	B	C	D	E	F
1	指标	1992	1998	2003	2008	2012
2	斑块数量(NP)	46	70	52	64	93
3	景观总面积(CA/TA)	84700	123100	155500	205200	256300
4	斑块密度(PD)	1.614	2.456	1.825	2.246	3.263
5	最大斑块指数(LPI)	0.040	0.060	0.052	0.108	0.117
6	总边界长度(TE)	880000	1188000	1202000	142600	185400
7	平均边界密度(ED)	0.031	0.042	0.042	0.050	0.065
8	景观形状指数(LSI)	7.458	8.366	7.608	7.835	9.088
9	聚集度指数(AI)	76.697	78.126	82.778	84.500	83.579
10	蔓延度指数(CONTAC)	97.960	97.228	96.765	95.986	95.119
11	周长-面积分维数(PAFRAC)	1.150	1.125	1.098	1.084	1.093

图 13-41 在 Excel 中整理景观格局指数的计算结果

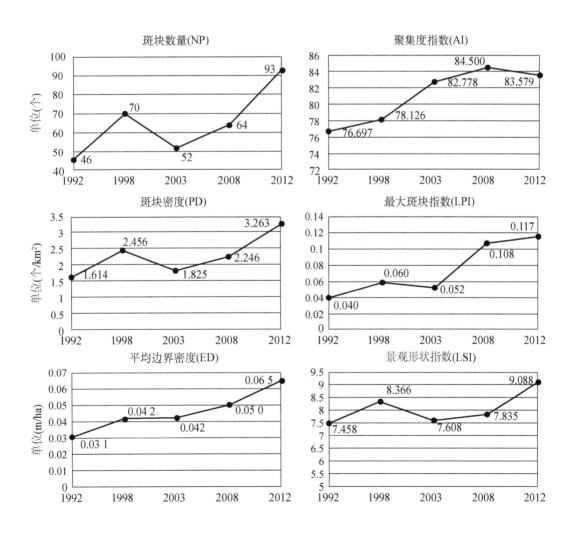

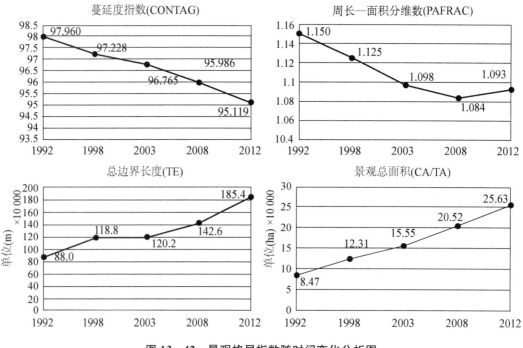

图 13-42　景观格局指数随时间变化分析图

由图 13-41、图 13-42 可知以下几方面信息。①景观总面积(CA/TA)、总斑块数量(NP)、斑块密度(PD)这 3 个指标在整体上呈现出上涨的特征，从整体上反映出中原城市群在城市化扩张过程中城市建成区面积和数量均得到了不断增加。1998—2003 年间，景观总面积变大，但斑块总数和斑块密度有一定程度的下降，说明在这个时间段内由单个城市面积向周边呈面状扩展的城市数量较多。②总边界长度(TE)、平均边界密度(ED)和景观形状指数(LSI)这 3 个指标在整体上也保持了逐年增加的态势，说明中原城市群城市建成区的形状复杂程度除了 1998—2003 年以外，形状复杂程度都逐渐上升，也就是说中原城市群内的破碎度也在上升。城市群扩张过程过于分散，城市间的协作程度较低，土地利用效率也不高。③最大斑块指数(LPI)在 1992—2012 年间整体也呈现逐渐增大的趋势，其能够代表城市群的城镇首位度，说明除了 1998—2003 年间，中原城市群的首位度都在增大，城市群内部发展差异较大。④聚集度指数(AI)在 1992—2012 年间逐渐增加，蔓延度指数(CONTAG)和周长—面积分维数(PAFRAC)这 3 指标在 1992—2012 年间逐渐降低，说明中原城市群在这段时间内整体城镇发展分布更加混杂，破碎度逐渐增大，城市间的联系紧密程度越来越低。

13.4　实验总结

通过本实验掌握基于夜间灯光数据提取城市建成区范围，并进而进行区域城镇化空间格局分析(主要包括城镇化水平动态演化、空间扩展模式与空间格局演化分析)的具体分析过程与基本操作，并能够使用这些分析方法进行其他相关领域的研究。

具体内容见表 13-4。

表 13-4 本次实验主要内容一览

内容框架	具体内容	页码
基于夜间灯光数据的城市建成区提取	基于 DMSP/OLS 夜间灯光数据提取城市建成区	P426
	■ 获取单个城市的夜间灯光数据文件 ■ 确定单个城市建成区范围的提取阈值 ■ 提取 2012 年单个城市的城市建成区范围 ■ 基于夜间灯光数据的中原城市群城市建成区范围提取与制图	P429 P429 P430 P431
基于夜间灯光数据的城镇化空间格局分析	(1) 基于 CNLI 的区域整体城镇化水平动态演化分析	P433
	■ 统计区域各年度夜间灯光总亮度值和总像元数 ■ 在 Excel 数据表中录入各年度灯光亮度数据 ■ 在 Excel 中计算区域复合夜间灯光指数(CNLI)	P434 P435 P436
	(2) 基于扩展速度与强度指数的区域城镇空间扩展模式分析	P437
	■ 统计中原城市群区域整体的城市建成区面积 ■ 在 Excel 中进行扩展速度和扩展强度的计算与制图	P438 P439
	(3) 基于空间自相关与景观格局指数的区域城镇化空间格局演化分析	P440
	■ 基于空间自相关的区域城镇化空间格局演化分析 ■ 基于景观格局指数的区域城镇化空间格局演化分析	P440 P443

实验 14　基于互联网开放数据的城市居住小区生活便利程度分析

14.1　实验目的与实验准备

14.1.1　实验目的

互联网开放数据具有覆盖广、更新快、错误少、数据便于获取等优点，为城市与区域规划提供了新的数据源，而城市居住小区的生活便利程度分析是评估一个居住区配套服务设施完善程度与城市宜居性的重要依据。

通过本实验掌握获取互联网开放数据的相关技术方法，熟悉基于设施可达性与设施多样性分析的城市居住小区生活便利程度评价的研究思路与技术路线，掌握相关 GIS 工具的使用，并能够编写简单的 Python 程序辅助空间数据的处理与分析。

具体内容见表 14 – 1。

表 14 – 1　本次实验主要内容一览

主要内容	具体内容
POI 数据获取与处理	(1) 确定 POI 类别与编码
	(2) 分析高德地图"搜索"API
	(3) 批量采集 POI 数据
AOI 数据获取与处理	(1) 分析地图响应网页
	(2) 批量采集居住区 AOI
居住小区生活便利程度分析	(1) 设施可达性分析
	(2) 设施多样性分析

14.1.2　实验准备

(1) 计算机已经预装了 ArcGIS10.1 中文桌面版或更高版本的软件、Python 编程语言的 IDE（集成开发环境）PyCharm。

(2) 本实验以南京市作为规划研究区，请将实验数据 shiyan14 存放在 D:\data\目录下。

14.2　Python 开发环境搭建

登陆 Python 官方网站（http://www.python.org/）安装 Python 后，自带的集成开发环境 IDLE（Python Integrated Development Environment）便可进行创建、运行、测试

和调试 Python 程序(Python 的安装步骤、IDLE 使用方法参见实验 2 中的相关内容)。但是,为了提高开发效率,通常我们需要另外安装适合专业人员使用的 IDE(集成开发环境)。

PyCharm 是一款流行的 Python IDE,可以帮助专业级开发者提高效率,如调试、语法高亮、Project 管理、代码跳转、智能提示、自动完成、单元测试、版本控制等。

➢ 步骤 1:下载并安装 PyCharm。

在 PyCharm 官方网站(https://www.jetbrains.com/pycharm/)下载最新的社区免费版(Community Edition,Free,open-source)的安装包(图 14-1),并按照提示进行 PyCharm 的安装(图 14-2)。

图 14-1　下载 PyCharm 社区免费版安装包

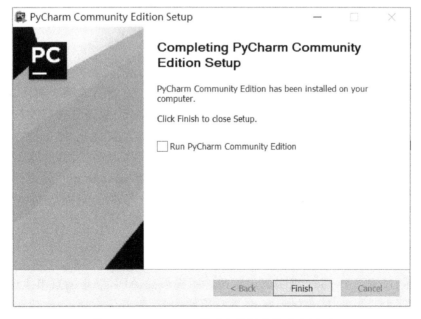

图 14-2　PyCharm 社区免费版安装成功画面

➤ 步骤2：配置编译器。

打开PyCharm，点击菜单栏中的"Run"—"Edit Configurations…"，在弹出的"Run/Debug Configurations"对话框中，将"Python interpreter"设置为已安装的"python.exe"的路径(图14-3)。

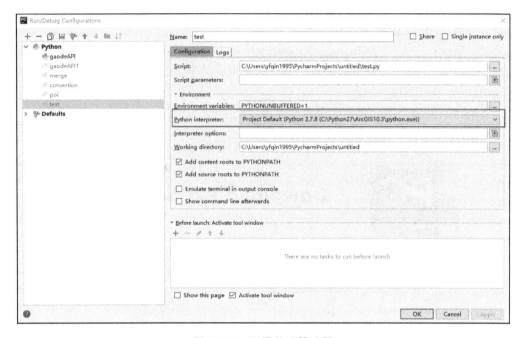

图14-3 配置编译器设置

配置完成后，便可新建Python程序文件进行程序的编写、运行(快捷键Shift+F10)和调试(快捷键Shift+F9)。

14.3 POI数据获取与处理

兴趣点(Point of Interest，POI)即地图上的兴趣点，是代表真实地理实体的点状空间数据，一般包含名称、类别、地理坐标等信息。具体来讲，地图上的每个学校、医院、居住小区、公园等均是兴趣点。POI数据因其数据类型覆盖面广、数据处理难度较低等特点，越来越多地应用在城市与区域规划领域，如公共服务设施布局优化、城市功能区识别、居民时空行为、城市结构分析、建成环境评价等研究。目前高德地图、百度地图、腾讯地图等互联网地图均通过相关网络服务接口(API)提供POI数据以及POI分类标准，可以利用Python、Java等编程语言通过API得到相关JSON格式数据，进而从JSON数据中提取所需的POI数据信息。

14.3.1 确定POI类别及编码

本实验通过编写Python程序调用高德地图提供的API，采集南京市主城区餐饮服务、购物服务、生活服务、体育休闲服务、医疗保健服务、商务住宅、科教文化服务、风景名胜、交通设施服务、金融保险服务等类别的POI数据(表14-2，shiyan14文件夹下的

poitype.txt 文件,该文件包括表 14-2 中的编码),各类别所对应的编码详见高德地图 Web 服务 API 的相关下载页面(http://lbs.amap.com/api/webservice/download)。

表 14-2 实验采集的高德 POI 类型及对应编码

POI 大类	POI 小类	编码	POI 大类	POI 小类	编码
餐饮服务	中餐厅	050100	购物服务	商场	060100
	外国餐厅	050200		便民商店/便利店	060200
	快餐厅	050300		家电电子卖场	060300
	休闲餐饮场所	050400		超级市场	060400
	咖啡厅	050500		花鸟鱼虫市场	060500
	茶艺馆	050600		家居建材市场	060600
	冷饮店	050700		综合市场	060700
	糕饼店	050800		文化用品店	060800
	甜品店	050900		特色商业街	061000
生活服务	电讯营业厅	070600		服装鞋帽皮具店	061100
	自来水营业厅	070900		专卖店	061200
	电力营业厅	071000	体育休闲服务	运动场馆	080100
	美容美发店	071100		高尔夫相关	080200
	维修站点	071200		娱乐场所	080300
	洗浴推拿场所	071400		休闲场所	080500
	洗衣店	071500		影剧院	080600
	婴儿服务场所	072000	金融保险服务	银行	160100
科教文化服务	小学	141203	交通设施服务	公交车站	150700
	幼儿园	141204		地铁站	150500
	美术馆	140400	风景名胜	公园广场	110100
	图书馆	140500		风景名胜	110200
	科技馆	140600	医疗保健服务	综合医院	090100
	天文馆	140700		专科医院	090200
	文化宫	140800		诊所	090300
	博物馆	140100		药房	090601
	展览馆	140200		急救中心	090400
商务住宅	住宅区	120302			

需要特别说明的是,高德地图对其 API 接口格式、POI 分类及编码不定期进行更新,每次获取 POI 数据前需检查所需 POI 类别的编码是否发生变动、API 格式是否变化,如发生变化则需要调整相关代码。

14.3.2 分析高德地图"搜索"API

高德地图通过"搜索"API,提供关键字搜索、周边搜索、多边形搜索、ID 查询 4 种方式获取 POI 数据,数据获取通常可分为 3 个步骤:①申请"Web 服务 API"密钥(Key);

②拼接 HTTP 请求 URL;③接受 HTTP 请求返回的数据(JSON),并解析数据。
> 步骤 1:申请密钥。
首先,登陆高德开放平台网站(https://lbs.amap.com),申请高德地图开发者账号。
然后,进入用户控制台界面,点击"应用管理",再点击右上角"创建新的应用",应用名称为"MyPOI",应用类型为"教育",点击"创建"完成创建新的应用。
最后,在新建的应用"MyPOI"中点击"添加新 Key",输入名称"getPOIs",服务平台选择"Web 服务",点击"提交"按钮,完成密钥申请(图 14-4)。

图 14-4 密钥申请

> 步骤 2:解析"搜索"API 结构。

打开 API 的在线文档(http://lbs.amap.com/api/webservice/guide/api/search),有其使用限制、使用说明,以及 4 种方式(关键字搜索、周边搜索、多边形搜索、ID 查询)的使用示例、请求参数说明、返回参数说明等详细介绍。

本实验仅以鼓楼区小学 POI 数据获取为例,分别介绍"关键字搜索"和"多边形搜索"两种数据获取方式。

1) 关键字搜索

在线文档页面提供实例运行功能,辅助理解 API 所需的参数、返回结果格式。在页面中下拉,找到关键字段搜索 API 图框(图 14-5)。关键字搜索 API 通过 POI 的关键字或类型进行条件搜索,以及我们提供 POI 类型参数,API 返回所需行政区域该类型的

POI 数据。在"关键字搜索"功能运行示意的表单中,"city"参数栏填写"320106"(鼓楼区代码,表 14-3),"types"参数栏填写"141203"(小学代码,表 14-2),"page"参数栏填写"1",其余参数为默认,点击"运行"查看返回结果的第 1 页。

参数	值	备注	必选
keywords		查询关键词	是
types	141203	查询POI类型	否
city	320106	城市名,可填:城市中文、中文全拼、citycode或adcode	否
children	1	按照层级展示子POI数据	否
offset	20	每页记录数据	否
page	1	当前页数	否
extensions	all	返回结果控制	否

图 14-5 "关键字搜索"功能示意

表 14-3 高德地图中的南京市行政区编码

行政区	编码	行政区	编码
南京市	320100	南京市市辖区	320101
玄武区	320102	秦淮区	320104
建邺区	320105	鼓楼区	320106
浦口区	320111	栖霞区	320113
雨花台区	320114	江宁区	320115
溧水区	320117	高淳区	320118

返回结果(JSON 格式)主要包括请求状态为成功("status":"1"、"info":"OK")以及 20 个 POI 数据。返回的 POI 主要信息有:ID("id":"B00190AKHH")、名称("name":"金陵汇文学校")、类型("typecode":"141203")、位置("location":"118.727699,32.041738")(图 14-6)。

图 14-5 表单实际上辅助构造了请求 URL,将"您的 Key"替换为步骤 1 申请的密钥,用浏览器打开替换后的 URL,可以在浏览器看到完整的返回的第 1 页数据(图 14-7)。

根据 API 文档可知每次调用"搜索 API"最多只能获得 1 000 个 POI 信息,每页记录数为 20 时("offset"参数为 20),建议"page"参数填写不超过 50,否则将出现查询空集。同样,"关键字搜索"方式适用于数量较少的 POI 类别,如旅游景点、高等院校等类别。如果采用"关键字搜索"方式获取中餐厅等数量较多的类别,则可能出现数据获取遗漏错误,进而影响之后数据分析的准确性。

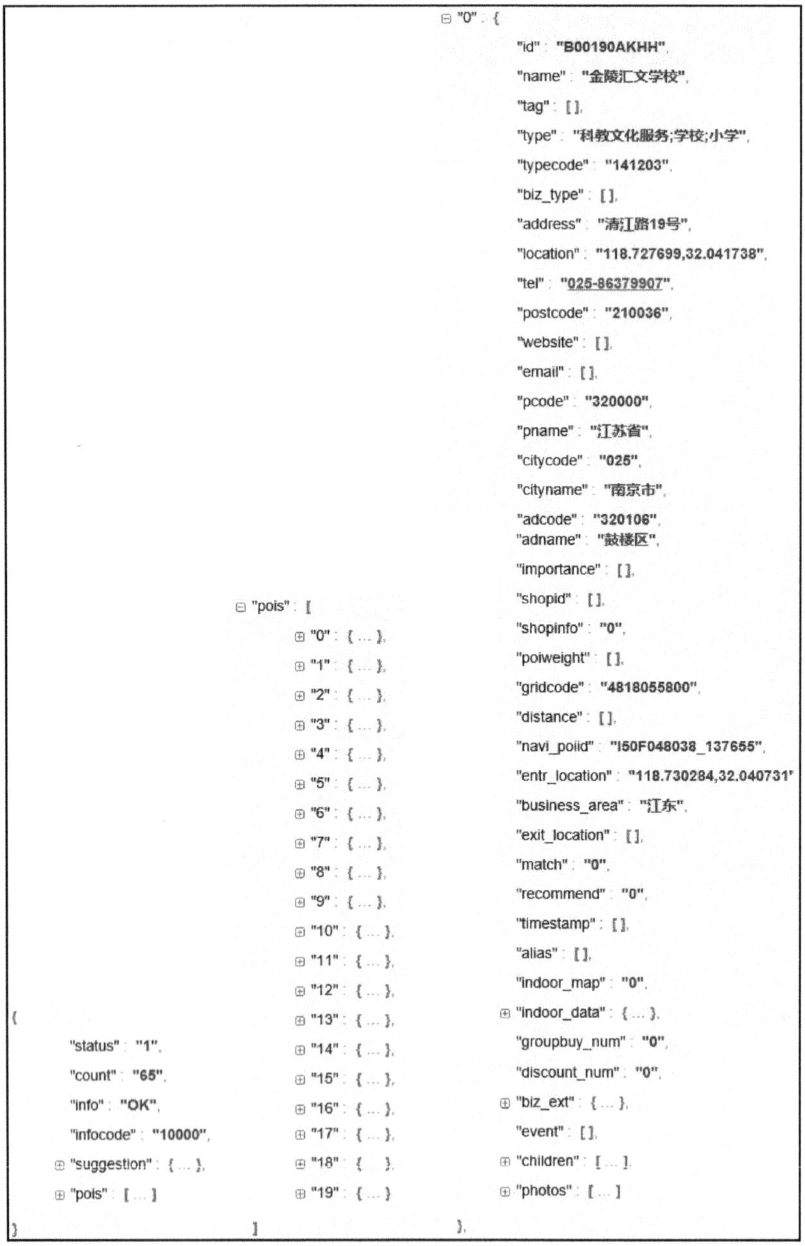

```
{
    "status": "1",
    "count": "65",
    "info": "OK",
    "infocode": "10000",
    ⊕ "suggestion": { ... },
    ⊕ "pois": [
        ⊕ "0": {
            "id": "B00190AKHH",
            "name": "金陵汇文学校",
            "tag": [],
            "type": "科教文化服务;学校;小学",
            "typecode": "141203",
            "biz_type": [],
            "address": "清江路19号",
            "location": "118.727699,32.041738",
            "tel": "025-86379907",
            "postcode": "210036",
            "website": [],
            "email": [],
            "pcode": "320000",
            "pname": "江苏省",
            "citycode": "025",
            "cityname": "南京市",
            "adcode": "320106",
            "adname": "鼓楼区",
            "importance": [],
            "shopid": [],
            "shopinfo": "0",
            "poiweight": [],
            "gridcode": "4818055800",
            "distance": [],
            "navi_poiid": "I50F048038_137655",
            "entr_location": "118.730284,32.040731",
            "business_area": "江东",
            "exit_location": [],
            "match": "0",
            "recommend": "0",
            "timestamp": [],
            "alias": [],
            "indoor_map": "0",
            ⊕ "indoor_data": { ... },
            "groupbuy_num": "0",
            "discount_num": "0",
            ⊕ "biz_ext": { ... },
            "event": [],
            ⊕ "children": [ ... ],
            ⊕ "photos": [ ... ]
        },
        ⊕ "1": { ... },
        ⊕ "2": { ... },
        ⊕ "3": { ... },
        ⊕ "4": { ... },
        ⊕ "5": { ... },
        ⊕ "6": { ... },
        ⊕ "7": { ... },
        ⊕ "8": { ... },
        ⊕ "9": { ... },
        ⊕ "10": { ... },
        ⊕ "11": { ... },
        ⊕ "12": { ... },
        ⊕ "13": { ... },
        ⊕ "14": { ... },
        ⊕ "15": { ... },
        ⊕ "16": { ... },
        ⊕ "17": { ... },
        ⊕ "18": { ... },
        ⊕ "19": { ... }
    ]
}
```

图 14-6 "关键字搜索"返回的 JSON 数据

实验 14 基于互联网开放数据的城市居住小区生活便利程度分析

http://restapi.amap.com/v3/place/text?key=您的key&keywords=&types=141203&city=320106&children=1&offset=20&page=1&extensions=all

图 14-7 浏览器查看"关键字搜索"返回的 JSON 数据

2) 多边形搜索

多边形搜索 API 在给定的多边形区域内进行搜索，即我们提供所需区域的边界位置（"polygon"参数，格式为一组经纬度坐标对）和 POI 类型参数，API 返回所需区域该类型的 POI 数据。当获取研究区域内数量较多的 POI 类别（如餐厅）时，为避免数据遗漏错误，需要将研究区域划分为多个子区域，以每个子区域作为"polygon"参数调用多边形搜索 API。

使用多边形搜索 API 的具体操作步骤如下：

首先，在"在线文档"网页左侧 API 文档选项中选择"行政区域查询"选项。行政区域查询 API 获取鼓楼区所属多边形的边界（polyline）、中心点（center）（图 14-8）。

然后，将鼓楼区划分为 4 个子区域，即将鼓楼区边界（polyline）平分为 4 份，作为子区域的外边界 subPolyline1、subPolyline2、subPolyline3 和 subPolyline4，中心点（center）→subPolyline→中心点（center）围成的封闭曲线为子区域的边界。

最后，分别以子区域 1、子区域 2、子区域 3、子区域 4 的边界坐标对作为"polygon"参数，完成鼓楼区小学类别 POI 数据的查询。

参数	值	备注	必选
keywords	320106	规则：只支持单个关键词语搜索关键词支持：行政区名称、citycode、adcode 例如，在subdistrict=2，搜索省份（例如山东），能够显示市（例如济南）、区（例如历下区）	否
subdistrict	0	规则：设置显示下级行政区级数（行政区级别包括：国家、省/直辖市、市、区/县4个级别） 可选值：0、1、2、3 0：不返回下级行政区； 1：返回下一级行政区； 2：返回下两级行政区； 3：返回下三级行政区；	否
extensions	all	此项控制行政区信息中返回行政区边界坐标点；可选值：base、all； base：不返回行政区边界坐标点； all：只返回当前查询district的边界值，不返回子节点的边界值；	否

[运行] [全部展开] [全部折叠] [清空]

http://restapi.amap.com/v3/config/district?key=您的key&keywords=320106&subdistrict=0&extensions=all
"citycode":"025",
"adcode":"320106",
"name":"鼓楼区",
"polyline":"118.738830,32.039663;118.738815,32.039663;118.734328,32.039660;118.734054,32.036431;118.733585,32.028941;……118.747489,32.038707;118.738830,32.039663",
"center":"118.770182,32.066601",
"level":"district",
"districts":[ ]

图 14-8　行政区域查询 API 功能示意及返回数据

参数	值	备注	必选
polygon	118.738830,32.0396	经纬度坐标对，矩形时可传入左上右下两顶点坐标对；其他情况首尾坐标对需相同。	是
keywords		查询关键词	否
types	141203	查询POI类型	否
offset	20	每页记录数据	否
page	1	当前页数	否
extensions	all	返回结果控制	否

[运行] [全部展开] [全部折叠] [清空]

http://restapi.amap.com/v3/place/polygon?key=您的key&polygon=118.738830,32.039663|118.738815,32.039663|118.734328,32.039660|118.734054,32.036431|118.733585,32.028941|118.730011,32.029488|118.726670,32.030138|118.724678,32.030660|118.720245,32.032356|118.723228,32.037137|118.723820,32.037894|118.724221,32.038292|118.724708,32.038608|118.727412,32.039684|118.726172,32.040187|118.723354,32.041169|118.719543,32.042734|118.720746,32.044990|118.721485,32.046545|118.723448,32.049702|118.725011,32.052398|118.725468,32.053553|118.726357,32.055767|118.726998,32.057686|118.727896,32.061189|118.738830,32.039663&keywords=&types=141203&offset=20&page=1&extensions=all

图 14-9　多边形搜索 API 功能示意及构建的 URL

14.3.3 批量采集 POI 数据

Python 是一种高层次的结合解释性、编译性、互动性和面向对象的脚本语言,拥有强大的内置模块和第三方模块,适合初学者快速上手。本实验将用到 Python 的 urllib2 模块,urllib2 提供了一系列用于操作 URL 的功能,urllib2 的 request 模块可以非常方便地抓取 URL 内容,也就是发送一个 GET 请求到指定的页面,然后返回 HTTP 的响应。实验还用到 json 模块,json 模块用以将 API 返回的 JSON 格式数据解码为 Python 的字典类型(dict)、列表类型(list)、字符串类型(string)。

➤ 步骤 1:创建 POI 类。

打开 Python 软件,POI 类(POItWithAttr)的构造函数所需参数为 POI 的 id(ID)、lon(经度)、lat(纬度)、type(类型)和 name(名称)(代码 14-1)。

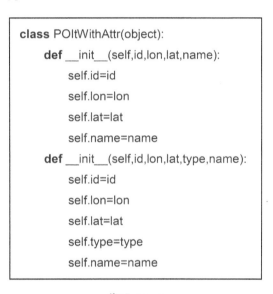

代码 14-1

➤ 步骤 2:定义通过关键字搜索方式采集 POI 的函数。

定义函数 def getPOIKeywords(poitype, citycode),函数参数为 POI 类别对应的编码"poitype",行政区域编码"citycode"。函数将遍历返回结果第 1 页到 45 页所有的 POI,再以密钥变量"ak"、POI 类型变量"poitype"、行政区域变量"citycode"以及页码变量"page"构建"关键字搜索 API"的请求 URL。函数最终返回 POI 类(POItWithAttr)构成的列表 POIList(代码 14-2)。

➤ 步骤 3:定义通过多边形搜索方式采集 POI 的函数。

定义函数 def getPOIPolygon(poitype, citycode, num),函数参数为 POI 类型对应的编码"poitype"、行政区域编码"citycode"以及要将行政区域划分成子区域的份数"num"。函数执行的逻辑如 14.3.2 中的相关介绍。

首先,调用行政区域查询 API 获取"citycode"的边界坐标对列表 pointscoords 以及中心点"center"。

其次,将 pointscoords 划分为 num 份,子区域的边界坐标对列表为 newboundry。

再次，用边界变量 newboundry、POI 类型变量"poitype"、页码变量"page"和密钥变量"ak"构建多边形搜索 API 的请求 URL。

最后，遍历多边形搜索 API 提供的第 1 页到 45 页结果，函数最终返回所有 POI 类 (POItWithAttr) 构成的列表 POIList (代码 14-3)。

```python
#关键字搜索，每次最多返回 1000 个 POI 信息，适合数量较少的 POI 类型
#给出 POI 类型 (poitype) 和行政区编码 (citycode)，获取包含所有的 POI 的列表 POIList
def getPOIKeywords(poitype,citycode):
    POIList=[]
    for page in range(1, 46):
        url = "http://restapi.amap.com/v3/place/text?key=" + ak + "&keywords=&types=" \
            + poitype + "&city=" + citycode + "&children=0&offset=20&page=" + \
            str(page) + "&extensions=all"
        json_obj = urllib2.urlopen(url)
        json_data = json.load(json_obj)
        try:
            pois = json_data['pois']
        except Exception as e:
            print "错误",url
            print e
            continue
        if(pois!=[]):#如果第 i 页不为空
            for j in range(0, len(pois)):
                poi_j = pois[j]
                id = poi_j['id']
                lon = float(poi_j['location'].split(',')[0])
                lat = float(str(poi_j['location']).split(',')[1])
                name = poi_j['name']
                poi=POItWithAttr(id,lon,lat,poitype,name)
                POIList.append(poi)
    return POIList
```

代码 14-2

```python
#范围搜索，将行政区划分为 num 个子区域，用以无遗漏采集 POI
def getPOIPolygon(poitype,citycode,num):
    POIList=[]
    districtBoundryUrl = "http://restapi.amap.com/v3/config/district?key="+ak+\
                        "&keywords="+citycode+"&subdistrict=0&extensions=all"
    print districtBoundryUrl #获取 citycode 对应的行政边界
```

```python
json_obj = urllib2.urlopen(districtBoundryUrl)
json_data = json.load(json_obj)
districts=json_data['districts']
polyline=districts[0]['polyline']
center=districts[0]['center']
pointscoords=polyline.split(';')
newlinelength=len(pointscoords)/num #步长
#将行政区域划分为num个子区域,获得每个子区域的poi
boundryMarks =[]#标记行政区域的划分点
for i in range(0,len(pointscoords),newlinelength):
    boundryMarks.append(i)
boundryMarks.append(len(pointscoords)-1)
for i in range(0,len(boundryMarks)-1):
    firstMark=boundryMarks[i]
    lastMark=boundryMarks[i+1]
    newboundry = [center]
    for j in range(firstMark,lastMark+1):
        newboundry.append(pointscoords[j])
    newboundry.append(center)
    newboundryStr="|".join(newboundry) #多边形的边界
    for page in range(1, 46):
        url="http://restapi.amap.com/v3/place/polygon?key="+ak+"&polygon="\
            +newboundryStr+"&keywords=&types="+poitype+"&offset=20&page="+\
            str(page)+"&extensions=all"
        json_obj = urllib2.urlopen(url)
        json_data = json.load(json_obj)
        try:
            pois = json_data['pois']
        except Exception as e:
            print "错误",url
            continue
        if (pois != []):   # 如果第i页不为空
            for j in range(0, len(pois)):
                poi_j = pois[j]
                id = poi_j['id']
                lon = float(poi_j['location'].split(',')[0])
                lat = float(str(poi_j['location']).split(',')[1])
                name = poi_j['name']
                poi = POItWithAttr(id, lon, lat, poitype,name)
                POIList.append(poi)
return POIList
```

代码 14-3

> 步骤4:定义将POI信息写入文本文件的函数。

步骤2、步骤3中定义的POI采集函数仅是将POI信息保存在列表变量POIList中,因而需要定义新的函数def writePOIs2File(POIList,outputfile),把POIList中保存的信息写入到文本文件中,方便之后的分析。函数先遍历POIList,将其写到给定的文件outputfile中,每个POI为一条记录,每条记录依次为该POI的id(ID)、name(名称)、type(类型)、lon(经度)、lat(纬度)属性信息,各属性信息以分号";"分割(代码14-4)。最终写入文本文件的数据格式如图14-10所示。

```
def writePOIs2File(POIList,outputfile):
    f=open(outputfile,'a')
    for i in range(0,len(POIList)):
        f.write(POIList[i].id+";"+POIList[i].name+";"+POIList[i].type+";"+\
            str(POIList[i].lon)+";"+str(POIList[i].lat)+"\n")
    f.close()
```

代码14-4

```
B001905PXO;金鹰国际广场;110100;118.780281;32.04124
B00190B3YG;白鹭洲公园;110100;118.795117;32.017845
B00190001E;郑和公园;110100;118.79444;32.031456
B00190ACB0;汉中门广场;110100;118.767398;32.041662
B00190BBYS;武定门公园;110100;118.795149;32.010417
B00190B58H;东水关遗址公园;110100;118.799092;32.022511
B0019067SV;午朝门公园;110100;118.817598;32.038177
B00190B9YC;仙鹤桥广场;110100;118.775974;32.025213
B00190B53F;建邺路滨河游园;110100;118.783148;32.02974
B00190B74U;南京七桥瓮生态湿地公园;110100;118.835703;32.007406
B00190CWOT;东水关滨河小游园;110100;118.799469;32.020077
B00190BTDL;雅居乐公园;110100;118.798191;32.010584
B0FFFYWJTE;太白遗址公园;110100;118.792387;32.020422
B001907GCJ;南京市社区特色文化广场;110100;118.793746;31.997908
B001911LP4;东风河游园;110100;118.799849;31.999296
B00190BVXY;东干长巷公园;110100;118.787134;32.010246
B0FFFEZ9GM;光华游园;110100;118.817241;32.02011
B00190BSO1;双桥门公园;110100;118.794334;32.006852
B001911L8U;王府东苑文化广场;110100;118.787991;32.024688
B0FFGIL9DV;集庆门游园;110100;118.76895;32.019314
B00190B6AA;科普广场;110100;118.830422;32.029673
B0FFGG4JKP;开品六朝-夫子庙西广场;110100;118.786285;32.018082
B001911M97;朝天宫广场;110100;118.774044;32.032887
B0FFFZS53M;水西门广场;110100;118.769112;32.029585
B0FFGYYD6X;东水关遗址市民广场;110100;118.796867;32.022644
B0FFHM7FQ5;江南贡院-亲水平台;110100;118.790603;32.020223
B0FFHG8IXZ;科普广场;110100;118.797485;32.036579
B0FFFX8XQS;朝天宫-西侧广场;110100;118.774427;32.034984
B0FFIMZNJ1;东瓜匙路;110100;118.799606;31.993227
B0FFIPNKV4;石榴园;110100;118.83671;32.03505
B0FFH1KS41;赏心亭-水西门广场西区;110100;118.76923;32.0296
B0FFH1AUZR;南京市社区特色文化广场;110100;118.790799;32.037807
B001911LP0;南京市民广场;110100;118.792823;32.020154
```

图14-10 文本文件数据保存格式

> 步骤5:定义将文本文件合并的函数。

步骤2、步骤3定义的POI采集函数的功能是采集某个区域、某种类型的POI,故批量采集需用循环语句多次调用采集函数,以便得到研究区域所需要的所有类别的POI。程序执行时POIList将被返回多次,如果每次POIList写入一个文本文件则生成多个文本文件,因此需要再定义一个新的函数def mergetxt(outputdirectory,finalfile)将所有的文本文件合并成一个最终的文本文件,合并后的文本文件储存有研究区域所需要的所有类别 POI 信息。

函数功能是将文件夹 outputdirectory 下的所有文本文件合并,全部存储到新文件 finalfile 中(代码 14-5)。

```
#合并文件夹 outputdirectory 下的所有文本文件到 finalfile
def mergetxt(outputdirectory,finalfile):
    f=open(finalfile,'w')
    f.close()
    f=open(finalfile,'a')
    for filename in os.listdir(outputdirectory):
        file_path = os.path.join(outputdirectory, filename)
        file = open(file_path, 'r')
        context = file.read()
        file.close()
        f.write(context)
    f.close()
```

代码 14-5

➢ 步骤 6:执行程序。

运行的逻辑如下:

首先,指定采集数据保存位置 output_directory 和申请的密钥"ak",使用 foreach 语句从 poitype.txt 依次读取需要采集的 POI 类型,当前采集的类型是"poitype"。

然后,同样使用 foreach 语句依次采集各个行政区域 poitype 类型的 POI,当前的行政区域是"citycode",即双重循环完成各个行政区域各类别 POI。采集 citycode 的 poitype 类型时,先采用关键字搜索方式,如果采集 POI 数量小于 900,表明数据未遗漏,将采集到的 POI 信息写入 POI 类型、行政区域命名的文本文件中,文件名中的 "keywords"表明用关键字搜索方式采集。否则,表明数据存在遗漏,需要采用多边形搜索方式采集,将重新使用多边形搜索方式采集到的 POI 信息写入 POI 类型、行政区域命名的文本文件中,文件名中的"polygon"表明用多边形搜索方式采集。

最后,调用 def mergetxt(outputdirectory,finalfile)函数,将所有 POI 数据合并汇总到一个文本文件 final.txt(代码 14-6)。

```
if __name__ == '__main__':
    #密钥 ak 需替换为申请的密钥字符串
    ak="abc"
    #将采集的 POI 数据保存在 output_directory 文件夹里
    output_directory="C:\\Users\\yfqin1995\\Desktop\\poi\\"
    if not os.path.exists(output_directory+"poi\\"):
        os.mkdir(output_directory+"poi\\")
```

```
try:
    typefile=open(output_directory+"poitype.txt",'r')
except Exception as e:
    print "错误提示：请将 poitype.txt 复制到"+output_directory+"下"
poitypeList=typefile.readlines()
for poitype in poitypeList:
    poitype=poitype.split('\n')[0]
    #行政区域编码 citycodes
    citycodes = {'玄武区': '320102','秦淮区':'320104','建邺区':'320105','鼓楼区':'320106',\
                 '浦口区':'320111','栖霞区':'320113','雨花台区':'320114','江宁区':'320115'}
    for citycode in citycodes.values():
        # 调用关键字搜索的 getPOIKeywords 函数，获取 POI 数量较少的类别
        POIList=getPOIKeywords(poitype,citycode)
        # 关键字搜索返回 POI 数量大于 900 个，则调用多边形搜索 getPOIPolygon 函数，
        #获取 POI 数量较多的类别
        if(len(POIList)>=900):
            POIList=[]
            POIList=getPOIPolygon(poitype,citycode,6)
            outputfile1 = output_directory +"poi\\" +poitype + "_"+citycode+"_polygon.txt"
            f = open(outputfile1, 'w')
            f.close()
            print citycode, poitype, len(POIList)
            writePOIs2File(POIList, outputfile1)
        else:
            outputfile = output_directory +"poi\\"+poitype +"_"+citycode+ "_keywords.txt"
            f = open(outputfile, 'w')
            f.close()
            print citycode,poitype,len(POIList)
            writePOIs2File(POIList,outputfile)
#合并 poitype 类型的文本文件
mergetxt(output_directory+"poi\\",output_directory+"final.txt")
```

代码 14-6

最终我们共采集了南京市 8 个行政区域 53 个小类的 117 840 个 POI，其中居住小区有 4 670 个（表 14-4）。

表 14-4 数据采集结果

POI 所属大类	数量	POI 所属大类	数量
餐饮服务	28 487	购物服务	47 147
生活服务	16 329	体育休闲服务	6 511
金融保险服务	1 287	科教文化服务	2 225
交通设施服务	4 864	医疗保健服务	3 836
商务住宅	46 70	风景名胜	2 484

完整的代码见 shiyan14\python 代码\poi.py 文件。将完整代码拷贝到 py 文件中，程序执行（Shift＋F10）前需要更改数据保存位置变量 output_directory，并将采集类型文件 poitype.txt 复制到该文件夹下。如需采集其他区域或其他类型的 POI，则行政区域字典变量 citycodes 中包含的行政区编码以及 poitype.txt 中包含的 POI 类别编码需要修改。需要特别注意的是，由于 Python2.7 对中文字符的编码支持不好，为避免出错数据保存位置最好采用英文。

➢ 步骤 7：将采集的 POI 数据转为 Shapefile 文件。

首先，打开 ArcMap，在工具栏中点击"✚"按钮添加最终的文本文件 final.txt。

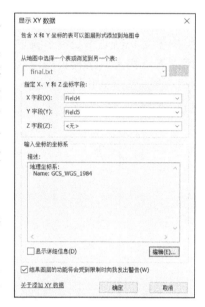

然后，在内容列表中右键点击 final.txt 图层文件，选择"显示 XY 数据"，弹出"显示 XY 数据"对话框（图 14-11）。在该对话框中指定经度 X 字段为 Field4，指定 Y 字段为 Field5，点击"输入坐标的坐标

图 14-11 "显示 XY 数据"对话框

系"右下角的"编辑"按钮来指定数据的坐标系为 GCS_WGS_1984。点击"确定"按钮，将 final.txt 文件转换为 Shapefile 格式的点文件，在 ArcMap 的视图区域出现了点数据，内容列表中也出现了临时文件"final.txt 个事件"。

最后，鼠标右击该临时文件"final.txt 个事件"图层，使用"数据"—"导出数据"功能，将生成的所有要素导出为名称为"allPOIs.shp"数据文件（图 14-12），该文件中包括研究区所需的所有类别 POI 点数据。

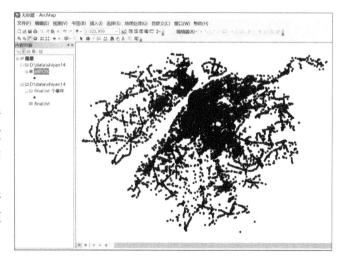

图 14-12 研究区所需的所有类别 POI 点数据

14.4 AOI 数据获取与处理

兴趣面(Area of Interst,AOI)指地图中的面状地理实体,具体地讲居住区、公园绿地等的边界信息是兴趣面。在大数据浪潮下,互联网地图有丰富的基础地理信息数据如水系、绿地、道路、建筑物等。以居住区为例,在互联网地图搜索居住区名称或编码,可以查询到居住区面(图14-13)。互联网地理信息数据有采集快、更新快、错误少以及移动互联网参与程度高的优点,尤其在特大城市、大城市,是城市与区域规划有价值的数据源。

相较于居住区中心点,基于居住区面生成的缓冲区作为居民生活空间要更为精确,但由于互联网地图当前不提供采集居住区、绿地、水系等面状地理实体边界信息的 API,因而需要构造网络爬虫加以获取。本实验以南京市的居住区为例,演示采集高德地图居住区的边界信息并将其生成为居住区面图层,南京市街道尺度行政区、公园绿地等数据可按照相同方法采集。

图 14-13 高德地图中显示的南大和园边界

14.4.1 分析地图响应页面

互联网地图网站高德地图(https://www.amap.com/)属于动态网站,网站采用 Ajax(Asynchronous JavaScript and XML)技术。Ajax 中文名称定义为异步的 JavaScript 和 XML,Ajax 技术不必刷新整个页面,只需要对页面的局部进行更新,从而提高访问速度和用户体验。具体地讲,打开高德网站后不会展现完整的数据,当点击搜索"南大和园"后,网页会局部更新,地图上出现南大和园相关属性信息和边界轮廓,因此需要对网站的数据加载流程进行分析。

➢ 步骤1:分析请求链接。

首先,按F12打开浏览器的开发人员工具,点击开发者工具"网络"。在会话窗口可以看到有内容类型为"application/json"的请求URL(https://www.amap.com/detail/get/detail?id=B00190CVRR),右侧响应正文为南大和园的相关信息(类型、地址、面积、边界、介绍等),可以判定这是所需的链接与相应信息内容(图14-14)。

然后,我们需要分析URL的参数和特征,构造出请求任意一居住区的URL。右侧的响应内容显示南大和园的poiid键的值为B00190CVRR("poiid":"B00190CVRR"),而URL的id参数即为南大和园的poiid,因此判定请求URL格式为:https://www.amap.com/detail/get/detail?id=居住区id。

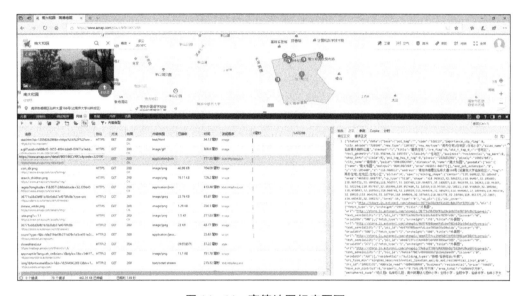

图14-14 高德地图相应页面

➢ 步骤2:分析响应内容。

由响应内容可知,南大和园的边界坐标点信息存储在shape键中,容积率信息存储在volume_rate键中,绿化率信息存储在green_rate键中。同样地,需要使用Python的json库加以相关数据的提取(代码14-7)。

{"status":"1","data":{"base":{"poi_tag":"","code":"320113","importance_vip_flag":0,"pixely":"108917083","new_type":"120302","city_name":"南京市","new_keytype":"商务住宅;住宅区;住宅小区","checked":"1","title":"居民住宅","cre_flag":0,"std_t_tag_0_v":"住宅区","navi_geometry":"118.956673,32.105363","classify":"住宅区","business":"residential","shop_info":{"claim":0},"poi_tag_has_t_tag":0,"pixelx":"222921346","city_adcode":"320100","geodata":{"aoi":[{"name":"南大和园","mainpoi":"B00190CVRR","area":465832.04877}]},"poiid":"B00190CVRR","distance":0,"name":"南大和园","end_poi_extension":"0","y":"32.105448","x":"118.960822","address":"南京市栖霞区仙林大道168号(近南京大学仙林校区)","tag":"商务住宅;住宅区;住宅小区","picLen":4},"spec":{"mining_shape":{"center":"118.960822,32.105448","area":"465832.048770","sp_type":"3110","shape":"118.963422,32.106232;118.96407,32.105603;118.965311,32.104258;118.966337,32.103748;118.964871,32.102057;118.962539,32.10242;118.96103,32.102236;118.957937,32.101999;118.957498,32.10318;118.95585,32.10811;118.956869,32.108266;118.959083,32.108561;118.960748,32.108839;118.964036,32.109291;118.964062,32.108949;118.964156,32.10835;118.964156,32.107794;118.964036,32.107443;118.963778,32.10704;

118.963375,32.1065;118.963422,32.106232","level":16,"type":"0"},"sp_pic":[]},"pic_cover":{"url":
"http://store.is.autonavi.com/showpic/36771a38d3bf81b18c0db37ef078fc8b"},…….."peripheral_supp":"幼儿园:仙林幼儿园、南外附属幼儿园中小学;金陵小学、金陵中学、仙林中学、仙林小学大学;南京邮电大学、南京技师学院、南京应天职业技术学院、南京大学商场;苏果超市医院;鼓楼医院仙林分院邮局;南京大学邮政代办所银行;平安银行ATM、中国邮政储蓄银行、中国工商银行、中国银行","property_company":"业主自筹物业","volume_rate":1.2,"green_rate":"45%","src_type":"cms_deep_merge","service_parking":"地上车位和地下车位","intro":"南大仙林校区教职工公寓,人文气息浓郁,地铁南大站就在小区对面,交通便利,小区周边高校林立,南京中医药大学、南京大学、南师、南财、南邮等二十多所大学,南京鼓楼医院仙林分院就在小区旁边,不久的将来还将有金陵中学进驻,从幼儿园到高中,直到大学,都在家门口,真正的学区房,周边配套设施齐全,未来升值潜力巨大,是您投资居住的首选之地!","hxpic_info":[],"is_community":0,"developer":"南大置业"}

代码 14-7　高德地图关键响应内容

14.4.2　批量采集居住区 AOI

批量采集 AOI 数据同样采用 Python 语言(2.7 版本),基于 urllib2、json 内置模块以及 Arcpy 拓展包来进行数据批量采集工作。

➤ 步骤 1:创建 AOI 类。

AOI 类(BoundrWithAttr)的构造函数所需参数为 POI(poi)和 POI 边界坐标所构成的列表(boundrycoords)(代码 14-8)。

```
class BoundryWithAttr(object):
    def __init__(self, poi,boundrycoords):
        self.poi=poi
        self.boundrycoords=boundrycoords
```

代码 14-8

➤ 步骤 2:定义从文本文件中读取 POI 的函数。

在 14.3 中,我们定义了 def writePOIs2File(POIList,outputfile)函数,并将 POI 列表写入文本文件中。实验所需的每个 POI 按照 id(ID)、name(名称)、type(类型)、lon(经度)和 lat (纬度)的格式依次以分号分割为一条记录。因而,我们还需要定义从文本文件中将 POI 重新读取的函数 def readFIile2POIs(sourcefile),读取的 POI 的边界信息将被采集。

函数从记录 POI 信息的 sourcefile 中读取 POI,每条记录为 POItWithAttr 类的实例,最终返回 POI 列表 POIList(代码 14-9)。

```
def readFlile2POIs(sourcefile):
    f=open(sourcefile,'r')
    pois_obj=f.readlines()
    POIList = []
    for poi_obj in pois_obj:
        id,name,type,lon,lat=poi_obj.split(';')
        lat=lat.split('\n')[0]
```

```
            type=type.decode('utf8')
            lon=lon.decode('utf8')
            lat=lat.decode('utf8')
            poi=POItWithAttr(id,lon,lat,type,name)
            POIList.append(poi)
        f.close()
        return POIList
```

代码 14-9

> 步骤 3:定义采集 AOI 函数。

定义采集函数 def getBoundry(POIList,noBoundryfile,poitype)的大致步骤如下:

首先,构造请求 URL,通过 urllib2 的 request 模块抓取该 URL 并返回响应信息。URL 即字符串:"https://www.amap.com/detail/get/detail?id=" 与 POI 的 ID(poi.id)的拼接。

然后,通过 json 模块将响应信息解码为 Python 对象,提取边界信息('spec')、绿化率('green-rate')、容积率('volume-rate')后,生成 BoundryWithAttr 的一个实例 boundry,boundry 的信息最后写入文件 writeboundryfile 中(代码 14-10)。郊区的一些居住小区的边界信息未被收纳入高德地图,这些居住小区边界信息将无法被采集。

```
def getBoundry(POIList,poitype,writeboundryfile):
    boundryList=[]
    for poi in POIList:
        send_headers = {...}
        url="https://www.amap.com/detail/get/detail?id="+poi.id
        print poi.id,url
        req = urllib2.Request(url,headers=send_headers)
        json_obj=urllib2.urlopen(req)
        json_data=json.load(json_obj)
        poidata=json_data['data']
        spec=poidata['spec']
        try:
            mining_shape=spec['mining_shape']
        except Exception as e:
            print poi.id,"无边界"
            continue
        shape=mining_shape['shape']
        coords=shape.split(';')
        coords1=str("|".join(coords))
```

```
if(poitype=="120302"): #如果是居住小区,poi 增加容积率和绿化率的字段
    try:
        poi.volume_rate=str(poidata['deep']['volume_rate'].decode('utf-8'))
    except Exception as e:
        poi.volume_rate=""
    try:
        poi.green_rate = str(poidata['deep']['green_rate'])
    except Exception as e:
        poi.green_rate=""
    try:
        poi.service_parking=poidata['deep']['service_parking']
    except Exception as e:
        poi.service_parking=""
boundry=BoundryWithAttr(poi,coords)
boundryList.append(boundry)
bf=open(writeboundryfile,'a')
bf.write(poi.id + ";" +poi.type + ";" + poi.lon + ";" + poi.lat + ";"+poi.volume_rate+ \
        ";"+poi.green_rate + ";"+poi.service_parking+";"+coords1+"\n")
bf.close()
```

代码 14-10

值得注意的是,采集 AOI 并没有直接的 API 供调用,为了防止爬虫被网站禁封,需要模拟成浏览器发送 URL 请求,这是和 POI 采集的重要不同之处。具体来讲,需要设置请求头(headers),加入 User-Agent、Referer、Host、Cookie 等参数,从而让网站识别为浏览器在发送请求而非脚本程序。这些参数信息同样在浏览器(Edge 浏览器为例)中可以查看:F12 开发者工具→网络→右侧"标头"。

> 步骤 4:定义从文本文件中读取 AOI 的函数。

步骤 3 的采集函数将 AOI 的 ID、类型、经纬度、绿化率、容积率等信息写入了文本文件中,因此需要定义从文本文件中将 AOI 信息重新读取的函数 def readFileBoundry(sourcefile)。

函数从记录 AOI 信息的文件 sourcefile 中读取 AOI,每条记录为 BoundryWithAttr 类的实例,最终返回 AOI 列表 boundryList(代码 14-11)。

> 步骤 5:定义 AOI 生成 Shapefile 的函数。

步骤 3、步骤 4 采集的边界信息仅存储在变量 boundryList 中,故需要新定义 def Boundry2Polyline(boundryList,outputfile)函数,将 boundryList 中的每个 AOI 转化为 polyline 对象,生成 shapefile 格式文件 outputfile。函数主要基于 Arcpy 拓展包实现。

首先,利用 CreateFeatureclass_management 工具函数新建空白 shapefile,shapefile 的坐标系设置为"WGS 1984"。

其次,利用 AddField_management 工具函数为新建的 shapefile 添加 5 个字段:resiID、

```
#从 sourcefile 中读取 boundry
def readFileBoundry(sourcefile):
    f=open(sourcefile,'r')
    boundrys_obj = f.readlines()
    boundryList = []
    for boundryobj in boundrys_obj:
        print boundryobj
        id, type, lon, lat, volume, green, park, coords11 = boundryobj.split(';')
        coords1 = coords11.split('\n')[0]
        coords = coords1.split('|')
        name = ""
        poi = POItWithAttr(id,lon,lat,type,name)
        poi.volume_rate = volume
        poi.green_rate = green
        poi.service_parking = park
        boundry = BoundryWithAttr(poi, coords)
        boundryList.append(boundry)
    f.close()
    return boundryList
```

代码 14-11

Type、Name、Attr1、Attr2，分别代表 AOI 的 ID、类型、名称、其他属性1、其他属性2。

再次，遍历 boundryList，每个 boundry 的边界坐标用 arcpy. Polyline(array)方法生成面几何对象。再基于 Arcpy 的数据访问模块(data access，da)，依次为5个字段赋值，用 insertRow(row)方法为 shapefile 添加一个新空间要素。

最后，每个 AOI 都转化为 shapefile 中的一个居住区面。(注：GIS 中每个空间要素是一个几何对象，几何对象是空间坐标值和 ArcGIS 支持的空间数据之间转换的桥梁。ArcGIS 支持点、多点、线、多边形等几何对象。)

➤ 步骤6：执行程序。

程序运行的基本逻辑如下：

首先，指定数据保存位置 output_directory，从 resident.txt 获取边界的居住区 POI，返回 POI 列表 POIList。

然后，以 POIList 为参数，依次调用 def getBoundry (POIList，noBoundryfile，poitype)、def Boundry2Polyline (boundryList，outputfile)函数。

最后，生成居住区面"resident.shp"、没有边界信息的居住区信息"noBoundryfile.txt"，可在指定的保存位置 output_directory 下查看这两个文件。采集的4624个居住区 POI 中有1412个高德地图未收录其边界信息，最终生成的 shapefile 中有3212个居住区。

```python
def Boundry2Polyline(boundryList,outputfile):
    # 创建空白 shapefile
    arcpy.CreateFeatureclass_management(os.path.dirname(outputfile),\
                                        os.path.basename(outputfile),"POLYLINE")
    wgs = arcpy.SpatialReference("WGS 1984")
    arcpy.AddField_management(outputfile, "resiID", "Text", "", "", "")
    arcpy.AddField_management(outputfile, "Type", "Text", "", "", "")
    arcpy.AddField_management(outputfile, "Name", "Text", "", "", "")
    arcpy.AddField_management(outputfile, "Attr1", "Text", "", "", "")
    arcpy.AddField_management(outputfile, "Attr2", "Text", "", "", "")
    arcpy.AddField_management(outputfile, "Attr3", "Text", "", "", "")
    fields = ["SHAPE@", "resiID" ,"Type","Name","Attr1","Attr2","Attr3"]
    cur=da.InsertCursor(outputfile, fields)
    array=arcpy.Array()
    for boundry in boundryList:
        boundrycoords=boundry.boundrycoords
        poi=boundry.poi
        boundryID=poi.id
        boundryName=poi.name
        boundryType=poi.type
        for coordPair in boundrycoords:
            lon,lat=coordPair.split(',')
            pnt=arcpy.Point(float(lon),float(lat))
            array.add(pnt)
        polyline=arcpy.Polyline(array,wgs)
        array.removeAll()
        if(poitype=="120302"):#如果是居住小区
            newFields = [polyline, boundryID,boundryType, boundryName,poi.volume_rate,\
                         poi.green_rate,poi.service_parking]
        else:
            newFields=[polyline,boundryID,boundryType,boundryName,"","",""]
        cur.insertRow(newFields)
        print "done"
    del cur
```

代码 14-12

完整的代码见附录 boundry.py（文件存放在 shiyan14\python 代码\目录下）。首先，将完整代码拷贝到 py 文件中，执行前需要在数据保存目录 output_directory 下新建文本文件"resident.txt"，将"final.txt"中的居住区部分复制到"resident.txt"中。需要注意的是，为避免出错，数据保存路径最好是英文路径。

```
if __name__ == '__main__':
    # 将采集的 POI 数据保存在 output_directory 文件夹里
    output_directory = "C:\\Users\\yfqin1995\\Desktop\\xiongan\\"
    residentfile=output_directory+"resident.txt"
    writeboundryfile = output_directory + "boundry.txt"
    outshp=output_directory+"resident.shp"
    poitype = "120302"
    POIList=readFlile2POIs(residentfile)
    getBoundry(POIList, poitype,writeboundryfile)
    toShapefile=True        #AOI 采集完毕后需要修改为 True
    if toShapefile==True:
        boundryList=readFileBoundry(writeboundryfile)
        Boundry2Polyline(boundryList,outshp)
```

代码 14-13

需要特别指出的是，程序执行函数 def getBoundry（POIList, noBoundryfile, poitype）可能会因网站对本地 IP 的暂时禁封而中断，导致仅采集到 POIList 中的部分 POI 边界。如果这一情况发生，则需要为本地计算机更换 IP，修改文件 resident.txt，即删除已采集边界的 POI 记录，保留还未采集的 POI 记录，第一条记录应对应为程序中断时正采集边界的 POI，重新运行程序 boundry.py。

待 AOI 采集完毕后，将 toShapefile 参数修改为"True"，再次运行程序 boundry.py，完成相应的 Shapefile 文件的生成。

14.5 南京主城区居住小区生活便利程度分析

居民生活的便利性是指居民在其日常生活中利用各种设施的方便程度（张文忠，2007），是评价宜居城市的核心方面（顾江，2017）。近年来，国内学者对城市宜居性的研究都将生活便利性作为重要评价标准（张志斌等，2014；湛东升等，2016；邹丽林，2016）。因而，居住小区生活便利程度的分析可为宜居城市的规划与建设提供重要的参考信息与科学依据。

居民日常生活圈是指居民以个人住宅为中心，开展各类日常活动所形成的空间范围（柴彦威，2015）。大量研究表明，日常生活设施的服务水平可用步行模式下的可达性水平来评价，通常将步行 600 m 即 10 min 以内定义为"步行易于达到"，步行 600~900 m 即 10~15 min 为"步行一般到达"，步行 900~1 200 m 即 15~20 min 为"步行较少到达"，步行 1 200~1 500 m 即 20~25 min 为"步行勉强到达"，步行大于 1 500 m 即 25 min 为"步行难以到达"（王慧等，2013；卢银桃，2013）。因此，本实验以步行模式构成的生活圈作为居住小区生活便利程度分析的基本空间尺度，基于前人的相关研究（王慧等，2013；卢银桃，2013），设定了步行路径距离、步行时间及等级评价之间的对应关系（表14-5）。

表14-5 步行路径距离、步行时间及等级评价之间的对应关系

步行路径距离 l(m)	0<l≤300	300<l≤600	600<l≤900	900<l≤1 200	1 200<l≤1 500	l>1 500
步行时间 t(min)	t≤5	5<t≤10	10<t≤15	15<t≤20	20<t≤25	t>25
评价等级	很好	好	较好	一般	较差	差

14.5.1 设施可达性分析

可达性（Accessibility）是城市规划、城市地理、区域经济等多个领域的重要概念，是指从给定地点到其他地点工作、购物、娱乐、就医、办事等的方便程度。最常见的可达性分析方法有机会累积法（Cumulative-opportunity Measure）、重力模型法（Gravity-based Method）、两步移动搜寻法（Two-step Floating Catchment Area, FCA）等。

本实验采用机会累积法，以POI的可达性水平代表居住小区生活便利程度。机会累积法计算简便，是指在指定时间或成本范围内，从某地点出发可达的机会数量总和。

将每个POI均作为一个设施数量，不考虑设施规模、设施需求的影响，单纯按照获取的POI数量衡量可达性不够准确。有许多研究借助层次分析法为每类POI确定相应权重，建立生活便利度指标体系，进而加权求和得到综合的生活便利度。然而，这种依据专家打分来确定权重的方式存在一定的主观性，并且各因子叠加后得到的指数为相对指标，不便进行单独分析。

卢银桃（2013）从不同种类日常生活设施的使用频率、人们对不同种类设施能够接受的最远步行时间展开调查，研究发现人们到达高频使用设施的可能性随距离增加衰减速度较快，而到达低频使用设施的可能性对距离敏感度较低。设施的需求等级由设施的使用频率和人们能够接受的最远步行时间决定。

因此，我们首先依据设施性质、可替代性、使用频率、人们接受的最远步行时间将高德地图53个POI小类重新划分为12个设施类别（表14-6）。然后，按照需求等级将12个大类划分为"高需求等级设施""中需求等级设施""低需求等级设施"3大类，每个需求等级中不同类别对应的最远步行距离分别为600 m（10 min）、1 200 m（20 min）、2 000 m（30 min）作为其生活圈半径（表14-7）。

日常生活设施可达性定义如下：

$$A_{resitK\ i} = \sum_{j=1}^{n} f(C_{kj})$$

$$f(C_{kj}) = \begin{cases} 1 & C_{kj} \leq S_i \\ 0 & C_{kj} > S_i \end{cases} \quad \text{（公式14-1）}$$

式中$A_{resitK\ i}$是居住小区K第i类设施的便利程度，n表示该i类设施的数量，j表示第j个i类设施，$f(C_{kj})$表示居住小区k到设施j距离C_{kj}的函数，S_i表示第i类设施的日常生活圈半径。

本实验仅以1 200 m生活圈的交通设施、休闲娱乐、餐厅、生活服务、其他购物作简要说明。其具体操作步骤如下：

表 14-6　依照设施性质、使用频率、接受最远步行时间的设施分类

餐饮便利	快餐厅	文化旅游	美术馆	生活服务	银行
	休闲餐饮场所		图书馆		电讯营业厅
	咖啡厅		科技馆		自来水营业厅
	茶艺馆		天文馆		电力营业厅
	冷饮店		文化馆		药房
	糕饼店		博物馆		美容美发厅
	甜品店		展览馆		维修站点
	便利店		风景名胜		洗浴推拿场所
娱乐休闲	影剧院	购物中心	商场		洗衣店
	娱乐场所		超级市场		婴儿服务场所
	休闲场所	其他购物	家电电子卖场	医疗设施	综合医院
公园广场	公园广场		特色商业街		专科医院
学校	小学		花鸟鱼虫市场		诊所
	幼儿园		家居建材市场		急救中心
交通设施	公交车站		综合市场	体育设施	运动场馆
	地铁站		专卖店		高尔夫相关
餐厅	中餐厅		文化用品店		
	外国餐厅		服装鞋帽皮具店		

表 14-7　设施需求等级分类

	600 m 生活圈	1 200 m 生活圈	2 000 m 生活圈
高需求等级设施	餐饮便利	交通设施	公园广场
中需求等级设施	学校	娱乐休闲、餐厅	文化旅游、购物中心、体育设施
低需求等级设施	—	生活服务、其他购物	医疗设施

➢ 步骤1:数据的投影变换。

首先,在 ArcMap 中加载"resident.shp""allPOIs.shp"矢量数据文件。然后,使用 ArcToolbox 中的"数据管理工具"—"投影和变换"—"要素"—"投影"工具,将居住小区、各类 POI 数据文件进行投影变换,由 GCS_WGS_1984 转换为 WGS_1984_Web_Mercator_Auxiliary_Sphere,投影后的数据文件分别命名为"residentPro.shp""allPOIsPro.shp"(图 14-15)。

➢ 步骤2:按属性选择并导出各类设施数据。

首先,使用"按属性选择"工具,从投影转换后的各类 POI 数据文件"allPOIsPro.shp"中筛选出编码为 150700(公交车站)、150500(地铁站)的 POI(图 14-16)。然后,鼠标右击"allPOIsPro.shp"图层,使用"导出数据"功能将所选要素导出"交通设施.shp"。采用同样的方法,分别按属性选择并导出为"娱乐休闲.shp""餐厅.shp""生活服务.shp""其他购物.shp"等另外 11 类设施的数据文件。

我们也可以使用 ArcToolbox 中的"分析工具"—"提取分析"—"筛选"批处理工具,依据服务设施的字段(Field3)将"allPOIsPro.shp"进行筛选提取,批量生成 12 个设施的图层数据文件(图 14-17)。

图 14-15 "投影"对话框

图 14-16 "按属性选择"对话框

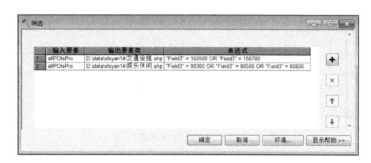

图 14-17 "筛选"批处理对话框

> 步骤 3:进行数据的空间连接。

使用 ArcToolbox 中的"分析工具"—"叠加分析"—"空间连接"工具,统计居住小区周边 1 200 m 范围内的交通设施数量(图 14-18)。"连接操作(可选)"选择"JOIN_ONE_TO_ONE","匹配选项(可选)"选择"WITHIN_A_DISTANCE","搜索半径(可选)"设置为 1 200 米,"输出要素类"定义文件路径为 shiyan14 文件夹下,文件名称为"交通设施 join.shp"。

采用同样的方法,我们可以得到"休闲娱乐 join.shp""餐厅 join.shp""生活服务 join.shp"和"其他购物 join.shp"等数据文件。

> 步骤 4:各类设施可达性结果的专题制图。

鼠标右键点击图层文件"交通设施 join.shp",打开图层属性对话框,点击"符号系统"选项卡,"显示(S)"方式点选"数量"—"分级色彩","字

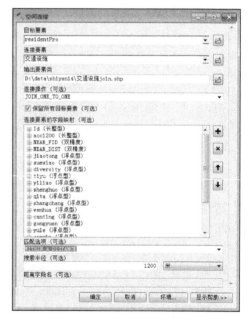

图 14-18 "空间连接"对话框

段"—"值(V)"选择"Join_Count",默认分类方法为"自然间断点分级法(Jenks)",我们可以通过点击"分类"按钮,在弹出的"分类"对话框中设置分类方法与类别等参数。为了揭示交通可达性较差的居住小区,我们将交通设施数量小于5的居住小区颜色设为黑色,数量在6~20设为绿色级,大于20设为红色级,得到各居住小区交通设施可达性的空间分布图(图14-19)。采用相同的方法,得到其他设施可达性的空间分布图(图14-20~14-24)。

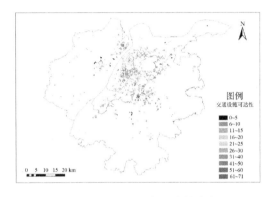

图14-19 交通设施可达性分布图

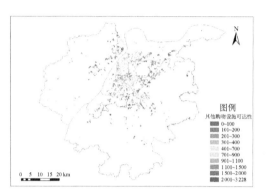

图14-20 其他购物设施可达性分布图

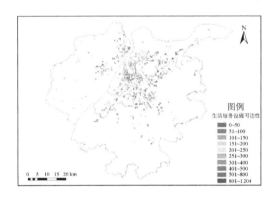

图14-21 生活服务设施可达性分布图

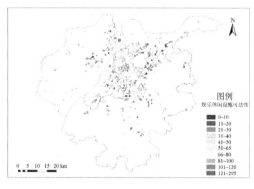

图14-22 娱乐休闲设施可达性分布图

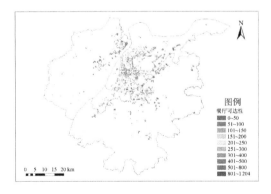

图14-23 餐厅可达性分布图

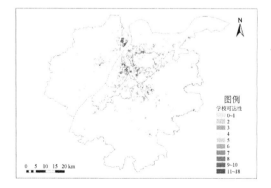

图14-24 学校可达性分布图

➢ 步骤5:居住小区1 200 m生活圈综合可达性结果与专题制图。

首先,在"residentPro.shp"数据图层的属性表中新建一个短整型字段"acc1200",代

表 1 200 m 生活圈范围高、中、低需求等级设施的可达性。然后，鼠标右键点击"residentPro. shp"图层，选择"连接与关联"—"连接"，基于居住小区的"FID"字段，依次将居住小区数据与各类设施数据相关联（图 14 - 25）。最后，右键点击"residentPro. shp"属性表中的"acc1200"字段，使用"字段计算器"工具进行字段的计算与赋值（图 14 - 26）。为了计算方便，我们采用了简单求和方法（即等权重相加，权重均为 1），得到了研究区居住小区的 1 200 m 生活圈综合可达性结果（图 14 - 27）。

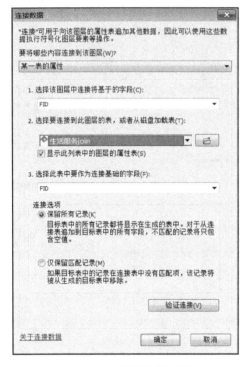

图 14 - 25 "连接数据"对话框

图 14 - 26 "字段计算器"对话框

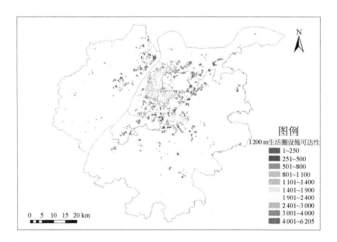

图 14 - 27 居住小区 1 200 m 生活圈设施综合可达性结果

➤ 步骤 6：综合可达性结果的局部聚类检验与冷热区识别。

局部 Moran'I 指数（或称 Local Indicator of Spatial Association，LISA）常用来检验

一个区域内部是否存在相似或相异的观察值聚集在一起的现象。正值表示高值被高值包围(即高—高)或低值被低值包围(即低—低)。同样地,局部 G_i 指数也可用于检验局部地区是否有高值、低值在空间上集聚现象,高的 G_i 表示高值样本集中在一起,低的 G_i 表示低值的样本聚集在一起。

我们可以使用 ArcToolbox 中的"空间统计工具"—"聚类分布制图"—"热点分析(Getis - Ord G_i *)"工具或"聚类和异常值分析(Anselin Local Moran'I)"工具,计算局部 G_i 指数和 Moran'I 指数,识别具有统计显著性的热点、冷点和空间异常值。

首先,打开"热点分析(Getis - Ord G_i *)"工具(图 14 - 28),在对话框中作如下定义:"输入要素类"为 residentPro,"输入字段"为 acc1200,"输出要素类"为 resident1200hotspots.shp,"空间关系的概念化"选择"INVERSE_DISTANCE","距离法"选择"EUCLIDEAN_DISTANCE"。然后,点击"确定"按钮,进行热点分析,检验居住小区

图 14 - 28 "热点分析(Getis - Ord G_i *)"对话框

1 200 m 生活圈设施可达性是否存在高值与低值聚集区。最后,进行结果制图(图 14 - 29)。采用相同方法,可以检验各类设施可达性的高值和低值聚集区。

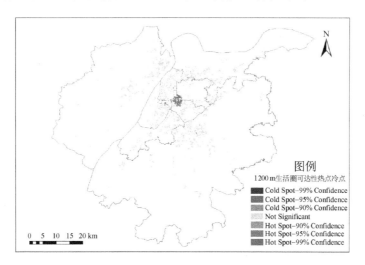

图 14 - 29 居住小区 1 200 生活圈设施可达性聚集区识别结果

由可达性结果和聚类检验的结果可知以下几方面。①1 200 m 生活圈范围内,交通设施的可达性分布较为均衡,郊区的居住小区相较市中心差距不明显,主要原因在于各居住小区周边合理地布置公交站点。休闲娱乐设施、餐厅设施、生活服务设施以及其他购物设施的可达性则形成了以新街口为中心,向外侧递减的同心圆结构。②江宁区的武夷花园、江宁医院住宅区、利民小区、玉堂花园、外港新村一带的居住小区较南京市其他郊区的居住小区可达性好,形成新街口之后的又一可达性高值区。③新街口地区的居住小区为设施可达性高值显著聚集区,南京市尚无可达性低值聚集的居住小区区域。

另外,我们还可以使用"聚类和异常值分析(Anselin Local Moran'I)"工具,计算局部的Moran'I指数,从而识别设施可达性水平(即"residentPro.shp"数据文件属性表中的"acc1200"字段值)的空间分布格局。具体的计算过程与操作步骤请参见实验 8 中的相应部分。

14.5.2 设施多样性分析

设施可达性能够从一定服务半径范围内的设施数量层面来评价某一个居住小区的生活便利程度,可达性水平越好,表明满足居民某种服务需求时服务设施的选择面会更广。然而,即使两个居住小区服务设施的可达性相同(即一定范围内服务设施的数量相同),两个居住小区所拥有的服务设施的种类也可能差异很大,例如某一居住小区可能具有单一但数量较多的餐饮设施,而另一个居住小区可能具有一定数量的公园广场、购物、学校、生活服务等多种设施。显然,后者的生活便利程度相对更好一些。由此可见,设施可达性不能很好地表征居民多样化的生活需求是否能够得到满足,因而我们还需要对居住小区服务设施的多样性进行分析。

服务设施多样性定义为某一居住小区 900 m(即步行 15 min)生活圈可达的设施种类数,种类为表 14-6 规定的 12 个设施类别。计算公式如下:

$$V_{resitK} = \sum_{i=1}^{12} f(C_{ki})$$

$$f(C_{ki}) = \begin{cases} 1 & \exists i \in I, C_{kj} \leqslant 900 \\ 0 & \forall i \in I, C_{kj} > 900 \end{cases} \quad (公式 14-2)$$

式中,V_{resitK} 是居住小区 K 的设施多样性,i 表示第 i 类设施,$f(C_{kj})$ 表示居住小区 k 与 i 类设施的关系 C_{kj} 的函数,I 表示第 i 类设施构成的集合。

设施多样性能够从丰富度层面评价某个居住小区的生活便利程度,服务设施多样性越好,表明居民各类日常生活服务需求的满足程度更高。

具体操作步骤如下:

➤ 步骤 1:在数据属性表中新建字段。

首先,在"residentPro.shp"数据文件的属性表中依次新建 12 个浮点型字段,用以存储居住小区到各类设施的最短距离(例如,交通设施最短距离的字段名为"jiaotong")。然后,再新建一个短整型的"diversity"字段,用以存储设施多样性分析的结果。

➤ 步骤 2:计算居住小区到各类设施的最短距离。

我们仅以交通设施为例演示操作步骤。首先,使用 ArcToolbox 中的"分析工具"—"邻域分析"—"近邻分析"工具(图 14-30),计算每一个居住小区到最近交通设施的距离,工具将自动在"residentPro.shp"数据文件的属性表中添加两个字段"NEAR_FID""NEAR_DIST",分别表示与居住小区距离最近的交通设施编号和最短距离。由于后续使用"近邻分析"工具计算居住小区到其他设施的最短距离时,"NEAR_FID""NEAR_DIST"两个字段的值会被覆盖,因此我

图 14-30 "近邻分析"对话框

们需要首先使用"字段计算器"将"NEAR_DIST"的字段值赋给字段"jiaotong"。

采用同样方法,我们可以得到居住小区到另外 11 类设施的最短距离,并通过"字段计算器"分别将"NEAR_DIST"的字段值赋给第一步中预先创建的相应字段中。

➢ 步骤 3:计算居住小区服务设施的多样性。

首先,在"residentPro.shp"数据文件的属性表中鼠标右键点击"diversity"字段,选择使用"字段计算器"工具为该字段进行赋值。赋值依据为:依次遍历 12 个代表居住小区到最近服务设施距离的字段,如果当前字段值小于等于 900,则 diversity 的值增加 1,如果大于 900,则 diversity 值不变,继续下一个字段值。

然后,在"字段计算器"对话框中做如下设置:"解析程序"点击选择"Python"选项,勾选"显示代码块"选项,在激活的"预逻辑脚本代码"栏中通过编写 Python 代码来实现该字段的赋值,"diversity"字段的表达式定义为:"getValues([!jiaotong!,!xuexiao!,!tiyu!,!yiliao!,!shenghuo!,!qita!,!shangchang!,!wenhua!,!canting!,!gongyuan!,!yule!,!canyin!])"(图 14 - 31)。

图 14 - 31 "字段计算器"对话框

需要特别注意的是,Python 语言对代码缩进要求严格,代码缩进应为 4 个空格。"预逻辑脚本代码"中使用的代码如下:

```
def getValues(fieldList):
    diversityValue=0
    for oneField in fieldList:
        if(oneField<=900):
            diversityValue+=1
        else:
            continue
return diversityValue
```

➢ 步骤 4:居住小区服务设施多样性专题制图。

我们根据"diversity"字段的字段值,将居住小区的设施多样性分为 12 个等级,各等级对应居住小区在 900 m 生活圈内可达的服务设施种类数(图 14 - 32)。我们可以将"residentPro.shp"数据文件的属性表导出为 dBASE 表,然后在 Excel 中进行进一步的统计分析。

经统计,研究区 67%的居住小区在 900 m 生活圈内能够拥有 12 种服务设施,即居住在这些小区的居民的 12 大类服务需求在 900 m 范围内均可以得到满足,95%的居住小区在 900 m 生活圈内的服务设施多样性在 10 种(≥10)以上,结果表明研究区整体上的服务设施多样性水平比较高;设施多样性较差的居住小区主要分布在浦口区、江宁区远离城市中心的偏远地带,例如浦口区的茶棚村捋马农民集中居住区、华润国际社区、双山小区、林山雅苑等,江宁区的碧桂园湖光山色、银城蓝溪郡等居住小区的设施多样性仅为1,居民日常生活的便利程度很差(图14-32)。

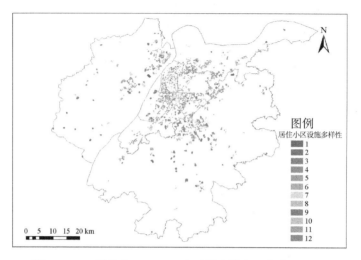

图14-32 居住小区900 m生活圈内服务设施的多样性

14.6 实验总结

互联网开放数据具有覆盖广、更新快、错误少、数据便于获取等优点,为城市与区域规划提供了新的数据源,而城市居住小区的生活便利程度分析是评估一个居住区配套服务设施完善程度与城市宜居性的重要依据。本实验以南京市为例,基于高德地图POI数据、AOI数据,采用机会累积法分析了服务设施的可达性水平,基于居民日常生活圈视角分析了服务设施的多样性,从而从可达的服务设施数量和种类两个维度对研究区居住小区的生活便利程度进行了定量评价。

通过本实验掌握获取互联网开放数据的相关技术方法,熟悉基于设施可达性与设施多样性分析的城市居住小区生活便利程度评价的研究思路与技术路线,掌握相关GIS工具的使用,并能够编写简单的Python程序辅助空间数据的处理与分析。

具体内容见表14-8。

表14-8 本次实验主要内容一览

主要内容	具体内容	页码
POI数据获取与处理	(1) 确定POI类别与编码	P458
	(2) 分析高德地图"搜索"API	P459
	(3) 批量采集POI数据	P465
AOI数据获取与处理	(1) 分析地图响应网页	P472
	(2) 批量采集居住区AOI	P474
居住小区生活便利程度分析	(1) 设施可达性分析	P480
	(2) 设施多样性分析	P486

第四篇
自然生态环境本底分析

The "two mountains" theory—"Lucid waters and lush mountains are invaluable assets."—Xi Jinping

"两山"理论——"绿水青山就是金山银山。"——习近平

随着我国城市化进程的不断推进,城市空间不断扩展,致使城市下垫面性质发生明显改变,生境斑块变得日益破碎化、岛屿化,景观连通性不断降低,严重削弱了城市生态系统的服务和可持续发展能力。十八大以来,优化国土空间开发格局成为生态文明建设的重要内容之一。城市与区域的自然生态环境是城市与区域赖以生存的根本与基础,是影响城市与区域系统健康发展最为关键的因素之一。城市与区域规划理应将自然生态环境基底作为城市与区域发展的前提和基础。

本篇主要介绍城乡规划中的自然生态环境本底分析的相关内容与方法,主要包括城市与区域生态环境敏感性分析、城市与区域生态网络构建与优化、基于SWMM模型的LID雨洪调控效应分析、基于生态安全格局的生态控制线划定、基于多源遥感数据的地表温度反演与冷热岛分析、基于RS和GIS的城市通风廊道规划、基于ENVI-met模型的城市绿地夏季降温效益评价7个实验。

实验15:城市与区域生态环境敏感性分析
实验16:城市与区域生态网络构建与优化
实验17:基于SWMM模型的LID雨洪调控效应分析
实验18:基于生态安全格局的生态控制线划定
实验19:基于多源遥感数据的地表温度反演与冷热岛分析
实验20:基于RS和GIS的城市通风廊道规划
实验21:基于ENVI-met的城市绿地夏季降温效应分析

实验 15　城市与区域生态环境敏感性分析

15.1　实验目的与实验准备

15.1.1　实验目的

通过本实验掌握基于 GIS 叠置分析的生态环境敏感性分析的研究框架与技术路线，熟悉该方法在城市与区域规划中自然与生态领域的具体应用，并能够使用该方法进行其他相关领域的分析，例如学校、公园、医院、消防设施等公共服务设施的选址等。

具体内容有：

表 15-1　本次实验主要内容一览

内容框架	具体内容
关键生态资源辨识	(1) 生态关键区
	(2) 文化感知关键区
	(3) 资源生产关键区
	(4) 自然灾害关键区
生态环境敏感性因子选取	生态环境敏感性因子选取与分级赋值
生态环境敏感性单因子分析	生态环境敏感性单因子分析
生态环境敏感性分区	(1) 生态环境总敏感性分析
	(2) 生态环境敏感性分区控制指引

15.1.2　实验准备

（1）计算机已经预装了 ArcGIS 10.1 中文桌面版或更高版本的软件。

（2）本实验的规划研究区为河北省冀中南区域，请将实验数据 shiyan15 文件夹复制到电脑的 D:\data\ 目录下。

15.2　关键生态资源辨识

生态环境敏感区也称关键区（Critical Area）、生态环境敏感地带，是指对区域总体生态环境起决定作用的生态要素和生态实体，这些实体和要素对内外干扰具有较强的恢复功能，其保护、生长、发育等程度决定了区域生态环境的状况。

根据生态环境敏感区包含的主要内容，可将其划分为狭义和广义两种。狭义的生态环境敏感区主要包括自然生态类型的生态要素与生态实体；而广义的不仅包括对城市区域具有重要生态意义的自然生态要素或实体,而且包括用来分割城市组团,防止城市无序蔓延的地带以及作为城市可持续发展资源储备的用地区域。

生态环境敏感区对区域生态保护具有重要意义,其一旦受到人为破坏短时间内很难恢复,主要是规划用来控制与阻隔城市无序蔓延,防止城市居住环境恶化的非城市化地区,通常包括河流水系、滨水地区、野生生物栖息地、山地丘陵、植被、自然保护区、森林公园、滩涂湿地、水源涵养区、水质保持区、基本农田保护区等。

关键生态资源是指那些对区域总体生态环境起决定作用的生态要素和生态实体。根据规划研究区的实际情况,结合国内外相关学者关于生态环境敏感区的分类框架,将规划研究区的关键生态资源分为 4 类(表 15-2)。

表 15-2 冀中南区域关键生态资源分类体系

大类	亚类	区域现有资源	简要说明
1. 生态关键区	11. 自然保护区	衡水湖自然保护区(国家级) 驼梁自然保护区(国家级) 南寺掌自然保护区(省级) 青崖寨自然保护区(省级) 嶂石岩自然保护区(省级) 漫山自然保护区(省级) 南宫群英湖自然保护区(市级) 杏峪自然保护区(市级)	野生动物栖息地,为野生动物提供食物、庇护和繁殖空间的区域
	12. 森林公园	武安国家森林公园(国家级) 响堂山国家森林公园(国家级) 洺河源国家森林公园(国家级) 蝎子沟国家森林公园(国家级) 前南峪国家森林公园(国家级) 驼梁山国家森林公园(国家级) 仙台山国家森林公园(国家级) 五岳寨国家森林公园(国家级) 省级 10 个,县级 5 个	拥有一些典型生态系统单元,或者是在维护大区域范围内的生态完整性和环境质量上有着至关重要作用的区域
	13. 大型湿地	玉泉湖、青塔湖、清凉湾、溢泉湖、永年洼、群英湖等湿地	指面积较大的湿地区域
	14. 密林地	南坨山林地、苍岩山林地、清漳河上游林地、赞皇山—凤凰山山林等	该区域植被覆盖较好
	15. 主要河流与重要水体	主要河流:大沙河、滹沱河、慈河、清漳河、滏阳新河(午河、留垒河、沙河)、滏阳河、滏东排河(西沙河、洪益河、小漳河)、老沙河、清凉江 重要水体:衡水湖、黄壁庄水库、岗南水库、岳城水库、横山岭水库、东武士水库、临城水库、红领巾水库、口头水库、朱庄水库等	水资源的重要来源,是规划区社会经济发展的命脉,应重点加以保护与合理利用

续表 15-2

大类	亚类	区域现有资源	简要说明
2. 文化感知关键区	21. 风景名胜区	崆山白云洞风景名胜区（国家级） 嶂石岩风景名胜区（国家级） 苍岩山风景名胜区（国家级） 西柏坡—天桂山风景名胜区（国家级） 省级 12 个	自然要素的观赏价值较高、值得保护的区域。稀缺性及其区位通常是重要的考虑因子
	22. 历史、考古与文化区（文物保护单位）	国家级文物保护单位 57 个：响堂山石窟、西柏坡中共中央旧址、赵王陵、义和拳议事厅旧址等 省级文物保护单位 235 个	通常是一个区域，甚至是整个国家的重要历史文化遗产
3. 资源生产关键区	31. 水源涵养区	衡水湖水质保持区 太行山脉水源涵养区	包括河流上游、河流廊道以及湿地等具有自然过滤地表水功能的地区，这些地区保证了净水资源的延续
	32. 重要水源保护区	清漳河上游水源保持区 沙河—白马河上游水源保持区 磁河—部河上游水源保持区 滹沱河上游水源保持区	
	33. 矿产采掘区	邢台—邯郸矿产资源密集区	指拥有大量优质矿藏的地区
4. 自然灾害关键区	41. 坍塌、滑坡、泥石流易发区	南坨山易发区、苍岩山易发区、邢台西易发区	各类自然灾害易发区，规划建设应予以合理避让
	42. 岩溶坍塌易发区	邢台—邯郸一线以西易发区	
	43. 地裂缝易发区	邯郸周边地裂缝区	
	44. 地面沉降易发区	衡水—南宫一线周边地面沉降易发区	

(1) 生态关键区：在无控制或不合理的开发下将导致一个或多个重要自然要素或资源退化或消失的区域。所谓重要要素是指那些对维持现有环境的基本特征和完整性都十分必要的要素，它们取决于该要素在生态系统中的质量、稀有程度或者是其地位高低。

规划研究区的生态关键区主要包括各级自然保护区、森林公园、大型湿地、大型林地（密林区）、主要河流与重要水体（图 15-1）。

(2) 文化感知关键区：包括一个或多个重要景观、游憩、考古、历史或文化资源的区域。在无控制或不合理的开发下，这些资源将会退化甚至消失。这类关键区是重要的游憩资源，或有重要的历史或考古价值的建筑物。

规划研究区内的文化感知关键区主要包括风景名胜区、文物保护单位（历史、考古与文化区）（图 15-2）。

(3) 资源生产关键区：又称经济关键区，这类区域提供支持地方经济或更大区域范围内经济的基本产品（如农产品、木材或砂石），或生产这些基本产品的必要原料（如土壤、林地、矿藏、水)。这些资源具有重要的经济价值,除此之外,还包括与当地社区联系紧密的游憩价值或文化/生命支持价值。

规划研究区内的资源生产关键区主要包括基本农田保护区、渔业生产区、重要水源保护区、水质保持区/水源涵养区、矿产采掘区(图15-3)。

(4) 自然灾害关键区:不合理开发可能带来生命与财产损失的区域,包括滑坡、洪水、泥石流、地震或火灾等灾害易发区。

规划研究区内的自然灾害关键区主要包括地质灾害易发区、洪涝易发区、防洪蓄洪区等(图15-4)。

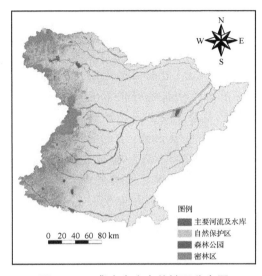

图15-1 冀中南生态关键区分布图

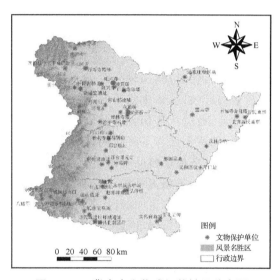

图15-2 冀中南文化感知关键区分布图

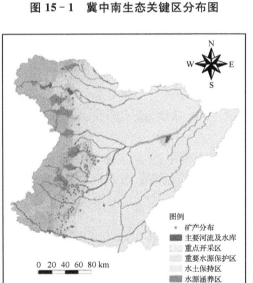

图15-3 冀中南资源生产关键区分布图

图15-4 冀中南自然灾害关键区分布图

✎ 说明15-1:一些国家对生态环境敏感区的定义

生态环境敏感区项目最早始于英国,是英国自然保护区八种类型之一。其面积已由1987年的不足3万ha增长为2004年的120多万ha,增长了40多倍。1980年代,英国为了保护具有重要生态环境意义的景观、野生生物栖息地和具有重要历史价值的人文景观,开始实施生态环境敏感区计划(The Environmentally Sensitive Area scheme,ESA)。该计划将生态环境敏感区定义为那些对本地生境或区域环境的生物多样性、土壤、水体或其他自然资源的长期维持具有重要作用的景观要素或区域,包括野生生物栖息地(Wildlife Habitat Areas)、湿地(Wetlands)、坡地(Steep Slopes)以及重要的农业用地(Prime Agricultural Lands)等。

《美国华盛顿州环境政策法》对环境敏感区(也称关键区 Critical Area)的定义:"那些对包括以下但不局限于以下列出的地区有可能产生严重负面影响的区域:不稳定土层、陡坡地、稀有或珍稀动植物、湿地等地区,或位于洪泛区的地区。"

加拿大安大略省滑铁卢市关于生态环境敏感区的规定:"至少具有一个以下特征的地区属于生态环境敏感区,需加以严格保护。指定区域中存在重要、稀有或濒危的本土物种;确认植物或动物组合以及地貌特征在地方、省或国家范围内少见或质量相对较高;该地区物种类别多且未受干扰,有能力为动植物提供不受人类干扰的栖息地;该地区物种类别独特,所在地区较为稀有,或存留有已灭绝物种栖息地的遗迹;因该地区有多样化的地理特征、土壤、水体以及微气候影响,该地区的物种类别具有极高的动植物群落多样性;该地区的物种为原生林提供了一套过渡系统,或为野生动物长距离迁徙活动提供自然庇护;该地区具有重要的生态功能,如维持大面积的自然储水区(或补水区)的水文平衡;具有以上任一特征,却由于人类活动而导致其独特性或稀有性有少许降低的区域。"

15.3 生态环境敏感性因子选取

通过对规划研究区自然生态本底特征分析与关键生态资源的识别,结合数据可获得性与可操作性,选用植被、水域、水源地、地形、农田、自然灾害、建设用地等 7 大要素作为生态敏感性分析的主要影响因子。

为了便于 GIS 进行叠置分析,需要将每一个敏感性因子进行等级划分并赋值。可按敏感性程度划分为 5 个等级:极高敏感性、高敏感性、中敏感性、低敏感性、非敏感性,相应的分别赋值为 9、7、5、3、1(表 15 - 3)。

需要说明的是,各种生态因子之间不是孤立的、毫无联系的,而是互相影响的,即人类活动对某环境因子不仅产生直接的干扰或破坏,而且还通过此生态因子对其他的生态因子产生间接的干扰或破坏。

表 15 - 3 生态因子及其影响范围所赋属性值

生态因子	分类	分级赋值	生态敏感性等级
植被	自然保护区、森林公园、风景名胜区	9	极高敏感性
	缓冲区 200 m	7	高敏感性
	林地(NVDI≥0.49)	9	极高敏感性
	林地(0.44≤NDVI<0.49)	7	高敏感性
	林地(NVDI<0.44)	5	中敏感性

续表 15-3

生态因子		分类	分级赋值	生态敏感性等级
水域		大中型水库	9	极高敏感性
		缓冲区 300 m	7	高敏感性
		其他(小型)水库、水面	7	高敏感性
		缓冲区 200 m	5	中敏感性
		主要河流水系	9	极高敏感性
		缓冲区 100 m	7	高敏感性
		引水干渠及 100 m 缓冲区	9	极高敏感性
		引水支渠及 50 m 缓冲区	7	高敏感性
地形	坡度	>25%	9	极高敏感性
		15%~25%	7	高敏感性
		10%~15%	5	中敏感性
		5%~10%	3	低敏感性
		0~5%	1	非敏感性
	地形起伏度	≤15 m	1	非敏感性
		15~30 m	3	低敏感性
		30~60 m	5	中敏感性
		60~90 m	7	高敏感性
		>90 m	9	极高敏感性
农田			5	中敏感性
水源地		重要水源保护区	9	极高敏感性
		水源涵养区	7	高敏感性
		水土保持区	7	高敏感性
自然灾害		矿产资源采空区、塌陷区	7	高敏感性
		滑坡、泥石流等各类高易发区	7	高敏感性
		滑坡、泥石流等各类中易发区	5	中敏感性
		断裂带、沉降点 1 000 m 缓冲区	7	高敏感性
		滞洪区、泄洪区等	7	高敏感性
建设用地			1	非敏感性

✎ 说明 15-2：生态环境敏感区的分类

通常采用 5 分法，即极高敏感区、高敏感区、中敏感区、低敏感区和非敏感区；也有学者采用 3 分法，即高敏感区、中敏感区、低敏感区。

美国学者詹姆士·罗伯兹将人类活动对生态环境因子的影响程度划分为 6 个等级：①极端敏感：生态环境因子将承受永久性、不可恢复的影响；②相当敏感：生态环境因子将承受 10 年以上时间方可恢复的影响，其恢复和重建将非常困难并且代价很高；③一般敏感：生态环境因子将承受 4~10 年时间方可恢复的影响，其恢复和重建将比较困难并且代价较高；④轻度敏感：生态环境因子将承受 4 年以内时间方可恢复的影响，其再生、恢复和重建利用天然或人工方法均可以实现；⑤稍微敏感：生态环境因子将承受短时间暂时性的影响，其再生与重建可由人力较容易地实现；⑥毫不敏感：环境因子基本上不受任何影响。

15.4 生态环境敏感性单因子分析

生态环境敏感性单因子分析主要组合使用 GIS 中的缓冲区、字段计算器、面转栅格、重分类等工具。其操作过程与实验 10 中的成本面文件的生成大致相同，在此仅以植被因子的生成为例作简要说明。

首先，在 ArcMap 中加载面要素数据文件"自然保护区.shp"，在其属性表中增加一个短整型的"minganxing"字段，并使用字段计算器将该字段赋值为 9（即极高敏感性等级）。

然后，将"自然保护区.shp"面要素数据文件转换成栅格数据文件（baohuqu），栅格大小为 30 m×30 m，使用字段为"minganxing"，完成自然保护区的敏感性等级赋值。

其次，采用大致相同的方法完成面要素数据文件"森林公园.shp"和"风景名胜区.shp"的敏感性等级赋值。

再次，使用 ArcToolbox 中的"分析工具"—"叠加分析"—"联合"工具（图 15-5），将"自然保护区.shp"、"森林公园.shp"和"风景名胜区.shp"合并为一个面要素文件（重要斑块联合.shp）；使用"缓冲区"工具在多边形的外侧做 200 m 缓冲区，"侧类型（可选）"选择"OUTSIDE_ONLY"，即只生成外侧缓冲区（图 15-6），并在得到的缓冲区文件属性表中添加一个短整型的"minganxing"字段，并赋值为 7（高敏感性等级）；将缓冲区文件转换成栅格数据文件，栅格大小为 30 m×30 m，使用字段为"minganxing"，完成 3 类重要生态斑块缓冲区的敏感性等级赋值。

图 15-5 "联合"对话框

实验 15 城市与区域生态环境敏感性分析

图 15-6 "缓冲区"对话框

最后,使用 ArcToolbox 中的"数据管理工具"—"栅格"—"栅格数据集"—"镶嵌至新栅格"工具,采用取最大值的方法将上面得到的敏感性栅格数据文件以及林地的 NDVI 敏感性分类文件(NDVI_林地.img)进行镶嵌,得到植被单因子敏感性等级栅格数据文件(zhibei)。

其他因子的等级赋值与栅格转换等过程与上面的过程基本一致,在此不再赘述。最后,得到规划研究区的每一个敏感性因子的栅格数据文件(图 15-7～图 15-12)。

图 15-7 植被单因子图

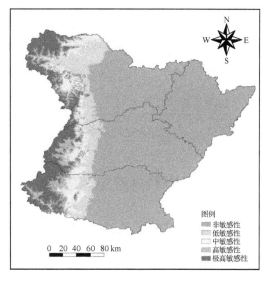

图 15-8 地形单因子图

图 15-9 水域单因子图

图 15-10 水源地单因子图

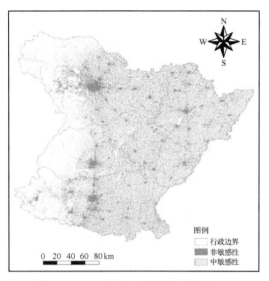

图 15-11 农田与建设用地单因子图

图 15-12 自然灾害单因子图

15.5 生态环境敏感性分区

从单因子分析得出的生态敏感性只反映了某一因子的作用程度，没有将生态环境敏感性的区域分异综合地表现出来，必须采用一定的技术方法将各因子有效地综合起来。

由于各因子对生态环境敏感性的影响程度不同，要对生态环境敏感性进行定量的综合评价，必须确定各生态因子在整个指标体系中的相对重要性程度即各因子的权重。

确定权重的方法很多，主要有主成分分析法、层次分析法等。赋予评价因子权重的合理与否很大程度上关系到生态敏感性综合评价的正确性和科学性。但是由于因子加权叠置方法会降低某些约束性因子的敏感性程度,而因子叠加求取最大值法符合木桶理论,且相对简便易行,所以目前后者使用的频率较高。

本例因子叠置分析采用取最大值方法。

操作过程如下:

首先,使用 ArcToolbox 中的"数据管理工具"—"栅格"—"栅格数据集"—"镶嵌至新栅格"工具,将植被、地形、农田、水域、水源地、自然灾害等 6 个因子按照"取最大值"原则进行镶嵌叠合,随后采用"取最小值"原则将叠合结果与建设用地因子进行镶嵌叠合,得到总的生态环境敏感性分区结果(图 15-13)。

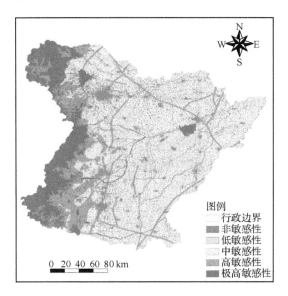

图 15-13 冀中南区域生态敏感性分析总图

然后,统计每一类敏感区的面积与占研究区总面积的比重(表 15-4)。

表 15-4 冀中南区域生态敏感性分类统计表

敏感性等级	面积(km²)	百分比(%)
非敏感性	7 279.96	15.36%
低敏感性	36.19	0.08%
中敏感性	26 165.74	55.19%
高敏感性	5 942.47	12.53%
极高敏感性	7 984.76	16.84%
总计	47 409.12	100%

由敏感性分析结果可见,规划区敏感性总体上呈西高东低的大格局分布,极高敏感性和高敏感性区域主要分布在西部山地丘陵地区,中敏感性主要分布在东部平原地区,而低敏感性和非敏感性区域主要分布在现有建设用地及其周边,空间分布相对较为分散。

敏感性分析结果可为规划研究区用地发展政策的制定提供科学支撑和参考。在现有经济条件和技术水平下,敏感性等级越高越不适宜进行建设活动,反之,应在敏感性等级低的地区优先开展。根据敏感性等级,制定了冀中南区域生态敏感性分区控制指引的措施与对策(表 15-5)。

表 15-5 冀中南区域生态敏感性分区控制指引

生态分区	敏感性等级	主要用地类型	政策指引
生态保护区	极高敏感性	自然保护区、森林公园、密林地与风景名胜区 主要河流与水库及引水干渠 重要水源保护区 地形起伏度大于 90 m、坡度>25%的区域	原则上禁止一切与生态保护无关的建设活动; 增加保护区面积和比例,加大生态关键区的保护力度; 加大宜林地的绿化工作,构建西部山地绿色生态屏障
生态控制区	高敏感性	疏林地 一般河流、引水支渠 水源涵养区、水土保持区 矿产资源采空区、塌陷区 滑坡、泥石流等易发区 断裂带、沉降点及其周围 滞洪区与泄洪区 地形起伏度 60~90 m、坡度 15%~25%的区域	原则上以保护为主,允许适当的少量的开发建设活动; 封山育林,增加林木保有量和森林覆盖率和郁闭度; 建设景观生态绿道系统,大力发展生态旅游,变被动保护为主动保护; 加大废矿的综合整治,有效避免地面塌陷和沉降
生态缓冲区	中敏感性	河流水系的缓冲区 农田 滑坡、泥石流等中易发区 地形起伏度 30~60 m、坡度 10%~15%的区域	可因地制宜地进行中等强度的开发; 保护基本农田,建设绿色食品生产基地,减少面源污染; 依托区域内主要河流,加大水污染治理力度,打造滨水蓝色长廊和绿色基础设施服务体系
适宜建设区	低敏感性 非敏感性	已建区 地形起伏度小于 30 m、坡度小于 10%的低敏感性区域	可进行较高强度的开发; 实施工业入园; 集约用地; 节约用水

15.6 实验总结

通过本实验掌握基于 GIS 叠置分析的生态环境敏感性分析的研究框架与技术路线,熟悉该方法在城市与区域规划中自然与生态领域的具体应用,并能够使用该方法进行其他相关领域的分析,例如学校、公园、医院、消防设施等公共服务设施的选址等。

具体内容见表 15-6。

表 15-6 本次实验主要内容一览

内容框架	具体内容	页码
关键生态资源辨识	（1）生态关键区	P492
	（2）文化感知关键区	P492
	（3）资源生产关键区	P492
	（4）自然灾害关键区	P493
生态环境敏感性因子选取	生态环境敏感性因子选取与分级赋值	P494
生态环境敏感性单因子分析	生态环境敏感性单因子分析	P496
生态环境敏感性分区	（1）生态环境总敏感性分析	P498
	（2）生态环境敏感性分区控制指引	P500

实验 16　城市与区域生态网络构建与优化

16.1　实验目的与实验准备

16.1.1　实验目的

　　大型生境斑块为区域尺度上的生物多样性保护提供了重要的空间保障,是区域生物多样性的重要源地(Source)。然而,快速城市化使得生境斑块不断被侵占和蚕食,破碎化程度日益增加,连接性不断下降,严重威胁着生物多样性的保护。为了减少破碎生境的孤立,生态学家和生物保护学家开始重视生境斑块之间的空间相互作用,并提出"在景观尺度上,通过发展生态廊道来维持和增加生境的连接,保护生物多样性"。景观水平的生境连接通过基因流动、协助物种的迁移开拓新的生存环境,对种群的繁育起着极其重要的作用,生境的空间组成与分布在很大程度上决定着物种的分布和迁移。

　　增加生境斑块的连接性已被认为是生态网络设计的关键原则;设计功能整合的景观生态网络也已成为有效保护生物多样性、生态功能的重要途径。因此,改善与提高重要生境斑块之间的连接,构建区域景观生态网络,对保护生物多样性、维持与改善区域生态环境具有重要意义。

　　通过本实验掌握生态网络构建与优化的常用分析方法(电路理论、最小费用路径、形态学空间格局分析等),熟悉这些方法在城市与区域规划中的具体应用,并能够使用这些方法进行其他相关领域的分析,如土地利用空间格局演化分析、绿色基础设施空间优化配置等。

　　具体内容见表 16-1。

表 16-1　本次实验主要内容一览

主要内容	具体内容
基于电路理论的生态网络构建	(1) 电路理论简介
	(2) 生态源地辨识
	(3) 景观阻力评价
	(4) 电导面制作
	(5) 基于电路理论的生态网络构建
基于最小费用路径的生态网络构建	(1) 最小费用路径(LCP)方法简介
	(2) 模型所需数据准备
	(3) 基于最小费用路径的生态网络构建
基于形态学空间格局分析的生态网络构建	(1) 形态学空间格局分析(MSPA)方法简介
	(2) 模型所需数据准备
	(3) 基于形态学空间格局分析的生态网络构建
基于图谱理论的生态网络结构评价与优化	(1) 景观连通性指数计算
	(2) 景观连通性评价

16.1.2 实验准备

(1) 计算机已经预装了 ArcGIS 10.1 中文桌面版，Circuitscape 4.0，Graphab2.2.6，Guidos Toolbox 或更高版本的软件。

(2) 本实验的规划研究区为南京市中心城区，请将实验数据 shiyan16 文件夹存放在 D:\data\ 目录下。

16.2 基于电路理论的生态网络构建

16.2.1 电路理论简介

麦克雷(McRae)(2006)首次将物理学中的电路理论(Circuit Theory)融入景观生态学、景观遗传学领域，用电子在电路中随机游走的特性(即随机漫步理论，Random Walk Theory)来模拟物种个体或基因在景观中的迁移扩散过程，从而预测物种的扩散和迁移运动规律、识别景观面中多条具有一定宽度的可替代路径，并可通过源地之间电流的强弱确定生境斑块和廊道的相对重要性。该方法因计算所需的数据量少、过程简便，且整合了生境斑块间的结构性与功能性廊道，可满足多物种迁徙需求，更符合物种运动的真实情况而逐渐被应用到国外生态网络格局的构建中。

电路理论将物种个体或基因流视为电子，将景观面视为电导面(Resistance Map，与生态学中的景观阻力面概念相似)，将利于物种迁移扩散的景观类型赋予较低的电阻(Resistance，与景观阻力概念相似)，将景观中生境质量比较好的自然生态斑块称之为节点(Node，与生态源地概念相似)。在模拟时，将部分节点接地，向其他节点输入电流，结合给定的每一个栅格的电阻值，可以计算出节点间的电流密度值(Current)，其大小可以表征物种沿某一路径迁移扩散概率的大小。由于并联电路中有效电阻会随着电路路径数的增加而降低，相应的电流会增大，因而当廊道冗余度、宽度和连接度增加时，生物迁徙受到的阻力会减小，成功扩散的概率会增大。

电路理论中常用的名词、单位及其生态学含义参见表 16-2。

表 16-2 电路理论中常用名词、单位及生态学含义

名词	单位	生态学意义
电阻	欧姆(Ω)	物种在不同景观单元之间迁移的难易程度，与生境适宜性呈反比，生境适宜性越高，物种迁移的景观阻力就越小，电阻值越低
电导	西门子(S)	与生境质量成正比，生境质量越好，电导越大，越有利于物种迁徙
有效电阻	欧姆(Ω)	任意两个斑块之间的迁徙阻力，随着路径数的增加，有效电阻减小
有效电导	西门子(S)	任意两个斑块之间连接度的测度指标，随着路径数的增加而增加
电流	安培(A)	与物种迁徙的数量和成功概率有关
电压	伏特(V)	势能差，任意两个斑块之间差异的大小，差异越大，吸引物种迁徙的引力就越大

本实验基于 Circuitscape 4.0 与 ArcGIS 10.1 软件平台，采用电路理论构建研究区的生态网络，构建过程大致可以分为生态源地辨识、景观阻力评价、电阻面制作、生态网络构建 4 个步骤。同时，由于人为划定的研究区边界会限制电子随机游走的空间，会显

著减少边界附近地区潜在路径的生成,因而本实验在南京市主城区外围设置了3 000 m的缓冲区以消除人工边界对电路理论模拟结果产生的潜在影响。

16.2.2 生态源地辨识

大型生境斑块为城市与区域生物多样性提供了重要的空间保障,是城市与区域生物多样性的重要源地。通过构建生态廊道系统来连接这些大型的核心斑块,对保护生物多样性、维持与改善城市与区域生态环境具有重要意义。

根据南京市主城区的自然生态特点,首先将2013年TM遥感影像解译获取的土地利用现状图(2013landuse.grid)中的林地、草地、水体作为规划研究区自然生态空间的组成要素(即城市绿色基础设施,Urban Green Infrastructure,UGI),我们可以将这些生境质量较好的斑块确定为源(Sources)或目标(Targets);然后,本实验结合斑块的面积大小和空间分布格局,将面积大于1 000 m² 的斑块作为城市生物多样性的重要"源地(Sources)"。这些斑块是南京市生物物种的主要聚集地,是物种生存繁衍的重要栖息地,具有极为重要的生态意义。

生态源地辨识的具体操作步骤如下:

➢ 步骤1:土地类型的重分类与UGI要素的提取。

首先,在ArcMap中对南京市主城区及其3 000 m缓冲区范围内的土地利用现状数据(2013landuse.grid)进行重分类编码。2013landuse文件是通过TM遥感影像解译获取的土地利用类型数据(栅格大小为30 m×30 m),包括草地(编码为1)、建设用地(编码为2)、林地(编码为3)、裸地(编码为4)、农业用地(编码为5)、水域(编码为6)、道路用地(编码为7)7类。我们将林地、草地、水体重新赋值为1,作为生态网络构建中的UGI要素,其余用地类型重新赋值为2。

"2013landuse.grid"数据加载后,打开ArcToolbox工具箱,使用"3D Analyst 工具"—"栅格重分类"—"重分类"命令(或者"Spatial Analyst 工具"—"重分类"—"重分类"命令),将林地(原编码为3)、草地(原编码为1)、水域(原编码为6)重新赋值为1,其余用地类型重新赋值为2(图16-1),生成新的栅格分类数据文件(fenlei.grid)。

图16-1 "重分类"对话框

然后,使用ArcToolbox中的"Spatial Analyst 工具"—"提取分析"—"按属性提取"工具,提取栅格分类图(fenlei.grid)中赋值为1的UGI要素。在弹出的"按属性提取"对话框(图16-2)中做如下设置:输入栅格为fenlei,Where子句为""VALUE"=1"(可以通过点击后面的"![SQL]"(SQL)图标,弹出"查询构建器"对话框,在

图16-2 "按属性提取"对话框

该对话框中设置查询条件),输出栅格数据集命名为"chushiUGI.grid"。点击"确定"按钮,执行按属性提取命令,得到UGI要素的栅格数据文件(chushiUGI.grid)。

➢ 步骤2:初始UGI数据的编辑与修正。

首先,使用ArcToolbox中的"转换工具"—"由栅格转出"—"栅格转面"工具,将初始的UGI要素栅格数据文件"chushiUGI.grid"转成矢量数据文件,输出格式为Shapefile文件,命名为chushiugi.shp。

然后,在ArcMap中使用"编辑器"中的相关工具进行UGI数据的编辑与修正。由于实验中使用的土地利用类型数据是由2013年的TM遥感影像数据解译获取的,考虑到影像数据的空间

图16-3 "栅格转面"对话框

分辨率(30m)不太高,加之城市开发建设对局部地区土地利用类型的可能影响,本实验根据同时期的谷歌影像数据对该土地利用现状图进行必要的修正,以得到最终的UGI现状图。

点击"编辑器"—"开始编辑",选择"chushiugi.shp"图层,使其进入可编辑状态,参照谷歌影像图对该数据进行必要的增汇绘制和修正。具体的编辑修改过程在这里不再赘述(请参见实验4中的地图数据的数字化部分)。

最后,在编辑修改好的矢量数据"chushiugi.shp"的属性表中添加一个浮点型的"area"字段,并使用"计算几何"工具计算该文件中每一个绿地斑块的面积(图16-4)。

➢ 步骤3:生态源地的提取。

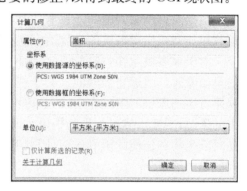

图16-4 "计算几何"对话框

由于长江宽度较大,对陆生物种的阻隔作用比较明显,不宜作为生态源地,因而本实验将长江斑块进行删除。另外,研究区的UGI主要以人工绿地为主,考虑到小面积人工绿地的生态功能有限,因此我们仅将面积大于1 000 m² 的斑块提取出来作为生态网络构建分析中的源地(Sources)。

首先,打开chushiugi文件的属性表,在左上角表选项中选择"按属性选择"工具(或点击ArcMap主菜单中的"选择"—"按属性选择"),在Where子句中输入""area">=1 000"(图16-5),点击"应用"按钮,面积大于等于1 000 m²的绿地斑块被选中,在ArcMap视图窗口中被选中的斑块会高亮显示。

然后,在内容列表中右击chushiugi数据图

图16-5 "按属性选择"对话框

层,点击选择"数据"—"导出数据",选择"所选要素",将选中的绿地斑块导出,输出要素类命名为"finalugi.shp"。

由于对照谷歌遥感影像图进行生态源地修正与补充的过程较为耗时,因而本实验直接提供了处理得到的最终生态源地矢量数据文件"finalugi.shp"(存放在 shiyan16 文件夹下),以便在后续过程中方便使用。

16.2.3 景观阻力评价

生境适宜性是指某一生境斑块对物种生存、繁衍、迁移等活动的适宜性程度。景观阻力是指物种在不同景观单元之间进行迁移的难易程度,它与生境适宜性的程度呈反比,即斑块生境适宜性越高,物种迁移的景观阻力就越小。

潜在的生态网络是由源(Sources)或目标(Targets)的质量、源与目标之间不同土地利用类型的景观阻力决定的,而植被群落特征如覆盖率、类型、人为干扰强度等对于物种的迁移和生境适宜性起着决定性的作用。因此,景观阻力主要由植被覆盖率、植被类型、人为干扰强度3个因子构成。

根据南京市主城区的土地利用现状情况,结合数据的可获得性,实验确定了不同土地利用类型或生境斑块的生境适宜性和景观阻力(即电阻值)大小。

对于大多数生物,特别是陆生物种来说,建设用地、道路与大型水域是物种迁移扩散的重要障碍。因遭受强烈的人为干扰,城市建设用地的景观阻力赋值最大;高速公路与铁路对生态斑块的阻隔作用较大,因而道路的阻力赋值也较大;水体是生物生存必不可少的资源,小型水体可为生物提供水源补给,维持了物种生命的延续,但大型水体更多的是对陆生物种迁徙的阻隔作用,因此我们将水域按照面积大小分为3类,并分别赋予不同的阻力值。

另外,建成环境特征会对生物的迁移扩散产生一定的影响。不同建筑密度和容积率的建设用地所对应的生境适宜性和景观阻力值不同,因而我们采用容积率(R)和建筑密度(C)两个因子对建设用地类型进行了细分(表16-3)。然后,将容积率(R)和建筑密度(C)进行等权重加权求和得到建设用地的得分值(即 P 值,介于1~7之间)。最后,根据 P 值将建设用地划分为6个等级,并分别赋以不同的景观阻力值(表16-4)。

表16-3 南京市主城区建筑密度及容积率分类等级

容积率 R	等级	建筑密度 C/%	等级
$R<0.8$	1	$C<10$	1
$0.8 \leqslant R<1.5$	2	$10 \leqslant C<20$	2
$1.5 \leqslant R<2.5$	3	$20 \leqslant C<30$	3
$2.5 \leqslant R<4.0$	4	$30 \leqslant C<40$	4
$4.0 \leqslant R<6.0$	5	$40 \leqslant C<60$	5
$6.0 \leqslant R<8.0$	6	$60 \leqslant C<80$	6
$R \geqslant 8.0$	7	$C \geqslant 80$	7

表 16-4　不同土地利用类型的景观阻力值（即电阻值）

土地利用类型	分类及说明	阻力值（电阻值）/Ω
绿地（草地＋林地）（面积 S）	$S \geqslant 10\ hm^2$	1
	$3\ hm^2 \leqslant S < 10\ hm^2$	3
	$S \leqslant 3\ hm^2$	5
水体（面积 S）	$S \geqslant 100\ hm^2$	600
	$10\ hm^2 \leqslant S < 100\ hm^2$	9
	$S < 10\ hm^2$	7
裸地	/	50
农业用地	/	100
道路用地	铁路	700
	快速路	600
	干路	500
	支路	300
建设用地	$1 \leqslant P < 2$	750
	$2 \leqslant P < 3$	800
	$3 \leqslant P < 4$	850
	$4 \leqslant P < 5$	900
	$5 \leqslant P < 6$	950
	$P \geqslant 6$	1 000

注：$P = 0.5R + 0.5C$，R 与 C 见表 16-3。

16.2.4　电导面制作

➢ 步骤 1：按照表 16-4 中的 6 类不同土地利用类型的阻力赋值，分别制作单因子的阻力成本栅格文件。

具体操作过程可参见实验 10 中可达性分析一节的消费面制作部分。

下面仅以农业用地的提取和阻力赋值为例加以简单演示说明。

首先，在 ArcMap 中加载研究区土地利用栅格数据文件"2013landuse.gird"。

然后，点击 ArcToolbox 中的"Spatial Analyst 工具"—"提取分析"—"按属性提取"工具，弹出"按属性提取"对话框，定义输入栅格为 2013landuse.grid，where 子句为""Value"＝5"。点击"确定"按钮，执行按属性提取命令，得到农业用地的栅格数据文件（nongye.grid）。

最后，使用重分类命令将 nongye 中的字段值重新赋值为 100，生成农业用地图层的成本值栅格数据文件（nongyecost）。

当然，我们也可以直接使用重分类命令将农业用地（编码为 5）提取出来并进行 cost 赋值，在重分类中将原始唯一值非 5 的类别全部设为 NoData，将原始值为 5 的设置为 100 即可（图 16-6）。

图 16-6　使用"重分类"进行数据提取与赋值

➤ 步骤 2:将绿地、裸地按照取最小值的方法进行镶嵌,农业用地、水域、建设用地和道路用地按照取最大值的方法进行镶嵌。

➤ 步骤 3:将前面两次镶嵌的结果再次进行镶嵌,方法为取最大值方法,得到新的电导面(成本面)栅格数据。

由于坡度对于物种的迁徙具有重要的影响,本实验将坡度因子(赋值方法参见公式 16-1 和 16-2)叠加到前面已经构建的电导面上,得到本实验最终使用的电导面(图 16-7)。

$$R_{\text{final}} = R_i(1 + \alpha * S_i) \qquad (公式 16-1)$$

$$S_i = h_i / l_i \qquad (公式 16-2)$$

R_{final} 是指每个栅格最终的阻力值,R_i 是指栅格 i 的阻力值,S_i 是指栅格 i 的百分比坡度,α 是控制坡度的阻力值系数,实验中取值为 1,h_i 指栅格 i 的高,l_i 指栅格 i 的长。

由于研究区地形等数据涉密,本实验未能提供具体数据,仅将最终的电导面栅格数据(cost.grid)存放在 shiyan16 文件夹下,方便后续过程中使用。

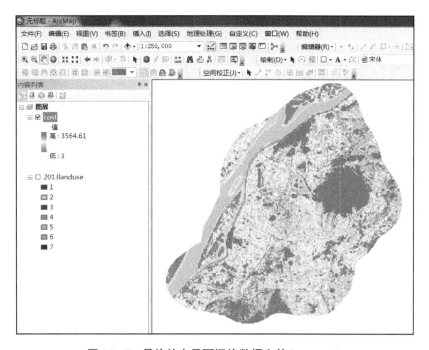

图 16-7 最终的电导面栅格数据文件(cost.grid)

16.2.5 基于电路理论的生态网络构建

Circuitscape 是一个运用电路理论构建异质景观连接度模型的一个开源程序,软件下载地址为:http://www.circuitscape.org/downloads。Circuitscape 共有 4 种景观连通性的度量模式:成对(Pairwise)模式、高级(Advanced)模式、一对多(One-to-all)模式和多对一(All-to-one)模式(图 16-8)。

成对模式将景观面中的斑块两两分为一对,分别计算每对斑块之间的电流值,叠加后得到整个景观面的累积电流值。首先计算一对斑块之间的电流值,向其中一个源斑块

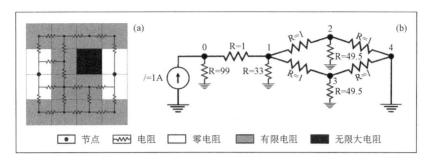

图 16-8 电路理论模型栅格(a)及图论(b)数据格式示意图

输入 1 A 电流,另一源地接地,得到一对源斑块之间的电流值,当所有成对斑块间的电流模拟完成时,将所有成对斑块间的电流值合并生成逐像素的累积电流值(电流密度),以表征该像素被迁徙物种使用的概率,亦可直观地显示研究区的整体生态格局,识别具有一定宽度的重要生态廊道。一对源斑块之间的电流值与物种迁徙的数量或物种在这两个斑块之间迁徙的次数有关,电流密度较高的区域可作为研究区潜在的重要生态廊道。

多对一模式每次选择一个目标斑块接地,向其余所有源斑块输入 1 A 电流,模拟此时景观面中产生的电流值。不断重复这一过程,直至所有斑块都曾接地,最终叠加得到累积电流值。如果景观面中共有 n 个斑块,软件将计算 n 次,不断迭代,最终得到多对一模式下的累积电流值。多对一模式的累积电流值可用于度量节点在多大程度上有助于其他节点之间的路径或流,是一个功能连通性的度量指标,可用来识别景观面中发挥重要景观连通性作用的斑块。

Circuitscape 软件分析的数据若为栅格数据,则要求输入的文件格式为 ASCII 格式,若分析的数据为图论网络,则输入的数据文件格式为 TXT 格式。本实验主要以栅格数据为基础,选用多对一模式模拟分析生态斑块的相对重要性,选用成对模式模拟分析生态廊道的相对重要性。使用栅格图像进行模拟时,需注意输入的源斑块与电阻面数据图层的范围、栅格像元大小必须完全一致,否则软件无法正常运行。模拟时,选用八邻域原则进行分析,并使用斑块面积作为每个源斑块的权重。另外,由于源斑块的形状及空间位置对电流值的模拟结果会产生较大影响,因而本实验首先提取出源斑块的中心点位置,然后再向点数据输入电流进行模拟。

具体操作过程如下:

➤ 步骤 1:Circuitscape 软件运行所需数据的准备。

首先,提取源斑块的中心点位置,导出符合 Circuitscape 软件的运行数据。使用"数据管理工具"—"要素"—"要素转点"工具,将面状的源斑块数据文件(finalugi.shp)转为点要素文件"ugipoint.shp"(图 16-9)。

然后,安装"Export to Circuitscape"工具并加载到 ArcMap 中(该工具的具体安装及破解步骤可参考 Circuitscape 指导手册,安装与相关说明文件放置在 d:\reference\Export_to_Circuitscape_10 文件夹中)。

最后,点击"Export to Circuitscape"工具,在

图 16-9 "要素转点"对话框

弹出的"Select Rasters for Circuitscape"对话框(图16-10)中做如下设置,在"Select Template Raster"栏中选择电导面栅格数据文件(cost.tiff),在"Additional Feature Classes to Export"栏中通过点击"Add New"按钮,并在弹出的"Select Feature Layer and Value Field"对话框中(图16-11),选择源斑块点要素文件(ugipoint.shp),"Value field(值字段)"选择"area",并将导出数据的路径设置为 D:\data\shiyan16\dianlu\(图16-10)。点击"OK(确定)"按钮,将所选数据转换成电路理论模拟所需的 ASCII 数据格式(图16-12)。至此,我们完成了电路理论模拟所需相关数据的准备工作。

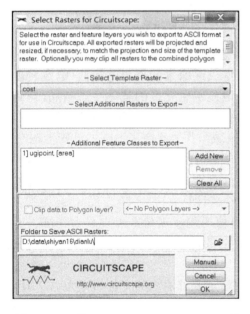

图16-10 "Select Rasters for Circuitscape"对话框　　图16-11 "Select Feature Layer and Value Field"对话框

图16-12 生成的电路理论模拟所需的 ASCII 数据格式文件(.asc)

> 步骤2:基于电路理论识别斑块和廊道的相对重要性。

我们将在 Circuitscape 软件中使用成对模式分析廊道的相对重要性,使用多对一模式分析斑块的相对重要性(目前,已经有嵌入 ArcToolbox 中的"Circuitscape for ArcGIS"工具可用,我们也可以使用该工具进行斑块和廊道相对重要性的分析,该工具的相关安装与说明文件均位于软件下载网址 http://www.circuitscape.org/downloads 的

Circuitscape ArcGIS Toolbox 文件压缩包中)。

首先,在 Circuitscape 软件的主界面中,在"Data type and modeling mode"栏中将"Step1:Choose your input data type"设置为"Raster"(为默认设置),将"Step2:Choose a modeling mode"设置为"Pairwise"(即成对模式);在"Input resistance data"栏中,使用"Browse(浏览)"按钮,找到我们生成的 ASCII 数据格式文件(cost.asc);在"Pairwise mode options"栏中,使用"Browse(浏览)"按钮,找到我们生成的 ASCII 数据格式文件(ugipoint.asc);在"Output options"栏中,设置输出文件的路径为 D:\data\shiyan16\dianlu,文件命名为"pairwise.out";点击选择"Output maps to create"栏中的"Current maps"以及"Log completion time"选项(图 16-13)。

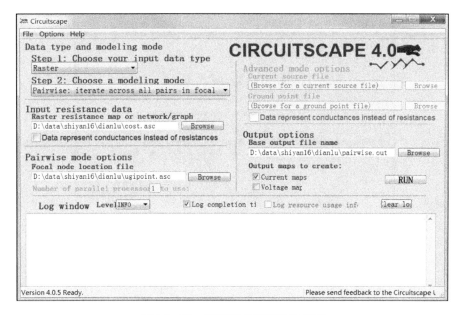

图 16-13 成对模式模拟设置界面

然后,在 Circuitscape 软件的主界面中,鼠标点击"Options"—"More settings & inputs",弹出"Circuitscape options"对话框(图 16-14),在"Mapping options"栏中勾选"Write cumulative & max current maps only"。在"Calculation options"中,我们可根据计算机性能的实际情况进行相关设置,若软件运行内存不足或者无法计算出结果时,可勾选"Preemptively release memory when possible"选项,即在必要时释放内存运行,以保证软件能正常模拟(图 16-14)。但是,低内存模式会降低软件的计算速率,延长模拟时间,因而在"Calculation options"中我们可根据计算机的实际运行情况进行必要调试。

最后,点击"RUN"(运行)按钮,运行成对模式模拟,以进一步分析廊道的相对重要性。模拟运行的实际时间会因我们计算机的性能与"Calculation options"中软件的计算设置而有所差异,时间会从几个小时到几天不等。为缩短上机实验时的计算时间,建议将模拟使用的电导面数据分辨率由 30 m×30 m 降低至 120 m×120 m。

采用同成对模式大致相同的步骤,在 Circuitscape 软件的主界面中选择多对一模拟模式(图 16-15),运行多对一模式模拟,以进一步分析斑块的相对重要性。

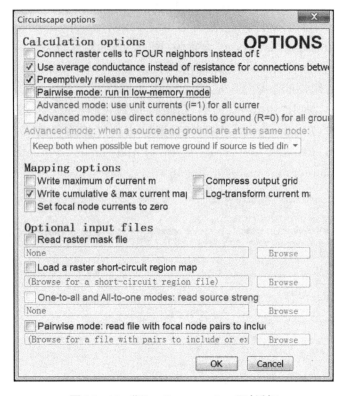

图 16-14 "Circuitscape options"对话框

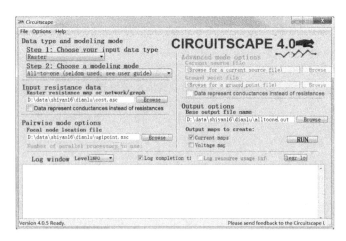

图 16-15 多对一模式模拟设置界面

待模拟完毕后,回到 ArcMap 软件主界面,首先利用 ArcToolbox 中的"转换工具"—"转为栅格"—"ASCⅡ转栅格"工具,将成对模拟与多对一模拟的结果文件由 ASCⅡ转为栅格数据文件〔"输出数据类型(可选)"选择 FLOAT,即创建浮点型栅格数据集;存放路径设置为 D:\data\shiyan16\,生成的栅格数据分别命名为"pairwise. grid"和"alltoone. grid"〕。

然后,利用 ArcToolbox 中的"数据管理工具"—"栅格"—"栅格处理"—"裁剪"工具,使用研究区的矢量边界文件(zhucheng. shp)将栅格数据"pairwise. grid"和"alltoone.

grid"进行裁剪,得到研究区范围内的栅格数据文件("pairwiseclip. grid"和"alltooneclip. grid")。

最后,鼠标右键点击裁剪后的数据图层,点击属性,进入"图层属性"对话框,在"符号系统"栏中选择拉伸模式显示图层,选择色带、拉伸类型等,以达到较好的显示效果(图 16-16、图 16-17)。

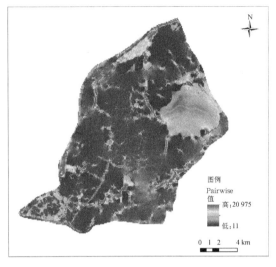

图 16-16　成对模式模拟结果　　　　　图 16-17　多对一模式模拟结果

➤ 步骤 3:研究区生态网络构建。

根据前面电路理论成对模式(Pairwise)与一对多模式(One-to-all)计算的结果,设置相应的阈值(根据研究区实际情况,我们分别选取电流密度排名前 30% 和前 20% 的区域),提取出研究区重要的生态廊道与生态斑块,将两者相叠加构建了南京市中心城区的生态网络(图 16-18)。

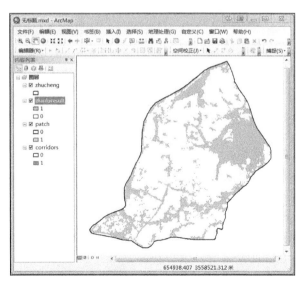

图 16-18　基于电路理论的研究区生态网络模拟结果

重要生态廊道与生态斑块提取的具体步骤如下：首先，在 ArcMap 中加载栅格数据文件"alltooneclip.grid"，打开该文件的"图层属性"，进入"符号系统"栏，选择"唯一值"显示方式，可以显示每一个唯一值及其对应的栅格数。

其次，将电流值排名前 20% 的像元提取出来作为重要斑块。经统计，当电流值 value 大于 1345A 时，栅格总数为 6966，满足电流值排名前 20% 的要求。

再次，点击 ArcToolbox 中的"Spatial Analyst 工具"—"重分类"—"重分类"工具，将电流值大于等于 1345A 的栅格赋值为 1，电流值小于 1345A 的栅格赋值为 0，从而得到研究区的重要生态斑块，命名为"patch.grid"（图 16-18）。

采用大致相同的过程与方法，提取成对模式模拟结果中电流值排名前 30% 的区域组成研究区的重要生态廊道，命名为"corridors.grid"。

最后，使用 ArcToolbox 中的"数据管理工具"—"栅格"—"栅格数据集"—"镶嵌至新栅格"工具，将重要生态斑块与重要生态廊道相叠加（取最大值方法），得到研究区的生态网络（图 16-18）。

16.3 基于最小费用路径的生态网络构建

16.3.1 最小费用路径（LCP）方法简介

在基于水平生态过程的生态网络构建方法中，目前应用最广泛的是最小费用路径模型（The Least Cost Path, LCP），也称最小路径模型，该模型同时考虑了景观的地理学信息和生物体的行为特征，可以有效确定源和目标之间的最小消耗路径，该路径是生物物种迁移与扩散的最佳路径，可以有效避免外界的干扰。该模型首先根据不同景观对物种迁移的阻力大小，分别赋以不同的景观阻力值，构建消费面模型，然后基于 ArcGIS 中的 LCP 方法进行潜在生态网络的模拟，最后基于重力模型进行重要生态廊道的提取。

由于 ArcGIS 中的 LCP 方法只能进行"一对一"和"一对多"的生态网络构建，因而本实验基于 ArcGIS 10.1 和 Graphab 2.2.6 软件平台（能够实现"多对多"），采用最小费用路径方法构建研究区的生态网络，其构建过程大致可以分为生态源地辨识、景观阻力评价、消费面制作、生态网络构建 4 个步骤。由于该过程与基于电路理论的生态网络构建大致相同，我们将前 3 个步骤合并为最小费用路径模型所需数据准备。

16.3.2 模型所需数据准备

➤ 步骤 1：生态源地辨识。

为节省上机实验时间，我们直接采用基于电路理论的生态网络构建过程中得到的生态源地矢量数据文件（finalugi.shp）。

由于该数据包含了缓冲区范围的源地斑块，因此首先需要对数据按照研究区边界进行裁剪。使用 ArcToolbox 中的"分析工具"—"提取分析"—"裁剪"工具（图 16-19），定义输入要素为

图 16-19 "裁剪"对话框

"finalugi. shp",裁剪要素为研究区的矢量边界文件"zhucheng. shp",输出要素类命名为 zhuchengugi. shp,提取出主城区范围内的生态源地数据。

Graphab 2.2.6 软件平台需要输入 TIFF 格式的数据,我们需要将研究区生态源地的矢量数据 zhuchengugi. shp 进行格式转换。首先,使用 ArcToolbox 中的"转换工具"—"转为栅格"—"面转栅格"工具(图 16-20),将矢量数据 zhuchengugi. shp 按照该数据属性表中的"value"字段进行转出,栅格数据命名为"zhuchengugi. grid",像元大小设置为 30 m×30 m。然后,右键点击 zhuchengugi. grid 数据图层文件,选择"数据"—"导出数据",将数据转为 TIFF 格式 zhuchengugi. tif(图 16-21)。

图 16-20 "面转栅格"对话框

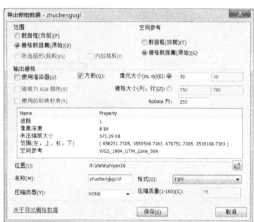

图 16-21 "导出栅格数据"对话框

➢ 步骤 2:景观阻力评价与消费面制作。

由于景观阻力值与电阻值所表征的生态学含义基本一致,本节直接使用基于电路理论生态网络构建一节中构建的电阻值和电导面数据(cost. grid)。在实际研究过程中,我们可以根据研究需要对景观阻力值进行相应的调整。

由于电导面数据范围包含了研究区的 3000m 的缓冲区,因此我们需要使用研究区边界对电导面数据进行裁剪。使用"Spatial Analyst 工具"—"提取分析"—"按掩膜提取"(图 16-22),输入带缓冲区范围的电导面数据(cost. grid),以主城区矢量边界图层(zhucheng. shp)作为掩膜,提取出南京市主城区的电导数据作为 LCP 分析使用的消费面(zhuchengcost. gird),并将其转为 TIFF 格式数据,命名为 zhuchengcost. tif(图 16-23)。

图 16-22 "按掩膜提取"对话框

图 16‐23　最终的消费面栅格数据(zhuchengcost.tif)

16.3.3　基于最小费用路径的生态网络构建

我们将基于 Graphab 软件平台,采用 LCP 方法进行研究区生态网络的"多对多"构建。Graphab 软件下载地址为:https://sourcesup.renater.fr/graphab/en/home.html。需要注意的是,该软件需要预先安装 Java 7 或更高版本才能运行。

具体操作过程如下:

➢ 步骤 1:在 Graphab 中新建工程,并进行设置。

首先,在 Graphab 主界面中点击"File"—"New project"功能菜单,弹出"New project"对话框(图 16‐24),新建工程名称(Project name)定义为"Linkset1",存放路径为 D:\data\shiyan16\lcp\。

其次,点击"New project"对话框中的"Next"按钮,进入数据导入的相关设置页面,加载南京市主城区 UGI 要素 TIFF 格式栅格数据文件(D:\data\shiyan16\zhuchengugi.tif),并定义"Habitat patch codes"(栖息地斑块编码)为 1,"Minimum patch area"(最小斑块面积)设置为 0 ha(即默认设置),"Patch connexity"(斑块连接)设置为"8‐connexity"(八邻域规则)(图 16‐25)。

需要注意的是,导入的景观类型数据必须为 TIFF 格式,而且需要配置有 tfw 格式的空间参数文件。如果输入的 TIFF 数据文件没有包含空间参数文件,可以使用 ERDAS 软件将 TIFF 格式数据文件重新导出即可(ERDAS 软件会自动创建空间参数文件)。

图 16-24　Graphab 主界面与"New project"对话框

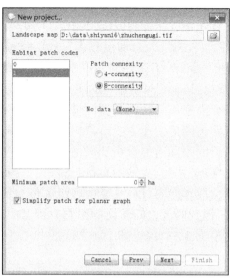

图 16-25　在 Graphab 中加载"景观类型图"并"定义节点"

再次,点击"New project"对话框中的"Next"按钮,进入基于最小费用路径的"构建连接"相关设置页面(图 16-26),在"构建连接"页面中做如下设置:"Topology(拓扑结构)"点击选择 Complete(完整图谱),勾选"Ignore links crossing patch"(忽略穿越斑块的廊道,在选择了"Cost from raster file"选项之后才能点击选择)以及"Save real path"(保存真实路径)选项;"Distance"(距离)点击选择"Cost from raster file"选项,并导入基于 GIS 软件得到的成本消费面文件(zhuchengcost.tif),"Impedance"(阻力值)点击选择 Cumulative cost(累积成本值,为默认选项)。

最后,点击"Finish"(完成)按钮,进行无距离阈值情景下连接廊道的构建。

图 16-26　"构建连接"对话框

需要注意的是,输入的景观要素栅格数据与导入的消费面栅格数据的区域范围必须保持一致,否则软件会报错(图 16-27)。

图 16-27　栅格数据范围不一致导致的软件报错信息

➢ 步骤 2:使用"Create graph"构建研究区的生态网络。

基于最小费用路径的廊道(Linkset1)模拟结束后,我们使用 Graphab 主界面中菜单下的"Graph"—"Create graph(创建图谱)"工具,构建研究区的生态网络。

首先,进行累积阻力成本距离(Dist)与物理距离值(DistM)之间的转换,公式为 $Dist = e^{intercept + slope * log(DistM)}$。通过右击"Link sets"下的"Linkset1"文件(通过点击"Link sets"前面的" + "号展开该文件夹),在弹出的快捷菜单中点击选择"Distance conversion"功能菜单,弹出"Input"对话框(图16-28),输入物理距离值(Metric distance)为1 000 m(本实验结合南京市主城区的实际情况和UGI网络分析结果,选择距离阈值为1 000 m,对于其他区域应选择多种距离进行网络图谱的分析比较之后,合理选择距离阈值),点击"OK"按钮,生成"Distance conversion"对话框和累积阻力成本距离(Dist)与物理距离值(DistM)之间的散点图,得到两者之间转换的回归方程,即1 000 m对应的阻力值为3 883.41(图16-29)。

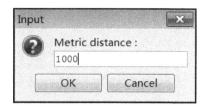

图16-28 "Input"对话框

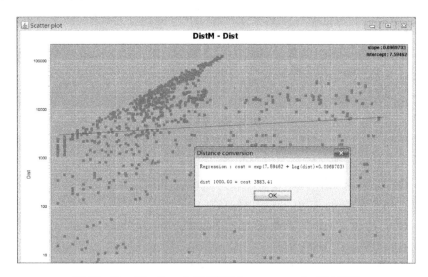

图16-29 "Scatter plot"和"Distance conversion"对话框

然后,使用Graphab主界面中菜单下的"Graph"—"Create graph(创建图谱)"工具,构建研究区的生态网络。在"Create graph"对话框中做如下设置(图16-30):"Name"(名称)为Graph1;"Link set"(连接集合)选择Linkset1;"Type"(类型)为"Thresholded graph"(阈值图谱),"max dist"(最大距离)设置为3 883.41个阻力单位,即对应1 000 m;勾选"Include intra-patch distance for metrics"(计算指标时考虑内部斑块距离),点击"OK"按钮,执行创建图谱命令,进行1 000 m阈值情景下图谱网络的构建,得到图谱结果和廊道连接集合结果(图16-31)。

➤ 步骤3:在ArcMap中进行研究区生态网络制图。

我们使用Graphab软件创建的图谱将生态源地斑块数据概化成点状数据,显示的效果不太好(图16-31)。我们可以将Graphab软件创建的图谱数据文件导出为shapefile格式的文件,然后在ArcMap中进行研究生态网络的制图。

首先,在Graphab软件左侧内容栏中右击需要导出的数据文件,在弹出的快捷菜单中点击选择"Export",分别将位于Graphs—Graph1下的Nodes、Edges和Components

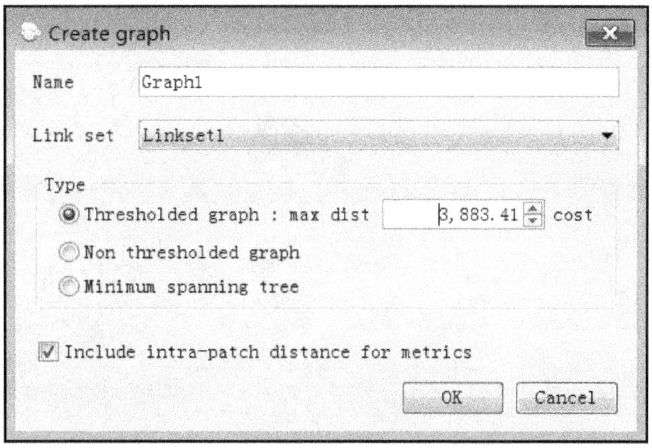

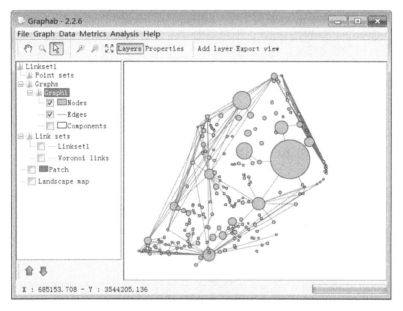

图 16-30 "Create graph"(创建图谱)对话框

图 16-31 图谱创建结果

以及位于 Link sets 下的 Linkset1 和 Voronoi links 数据文件导出为 Shapefile 格式的文件,分别命名为 nodes.shp、edges.shp、components.shp、links.shp、voronoi.shp。然后,在 ArcMap 中进行进一步制图,形成最终的生态网络图(图 16-32)。当然,我们还可以根据累积阻力值的大小来进行生态廊道的类型划分,将累积阻力值相对较小的廊道提取出来作为研究区的重要生态廊道。

基于最小费用路径的生态网络分析结果表明,在 1 000 m 距离阈值情景下,模拟构建的 UGI 网络包括 206 个斑块、834 条廊道连接、39 个网络组分;主城区 UGI 网络在玄武湖、钟山风景区、幕燕风景区和秦淮河区域段,呈现出较强的无标度网络,成长潜力较好,可作为研究区的生态中心来主导生态网络的优化,同时也需要规划保护这些高质量的生境斑块与廊道;而河西新城区域的廊道呈扁平网络形态,生境较为破碎,需注意保护和修复既有的生态网络。

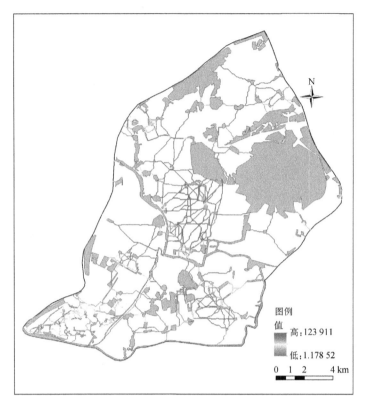

图 16-32　基于最小费用路径的研究区 UGI 网络模拟结果

16.4　基于形态学空间格局分析的生态网络构建

16.4.1　形态学空间格局分析（MSPA）方法简介

　　Riitters（2000、2002）和 Civco（2007）等学者基于图论中的卷积算法对美国破碎化的森林景观进行了连通性分析，其后，Vogt 等学者（2007）在 Riitters 提出的卷积算法基础上，结合数学形态学制图算法，提出了形态学空间格局分析（Morphological Spatial Pattern Analysis，MSPA）方法，为区域生态格局规划提供了清晰的分析框架。

　　MSPA 是对景观网络分析的一种新方法，即基于腐蚀、膨胀、开运算、闭运算等数学形态学原理对栅格图像的空间格局进行度量、识别和分割。MSPA 分析依赖于土地利用数据，在生态网络分析中可以将其重新分类，提取林地、湿地等自然生态要素作为前景，其他用地类型作为背景（图 16-33），然后通过图像处理方法将前景景观分为核心区、桥接区、环岛区、支线、边缘区、孔隙和岛状斑块互不重叠的 7 类（表 16-5），其中桥接区、环岛区、支线起到连接作用，核心区相当于生态斑块，岛状斑块担当踏脚石的作用，在此基础上对景观组分进行几何学特征和连接性分析，为生态网络空间格局的设计和优化提供理论基础与方法支撑。

表 16-5 MSPA 的景观类型及其生态学含义

景观类型	生态学含义
核心区	前景像元中较大的生境斑块,可以为物种提供较大的栖息地,对生物多样性的保护具有重要意义,是生态网络中的生态源地
岛状斑块	彼此不相连的孤立、破碎的小斑块,斑块之间的连接度比较低,内部物质、能量交流和传递的可能性比较小
孔隙	核心区和非绿色景观斑块之间的过渡区域,即内部斑块边缘(边缘效应)
边缘区	核心区和主要非绿色景观区域之间的过渡区域,即斑块的边缘
桥接区	连通核心区的狭长区域,代表生态网络中斑块连接的廊道,对生物迁移和景观连接具有重要的意义
环岛区	连接同一核心区的廊道,是同一核心区内物种迁移的捷径
支线	只有一端与边缘区、桥接区、环道区或者孔隙相连的区域

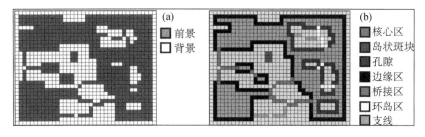

图 16-33 MSPA 分析中的输入数据(a)及输出数据(b)

16.4.2 模型所需数据准备

本实验基于 ArcGIS 10.1 和 Guidos Toolbox 软件平台进行数据处理,采用 MSPA 方法进行南京市主城区生态网络的构建。具体的操作流程是首先将土地利用数据中的草地、林地、湿地等自然生态要素作为"前景",其他用地类型作为"背景",然后使用 Guidos Toolbox 软件基于八邻域原则,通过一系列图像处理技术,将"前景"分成互不重叠的 7 类,并从中选取核心区和桥接区构建研究区的生态网络。

首先,我们需要进行模型所需数据的准备工作。具体操作过程如下:

➤ 步骤 1:土地利用类型数据的处理。

由于 Guidos Toolbox 软件要求输入的数据必须为二进制栅格数据文件,且需要将栅格数据中的前景设置为 2,背景设置为 1,因而我们需要对土地利用类型数据进行重分类和格式转换。

首先,在 ArcMap 中进行研究区土地利用现状数据(2013landuse.grid)的重分类。将林地(原编码为 3)、草地(原编码为 1)、水体(原编码为 6)重新赋值为 2,作为生态网络构建的前景数据,其余用地类型全部赋值为 1,作为生态网络构建的背景数据。为了操作方便,本实验直接使用 shiyan16 文件夹中的源地数据(finalugi.shp)进行后续操作。

其次,使用"字段计算器"工具将生态源地矢量数据文件(finalugi.shp)属性表中的"value"字段值重新赋值为 2,并将矢量数据文件 finalugi.shp 转为 30 m×30 m 的栅格数据 finalugi.grid(图 16-34)。

图 16-34 "面转栅格"对话框

再次,使用 ArcToolbox 中的"Spatial Analyst 工具"—"重分类"—"重分类"工具,将土地利用现状数据(2013landuse.grid)的 7 个土地利用类型全部赋值为 1(即制作了一个栅格值全为 1 的研究区范围图,beijing.grid),接着使用"数据管理工具"—"栅格"—"栅格数据集"—"镶嵌至新栅格"工具,将重分类后的土地利用现状图(beijing.grid)与生态源地栅格数据 finalugi.grid 进行镶嵌,镶嵌方式选择取最大值方法(图 16-35)。

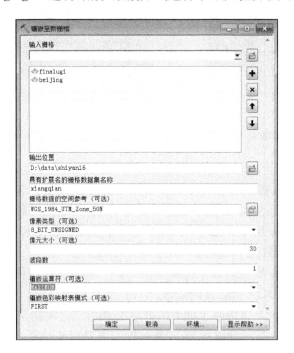

图 16-35 "镶嵌至新栅格"对话框

最后,使用 ArcToolbox 中的"数据管理工具"—"栅格"—"栅格处理"—"裁剪"工具,利用研究区的矢量边界文件(zhucheng.shp)将镶嵌后的栅格数据(xiangqian.grid)进行裁剪,得到研究区的栅格数据文件(mspa.grid)。

➤ 步骤 2:导出模型所需的 TIFF 二进制数据文件。

首先,右键点击栅格数据文件(mspa.grid),选择"数据"—"导出数据",在弹出的"导出栅格数据"对话框中做如下设置(图 16-36):将"NoData 为"设置为"Nodata"(默认值

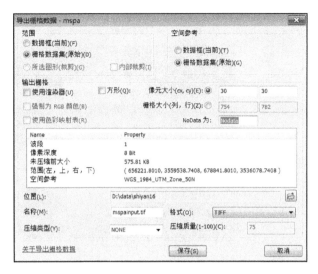

图 16-36 "导出栅格数据"对话框

为 255);像素深度必须为 8Bit(通常为默认值),否则 Guidos Toolbox 软件无法正常运行;输出格式选择"TIFF",文件名称为"mspainput.tif"。然后,点击"保存"按钮,将数据转为 TIFF 格式数据。

16.4.3 基于形态学空间格局分析的生态网络构建

MSPA 主要根据栅格数据进行景观类型的分类,因而栅格像元的大小会影响不同景观类型的分类结果。例如,随着栅格像元的增大,小型岛屿状的斑块数量会减小,原本呈条状的核心区最终可能会被识别成为线型的桥接区;相应的,斑块的边缘区会随着栅格像元的增大而增大,核心区的面积会减小。本实验我们制作的 MSPA 输入栅格数据文件的像元大小为 30 m×30 m,在分析其他区域的景观格局时,可根据研究区范围的大小和原有数据的精度合理选取像元的大小。

本实验基于 Guidos Toolbox 软件,采用形态学空间格局分析方法进行研究区生态网络的构建。具体操作步骤如下:

➤ 步骤1:Guidos Toolbox 软件下载与安装。

Guidos Toolbox(Graphical User Interface for the Description of image Objects and their Shapes)软件是一款包含了多种通用栅格图像处理与运算的免费软件,软件下载地址为:http://forest.jrc.ec.europa.eu/download/software/guidos/。所有的工具都基于几何原理,因此可以应用在任何尺度和任何类型的栅格数据。该软件包含 MSPA(形态学空间格局分析)工具,这是一个数学形态学操作的自定义程序,能够实现基于腐蚀、膨胀、开运算、闭运算等数学形态学原理对栅格图像的空间格局进行度量、识别和分割,从而描述图像景观组分的几何形状和连通性。

本实验主要使用该软件的 MSPA 工具来进行研究区生态网络的构建。

➤ 步骤2:基于形态学空间格局分析(MSPA)的生态网络构建。

首先,打开 Guidos Toolbox 软件,在软件主界面中点击菜单栏上的"File"—"Read Image"—"GeoTiff"(图 16-37),选择我们前面已经制作好的 TIFF 格式的栅格数据文件(mspainput.tif)。

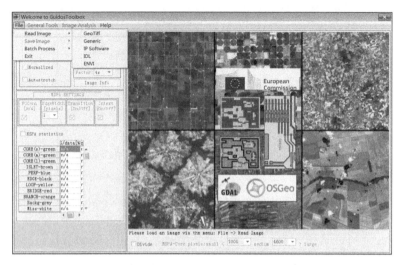

图 16-37　Guidos Toolbox 软件主界面与读取 GeoTiff 数据

然后,设置形态学空间格局分析(MSPA)的相关规则,可以选择八邻域或四邻域分析规则,可以通过边缘宽度的设置来调整斑块的内边界与外边界宽度等(图 16-38),具体参数的功能请参见网址 http://forest.jrc.ec.europa.eu/download/software/guidos/mspa/。本实验我们均采用默认设置,即选择八邻域分析规则,边缘宽度(Edge Width)设置为一个像素(即 30m)。在 MSPA 中设置不同的粒度、边缘宽度,会对研究区 UGI 网络景观类型产生影响,进而影响 UGI 网络格局分析结果。因此,设置合适的粒度、边缘宽度可更好地理解 UGI 网络的空间格局变化。一般来说,当选用输入数据较大的空间精度和较小的边缘宽度,会得出更为详细的景观格局信息。

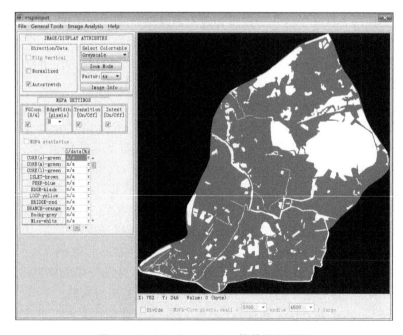

图 16-38　Guidos Toolbox 软件运行界面

最后,在菜单栏中点击"Image Analysis"—"Pattern"—"MSPA"功能菜单,使用形态学空间格局分析方法分析研究区的景观格局。

运行完后,勾选主界面左侧内容窗口中的"MSPA statistics",可以查看7种景观类型的各项指标(图 16-39)。然后,通过"File"—"Save Image"—"GeoTiff",将分析结果导出为 TIFF 格式的栅格数据,文件命名为 mspaoutput.tif,同时 Guidos Toolbox 软件还会自动生成一个名为 mspaoutput_stat.txt 的文本文件,该文件记录了7种景观类型的各项指标数据。

> 步骤 3:在 ArcMap 中进行生态网络构成要素的提取与分析。

首先,在 ArcMap 中加载上一步导出的 TIFF 格式的栅格数据文件"mspaoutput.tif",可以发现该数据用不同颜色的设置来表征 MSPA 生成的7类景观类型。图 16-39 中左下方的内容窗口中已经对每一个景观类型对应的颜色进行了定义,我们可以根据颜色来判定每一类景观类型对应的栅格值(mspaoutput.tif)。当然,我们也可以通过打开文本文件 mspaoutput_stat.txt 来查看每一个景观类型所对应的颜色。通过分析发现,核心区

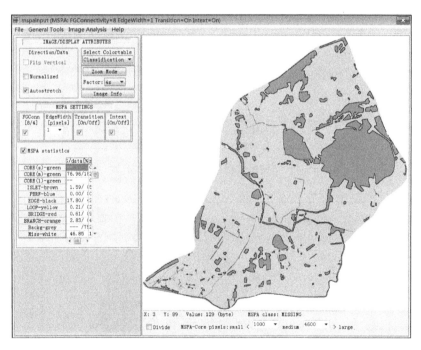

图 16-39 MSPA 分析结果界面与"MSPA statistics"统计结果

(CORE)为绿色,岛状斑块(ISLET)为棕色,桥接区(BRIDGE)为红色,支线(BRANCH)为橘色,对应的栅格值分别为 17、9、33、1(可使用识别工具" "进行查询)。

然后,使用 ArcToolbox 中的"Spatial Analyst 工具"—"提取分析"—"按属性提取"工具,在该工具对话框中的"Where 子句"中,通过点击 SQL 图标,在弹出的"查询构建器"中输入对应语句(Value=17 OR Value=9 OR Value=33 OR Value=1),提取 value 值为 17、9、33、1 的景观类型(图 16-40)。需要注意的是,如果栅格数据文件"mspaoutput.tif"没有属性表,我们需要使用"构建栅格属性表"工具先行创建属性表。

最后,在 ArcMap 中进行专题制图,得到最终的生态网络图(图 16-41)。

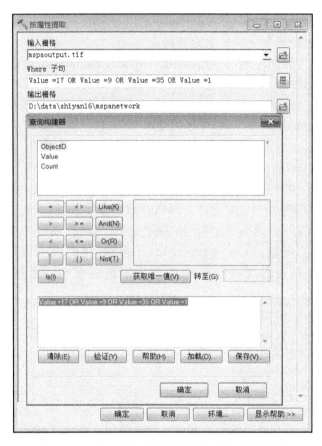

图 16-40 "按属性提取"与"查询构建器"对话框

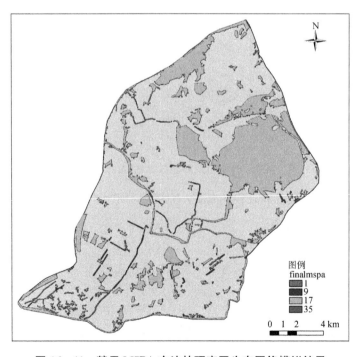

图 16-41 基于 MSPA 方法的研究区生态网络模拟结果

16.5 基于图谱理论的生态网络结构评价与优化

重要生境斑块往往是区域内的重要生态节点,是区域内的重要源地,具有重要的生态功能和社会经济价值,其自身数量和质量的提升对于区域生态环境和生物多样性保护至关重要。生态廊道不仅具有源斑块的重要作用,同时又起到连接作用,有助于物种迁移与扩散,增加物种迁移过程中的幸存率,对种群的繁育起着极其重要的作用。

在生态网络构建的多数研究中,重要斑块的识别主要是考虑区域自然生态特点,人为的进行辨识,主观性较大;生态廊道识别主要是基于重力模型(Gravity Model),定量评价生境斑块间的相互作用强度,从而判定生态廊道的相对重要性,但重力模型需要计算相互作用力,同时对功能性连接考虑不足;连通性多通过模型和景观格局指数进行识别分析,而图谱理论方法的引入极大丰富了景观连通性指数。

鉴于此,本实验基于图谱理论,使用 Graphab 软件平台,通过引入整体连通性指数 (Integral Index of Connectivity, IIC)、可能连通性指数(Probability of Connectivity, PC) 对生态网络结构进行评价,即根据整体连通性、可能连通性的重要性来确定生境斑块的保护优先级。相关指标具体计算公式可参考实验2中景观连通性的相关指数介绍。

具体操作步骤如下:
➢ 步骤1:景观连通性指数计算。

首先,打开 Graphab 软件,点击主界面菜单栏中的"File"—"Open project"功能菜单,将我们前面创建的工程"Linkset1"加载进来。

然后,点击"Mertric"—"Delta metrics"功能菜单,在弹出"Metrics"对话框(图 16-42)中做如下设置:输入图谱为 Graph1;指标选取为可能连通性指数 PC;参数设置中距离 d 设置为 1 000,扩散概率 p 为 0.05;根据设置好的距离 d、扩散概率 p,自动获得参数 α 值。

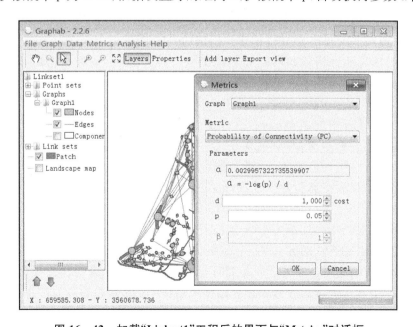

图 16-42 加载"Linkset1"工程后的界面与"Metrics"对话框

最后，点击"OK（确定）"按钮，弹出"Delta metric"对话框，勾选"Nodes"和"Edges"选项（即分别计算斑块和廊道的可能连通性指数 PC），点击"OK（确定）"按钮，得到每个斑块与廊道的 PC 值。

采用大致相同的方法，计算每个斑块和廊道的整体连通性指数 IIC。

连通性指数计算完成后，可在 Graphab 软件主界面左侧的内容列表目录中的"Graph1"文件夹下，右击"Nodes"或"Edges"图层，在弹出的快捷菜单中选择"Style"功能（图 16-43），设定不同的分类方式、显示颜色及不同的属性值。同时，在工程"Linkset1"文件夹下会自动生成一个名为 patches.csv 的数据文件，该文件存储了每个斑块的连通性指数值。

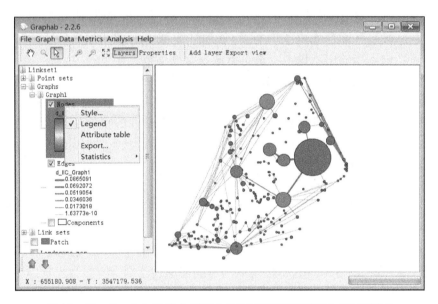

图 16-43　Graphab 软件主界面中的"内容窗口"与"Style"功能菜单

➢ 步骤 2：在 ArcMap 中进行连通性指数的专题制图。

首先，在整体连通性指数和可能连通性指数计算完成后，鼠标右击需要导出的数据图层文件，在弹出的快捷菜单中选择"Export"功能，将数据导出为 shapefile 格式的文件（nodesexport.shp，edgesexport.shp）。

然后，在 ArcMap 中加载 nodesexport.shp，edgesexport.shp 数据文件，并进行连通性指数的专题制图。根据斑块/廊道对于 UGI 网络连通性的重要性程度（PC、IIC 指数值），可在符号系统中将其分类表示，通过颜色、形状大小表示连通性数值大小。由于斑块连通性计算结果存放在点状数据图层（nodesexport.shp）中，为更直观显示各斑块的重要性程度，可以基于 ID 字段将 nodesexport.shp 图层与原来的源斑块图层 zhuchengugi.shp 进行属性表连接，然后再对源斑块图层进行整饰。

最后，根据整体连通性指数、可能连通性指数的大小进行排序，确定构建的生态网络中的重要斑块和重要廊道。本实验选取排序前 20 名的斑块和廊道作为生态网络的重要要素，并通过标注方式将排名序号叠加在结果图层中，形成最终的连通性评价专题图（图 16-44～图 16-47）。

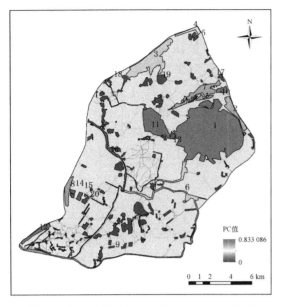
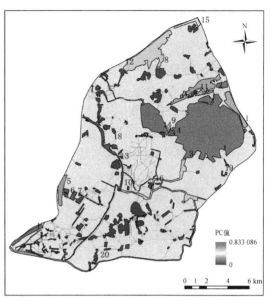

图 16-44　斑块的重要性等级(基于 PC 值)　　　图 16-45　廊道的重要性等级(基于 PC 值)

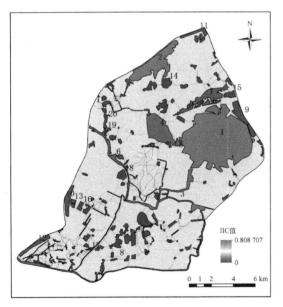
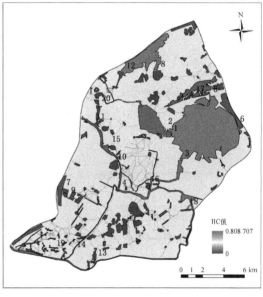

图 16-46　斑块的重要性等级(基于 IIC 值)　　　图 16-47　廊道的重要性等级(基于 IIC 值)

由分析结果可见,南京市主城区中重要的生态斑块为钟山风景区、内秦淮河带状公园、玄武湖公园、朝阳山绿地—农场山绿地、白马公园、外秦淮河风光带、幕燕风景区等大型生态区域,重要廊道主要分布在钟山风景区及玄武湖沿岸地区、幕燕风景区、秦淮河带状公园、雨花台风景区周边区域。

需要说明的是,评价景观连通性的指标很多,指标计算的不同水平对应着 Graphab 软件中"Metrics"菜单中的 4 个部分,分别是"Global metrics"(整体指标)解释整个图谱网络的连通性、"Component metrics"(组分指标)描述次组分网络的连通性、"Local metrics"(个体指标,计算单个节点或连接的连通性)、"Delta metrics"(Delta 指标),通过移除节点或连接,计算单个要素对网络连通性的相对重要性)。本例中仅选择了最后一种指标,评价了研究区 UGI 网络中每一个斑块和廊道的相对重要性。

景观连通性是生态学特别是景观生态学的研究重点,被认为是优化生态网络格局的关键原则。因此,基于景观连通性视角,通过改善与提高重要生境斑块之间的连接来优化景观生态网络,对保护生物多样性、维持与改善城市生态环境具有重要意义。我们可以在构建的南京市主城区生态网络基础上,以景观连通性的评价为核心,采用增加斑块、图谱聚类和障碍点识别等方法,进行生态网络格局的进一步优化,从而为研究区生态网络与 UGI 网络格局的规划与建设提供重要的依据与参考信息(于亚平,2017)。

16.6 实验总结

通过本实验熟悉 Circuitscape、Graphab、Guidos Toolbox 等软件平台的基础操作,掌握生态网络构建与优化的常用分析方法(电路理论、最小费用路径、形态学空间格局分析、图谱理论等),熟悉这些方法在城市与区域规划中的具体应用,并能够使用这些方法进行其他相关领域的分析,例如土地利用空间格局演化分析、绿色基础设施空间优化配置等。

具体内容见表 16-6。

表 16-6 本次实验主要内容一览

内容框架	具体内容	页码
基于电路理论的生态网络构建	(1) 电路理论简介	P503
	(2) 生态源地辨识	P504
	(3) 景观阻力评价	P506
	(4) 电导面制作	P507
	(5) 基于电路理论的生态网络构建	P508
基于最小费用路径的生态网络构建	(1) 最小费用路径(LCP)方法简介	P514
	(2) 模型所需数据准备	P514
	(3) 基于最小费用路径的生态网络构建	P516
基于形态学空间格局分析的生态网络构建	(1) 形态学空间格局分析(MSPA)方法简介	P520
	(2) 模型所需数据准备	P521
	(3) 基于形态学空间格局分析的生态网络构建	P523
基于图谱理论的生态网络结构评价与优化	(1) 景观连通性指数计算	P527
	(2) 在 ArcMap 中进行连通性指数的专题制图	P528

实验 17　基于 SWMM 模型的 LID 雨洪调控效应分析

17.1　实验目的与实验准备

17.1.1　实验目的

快速城市化导致城市自然水文状态发生明显改变,加剧了城市洪涝灾害的风险。基于低影响开发(Low Impact Development,LID)理念的海绵城市能够模仿地表自然状态下的水文机制,实现源头径流控制,目前已成为有效缓解城市内涝的重要策略。

通过本实验掌握基于 SWMM 模型进行不同 LID 情景下雨洪调控效应分析的总体思路与框架、基本操作方法和技术路线,熟悉该软件在雨洪管理和排水管网规划方面的潜在应用。不同 LID 情景下的雨洪效应评价结果可为海绵城市中 LID 空间配置规划提供重要的参考信息与规划依据。

具体内容见表 17-1。

表 17-1　本次实验主要内容一览

主要内容	具体内容
SWMM 模型构建与参数设置	(1) SWMM 模型概化
	(2) SWMM 模型参数设置
降雨雨型设计	(1) 雨型选择
	(2) 降雨序列设置
SWMM 模型运行	(1) 模型运行设置
	(2) 运行结果查看
基于 SUSTAIN 的 LID 空间布局	(1) LID 措施选择
	(2) BMP 选址工具所需数据准备
	(3) BMP 选址工具设置
	(4) LID 情景方案设置
不同 LID 情景下的雨洪调控效应模拟	(1) LID 参数设置
	(2) LID 多情景模拟
	(3) 不同 LID 情景下的雨洪调控效应分析

17.1.2　实验准备

(1) 计算机已经预装了 ArcGIS 10.1 与 SWMM 5.1 英文版或更高版本的软件,

SUSTAIN BMP Siting Tool 工具模块。

（2）本实验的规划研究区为南京市金陵小学，请将实验数据 shiyan17 文件夹存放在 D:\data\目录下。

17.2 研究区 SWMM 模型构建与参数设置

17.2.1 SWMM 模型概化

SWMM 模型概化主要包括研究区汇水区划分、汇水区数据转为点文件、数据格式转换、SWMM 模型要素的添加与绘制等基本步骤。

➤ 步骤 1：进行研究区汇水区划分。

我们在 ArcGIS 中进行研究区汇水区的划分。首先，打开 ArcMap，从 shiyan17\gis 中加载南京金陵小学的矢量边界文件"研究范围.shp"，在该数据图层上点击右键，在弹出的快捷菜单中选择"数据—导出数据"，将数据导出并命名为"汇水分区.shp"，并加载进 ArcMap 中。然后，使用"编辑器"—"开始编辑"工具，进入"汇水分区.shp"数据的编辑模式，并根据研究区现状地形以及排水管网，进行子汇水区的划分。

为了便于实验和保证实验结果的一致性，本实验直接将根据研究区地形与排水管网划分的汇水分区数据（汇水分区.shp）存放在 shiyan17\gis 文件夹中。

➤ 步骤 2：使用"要素折点转点"工具将汇水区转为点文件。

首先，使用 ArcToolbox 中的"数据管理"—"要素"—"要素折点转点"工具，在弹出的"要素折点转点"对话框（图 17-1）中做如下设置："输入要素"为"汇水分区.shp"；"输出要素类"为"汇水区折点.shp"；"点类型（可选）"选择"ALL"。点击"确定"按钮，生成"汇水区折点.shp"数据文件。

然后，打开"汇水区折点.shp"数据文件，右击打开该数据的属性表，分别添加两个浮点型字段"X"和"Y"，并使用"计算几何"工具，分别计算所有折点的 X 坐标和 Y 坐标（图 17-2）。

最后，在属性表中点击选择"X"和"Y"属性数据，点击导出数据，将 X 坐标与 Y 坐标数据导出成文本文件"XY.txt"，并只保留"FID,X,Y"3 个字段（图 17-3）。

图 17-1 "要素折点转点"对话框

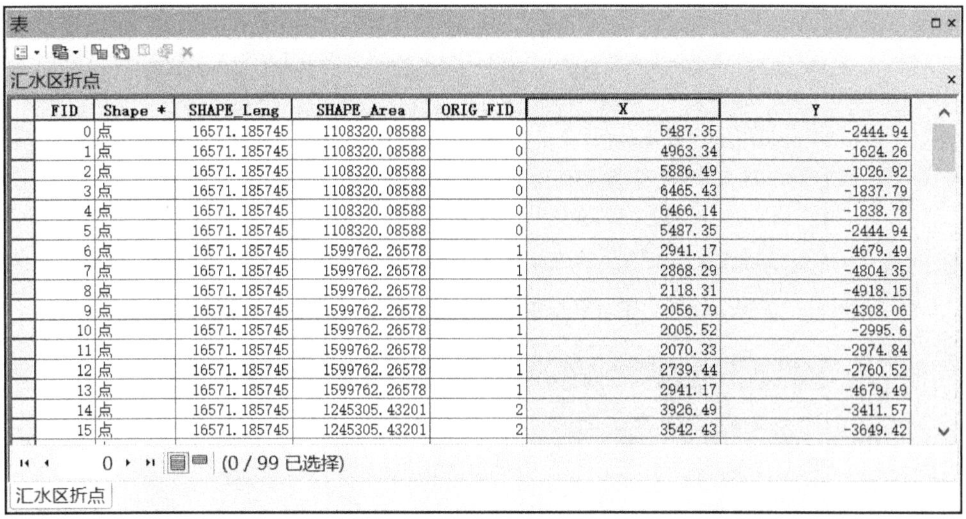

实验17 基于SWMM模型的LID雨洪调控效应分析

[表格图像省略]

图 17-2 使用"计算几何"工具计算折点的"X、Y"坐标

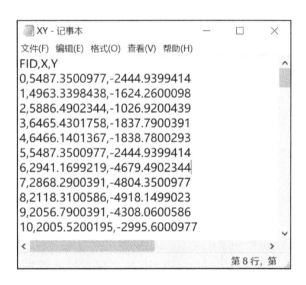

图 17-3 只保留 FID,X,Y 3个字段的"XY.txt"文本文件

> 步骤3:数据格式转换。

SWMM模型的数据输入格式为.inp,故需要先将汇水区折点的X坐标与Y坐标在文本文件中调整为SWMM的输入格式。根据子汇水区名称,将X坐标与Y坐标依次编写进文本文件中,注意每个子汇水区的所有折点的坐标信息都需输入。以子汇水区H0为例,共有5个折点组成:点0、1、2、3和27,将子汇水区H0的所有折点坐标信息输入,如图17-4所示。

采用同样的方法,将其余汇水区折点坐标依次输入,然后将文件名后缀由SWMM.txt改为SWMM.inp,完成数据格式的转换。在SWMM软件中打开处理好的SWMM.inp文件,可以得到汇水区的初始图像数据(图17-5)。本实验已将汇水区文本编写数据

"SWMM.inp",存放在 shiyan17 文件夹中。

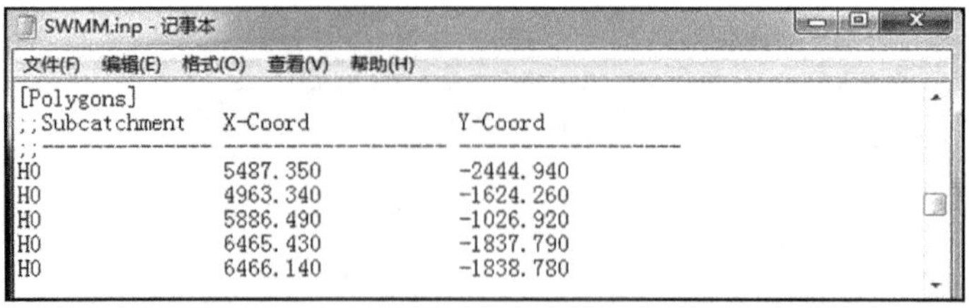

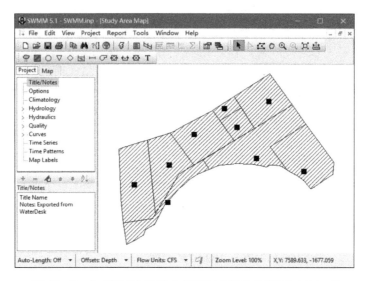

图 17-4　在记事本中进行 SWMM 输入文件的设置

图 17-5　在 SWMM 软件中打开汇水区文件"SWMM.inp"

由于将文本文件更改为 SWMM 输入格式工作量较大,建议下载 HS-Data 软件(网址:http://www.info-water.com/product/hsData)进行文本文件的辅助转化,具体操作过程参见相关网页的使用指导。

➤ 步骤 4:SWMM 模型要素的添加与绘制。

在 SWMM 软件中打开 SWMM.inp 文件,对照现状排水管网的 CAD 文件(金陵小学管线图.dwg)进行 SWMM 模型中铰点、管渠和排水口的绘制。

首先,在 CAD 管网文件中确定铰点位置,并在 SWMM 软件主界面中点击工具条上的"▽"(Add a Outfall Node,添加排水口)工具,进行排水口(Outfalls)的添加(图 17-6);使用"○"(Add a Junction Node,添加铰点)工具,添加铰点(Junctions)(图 17-7);使用"⊢⊣"(Add a Conduit Link,添加管渠)工具,绘制排水管网(Conduits),注意管网由进水口到出水口方向进行绘制(图 17-8);使用"☂"(Add a Rain Gage,添加雨量计)工具,到图面任意位置,添加完成后,双击添加的雨量计图标,在弹出的属性对话框中将该雨量计命名为 RG1。

实验 17 基于 SWMM 模型的 LID 雨洪调控效应分析

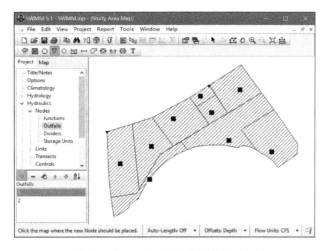

图 17-6 在 SWMM 中添加排水口

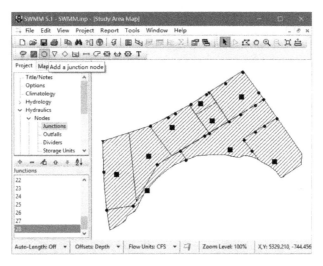

图 17-7 在 SWMM 中添加铰点

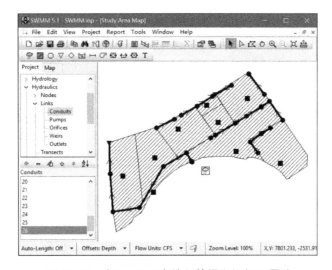

图 17-8 在 SWMM 中绘制管渠和添加雨量计

然后，进行各子汇水区（Subcatchments）出水口的设置。每个子汇水区均应设置对应的出水口（铰点或者汇入其他子汇水区），可通过双击子汇水区图标打开汇水区的属性表，在 Outlet 中输入出水口对应的铰点编号即可（图 17-9），最终得到研究区 SWMM 模型的概化图（图 17-10）。

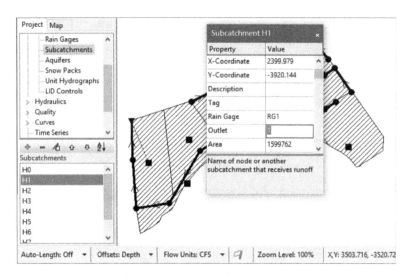

图 17-9　汇水区出水口添加

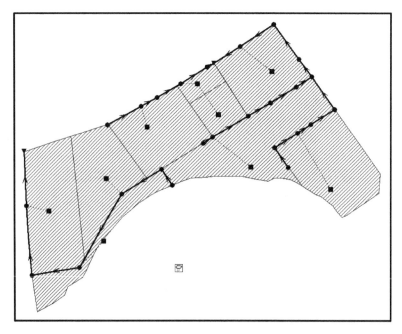

图 17-10　研究区使用的 SWMM 模型

17.2.2　SWMM 模型参数设置

➢ 步骤 1：SWMM 模型固定参数的批量设置。

我们可以将一些相对固定的参数进行批量设置，以减少后续重复性参数设置的工作量。在 SWMM 软件主界面中点击"Project(工程)"—"Defaults(缺省)"工具选项,在弹出的"Project Defaults"对话框(图 17-11)中进行工程相关参数的预设。

需要特别注意的是,我们需要在模型构建之初就进行部分固定参数的设置,而在模型构建之后将无法实现固定参数的批量更改。

➢ 步骤 2:SWMM 模型子汇水区参数设置。

SWMM 模型子汇水区的基本参数主要包括物理特征参数、水文特征参数、汇流模式及入渗模式 4 个部分(图 17-12),而子汇水区的 Name(名称)、X - Coordinate(X 坐标)、Y - Coordinate(Y 坐标)、Description(描述)、Tag(标签)、Rain Gage(雨量)和 Outlet(出水口)等基本属性参数在模型概化过程中已经生成或输入。

(1) 第一部分为物理特征参数设置,包括 Area(面积)、%Slope(坡度)和%Imperv(不渗透性百分比)3 个参数。

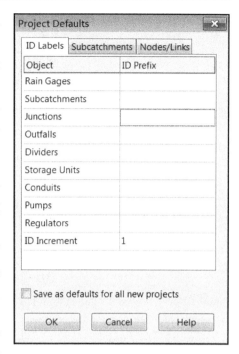

图 17-11 "Project Defaults"对话框

① Area(面积)参数设置。首先,在 CAD 中(或将 CAD 文件转换为 GIS 数据之后使用 GIS 进行面积统计)计算得到各子汇水区的面积(表 17-2)。然后,在汇水区概化完成后,手动输入到 SWMM 各子汇水区的属性表中。需要注意的是,SWMM 中面积的单位为公顷(ha),需要进行面积单位的转换。

表 17-2 金陵小学各子汇水区面积统计

子汇水区	面积(m²)	模型输入面积(ha)	子汇水区	面积(m²)	模型输入面积(ha)
H0	4 130	0.413	H5	1 810	0.181
H1	6 210	0.621	H6	7 100	0.710
H2	4 800	0.480	H7	3 390	0.339
H3	5 590	0.559	H8	6 100	0.610
H4	1 040	0.104	合计	40170	4.017

② %Slope(坡度)参数设置。汇水区坡度是指径流面的坡度,根据研究区实际情况,本实验设置每个子汇水区的坡度均为 0.5%(表 17-3)。

③ %Imperv(不渗透性)参数设置。不渗透性是指不渗透地表在其子汇水区的面积占比,通常是汇水区水文特征的最敏感参数之一。本实验设置每个子汇水区的不渗透性为 75%(表 17-3)。

(2) 第二部分为水文特征参数设置。SWMM 模型主要的水文特征参数包括 N - Imperv(Mannings N for Impervious Area,不透水面曼宁系数)、N - Perv(Mannings N for Pervious Area,渗透面曼宁系数)、Dstore - Imperv(Depth of Depression Storage on Impervious Area,不透水面洼地蓄水)、Dstore - Perv(Depth of Depression Storage on Pervious Area,渗透面洼地蓄水)和%Zero - Imperv(Percent of Impervious Area with

图 17-12 SWMM 汇水区属性表

No Depression Storage，无洼地蓄水不渗透性）。本实验参考 SWMM 5.1 操作手册中的经验数值，设置每个子汇水区的参数（表 17-3）。

（3）第三部分为汇流模式设置。SWMM 模型有 3 种汇流演算模型：Outlet，

Impervious 和 Pervious,代表了渗透和不渗透子面积之间的内部演算(图 17-13)。本实验采用最常用的 Outlet 模式作为 SWMM 模型的汇流模式(表 17-3),即地表径流分别从渗透面(PA)和不透水面(IA)流入雨水井。Impervious 模式下,渗透面产生的地表径流会经过与排水系统直接相连的不透水面(Directly Connected Impervious Area,DCIA),最后一起汇入雨水井;Pervious 模式下的地表径流与 Impervious 模式的刚好相反,即非直接连接的不透水面(Unconnected Impervious Area,UIA)产生的地表径流会流经渗透面之后,再一起汇入雨水井。采用 LID 措施后,我们将会使用 Pervious 模式进行 SWMM 模型的模拟。

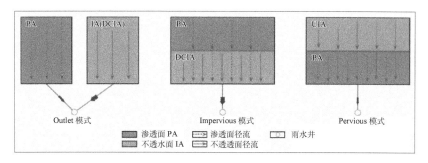

图 17-13 地表汇流演算模式简图
资源来源:班玉龙等,2016

(4) 第四部分为入渗模式设置。在 SWMM 模型中有 3 种方法可用于计算子流域渗透面积入渗损失:Horton 模型、Green-Ampt 模型及 Curve Number 模型。本实验采用 Horton 模型作为入渗模式(表 17-3)。

表 17-3 SWMM 子汇水区相关参数表

基本参数	参数名称	数值	单位	参数取值依据
物理特征参数	面积		ha	基本特征提取
	坡度	0.5	%	
	不渗透性	75	%	
水文特征参数	不透水面曼宁系数	0.015	—	SWMM 5.1模型使用手册,Rossman
	渗透面曼宁系数	0.3	—	
	不透水面洼地蓄水	1.8	mm	
	渗透面洼地蓄水	3.8	mm	
	无洼地蓄水不渗透性	25	%	
汇流模式 Outlet	演算面积比	0~100	%	Huber 等
入渗模式 Horton	最大渗入速率	76.2	mm/hr	SWMM 5.1模型使用手册,Chahinian N
	最小渗入速率	3.3	mm/hr	
	衰减常数	2	/hr	
	排干时间	6	day	
	最大容积	0	mm	

> 步骤 3:SWMM 模型子管渠参数设置。

SWMM 模型管渠的基本参数主要包括进出水节点(Inlet Node、Outlet Node)、形状(Shape)和粗糙系数(Roughness)等。"Inlet Node"(进水节点)和"Outlet Node"(出水节点)在绘制管渠时模型会自动匹配相应的节点名称和编号。根据金陵小学管网的 CAD 数据中管渠直径、长度、管段类型等信息,依次输入对应的属性参数,并根据 SWMM 使用手册中的推荐值设置管段粗糙系数。本实验设置的参数如图 17-14 所示,其中"Shape"(形状)填写"CIRCULAR","Max. Depth"(最大深度)设置为"0.15",Roughness(粗糙系数)根据经验值设置为"0.01"。

参数设置完成后,研究区最终的水文模型就构建完成,点击"💾"(保存)按钮,并点击软件主界面菜单栏中的"File"—"Save As",将其另存为"SWMMS0.inp"文件。

17.3 研究区降雨雨型设计

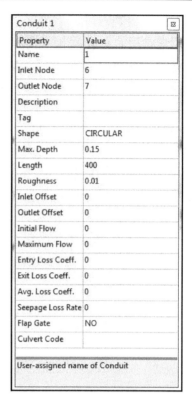

图 17-14 SWMM 管渠属性表

17.3.1 雨型选择

水文模型的降雨雨型设计与选择应符合研究区的实际降雨特征,通常可利用实际测量的降雨数据或者使用芝加哥雨型生成器获取设计雨型。本实验通过实际降雨数据获取雨型。

本实验的降雨原始数据来源于南京市金陵小学 Hobo U30 自动气象站 2016 年 5 月 1 日至 2017 年 4 月 30 日的实测数据(数据间隔为 1min),按照时间间隔超过 6h 为独立降雨事件的依据,共得到 79 个独立降雨事件。根据南京市暴雨强度公式(公式 17-1),结合降雨量、降雨强度、降雨历时及重现期等降雨特征,遴选出 5 个具有代表性的独立降雨事件,并按照每 10min 间隔进行降雨数据的重新统计(表 17-4)。

表 17-4 遴选的降雨事件统计表

编号	日期 Y/M/D	降雨量 /mm	降雨历时/min	平均降雨强度/ mm·min^{-1}	最大降雨强度 /mm·(10min)$^{-1}$	降雨重现期/y	降雨等级
R1	2017/2/21—2017/2/22	24.5	505	0.05	1.6	0.21	中雨
R2	2016/8/20—2016/8/21	49.4	770	0.06	5.5	0.7	中雨
R3	2016/10/20—2016/10/22	88.1	4055	0.02	2	4.1	大雨
R4	2016/10/25—2016/10/27	103.2	2403	0.04	6.8	8.4	暴雨
R5	2016/7/1—2016/7/1	132.7	1320	0.10	9.8	40	大暴雨

$$i = \frac{64.300 + 56.800 \lg P}{(t + 32.900)^{1.011}} \qquad \text{(公式 17-1)}$$

其中：i 为降雨强度(mm/min)；t 为降雨历时(min)；p 为重现期(y)。

17.3.2 降雨序列设置

SWMM 的降雨序列设置有两种方法。

第一种方法为直接在 SWMM 模型中输入或导入降雨序列数据。在 SWMM 软件主界面菜单栏中点击选择"Project"—"Add a New Time Series"(添加一个新的时间序列)功能菜单〔或者点击软件主界面左侧浮动窗口中的"project"—"Time Series"(时间序列)，再点击左下方浮动窗口中的"＋"按钮〕，弹出"Time Series Editor"(降雨序列编辑器)对话框，添加降雨序列的相关信息(图 17-15)。当然，我们也可以通过勾选对话框中的"Use external data file named below"，将 5 次降雨的数据文件(数据格式为.dat)按照要求导入即可。

第二个方法是先将降雨序列输入文本文件"降雨序列.txt"，再导入 SWMM 模型中。本实验已将遴选的 5 个降雨事件的降雨数据(数据间隔为 10min)"降雨序列.txt"文本文件存放在

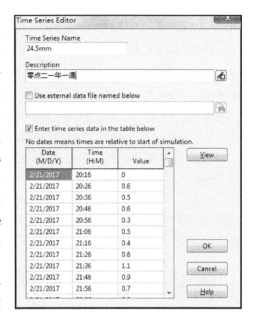

图 17-15 "Time Series Editor"对话框

shiyan17 文件夹中。首先，用记事本打开做好的"SWMMS0.inp"文件；然后，将"降雨序列.txt"文件中的内容复制粘贴到"SWMMS0.inp"文件的最后面；最后，点击保存按钮，保存所做的修改。此时，在 SWMM 软件中重新打开"SWMMS0.inp"文件可以发现，雨型数据已经导入到模型之中(图 17-16)。

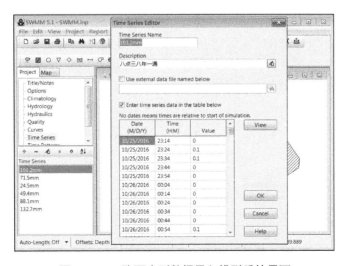

图 17-16 降雨序列数据导入模型后的界面

17.4 SWMM 模型运行

17.4.1 模型运行设置

本书仅以 0.21 年一遇降雨事件(编号为 R1)为例进行 SWMM 模型模拟过程的演示,其他降雨事件的模拟过程基本一致。

首先,在 SWMM 软件主界面中双击视图中的"⬚"(雨量计)图标(也可在左侧浮动窗口中点击"Project"—"Hydrology"—"Rain Gages",然后双击已经构建的雨量计"RG1"),在弹出的"Rain Gage"属性对话框(图 17-17)中做如下设置:"Rain Format"(雨量格式)通过下拉菜单选择 VOLUME;"Time Interval"(时间间隔)选择 0:10;"Series Name"(序列名)选择需要模拟的 24.5mm 的降雨事件;"Rain Units"(雨量单位)选择 MM。

然后,在左侧浮动窗口中点击"Project"—"Options",并在下方窗口中双击"Dates",在弹出的"Simulation Options"对话框(图 17-18)中选择"Dates"选项卡,进行模拟时间的相关设置。需要注意的是,"Start Analysis on"(初始分析时间)和"End Analysis on"(结束分析时间)应分别比降雨开始与结束的时间提前和推后一段时间。其他的"Time Steps""Dynamic Wave"均采用的默认设置。

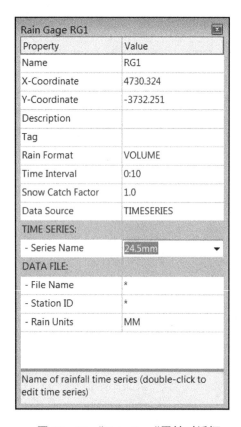

图 17-17 "Rain Gage"属性对话框

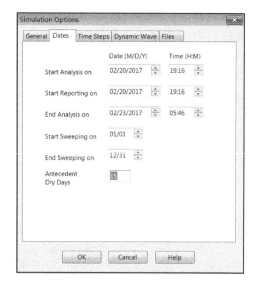

图 17-18 "Simulation Options"对话框中的"Dates"选项卡

最后,点击主界面工具栏上的""(Run a simulation,运行)图标,开始进行模型模拟。模拟结束后,会弹出"Run Status"(运行状态)窗口(图 17-19),窗口中显示了模型运行情况以及"Continuity Error"(连续性误差)的统计分析结果。本次模拟的"Surface Runoff"(地表径流演算)的连续误差为 -0.07%,"Flow Routing"(流量演算)的连续误差为 0.04%。点击"OK"按钮,结束模型模拟。

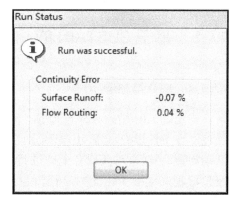

图 17-19 "Run Status"(运行状态)窗口

采用大致相同的方法,进行其他降雨情景的模型设置与模拟。由模拟结果可见,在其他降雨情景下,地表径流演算的连续误差及流量演算的连续误差均在 ±0.5% 以内,处于模型模拟结果连续性误差的合理范围内,因此模型设置较为合理,可以用于后续 LID 情景下的雨洪调控效应模拟。

为方便读者学习,本实验已将现状情景下的 SWMM 文件(SWMMS0.inp)存放在 shiyan17 文件夹中,该文件将用于后续的雨洪调控效应多情景模拟。

17.4.2 运行结果查看

SWMM 主界面"Report"(结果报告)中主要包括"Status"(状态)、"Summary"(总结)、"Graph"(图形)、"Table"(表格)和"Statistics"(统计)等功能菜单,可以查找子汇水区、管段和节点的径流量、流速、积水等信息,还可以针对对象进行图表绘制。

我们仅以查看子汇水区 H0 在降雨过程中的地表径流量变化曲线为例加以演示说明。首先,点击菜单栏中的"Report"—"Graph"—"Time Series"功能菜单,弹出"Time Series Plot Selection"(时间序列图选择)对话框。然后,点击""按钮,进行数据序列选择,对象类型选择"Subcatchment",对象名选择"H0",变量选择"Runoff",点击"Accept"。最后,点击"OK"按钮,弹出子汇水区 H0 的地表径流量随时间变化趋势(图 17-20)。

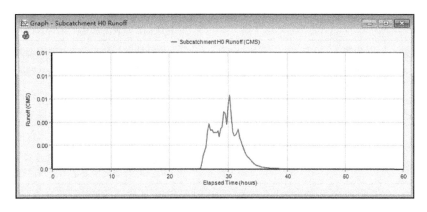

图 17-20 子汇水区 H0 地表径流量随时间变化趋势图

17.5 基于SUSTAIN的LID空间布局

17.5.1 LID措施选择

常用的LID措施有绿色屋顶、下沉式绿地、透水铺装、植草沟、雨水花园和雨水桶等。受地形等条件影响,金陵小学不适宜建设大量下沉式绿地。同时,由于校园内教学及相关活动需要,不适宜对其现有土地进行大面积开挖,因而不宜设置透水铺装及植草沟。绿色屋顶可较好地减少屋面的总径流量和径流污染负荷,适用于符合防水、承重等条件的平屋顶建筑和坡度较小的坡屋顶建筑;研究区的建筑绝大部分属于平屋顶结构且适用于进行绿色屋顶设置。雨水花园可减少水质污染,并能较好地控制总径流量及洪峰流量,适用于特定空间条件的区域,例如建筑、城市道路、城市绿地及滨水带及居住区等区域。研究区内分布有组团式或带状绿地,适宜于改造成为雨水花园。雨水桶能对建筑屋面雨水进行收集利用,安装简单、占地空间较小、易于维护,可结合建筑落水口进行灵活布设。

由于南京市金陵小学所属地区常年雨量充裕,在雨洪调控过程中需要注重对径流量、洪峰流量等地表径流特征进行有效控制。因此,本实验最终选择绿色屋顶、雨水花园及雨水桶这3种LID措施进行多情景设置。

17.5.2 BMP选址工具所需数据准备

我们在实验2中已经对SUSTAIN BMP Siting Tool工具进行了简要介绍,该工具所需的数据均可在GIS中进行预处理后得到。由于金陵小学内部无大型水域、土壤类型单一,且全部为公共用地,所以水流位置、土壤类型和土地所有权数据不予考虑。在GIS中处理得到的模型所需数据文件(表17-5)已储存在实验数据shiyan17文件夹中。

表17-5 模型所需数据及格式

数据	数据格式	数据名称	数据描述
研究区范围	矢量数据	研究范围.shp	金陵小学范围
影像地图	PNG	谷歌卫星_1807141132171.tif	精度为21级的谷歌影像图
地形栅格数据	栅格数据	DEM.tif	由点云数据处理获得的精度为1m的DEM数据,用于计算排水区及排水坡度大小,选择适宜LID布置的场地
土地利用性质	矢量数据	金小.shp	选择适宜LID布置的土地利用类型
土地利用性质	栅格数据	Landuse.tif	选择适宜LID布置的土地利用类型
土地利用属性表	DBF	LUtable.dbf	描述土地利用类型
透水率数据	栅格数据	imp.tif	选择适宜LID布置的场地透水率大小
道路分布	矢量数据	Road.shp	根据道路缓冲区选择LID适宜布置的场地
城市下垫面类型	矢量数据	Urbanlanduse.shp	城市下垫面类型数据包含建筑物的边界和为确定LID布局所需的不透水区域

17.5.3 BMP选址工具设置

首先,打开BMP Siting Tool选址工具条。BMP Siting Tool软件安装完成后,打开

ArcMap 操作界面,点击菜单栏上的"自定义"—"自定义模式",找到"BMP Siting Tool"选项并勾选,便可启动"BMP Siting Tool"模块,页面将会自动弹出模块"BMP Siting Tool"工具条。

其次,加载所需的 GIS 数据图层。将表 17-5 中所列的 GIS 数据加载到 ArcMap 视图窗口中,并将工作空间保存为"选址分析.mxd"(图 17-21)。

再次,点击 BMP Siting Tool 工具条中的""(数据管理)按钮,弹出"Data Management"(数据管理)对话框,可以通过下拉列表选择适当的数据来定义每一个参数(图 17-22)。需要注意的是,下拉列表中只显示 ArcMap 中已经加载好的数据,不需要的数据类型可通过点击下拉列表中第一行的空格进行设置。数据选择好后点击"Save"按钮进行保存。

图 17-21　加载 GIS 基础数据

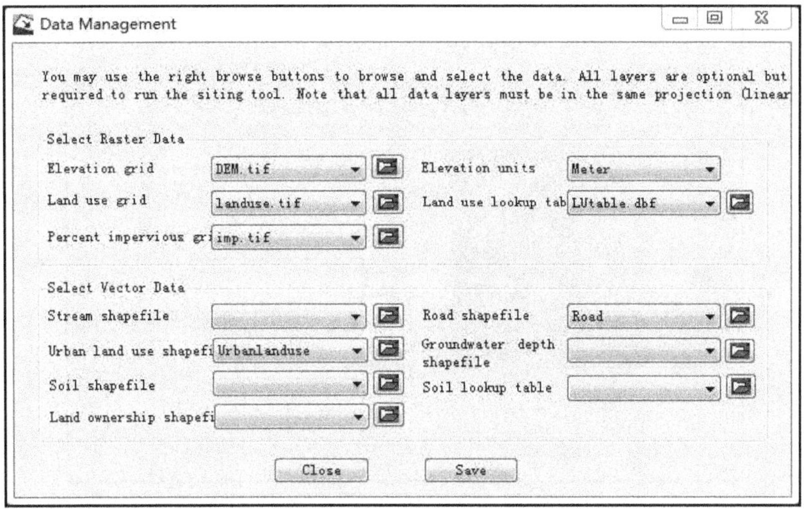

图 17-22　"Data Management"(数据管理)对话框

然后,进行 BMP 类型的选择。点击 BMP Siting Tool 工具条中的""(选择 BMP 类型)按钮,弹出"Select BMP Types"对话框(图 17-23)。我们可以从左侧 BMP 列表中选择所需要的类型(选择绿色屋顶、雨水花园和雨水桶 3 种 BMP 类型),点击"Add"按钮将其移动到右侧选定列表中。如果想删除 BMP 类型,选中右侧类型选项后点击"Remove"即可删除并移回左侧列表。选择完后点击"Save"按钮进行保存关闭窗口。

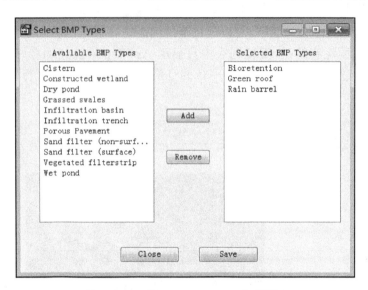

图 17-23 "Select BMP Types"对话框

最后,设置 BMP 的适用性条件。点击选址工具的""(BMP 选址条件)"按钮,弹出"BMP Siting Criteria"对话框,分别设置不同 BMP 类型的选址条件。我们仅以雨水花园的设置为例进行演示。从"Select BMP Type"(BMP 类型列表)中选择"Bioretention",将右侧默认的条件更改为符合研究区实际情况的相应值(图 17-24),点击"Save"保存相关设置。待依次将绿色屋顶(Green Roof)和雨水桶(Rain Barrel)的选址条件设定好后,点击"Start"按钮

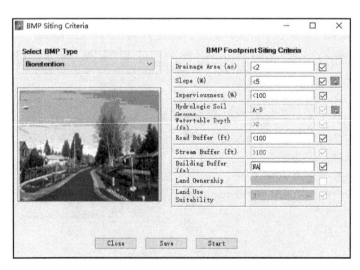

图 17-24 "BMP Siting Criteria"对话框

运行 BMP 选址模型。选址工具会为每一类 BMP/LID 选择了合适的建设位置,结果可在 ArcMap 中查看(雨水花园的选址结果见图 17-25)。结合 BMP 选址分析结果,除去面积过小的区域,共设置 9 处大小、形态不一的雨水花园(图 17-26)。研究区建筑全部为近 10 年新建建筑,且均为平屋顶,除去屋顶仪器设备等所占区域,得到适建的屋顶绿化方案;结合研究区内建筑物落水口设置情况,共设置 73 个雨水桶(图 17-26)。

图 17-25 雨水花园选址结果

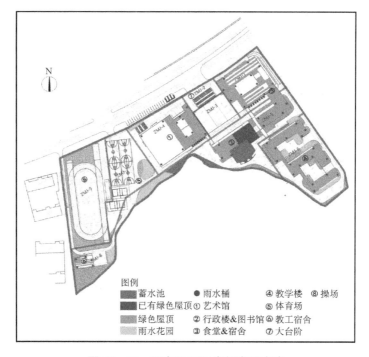

图 17-26 研究区 LID 空间布局方案

17.5.4 LID情景方案设置

在设计LID规划情景方案时,需要考虑实现同一控制目标,可能存在雨洪调控效应与性价比各不相同的多种方案。因此,通过设置单项LID措施及多种LID措施的组合,以及借助模型的辅助运算可以有效地筛选出最优方案。本实验采用"现状""单项LID措施"及"LID措施组合"的方式进行LID规划情景设置,最终确定4个情景方案。S0为"现状情景",作为对比方案;3组单项LID措施情景方案:S1为"绿色屋顶",S2为"雨水花园"和S3"雨水桶";一组由3种LID措施组合情景方案:S4为"绿色屋顶+雨水花园+雨水桶"。

根据BMP选址工具得到的LID空间配置方案,结合子汇水区的划分情况,确定各汇水区中LID措施的布设地点及其面积(或数量)。实验中不同方案的绿色屋顶、雨水花园及雨水桶的面积或数量分别保持一致,以便于不同情景方案模拟结果的对比分析。

17.6 不同LID情景下的雨洪调控效应模拟

17.6.1 LID参数设置

基于SWMM 5.1模型使用手册、《海绵城市建设指南》和金陵小学的相关现状条件等,最终本实验选取3种LID措施的参数具体取值如表17-6所示。

我们仅以雨水花园为例演示具体参数设置过程。

首先,在SWMM主界面中,点击左侧浮动窗口中的"Project"—"Hydrology"—"LID Controls"。然后,点击"✚"按钮,弹出"LID Control Editor"对话框(图17-27),按照表17-6中的参数值进行相关参数的设置。最后,在各子汇水区中设置LID的控制参数。在子汇水区属性表的LID控制栏中,点击"..."按钮,弹出子汇水区的LID控制窗口,点击"Add"按钮,在下拉列表中选择LID类型,并在右侧设置已计算完成的LID面积大小等参数(图17-28)。

表17-6 LID措施参数设置表

		蓄水深度(mm)	植被填充率	曼宁系数	表层坡度(%)	—	—	—
绿色屋顶	表层	10	0.2	0.1	3	—	—	—
	土壤层	厚度(mm)	孔隙率	入渗率坡度	枯萎点	入渗率(mm/hr)	吸水头(mm)	场地容量
		100	0.5	40	0.1	3.2	20	0.3
	排水层	厚度(mm)	孔隙率	曼宁系数	—			
		60	0.5	0.1	—			
雨水桶	表层	桶高(mm)	植被填充率	曼宁系数	表层坡度(%)			
		800	0.2	0.4	3			

续表 17-6

雨水桶	暗渠	排水率 (mm/hr)	流动系数	偏移高度 (mm)	排水延迟 (h)	—	—	—
		200	0.5	120	6	—	—	—
雨水花园	表层	蓄水深度(mm)	植被填充率	曼宁系数	表层坡度 (%)	—	—	—
		600	0.2	0.1	10	—	—	—
	土壤层	厚度 (mm)	孔隙率	入渗率坡度	枯萎点	入渗率 (mm/hr)	吸水头 (mm)	场地容量
		150	0.5	5	0.1	3.2	50	0.3

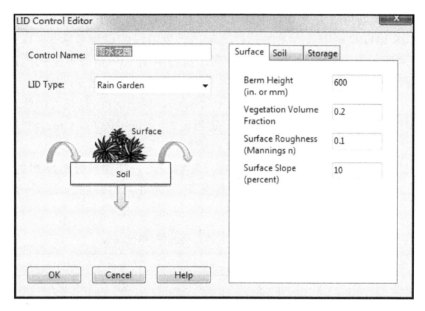

图 17-27 "LID Control Editor"对话框

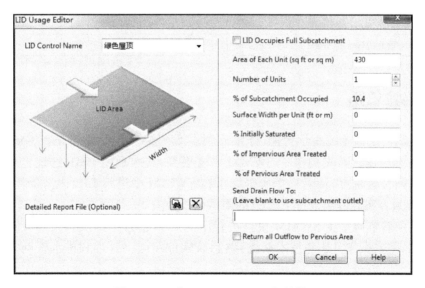

图 17-28 "LID Usage Editor"对话框

17.6.2 LID 多情景模拟

将 5 次降雨事件下的现状情景 S0 和 LID 方案情景 S1-S4,分别在 SWMM 中进行模拟,模拟过程以及结果查看等基本操作我们已在 17.4 中作了介绍,在此不再赘述。

为方便读者学习,本实验已将 S1~S4 情景方案的 SWMM 文件放入了 shiyan17 文件夹中。

17.6.3 不同 LID 情景下的雨洪调控效应分析

本实验仅以总径流量为例,分析不同降雨事件下 LID 的雨洪调控效应(表 17-7)。统计结果表明,研究区 4 种 LID 规划情景方案的总径流量均小于现状情景 S0 的总径流量,即 4 种 LID 规划情景方案均有削减总径流量的雨洪调控作用;在 5 个降雨事件(R1 至 R5)下,4 组 LID 规划情景方案的总径流削减效果最好的均为方案 S4(绿色屋顶+雨水花园+雨水桶),说明 LID 措施组合的方案比实施单项 LID 措施方案的雨洪调控效果更好;随着降雨重现期的增大,雨水花园、雨水桶的总径流削减效果持续增大;绿色屋顶在不同降雨事件下总径流削减效果显著高于雨水花园和雨水桶,且其总径流削减量首先随着降雨的增大而增大,但当降雨增大到一定程度时(本例中的 88.1 mm,对应的消减量为 31.9 mm),总径流削减效果开始达到饱和状态。

按照大致相同的分析过程,我们可以进行其他径流特征参数分析结果的统计分析,在此不再赘述(具体相关结果统计分析参见班玉龙等,2016;班玉龙,2015,刘梦茜,2017)。

表 17-7 不同情景下的总径流量(单位:mm)

情景方案	R1(24.5)	R2(49.4)	R3(88.1)	R4(103.2)	R5(132.7)
S0(现状)	17.7	37.3	66.4	80.3	108.9
S1(绿色屋顶)	14.5	33.4	56.2	70.5	99.2
S2(雨水花园)	16.5	34.8	62.0	75.0	101.7
S3(雨水桶)	17.7	37.3	66.4	80.3	108.8
S4(绿色屋顶+雨水花园+雨水桶)	13.3	30.9	51.8	65.2	92.0

17.7 实验总结

本实验以南京市金陵小学为例,详细介绍了 SWMM 及 BMP Siting Tool 选址工具的基础操作和应用。首先构建了 SWMM 水文模型,其次利用 BMP 选址工具对给定的 LID 进行空间位置选择,最后根据所得结果在 SWMM 中进行 LID 多情景模拟,并分析不同 LID 情景方案和降雨事件下 LID 的雨洪调控效应。

通过本实验掌握基于 SWMM 模型进行不同 LID 情景下雨洪调控效应分析的总体思路与框架、基本操作方法和技术路线,熟悉该软件在雨洪管理和排水管网规划方面的潜在应用。

具体内容见表 17-8。

表 17-8　本次实验主要内容一览

内容框架	具体内容	页码
SWMM 模型构建与参数设置	(1) SWMM 模型概化	P532
	(2) SWMM 模型参数设置	P536
降雨雨型设计	(1) 雨型选择	P540
	(2) 降雨序列设置	P541
SWMM 模型运行	(1) 模型运行设置	P542
	(2) 运行结果查看	P543
基于 SUSTAIN 的 LID 空间布局	(1) LID 措施选择	P544
	(2) BMP 选址工具所需数据准备	P544
	(3) BMP 选址工具设置	P544
	(4) LID 情景方案设置	P548
不同 LID 情景下的雨洪调控效应模拟	(1) LID 参数设置	P548
	(2) LID 多情景模拟	P550
	(3) 不同 LID 情景下的雨洪调控效应分析	P550

实验18 基于生态安全格局的城市生态控制线划定

18.1 实验目的与实验准备

18.1.1 实验目的

生态安全格局(Ecological Security Pattern,ESP)是实现城市与区域生态安全的基本保障和重要途径,是在空间上协调社会经济发展和生态环境保护关系的重要手段,能够保护和恢复生物多样性,维持生态系统结构过程的完整性。城市生态控制线是为保障城市生态安全,维护生态系统的科学性、完整性和连续性,防止城市建设无序蔓延,在尊重城市自然生态系统和合理环境承载力的前提下,根据有关法律、法规,结合城市实际情况划定的生态保护范围界线。

通过本实验掌握基于生态安全格局分析划定城市生态控制线的研究框架与技术路线,熟悉该方法在城市与区域生态规划中的具体应用。

具体内容见表18-1。

表18-1 本次实验主要内容一览

主要内容	具体内容
生态控制线划定的总体思路与框架	总体思路与框架
水文安全格局分析	(1) 因子选取
	(2) 单因子分析
	(3) 水文安全格局构建
水土保持安全格局分析	(1) 因子选取
	(2) 单因子分析
	(3) 水土保持安全格局构建
生物保护安全格局分析	(1) 因子选取
	(2) 单因子分析
	(3) 生物保护安全格局构建
基于生态安全格局的生态控制线划定	(1) 综合安全格局构建
	(2) 生态控制线划定

18.1.2 实验准备

(1) 计算机已经预装了ArcGIS 10.1中文桌面版、SWMM 5.1英文版和Circuitscape 4.0

或更高版本的软件。

（2）本实验的规划研究区为青海省海东市引胜沟流域，请将实验数据 shiyan18 文件夹存放到 D:\data\ 目录下。

18.2 生态控制线划定的总体思路与框架

根据目前生态安全格局的相关研究，最常用的是多因子综合评价方法，主要涉及研究区单一生态过程（生态因子）的选取与等级划分、多因子综合评价的方法选择等。生态安全格局分析的关键是基于景观生态学相关原理辨识研究区的关键生态过程，以及科学判定这些因子对研究区生态安全的影响程度与等级。

本实验采用 SWMM 水文分析模型、ArcGIS 中的空间叠置分析法、电路理论等模型与方法，对研究区的多种生态过程进行了定量分析与评价；在此基础上，构建了研究区的水文安全、水土保持安全和生物保护安全格局，并通过叠置分析得到了研究区的综合生态安全格局（理想、满意和底线安全格局），为生态控制线的划定提供了重要依据（图 18-1）。

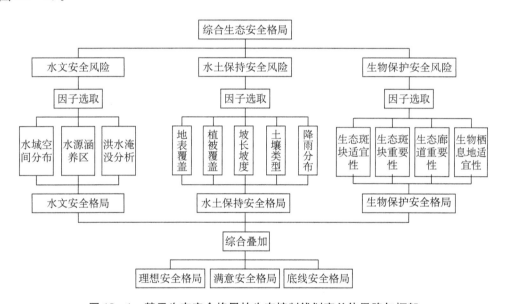

图 18-1 基于生态安全格局的生态控制线划定总体思路与框架

（1）理想安全格局是高水平的生态安全格局，是维护区域生态服务的理想景观格局，在这个范围内应当以生态系统保护与修复为主，但可以根据研究区的具体情况在有条件的区域进行低强度的开发建设活动。

（2）满意安全格局是中水平的生态安全格局，需要尽量限制与生态服务功能改善无关的开发建设活动，实行相应的不同等级的保护措施，保护与恢复生态系统。

（3）底线安全格局是低水平的生态安全格局，是保障研究区生态安全的最基本保障，是城镇发展建设中不可逾越的生态底线，需要重点保护和严格限制，并应在城市规划中纳入城市的禁止和限制建设区。本实验所划定的生态控制线就是指底线安全格局下需要保护的自然生态单元的边界范围。

18.3 水文安全格局分析

18.3.1 因子选取

研究区内有引胜沟从北向南汇入湟水河,是海东市重要的河流水系之一。河漫滩是河流洪水期淹没河床以外的谷底部分,对水源涵养和自然水文条件影响重大。引胜沟两岸河漫滩虽有部分被侵占破坏,但整体上尚处于近自然的状态。因而,应加强对河流和河漫滩的保护。

首先,通过提取河流水域和河漫滩形成研究区需要保护的水域空间和水源涵养区;然后,运用 SWMM 模型和 ArcGIS 软件平台进行多情景的洪水淹没模拟分析,得到研究区的洪水淹没范围;最后,进行多因子叠置分析得到研究区的水文安全格局(图 18-2)。

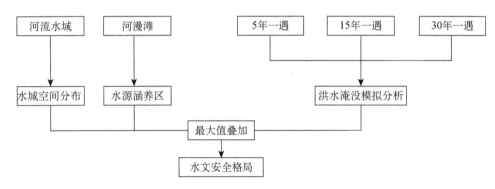

图 18-2 水文安全格局分析框架

18.3.2 单因子分析

1) 水域与水源涵养区因子分析

基于 ArcGIS 软件平台,使用"土地利用.shp"和"河漫滩.shp"数据文件进行水域、水源涵养区的提取与赋值分析。土地利用数据中的用地类型及其对应的 Type 字段值如表 18-2 所示。

表 18-2 土地利用数据属性表中的用地类型与 Type 值

用地类型		Type 字段值	用地类型		Type 字段值
	城市建设用地	1	水域	引胜沟水系	61
	城市工业用地	2		湟水河	62
	农村建设用地	3	农田	一般农田	71
	农村工业用地	4		基本农田	72
道路	铁路	51	林地	密林地	81
	高速路	52		疏林地	82
	公路(乡村)	53		裸地	83
	主干道	54			
	次干道	55			

具体操作步骤如下：

首先，使用 ArcToolbox 中的"分析工具"—"提取分析"—"筛选"工具，从"土地利用.shp"数据文件中提取出引胜沟河流数据（type 字段值为 61），命名为"河流.shp"，河流作为研究区重要的水域空间，具有重要的生态功能，是研究区需要重点保护的底线区，因而划入"低安全格局"。

然后，使用 ArcToolbox 中的"分析工具"—"叠加分析"—"联合"工具，将"河流.shp"和"河漫滩.shp"矢量数据文件合并为一个新的面要素矢量数据文件（"水域空间分布与水源涵养区.shp"），并在其属性表中增加一个短整型的"anquanxing"字段，并使用"字段计算器"工具分别将水域空间赋值为 5（即属于低安全格局）、水源涵养区赋值为 3（即属于中安全格局）。

最后，将"水域空间分布与水源涵养区.shp"面要素数据文件转换成栅格数据（shuiyu.grid），使用的字段为"anquanxing"，栅格大小为 1m×1m。shuiyu.grid 数据是后续水文安全格局多因子空间叠置分析的一个重要因子（图 18-3）。

图 18-3　水域与水源涵养区空间分布图

2）洪水淹没范围因子分析

➢ 步骤 1：SWMM 水文分析模型构建。

首先，基于 ArcGIS 软件平台，对研究区进行水文分析（流向、河网提取、汇水区划分等步骤与实验 6 中的大致相同，在此不再赘述）。

然后，根据用地性质和道路等因素将水文分析得到的汇水分区进行局部调整，得到研究区最终的汇水区划分结果（图 18-4）。

为保证后续操作可行性与实验结果的可比性，本实验已将最终的汇水区划分结果数据文件（"汇水区.shp"）、管段与节点数据（"管段.shp"、"节点.shp"）存放在 shiyan18 文件夹中。

最后，进行 SWMM 水文分析模型的构建。区域尺度下 SWMM 模型的构建比较复杂，需要实现 GIS 与 SWMM 的耦合。首先，将 GIS 中的汇水区面数据转换为点数据，并保留原多边形数据的所有拐点。使用 ArcToolbox 中的"数据管理工具"—"要素"—"要素折点转点"工具，输入"汇水区.shp"，得到"汇水区 Points.shp"，并在其属性表中添加两个浮点型的

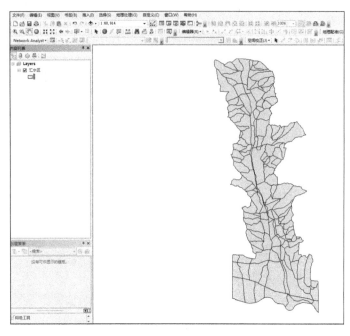

图 18-4　研究区汇水区划分结果

“X”“Y”字段,利用“计算几何”工具,计算得到每个拐点的 X 坐标与 Y 坐标。采用同样的方法,将“节点.shp”的 X 坐标与 Y 坐标在属性表中求出。然后,将模型需要的坐标数据由 GIS 属性表中导出为 txt 文件,并根据 SWMM 的文件格式重新编写数据格式(图 18-5、图 18-6),从而实现 GIS 与 SWMM 的数据耦合,将文件后缀改为“.inp”后在 SWMM 中打开。最后,根据管网数据在 SWMM 中绘制出管段,得到概化模型图(图 18-7),其中模型相关参数的设置见表 18-3。

另外,根据海东地区的暴雨公式,分别计算 5 年一遇、15 年一遇、30 年一遇的降雨雨型(“降雨数据.txt”已经存放在 shiyan18 文件夹中),将雨型数据导入 SWMM 模型中。SWMM 模型构建的具体过程可参见实验 17 中的相关内容。

```
文件(F) 编辑(E) 格式(O) 查看(V) 帮助(H)

[Polygons]
;;Subcatchment   X-Coord            Y-Coord
;;-------------- ------------------ ------------------
H0               459741.030         4050503.660
H0               459743.120         4050501.740
H0               459747.590         4050486.730
H0               459751.970         4050482.710
H0               459757.100         4050476.820
H0               459786.170         4050455.820
H0               459790.370         4050451.000
H0               459793.740         4050449.870
H0               459789.380         4050399.760
H0               459813.020         4050383.380
H0               459838.590         4050355.050
H0               459894.450         4050346.170
H0               459930.530         4050328.440
H0               459989.770         4050306.690
H0               460028.640         4050289.300
H0               460093.120         4050273.070
H0               460120.800         4050248.680
H0               460190.150         4050203.660
H0               460237.840         4050190.860
H0               460263.200         4050188.370
H0               460322.860         4050180.910
H0               460397.930         4050147.330
```

图 18-5　子汇水区 txt 文本文件编写

```
文件(F) 编辑(E) 格式(O) 查看(V) 帮助(H)
Units       None

[COORDINATES]
;;Node           X-Coord            Y-Coord
;;-------------- ------------------ ------------------
0                461111.000         4050200.000
1                460511.000         4050120.000
2                461103.000         4049800.000
3                461164.000         4049040.000
4                461369.000         4047690.000
5                461203.000         4046220.000
6                461944.000         4046420.000
7                461287.000         4046360.000
8                461524.000         4044120.000
9                462889.000         4038180.000
10               462630.000         4041260.000
11               462538.000         4041650.000
12               462274.000         4042600.000
13               462003.000         4042960.000
14               461983.000         4043020.000
15               462680.000         4040510.000
16               462971.000         4038840.000
17               461606.000         4042900.000
18               461848.000         4043310.000
19               461431.000         4044350.000
20               462243.000         4046630.000
21               461712.000         4046360.000
```

图 18-6　节点 txt 文本文件编写

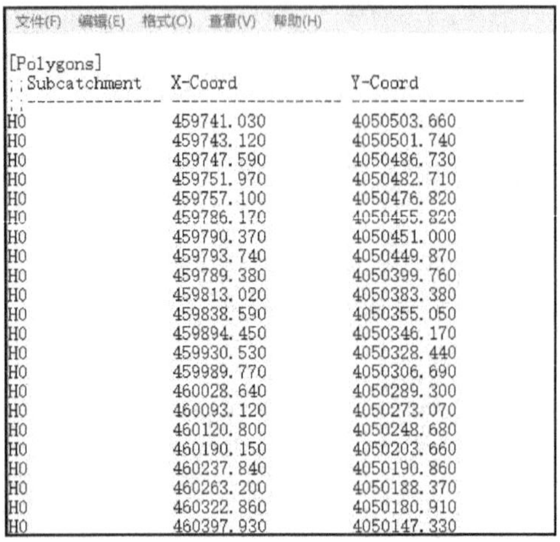

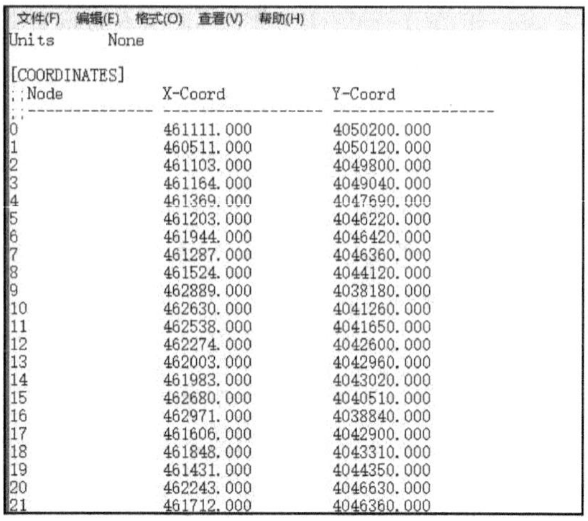

实验 18 基于生态安全格局的城市生态控制线划定

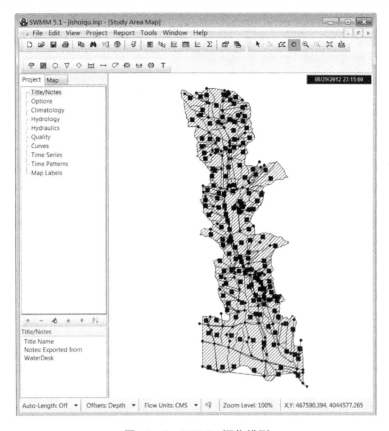

图 18-7 SWMM 概化模型

表 18-3 SWMM 子汇水区相关参数表

基本参数	参数名称	数值	单位
水文特征参数	不透水面曼宁系数	0.01	—
	渗透面曼宁系数	0.1	—
	不透水面洼地蓄水	0.05	mm
	渗透面洼地蓄水	0.05	mm
	无洼地蓄水不渗透性	25	%
入渗模式 Horton	最大渗入速率	3	mm/hr
	最小渗入速率	0.5	mm/hr
	衰减常数	4	/hr
	排干时间	7	day
	最大容积	0	mm
汇流模式 Outlet	演算面积比	100	%

➤ 步骤 2:洪水淹没模拟分析。

首先,在 SWMM 模型建立完成后,参照实验 17 进行不同降雨事件下的雨洪模拟。

然后,使用无源淹没分析法,进行研究区淹没范围的分析与提取。基于 DEM 高程数据,求取选定范围内给定水位条件下的无源淹没区,即凡是高程值低于给定水位的区域,均记入淹没区。

为了减少工作量,我们选取了研究区 20 个均匀分布的重要节点,在水流汇合处或拐点处最佳,命名为"重要点.shp"(储存在 shiyan18 中),并在属性表中新建 Id 字段,输入节点在 SWMM 模型中的编号。下面以 5 年一遇降雨情景下的节点 12(Id=12)为例加以简要说明。首先,打开模拟完成后的 SWMM 界面,查看模拟完后节点 12 的洪峰流量及洪峰流速,两者相除得到节点 12 的断面面积。然后,在 SWMM 中打开"节点.shp"的属性表,找到节点 12 的"digao"属性为 2048;点击"报告"—"总结",选择"节点进流量",找到节点 12 的最大总进流量为 67.458(图 18-8);确定节点 12 的进流管段,点击"报告"—"总结",选择"管段流量",查看该管段的最大流速为 4.550;进而得到断面面积,除以断面宽度后,即是淹没高度。将淹没高度与节点底高相加,得到洪峰高程(表 18-4)。

Summary Results

Topic: Node Inflow　　Click a column header to sort the column.

Node	Type	Maximum Lateral Inflow CMS	Maximum Total Inflow CMS	Day of Maximum Inflow	Hour of Maximum Inflow	Lateral Inflow Volume 10^6 ltr	Total Inflow Volume 10^6 ltr	Flow Balance Error Percent
0	JUNCTION	53.931	59.066	0	18:00	2.87e+003	3.22e+003	0.151
1	JUNCTION	79.465	127.985	0	17:59	4.01e+003	6.9e+003	0.029
2	JUNCTION	123.125	197.556	0	21:00	6.51e+003	1.07e+004	0.083
3	JUNCTION	184.285	228.311	0	18:00	9.84e+003	1.29e+004	0.060
4	JUNCTION	141.452	206.972	0	17:00	7.76e+003	1.21e+004	0.093
5	JUNCTION	3.032	154.322	0	18:00	151	9.49e+003	0.019
6	JUNCTION	28.567	73.839	1	00:00	1.42e+003	3.93e+003	0.023
7	JUNCTION	34.284	129.769	0	16:00	1.74e+003	8e+003	0.089
8	JUNCTION	243.299	373.964	0	19:00	1.29e+004	2.14e+004	0.040
9	JUNCTION	289.896	686.997	1	02:43	1.38e+004	3.38e+004	0.894
10	JUNCTION	178.056	316.145	0	23:00	9.11e+003	1.73e+004	0.055
11	JUNCTION	70.612	138.151	0	22:00	3.67e+003	7.59e+003	0.146
12	JUNCTION	8.548	67.458	1	01:00	420	3.76e+003	0.105
13	JUNCTION	74.815	86.035	1	00:00	3.76e+003	4.54e+003	0.023
14	JUNCTION	27.861	133.239	0	15:00	1.4e+003	8.63e+003	0.025
15	JUNCTION	79.154	193.586	1	01:00	3.96e+003	1.11e+004	0.078
16	JUNCTION	0.000	82.212	0	12:15	0	5.35e+003	0.125
17	JUNCTION	0.000	10.347	0	13:45	0	518	0.021
18	JUNCTION	167.728	291.017	0	17:00	8.84e+003	1.72e+004	0.045
19	JUNCTION	240.654	316.897	0	22:00	1.26e+004	1.78e+004	0.028
20	JUNCTION	39.964	60.783	1	00:00	1.99e+003	3.03e+003	0.012
21	JUNCTION	18.157	32.411	1	00:00	905	1.8e+003	0.117

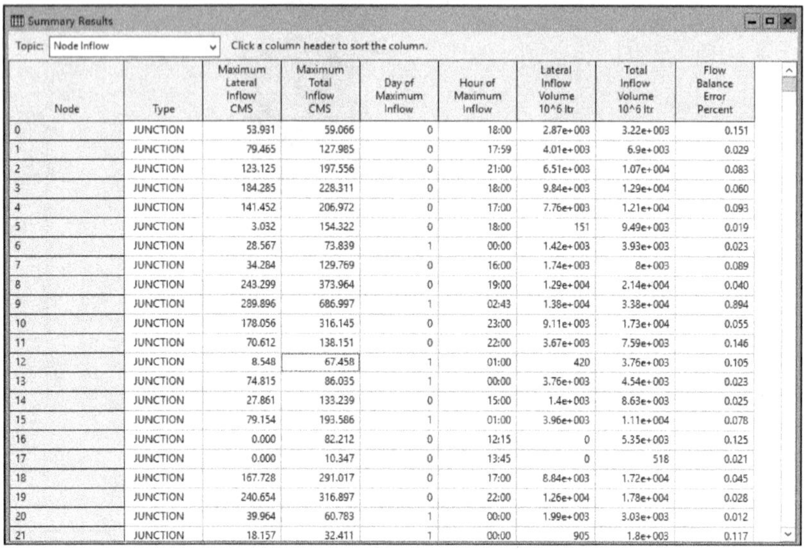

图 18-8　SWMM 模拟结果查看

表 18-4　洪峰高程统计表

Id	底高/m	洪峰流量/(m^3/s)	洪峰流速/(m/s)	断面面积/m^2	断面宽度/m	淹没高度/m	洪峰高程/m
12	2 048	67.458	4.550	15.089	15	1.006	2 049.006

最后,统计完成后,在 GIS 中新建"5 年淹没范围.shp",并打开"河流.shp""等高线.shp"和"重要点.shp"。查看节点周围的等高线高程,将岸线附近 2 049.006 以下高程的区域划为淹没区。打开编辑器,按等高线画出节点周围的淹没范围(图 18-9)。在 20 个点的淹没范围绘制完成后,将面要素融合,即得到 5 年一遇降雨情景下的淹没范围。

图 18-9　淹没范围绘制

➢　步骤 3:洪水淹没安全格局分析。

首先,按照上述大致相同的方法,分别进行不同降雨事件下的淹没区绘制,最终得到研

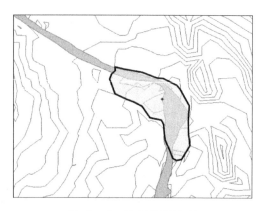

究区 5 年一遇、15 年一遇和 30 年一遇的洪水淹没范围,分别划为"高、中、低"安全格局。

然后,使用 ArcToolbox 中的"分析工具"—"叠加分析"—"联合"工具,合并面要素,建立短整型字段"anquanxing"并进行赋值,高安全格局赋值 1,中安全格局赋值 3,低安全性赋值 5。将安全格局按研究范围进行裁剪,并使用"anquanxing"字段将其转换为栅格数据文件(栅格大小为 1 m×1 m,命名为 yanmo.grid),得到洪水淹没安全格局(图 18-10)。

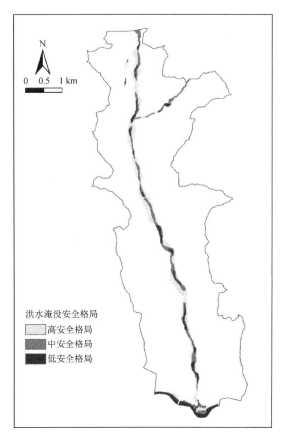

图 18-10 洪水淹没安全格局　　　　图 18-11 水文安全格局

18.3.3 水文安全格局构建

生态安全格局构建主要组合使用 ArcGIS 中的"字段计算器"和"重分类"等工具。其操作过程与实验 11 和实验 12 中的成本面文件的生成大致相同,在此以水文安全格局构建的生成为例作简要说明。

使用 ArcToolbox 中的"数据管理工具"—"栅格数据集"—"镶嵌至新栅格"工具,采用取最大值的方法将上面得到的水域空间分布与水源涵养区和洪水淹没安全格局的栅格数据文件进行镶嵌,得到水文安全格局(图 18-11)。其中:高安全格局即为理想安全格局,占研究区总面积的 12.3%,主要为 30 年一遇洪水淹没范围、引胜沟及湟水河河流水域范围、河滩范围;中安全格局即为满意安全格局,占研究区总面积的 5.9%,主要为 15 年一遇洪水淹没范围、引胜沟及湟水河河流水域范围、河滩范围;低安全格局即为底线安全格局,占研究区总面积的 2.1%,主要为 5 年一遇洪水淹没范围、引胜沟及湟水河河流水域范围(表18-5)。

表18-5 水文安全格局分类统计表

安全水平	面积(ha)	占研究区比重(%)	划分依据
理想安全格局	308.8	12.3%	30年一遇洪水淹没范围、引胜沟及湟水河河流水域范围、河滩范围
满意安全格局	146.5	5.9%	15年一遇洪水淹没范围、引胜沟及湟水河河流水域范围、河滩范围
底线安全格局	53.3	2.1%	5年一遇洪水淹没范围、引胜沟及湟水河河流水域范围

18.4 水土保持安全格局分析

18.4.1 因子选取

水土保持对于青海省海东市的生态环境保护具有重要意义。本实验依据美国农业部537手册(《通用土壤流失方程USLE说明书》),选取降雨侵蚀力、土壤可蚀性、坡长坡度、地表覆盖、植被覆盖5个因子(表18-6),通过单因子评价与多因子叠置分析,得出研究区的土壤侵蚀强度空间分布图,并参考相关案例文献及《土壤侵蚀分类分级标准(SL190-2007)》,将其划分为不同安全水平的水土保持安全格局。

表18-6 水土保持安全格局所选因子及其计算方法

所选因子	计算方法
降雨侵蚀力因子(R)	降雨侵蚀力指数的数值加上外加水量而产生的径流的因子,依据查找新闻与文献所获得的海东地区年降水量及年最大小时降雨量计算
土壤可蚀性因子(K)	标准单位上特定土壤在单位降雨侵蚀力作用下的水土流失速率,依据海东地区土壤砂砾、粉粒、粘粒及有机碳含量通过公式求得
坡长坡度因子(L/S)	相同情况下,某一长度坡面上土壤流失量与标准坡面上流失量的比值,通过坡度角按公式求得
	相同情况下,某一坡度坡面上的土壤流失量与9%坡度坡面上流失量的比值,通过坡长和坡度求得
地表覆盖因子(P)	在一定覆盖和管理措施下,一定面积土地上的土壤流失量与采取连续耕作处理的相同面积土地上流失量的比值,通过查找文献和相关案例得到水域裸地、农田、建设用地、疏林草地、密林5类不同土地覆盖类型的因子进行赋值
植被覆盖因子(C)	相同措施条件下不同植被覆盖程度的土壤流失量,通过归一化植被覆盖指数(NDVI)求得

18.4.2 单因子分析

1) 降雨侵蚀力因子

降雨侵蚀力因子R的计算:降水侵蚀力难以直接测定,大多用降雨参数,如雨强、雨量等参数来估算。由于资料有限,本实验采用公式18-1计算降雨侵蚀力因子R值。

$$R = \sum_{i=1}^{12} 1.735 \times 10^{1.5 * \lg[(p_i^2/p)/mm]-0.8188}$$

(公式 18-1)

式中，P_i 为月降雨量，P 为全年降雨量。

将海东地区的 P_i 和 P 值代入后，计算得到降雨侵蚀力 R 值为 95.751（图 18-12）。

2）土壤可蚀性因子

土壤可蚀性因子 K 值：定义为单位降雨侵蚀力在标准小区上所造成的土壤流失量，反映了在其他影响侵蚀因子不变时，不同类型土壤所具有的不同的侵蚀速度。K 值大小与土壤质地相关性较高，根据文献资料，青海省海东市的土壤为灰钙土，K 值取 0.385（图 18-13）。

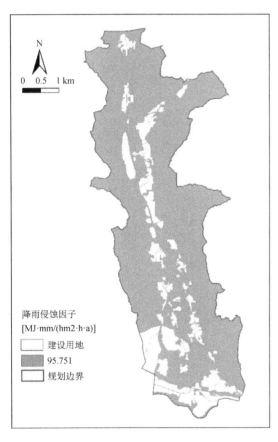

图 18-12 降雨侵蚀力因子

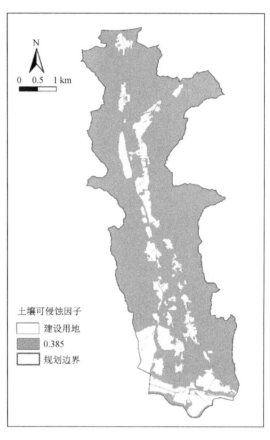

图 18-13 土壤可蚀性因子

3）坡长坡度因子

坡长 L 和坡度 S 因子对土壤侵蚀有着重要的影响，其计算公式为：

$$L = (\lambda/22.13)^m$$

(公式 18-2)

$$S = (0.43 + 0.30s + 0.043s^2)/6.613$$

(公式 18-3)

其中，λ 为栅格大小，本研究取值 2 m；m 为坡度指数；s 为坡度百分比。坡度分为 4 级：<1%；1%~3%；3%~4.5%；≥4.5%，相应的 m 值分别为 0.2、0.3、0.4、0.5。

首先，根据研究区 DEM 数据进行坡度计算，得到坡度百分比的栅格数据，并利用"重分类"工具,按照<1%、1%~3%、3%~4.5%、≥4.5%,将坡度分为4类,并分别赋值为0.2、0.3、0.4、0.5。然后,使用"栅格计算器"工具,分别根据公式18-2和公式18-3求出L值和S值。最后,将L与S相乘后,采用自然断裂点法分3类,并将建设用地叠加后,得到坡度坡长因子结果如图18-14所示。

 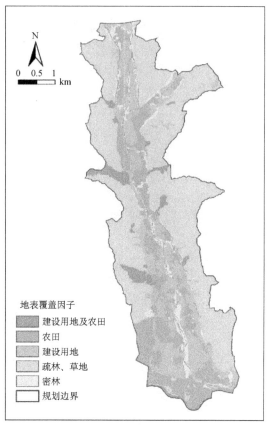

图18-14 坡度坡长因子　　　　　　　　图18-15 地表覆盖因子

4) 地表覆盖因子

地表覆盖因子的P值范围在0~1之间,与土壤流失量有关,参考相关文献取值见表18-7。使用"重分类"工具,将土地利用栅格数据进行重分类,得到地表覆盖因子图(图18-15)。

表18-7 地表覆盖因子取值

土地利用类型	代码	P
城镇	11	0.3
旱地	21	0.6
农林复合区	22	0.15
天然林	31	1.0
人工林	32	0.8
灌丛	41	1.0
草地	42	1.0

续表 18-7

土地利用类型	代码	P
采伐迹地	50	0.7
水域	60	—
永久积雪	70	—
裸地	80	—

5）植被覆盖度因子

植被覆盖度因子的计算大多是首先利用遥感影像数据计算植被指数，然后根据植被指数与外业调查的植被覆盖度建立的相关关系，计算得到研究区的植被覆盖度。本实验参考国外的相关研究成果，结合引胜沟流域的实际情况，利用公式 18-4 计算得到 C 值。

$$C = \begin{cases} 1, & f_c = 0 \\ 0.6508 - 0.34361 \lg f_c, & 0 < f_c < 78.3\% \\ 0, & f_c \geq 78.3\% \end{cases} \quad (\text{公式 18-4})$$

具体步骤为：首先，在 ERDAS 中使用光谱增强功能菜单中的"Indices"工具（"Image Interpreter"—"Spectral Enhancement"—"Indices"），得到 NDVI 指数 fc；然后，使用 ArcGIS 中的"栅格计算器"，依据 fc 和公式 18-4，求出 C 值；最后，按照 C 值的大小进行安全性等级的赋值，并与建设用地进行叠加，得到最终的植被覆盖因子图（图 18-16）。

18.4.3 水土保持安全格局构建

根据文献《基于 GIS 和 USLE 的卧龙地区小流域土壤侵蚀预报》，将各单因子结果相乘得到研究区的土壤侵蚀强度（公式 18-5），参考相关案例文献及《土壤侵蚀分类分级标准（SL190-2007）》，将其划分为不同安全水平的水土保持安全格局。本实验按照土壤侵蚀强度的大小划分为 3 类水土保持安全格局：土壤侵蚀强度大于 10 t/(km²·a)的为理想安全格局，土壤侵蚀强度大于 50 t/(km²·a)的为满意安全格局，土壤侵蚀强度大于 80 t/(km²·a)的为底线安全格局。

图 18-16 植被覆盖因子

$$A = R \times K \times L \times S \times C \times P \quad (\text{公式 18-5})$$

具体步骤为：首先，ArcGIS 中的"栅格计算器"，根据公式 18-5，计算得到 A 值。然后,使用"重分类"工具,按照上述分类方法进行安全性赋值,理想安全格局赋值1,满意安全格局赋值3,底线安全格局赋值5,得到研究区的水土保持安全格局(图18-17)。其中,理想安全格局占研究区总面积的56.1%,位于河谷中坡度平缓、地表覆盖为林地农田、植被覆盖度较高的地区;满意安全格局占研究区总面积的36.1%,位于两侧脑山地区坡度适中、地表类型为灌木草地、植被覆盖度适中及河谷中临近河流的地区;底线安全格局占研究区总面积的19.1%,位于两侧脑山坡度陡峭、地表类型为裸地、植被覆盖度较低的地区(表18-8)。

图18-17 水土保持安全格局

表18-8 水土保持安全格局划分

安全水平	面积(ha)	占研究区比重(%)	划分依据
理想安全格局	1 402.5	56.1%	水土流失强度大于10 t/(km²·a)。河谷中坡度平缓、地表覆盖为林地农田、植被覆盖度较高的地区
满意安全格局	902.5	36.1%	水土流失强度大于50 t/(km²·a)。两侧脑山地区坡度适中、地表类型为灌木草地地被、植被覆盖度适中及河谷中临近河流的地区
底线安全格局	477.5	19.1%	水土流失强度大于80 t/(km²·a)。两侧脑山坡度陡峭、地表类型为裸地、植被覆盖度较低的地区

18.5 生物保护安全格局分析

18.5.1 因子选取

首先,通过河流水域、农田、林地、地形坡度和地形起伏度5个因子的单因子分析,通过取最大值方法进行叠加,再与建设用地因子进行取最小值叠加,得到研究区的生物栖息地适宜性的评价结果;其次,进行植被覆盖度和斑块面积两个因子的单因子分析,通过取最大值方法进行叠加,得到生态斑块适宜性评价结果;再次,基于电路理论构建研究区的生态网络,并评价生态斑块和生态廊道的相对重要性等级;最后,将生物栖息地适宜性、生态斑块适宜性、生态斑块重要性、生态廊道重要性4个因子进行取最大值叠加,得到研究区的生物保护安全格局(图18-18)。所有单因子分析结果均划分为高适应性、中适应性和低适应性3类。

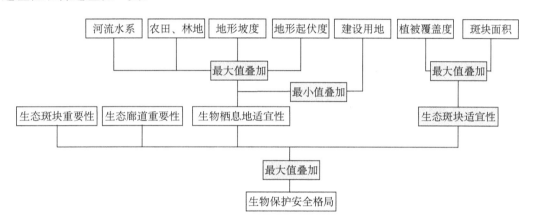

图 18-18 生物保护安全格局因子选取与分析框架

18.5.2 单因子分析

1) 生物栖息地适宜性

生物栖息地是指物理和生物的环境因素的总和,包括光线、湿度、筑巢地点等,所有这些因素一起构成适宜动物居住的某一特殊场所,它能够提供食物和防御捕食者等条件。海东市位于我国重要的生态保育区,生物栖息地的保护对于物种适应性和生物多样性尤为重要。

本实验选取了对生物栖息地具有影响的5个环境因子(河流水域、农田、林地、地形坡度和地形起伏度),利用"重分类"方法,分别对各个因子的适宜性进行赋值(表18-9),得到5个单因子的栅格数据文件(图18-19~图18-23);然后使用"镶嵌至新栅格"工具,采用取最大值方法进行空间叠置分析,再与建设用地因子(赋值为5)进行取最小值叠加,得到生物栖息地适宜性评价结果(图18-24)。

表 18-9　生物栖息地适应性因子选取及赋值

单因子	选取依据与赋值
河流水域适宜性	高适宜性(1):湟水河 中适宜性(3):湟水河 25 m 缓冲区范围、引胜沟水系及其河漫滩 低适宜性(5):湟水河 50 m 缓冲区范围及引胜沟水系 25 m 缓冲区范围
农田适宜性	高适宜性(1):基本农田 低适宜性(5):普通农田
林地适宜性	高适宜性(1):河流水系附近杨树林及其密林地 低适宜性(5):一般疏林地
地形坡度适宜性	高适宜性(1):大于 25° 中适宜性(3):10°～25° 低适宜性(5):0～10°
地形起伏度适宜性	高适宜性(1):大于 30 m 中适宜性(3):5～30 m 低适宜性(5):0～5 m

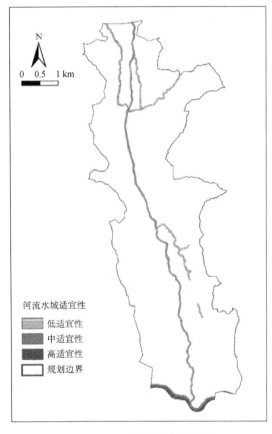

图 18-19　河流水域适宜性

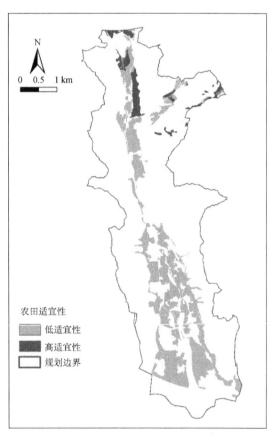

图 18-20　农田适宜性

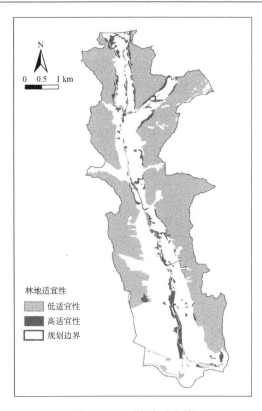

图 18-21 林地适宜性

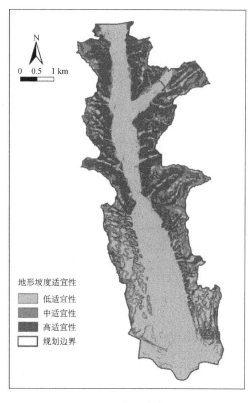

图 18-22 地形坡度适宜性

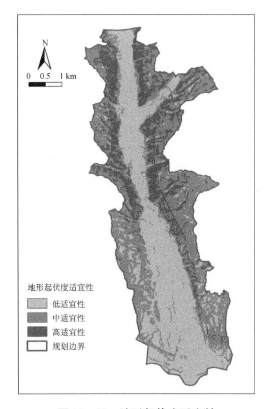

图 18-23 地形起伏度适宜性

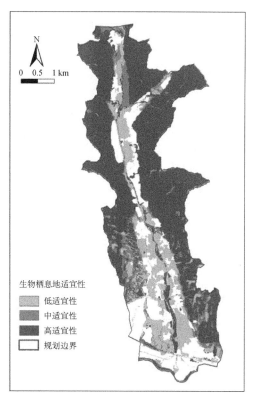

图 18-24 生物栖息地适宜性

2) 生态斑块适宜性

首先,按照 NDVI 和斑块面积大小将植被覆盖度与斑块面积因子分别划分为 3 类,并进行适宜性的分类赋值(表 18-10)。具体步骤为:打开研究区生态斑块的矢量数据文件"GL.shp",在其属性表中新建短整型的字段"适宜性";根据表 18-10 分别进行赋值;将矢量数据按照字段"适宜性"转为栅格数据,得到斑块面积因子的单因子栅格数据文件;在 ERDAS 中打开遥感文件,使用光谱增强功能菜单中的"Indices"工具("Image Interpreter"—"Spectral Enhancement"—"Indices"),得到 NDVI 指数。

然后,使用"镶嵌至新栅格"工具,采用取最大值方法进行空间叠置分析,得到生态斑块适宜性评价结果(图 18-25)。

表 18-10　生态斑块适应性因子选取及赋值

单因子	选取依据与赋值
植被覆盖度	高适宜性(1):NDVI 值大于 0.18 中适宜性(3):NDVI 值 0.1～0.18 低适宜性(5):NDVI 值 0～0.1
斑块面积	高适宜性(1):面积 3.9～7.9 ha 中适宜性(3):面积 1.5～3.9 ha 低适宜性(5):面积 0～1.5 ha

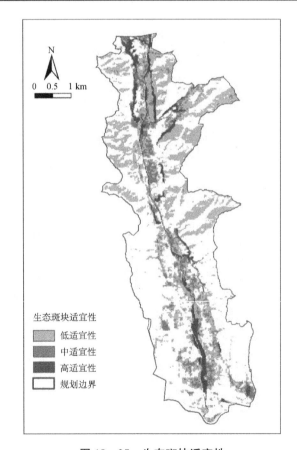

图 18-25　生态斑块适宜性

3) 生态斑块重要性与生态廊道重要性

我们将基于 Circuitscape 4.0 软件平台,使用电路理论方法来构建研究区的生态网络,进而对斑块与廊道的相对重要性进行评价(通过多对一模式模拟与评价斑块的相对重要性,通过成对模式模拟与评价廊道的相对重要性),得到生态斑块重要性与生态廊道重要性的单因子栅格数据文件,具体的操作过程参见实验 16,此处仅作简要介绍。

首先,从土地利用类型图中提取出"河流(编码为 61)"和"密林地(编码为 81)"作为研究区的 GI 要素,并将两要素进行合并,形成电路理论分析使用的"源斑块"(图 18-26),该数据("GI.shp")已存放在 shiyan18 文件夹中。然后,按照不同土地利用类型进行电阻值的赋值(表 18-11),制作研究区的电导面,具体步骤参考电路理论章节。最后,基于 Circuitscape 4.0 软件平台,使用电路理论成对模式分析廊道的相对重要性,多对一模式分析斑块的相对重要性,并基于累积电流值模拟结果进行重要性等级划分(表 18-12),得到研究区生态斑块和生态廊道的相对重要性等级分类图(图 18-27、图 18-28)。

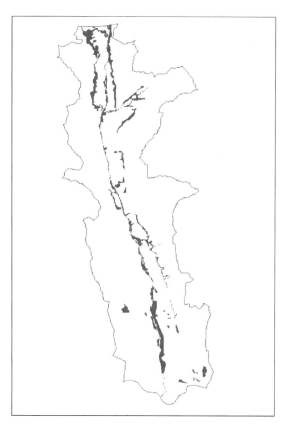

图 18-26 源斑块选取

表 18-11 不同土地利用类型电阻值赋值

土地利用类型	分类	电阻值(Ω)
林地	密林地	3
	疏林地	50
	裸地	400
水体	引胜沟水系	50~400
	湟水河	400
农田	一般农田	100
	基本农田	100
道路	铁路	1 000
	高速路	1 000
	公路(乡村)	200
	主干道	600
	次干道	400

续表 18-11

土地利用类型	分类	电阻值（Ω）
农村工业用地	—	500
农村建设用地	—	300
工业用地	—	1 000
建设用地	—	1 000

表 18-12　生态斑块和生态廊道重要性因子选取及赋值

单因子	选取依据与赋值
生态斑块重要性	高重要性(1)：电流值 20～30A 中重要性(3)：电流值 10～20A 低重要性(5)：电流值 0～10A
生态廊道重要性	高重要性(1)：电流值大于 5A 中重要性(3)：电流值 0.3～5A 低重要性(5)：电流值 0～0.3A

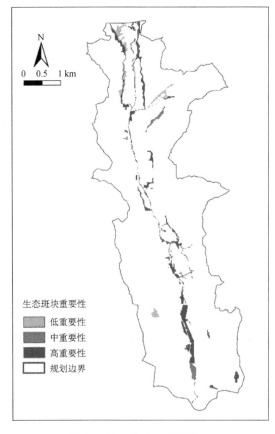

图 18-27　生态斑块重要性

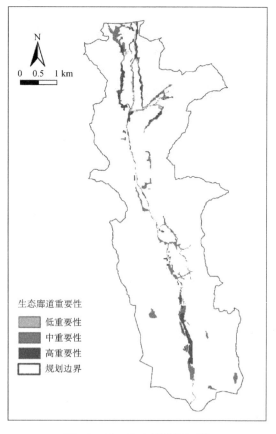

图 18-28　生态廊道重要性

18.5.3 生物保护安全格局构建

使用"镶嵌至新栅格"工具,将"生物栖息地重要性""生态斑块适宜性""生态斑块重要性""生态廊道重要性"4个因子按照取最大值方法进行叠加,得到研究区的生物保护安全格局(图18-29)。

其中,理想安全格局占研究区总面积的82%,位于河流水系的外围缓冲区,低坡度、地形起伏度区域,低重要度的生物栖息地、斑块和廊道;满意安全格局占研究区总面积的69%,位于引胜沟水系与其缓冲区,疏林地,一般农田,中等坡度、地形起伏度区域,一般性的生物栖息地、斑块和廊道;底线安全格局占研究区总面积的38%,主要为湟水水系、密林地、基本农田,高坡度、地形起伏度区域,关键性的生物栖息地、斑块和廊道(表18-13)。

图 18-29 生物保护安全格局

表 18-13 生物保护安全格局划分依据

安全水平	面积(ha)	占研究区比重(%)	划分依据
理想安全格局	2 047	82%	河流水系的外围缓冲区,低坡度、地形起伏度区域,低重要度的生物栖息地、斑块和廊道
满意安全格局	1 720	69%	引胜沟水系与其缓冲区,疏林地,一般农田,中等坡度、地形起伏度区域,一般性的生物栖息地、斑块和廊道
底线安全格局	953	38%	湟水水系、密林地、基本农田,高坡度、地形起伏度区域,关键性的生物栖息地、斑块和廊道

18.6 基于生态安全格局的生态控制线划定

首先,根据以上获取的水文安全格局、水土保持安全格局和生物保护安全格局,使用"镶嵌至新栅格"工具,按照取最大值方法进行叠加,得到研究区的综合生态安全格局(图18-30)。我们将生态安全格局划分为底线安全格局、满意安全格局与理想安全格局3类,其中:理想生态安全格局是在全面贯彻实施生态优先与严格保护基本农田和生态网络理念下的安全格局,关键生态过程的完整性得到很好维护,生态系统服务在长时间内得到较好保障,且持续改善;满意生态安全格局可以同时满足生态用地、建设用地、基本农田用地的需求,关键生态过程的完整性得到较好维护,生态系统服务在较长时间内得到较好保障;底线生态安全格局可以同时满足建设用地、生态用地、基本农田用地的需求,关键生态过程的完整性得到最低限度的维护,生态系统服务在近期内得到基本保障,是开发建设不可逾越的生态保护底线。

根据生态安全格局分析结果,我们将底线生态安全格局范围作为研究区的基本生态控制线范围(图18-31)。

图18-30 综合生态安全格局　　　　图18-31 研究区生态控制线

18.7 实验总结

本实验以青海省海东市引胜沟流域为例,基于多种软件平台,选取了水文、水土保持和生物保护 3 个关键的生态过程,采用 GIS 多因子空间叠置分析、SWMM 模型模拟、电路理论等方法,构建了研究区的综合生态安全格局,进而划定了研究区的基本生态控制线,为降低海东市生态环境保护与社会经济发展之间的潜在矛盾提供了新的途径,对海东市生态空间规划和生态环境保护具有重要的参考价值和实践指导意义。

通过本实验掌握基于生态安全格局分析划定城市生态控制线的研究框架与技术路线,熟悉该方法在城市与区域生态规划中的具体应用。

具体内容见表 18-14。

表 18-14 本次实验主要内容一览

内容框架	具体内容	页码
生态控制线划定的总体思路与框架	总体思路与框架	P553
水文安全格局分析	(1) 因子选取	P554
	(2) 单因子分析	P554
	(3) 水文安全格局构建	P559
水土保持安全格局分析	(1) 因子选取	P560
	(2) 单因子分析	P560
	(3) 水土保持安全格局构建	P563
生物保护安全格局分析	(1) 因子选取	P565
	(2) 单因子分析	P565
	(3) 生物保护安全格局构建	P571
基于生态安全格局的生态控制线划定	(1) 综合安全格局构建	P572
	(2) 生态控制线划定	P572

实验 19 基于多源遥感数据的地表温度反演与冷热岛分析

19.1 实验目的与实验准备

19.1.1 实验目的

地表温度是一个重要的地球物理参数,其反演对于城市冷岛、热岛、灾害监测等研究具有重要意义。地表温度的空间格局是城市与区域规划用地空间布局特别是生态用地空间布局的重要参考信息与决策依据。通过本实验掌握基于多源遥感数据与单窗算法的地表温度反演及冷热岛分析的总体思路与框架,并能够掌握多种软件组合使用的操作流程与技术路线。

具体内容见表 19-1。

表 19-1 本次实验主要内容一览

内容框架	具体内容
数据获取与处理	(1) 数据获取
	(2) 数据处理
地表温度反演相关参数计算	(1) 基于 MODIS 数据的表观反射率计算
	(2) 基于 MODIS 数据的大气透过率计算
	(3) 基于 MODIS 数据的大气水汽含量计算
	(4) TM6 数据中的大气透过率估算
	(5) TM6 数据中的地表辐射率估算
基于单窗算法的地表温度反演	(1) 地表温度反演的模型工具构建
	(2) 基于自建模型工具的地表温度反演
城市冷热岛分析	(1) 城市冷岛分析
	(2) 城市热岛分析

19.1.2 实验准备

(1) 计算机已经预装了 ArcGIS 10.1、ERDAS EMAGINE 9.2、ENVI 5.1 和 Modis Swath Tool 等软件。

(2) 本实验的规划研究区为南京市城区及其周边地区的矩形区域,请将实验数据 Shiyan19 文件夹存放在 D:\data\ 目录下。

19.2 数据获取与处理

19.2.1 数据获取

1）TM 数据获取

从地理空间数据云网站中查询并下载 2009 年 10 月 3 日的 Landsat5 TM 遥感影像数据（具体过程参见实验 3 中的"TM/ETM 数据获取"部分），卫星过境时间为 02：27（格林尼治时间），即北京时间 10：27。

2）MODIS 数据获取

登录美国宇航局（NASA）戈达德宇宙飞行中心（Goddard Space Flight Center）网站（https：//ladsweb.modaps.eosdis.nasa.gov/search/）查询并下载需要的 MODIS 数据。本实验选取空间分辨率为 250 m、500 m 和 1 000 m 的 MOD02 数据，以及定标数据 MOD03。由于下载的 TM 数据是 2009 年 10 月 3 日，为了时间上相匹配，数据检索时间设置为 2009 年 10 月 3 日 00：00 至 2009 年 10 月 3 日 23：59：59，数据集选择 MODIS collection6-L1 的数据产品（具体过程参见实验 3 中的"MODIS 数据获取"部分）。

19.2.2 数据处理

1）TM 数据处理

首先，使用 ERDAS 软件对下载的研究区 2009 年 10 月 3 日的 TM 影像数据进行多波段融合，得到融合后的数据文件 2009.img（具体过程参见实验 3 中的"TM/ETM 数据预处理"部分）。其次，在 GIS 中使用研究区矢量边界（boundry1.shp）对 2009.img 文件进行裁剪（使用"裁剪"工具），得到研究区的数据文件 nanjing2009.img。再次，使用 ERDAS 软件计算研究区的植被归一化指数 NDVI（具体过程参见实验 5 中的"TM/ETM 遥感数据增强处理"部分，文件命名为 ndvi.img）。有研究表明，基于 TM 数据直接求得的 NDVI 指数要比真实的 NDVI 要低，因此建议首先将 TM 数据进行辐射校正和大气校正后再计算 NDVI 指数。最后，采用 ERDAS 中的监督分类方法，将研究区划分为水体、建设用地、自然表面（建设用地和水体之外的都归为该类别）3 类（具体过程参见实验 5 中的"TM/ETM 数据的解译"部分，分类后处理得到的栅格文件名称为 landuse，1 为水体，2 为建设用地，3 为自然表面）。注意初始分类时最好按照实验 5 中的步骤将土地利用分为水体、建设用地、林地、农田、裸地和其他 6 类，以方便本实验后面地表温度反演所需参数计算时调用。最后用研究区边界裁剪后的 NDVI 数据和土地利用分类数据已存放在实验数据中。

2）MODIS 数据处理

首先，安装 Modis Swath Tool 软件。然后，进行 MODIS 数据的几何校正、影像数据拼接（具体过程参见实验 3 中的"MODIS 数据预处理"部分）。

19.3 地表温度反演所需相关参数计算

热红外遥感数据（例如 Landsat TM/ETM+的第 6 波段，以下简称为"TM6"或"ETM+

6",都属于热红外波段)常被用来进行地表温度反演。目前,基于 TM6 或 ETM+6 数据反演地表温度主要有 4 种方法:辐射传导方程法、基于影像的反演算法、单窗算法和单通道算法。辐射传导方程法由于计算过程较为复杂且需要卫星过空实时大气剖面数据进行大气模拟,因而实际应用起来比较困难。在缺乏实时大气剖面数据的条件下,建议使用另外 3 种算法。

本教程介绍覃志豪等提出的单窗算法(Mono-window Algorithm,MW),并演示说明使用该算法进行研究区地表温度反演的主要过程。

覃志豪等(2001)通过推导地表热辐射传输方程,将大气和地表的影响直接包括在演算公式中,推导出一个适合 TM6 反演地表温度的算法,并得到以下的公式来计算地表温度:

$$T_s = (a_6(1-C_6-D_6) + (b_6(1-C_6-D_6) + C_6 + D_6)T_6 - D_6 T_a)/C_6$$

(公式 19-1)

式中:T_s 为地表温度,$C_6 = \tau_6 \varepsilon_6$,$D_6 = (1-\tau_6)(1+\tau_6(1-\varepsilon_6))$,其中 ε_6 为地表辐射率,τ_6 为大气透过率,T_a 为大气平均温度,T_6 为亮度温度,$a_6 = -67.35535$,$b_6 = 0.458606$。

$$T_a = 19.2704 + 0.91118 T_0$$

(公式 19-2)

式中:T_0 为近地面气温,单位为 K,可通过查询气象部门的相关数据获得。

$$T_6 = 1260.56/LN(1 + 607.76/(1.2378 + 0.055158 * DN))$$

(公式 19-3)

公式 19-3 适用于 Landsat5 TM6 波段的亮度温度计算。DN(Digital Number)值是 TM6 数据的灰度值,在 0~255 之间,数值越大,亮度越大。

由此可见,在使用单窗算法反演地表温度时,大气平均温度和亮度温度两个参数可以很容易通过公式计算获取,而大气透过率和地表辐射率两个参数相对较难获取,需要使用 MODIS 和 TM 数据进行估算。

19.3.1 基于 MODIS 数据的表观反射率计算

表观反射率(Apparent Reflectance)是指大气层顶的反射率,是辐射定标的结果之一,目前主要通过大气校正的方法来获取。大气校正就是将辐射亮度或者表观反射率转换为地表实际反射率的过程,目的是消除大气散射、吸收、反射引起的误差。

利用 MODIS 数据存储的像元灰度值(DN 值),可以通过公式 19-4 将像元的灰度值转换为表观发射率。

$$R_{B,T,FS} = Reflectance\_Scales_B * (SI_{B,T,FS} - Reflectance\_Offset_B)$$

(公式 19-4)

式中：$R_{B,T,FS}$ 为表观反射率，$SI_{B,T,FS}$ 为波段某像元的值，B 为相应波段号；$Reflectance\_Scales_B$ 为反射率缩放比；$Reflectance\_Offect_B$ 为反射率偏移量。

因此，要计算表观反射率，需要获取选择的 5 个波段的反射率缩放比和反射率偏移量即可。

本例中，使用 ENVI 软件来查询获取这些参数，具体操作过程如下：

> 步骤 1：在 ENVI Classic 软件工具条中，使用工具条中"File"—"Open Image File"，选择需要打开的 5 个波段拼接并裁剪后的 MODIS 数据文件，进入"Available Bands List"窗口（图 19 - 1）。

> 步骤 2：在 ENVI 主工具栏中，点击"Basic Tools"—"Preprocessing"—"Data-Specific Utilities"—"View HDF Dataset Attributes"，选择从网站上下载的 hdf 格式的 MODIS 数据（例如，选择 02：00 的那一景数据文件），弹出"HDF Dataset Selection"对话框，选择分辨率为 1 km 的太阳反射率（图 19 - 2），点击"OK"按钮，弹出"Data Attributes…"窗口（图 19 - 3）。该窗口显示了数据的相关信息，其中"band_names"字段代表 MODIS 数据 1 km 分辨率数据中各个波段的名称，"reflectance_scales"和"reflectance_offsets"字段分别代表了 MODIS 数据的反射率缩放比和偏移量。因此，可以得到 17、18、19 波段的反射率缩放比分别为 0.000 023 82、0.000 032 12 和 0.000 024 67，反射率偏移量均为 316.972 198 49。

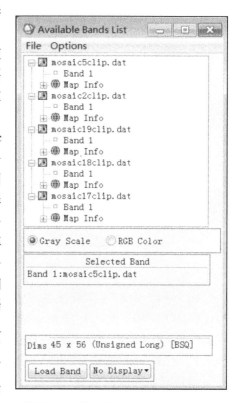

图 19 - 1　"Available Bands List"窗口

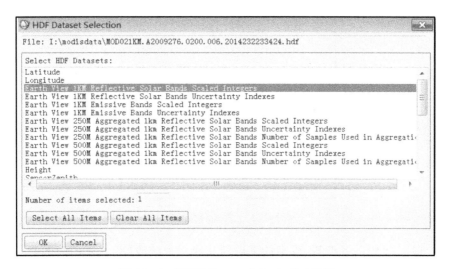

图 19 - 2　"HDF Dataset Selection"对话框

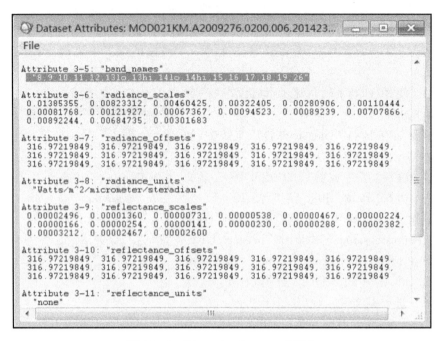

图 19-3 "Data Attributes..."窗口

➢ 步骤 3：在 ENVI 主工具栏中，点击"Basic Tools"—"Band Math"，弹出"Band Math"窗口（图 19-4），在"Enter an expression"中输入 17 波段的表观反射率计算公式。点击"Add to List"，该公式被添加到"Previous Band Math Expressions"栏中，然后选中该公式，点击"OK"按钮，弹出"Variables to Bands Pairings"窗口（图 19-5），需要为 b17 变量指定对应的波段数据（mosaic17clip.dat\Band 1），这时数据计算公式可以使用了。最后，在"Enter Output Filename"选项中选择文件保存的位置和名称（nanjingb17.dat），该文件即为 17 波段的表观反射率数据。

图 19-4 "Band Math"窗口

➢ 步骤 4：按照以上步骤，分别计算得到其他 4 个波段（2、5、18、19）的表观反射率。波段 2 和 5 需要分别在"HDF Dataset Selection"对话框中选择 250 m 和 500 m 的太阳反射率数据。

图 19-5 "Variables to Bands Pairings"窗口

19.3.2 基于 MODIS 数据的大气透过率计算

基于 MODIS 数据处理得到的 5 个波段的表观反射率数据,根据公式 19-5 分别计算得到 17、18 和 19 三个通道的大气透过率(可使用 ArcToolbox 中的"栅格计算器"来计算,得到的数据文件分别命名为 t17. dat、t18. dat 和 t19. dat,图 19-6)。

$$\tau(\lambda_k) = \frac{\rho(*(\lambda_k)}{m_k \rho*(\lambda_2) + n_k \rho*(\lambda_5)} \qquad (公式 19-5)$$

式中:$\tau(\lambda_k)$ 为第 $k(k=17、18、19)$ 通道的大气透过率;$\rho*(\lambda_k)$ 为第 $k(k=17、18、19)$ 通道的表观反射率;$\rho*(\lambda_2)$ 和 $\rho*(\lambda_5)$ 分别为 2、5 通道的表观反射率,$m_{17}=0.8767,n_{17}=0.1233,m_{18}=0.7949,n_{18}=0.205,m_{19}=0.7956,n_{19}=0.2044$。

图 19-6 用"栅格计算器"工具计算 17 通道的大气透过率

19.3.3 基于 MODIS 数据的大气水汽含量计算

水汽含量是大气中重要的气象参数,也是天气和气候变化的重要驱动力。由于水汽分布极不均匀、时空变化很大,水汽含量对地表温度的反演、影像数据的大气校正等基于遥感数据的应用研究具有显著的影响。

本实验使用公式 19-6 来计算大气平均水汽含量。

$$\omega = f_{17}\omega_{17} + f_{18}\omega_{18} + f_{19}\omega_{19} \qquad (公式19-6)$$

式中:ω 为大气平均水汽含量,f_{17}、f_{18}、f_{19} 为 3 个波段的权重系数,分别取 0.189、0.242、0.569,ω_{17}、ω_{18}、ω_{19} 分别为基于 MODIS 数据获取的 17、18、19 波段的水汽含量,该变量可以根据各个波段的大气透过率计算求得公式 19-7。

$$\omega_k = ((\alpha - \ln\tau_k)/\beta)^2 \qquad (公式19-7)$$

式中:τ_k 为 k 波段的大气通过率,ω_k 为 k 波段的水汽含量,α、β 为常数,分别取 0.02 和 0.651。

通过以上分析,大气平均水汽含量的计算过程为:首先,利用基于 MODIS 数据计算得到的大气透过率,根据公式 19-7 计算得出 17、18、19 波段的水汽含量;然后根据公式 19-6 计算得到大气平均水汽含量(可使用 ArcToolbox 中的"栅格计算器"来计算,为了与 TM 其他数据的空间分辨率相匹配,使用"重采样"工具将大气平均水汽含量数据的分辨率转换为 30 m×30 m,数据文件命名为 w,格式为 GRID)。

19.3.4 TM6 数据中的大气透过率估算

大气透过率对地表热辐射在大气中的传导具有重要的影响,是地表温度反演的基本参数(公式 19-1)。大气透过率可以用下面的方程计算得到(表 19-2)。

表 19-2 TM6 大气透过率的估算方程

大气剖面	水分含量 $w/(g\cdot cm^{-2})$	大气透过率估计方程
高气温	0.4~1.6	$\tau_6 = 0.974290 - 0.08007\omega$
	1.6~3.0	$\tau_6 = 1.031412 - 0.11536\omega$
低气温	0.4~1.6	$\tau_6 = 0.982007 - 0.09611\omega$
	1.6~3.0	$\tau_6 = 1.053710 - 0.14142\omega$

具体的操作过程如下:

首先,通过气象局网站(http://cdc.nmic.cn/home.do)查询南京市 2009 年 10 月 3 日北京时间 10:27(Landsat5 TM 遥感影像数据成像时间)的气温值。当日平均气温为 16.42 ℃。

然后,使用 ArcToolbox 中的"栅格计算器",通过条件函数运算〔公式为:Con("w%"<=1.6,0.974290-0.08007 * "w",1.031412-0.11536 * "w")〕得到 TM6 的大气透

过率数据(本教程中已经将该部分的计算过程放入自建的 GIS 建模模型 wendufanyan. tbx,参见 19.4 部分有关该工具的修改与使用)。

19.3.5 TM6 数据中的地表辐射率估算

地表辐射率主要取决于地表的物质结构和遥感器的波段区间。地球表面不同区域的地表结构虽然很复杂,但从卫星像元的尺度来看,可以大体视作由 3 种类型构成:水面、城镇和自然表面(主要是指各种天然陆地表面、林地和农田等)。

1) 自然表面的地表发射率计算

$$\varepsilon = P_v R_v \varepsilon_v + (1 - P_v) R_s \varepsilon_s + d\varepsilon \qquad (公式 19-8)$$

式中:ε 是自然表面的地表发射率,R_v 和 R_s 分别是植被和裸土的温度比率,ε_v 和 ε_s 分别是植被和裸土在 TM6 波长区间的辐射率,分别取 0.986 和 0.972 15。P_v 是混合像元中植被比例,可由公式 19-9 计算获得:

$$P_v = \frac{NDVI - NDVI_s}{NDVI_v - NDVI_s} \qquad (公式 19-9)$$

$NDVI_v$ 和 $NDVI_s$ 分别是植被和裸土的 NDVI 值,一般通过分别计算选定的植被和裸土区域的平均 NDVI 值获得。当 NDVI 大于 $NDVI_v$ 时,取 $P_v=1$;当 NDVI 小于 $NDVI_v$ 时,取 $P_v=0$。

当 $P_v \leqslant 0.5$ 时,$d\varepsilon = 0.003\ 796 P_v$;当 $P_v > 0.5$ 时,$d\varepsilon = 0.003\ 796(1-P_v)$。若用上式计算得到的 $d\varepsilon$ 大于 P_v,则取 $d\varepsilon = P_v$。

2) 城市像元的地表发射率计算

$$\varepsilon = P_v R_v \varepsilon_v + (1 - P_v) R_m \varepsilon_m + d\varepsilon \qquad (公式 19-10)$$

式中:ε 是城市像元的地表发射率,R_v 和 R_s 分别是植被和裸土的温度比率,R_m 为建筑表面的温度比率,ε_v 是植被 TM6 波长区间的辐射率,取 0.986,ε_m 为建筑表面的发射率为 0.97。

植被、裸土和建筑表面的温度比率可由公式 19-11 求得:

$$R_v = 0.933\ 2 + 0.058\ 5 P_v$$
$$R_s = 0.990\ 2 + 0.106\ 8 P_v$$
$$R_m = 0.988\ 6 + 0.128 P_v \qquad (公式 19-11)$$

3) 水体的地表发射率计算

水体在热红外波段辐射率较高,非常接近于黑体,因此水体的辐射率取 $\varepsilon_w = 0.995$。

通过以上分析,地表辐射率估算的计算过程为:首先,根据公式 19-9、公式 19-8,使用 ArcToolbox 中的"栅格计算器"工具[公式为:Con("landuse"==1,0.995,Con("landuse"==3,"eh","pvxiu" * "rv" * 0.986+(1-"pvxiu") * "rm" * 0.97+"de")〕,其中 landuse 为土地类型数据,1 为水体,2 为建设用地,3 为自然表面,eh、pvxiu 等参数参见 19.4 部分的 wendufanyan.tbx 工具),计算得出研究区 3 类地表的发射率〔详细的计算推演过程参见覃志豪等(2004)文献,本教程中已经将该部分的计算过程放入自建的 GIS 模型中 wendufanyan.tbx,参见 19.4 部分有关该工具的修改与使用〕。

19.4 基于单窗算法的地表温度反演

19.4.1 地表温度反演模型工具构建

为了计算方便,使用"模型构建器(Model Builder)"将一些温度反演的主要计算过程制作成模型,文件已经存放在光盘数据中(software 目录下的 wendufanyan.tbx)。模型构建器的具体使用请参考其他教程,例如邢超和李斌编著的《ArcGIS 学习指南——ArcToolbox》。

19.4.2 基于自建模型工具的地表温度反演

基于 wendufanyan.tbx 模型工具,简要说明温度反演的过程与主要步骤。

首先,加载 wendufanyan.tbx 工具。右击"ArcToolbox"工具栏中的"添加工具箱",弹出"添加工具箱"对话框,找到并加载 wendufanyan.tbx 文件,该工具将被加载到 ArcToolbox 工具栏中。

然后,编辑修改该工具。在 ArcToolbox 工具栏中,右击该工具箱下的 2009 工具,选择"编辑"打开 2009 的模型编辑窗口(图 19-7)。蓝色椭圆代表的是输入的数据文件,黄色长方形代表计算工具,绿色椭圆代表经计算工具计算得到的数据文件。本节对模型的大致计算步骤作简要介绍。

➤ 步骤 1:双击模型编辑窗口中的"计算 pv",弹出"计算 pv"对话框(图 19-7),根据公式 19-9 输入窗口中的公式编辑器中,定义输出的栅格数据名称(pv)和存放的路径(建议所有的输入文件放在一个文件夹中,模型运算输出的文件放在另一个文件夹中,下面计算工具的存放路径与此窗口的存放路径相同)。

图 19-7 2009 模型的编辑窗口与"计算 pv"对话框

➢ 步骤2:双击模型编辑窗口中的"pv值修改",弹出"pv值修改"对话框(图19-8),对pv值做如下修改,若pv值大于1的修改为1,小于0的修改为0,在0~100之间的保留原值。窗口中的公式均已经编辑好,无需做调整(下同),除非我们修改了该计算过程之前的过程文件的文件名称,定义输出的栅格数据名称(pvxiu)和存放的路径(同步骤1)。

图19-8　2009模型中的"pv值修改"对话框

➢ 步骤3:采用同样的方法使用修改后的pv值计算R_s、R_v、R_m、$d\varepsilon$,自然地表的ε及其判定,进而计算得到三类地表的ε值(输出的栅格数据名称为er)(图19-9)。

图19-9　2009模型中的"计算三类地表ε"对话框

➢ 步骤4:使用表19-2中的相应公式计算TM6数据的大气透过率τ_6(输出的栅格数据名称为touguolv),进而计算公式19-1中的变量C_6、D_6。

➢ 步骤5:使用TM6数据,根据公式19-3计算亮温T_6(输出的栅格数据名称为t6),进而根据公式19-1进行研究区地表温度的反演,得到反演后的数据文件lst2009(图19-10)。

图 19-10 2009 模型中的"地表温度反演"对话框

> 步骤 6:对反演得到的温度数据进行必要的修订,将小于或等于 0 ℃ 的部分删除,生成研究区最终的地表温度结果(文件名称为 lst2009result)。

最后,进行自建模型的验证与运行。点击 2009 编辑器窗口中工具条的"模型"—"验证整个模型",检验模型有无错误,如果有错误处,则错误处将在模型编辑器窗口中显示为白色。根据错误提示修改模型,直到完全通过检验。通过检验后,点击工具条中的"模型"—"运行整个模型",模型开始运行(图 19-11),得到运算过程中设定输出的各种文件,其中最终的地表温度结果文件名称为 lst2009result(图 19-12)。

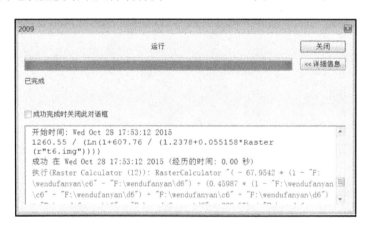

图 19-11 自建的 2009 模型正在运行

另外,需要注意的是,wendufanyan.tbx 模型工具还可以进一步扩展,将基于 MODIS 数据的各种参数的计算进行整合;地表温度反演结果除了低值区可能存在噪点外,高值区也可能存在噪点,建议将反演的地表温度进行统计,每 0.1 度分为一个值域范围,并分别统计高低两端的栅格数量占研究区总栅格数的比例,结合研究区实际情况,使用 0.01% 的阈值进行反演结果极值的处理(分别将两端低于或高于阈值的栅格赋以阈值所在区间的低值或高值),以消除噪点对反演结果的影响。

图 19-12 研究区地表温度反演结果

经多次校验后,得到极低和极高两个阈值分别为 21.6 和 43,使用栅格计算器,输入公式"Con("lst2009rst" <= 21.6,21.6,Con("lst2009rst" >= 43,43,"lst2009rst"))",输出除噪处理后的温度反演结果"lst2009new",位置存放在 shiyan19 文件夹下(图 19-13)。

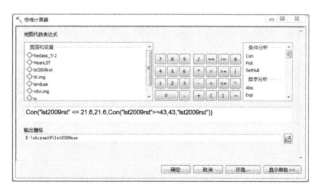

图 19-13 利用"栅格计算器"进行除噪处理

为了进一步分析城市冷热岛的空间分布格局,本实验已将经过除噪处理之后的温度反演结果(lst2009new)存放在实验数据中。

19.5 城市冷热岛分析

城市热岛(Urban Heat Island,UHI)是一种由城市建筑及人类活动所导致的热量在城区空间范围内聚集的现象,是现代城市快速发展背景下出现的一个重要的城市气候特征之一。而城市冷岛(Urban Cooling Island,UCI)则是相对于热岛效应而提出的,指的是城市某些区域(一般是城市中的水体和绿地)中的气温明显低于周边建成环境的现象。

研究城市冷热岛效应及其空间分布格局,能够使我们更加深入地认识城市热环境的形成机理,可为城市空间(特别是城市绿地系统和城市通风廊道等自然生态空间)的合理规划提供重要的参考信息,也为制定行之有效的缓解城市热岛、提高热舒适度、促进城市冷岛—热岛之间微气候循环的具体对策建议提供重要的支撑。

19.5.1 城市冷岛分析

城市冷岛的提取和强度划分参考 Fanhua Kong 等学者的研究(Fanhua Kong et al., 2014),将城市冷岛定义为低于研究区平均温度的区域(公式 19-12),而将冷岛强度定义为冷岛区域内的最低温度与研究区平均温度的差值(公式 19-13)。

$$城市冷岛:UCI = \Delta T = T_i - \bar{T}(\Delta T < 0) \quad (公式19-12)$$

$$城市冷岛强度:T_I = T_{\min} - \bar{T} \quad (公式19-13)$$

其中:UCI 为城市冷岛,$\bar{T}$ 为研究区的平均温度,T_i 为像元地表温度,T_I 为城市冷岛强度,$T_{\min}$ 为冷岛区域内的最低地表温度。

➤ 步骤 1:加载数据。

启动 ArcMap,添加温度反演结果"lst2009new"和边界文件"boundry1.shp"。

➤ 步骤 2:进行研究区平均温度的计算。

首先,在 ArcToolbox 中,使用"Spatial Analyst 工具"—"区域分析"—"以表格显示分区统计"工具,在弹出的"以表格显示分区统计"对话框中作如下定义(图 19-14)。"输入栅格数据或要素区域数据":boundry1;"区域字段":Id;"输入赋值栅格":lst2009new;勾选"在计算中忽略 NoData";"统计类型":ALL。点击"确定"按钮,完成对地表温度的数值统计。然后,右键打开"LST_stats"统计表格,即可在"Mean"一项中看到统计的研究区平均地表温度结果为 29.19075 ℃,将此作为城市冷岛的提取阈值,低于该温度的即为城市冷岛区域。

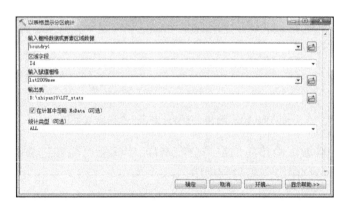

图 19-14　利用"以表格显示分区统计"计算研究区平均温度

➤ 步骤 3:提取城市冷岛区域,并将栅格数据转为面要素。

首先,使用栅格计算器将反演结果减去平均温度(29.19075 ℃),输出文件为 shiyan19 文件夹下的"uci.grid"。

然后,使用 ArcToolbox 中"Spatial Analyst 工具"—"重分类"—"重分类"工具,在弹

出的"重分类"对话框(图 19-15)中作如下定义。"输入栅格":uci;"重分类字段":Value;单击"分类…"按钮,在弹出的"分类"对话框中,将"类别"设置为 2,右下角"中断值"中的第一个断点设置为 0,点击"确定"按钮返回上层窗口;在"重分类"数据框中,小于 0 的区间新值设置为 1,大于 0 的区间新值设置为"NoData";"输出栅格":shiyan19 文件夹下"uci_extent",单击确定完成城市冷岛区域范围的提取。生成的"uci_extent"文件仅是研究区冷岛的范围,没有表征冷岛强度的栅格数值。我们可以使用"栅格计算器"工具,输入文件定义为"uci. grid",输入条件语句设置为"Con("uci"<0,"uci",0)",输出栅格为 shiyan19 文件夹下的"uci_final",得到城市冷岛的数值数据文件(图 19-16)。

图 19-15 利用"重分类"获取城市冷岛范围

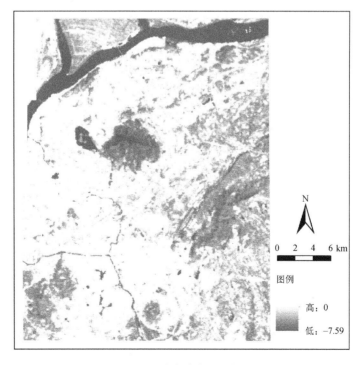

图 19-16 城市冷岛数值数据图

最后，使用 ArcToolbox 中"转换工具"—"由栅格转出"—"栅格转面"工具，在弹出的"栅格转面"对话框（图 19-17）中作如下定义。"输入栅格"：uci_extent；"字段"：VALUE；"输出面要素"：shiyan19 文件夹下的"uci_polygon.shp"；勾选"简化面"，点击"确定"按钮完成城市冷岛区域栅格数据转面要素文件。

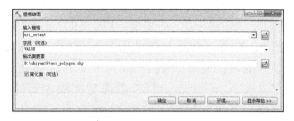

图 19-17 "栅格转面"获得冷岛区域面要素数据

> 步骤 4：计算城市冷岛强度，并进行分类显示。

首先，在 ArcToolbox 中使用"Spatial Analyst 工具"—"区域分析"—"分区统计"工具，在弹出的"分区统计"窗口（图 19-18）中作如下定义。"输入要素"：uci_polygon；"输入赋值栅格"：uci_final；"输出栅格"：shiyan19 文件夹下的"uci_intensity"；"统计类型"：MINIMUM；其他采用默认设置。点击"确定"按钮，统计生成城市冷岛强度图，调整符号系统使其按照数值大小显示冷岛降温强度（图 19-19）。

图 19-18 分区统计冷岛强度数据

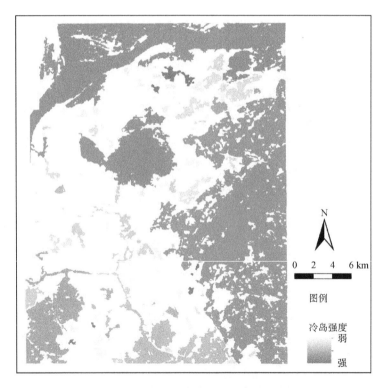

图 19-19 城市冷岛强度分布图

由城市冷岛范围的分析结果可见,研究区的冷岛区域面积最大的还是山体和长江,同时穿过城区的秦淮河也起到了重要的城市冷岛作用;相反,除了山体和江河之外,其他的城市冷岛则主要位于城市公园、景区等拥有大面积绿地和水体的地方,如雨花台公园、莫愁湖公园、幕府山公园等。而从城市冷岛强度的分析结果来看,大面积的山体和江河湖泊依然是具有较强城市冷岛效应的区域,而城市内各类公园带来的冷岛效应则相对来说比较弱。

19.5.2 城市热岛分析

城市热岛的提取和划分采用孙飒梅等(2002)对于城市热岛划分方法,即按照相对地表温度指标对城市热岛等级进行划分,其计算公式为:

$$T_R = \Delta T / \bar{T} = (T_i - \bar{T}) / \bar{T} \qquad (公式 19-14)$$

式中:T_R 是相对地表温度,T_i 是第 i 像元的地表温度,$\bar{T}$ 是研究区的平均温度,T_R 的强度划分参考表 19-3。

表 19-3 城市热岛强度等级划分

相对地表温度	代表意义
<0.00	无
0～0.05	弱热岛
0.05～0.10	中等热岛
0.10～0.15	强热岛
0.15～0.20	较强热岛
>0.20	极强热岛

➢ 步骤 1:使用"栅格计算器"工具计算相对地表温度。

使用 ArcToolbox 中的"栅格计算器",使用公式"("lst2009new"-29.19075)/29.19075"计算研究区的相对地表温度,输出栅格为 shiyan19 文件夹下"Tr"。

➢ 步骤 2:使用"重分类"工具获得城市热岛强度分布。

使用 ArcToolbox 中的"Spatial Analyst 工具"—"重分类"—"重分类"工具,参考表 19-3 的分类方式将得到的相对地表温度数据"Tr"分为 6 类,并对每一类赋予新值(图 19-20),输出栅格为 shiyan19 文件夹下"uhi_intensity",单击"确定"按钮获得城市热岛强度分布图(图 19-21)。

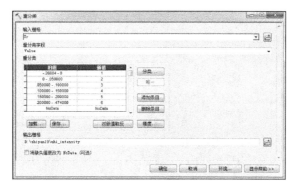

图 19-20 "重分类"获得城市热岛强度数据

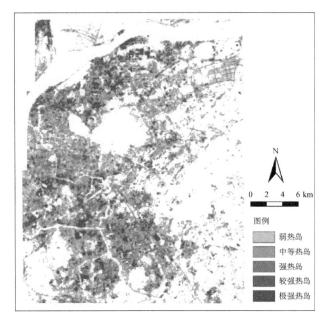

图 19-21 城市热岛强度分布图

> 步骤3：提取城市热岛分布区域的范围。

使用与冷岛提取大致相同的方法，利用重分类工具将"Tr"以0为阈值分为两类，大于0的重新赋值为1，小于0的为0，输出文件为shiyan19文件夹下"uhi_extent"，即城市热岛区域范围。

> 步骤4：提取城市热岛数值数据。

使用"栅格计算器"工具，输入计算公式为""uhi_extent" * "Tr""，输出文件为shiyan19文件夹下的"uhi_final"，点击"确定"按钮计算得到城市热岛的数值数据（图19-22）。

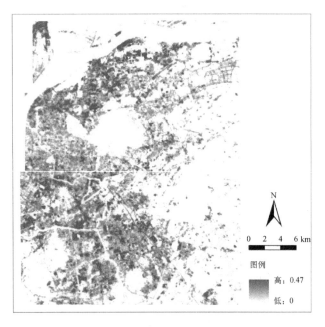

图 19-22 城市热岛数值数据图

19.6 实验总结

本实验以南京市主城区及其周边区域为例,基于 GIS、ERDAS、ENVI、Modis Swath Tool 等多种软件平台,采用覃志豪等提出的单窗算法对研究区的地表温度进行了反演,并进而对研究区的冷岛、热岛范围和强度进行了分析。

通过本实验掌握基于多源遥感数据与单窗算法的地表温度反演及冷热岛分析的总体思路与框架,并能够掌握多种软件组合使用的操作流程与技术路线。

具体内容见表 19-4。

表 19-4 本次实验主要内容一览

内容框架	具体内容	页码
数据获取与处理	(1) 数据获取	P575
	(2) 数据处理	P575
地表温度反演相关参数计算	(1) 基于 MODIS 数据的表观反射率计算	P576
	(2) 基于 MODIS 数据的大气透过率计算	P579
	(3) 基于 MODIS 数据的大气水汽含量计算	P580
	(4) TM6 数据中的大气透过率估算	P580
	(5) TM6 数据中的地表辐射率估算	P581
基于单窗算法的地表温度反演	(1) 地表温度反演的模型工具构建	P582
	(2) 基于自建模型工具的地表温度反演	P582
城市冷热岛分析	(1) 城市冷岛分析	P586
	(2) 城市热岛分析	P589

实验 20　基于 RS 与 GIS 的城市通风廊道规划

20.1　实验目的与实验准备

20.1.1　实验目的

基于城市气候学相关原理与方法,合理规划与建设城市通风廊道,维持和恢复城市开敞空间的连续性和完整性,能够将城郊新鲜空气引入城区,改善城市空气质量;激发城市内部的局地环流,促进城市空气流通;缓解热岛效应和改善人体热舒适度,提高城市人居环境水平。

通过本实验了解影响城市通风潜力的主要因素,掌握基于 RS 和 GIS 构建城市通风风道的总体思路与框架,并能够掌握多种软件组合使用的操作流程与技术路线。

具体内容见表 20-1。

表 20-1　本次实验主要内容一览

主要内容	具体内容
基于综合分析视角的城市通风廊道构建	(1) 地形条件分析
	(2) 基于大气校正法的城市热环境分析
	(3) 城市建筑环境分析
	(4) 城市道路通风性能分析
	(5) 城市开敞空间分析
	(6) 基于多因子综合评价的城市通风廊道适宜性分析
基于 GIS 和地表粗糙度的城市通风廊道构建	(1) 基于 GIS 的地表粗糙度分析
	(2) 基于 LCP 的城市通风廊道构建

20.1.2　实验准备

(1) 计算机已经预装了 ArcGIS 10.1 中文桌面版、ERDAS 9.2 与 ENVI 5.1 或更高版本的软件。

(2) 本实验规划研究区域为南京市主城区,请将实验数据 shiyan20 文件夹存放到电脑的 D:\data\ 目录下。

20.2 基于综合分析视角的城市通风廊道构建

20.2.1 总体思路与框架

以南京市主城区为例,根据城市气候学原理和局地环流运行规律,在 RS 和 GIS 技术支撑下,在地形、城市热环境、建筑环境、开敞空间、主导风向等单因子定量分析的基础上,基于综合分析视角,构建一套城市通风廊道规划的简明分析框架(图 20-1、表 20-2),为我国城市尺度上通风廊道的合理规划提供参考信息和规划依据。

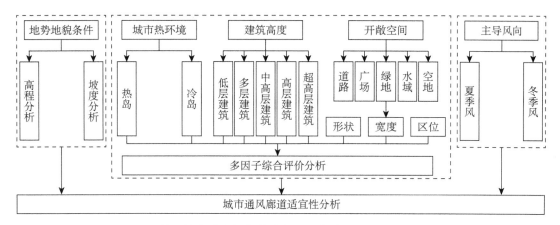

图 20-1 基于综合分析视角的城市通风廊道构建的总体思路与框架

表 20-2 通风廊道建设适宜性赋值标准

影响因子/重要程度赋值	分类	评价赋值	适宜度
地形条件	地势低洼(≤9 m)	9	强适宜度
	地势较低(9~18 m)	7	较强适宜度
	地势较高(18~33 m)	5	一般适宜度
	地势高(>33 m)	3	较弱适宜度
热环境	低温区(29~32 ℃)	7	较强适宜度
	中温区(32~34 ℃)	5	一般适宜度
	次高温区(34~36 ℃)	3	较弱适宜度
	高温区(36~42 ℃)	1	弱适宜度
建筑环境(高度)	低层(1~3 层)	9	强适宜度
	多层(4~6 层)	7	较强适宜度
	中高层(7~10 层)	5	一般适宜度
	高层(11~20 层)	3	较弱适宜度
	超高层(>20 层)	1	弱适宜度
城市路幅宽度(道路等级)	城市快速路	7	较强适宜度
	城市主干路	5	一般适宜度
	城市支路	3	较弱适宜度

续表 20-2

影响因子/重要程度赋值		分类	评价赋值	适宜度
开敞空间	与主导风向的相对关系	≤30°	5	一般适宜性
		30°～60°	3	较弱适宜性
		60°～90°	1	弱适宜性
	形状指数<2 按照面积划分	20～268 ha	9	强适宜度
		5～20 ha	7	较强适宜度
		1～5 ha	5	一般适宜度
	形状指数≥2 按照宽度划分	≥143 m	9	强适宜度
		74～143 m	7	较强适宜度
		33～74 m	5	一般适宜度
		3～33 m	3	较弱适宜度

20.2.2 地形条件分析

地形条件对城市微气候与风环境的影响较大，需要结合研究区的实际情况进行分析。例如，位于平原地区的城市外部地形非常开阔，开敞空间面积大，季节性盛行风较为稳定，对城市大气环境质量的改善比较有利；而位于山地地区的城市地形较为复杂，往往多面环山，城市空间较为封闭，如果盛行风向上有山体阻挡，则会对城市空气流通产生明显的阻碍作用，不利于城市大气环境质量的改善。

南京市主城区地形虽较为平坦，起伏不大，但紫金山、老山、清凉山、雨花台等多处山体散布在中心城区及其外围，会对城市空气流通产生一定的阻碍作用。本实验使用海拔高度来进行研究区地形因子的分析与赋值。

具体操作步骤如下：

➤ 步骤 1：DEM 数据的获取与预处理。

参照实验 3 中的"DEM 数据的获取与预处理"，首先从"地理空间数据云"服务平台网站获取南京市区的 DEM 数据（分辨率为 30 m），然后通过多景 DEM 数据的拼接与裁剪（使用南京主城区的矢量边界数据文件"主城区.shp"），获得南京主城区的 DEM 栅格数据文件"南京 dem.tif"（已经存放在实验数据 shiyan20 文件夹中）。

➤ 步骤 2：DEM 数据的重分类与赋值评价。

根据研究区地形特点，使用"重分类"工具对 DEM 数据进行重分类，按照海拔高度将其划分为 4 类（表 20-2）：地势低洼（≤9 m）、地势较低（9～18 m）、地势较高（18～33 m）、地势高（>33 m），并分别进行城市通风廊道建设适宜性的赋值（分别赋值为 9、7、5、3），生成文件"reclass 地形.tif"。

为了与城市道路因子栅格数据的分辨率（10 m×10 m）相统一，使用"重采样"工具，将 30 m 分辨率的"reclass 地形.tif"数据转换成 10 m×10 m 的栅格文件，保存为"地形重采样.tif"，得到地形适宜性分析结果（图 20-2）。

20.2.3 基于大气校正法的城市热环境分析

城市热环境分析是探寻城市局地环流的前提和基础。本实验基于研究区土地利用

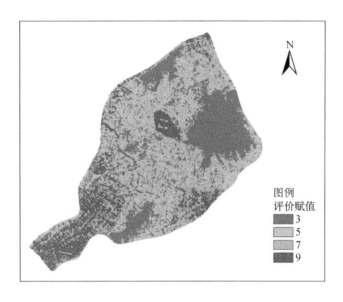

图 20-2 地形适宜性分析结果

现状图和 Landsat 8 TIRS(热红外传感器)获取的 Band10 热红外波段,采用大气校正法(也称辐射传输方程,Radiative Transfer Equation,RTE)进行地表温度反演。热红外遥感(Infrared Remote Sensing)是指传感器工作波段位于红外波段范围之内的遥感,即利用星载或机载传感器收集、记录地物的热红外信息,并进而利用这种热红外信息来识别地物和反演地表参数如温度、湿度和热惯量等。基于大气校正法的地表温度反演流程如图 20-3 所示。

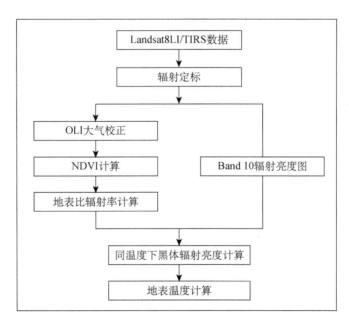

图 20-3 基于大气校正法的地表温度反演流程图

具体操作步骤如下:

➤ 步骤1:Landsat 8 遥感影像数据获取。

登录"地理空间数据云"服务平台,选取南京市 2013 年 8 月 11 日的 Landsat 8 遥感影像数据(数据标识:LC81200382013223LGN00)并下载,将数据文件放置在 shiyan20 文件夹中。本实验以夏季温度反演为例,在考虑与主导风向的相对关系时也以夏季风为例。

➤ 步骤2:遥感影像数据 Band10 的辐射定标。

首先,打开 ENVI 5.1 主界面,选择主菜单栏上的"File"—"Open"功能菜单,在弹出的对话框中选择已下载的遥感影像中的"LC81200382013223LGN00_MTL.txt"文件,ENVI 软件会自动按照波长将下载的遥感影像数据分为 5 个数据集:多光谱数据(1~7 波段)、全色波段数据(8 波段)、卷云波段数据(9 波段)、热红外数据(10、11 波段)和质量波段数据(12 波段)。

然后,在 Toolbox 工具箱中,选择"Radiometric Correction"—"Radiometric Calibration",弹出"File Selection"对话框(图 20-4),在"Select Input File"栏下点击选择"LC81200382013223LGN00_MTL_Thermal"数据文件,并通过点击该对话框中的"File Information"栏下的"Spectral Subset"按钮,弹出"Spectral Subset"对话框(图 20-5),在"Select Bands to Subset"栏下点击选择"Thermal Infrared 1"。点击"OK"按钮返回上级"File Selection"对话框,再次点击"OK"按钮,弹出"Radiometric Calibration"(辐射校正)对话框(图 20-6),并作如下定义:Calibration Type(定标类型)点击选择 Radiance(辐射亮度值);选择输出路径和文件名为"D:\data\shiyan20\辐射定标.dat";其他参数选择默认设置(如果实际操作过程中出现报错,可将中文文件名称换成英文名称;下同)。

图 20-4 "File Selection"对话框

图 20-5 "Spectral Subset"对话框

最后,单击"OK"按钮,执行 Radiometric Calibration 命令,得到遥感影像数据 Band10 的辐射亮度图像数据(图 20-7)。

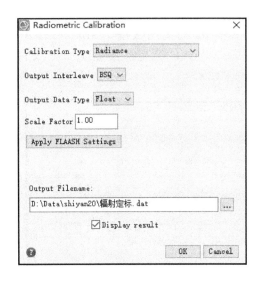 

图 20-6 "Radiometric Calibration"对话框   图 20-7 近辐射校正之后的辐射亮度结果图

> 步骤 3：Band10 数据中的地表比辐射率计算。

Landsat8 TIRS 获取的 Band10 热红外波段与 TM/ETM＋6 热红外波段具有近似的波谱范围，因而本实验采用与 TM/ETM＋6 相同的地表比辐射率计算方法。使用 Sobrino(2003)提出的 NDVI 阈值法计算地表比辐射率(公式 20-1 和 20-2)。

$$\varepsilon = 0.004 P_V + 0.986 \quad \text{(公式 20-1)}$$

$$P_V = [(NDVI - NDVI_{Soil})/(NDVI_{Veg} - NDVI_{Soil})] \quad \text{(公式 20-2)}$$

其中，ε 为地表比辐射率，P_V 为植被覆盖度，$NDVI$ 为归一化植被指数，$NDVI_{Soil}$ 为完全是裸土或无植被覆盖区域的 $NDVI$ 值，$NDVI_{Veg}$ 是完全被植被所覆盖的像元的 $NDVI$ 值，即纯植被像元的 $NDVI$ 值。

本实验取经验值 $NDVI_{Veg}=0.70$ 和 $NDVI_{Soil}=0.05$，即当某个像元的 $NDVI$ 大于 0.70 时，P_v 取值为 1；当 $NDVI$ 小于 0.05，P_v 取值为 0。

需要注意的是，我们这里采用简化的植被覆盖度计算模型，感兴趣的可以使用更加精确的植被覆盖度计算模型。

首先，进行 NDVI 的计算。在 Toolbox 工具箱中，双击"Spectral"—"Vegetation"—"NDVI"工具，在弹出的"NDVI Calculation Input File"对话框中(图 20-8)的"Select Input File"栏下点击选择"LC81200382013223LGN00_MTL.txt"数据文件，点击该对话框下方的"OK"按钮，弹出"NDVI Calculation Parameters"对话框(图 20-9)，并做如下设置：Input File Type 点击选择 Landsat OLI(Landsat 8 多光谱图像)；此时工具会自动识别 NDVI 计算波段(NDVI Bands)，"Red"为 4，"Near IR"为 5；选择输出路径和文件名 "D:\data\shiyan20\NDVI.dat"；点击"OK"按钮，得到 NDVI 的计算结果(图 20-10)。

然后，进行植被覆盖度的计算。在 Toolbox 中，点击选择"Band Ratio"—"Band Math"工具，在弹出的"Band Math"对话框(图 20-11)中的"Enter an expression"栏下输入表达式："(b1 gt 0.7) * 1＋(b1 lt 0.05) * 0＋(b1 ge 0.05 and b1 le 0.7) * ((b1－0.05)/(0.7－0.05))"，点击"Add to List"按钮将公式添加到对话框内；点击"OK"按钮，

弹出"Variables to Bands Pairings"对话框(图20-12),在"Available Bands List"栏中点击选择上一步计算得到的"NDVI"数据作为表达式中b1的应用数据(Variable used in expression),定义保存的路径和文件名称为"D:\data\shiyan20\植被覆盖度.dat"文件;点击"OK"按钮,得到植被覆盖度的计算结果(图20-13)。

图20-8 "NDVI Calculation Input File"对话框

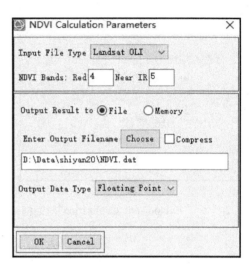

图20-9 "NDVI Calculation Parameters"对话框

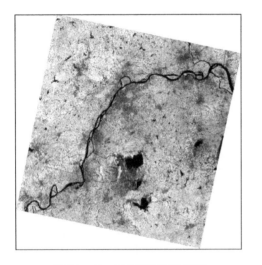

图20-10 NDVI计算结果图

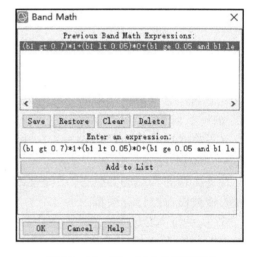

图20-11 "Band Math"对话框

最后,计算地表比辐射率的计算。计算过程与植被覆盖度的大致相同,在"Band Math"对话框中的"Enter an expression"栏下输入表达式"0.004 * b1 + 0.986";在"Variables to Bands Pairings"对话框中的"Available Bands List"栏,点击选择上一步计算得到的"植被覆盖度"数据作为表达式中b1的应用数据(Variable used in expression),定义保存的路径和文件名称为"D:\data\shiyan20\地表比辐射率.dat"文件(图20-14);点击"OK"按钮,得到地表比辐射率的计算结果(图20-15)。

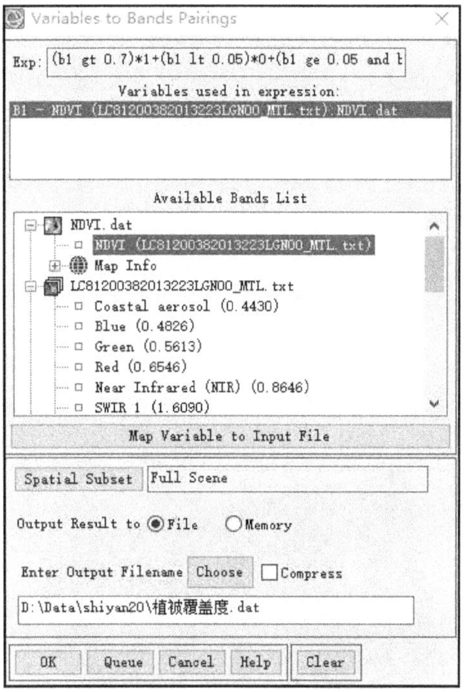

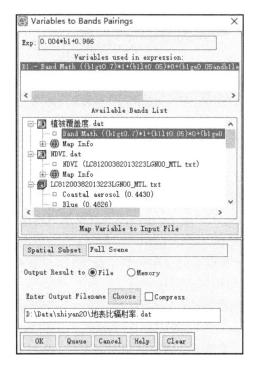

图 20-12 "Variables to Bands Pairings" 对话框(计算植被覆盖度)

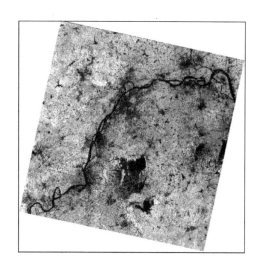

图 20-13 植被覆盖度计算结果

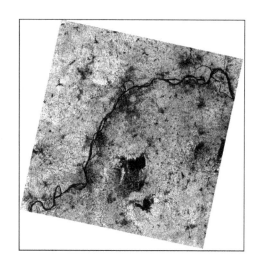

图 20-14 "Variables to Bands Pairings" 对话框(计算地表比辐射率)

图 20-15 地表比辐射量计算结果图

> 步骤4:黑体辐射亮度计算。

首先,在Toolbox工具箱中,双击"Band Ratio"—"Band Math"工具,在弹出的"Band Math"对话框中的"Enter an expression"栏下输入表达式"(b2-0.75-0.9*(1-b1)*1.29)/(0.9*b1)"。然后,在"Variables to Bands Pairings"对话框中的"Available Bands List"栏,点击选择b1为地表比辐射率图像,b2为Band10辐射亮度图像,定义保存的路径和文件名称为"D:\data\shiyan20\同温度黑体辐射亮度.dat"文件(图20-16)。最后,点击"OK"按钮,得到同温度黑体辐射亮度的计算结果(图20-17)。

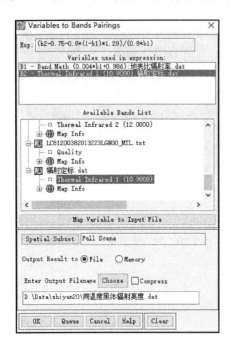

图20-16 同温度黑体辐射亮度计算　　图20-17 同温度黑体辐射亮度结果

> 步骤5:地表温度反演。

首先,在"Band Math"对话框中的"Enter an expression"栏下输入表达式"(1321.08)/alog(774.89/b1+1)-273"。然后,在"Variables to Bands Pairings"对话框中的"Available Bands List"栏,点击选择b1为上一步得到的同温度黑体辐射亮度图像,定义保存的路径和文件名称为"D:\data\shiyan20\地表温度反演.dat"文件。最后,点击"OK"按钮,得到地表温度反演的计算结果。我们可以使用"Change Color Table"工具,将地表温度反演结果调成以热度显示色彩,这样便于我们观察地表温度的空间分布情况(图20-18)。

> 步骤6:基于城市热环境分析的城市通风廊道适宜性评价。

首先,将温度反演结果另存为TIFF格式。然后,使用ArcGIS中的"重分类"工具,按照由高到低将地表温度划分为4类:高温区(36~42 ℃)、次高温区(34~36 ℃)、中温区(32~34 ℃)、低温区(29~32 ℃),参考德国斯图加特市城市下垫面3个空间的划分研究,将高温区和次高温区作为作用空间,低温区作为补偿空间,中温区作为引导空间,并根据局地环流运行原理和不同类型下垫面的气候功能,将高温区、次高温区、中温区、低温区的城市通风廊道建设适宜性分别赋值为1、3、5、7,得到"温度reclass"栅格数据文件。为了数据分辨率的统一,使用"重采样"工具,将数据转换成 10 m×10 m 的栅格数据文件"温度重采样"。最后使用"按掩膜提取"工具,以"主城区.shp"为掩膜,得到主城区内的地表温度栅格数据文件"主城区温度"(图 20-19)。

图 20-18 温度反演结果图

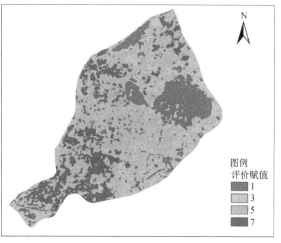

图 20-19 地表温度重分类结果图

20.2.4 城市建筑环境分析

城市建筑环境(建筑高度、建筑密度、建筑容积率、空间布局等)是影响城市热岛强度和城市风场的主要因素。大量研究结果表明,建筑迎风比指数与建筑高度、建筑密度均呈显著正相关,而建筑迎风比指数越高,城市通风廊道建设的适宜性则越低。

首先,基于 ArcGIS 软件平台,使用 2013 年的南京主城区建筑矢量数据"建筑.shp",在其属性表中新增一个短整型的字段"适宜性";然后,组合使用"按属性选择"和"字段计算器"工具,按照建筑高度(层数)划分为 5 类:低层(1~3 层)、多层(4~6 层)、中高层(7~10 层)、高层(11~20 层)、超高层(>20 层),建筑高度越高,廊道建设适宜性越低,因而分别赋值为 9、7、5、3、1;最后,使用"面转栅格"工具,使用"适宜性"字段,将"建筑.shp"矢量数据转换为"建筑 reclass"栅格数据文件,栅格大小为 10 m×10 m。

为了方便进行多因子空间叠置分析,我们将研究区内非建筑空间赋值为 0。具体操作过程为:首先,使用"面转栅格"工具,将研究区矢量边界文件"主城区.shp"转换成 10 m×10 m 的栅格数据文件"主城区栅格.grid",属性表中 value 值为 0;然后,使用"镶嵌至新栅格"工具,将"主城区栅格"和"建筑 reclass"按照取最大值方式进行镶嵌,得到建筑高度分类赋值数据"镶嵌建筑",此时原来 nodata 的区域已经赋值为 0(图 20-20)。

图 20-20 建筑高度分类图

20.2.5 城市道路通风性能评价

路网是城市的骨架,承担着联系各个街区的责任,也是自然风的运输管道,是城市通风廊道的重要组成部分。城市路网对于通风作用的影响可以根据不同的道路等级进行分类。城市快速路和城市主干路是路网的重要骨架,道路路幅较宽,因而通风的截面面积大、通风潜力大;而城市次干路和支路主要承担联络各部分集散交通的作用并兼有服务的功能,道路路幅较窄,空气流通所受的阻力比较大,通风潜力较小。相比于遍布建筑的城市建设用地,无论是潜力较大的快速路、主干路还是潜力较小的次干路、支路,自然风受到的空气阻力都会小很多,因而道路是影响城市通风性能的重要因素。

路网对城市通风性能的主要影响因素包括:道路与风向的方位关系、道路红线宽度以及路网形式等。南京市的夏季主导风向处于南向与东南向之间,城市路网总体呈现方格网式布局,西北—东南和西南—东北向道路相互交织,两个道路主导方向对风的引导作用无明显差别,因而本实验不考虑主导风向的影响,只考虑道路红线宽度因子。为了实验操作简便,我们直接用道路等级来间接表征道路宽度。

首先,基于 ArcGIS 软件平台,使用南京主城区道路矢量数据"道路合成.shp",在其属性表中新增短整型的字段"适宜性"和"缓冲范围"。然后,组合使用"按属性选择"和"字段计算器"工具,按照道路等级(城市快速路 03、城市主干路 04、城市支路 05)分别在"适宜性"字段中进行通风廊道建设适宜性赋值(分别为 5、3、1)和"缓冲范围"字段中进行缓冲区宽度的赋值(分别为 20 m、15 m、10 m)。接着,使用"缓冲区"工具,选择"缓冲范围"字段,对线文件"道路合成.shp"进行缓冲区分析生成为面文件"道路合成面.shp"。最后,使用"面转栅格"工具,使用"适宜性"字段,将"道路合成面.shp"面文件转换为"道路 reclass"栅格数据文件,栅格大小为 10m×10m,并使用"镶嵌至新栅格"工具,将"主城区栅格"和"道路 reclass"按照取最大值方式进行镶嵌,得到道路等级分类赋值数据"镶嵌道路"(图 20 - 21)。

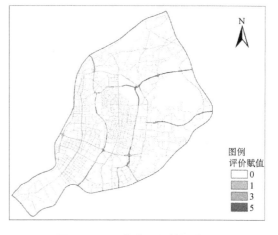

图 20 - 21 道路适宜性评价图

20.2.6 城市开敞空间分析

城市开敞空间作为城市最重要的冷空气生成区和风的活力缓冲区,为通风廊道提供集聚或加速的空间。研究表明,当城市主导风向与通风廊道风口呈一定夹角(30°~60°)且风为匀速时,最有利于城市通风(Wong 等,2010;Ng et al.,2011)。城市绿地是开敞空间的重要组成部分,其面积、布局方式、宽度、形状等均对风环境产生重要影响,但面积的作用相对更为重要,当绿地宽度超过 40 m,面积大于 5 ha 时,其生态效果非常明显且比较衡定(朱春阳等,2001;吴菲,2007)。

在本实验中,我们采用形状指数量化开敞空间的形状。形状指数一般指开敞空间周长与相同面积圆的周长之比,当形状指数越接近 1,开敞空间越接近圆形;值越大,表示形状越狭长。据此,将研究区内的绿地、水域、广场或空地以及其他未利用地均作为研究区的开敞空间("开敞空间.shp"已经存放在实验数据 shiyan20 文件夹下),通过对开敞空间的形状指数、面积、宽度以及与主导风向的相对关系等进行适宜性分析与分级赋值。

具体操作过程如下:
➢ 步骤 1:开敞空间与主导风向的相对关系判定。

首先,在"开敞空间.shp"数据文件的属性表中添加一个短整型的字段"与风向关系",根据南京夏季的主导风向(东南向偏南),判读每一个开敞空间斑块与主导风向的相对关系,按照 0~30°、30°~60°、60°~90°分别赋值为 5、3、1(表 20 - 2)。

➢ 步骤 2:开敞空间形状指数计算。

根据公式 20 - 3,计算得出每一个斑块的形状指数。

$$LSI = \frac{E}{2\sqrt{\pi A}} \quad (公式 20 - 3)$$

其中,E 表示斑块的周长(m),A 表示斑块的面积(m^2)。

➢ 步骤 3:根据开敞空间形状指数、面积和宽度进行分类赋值。

取形状指数值等于 2 为分界点,将形状指数小于 2 的斑块视为面状斑块,按照其面积大小进行分类赋值(表 20 - 2)。

将形状指数大于等于 2 的斑块视为带状斑块,按照其宽度大小进行分类赋值。为提高效率,采用一种近似算法计算每一个斑块的宽度(公式 20 - 4)。

$$W = D \times 2 \quad (公式 20 - 4)$$

其中,W 为斑块的宽度(m),D 为斑块质心点到斑块外轮廓线距离(m)。

具体计算步骤如下:首先,对于"开敞空间.shp"按属性提取,将形状指数大于等于 2 的斑块提取出来,保存为"带形斑块.shp"文件。然后,分别使用"要素转点"工具与"要素转线"工具,将面文件分别转为点文件(斑块点.shp)与线文件(斑块线.shp)。其次,使用"近邻分析"工具,计算出每个斑块质心点(斑块点.shp)到斑块外轮廓线(斑块线.shp)的距离。再次,在"带形斑块.shp"文件属性表中添加一个浮点型字段"宽度",并将"斑块点.shp"和"带形斑块.shp"文件进行关联(关联字段分别为"FID"和"ORIG_FID")。最后,使用"字段计算器"工具,将前面计算得到的每个斑块质心点到斑块外轮廓线距离乘以 2 之后转赋给"宽度"字段,得到斑块宽度,并按照宽度进行分类赋值(表 20 - 2)。

➢ 步骤 4:使用"镶嵌至新栅格"工具,将开敞空间角度、面积、宽度的分类赋值结果分别与"主城区栅格"数据进行镶嵌,得到"镶嵌角度"(图 20 - 22)、"镶嵌面积"(图 20 - 23)、"镶嵌宽度"(图 20 - 24)栅格数据文件。

20.2.7 基于多因子综合评价的城市通风廊道适宜性分析

本实验共选取了影响风廊道构建适宜性的 5 个因素:x_1(地形)、x_2(热环境)、x_3(建筑高度)、x_4(道路)和 x_5(开敞空间)(表 20 - 3)。参考相关文献,确定了这 5 个因子对于通风廊道构建的影响程度,即确定了 $x_5 > x_4 > x_3 > x_1 > x_2$ 的序列关系;并构建了因子之间的两两判别矩阵($r_1 = \omega_5/\omega_4 = 1, r_2 = \omega_4/\omega_3 = 1.2, r_3 = \omega_3/\omega_1 = 1, r_4 = \omega_1/\omega_2 = 1.2$),最终得到 5 个因子的权重如下:$\omega_1 = 0.1911, \omega_2 = 0.1592, \omega_3 = 0.1911, \omega_4 = 0.2293, \omega_5 = 0.2293$。

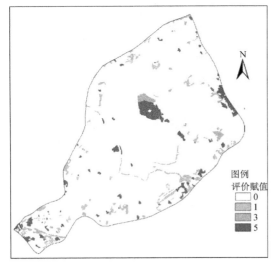

图 20-22 与主导风向相对关系分类图

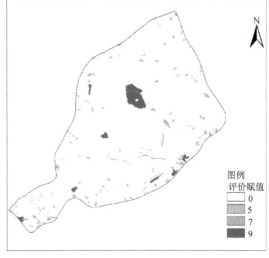

图 20-23 面状斑块面积分类图

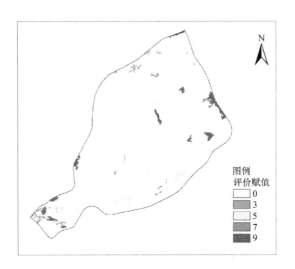

图 20-24 带状斑块宽度分类图

同时,由于开敞空间有 3 个评价因子(x_{51} 斑块面积、x_{52} 斑块宽度、x_{53} 与主导方向的相对关系),我们还需要确定这 3 个因子的相对重要性程度。形状指数与热岛效应减弱呈正相关,形状指数越大,热岛效应减弱就越多;面积越大,促进城市通风的潜力也越大。由于斑块面积和斑块宽度因子是基于城市开敞空间斑块的形状指数进行分类的,两个文件评价的斑块并不存在重叠现象(可视为一个形状因子),因而采用主观赋权法将两个因子赋以相同的权重($\omega_{51} = \omega_{52} = 0.2$),此时开敞空间斑块与主导风向关系之间的权重为 0.029 3($\omega_5 - \omega_{51} = 0.029\ 3$)(表 20-3)。

通过使用 ArcToolbox 中的"Spatial Analyst 工具"—"地图代数"—"栅格计算器"工具,使用表达式""0.159 2 * "主城区温度"+0.191 1 * "地形重采样"+0.191 1 * "镶嵌建筑"+0.229 3 * "镶嵌道路"+0.2 * "镶嵌宽度"+0.2 * "镶嵌面积"+0.029 3 * "镶嵌角度"",得到最终的城市通风廊道建设适宜性评价结果图(图 20-25)。

表 20-3　5 个因子的权重系数表

影响因子			权重系数
x_1（地形）			0.191 1
x_2（热环境）			0.159 2
x_3（建筑高度）			0.191 1
x_4（道路）			0.229 3
x_5（开敞空间）	x_{51}（面积）		0.200 0
	x_{52}（宽度）		0.200 0
	x_{53}（与主导风向相对关系）		0.029 3

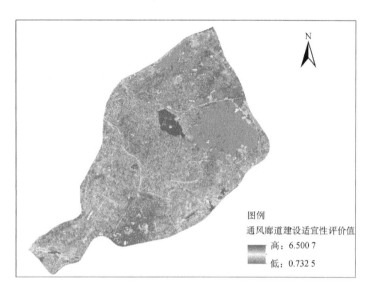

图 20-25　南京主城区通风廊道建设适宜性评价结果图

20.3　基于 GIS 和地表粗糙度的城市通风廊道构建

1990 年代以来，随着城市气候学科与城市规划学科的交叉融合，特别是遥感（RS）与地理信息系统（GIS）技术的快速发展，为城市风环境研究提供了更加简易与可视化的新方法。国内外学者尝试利用 RS 与 GIS 平台，以局地环流理论与地表粗糙度理论为核心进行城市风环境的研究。本实验通过计算迎风面积指数来表征研究区地表粗糙度的空间分布格局，采用最小费用路径（Least Cost Path，LCP）方法识别研究区潜在的通风廊道，可为南京市通风廊道的规划与建设提供重要的规划依据和参考信息。

20.3.1　基于 GIS 的地表粗糙度分析

粗糙度概念取自于材料学科中对物体表面微小凹凸对平整程度影响的描述。目前对于地表粗糙度通常有两种理解。一种是从空气动力学角度出发，因地表起伏不平或地物本身几何形状的影响，风速廓线上风速为零的位置并不在地表（高度为零处），而在离地表一定高度处，这一高度则被定义为地表粗糙度，也称为空气动力学粗糙度。另一种主要是从地形学角度出发,将地面凹凸不平的程度定义为粗糙度,也称地表微地形。

城市风环境研究中常用空气动力学粗糙度进行分析评价。空气动力学粗糙度是现代流体力学的一个重要概念,是风速等于零的某一几何高度,它表征地表与大气的相互作用,反映地表对风速的减弱作用以及对风沙活动的影响。

粗糙度长度(Roughness Length)Z_0也称之为粗糙度系数(Roughness Coefficient)、粗糙度参数(Roughness Parameter)、粗糙度深度(Roughness Depth),一般简称粗糙度。粗糙度根据其研究内容的不同可分为中性层结粗糙度长度、空气动力学粗糙度(Aerodynamic Roughness)、非中性层结时的粗糙度长度、有效粗糙度长度(Effective Roughness Length)、表观粗糙度长度(Apparent Roughness Length)。

地表粗糙度表征城市建成环境对于风的阻碍作用,地表粗糙度越大对于风的阻碍力就越大,该区域的通风能力就越低。随着城市中心区高密度的开发建设,特别是建筑物高度与密度的加大,致使地表的粗糙度水平显著增加,对空气流动的阻碍作用越发显著。由于地表的摩擦作用,接近地表的风速随着离地高度的减小而降低。因此,通过对城市地表粗糙度的分析,有利于从中观尺度上评价城市建成环境对风的阻碍作用,把握城市的通风情况,为城市通风廊道的规划提供科学依据与参考信息。

大量以城市地表为下垫面的风环境研究结果表明,粗糙度与城市空间形态有非常紧密的联系,常用的城市形态学参数如研究区密度(λ_p)、迎风面平均加权高度(Z_h)、粗糙层深度(Z_r)、迎风面积指数(λ_f)和有效高度(h_{eff})均与地表粗糙度有一定的相关性。其中迎风面积指数(λ_f)与地表粗糙度长度具有显著的相关性(Gal and Unger,2009),已被证明适用于中尺度的城市风环境研究。因而,本实验基于GIS平台,利用C++进行编程,进行南京市主城区迎风面积指数λ_f的计算,以λ_f作为南京主城区地表粗糙度的评价指数,进而评估南京市主城区的通风环境。

迎风面积指数是指在给定城市盛行风向下单位面积内的迎风面积比例,常用于阻碍流体流动的固定障碍物的阻力计算。具体计算方法是在风向θ下,城市建筑总的迎风面积与建筑底部标准单位格网面积的比值(公式20-5)。

$$\lambda_{f\theta} = \frac{A_{proj}}{A_T} \qquad (公式 20-5)$$

其中,$\lambda_{f\theta}$代表风向为θ时研究区的迎风面积指数,A_{proj}是指风向为θ下的建筑正投影面积,A_T指的是建筑底部标准单位格网的面积(图20-26)。

迎风面积指数λ_f的计算过程大致包括以下4个步骤。

➢ 步骤1:研究区城市3D模型的构建。

基于ArcGIS软件平台,利用高分辨率影像数据,通过数字化获取研究区的建筑空间分布图,并借助百度地图POI数据、街景地图、相关规划资料等确定每栋建筑的层数(层高),进而构建研究区的城市3D模型(图20-27)。

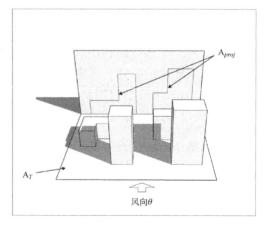

图20-26 迎风面积指数计算示意图

考虑到研究区内山体对于风流动的影响,把山体高程转换为建筑层高形式,计入迎风面积指数的计算中。

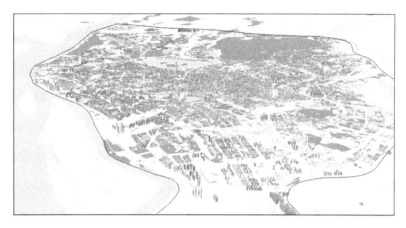

图 20-27　研究区 3D 鸟瞰图

> 步骤 2:λ_f 计算栅格尺度的选择。

主城区 λ_f 的空间分布计算要选择适宜的计算栅格大小,过小的网格会将大体量建筑切分,致使其对应的地表粗糙度被低估,降低准确度,而过大的网格会使计算结果过于粗糙,难以准确定位城市的潜在通风廊道位置,不利于通风廊道的规划设计。本实验选择 100 m×100 m 的网格进行地表粗糙度的计算。

> 步骤 3:基于 GIS 与 C++的λ_f 计算方法构建。

本实验研究程序的编制原理如图 20-28 所示。

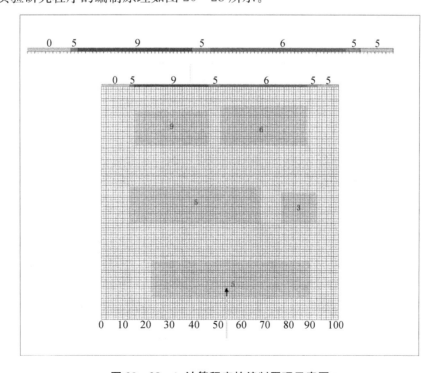

图 20-28　λ_f 计算程序的编制原理示意图

首先,使用"面转栅格"工具,以建筑的层数作为栅格数据的"value"值字段,将研究区建筑(建筑.shp)与地形(高程面.shp)合并后的面状矢量数据文件(建筑地形.shp)转换为 2 m×2 m 的 8 位非压缩 TIFF 格式栅格数据(jianzhu.tif)。

然后,将"jianzhu.tif"栅格数据读入自编的程序中,在选定的风向 θ 下,进行 100 m×100 m 网格内每列层高栅格值的比较,将每列栅格的最大值储存在最后一行中。

最后,计算每一个 100 m×100 m 网格内的迎风面积(即最后一行存储的层数与层高和栅格长度的乘积),进而求算每一个网格的迎风面积指数(公式 20-6),得到每一个主导风向上的 λ_f(图 20-29~图 20-32)。

$$\lambda_{f\theta} = \frac{\sum_{n=1}^{100} h \times v \times l}{A_T} \quad \text{(公式 20-6)}$$

其中,$\lambda_{f\theta}$ 为风向为 θ 时 100 m×100 m 栅格的迎风面积指数,h 为建筑层高,v 为建筑层数,l 为栅格长度(1 m),A_T 为研究栅格面积(100 m×100 m,即 1 ha)。

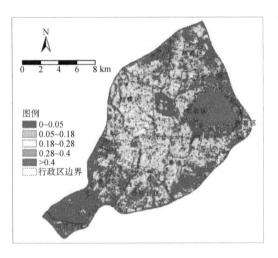

图 20-29　南、北风下 λ_f 分布图

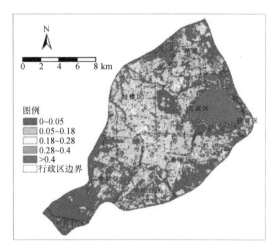

图 20-30　东、西风下 λ_f 分布图

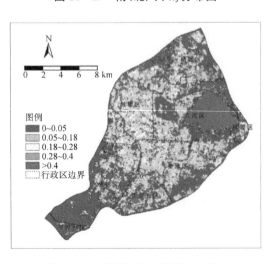

图 20-31　东南、西北风下 λ_f 分布图

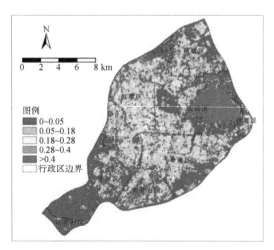

图 20-32　东北、西南风下 λ_f 分布图

本实验选取8个风向(东向、东南、南向、西南、西向、西北、北向、东北),使用自建的程序分别进行不同风向上 λ_f 值的模拟计算(图20-29—图20-32)。为了实验计算方便,本实验已将自建程序(RealeaseWENS)存放在实验数据 shiyan20 文件夹下。自建程序只能输出东—西、南—北方向的结果,东南—西北、东北—西南方向结果的计算可以通过原始输入数据的角度转换来实现。

自编程序的操作方法简述如下:首先,用记事本打开 Realease WENS 文件夹中的"test.bat"文件,将文件中的"lufeihong - in test.tif - outNS resultNS.tif - outWE resultWE.tif - fl 3 - num 50 - re 2"语句作如下修改:将 test.tif 修改为我们前面得到的栅格数据"jianzhu.tif"(我们也可以将我们生成的 TIFF 栅格数据重命名为 test.tif),其他语句不做修改。需要注意的是,我们需要根据 TIFF 格式栅格数据的分辨率来调整"- num 50 - re 2"(分辨率2 m,100 m 窗口内有50个间隔)语句。然后,点击保存修改。最后,双击运行"test.bat"文件,得到8个风向上迎风面积指数的计算结果,并将结果加载到 ArcMap 中进行制图,得到8个不同风向上 λ_f 值的空间分布图(图20-29~图20-32)。

➢ 步骤4:主城区8个方向上 λ_f 综合值的计算

首先,根据1981—2014年南京市气象局观测站点的分时风向数据,计算了8个方向上的风向频率(图20-33)。然后,以各风向的频率加权计算南京市主城区的 λ_f 综合值(公式20-7、图20-34)。

$$\lambda_f = \sum_{n=1}^{8} \lambda_{f\theta} \cdot u_\theta \qquad (公式20-7)$$

其中:λ_f 为多风向下迎风面积指数综合值,$\lambda_{f\theta}$ 为风向为 θ 时的迎风面积指数,u_θ 为风向 θ 的风频。

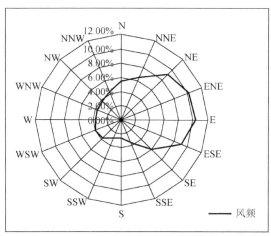

图 20-33 南京市风频图

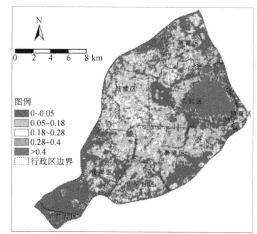

图 20-34 南京市主城区 λ_f 综合值空间分布图

20.3.2 基于 LCP 的城市通风廊道构建

通过城市建筑迎风面积指数的计算分析,可以从整体的角度获得城市建成环境对于城市通风潜力的影响情况,并发现城市通风的阻碍区域。该方法对于评价城市各区域的通风能力具有较大帮助,迎风面积指数较高的区域对风的阻碍较大,城市风难以通行,而迎风面积指数较低的区域对于风流动的阻碍较小,是城市通风的良好通道。相关研究显示风会沿着地表粗糙度较小的路径运动,然而城市尺度的建成环境非常复杂,仅通过地表粗糙度空间分布图尚难以直接得出城市潜在的通风廊道位置。

最小费用路径模型(LCP)能够基于栅格迭代运算得到两点之间基于某一特征评价的最小路径,常用于城市交通可达性分析、城市生态廊道模拟、绿道选线模拟等领域。本实验将基于前面计算得到的综合迎风面积指数,采用 LCP 方法来识别城市尺度上研究区潜在的通风廊道。

具体操作过程如下 4 个步骤。

> 步骤 1:主导风向选取与入风口设置。

由于东风与西风、南风与北风、东南风与西北风、东北风与西南风存在对应关系,因而仅需要模拟 4 个方向(东风、东南风、北风、东北风)就能得到全风向下的潜在通风廊道。在各风向下风的起始侧,以 500 m 为间距等距设置起始点,在风的出口侧设置对应个数的目标点。本实验仅以东南风为例进行分析说明,在研究区东南以 500 m 为间距等距设定 52 个起点,在西北侧对应等距设置 52 个目标点(图 20-35)。

> 步骤 2:风廊建设适宜性评价与消费面模型构建。

本实验以各个风向上计算得到的迎风面积指数 λ_f 作为对应风向上消费面成本值设置的主要依据。为了计算简便,我们根据南京市主城区 λ_f 值的数据分布特征将其划分为 10 个等级,并按照不同等级分别进行成本赋值,λ_f 值越大,成本值越大(表 20-4)。

表 20-4 潜在通风廊道消费成本面赋值

迎风面积指数	成本值	迎风面积指数	成本值
≤0.05	5	0.40~0.50	50
0.05~0.10	10	0.50~0.60	60
0.10~0.20	20	0.60~0.80	80
0.20~0.30	30	0.80~1.00	100
0.30~0.40	40	>1.00	150

> 步骤 3:基于 Graphab 的最小费用路径(潜在通风廊道)模拟。

我们已经在实验 16 中使用过 Graphab 软件进行了生态网络的构建,在本实验中入风口对应生态网络分析中的源地,出风口对应的是目标点,计算模拟的过程大致相同,在此不再赘述。通过模拟共得到了 2704 条最小费用路径(图 20-35)。采用大致相同的方法,可以得到其他 3 个风向上的模拟结果(图 20-36~图 20-38)。

> 步骤 4:重要通风廊道的提取。

各风向下由最小费用路径模型生成的路径较多,但有些路径重叠频率较高,表明这些路径经过的区域具有较低的地表粗糙度累积值,通风效果相对较好。因此,我们可以使用廊道的重合率来间接地刻画廊道的相对重要性。

具体操作方法如下:首先,在 ArcMap 中使用"字段计算器"工具,将某一给定风向下计算得到的所有最小费用路径统一赋值为 1(可在最小路径矢量文件中新建一个短整型字段"chonghelv");其次,使用"提取分析"—"按属性分割"工具,按照"FID"字段将每条路径逐一提取出来生成独立的文件,文件命名规则为"FID+所对应的编号";再次,使

"线转栅格"(批处理)工具将所有的矢量文件转换为栅格文件(分辨率为 2 m×2 m);最后,使用"叠加分析"—"加权总和"工具,进行所有栅格文件的等权重求和叠加(权重均为1),得到最小费用路径的累积频率,并按照频率大小分为 5 类(图 20-39)。我们将累积频率较高且与风向夹角较小的路径作为南京市主城区的重要通风廊道(表 20-5)。采用大致相同的方法,可以得到其他 3 个风向上的统计结果(图 20-40~图 20-42、表 20-5)。

图 20-35　东南风下最小费用路径模拟结果

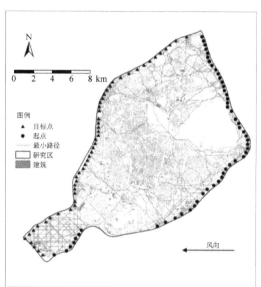

图 20-36　东风下最小费用路径模拟结果

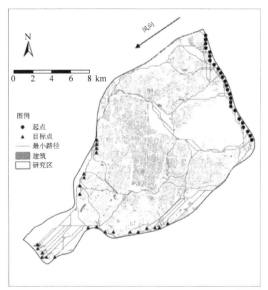

图 20-37　东北风下最小费用路径模拟结果

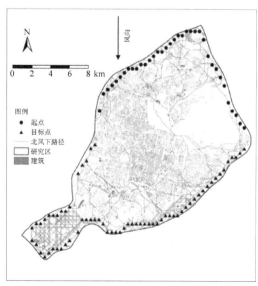

图 20-38　北风下最小费用路径模拟结果

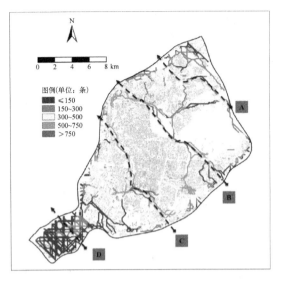

图 20-39 东南风下潜在通风廊道频率图

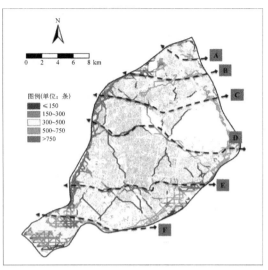

图 20-40 东风下潜在通风廊道频率图

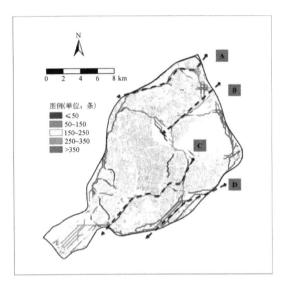

图 20-41 东北风下潜在通风廊道频率图

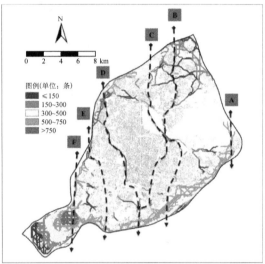

图 20-42 北风下潜在通风廊道频率图

表 20-5 南京市主城区潜在重要通风廊道汇总表

风向	路径编号	长度(km)	平均 λ_f 值
东风	A	4.64	0.13
	B	7.38	0.15
	C	10.99	0.15
	D	16.55	0.14
	E	21.39	0.17
	F	9.27	0.17

续表 20-5

风向	路径编号	长度(km)	平均λ_f值
东南风	A	6.66	0.14
	B	12.87	0.16
	C	12.02	0.16
	F	3.27	0.11
东北风	A	7.44	0.15
	B	4.23	0.13
	C	16.13	0.18
	D	8.43	0.15
北风	A	3.1	0.1
	B	17.02	0.17
	C	15.37	0.16
	D	13.4	0.15
	E	6.25	0.14
	F	3.66	0.09

20.4 城市通风廊道规划的对策与建议

根据城市通风廊道的定量分析结果，结合研究区现状实际情况，我们提出以下 5 条城市通风廊道规划建设的建议。

20.4.1 控制入风口建设强度，保障风源进入通畅

入风口为风进入城市的首要区域，该区域的通风能力对于城市整体通风效果具有至关重要的作用。通过综合南京市主城区各风向下的重要通风廊道，提取其主要的起始点，共形成了 12 个主要的通风入口，其中东侧 5 处（南京市南站、七桥瓮湿地公园、沧波门、聚宝山公园、栖霞立交）、西侧 6 处（秦淮新河大桥、鱼嘴湿地公园、绿博园、秦淮河、大桥公园、观音景区）、北侧 1 处（燕子矶码头）（图 20-43）。入风口及其 200 m 范围内应加强建筑控制，防止高强度高密度建设，保持入口的开敞性。建筑形式宜采用南北朝向的建筑形式，保持至少 30～50 m 的建筑间距。

20.4.2 增建二级通风廊道，缓解中心城区的热岛效应

本研究所识别的通风廊道为南京市主城区的重要通风廊道，是将区域风引入主城区的一级通风廊道。由其分布结果可见，秦淮河以内的主城区部分重要廊道较为稀疏，仅有一条东风下的廊道通过。此区域为南京市商业与商务活动的中心，内部高楼林立、人口密集，是人们休闲娱乐与工作的主要区域，同时也是城市热岛较强的区域。因此，增加该区域的通风廊道，缓解其热岛效应显得十分重要。为改善中心区的风环境应增建二级通风廊道，使其与主要廊道连通，用以改善重要廊道没有作用到的区域。根据研究区 λ_f

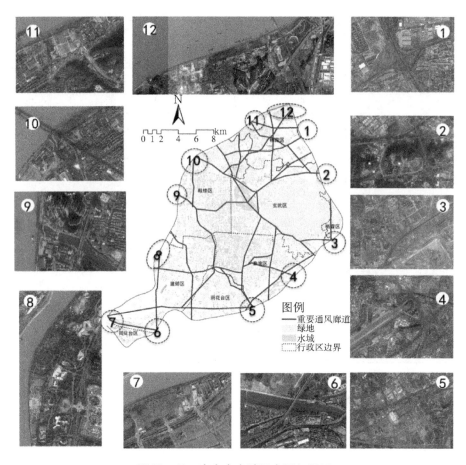

图 20-43 南京市主城区主要入风口

值的空间分布格局,建议新增二级廊道 6 条,多经过中心城区中建设高度与密度较低的区域,对于缓解中心城区的热环境具有重要的作用(图 20-44)。

20.4.3 保障通风廊道宽度,提升通风能力

宽度是保障通风廊道通风能力的重要基础条件。综合国内其他城市的廊道规划实践与相关研究,建议南京市主城区河流廊道与绿地型廊道宽度控制在 300 m 左右。道路型廊道是以城市道路为主要通风路径的通风廊道,由于城市道路宽度大多低于 80 m,且道路两侧均有建筑,建成环境难以改变,故此类廊道可按照 150 m 左右进行控制,应充分利用建筑与道路间的空地来进行廊道扩宽。综合型廊道是以低矮建筑群、道路、河流、绿地相结合而形成的廊道,廊道宽度可结合不同地段的性质分别进行控制,但最低应不低于 150 m。

20.4.4 改善通风阻碍区的通风环境,增强廊道连通性

通过对南京市主城区一、二级通风廊道与主城区粗糙度叠置分析发现,部分廊道的内部或周边存在粗糙度较高区域,这些区域对于通风廊道的通畅起着阻碍作用,降低了通风廊道的通风效能。通过将通风廊道分布图与粗糙度平面图和 3D 建筑空间分布图叠置分析得到了 6 处主要的通风阻碍点(图 20-45)。这些阻碍点多位于秦淮河以内的中

图 20-44 南京市主城区一级、二级通风廊道结构图

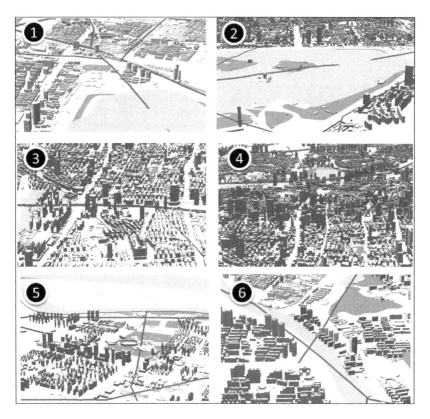

图 20-45 通风阻碍区 3D 分析图

心城区与河西新城,其建筑迎风面积指数值均大于0.4;这些区域多是由于廊道两侧的高层建筑紧邻而导致此处廊道宽度骤减,甚至部分挡在廊道的中央,阻断了风的流动。例如,奥体中心附近作为重要的通风入口,其周边被多幢高层住宅建筑包裹,通风廊道宽度难以保障。

相关研究表明绿地、水域、广场等城市开敞空间作为城市最重要的冷空气生成区和风的活力缓冲区,可为通风道提供集聚和加速的空间。因而,首先应控制目前通风障碍区区域内新增建设的建筑强度,防止其地表粗糙度进一步增加。与此同时,加强通风障碍区规划设计、开发建设活动对通风环境潜在影响的评估,通过规划设计方案的优化,改善局部的通风环境,并加强与周边潜在通风廊道的联系,激发片区内部的局地环流。

20.4.5 划定廊道周边控制区,增强风廊渗透能力

通风廊道两侧的建筑建设强度与布局形式会影响风渗透至周边区域的能力(图20-46)。两侧联排高大的建筑形式不利于风的扩散,会阻碍与周边区域的气流交换。因此,应在通风廊道两侧划定一定宽度的控制区域,对于该区域内的建筑物高度及建筑形式进行控制,从而保障通风廊道对周边的渗透能力,起到改善周边区域通风环境的作用。建议在通风廊道两侧100 m范围内的建筑应控制其建筑高度,禁止建筑联排高层分

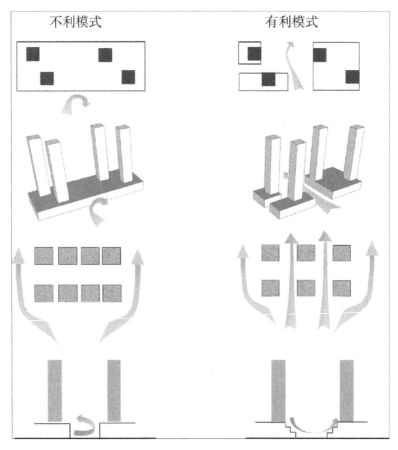

图20-46 建筑布局形式对通风环境的潜在影响

资料来源:Ng E,Yuan C,Chen L et al.,2011.

布,应保证一定的建筑间距。建筑裙房不易连片,应预留通风口,建筑布局可采用由廊道向外两边阶梯式增高的形式,从而增大城市通风廊道的宽度,增加通风潜力。廊道两侧建筑的朝向应尽量与廊道形成一定的夹角,从而能够较好地将廊道中的风引入周边区域。

20.5 实验总结

本实验以南京市主城区为例,在对研究区通风潜力影响因子评价的基础上,基于综合分析视角、基于 GIS 和地表粗糙度分析两种方法构建了研究区的潜在通风廊道,进而基于廊道重合率、与风向夹角、建筑迎风面积指数空间分布情况等,确定了研究区的主要通风廊道。

通过本实验了解影响城市通风潜力的主要因素,掌握基于 RS 和 GIS 构建城市通风风道的总体思路与框架,掌握多种软件组合使用的操作流程与技术路线,并能够用大致相同的思路与方法进行其他相关领域的分析,例如城市绿道网络的构建等。

具体内容见表 20-6。

表 20-6 本次实验主要内容一览

内容框架	具体内容	页码
基于综合分析视角的城市通风廊道构建	(1) 地形条件分析	P594
	(2) 基于大气校正法的城市热环境分析	P594
	(3) 城市建筑环境分析	P601
	(4) 城市道路通风性能分析	P602
	(5) 城市开敞空间分析	P602
	(6) 基于多因子综合评价的城市通风廊道适宜性分析	P603
基于 GIS 和地表粗糙度的城市通风廊道构建	(1) 基于 GIS 的地表粗糙度分析	P605
	(2) 基于 LCP 的城市通风廊道构建	P609

实验 21　基于 ENVI-met 的城市绿地夏季降温效应分析

21.1　实验目的与实验准备

21.1.1　实验目的

快速城市化导致土地利用格局发生明显改变，城市下垫面原有的自然环境逐渐被水泥、沥青等非渗透性地面代替，致使城市微气候发生显著改变、城市热岛效应明显增强，严重影响了城市生态系统的健康和人居环境的改善。城市绿地作为城市结构中的自然生产力主体，在缓解城市热岛效应、改善城市微气候和协助城市应对未来气候变化中起着举足轻重的作用。大量研究表明，无论在何种尺度上，城市绿地均能产生绿洲效应（Oasis Effect），从而有效降低城市热岛效应，改善城市气候状况，缓解城市环境压力，提高城市宜居性。

通过本实验掌握基于 ENVI-met 模型进行街区尺度上城市绿地夏季降温效应分析的研究框架与技术路线，熟悉该方法在城市与区域生态规划中的具体应用。

具体内容见表 21-1。

表 21-1　本次实验主要内容一览

主要内容	具体内容
ENVI-met 模型安装	ENVI-met 模型安装
气象观测站点设置与数据获取	气象观测站点设置与数据获取
模型参数设置	（1）初始参数设置
	（2）模型模拟参数设置
ENVI-met 模型构建与模拟精度评价	（1）ENVI-met 模型构建
	（2）模型模拟精度评价
情景设置与模拟结果分析	（1）情景设置
	（2）结果分析

21.1.2　实验准备

（1）计算机已经预装了 ENVI-met 4.3 软件或更高版本的软件。

（2）本实验的规划研究区为南京大学鼓楼校区，请将实验数据 shiyan21 文件夹存放到 D:\data\ 目录下。

21.2 ENVI-met 模型安装

➢ 步骤1:登录 ENVI-met 官方网站,下载安装文件。

登录 ENVI-met 官方网站(https://www.envi-met.com/try-buy/),点击页面中的"FREE TRIAL"按钮,下载 ENVI-met V4 免费试用版的安装文件。

➢ 步骤2:安装 ENVI-met 软件。

由于 ENVI-met 模型需要将创建的初始文件和模型安装文件放置在同一文件夹里,且通常模拟结果文件会较大,因而建议将 ENVI-met 模型安装在剩余空间较大的硬盘下。本实验将其安装在 D 盘目录下,文件夹命名为 ENVImet4。

➢ 步骤3:设置 ENVI-met 的工作空间。

首先,打开 D 盘下的 ENVI met4 文件夹,找到并双击"EnvimetHeadquarter.exe"文件,或者直接点击桌面上的"ENVI-met Headquarter"图标,会弹出"Missing Workspace"(丢失工作空间)的提示框(图 21-1),点击"OK"按钮,弹出"Manage Workspace"对话框(图 21-2)。此时"Available Projects"栏下为空,左下角的"Create a new Project"等功能按钮均为灰色,我们需要在设置好工作空间之后才能进行新工程的创建。

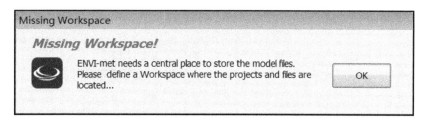

图 21-1 "Missing Workspace"(丢失工作空间)提示框

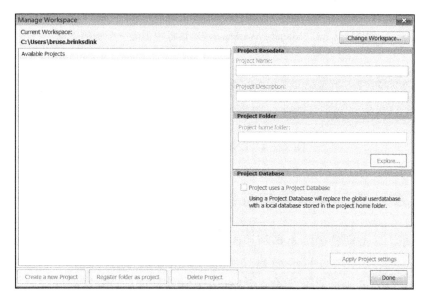

图 21-2 "Manage Workspace"对话框

然后,点击"Manage Workspace"对话框右上角的"Change Workspace"功能按钮,会弹出"浏览文件夹"对话框,选择我们在步骤2中创建的D:\ENVImet4文件夹,点击"确定"按钮,返回"Manage Workspace"对话框(图21-3)。此时,"Manage Workspace"对话框中的"Create a new Project"功能按钮变为黑色,我们可以使用该按钮创建一个新的工程文件了。

最后,在"Manage Workspace"对话框中,点击左下角的"Create a new Project"功能按钮,软件会在该对话框的"Available Projects"栏下自动创建一个名称为"New Project"的工程,我们可以对其进行重命名(名称一般为数字或字母,最好不要使用汉字)。本实验将工程名称定义为"njugulou",将其目录设置为"shiyan21"(图21-3),点击"Done"按钮,接着在弹出的"Confirm"窗口中点击"Yes"按钮,软件会自动弹出ENVI-met4软件的主界面(图21-4)。

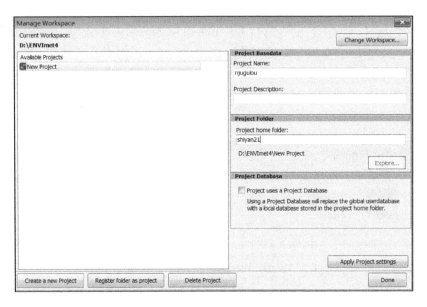

图21-3 在"Manage Workspace"对话框中创建一个新的工程

图21-4 ENVI-met软件主界面

21.3 气象观测站点设置与数据获取

根据南京大学鼓楼校区的土地利用类型、植被群落特征,在研究区内选取了6个观测点,安装了6台/套Hobo U30和H21小型气象观测站,进行气象观测,获取观测点的温湿度、风速风向、太阳辐射等气象数据,数据存储间隔为1 min,仪器高度为1.5 m,观测时间为2013年6月8日。

观测站点及其下垫面属性情况简述如下:①百年鼎林地附近,以茂盛乔木(水杉、银杏、国槐、悬铃木等)为主,地表覆盖为稀疏草地,距离最近的知行楼 30 m;②礼堂门前草坪,草坪生长茂盛,距离礼堂 25m;③游泳馆门前,地表类型为水泥地面,距树木和建筑均为 15 m;④中大路林荫道,高大悬铃木为主,地表覆盖为沥青路;⑤小礼堂,灌草为主,南面为图书馆;⑥操场,人工草坪(尼龙材料)。各站点的具体情况参见表 21-2,具体位置及其周边环境情况参见图 21-5 和图 21-6。

本实验选择 2013 年 7 月 17 日(天气晴朗无云)作为夏季典型气象日,使用观测数据率定 ENVI-met 模型的相关气象参数并验证模型的准确性,进而基于构建的有植被(现状情景)和无植被(对比情景)两个情景分别进行模型模拟,并通过两个情景的对比分析来揭示城市绿地夏季的降温效应(我们也可以设置研究区绿地格局优化的多个情景,进行不同规划设计方案下研究区微气候环境的模拟,进而通过情景比较分析遴选出基于微气候环境改善视角下的最优规划情景)。

表 21-2 实地观测点基本信息

测点编号	位置	下垫面
1	百年鼎林地	草地
2	礼堂门前草坪	草地
3	游泳馆门前	水泥地
4	中大路林荫道	沥青路
5	小礼堂	灌草
6	操场	人工草坪

图 21-5 实地观测点位置

| 百年鼎林地站点 | 礼堂前草地站点 | 游泳馆水泥地站点 |

| 中大路林荫道站点 | 小礼堂灌草站点 | 操场人工草坪站点 |

图 21-6 南京大学鼓楼校区实测站点及其周边环境

21.4 模型参数设置

21.4.1 初始参数设置

在进行 ENVI-met 数值模拟计算时，首先需要界定模型的初始参数，主要包括气象参数、土壤参数、植被参数、建筑参数、LBC 类型、时间步长等。本实验中具体参数的设置参见表 21-3。

表 21-3 ENVI-met 模型初始参数设置

	输入参数	单位	参数值
气象参数	10 m 高风速	m/s	0.4
	风向	°	180
	粗糙度长度	—	0.1
	初始气温	℃	29.5
	2 500 m 比湿	$g \cdot kg^{-1}$	12
	2 m 相对湿度	%	74
	云量	x/8	0

续表 21-3

输入参数		单位	参数值
土壤参数	初始温度,上层(0～20 cm)	K	302
	初始温度,中层(20～50 cm)	K	304
	初始温度,下层(>50 cm)	K	305
	相对湿度,上层(0～20 cm)	%	35
	相对湿度,中层(20～50 cm)	%	40
	相对湿度,下层(>50 cm)	%	45
植被参数	草坪高度	m	0.05
	灌木高度	m	3
建筑参数	室内温度	K	299
	墙体传热系数	$W/(m^2 \cdot K)$	1.5
	屋顶传热系数	$W/(m^2 \cdot K)$	0.9
	墙体反照率	—	0.4
	屋顶反照率	—	0.3
LBC 类型	温湿度 LBC	—	循环式
	湍流 LBC	—	循环式
时间步长	太阳高度角<30°	s	30
	30°<太阳高度角<50°	s	20
	太阳高度角>50°	s	10

近地面粗糙度长度设置为 0.1;10 m 高风速采用气象站数据,风向取自 6 个测点的最大频率风向(180°,南风)。初始气温采用 6 个测站点气温的均值 29.5 ℃,但根据 Fazia(2005)和 Chow(2012)对 ENVI-met 模型的验证,模型有低估近地表空气温度的倾向。为较好地评价白天的模型精度,初始温度值采用 19 日早上 5 点各测站的温度均值。2 500 m 比湿获取来自美国怀俄明大学工程和应用科学学院气象网站(http://weather.uwyo.edu/upperair/sounding.html),其中南京站的编号为 58238。因目前版本模型中不能逐时输入太阳辐射值,由 ENVI-met 自行计算。由于研究区处于市中心,周围街区的空间布局与校园相似,因此采用循环式 LBC。

由于本次实验中没有观测土壤温度和土壤湿度,土壤表层温度采用地表温度和气温的线性拟合公式(公式 21-1)进行估计,0～20 cm 的地表温度用表层温度代替;50cm 处的土壤温度采用公式 21-2 进行计算。每层土壤湿度根据模型经验设定。

$$T_{s1} = 29.65 + 0.9 \times T_a \qquad (公式 21-1)$$

$$T_{s2} = 2.9001 + 0.9513 \times T_a \qquad (公式 21-2)$$

其中,T_{s1} 为土壤表层温度(K);T_{s2} 为 50 cm 处土壤温度(K);T_a 为 1.5 m 处空气温度(K),取 6 个实测观测站点 5:00 h 的温度均值。

由于 ENVI-met 模型由德国学者开发编制,其自带的植物数据库中的植物种类多属于欧洲高纬度地区,所以本实验对 ENVI-met 模型中的 2D 和 3D 植物数据库进行了必要修正,增加了南京市一些本地的树种,同时根据实地情况对模型原有的植被数据库进行了更新,将草坪高度由 0.5 m 修改为 0.05 m,灌木高度由原来 6 m 调整为 3 m。

21.4.2 模型模拟参数设置

在进行 ENVI-met 数值模拟计算之前,还需要进行模型模拟参数的相关设置,主要包括研究区范围和网格大小的设置、模拟参数设置、植被参数修改。模拟参数主要由两部分组成:模型运行计算设置,如模拟时长,输出结果时间间隔等;研究区相关气象、下垫面属性参数设置。

1) 研究区范围和网格大小的设置

按照研究区域的实际情况进行 ENVI-met 空间范围和网格大小的设置。在水平方向上,对 690 m×690 m 的研究区域设置 230×230 个网格(即分辨率为 3 m)。主模型区域外围设置了 9 个嵌套网格,考虑到模型核心区域周围包括建筑和绿化等空间,因而将嵌套网格地表类型设置为壤土(Loamy)和沥青(Asphalt)的棋盘式相间格局排列。垂直方向上采用等距网格,共设置了 25 个网格,为能获取地面 1.5 m 处的微气象模拟值,从地面向上前 5 个网格间距设为 0.75 m,后面 30 个网格间距设为 7.5 m。由于研究区内最高建筑(蒙民伟楼)为 113.6 m,为保证三维模型的上边界高度 $Z \geqslant 2H_{max}$,H_{max} 为研究区内建筑的最大高度,因此,将蒙民伟楼高度在模型中设置为 110 m。

➤ 步骤1:在 ENVI-met 主界面的工具栏中点击"SPACES"按钮,弹出"ENVI-met SPACES:New Area[60×60×30]"对话框(图 21-7)。在左上角的"Select Project"里通过下拉菜单选择"njugulou"。

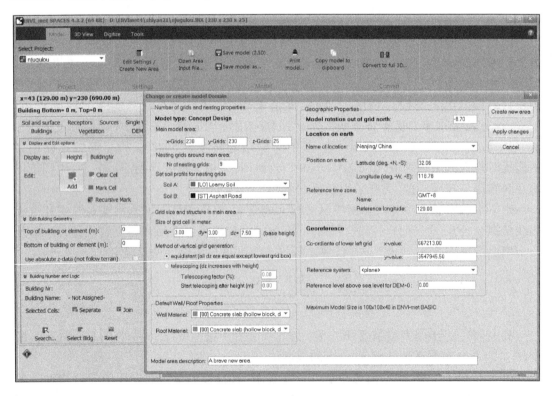

图 21-7 "ENVI-met SPACES"与"Change or create model Domain"对话框

➢ 步骤 2:点击"Edit Settings/Create New Area"功能按钮,弹出"Change or create model Domain"对话框(图 21-7),根据实验研究区面积大小,分别设置网格数量和分辨率、嵌套网格数量、模型位置等参数。在"Number of grids and nesting properties"栏中可以设置研究区的格网大小,嵌套格网大小及其土壤概况等;"Main model area"参数是对研究区格网数量进行设置,根据研究区实际情况,本实验设置为 230×230×25;"Nesting grids around main area"栏下的"Nr of nesting grids"参数是用以设置研究区外围嵌套格网的数量,通常应大于 3 个格网,本实验设置为 9 个嵌套格网;"Set soil profiles for nesting grids"是对嵌套格网的土壤概况进行设置,一般使用壤土(Loamy)和沥青(Asphalt)来模拟城市研究区外围的土地利用概况(即由透水面和不透水面混合组成)。在"Grid size and structure in main area"栏中可以设置栅格尺寸、垂直格网划分方式等;"Size of grid cell in meter"参数是设置格网的尺寸,本实验分别将"dx""dy""dz"设置为 3.00、3.00、7.50,设置格网时要特别注意,为了保证模型运行的稳定性,Z 轴方向的总高度应该大于等于研究区内最高建筑高度的 2 倍;"Methods of vertical grid generation"参数是对 Z 轴方向的格网划分方式进行设置,第一个选项"equidistant"表示所有格网大小一致,第二个选项"telescoping"表示格网大小随高度的变化而变化,高度越高格网越大,具体转换公式可通过下方的"Telescoping factor"和"Start telescoping after height"两个参数进行设置,该网格划分方式一般用于有较高建筑的研究区,以防为了满足 Z 轴高度大于等于建筑高度 2 倍,使用一致格网大小时垂直格网数量超出模型限制的情况,本实验选择"equidistant"垂直格网划分方式。在"Default Wall/Roof Properties"栏中设置研究区内建筑立面与屋顶的材质,更改该设置会影响建筑的热属性和反照率等,本实验分别将其设置为混凝土(为默认设置)。"Geographic Properties"栏用于设置研究区位置等相关参数,一般需要根据实际情况进行设置即可,"Model rotation out of grid north"参数用以设置模型地图正北方与实际正北方的偏转角度,设置这一参数主要是因为在绘制底图时一般将非正北的建筑等旋转一定角度放入模型中,这样建筑立面可以更好地用格网表示,通过这一参数可以在模型计算时将底图旋转为正确的正北方向,来获得正确的太阳辐射和风向等数据进行模型计算;"Location on earth"栏下需要设置研究区的位置信息(图 21-7);"Georeference"栏下用以设置研究区的左下角的坐标以及海拔高度等信息。设置好相关参数后,点击"Apply changes"按钮,返回"ENVI-met SPACES:New Area"对话框,此时[60×60×30]已经变为我们设置的研究区的网格大小[230×230×25]。

➢ 步骤 3:进行研究区模型的概化,主要包括建筑、绿化、下垫面、接收点等内容的创建与设置等,详见 21.5.1 ENVI-met 模型构建部分。此处,我们在设置好研究区范围和网格大小后,在"ENVI-met SPACES:New Area"对话框中点击"Save model as"功能按钮,将文件保存为"njugulou.inx",并将其存放到"D:\ENVImet4\shiyan21\"文件夹中。

2) 研究区模拟参数设置

➢ 步骤 1:在 ENVI-met 主界面的工具栏中点击"ConfigWizard"功能按钮,弹出"NewSimulation.SIM - ENVIwizard"(建立新的模拟文件)对话框(图 21-8),在"Projects defined in workspace D:\ENVImet4"栏下点击选择我们已经创建的"njugulou",然后点击"Run ProjectManager"功能按钮,在弹出的"Manage Workspace"窗口中,点击"Available Projects"栏下的"njugulou",点击"Done"按钮返回

"NewSimulation.SIM-ENVIwizard"对话框。

➤ 步骤2：点击"NewSimulation.SIM-ENVIwizard"对话框中"Select your task"栏下的"New"功能按钮，弹出详细的模拟参数设置窗口（图21-9）。窗口左侧栏中有模拟需要设置的一系列模拟参数，从第一项首先设置"Area Input File"到最后一项"Experts Setting"，共有11项需要设置。下面我们简要说明这11项模拟参数的设置。

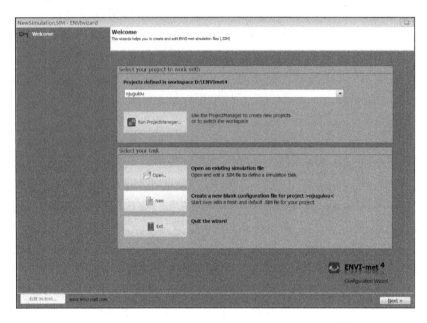

图21-8 "NewSimulation.SIM-ENVIwizard"对话框

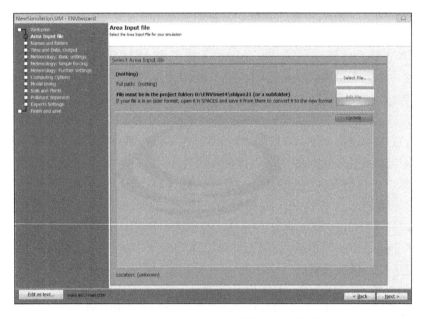

图21-9 "Area Input file"模拟参数设置

（1）"Area Input file"和"Names and folders"设置

首先，点击"NewSimulation.SIM-ENVIwizard"对话框中的"Select Area Input File"栏下

的"Select File"按钮(图 21-9),在弹出的"Select Area Input File"对话框中选择打开 D:\ENVImet4\shiyan21\目录下"njugulou.inx"文件。然后,在"NewSimulation.SIM-ENVIwizard"对话框中点击"Next"按钮,进入下一项模拟参数"Names and folders"设置(图 21-10),我们将"Full name of simulation task"设置为"S0njugulou",即研究区的现状模拟情景 S0,"Short name for file name generation"设置为"S0"。

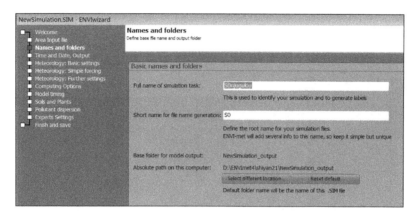

图 21-10 "Names and folders"模拟参数设置

(2) "Time and Date,Output"设置

首先,在"NewSimulation.SIM-ENVIwizard"对话框中继续点击"Next"按钮,进入下一项模拟参数"Time and Date,Output"设置(图 21-11),在该对话框中的"Start and duration of model run"栏下设置模拟日期、时间和时长。模拟日期"Start Date(DD.MM.YYYY)"设置为 17.07.2013;起始时间"Start Time(HH.MM.SS)"为 00:00:00,模拟时长"Total Simulation Time(h)"为 19,即从 00:00—19:00 时。考虑到 ENVI-met 模型的误差局限性,在计算时舍弃了前 4 个小时的模拟数据,采用了 7 月 17 日 4:00~19:00 共 15 个小时的模拟数据进行后续的统计分析。

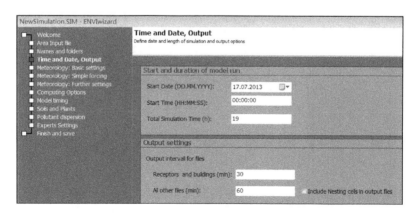

图 21-11 "Time and Date,Output"模拟参数设置

然后,在"Output Settings"栏下设置输出文件的时间间隔(Output interval for files)"Receptors and buildings(min)"设置为 30,"All other files(min)"设置为 60。如果需要输出研究区外围 9 个格网的数据结果文件可以勾选"Include Nesting cells in output files"复选框。

(3) "Meteorology"气象参数设置

气象参数设置包括 3 个方面："Meteorology:Basic settings"（基础设置）、"Meteorology:Simple forcing"（简单迫使模式）和"Meteorology:Further settings"（更多设置）。

基础气象参数的设置主要包括风（10 m 高风速、风向和粗糙度长度）、温度（初始气温）和湿度（2 500 m 比湿和 2 m 高相对湿度）3 个方面共 6 个参数的设置（图 21-12），本实验根据表 21-3 中的相关变量的统计值进行设置。

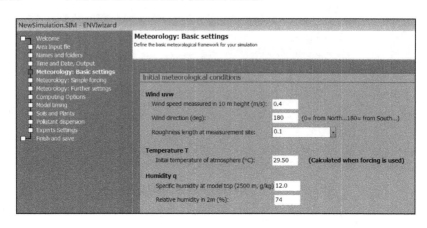

图 21-12 "Meteorology:Basic settings"模拟参数设置

简单迫使模式需要我们输入逐小时的气温和湿度（图 21-13）。本实验不使用该迫使条件，所以不必勾选对话框中的"Force Temperature and Humidity"复选框。

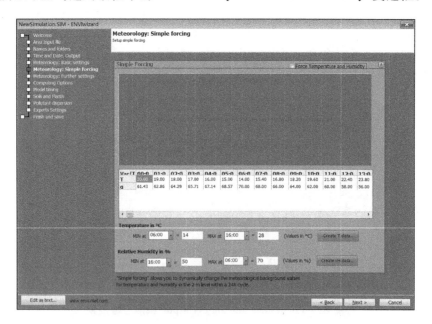

图 21-13 "Meteorology:Simple forcing"模拟参数设置

气象参数更多设置对话框主要包括太阳辐射、云量与边界条件设置（图 21-14）。太阳辐射如没有实测数据则可以选择默认设置，或者查阅文献看是否有同地区同时间的参考设置值。如果有实测数据可以取消默认,通过调整"Adjustment"值来改变太阳辐射变化曲线,直到与实测太阳辐射数据基本一致为止(图 21-15)。本实验因为有定点观测的太阳辐射数据,因而通过选择调整"Adjustment"值来逼近真实的太阳辐射曲线,通过多次调整,选择"Adjustment"参数值为 0.9。云量设置一般选择无云量,如认为模拟时间内云量较多会影响模型结果,则可以根据遥感影像对该地区的云量进行估算后进行设置,本实验选择晴朗无云的一天来进行模拟,因而选择默认值("No clouds in model run")。"Turbulence model"参数可以选择模型预设的不同湍流模型,本实验选择默认设置。"Lateral boundary conditions(LBC)"用以设置研究区的边界条件,当启用了"Meteorology:Simple forcing"时,温湿度的边界条件会强制设置为"Forced",此时此项设置无法更改。关于"Open,Forced,Cyclic"3 种边界条件的具体区别可以至 ENVI-met

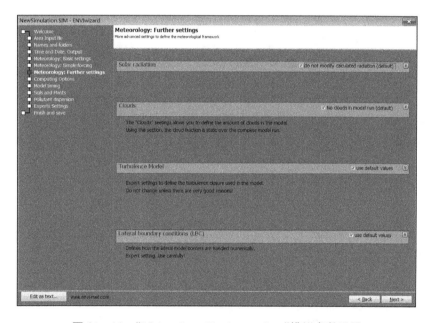

图 21-14 "Meteorology:Further settings"模拟参数设置

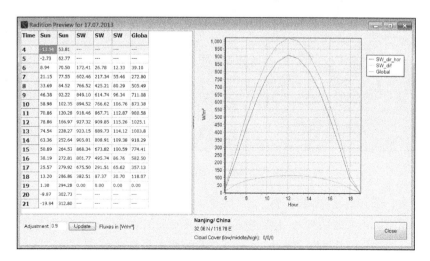

图 21-15 "Solar radiation"模拟参数设置

官网查询。简单而言,Open 边界条件是将上一时间步长(Time Step)的边界相邻格网值作为下一时间步长的一维边界值;Forced 边界条件是根据简单迫使参数设置中输入的参数给一维边界赋值;Cyclic 边界条件是将上一时间步长的边界格网值作为下一时间步长该格网上方格网的一维边界值。本实验选择默认设置。

(4)"Computing Options"和"Model timing"参数设置

"Computing Options"对话框中主要包括"CPU Core usage"和"Advanced Radiation Transfer Scheme(IVS)"两部分内容,本实验分别设置为"ALL(Use all available cores)"和"Use Index View Sphere(IVS)for radiation transfer"(图 21-16)。

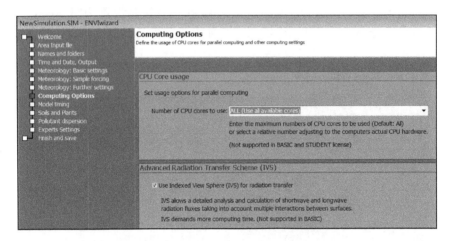

图 21-16 "Computing Options"模拟参数设置

"Model timing"对话框中主要包括"Dynamic time step management"和"Update timing"两部分内容。为了节省模拟时间,本实验将模拟时间步长设置的相对比较大(图 21-17)。

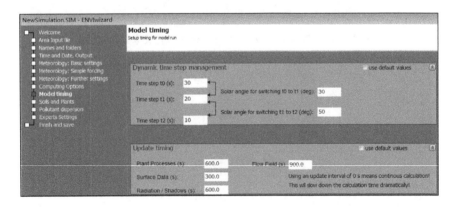

图 21-17 "Model timing"模拟参数设置

(5)"Soil and Plants"参数设置

"Soil and Plants"对话框中主要包括"Initial conditions for soil"和"Settings plant model"两部分内容,本实验根据表 21-3 中土壤的相关参数来设置"Initial conditions for soil"栏下的相关参数,植被参数采用默认设置(图 21-18)。

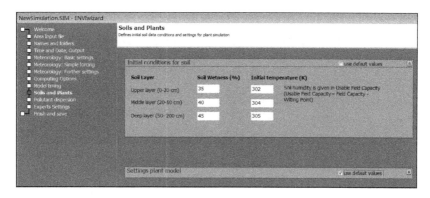

图 21-18 "Soil and Plants"模拟参数设置

(6) "Pollutant dispersion"参数设置

"Pollutant dispersion"对话框中主要包括"General settings"和"User - defined pollutant"两部分内容,本实验均采用默认设置(图 21-19)。

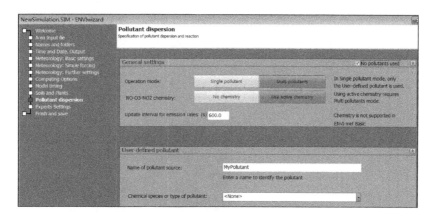

图 21-19 "Pollutant dispersion"模拟参数设置

(7) "Experts Settings"和"Finish and save"参数设置

"Experts Settings"(专家设置)对话框中可以通过编写代码实现以上相关设置,本实验不做设置(图 21-20),直接点击"Next"按钮进入"Finish and save"对话框(图 21-21),然后点击"Save as"按钮,将文件另存为"NewSimulationS0.SIM"。

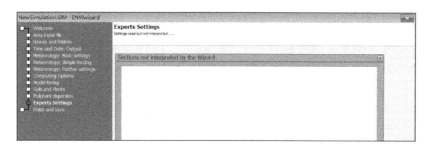

图 21-20 "Experts Settings"模拟参数设置

图 21-21 "Finish and save"模拟参数设置

3）植被参数修改

首先，在 ENVI-met 主界面菜单栏中，点击"Data and Settings"—"Manage Database"功能按钮，弹出设置植被、下垫面等参数的"ENVI-met DBManager"窗口（图 21-22）。

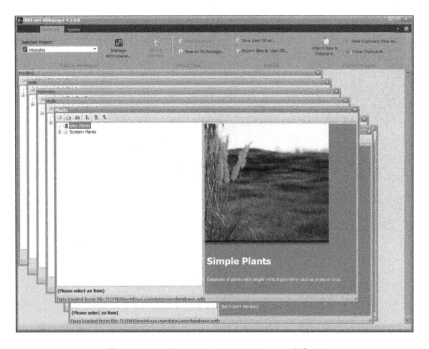

图 21-22 "ENVI-met DBManager"窗口

其次，点击"Select Project"栏下的下拉列表，选择"njugulou"。再次，选择"Plants"窗口，设置植被的相关参数。具体设置如下：右键点击"System Plants"—"Grass"—"[XX] Grass 50 cm Aver. Dense"，在弹出的快捷菜单中选择"Create User-Copy form item"功能菜单（图 21-23），此时将会在该窗口的"User Plants"下创建一个相同的"Grass"—"[XX] Grass 50 cm Aver. Dense"，我们可以在窗口右侧进行相关参数的设置。本实验仅将"Plant height"修改为 0.05 m，其他参数使用默认设置（图 21-24）。

然后，采用大致相同的过程，在"User Plants"下创建一个"Hedges and others"—"[H2] Hedge dense, 2m"，并将其"Plant height"修改为 3.0 m，其他参数使用默认设置。

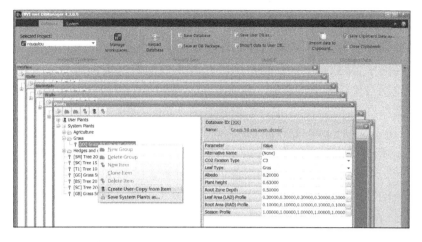

图 21-23 "Plants"窗口中的"Create User-Copy form item"功能菜单

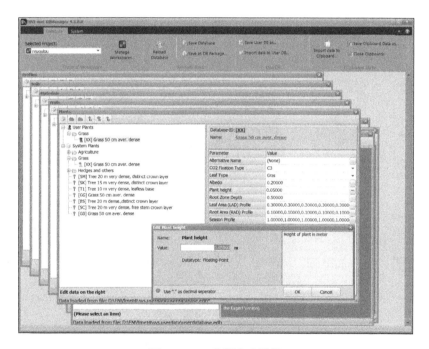

图 21-24 草坪高度设置

最后,点击"Save Database",将我们修改后的相关设置保存到 ENVImet4 的"njugulou"工程文件中。

21.5 ENVI-met 模型构建与模拟精度评价

21.5.1 ENVI-met 模型构建

本实验基于南京大学鼓楼校区的高分辨率遥感影像数据进行研究区模型的概化与构建,具体操作步骤如下。

➤ 步骤1:下载研究区高分辨率遥感影像数据,裁剪成合适的大小,并转换为.bmp格式。

为了实验操作的方便,本实验已经将裁剪好的影像数据文件"鼓楼底图.bmp"存放在shiyan21文件夹中,该数据文件已经根据研究区多数建筑的走向进行了8.7°的旋转,以减少因建筑轮廓与坐标轴方向存在一定夹角而呈现明显的锯齿状。

➤ 步骤2:在ENVI-met中加载鼓楼底图.bmp文件。

首先,点击ENVI-met主界面"ENVI-met V4"—"SPACES"功能菜单,在弹出的窗口中"Select Project"栏下选择"njugulou"工程文件。然后,点击该对话框中的"Open Area Input File"功能按钮,打开我们之前创建并设置好的"njugulou.inx"文件。最后,点击该对话框中的"Digitize"—"Select bitmap",将"鼓楼底图.bmp"导入ENVI-met中,将其作为底图进行研究区模型的概化(图21-25)。

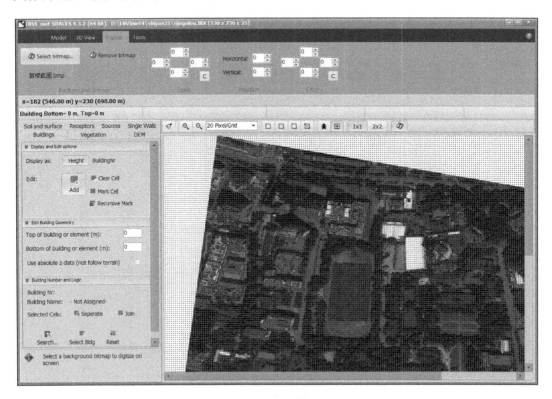

图 21-25 研究区底图的导入

➤ 步骤3:参照导入的工作底图,进行研究区模型的概化与构建。

研究区模型绘制的一般顺序为数字高程模型(DEM)、建筑(Buildings)、下垫面(Soil and surface)、水源、污染源(Sources)、植被(Vegetation)、观测点(Receptors)。

(1) DEM 的绘制

根据研究区的高程数据(例如导入研究区的DEM数据或等高线数据等),绘制研究的DEM。大致操作过程如下:首先,点击图21-25窗口中左侧中上部的"DEM"按钮,在其下方的"Edit Elevation Model"栏下设置要绘制栅格格网的海拔高度,例如设置为15 m(图21-26);然后,在右侧绘图窗口上方的绘图工具中,点击选择"1×1"或"2×2"的格网绘制方式；最后，按住鼠标左键在绘图窗口中进行格网高程数据的绘制，松开左键结束绘制。当我们绘制完成所有高程为 15 m 的格网后，可以重新设置一个海拔高度值，接着进行高程绘制，直到研究区内所有格网都绘制完成为止。如果研究区地形平坦，海拔高程基本相同，我们也可以通过"Tools"—"Apply offset to model"按钮进行研究区高程统一赋值（图 21-27）。如需删除已绘制 DEM，只需将高程值设置为 0，单击鼠标左键覆盖原先绘制的 DEM 格网即可。

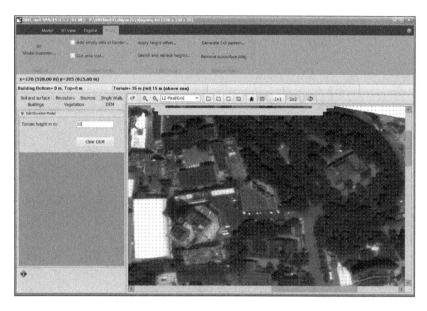

图 21-26　研究区 DEM 模型的绘制

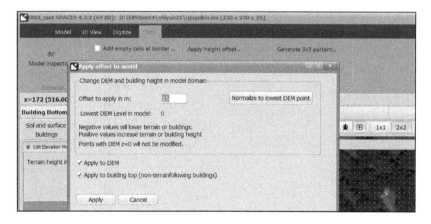

图 21-27　"Apply offset to model"对话框

（2）Buildings 的绘制

首先，根据建筑物的实际高度，在左侧工具栏（图）中设置建筑顶层高度与底层高度；然后，按照大致相同的绘制方式进行研究区建筑的绘制（图 21-28）。

（3）Soil and surface、Sources 和 Vegetation 的绘制

按照大致相同的绘制方式，根据研究区的具体情况，分别进行 Soil and surface、

Sources 和 Vegetation 的绘制。

（4）Receptors 的设置

首先，在工具栏中设定观测站的初始编号 01，并勾选"Auto‐Number new Receptors"复选框（图 21‐29）。然后，在右侧绘图区依次找到观测站点对应的位置并点击鼠标左键创建观测点，直到 6 个观测点输入完毕。最后，将所有设置保存到 njugulou. inx 文件中，以供后续模型模拟时使用。

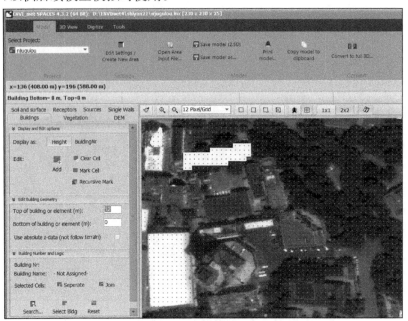

图 21‐28　研究区建筑的绘制

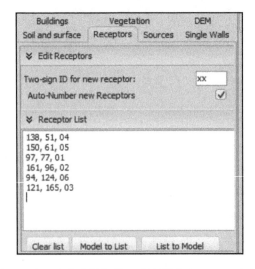

图 21‐29　本实验输入的 6 个观测点（Receptors）坐标

由于绘制底图需要大量时间，本实验已将构建好的 njugulou.inx 数据文件存放到 shiyan21 文件夹中。

21.5.2 模型模拟精度评价

待前面所有的模拟参数设置、模型构建完成之后,我们可以进行现状情景 S0 下的模型模拟,并通过模拟结果与观测站点的实测值进行对比分析,评价模型的模拟精度。具体操作步骤如下。

➤ 步骤 1:加载模拟数据文件(NewSimulationS0.SIM)。

点击 ENVI-met 主界面"ENVI-met V4"—"ENVI-MET(64Bit)"功能菜单,弹出"ENVI-met V4 Default Config"对话框(图 21-30)。在该对话框中的"Select ENVI-met Project"栏下选择我们已经创建好的"njugulou"工程文件;通过点击"Load Simulation"按钮,将前面创建好的模型文件"NewSimulationS0.SIM"加载进来(文件路径为 D:\ENVImet4\shiyan21\)。

➤ 步骤 2:模拟数据文件(NewSimulationS0.SIM)的检验与模型模拟。

点击"Check Simulation"按钮,界面中会显示对模型进行检验的过程,等到检验结束("Check done"),再点击"Run Simulation"按钮,开始运行模型。通常,研究区概化模型越复杂、时间步长设置的越小,ENVI-met 运行时间就会越长,一般模拟耗时在 1~7d。因此,运行过程中千万不要关闭电脑,在运行完成后(显示"Done")才能关机。逐时的模型模拟结果会保存在 shiyan21 中的"shiyan21_output"文件夹中(文件路径为 D:\ENVImet4\shiyan21\njugulou_output),可随时查看。

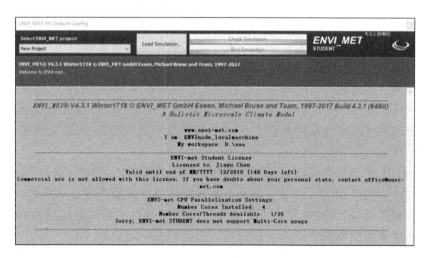

图 21-30 "ENVI-met V4 Default Config"对话框

➤ 步骤 3:模型模拟精度评价。

Fox(1981)建议采用两类指标来定量评价模型的误差:一类是用于衡量预测值(P)与观测值(O)之间的相关程度的相关评价指标(Correlation Measures);另一类是用于衡量 P 与 O 之间的误差的评价指标(Difference Measures)。相关评价指标主要是相关系数(R)和决定系数(R^2),采用实测值和模拟值的线性拟合的方法来评价模型简单方便,拟合曲线的决定系数表征模拟值的拟合程度的优劣,斜率表示模拟值与实测值的变化程度,对于模型模拟来说,斜率越接近于 1 表示模拟效果越好,否则表示模型倾向于高估或低估观测值。误差评价指标主要有平均偏差(Mean Bias Error,MBE)、描述误差分布的均方根误差(Root Mean Square Error,RMSE)、偏差方差、平均绝对偏差(Mean Absolute Error,MAE)。Willmott(1982)对Fox提出的上述指标进行了进一步分析和调整。他认为MBE反映信息有限,MAE与RMSE有其局限性,不能反映相对误差值和误差来源的性质,因而引入了新的评价指标予以解决,分别是一致性指数d(Index of Agreement)(公式21-3)、系统均方差根误差$RMSE_S$(公式21-4)、非系统均方差根误差$RMSE_U$(公式21-5)、由$RMSE_S$和$RMSE_U$组成的RMSE(公式21-6)。对于一个好的模型,其RMSE值应尽可能小,$RMSE_S$值应趋向0,$RMSE_U$值应接近于RMSE。

$$d = \frac{\sum_{i=1}^{N}(P_i - O_i)^2}{\sum_{i=1}^{N}(|P'_i| - |O'_i|)^2} \qquad (公式21-3)$$

$$RMSE_S = \left[N^{-1}\sum_{i=1}^{N}(\hat{P}_i - O_i)^2\right]^{0.5} \qquad (公式21-4)$$

$$RMSE_U = \left[N^{-1}\sum_{i=1}^{N}(P_i - \hat{P}_i)^2\right]^{0.5} \qquad (公式21-5)$$

$$RMSE = \sqrt{RMSE_U^2 + RMSE_S^2} \qquad (公式21-6)$$

其中:P为预测值,O为观测值,N为样本量。

本实验采用这两种方法相结合的方式,用相关性评价指标来衡量模拟值与实测值拟合的程度,用误差评价指标来表征误差的大小及其误差的主要来源。

(1) 1.5 m气温模拟精度评价

首先,点击"njugulou_output"文件夹—"receptors"文件夹,分别将6个测点(receptors)中的"ATM NewSimulation"文件导入到Excel中进行数据的进一步整理。

其次,统计研究区6个实测站点1.5 m大气温度实测值和模型模拟值随时间变化的曲线(图21-31)。

结果表明:①模型模拟的曲线都较为平缓,而实测曲线较为曲折,这与模型模拟是在较为理想的条件下进行有关,而现实情况下微气象环境变化较为复杂;②在1.5 m高度,百年鼎林地、林荫道、草坪和水泥地4个点的气温模拟值与实测值基本吻合,其变化规律基本一致,而灌木和操场两个点的模拟值与实测值存在一定差异。

再次,我们采用相关性评价指标来衡量模拟值与实测值拟合的程度。我们可以在Excel中通过生成函数曲线来进行模拟值与实测值的回归分析,也可以将数据导入SPAW软件中进行回归分析。

模拟值与实测值的线性拟合结果表明,决定系数斜率为0.991 3,$R^2=0.815$,说明模型模拟的结果与实测值拟合优度较好,模拟精度较高(图21-32)。

最后,使用公式21-3~公式21-6计算1.5 m处大气温度模拟值与实测值的误差评价指标($RMSE$、$RMSE_U$、$RMSE_S$、d值),用以表征误差的大小及其误差的主要来源(表21-4)。

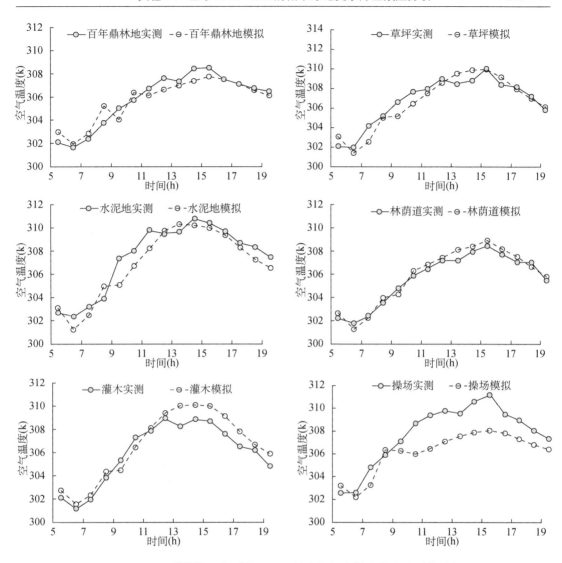

图 21-31 鼓楼校区各测点 1.5 m 处大气温度模拟值和实测值对比

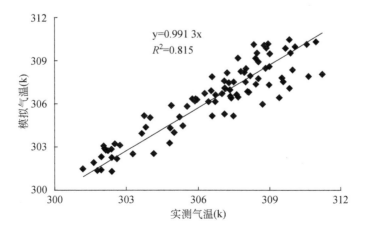

图 21-32 1.5 m 处大气温度实测值与模拟值的线性拟合

结果表明,1.5 m处空气温度的$RMSE_U$值大于$RMSE_S$,说明模型预测误差中主要为非系统误差。其原因可能是:①ENVI-met模型中的地面构造和材料热物理属性参数是根据模型自带设计规范设置,跟实际情况可能存在一定的差异;②模型中树种的LAD(Leaf Area Density)数据也多为模型的默认设置,没有根据实际观测数据进行适当调整。Chow(2011)对ENVI-met 3.1对比验证研究中,近地表空气温度全天的$RMSE$范围介于1.31~1.63 K,d介于0.4~0.57之间。本实验的$RMSE$为1.1 K,一致性指数d为0.95,优于Chow的模拟结果。因而,本实验构建的ENVI-met模型较好地模拟了鼓楼校区的温度场。

表21-4 气温模拟值与实测值之间误差的定量评价

变量	说明	样本数	$RMSE_S$	$RMSE_U$	$RMSE$	d
$T_a(K)$	距地面1.5 m处	90	0.43	1.02	1.10	0.95

(2) 1.5 m相对湿度模拟精度评价

采用大致相同的分析步骤,我们可以得到1.5 m处模型模拟结果与实测值的模拟精度。相对湿度模拟值和实测值的统计分析结果表明,各测站在5:00至10:00与下午16:00至19:00之间两者曲线稳合情况较好,而在中午时段11:00至15:00之间模拟值与实测值之间有一定差距(图21-33);误差评价指标分析结果表明,1.5 m处相对湿度的$RMSE_S$值大于$RMSE_U$,说明模型模拟的误差主要来自系统误差,且在正午高温时段,模型有高估相对湿度的倾向(表21-5)。

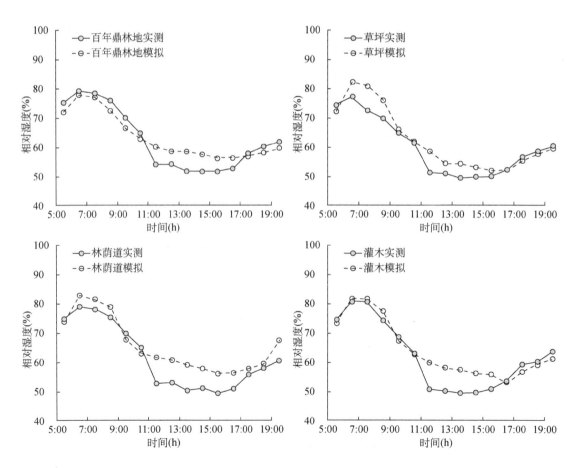

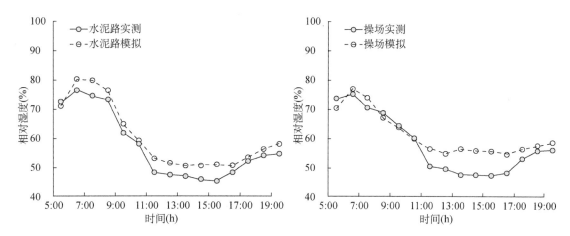

图 21-33 鼓楼校区各测点 1.5 m 处相对湿度模拟值和实测值对比

表 21-5 相对湿度模拟值与实测值之间误差的定量评价

变量	说明	样本数	$RMSE_S$	$RMSE_U$	$RMSE$	d
$q(\%)$	距地面 1.5 m 处	90	6.7	5.07	8.43	0.8

21.6 情景设置与模拟结果分析

21.6.1 情景设置

为了更好地评价绿地空间对城市微气候的影响,设置情景 S1(去除绿地)与情景 S0(现状实际情况)进行两个情景下模型模拟结果的对比分析。

S1 情景下的 ENVI-met 模型构建的过程与现状情景 S0 情景的构建过程基本一致,只需将已经构建好的 S0 情景模型底图中去除校园内的所有植被即可(图 21-34),然后另存为 njugulouS1.inx,其他模型的模拟设置与 S0 完全相同。

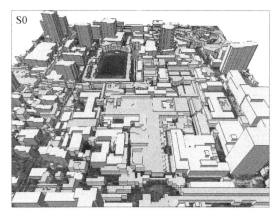
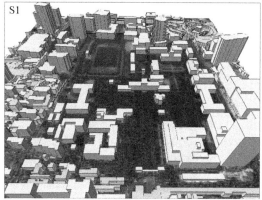

图 21-34 鼓楼校园 3D 效果图:S0—现状,S1—设计情景(去除绿地)

21.6.2 结果分析

1）模型模拟结果的加载与处理

首先,点击 ENVI-met 主界面"ENVI-met V4"—"LEONARDO(64Bit)"功能菜单,弹出"LEONARDO"窗口,进行模拟结果的可视化处理。

其次,在"LEONARDO"窗口中的"DataNavigator"浮动窗口下方点击"Select file"按钮,选择"shiyan21_output"中的"atmosphere",这时"DataNavigator"浮动窗口中会自动加载逐时的模拟结果(图21-35)。

再次,点击"DataNavigator"浮动窗口中的"2D Map"按钮,分别在"Data"栏中选择"Air Temperature" "Relative Humidity""Wind Speed"。

最后,点击"DataNavigator"浮动窗口中右侧最下方的"Extract 2D Map",这时界面中就会加载出相应的模拟结果(图21-36)。如需查看不同时间的模拟结果,直接双击该浮动窗口右侧的时间标识块即可。

打开"LEONARDO"窗口左侧的"Map Table of Content",点击"Map display window",可以选择2D模拟结果的大小范围,点击"Datalayer Legend",可以对模拟结果的图例范围、颜色、样式等进行调整;点击"Speciallayer Settings",可以对图中的建筑和绿化颜色进行调整,设置完毕后在红点处点击鼠标右键激活该功能,并点击"Update"按钮进行设置的更新。最后,点击"Map"—"Save map"按钮,将调整好的结果图进行保存。(图21-37)

图21-35 数据时间选择

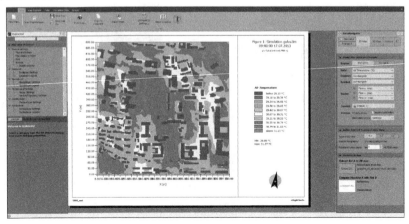

图21-36 LENOARDO软件界面与结果数据显示

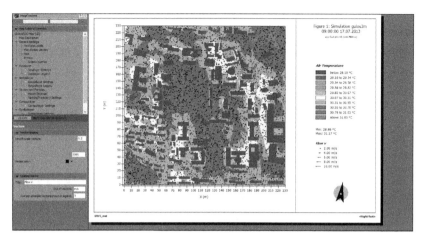

图 21-37　设置风场表示方式

如需将模拟结果数据导出以便使用其他软件进行进一步分析,在 LEONARDO 窗口中点击"Data"—"Export map layer"功能菜单,可将多种数据进行简单的数学运算,原理类似于 ArcGIS 中的"栅格计算器"工具(图 21-38),并可以将数据图层导出为 .xsl 格式。

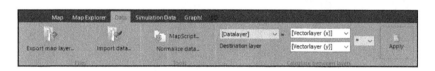

图 21-38　模拟结果数据的二次处理与导出

此外,如需对模拟检测站点的数据进行处理分析,需要通过"文件资源管理器"进入"shiyan21_output"文件夹下的"receptors"文件夹,选择一个站点文件夹点击进入,将最大的文件(后缀名一般为 .1DT)使用 Excel 打开。需要注意的是,打开文件时需要进行分列操作(图 21-39)。

图 21-39　数据的分列设置

2) 风温场特征对比

本实验仅以 9:00 和 12:00 时两个情景下的风温场特征比较为例,进行简要说明。基于 ENVI-met 模型模拟的夏季(7 月 18 日 9:00)南京大学鼓楼校区北园现状与设计情景的风温场(地面1.5 m)数值模拟结果如图21-40所示。图中 *Pot. Temperature* 表示温度，*Flow v* 表示风速。由图21-40a可以看出对鼓楼校区现状模拟的温度场的分布与下垫面覆盖特征具有高度一致性：百年鼎林地以及中大路林荫道，气温较低为304 K左右；北大楼前面草地，温度较高为305.5 K左右；操场及游泳馆门前水泥路最高，为306～307 K。模拟结果跟6个站点的实测气温也几乎相当(表21-6)，因而模型在9:00对现状热环境场进行了很好地模拟。另外，我们也发现建筑的遮阴也具有明显降温作用，如蒙民伟楼西侧(图21-40a)。近地面风场模拟表明北园校区的流入气流主要有3条：校门口、蒙民伟楼与图书馆层峡、平仓巷。其中南门流入气流是主要的流入气流，经林荫道，受到教学楼的阻挡，向东西方向分成两股气流；其中向西的气流与平仓巷汇合，流入操场，经费彝民楼两侧流出校园；另外一股气流，向东与蒙民伟层峡气流汇合，经天津路门口流出。操场由于下垫面升温迅速，气温较高，成为了空气流动的"汇"，而有树木遮阴的区域气温较低，成为空气流动的"源"。

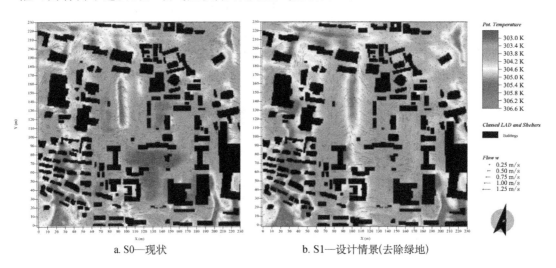

a. S0—现状　　　　　　b. S1—设计情景(去除绿地)

图21-40　上午9:00，1.5 m高度模拟风温场情景

表21-6　9:00现状模拟值与实测值

位置	实测(K)	模拟(K)	差值(K)
百年鼎林地	305.0	304.1	0.9
草坪	306.6	305.2	1.4
水泥路	307.5	306.2	1.3
林荫道	304.9	304.3	0.6
灌木	305.4	304.5	0.9
操场	307.1	306.3	0.8

鼓楼校区设计情景温度场(b图)与现状温度场(a图)相比存在着明显的差异。从图中可以看出，在现状模拟的植被覆盖蓝色低温区被情景模拟的绿色和黄色的较高温度代替，低温区域主要集中于建筑的阴影区域，比如蒙民伟楼、图书馆、西大楼西侧。设计情景模拟的气流的流动方向与现状模拟相比基本没有改变(图21-40b)，但风速有所增加。基于ArcGIS与Excel现状和两种情景温度分布直方图(图21-41)分析表明：由于下垫面的改

变,温度分布的波峰位置向高温方向移动,由原来的 304.2 K 变为 304.6 K,提高了 0.4 K;平均温度由原来的 301.9 K 升高到 305.5 K,升高了3.6 K,但由于下垫面变得均质,热力性质一样,温度分布的标准差较现状有所下降,由原来的0.6 K,降为 0.5 K。校园内风速与现状模拟结果相比,有不同程度的提高,例如,百年鼎林地周围风速增加了约 0.75 m/s,表明树木具有明显的防风效果。

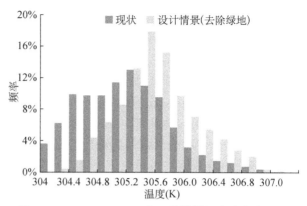

图 21-41　9:00,1.5 m 处两种情景温度分布直方图

为进一步比较替代绿地对近地表水平温度场的影响,对两种情景1.5 m 高度气温进行了作差处理,如图 21-42 结果所示:温度差异主要出现在操场、教学楼前林地以及中大路林荫道。由于去除绿地后,校园内的下垫面趋于均质,且水泥热力性质和操场接近,图 21-40b 中的东南气流相对于西南气流较弱,因此,高温中心向右移动,原高温区域的气温下降了约 0.8 K,现在狭长的高温区域气温较原来提高了 1 K。风速也有所增加,气温升高最多的是西南楼东侧,由于该楼对迎面热气流的阻挡作用,热空气积聚,温度提高了 2 K。百年鼎林地附近平均提高了 1.3 K。

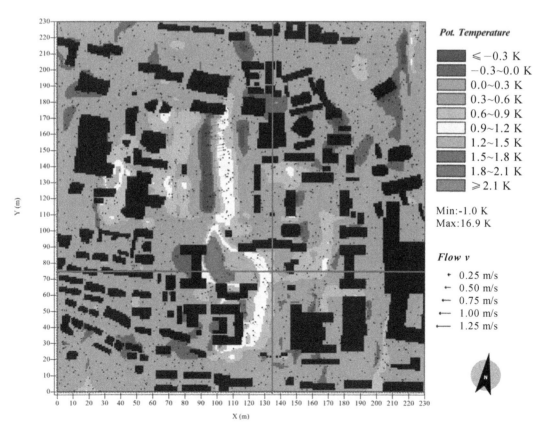

图 21-42　9:00,1.5 m 处现状与设计情景(去除绿地)水平温度、风速矢量差异图

城市中街区层峡的风环境表现为其冠层主导气流驱使下的次级环流的特征。同时，下垫面的改变不但会影响到水平风温场，垂直方向上也会受到影响。因而本书取了两条剖面：沿中大路林荫道南北方向的一条，位于 X 轴 135 标记处；过教学楼百年鼎林地，位于 Y 轴 75 标记处。由图 21-43a 可以看出风场方面由于受到夏季风的影响，主风向为南风，南北方向风向由城市冠层斜吹向地面，气流呈层流的形式。图 21-43b 显示，垂直于主风向的气流则以涡流形式为主，如百年鼎林地上方。西南楼由于下垫面升温快，热流上升，受平仓巷吹来气流的影响，上升热气流向右偏移，而后随着高度升高气温逐渐下降。气流上升导致原来区域气压下降，而城市冠层上层的冷空气下沉，构成垂直循环流。因此，教学楼上方空气温度呈现出上高下低的"逆温"及温度垂直分层现象。图 21-43 中的南北剖面位于图 21-44 东西剖面的 135 标记处，正因为处于顺时针涡流的边缘，因此，风斜吹向地面。去除绿地后，垂直循环流与现状情形相比，地面高温气流的范围有所增大，温度也有所提升。另外，垂直循环流的出现需要地面同时具备相邻的高温区与低温区，如图 21-44 左侧住宅区，由于全部都是高温区，附近没有低温区，上升的热气流没有周围的较冷空气来补充，因此没有产生垂直于主风向的涡流，而西南楼热气流上升，压强下降，有百年鼎林地的压强较高的较冷空气来补充，从而在城市冠层产生了较大范围的涡流。与图 21-44a 相比，图 21-44b 由于下垫面的改变，地—气之间的能量交换更为剧烈。图 21-44a、b 两图位于百年鼎林地上方的涡流不同之处在于，a 图涡流的温度高于上升气流的温度，说明它的能量来源不是下方的西南楼，而是来自于下风向的操场，因空气的粘滞性而产生；图 21-44b 图涡流的能量来源直接来自于下方的不透水面。

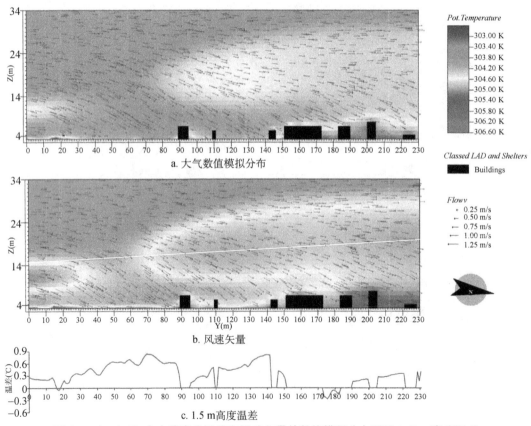

图 21-43 9：00，中大路南北温度和风速矢量的数值模拟分布图及 1.5 m 高度温差

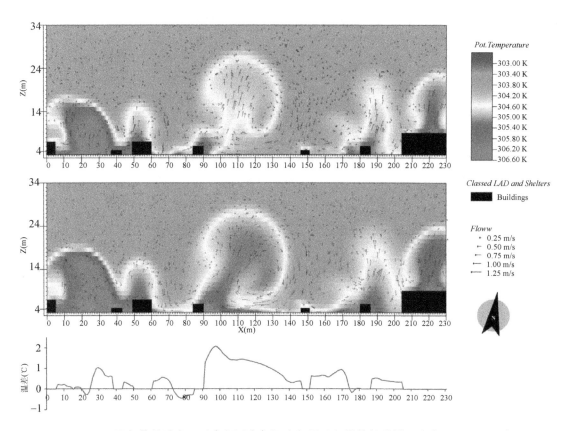

图 21-44　9:00,百年鼎林地东西垂直剖面大气温度与风速矢量的数值模拟分布图及 1.5 m 高度温差

如图 21-45a 所示为 12:00 风温场现状模拟结果,6 个测站模拟与实测值的差异如表 21-7 所示,除操场站点外其余站点差异较小。9:00 操场属于高温区,风场受操场西南和东南两股风向的共同作用。而到中午 12:00 时,操场东南侧较西南气温较高,气压差较小,因此导致东南风风力减弱,较强的西南风将林下的冷湿气流吹向操场,使得操场上的温度场向右偏移,模拟的温度较实测温度低。操场西南角校门处受到地形的影响(高程为 23m,而操场为 19m),水平气流吹来时,会在背风面产生向下的涡流,因此,实际上,风场对操场的温度影响距离并不会太远。由于模型中不能对地形进行定义,模型中按照水平风场进行计算,风场对温度场的影响被夸大。

从以上现状模拟结果可以看出,鼓楼校园区有两处明显的低温区域:一处位于蒙民伟楼南面及西面与图书馆之间的层峡,另一处为百年鼎林地向北一直延伸至操场南侧林荫道。与 9:00 现状模拟结果相比,12:00 现状温度水平分布中产生了两股热流:一条始于教学楼北侧,沿操场东侧,经费彝民楼东侧流出校园;另一条始于校门,沿图书馆西侧,经东南楼、地质楼流出校园。设计情景在去除绿地后,这两条热流呈明显增强的趋势,由于没有绿地的阻隔作用,前一条热流与校门口热流连接在一起,纵贯校园腹地。去除绿地后,整个研究区的平均温度值提高了 0.8 K,如图 21-46 所示,去除绿地前后,温度分布直方图整体向右偏移了近 1 K。百年鼎林地附近升高了 3.3 K,林荫道增加了 1.6 K。下垫面的改变不但使研究区内部温度升高(图 21-47),也使研究区周围的气温升高,如鼓楼公交站点处,由于位于研究区的下风向处,气温提高了近 1 K。

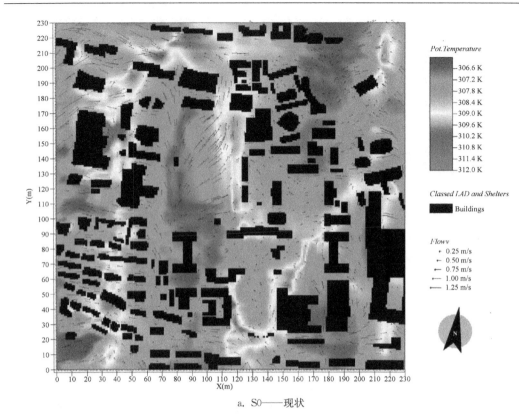

a. S0——现状

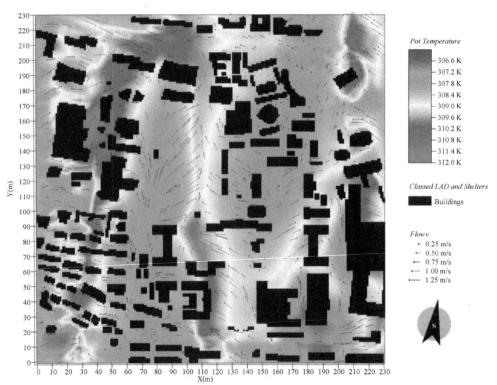

b. S1——设计情景(去除绿地)

图 21-45　12:00, 1.5 m 平面温度场、风场模拟

表 21-7 12:00 现状模拟值与实测值

位置	实测(K)	模拟(K)	差值(K)
百年鼎林地	307.6	306.6	1.0
草坪	309.0	308.6	0.4
水泥地	309.7	309.9	−0.2
林荫道	307.3	307.5	−0.2
灌木	309.0	309.5	−0.5
操场	309.8	307.1	2.7

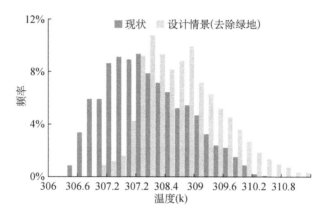

图 21-46 12:00,1.5 m 处现状与设计情景(去除绿地)温度分布直方图

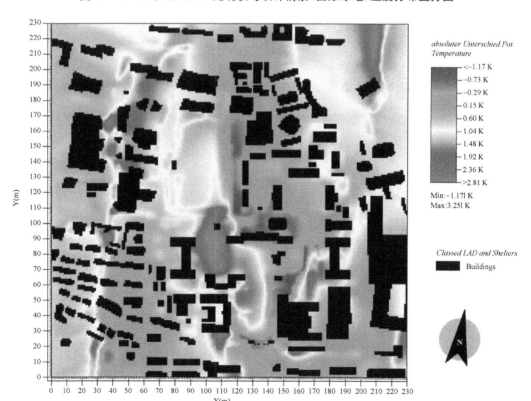

图 21-47 12:00,1.5 m 处现状与设计情景(去除绿地)温差图

如图 21-48 所示，12:00 沿中大路林荫道的南北垂直剖面与 9:00 的南北垂直剖面相比，空气流动还是受到主风向的影响，基本呈现出层流的形式。不同的是 12:00 两种情景空气流动方向出现了分层现象，上层空气流动方向是斜向上吹，而下层的流动方向是斜向下吹，根据 9:00 的结论，可知剖面纵切涡流的中心位置。温度上有所提高，例如，100 m 高度的空气温度升高了近 3 K，此时的城市冠层温度分布变得较为稳定，总体趋势由低向高温度逐渐降低。两种情景之间，替换绿地之前后 100 m 处的大气温度提高了近 0.5 K。去除绿地后，地面红色高温空气的范围明显扩大。

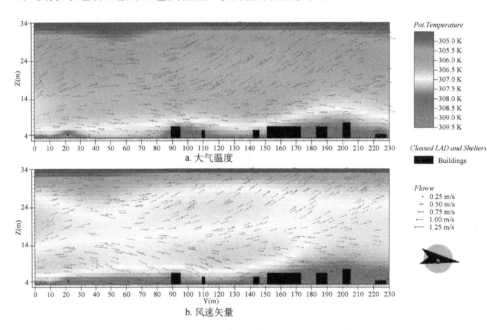

图 21-48　12:00，中大路南北垂直剖面大气温度和风速矢量的数值模拟分布图

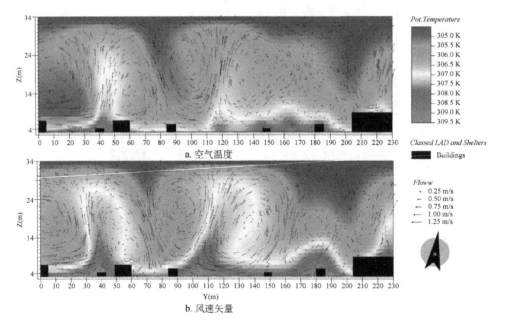

图 21-49　12:00，中大路东西垂直剖面空气温度和风速矢量的数值模拟分布图

大气对太阳短波辐射直接吸收能力比较弱,太阳短波辐射主要直接加热地面,然后地面再自下而上加热大气层。随着太阳高度角的升高,地面接收到的辐射通量密度增大,温度上升,带动上层空气温度升高。温度越高,地—气之间的能量交换越强,相应的涡流活动也越剧烈。与9:00相比,12:00垂直于主风向的大气垂直循环流变得范围更大、活动也更剧烈(图21-49)。

3) 湿度场特征对比

相对湿度是绝对湿度与该温度下最高湿度之比,它的值表示该温度下空气中水蒸气的饱和度。随着温度的升高,空气中可以含的水会增多,在同样的水蒸气的情况下,温度降低,相对湿度就会升高;温度升高,相对湿度就会降低。由第四章相对湿度和大气温度变化特征可知,两者几乎呈现出镜像关系。采用相对湿度来对比两种情景的差异,跟上节中大气温度的对比,有部分重复,因此,我们选用空气比湿来对比下垫面改变对空气湿度的影响。比湿是汽化在空气中的水的质量与湿空气的质量之间的比值。空气比湿和地面蒸发、植被蒸散有直接关系。

由图21-50(*Spec. Humidity* 表示比湿)中可以看出,现状在9:00和12:00两个时段中早上的比湿最强,其次为中午。9:00由于地表温度不是太高,地面蒸发较弱,此时的比湿受风场的影响较强,如操场。12:00,下垫面由于地面温度的升高,地面蒸发、植被的蒸腾作用变强,此时的比湿与下垫面的空间分布具有一致性。教学楼前林地以及中大路

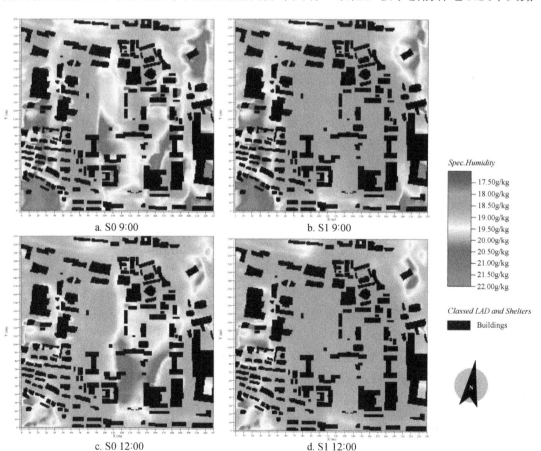

图 21-50 1.5 m 处比湿

林荫道由于树木遮荫及蒸腾作用增强比湿最大在 20.8 g/kg 左右,其次是草地 19.2 g/kg,操场 18.6 g/kg。由于正午近地面空气水汽向上层大气的蒸发量一直大于地面蒸发与植被蒸散量,两者的差值累积变大,此时空气比湿两个时段(9:00,12:00)最低。含量大于去除绿地之后,由于不透水面地面蒸发几乎为零,两个时段内相差不大,都在 18.25 g/kg 左右。

本部分主要基于 ENVI-met 模型对南京大学鼓楼校区的现状和设计情景分布进行了模拟,以阐明绿地对校园热环境场的影响。研究表明:

(1) 风温场对比。在研究区内 1.5 m 高度处,水平风温场模拟结果显示,总共存在 3 条流入气流:校门口、蒙民伟楼与图书馆层峡、平仓巷。其中,校门口流入气流为主要气流,受教学楼的阻挡,向左右分为两条分气流,并分别与另外两条流入气流合并,分别经费彝民楼两侧及天津路门口流出。上午 9:00 南京大学鼓楼校区 1.5 m 处的现状温度场分布与下垫面的空间分布具有高度一致性:教学楼前林地及中大路林荫道属于低温区域,气温为 304 K 左右;北大楼前草地气温稍高,为 305.5 K 左右;操场及游泳馆门前水泥地面等不透水面的温度最高在 306～307 K,3 种地表覆盖类型间的气温差异明显。设计情景在去除绿地后,近地表风场大致没有改变,但风速有所增加,在百年鼎林地附近,风速比现状模拟结果大 0.75 m/s。温度场上发生了较大改变,由于没有林地对高温气流的阻隔作用,林荫道西侧以及操场东侧,形成了贯穿校区的热气流。垂直风温场方面,上午 9:00 两种情景均出现大气垂直分层现象,平行风向方向由于受到主风向的影响,气流呈层流形式,垂直方面受到下垫面热力性质差异,呈涡流形式。两个时间点,两种情景对比显示,去除绿地之后,近地表温度上升,垂直主风向方向湍流变强。

(2) 湿度场对比。上午 9:00,由于地面温度不是太高,地面蒸发不是太强烈,此时,湿度场受下垫面及风场的影响。操场虽为不透水面,但由于空气流动将林下较湿空气吹来,操场上空空气也保持着较高的含湿量。而到中午 12:00,地面蒸发加强,此时的空气含湿量空间分布与地表覆盖类型分布较为一致,有树荫区域由于树木蒸腾加湿以及遮荫防蒸发的作用,含湿量高,而操场含湿量低约 2 g/kg。去除绿地之后,整个研究区成为了"干岛",且两个时间点间的含湿量几乎一样,表明绿地增湿效果明显。

21.7 实验总结

本实验基于定点观测的微气象数据模拟绿地对夏季微气候的影响,结果表明:校园内不同下垫面观测点气温差异显著,水泥路全天均温比草坪高 0.9 ℃,最大温差 1.8 ℃,而比遮荫状况良好的林荫道和百年鼎林地平均大气温度高出 2.4 ℃。各测站全天湿度均呈单谷型曲线,在下午 15:00～17:00 左右达到最低值。林下空气(林荫道与百年鼎林地)全天湿度曲线接近,比水泥地面高 5%,表明树木对林下空气有明显的增湿作用。风速在不同下垫面也表现出明显差异,空旷地带大于植被覆盖区域,说明植被对风速有一定的减缓作用。

通过本实验掌握 ENVI-met 模型构建的基本操作流程,熟悉基于该模型模拟城市绿地对夏季微气候影响的总体思路与框架,能够识别绿地布局对热环境的影响,提出更科学的绿地景观布局模式和规划思路。

具体内容见表 21-8。

表 21-8 本次实验主要内容一览

内容框架	具体内容	页码
ENVI-met 模型安装	ENVI-met 模型安装	P619
气象观测站点设置与数据获取	气象观测站点设置与数据获取	P620
模型参数设置	（1）初始参数设置	P622
	（2）模型模拟参数设置	P624
ENVI-met 模型构建与模拟精度评价	（1）ENVI-met 模型构建	P633
	（2）模型模拟精度评价	P637
情景设置与模拟结果分析	（1）情景设置	P641
	（2）结果分析	P642

第五篇
城市与区域用地空间布局分析

"Towns must cease to spread like expanding inkspots and grease stains: once in true development, they will repeat the star-like opening of the flower, with green leaves set in alternation with its golden rays"——Patrick Geddes,1915,《Cities in Evolution》

"城市必须不再像墨迹、油渍那样蔓延,一旦发展,他们要像花儿那样呈星状开放,在金色的光芒间交替着绿叶。"——帕特里克·格迪斯,《进化中的城市》

改革开放以来,我国经历了快速的城镇化进程。快速城镇化带来的城镇建设用地空间快速扩展以及自然生态空间大幅缩减已经成为现在乃至将来一段时期我国土地利用变化的主要特征,必将给我国的资源与环境带来前所未有的巨大压力与挑战,对区域生态安全与可持续发展也将产生深远影响。

在未来很长一段时间内,城镇化将仍是我国提升空间品质、实现经济稳健发展的重要推动力。注重社会、空间、经济各因素合理共生的新型城镇化理应成为城乡空间转换与重塑的必由之路。因而,在我国城镇化的关键时期,科学预测快速城镇化背景下的土地利用时空演变过程,揭示不同情景条件下的土地利用动态变化趋势,对制定合理的土地利用优化决策,引导城市与区域空间合理布局和人与环境关系和谐发展具有重要意义。

本篇主要介绍城市与区域用地空间布局分析的相关内容与方法,主要包括基于潜力约束模型的建设用地适宜性评价、基于SLEUTH模型的城市建设用地空间扩展模拟2个实验。

实验22:基于潜力约束模型的建设用地适宜性评价
实验23:基于SLEUTH模型的城市建设用地空间扩展模拟

实验 22　基于潜力约束模型的建设用地适宜性评价

22.1　实验目的与实验准备

22.1.1　实验目的

区域建设用地适宜性评价是区域规划空间布局的重要前提和基础,是区域土地资源合理利用的重要依据。通过本实验掌握基于潜力约束模型的建设用地适宜性评价的研究思路与技术路线,并能够熟练掌握主要 GIS 工具的组合使用技巧。

具体内容见表 22-1。

表 22-1　本次实验主要内容一览

内容框架	具体内容
建设用地发展潜力评价	(1) 区域各县市综合实力评价
	(2) 区域经济增长引擎择定
	(3) 区域交通可达性分析
	(4) 区域空间发展潜力分析
区域发展约束力分析	基于生态环境敏感性分析的区域发展约束力分析
建设用地适宜性评价	(1) 生态优先,兼顾发展;高生态安全格局
	(2) 发展为主,生态底线;低生态安全格局
	(3) 生态与经济发展并重;中生态安全格局

22.1.2　实验准备

(1) 计算机已经预装了 ArcGIS 10.1 中文桌面版或更高版本的软件。

(2) 本实验的规划研究区为河北省冀中南区域,请将实验数据 shiyan22 文件夹存放的 D:\data\ 目录下。

22.2　建设用地发展潜力评价

建设用地发展潜力评价是宏观识别城镇用地发展方向与规模的重要依据。通常,影响空间中某一地块发展潜力(由非建设用地转变为建设用地)的主要因子有距离最近增长极的强弱、距离增长极的远近。也就是说,建设用地发展潜力的主要指针有两个:一是,动力源的强弱;二是,距离动力源的远近。增长极的强弱可以用其综合发展实力加以相对衡量与评价,而距离增长极的远近则可利用 GIS 通过基于路网的可达性分析来获取。

22.2.1 区域各县市综合实力评价

区域综合实力是一个地区与国内其他地区在竞争某些相同资源时所表现出来的综合经济实力的强弱程度,它体现在区域所拥有的区位、资金、人口、科技、基础设施、资源支持等多个方面。

本例基于科学性、全面性、可操作性、数据可获得性等原则,从经济发展、基础设施和人民生活 3 个方面,选取 19 项指标因子构建了综合实力评价指标体系,并采用主成分分析法,加权求和得到冀中南各县市区的综合实力(参见实验 9 的相关内容)。

22.2.2 区域经济增长引擎择定

根据区域综合实力评价结果,结合近年来各县市建设用地增长情况,并充分考虑区域发展政策方面的重要影响,选取石家庄主城区、正定建成区、鹿泉建成区、藁城建成区、栾城建成区、邯郸主城区、冀南新区、邢台建成区、衡水建成区,以及各县城建成区作为未来区域经济增长的发展引擎(区域发展引擎的面要素文件为"动力源.shp")(图 22-1)。

但由于增长极的强弱会直接影响到周边用地的发展潜力,因此根据综合实力评价结果和未来区域发展政策,综合确定了每一个发展引擎的"功率"大小(该值存放在面要素文件"动力源.shp"的"gonglv"字段中)。

一级动力引擎:石家庄主城区(100)、邯郸主城区(80),为未来区域发展的核心动力源。

二级动力引擎:邢台建成区(60)、衡水建成区(60)、正定建成区(60)、鹿泉建成区(60)、藁城建成区(60)、栾城建成区(60)、冀南新区(60),为区域未来的战略性新兴动力源。

三级动力引擎:综合实力值高于 30 的县城(30),为县域经济发展的动力源。

四级动力引擎:其他县城(10),为县域经济社会发展的生活服务中心。

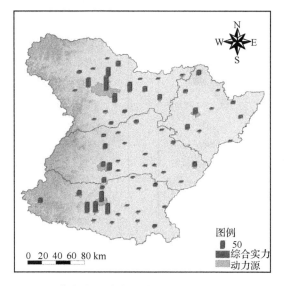

图 22-1 冀中南区域发展动力源及其综合实力分析图

22.2.3 区域交通可达性分析

交通可达性的测度综合了规划区内铁路、高速、国道、省道、河流以及地形坡度、起伏度等因子,采用 ArcGIS 空间分析中的成本距离方法(Cost Distance),进行不同等级增长引擎的空间可达性计算,获得不同等级城市的通勤圈范围(图 22-2~图 22-7)。具体过程参见实验 10 第二节中可达性分析内容,铁路、高速、国道、省道、河流以及地形坡度、起伏度等因子的"cost"值与实验 10 中的基本一致。

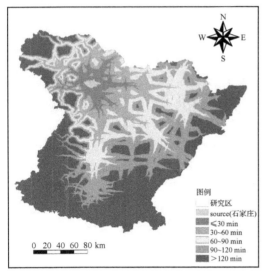

图 22-2 石家庄交通可达性图

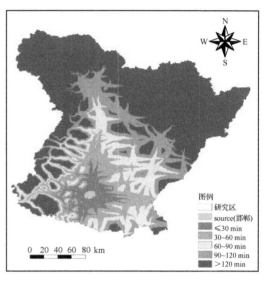

图 22-3 邯郸交通可达性图

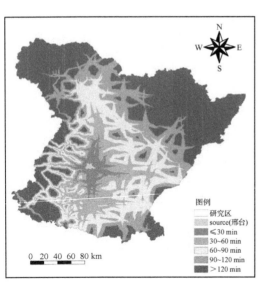

图 22-4 邢台交通可达性图

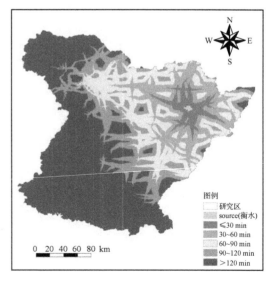

图 22-5 衡水交通可达性图

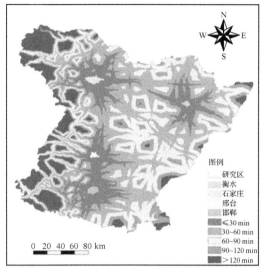

图 22-6 四个地市交通可达性总图

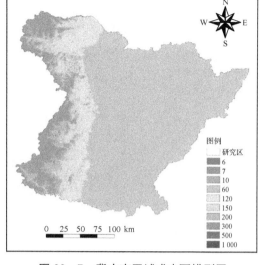

图 22-7 冀中南区域成本面模型图

由可达性的结果可知以下方面:①主要城市交通可达性多数在 2 h 左右,交通较为便捷。石家庄、邯郸、邢台、衡水 4 市的综合交通可达性均在 2 h 以内,交通可达性水平总体上较优;邯郸、邢台两城市之间可达性更为便捷,交通可达性约在 30 min 左右;石家庄主城与正定、鹿泉、藁城、栾城之间,邯郸主城与冀南新区之间,邢台主城与南和、任县、沙河、内丘、皇寺等县城之间,衡水主城与冀州之间均在 30 min 可达范围内。②总体上呈点轴形态,石邯、石衡轴线的可达性水平明显高于其他区域。③因地形影响,交通便捷程度东高西低。

22.2.4 区域空间发展潜力分析

首先,构建空间中任一栅格单元发展潜力的区域栅格化模型。

基于区域综合实力评价与交通可达性分析结果,以及用地发展潜力主要影响因素的分析,构建空间某一栅格单元发展潜力的计算公式:$P_i = I_i / \mathrm{Ln}(A_i^2)$。

其中,P_i 为空间中某县市的发展潜力;I_i 为某县市的社会经济综合实力标准化值;A_i 为某县市的空间可达性水平(以时间来衡量,单位为 min)。

然后,基于构建的空间某一栅格单元发展潜力公式对不同等级增长引擎引领下的区域空间发展潜力进行评价。

本实验仅以一级动力引擎石家庄主城区(100)和邯郸主城区(80)为例加以演示说明,其他等级动力源的计算过程基本一致(如果一类动力源的动力值相同,则可以一起进行空间发展潜力的分析,不需要分开计算后再镶嵌在一起)。

首先,从"动力源.shp"中将"gonglv"字段值为 100 的多边形(石家庄市主城区)提取出来,另存为"Shijiazhuang.shp"文件。

其次,使用"Spatial Analyst 工具"—"距离分析"—"成本距离"工具进行可达性的计算(图 22-8),得到石家庄市区的累积成本距离栅格文件"shijiazhuang.shp"文件作为可达性分析的源,成本面数据使用"costsurface.img"文件。

再次,点击"Spatial Analyst 工具"—"地图代数"—"栅格计算器"工具,弹出"栅格计算器"对话框(图 22-9),输入栅格计算的函数表达式"100/Ln((5+"shjzhacc"/10000)*(5+"shjzhacc"/10000))",进行栅格计算,得到以石家庄市区为动力源的区域空间发展潜力栅格数据(shijiazhuang)(图 22-10)。由于这里是以石家庄主城区多边形作为源,靠近源附近可能有些区域的可达性时间小于自然对数值,这时取对数后会出现负值,因而在原始可达时间的基础上加了 5 min。

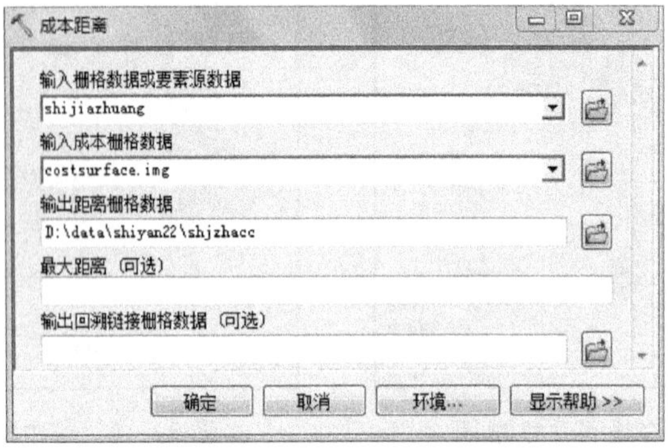

图 22-8 "成本距离"对话框

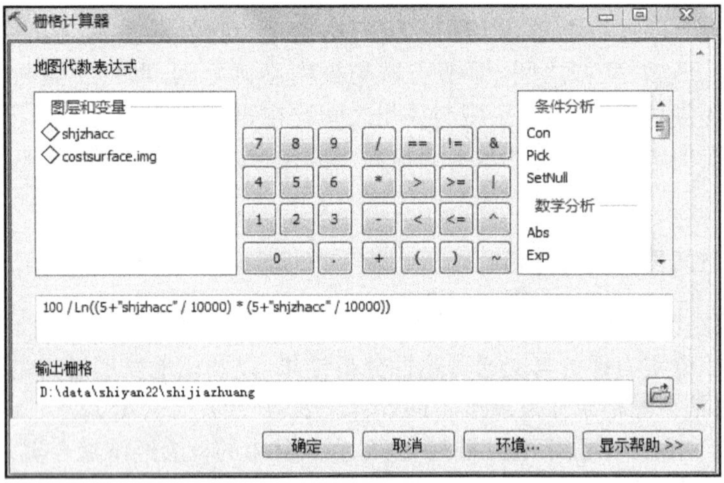

图 22-9 "栅格计算器"对话框

最后,使用上面同样的方法,得到以邯郸市区为动力源的区域空间发展潜力栅格数据;使用"镶嵌至新栅格"工具按照取最大值的方法将上述两个区域空间发展潜力栅格数据进行镶嵌,得到一级动力源的区域空间发展潜力栅格数据。

采用同样方法,可以得到不同等级动力源的区域空间发展潜力栅格数据;使用"镶嵌至新栅格"工具按照取最大值的方法将所有等级动力源的区域空间发展潜力栅格数据进行镶嵌,得到总的区域空间发展潜力栅格数据;使用"重分类"工具,按照发展潜力值的大小将其划分为 5 类(极高发展潜力、高发展潜力、中发展潜力、低发展潜力、极低发展潜力,栅格文件名称为 qianlireclass),得到规划研究区总体发展潜力分析结果(图 22-11)。

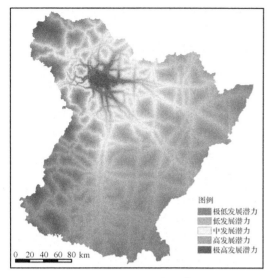 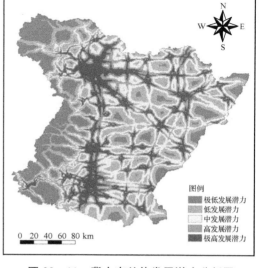

图 22-10 石家庄空间发展潜力分析图　　　图 22-11 冀中南总体发展潜力分析图

由发展潜力分析结果可见,规划研究区点轴发展的模式更为明显,最为重要的发展轴线为石邯发展轴线,由石家庄、邯郸、邢台3个重要的发展动力中心带动;其次为石衡发展轴线,由石家庄和衡水两个发展中心带动;另外石济(石家庄—济南)发展轴线也较为明显,但石家庄目前在这一轴线的带动作用尚感不足,与石邯、石衡轴线相比较弱。重要的战略性成长空间主要分布在石家庄及其外围四县组成的石家庄都市圈区域,并有可能向东连接晋州、辛集,甚至延伸到衡水(石衡发展轴),邯-邢城镇集聚发展区。由此可见,规划区未来较长一段时间内城镇成长的空间应相对集中在主要增长极核和重点发展轴线的培育上,以最大地发挥核心城市的辐射带动作用。

22.3　区域发展约束力分析

区域发展约束条件具有多样性,包括生态环境约束、资源约束、资金约束、制度约束等,其中最重要、最基本的是生态环境约束。因此,基于生态环境敏感性分析方法对研究区生态环境约束进行定量分析与评价。生态环境敏感性分析的关键步骤是确定研究区的主要生态敏感性因子和因子叠置方法,本实验考虑数据可获得性,选取了6个因子(具体内容与操作步骤参见实验15)。

另外,不同的因子叠置方法的分析结果亦有所差异,加权求和方法被很多学者采用,但加权求和法在生态环境因子多为非限制性因子时使用较为合适,而当生态环境因子多为限制性因子时,极值法更能准确地表征生态环境敏感性等级。本实验采用极值法得到总的生态环境敏感性分区,用以表征研究区未来用地发展的生态约束性(参见实验15中的相关内容)。

22.4　建设用地适宜性评价

用地适宜性是对区域经济社会、资源环境、交通以及自然属性的综合评价结果,是对自然生态保护与经济发展双重目标的综合权衡,而分级权衡的结果很大程度上决定了当地的用地适宜性方案与生态安全格局。

用地适宜性评价的目的在于:①确定规划研究区建设用地所占的比例,提高土地管理精度;②对规划期内可作为建设用地的土地进行分等定级,以确定城市延展方向;③为建设用地和工业用地的选址提供最优区位。

空间上某一地块未来发展成为建设用地的关键因素取决于该地块发展的潜力(拉力、社会经济收益)与发展约束条件(阻力、生态环境损失)的综合影响。生态环境敏感性分析是对一个地区发展限制性条件的基本判断和空间分布的定量评价,各市区县的综合实力以及交通可达性程度是支撑一个地区发展的重要潜力因子。

因此,基于前面的实验结果,借鉴损益分析法(Cost-benefit Analysis),构建由发展潜力和生态敏感性构成的潜力约束模型,通过对土地发展有积极影响的潜力因子和有消极影响的约束因子进行综合分析,通过相互作用判别矩阵(可融入区域发展理念与价值取向的判别矩阵为评判潜力、约束综合影响、进行多情景方案分析提供了非常简单有效的途径),识别建设用地适宜性的等级,并根据发展理念的差异,确定了3种不同的发展情景(情景1:生态优先,兼顾发展——高生态安全格局;情景2:发展为主,生态底线——低生态安全格局;情景3:生态与经济发展并重——中生态安全格局),进而得到3种情景下的用地适宜性方案。基于潜力约束模型的用地适宜性多情景分析能够较为科学地刻画研究区未来用地的发展趋势和空间布局,为城市与区域规划提供科学依据,是实现区域"精明的增长"与"精明的保护"的有效途径。

其具体操作步骤为:

首先,在 ArcMap 中加载用地发展潜力(qianlireclass)和敏感性(minganxing)分析结果栅格数据(分别用 1、3、5、7、9 代表发展潜力或敏感性等级值)。

然后,使用"Spatial Analyst 工具"—"地图代数"—"栅格计算器"工具进行两个栅格数据的计算(图 22 - 12),输入栅格计算的函数表达式""qianlireclass" * 10 + "minganxing.img"",进行栅格计算,得到新的栅格数据文件"shiyixing"(图 22 - 13)。

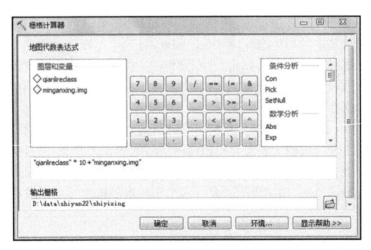

图 22 - 12 "栅格计算器"对话框

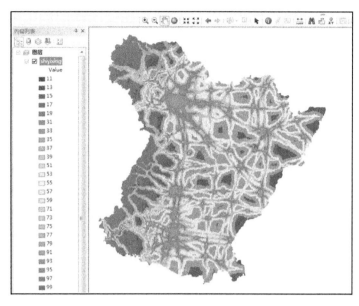

图 22-13　使用栅格计算器得到的适宜性栅格数据

最后,使用"重分类"工具,根据判别矩阵分别进行重新赋值,得到不同情景下的用地发展适宜性等级结果。例如,情景 1 高生态安全格局下的矩阵中极低发展潜力一行分别对应的"shiyixing"文件中的数值为 11、13、15、17、19,按照判别矩阵重分类时分别对应的新值为 3、1、1、1、1 即可;同理,低发展潜力一行分别对应的"shiyixing"文件中的数值为 31、33、35、37、39,按照判别矩阵重分类时分别对应的新值为 3、3、1、1、1 即可。以此类推,得到情景 1 高生态安全格局下的适宜性等级分类结果(图 22-14)。

采用同样的方法,可以得到情景 2 和情景 3 的适宜性等级分类结果。通常适宜性结果较为破碎,可以使用 ERDAS 中的"去除分析(Eliminate)"工具,将面积很小的斑块合并(参见实验 5 第二节中的"分类后处理"部分)。

图 22-14　使用重分类工具对情景 1 下的适宜性进行重新赋值

22.4.1 生态优先,兼顾发展:高生态安全格局

在"生态优先,兼顾发展"理念的指导下,生态敏感性等级对规划区未来用地适宜性具有重要影响。规划区高适宜性成长空间主要为极高和高发展潜力与极低和低生态敏感性叠合的区域,而中适宜性主要为高发展潜力而中生态敏感性的区域,以及中发展潜力而极低和低生态敏感性的区域;而用地适宜性低的区域主要为高敏感性的区域和低潜力的区域。

该方案判别矩阵凸显生态敏感性的地位和作用(表22-2),充分考虑了生态环境的约束,属于高生态安全格局下的城镇用地适宜性方案。在该方案中,适宜性低的用地空间(极低适宜性和低适宜性)相对较大(超过80%);适宜性高的用地空间(极高发展潜力区与高发展潜力区)相对较小(不足9%),总面积约为4 200 km²,基本能够满足未来发展的用地需求,且用地空间相对紧凑、集约,利于生态保护(表22-3、图22-15)。

表22-2 情景1:高生态安全格局下的建设用地适宜性分析判别矩阵

高生态安全格局	极低生态敏感性	低生态敏感性	中生态敏感性	高生态敏感性	极高生态敏感性
极低发展潜力	3	1	1	1	1
低发展潜力	3	3	1	1	1
中发展潜力	5	3	3	3	1
高发展潜力	7	7	3	3	1
极高发展潜力	9	9	5	3	1

注:9、7、5、3、1分别代表极高适宜性、高适宜性、中适宜性、低适宜性和极低适宜性。

表22-3 冀中南区域高生态安全格局下用地适宜性分类统计表

敏感性等级	面积(km²)	百分比(%)
极低适宜性	20 535.07	43.31
低适宜性	17 911.02	37.78
中适宜性	4 765.47	10.05
高适宜性	1 457.55	3.08
极高适宜性	2 740.03	5.78

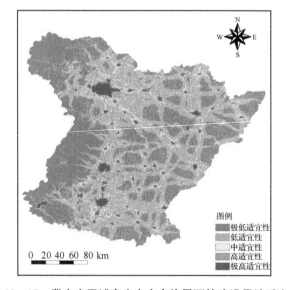

图22-15 冀中南区域高生态安全格局下的建设用地适宜性

22.4.2 发展为主,生态底线:低生态安全格局

在"发展为主,生态底线"的理念指导下,发展潜力等级对规划区未来用地适宜性具有重要影响,而生态往往是作为发展的底线加以控制与保护。规划区高适宜性成长空间主要为中发展潜力以上的区域与敏感性等级中以下的区域;而用地适宜性低的区域主要为高敏感性的区域。

该方案判别矩阵凸显发展潜力的地位和作用(表 22-4),生态敏感性仅作为限制性因子,起划清生态底线的作用,属于低生态安全格局下的城镇用地适宜性方案。在该方案中,适宜性低的用地空间约占 50%;适宜性高的用地空间接近区域面积的 30%,总面积约为 14 200 km²,城镇未来发展空间较大,用地很不集约,存在蔓延式发展的可能(表 22-5、图 22-16)。

表 22-4 情景 2:低生态安全格局下的建设用地适宜性分析判别矩阵

低生态安全格局	极低生态敏感性	低生态敏感性	中生态敏感性	高生态敏感性	极高生态敏感性
极低发展潜力	3	3	1	1	1
低发展潜力	3	3	3	1	1
中发展潜力	7	7	5	3	1
高发展潜力	9	9	7	3	1
极高发展潜力	9	9	9	5	1

表 22-5 冀中南区域低生态安全格局下用地适宜性分类统计表

敏感性等级	面积(km²)	百分比(%)
极低适宜性	13 270.26	27.99
低适宜性	11 274.83	23.78
中适宜性	8 664.10	18.28
高适宜性	5 235.37	11.05
极高适宜性	8 964.58	18.91

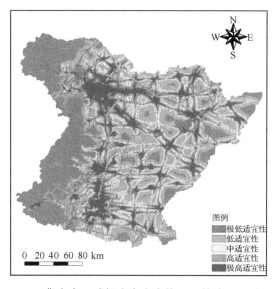

图 22-16 冀中南区域低生态安全格局下的建设用地适宜性

22.4.3 生态与经济发展并重：中生态安全格局

在社会经济发展与生态环境并重的理念指导下，发展潜力等级与生态敏感性等级均对规划区未来用地适宜性具有重要影响。规划区高适宜性成长空间主要为中发展潜力以上的区域且敏感性等级中以下的区域；用地适宜性低的区域主要为低发展潜力和高敏感性的区域。

该方案判别矩阵凸显发展潜力与生态敏感性的高水平融合(表 22-6)，属于中生态安全格局下的城镇用地适宜性方案，常作为推荐方案。在该方案中，各级适宜性的空间用地大小均匀适中，有一定的建设用地集聚集约要求，但用地制约幅度尚能基本满足城乡建设发展需要，符合紧凑城市建设要求，且利于生态保护。适宜性低的用地空间约占70%；适宜性高的用地空间约占18%，能够满足未来城镇发展的空间需求(表 22-7、图 22-17)。

表 22-6　情景 3：中生态安全格局下的用地适宜性分析判别矩阵

中生态安全格局	极低生态敏感性	低生态敏感性	中生态敏感性	高生态敏感性	极高生态敏感性
极低发展潜力	3	3	1	1	1
低发展潜力	3	3	3	1	1
中发展潜力	5	5	3	3	1
高发展潜力	9	7	5	3	1
极高发展潜力	9	9	7	3	1

表 22-7　冀中南区域中生态安全格局下用地适宜性分类统计表

敏感性等级	面积(km^2)	百分比(%)
极低适宜性	13 314.99	28.09
低适宜性	20 136.83	42.47
中适宜性	5 264.70	11.10
高适宜性	5 148.69	10.86
极高适宜性	3 543.93	7.48

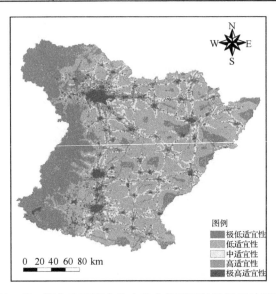

图 22-17　冀中南区域中生态安全格局下的建设用地适宜性

22.5 实验总结

本实验以冀中南区域为例,基于 ArcGIS 软件平台,采用区域综合实力与空间可达性分析方法对研究区发展潜力进行了空间定量分析,采用生态环境敏感性方法对研究区发展的生态约束进行了定量评价,并借鉴损益分析法,构建了由发展潜力和生态约束构成的潜力约束模型,并通过相互作用判别矩阵,得到 3 个不同发展理念下的建设用地适宜性情景方案。潜力—约束模型重新构建了区域用地发展适宜性的评判原则与方法,能够较为科学地实现区域综合发展潜力的空间栅格化,获取研究区未来用地的发展趋势和空间布局,从而能够为城市与区域规划提供科学依据,是实现区域"精明的增长"与"精明的保护"的有效途径。

区域建设用地适宜性评价是区域规划空间布局的重要前提和基础,是区域土地资源合理利用的重要依据。通过本实验掌握基于潜力约束模型的建设用地适宜性评价的研究思路与技术路线,并能够熟练掌握主要 GIS 工具的组合使用技巧。

具体内容见表 22-8。

表 22-8 本次实验主要内容一览

内容框架	具体内容	页码
建设用地发展潜力评价	(1) 区域各县市综合实力评价	P657
	(2) 区域经济增长引擎择定	P657
	(3) 区域交通可达性分析	P658
	(4) 区域空间发展潜力分析	P659
区域发展约束力分析	基于生态环境敏感性分析的区域发展约束力分析	P661
建设用地适宜性评价	(1) 生态优先,兼顾发展:高生态安全格局	P664
	(2) 发展为主,生态底线:低生态安全格局	P665
	(3) 生态与经济发展并重:中生态安全格局	P666

实验 23　基于 SLEUTH 模型的城市建设用地空间扩展模拟

23.1　实验目的与实验准备

23.1.1　实验目的

中国城市人口的快速增长与建设用地的迅速扩展，必将导致自然生态空间向城市空间快速转换，这给资源与环境带来了巨大挑战，对城市与区域的生态安全造成了严重威胁。土地利用动态变化模型能够分析、预测土地利用动态变化过程，更好地理解和解释土地利用动态变化的原因，帮助城市土地管理者分析不同情景下土地利用的变化特征及其影响，为制定切实有效的土地开发利用政策提供科学支撑和决策支持。通过本实验掌握基于 SLEUTH 模型的城市建设用地空间扩展模拟的总体思路与框架，并能够掌握 GIS 与 SLEUTH 模型松散耦合的操作流程与技术路线。

具体内容见表 23-1。

表 23-1　本次实验主要内容一览

内容框架	具体内容
运行环境设置与模型调试	（1）运行环境设置
	（2）模型测试
数据准备与模型校正	（1）输入数据准备
	（2）模型参数校正
	（3）模拟精度评价
情景设置与模型模拟	（1）情景设置
	（2）模型模拟
	（3）结果分析

23.1.2　实验准备

（1）计算机已经预装了 ArcGIS 10.1 中文桌面版或更高版本的软件，并预装了 SLEUTH 模型运行环境所需要的程序 Cygwin（详细安装过程参见 23.2 部分）。

（2）本实验的规划研究区为济南市绕城高速公路以内的区域，请将实验数据 shiyan23 文件夹存放在 D:\data\目录下。

23.2　运行环境设置与模型调试

23.2.1　运行环境设置

SLEUTH 模型需要在 Linux 系统中运行。Cygwin 是一个在 Windows 平台上安装运行的类 Linux 模拟环境。本实验在预装 Cygwin 的 Windows 系统中,通过"命令提示符"窗口输入命令语句的方法实现 SLEUTH 模型的运行。

1) Cygwin 程序安装

➢ 步骤1:登录 Cygwin 官方网站,下载安装文件。

登录 http://www.cygwin.com/网站,选择适合自己电脑配置的 Cygwin 软件安装文件,并下载到本地磁盘中,本例下载 32 位的安装软件。

➢ 步骤2:安装 Cygwin 程序。

双击安装包文件,进行 Cygwin 程序的安装,本实验选择安装在 C 盘目录下。在"Select Packages"对话框中,可以通过点击窗口中的"View"按钮来修改窗口中列表的显示方式(图 23-1)。然后,选择需要下载安装的组件包,为了使安装的 Cygwin 能够编译程序,需要安装 gcc 编译器(默认情况下,gcc 并不会被安装,需要选中它来进行安装)。用鼠标点开组件列表中的"Devel Default"分支,在该分支下,有很多组件,在"Package"栏下找到"gcc-g++"选项,并点击这一行的"New"栏下的循环按钮进行切换,会出现组建的版本日期,选择最新的版本进行安装,通过"Bin"栏下的选择按钮选择安装该组件的可执行文件即可;采用同样方式选择"gcc-core"选项(图 23-2)。"Bin"选项是安装可执行文件,"Src"选项是源代码,本实验只需要安装可执行文件即可,所以仅选择程序的"Bin"选项进行安装。最后,继续进行 Cygwin 程序的安装,直到所选择的组件安装完成。

图 23-1 Cygwin 程序安装过程中的"Select Packages"对话框

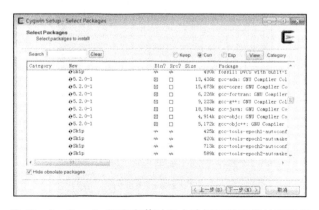

图 23-2 Cygwin 程序安装过程中选择下载安装的组件包

2) SLEUTH 模型程序的安装

Cygwin 程序安装完成后,首先将 C:\cygwin\bin\ 目录下的 cygwin1.dll 文件复制粘贴到 C:\windows\ 目录下。然后,使用记事本打开 C:\cygwin\ 目录下的 Cygwin.bat 文件,增加语句后保存(图 23-3)。最后,将光盘中的 data\shiyan23\ 目录下的 SLEUTH 文件夹(版本为 3.0 beta)复制粘贴到 C:\cygwin\bin\ 目录下,并修改文件名称为"s"。这样 SLEUTH 程序就能够在 Cygwin 程序构建的类 Linux 环境下运行了。

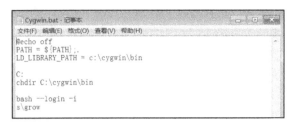

图 23-3　Cygwin.bat 程序语句的修改

23.2.2　模型测试

使用 SLEUTH 模型中自带的 TEST 程序模块来检验程序安装和运行是否正常。本实验使用"命令提示符"窗口来进行软件测试。

首先,在 Windows 系统下启动"命令提示符"窗口(快捷键 win+R,输入 cmd.exe,按回车键确认),输入命令行"cd C:\cygwin\bin\s\scenarios"进入 scenarios 目录下(图 23-4)。然后,输入命令行"..\grow test scenario.demo200_test"启动 test 测试程序,检验 SLEUTH 模型是否能够正常运转(图 23-5)。最后,可以到 C:\cygwin\bin\s\output\demo200_test 目录下查看测试结果(我们也可以用记事本打开 test 模块的文件来修改运行结果文件的保存目录)。

图 23-4　SLEUTH 程序的测试过程(test 模块)

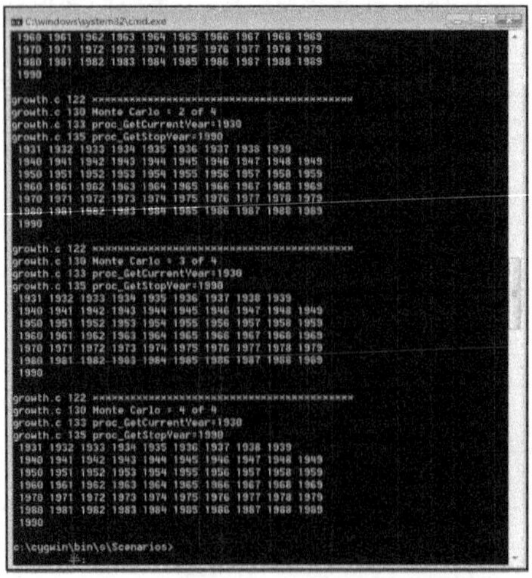

图 23-5　SLEUTH 程序 test 模块的执行情况

23.3 数据准备与模型校正

SLEUTH(Slope,Land use,Exclusion,Urban extent,Transportation,Hillshade)模型是基于元胞自动机(Cellular Automaton,CA)的城市增长模型(Urban Growth Model,UGM)和土地利用/土地覆盖 Deltatron 模型(Land Use/Cover Deltatron Model,DLM)两部分的集成,由 Clarke 和 Gaydos 于 1997 年提出。其中,UGM 子模型可以单独运行,而 DLM 子模型需要由 UGM 子模型调用和驱动,并且输入数据须包含土地利用图层。本实验仅进行城市建设用地的空间扩展模拟,因而仅就 SLEUTH 的城市增长模型(UGM)的使用过程进行说明。

23.3.1 输入数据准备

SLEUTH 的城市增长模型(UGM)需要输入 5 个 GIF 格式的灰度栅格数据图层(城市范围、交通、坡度、山体阴影与排除图层)。需要注意的是,所有模型输入图层均需要按照模型的数据图层命名规则进行命名,即输入数据的"文件夹名称.图层名称.年份.gif",例如"jinan240.urban.1989.gif";另外,格式必须是 8 Bit 的 gif 图像,且所有数据的范围大小要一致。

1) 城市范围、交通图层的制作

模型校正至少需要两期的交通图层和四期的城市范围图层。实验数据中提供了 4 个时期(1989 年、1996 年、2004 年、2011 年)的城市范围栅格数据(60 m×60 m)和交通图层矢量数据(shapefile 格式)。这些数据均基于 4 个时期的遥感影像数据(TM/ETM、SPOT、ALOS 等)通过解译或数字化而得(具体的操作过程可参见实验 3 至实验 5 中的相关内容)。

本实验以城市范围图层的制作过程为例作简要说明。城市范围图层是城市与非城市土地利用的二值图。本例中为操作方便,将研究区范围内的城镇建设用地均作为城市范围,赋值为 1。其制作过程为:①首先,在 ArcMap 中加载 1989 年城市建设用地的 GRID 数据(文件名称为urban1989),其中城市用地为 1,非城市用地为 0。②在"内容列表"中右击"urban1989"图层,点击"数据"—"导出数据",弹出"导出栅格数据"对话框(图 23-6),设置像元大小为 60 m×60 m,即保持不变,输出数据格式选择为 GIF 格式,并设置保存文件位置(C:\cygwin\bin\s\Input\jinan60)和文件名称(jinan60.urban.1989.gif),点击"保存"按钮保存数据。

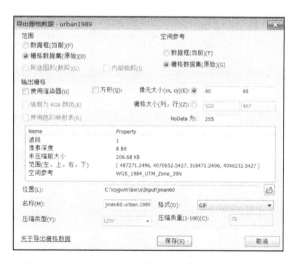

图 23-6 ArcMap 中的"导出栅格数据"对话框

采用同样的方法得到交通图层的数据。交通图层不分等级,统一赋值为 1,非道路区域赋值为 0(实验数据中提供了道路的矢量数据,需要根据栅格数据的空间分辨率大小来确定道路两侧的缓冲区宽度,以保证输入模型的道路是连续的,具体操作过程参见实验 10)。

2）坡度与山体阴影图层的制作

坡度与山体阴影图层由研究区 DEM 数据生成（名称分别为"jinan60.slope.gif"和"jinan60.hillshade.gif"，保存路径为 C:\cygwin\bin\s\Input\jinan60，具体操作过程参见实验6）。坡度采用百分比坡度，并将坡度大于 100% 的栅格重新定义为 100。山体阴影图层用于增强模拟结果的显示效果，不参与模型的运算过程。在将坡度数据转换为 GIF 数据格式时，如果原始的 DEM 数据非 8 位像素深度，则可在"导出栅格数据"对话框中勾选"使用渲染器"选项，并将像素深度设置为 8 Bit 即可。

3）排除图层的制作

排除图层确定了限制城市发展的区域，取值范围为 0～255。0 表示区域发展不受限制，大于 100 的取值表示该区域不能进行城市化。通常将水体、湿地、森林公园等受保护的区域视为不可城市化的区域。像元值越趋向于 0，城市化的概率越大，越趋向于 100，城市化的概率越小。

排除图层将会根据后面设置的不同发展情景分别进行定义，而在模型校正阶段使用的排除图层仅将 1989 年土地利用类型图中的水体作为 100% 的概率不被城市化（名称为"jinan60.excluded.gif"，保存路径为 C:\cygwin\bin\s\Input\jinan60，具体操作过程请参见实验15）。为了使转换成的栅格数据中的水系能够保持连续和连通，首先将水体图层（water1989.shp）进行缓冲处理，建议两侧缓冲区的宽度设置为栅格像元的宽度，此处为 60 m。

通过以上工作，SLEUTH 模型校正需要的所有图层都已经制作完成，对于所有的输入图层，0 表示不存在或空值，$0 < n \leq 255$ 表示存在值。所有数据均转换为模型需要的 GIF 格式栅格数据，为了减少模型运算时间，初始栅格大小均为 60 m×60 m，且所有数据图层的范围保持一致。

23.3.2 模型参数校正

模型校正的目的是获取一套增长的参数集（即 5 个模拟系数的值），从而对研究区的城市增长进行有效模拟。模型校正是 SLEUTH 模型的核心之一，SLEUTH 模型中 5 个模拟系数的范围都在 0～100 之间。模型采用强制蒙特卡洛迭代计算法（Brute-force Monte Carlo Method）进行参数的校正，参数校正分为粗校正（Coarse Calibration）、精校正（Fine Calibration）和终校正（Final Calibration）3 个阶段进行，每个步骤得到的一套增长的参数集都用于下一个步骤的参数校准，并不断缩小各系数的取值范围，利用实验结果与真实数据进行对比，可以生成一系列统计量，用以评估模拟结果的精度。最后，经过模型自校正过程，并通过预测参数获取（Deriving forecasting coefficients），得到模型的最优参数集，用于模型的多情景预测过程。

1）粗校正

模型校准的初始阶段，首先通过"重采样"工具将所有输入模型图层数据的空间分辨率转换为 240 m×240 m，并将这些输入数据图层放置在 C:\cygwin\bin\s\Input\jinan240 文件夹中。然后，将模型中 5 个模拟系数的取值范围均设置为 0～100，采用 25 的步长值，即按照{0,25,50,75,100}进行取值，为了减少模型计算时间，采用 3 次蒙特卡洛迭代。

粗校正的过程简要说明如下:
> **步骤 1:修改粗校正文件。**

首先,用写字板打开 C:\cygwin\bin\s\Scenarios\ 目录下的 scenario.demo200_calibrate 文件,另存为 scenario.jinan240_calibrate,并依次修改文本中的相关内容(图 23-7,修改后的文件详见实验数据文件\SLEUTH\Scenarios\scenario.jinan240_calibrate)。

图 23-7　粗校正 scenario.demo200_calibrate 文件中部分语句的修改

> **步骤 2:在 DOS 中运行粗校正文件。**

首先,在 Windows 系统下启动 DOS 命令窗口,并进入 C:\cygwin\bin\s\Scenarios 目录下(图 23-8)。然后,键入命令行"..\grow calibrate scenario.jinan240_calibrate"启动粗校正测试程序(scenario.jinan240_calibrate)来进行 SLEUTH 模型的粗校正(图 23-9)。校正通常需要耗费较长的时间,因为模型校正过程使用穷举法(尝试所有可能的参数组合进行模拟,并比较结果的拟合优度)或者遗传算法进行连续搜索,直到得到"最优的"参数集。很多研究文献认为应根据研究区尺度来选取合适的空间分辨率数据,数据精度有时并非越高越好,即过高分辨率的数据不一定会得到比适宜尺度更高的模拟精度。最后,校正完成后,数据文件存放在 C:\cygwin\bin\s\Output\目录下建立的 coarse 文件夹下。

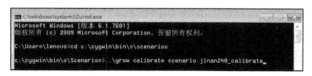

图 23-8　粗校正程序在命令提示符窗口中启动

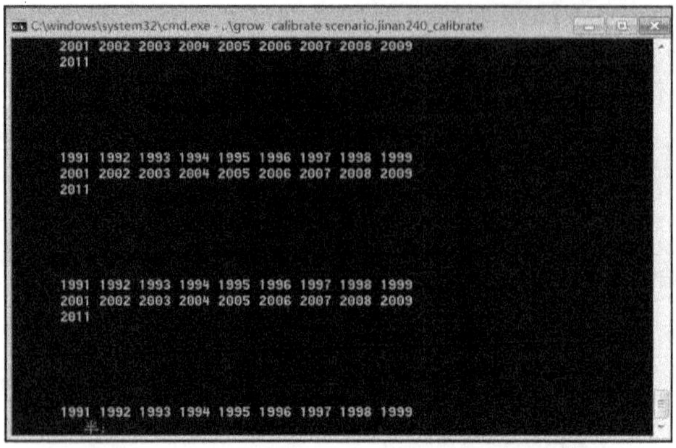

图 23 - 9　粗校正程序在命令提示符窗口中运行

➢　**步骤 3:查看粗校正结果文件。**

首先,用 Excel 打开 coarse 文件夹下的 control_stats_pe_0. log 文件,并另存为 jinancoarse. xlsx 文件(图 23 - 10)。表中共有记录了 3124 次运算的 3124 条模拟结果,其中包含 13 个表征模拟精度的指数(不进行土地利用变化模拟时为 12 个有效指数)和 5 个模拟参数(图 23 - 10)。

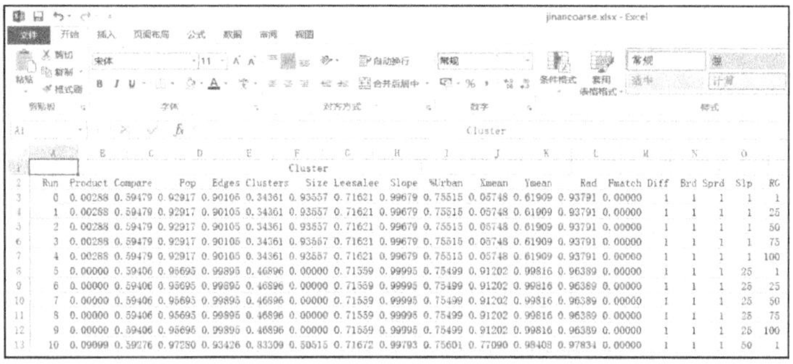

Run	Product	Compare	Pop	Edges	Clusters	Size	Leesalee	Slope	%Urban	Xmean	Ymean	Rad	Fmatch	Diff	Brd	Sprd	Slp	RG
0	0.00288	0.59479	0.92917	0.90105	0.34361	0.93557	0.71621	0.99679	0.75515	0.05748	0.61909	0.93791	0.00000	1	1	1	1	1
1	0.00288	0.59479	0.92917	0.90105	0.34361	0.93557	0.71621	0.99679	0.75515	0.05748	0.61909	0.93791	0.00000	1	1	1	1	25
2	0.00288	0.59479	0.92917	0.90105	0.34361	0.93557	0.71621	0.99679	0.75515	0.05748	0.61909	0.93791	0.00000	1	1	1	1	50
3	0.00288	0.59479	0.92917	0.90105	0.34361	0.93557	0.71621	0.99679	0.75515	0.05748	0.61909	0.93791	0.00000	1	1	1	1	75
4	0.00288	0.59479	0.92917	0.90105	0.34361	0.93557	0.71621	0.99679	0.75515	0.05748	0.61909	0.93791	0.00000	1	1	1	1	100
5	0.00000	0.59406	0.95695	0.99895	0.46896	0.00000	0.71559	0.99995	0.75499	0.91202	0.99816	0.96389	0.00000	1	1	1	25	1
6	0.00000	0.59406	0.95695	0.99895	0.46896	0.00000	0.71559	0.99995	0.75499	0.91202	0.99816	0.96389	0.00000	1	1	1	25	25
7	0.00000	0.59406	0.95695	0.99895	0.46896	0.00000	0.71559	0.99995	0.75499	0.91202	0.99816	0.96389	0.00000	1	1	1	25	50
8	0.00000	0.59406	0.95695	0.99895	0.46896	0.00000	0.71559	0.99995	0.75499	0.91202	0.99816	0.96389	0.00000	1	1	1	25	75
9	0.00000	0.59406	0.95695	0.99895	0.46896	0.00000	0.71559	0.99995	0.75499	0.91202	0.99816	0.96389	0.00000	1	1	1	25	100
10	0.09099	0.59276	0.97280	0.93426	0.83309	0.50515	0.71672	0.99793	0.75601	0.77090	0.98408	0.97834	0.00000	1	1	1	50	1

图 23 - 10　粗校正得到的 13 个指数集与 5 个参数集

然后,选取最佳参数组合和确定 5 个系数取值范围。模型校正阶段会产生一系列的模型准确性判定指数,且在选择哪些指数能够更好表征模型的精度问题上存在较大争论,也有很多不同的选取方法。本例根据研究区实际,参考相关文献,采用 Compare、Pop、Edges、Cluster、Slope、Xmean、Ymean 等 7 个指数的乘积即 OSM(the Optimal SLEUTH Metric)作为模型校正和参数区间缩小的主要判据。选取乘积排在前 5 位的模拟结果(如果得分第 5 存在得分相同的情况,则考虑所有同分模拟结果),从而缩小 5 个系数的取值范围,产生 5 个新的系数区段(图 23 - 11)。根据排序结果(取前 8 位),扩散系数(Diffusion,即表中的 Diff 字段)为 1,在下一步校正中使用 1～25 的范围,繁殖系数(Breed,即表中的 Brd 字段)在 1～50 之间,传播系数(Spread,即表中的 Sprd 字段)在 25～100 之间,坡度系数(Slope,即表中的 Slp 字段)在 1～25 之间,道路引力系数(Road Gravity,即表中的 RG 字段)变化幅度很大,但大部分在 50～100 之间(选取的下一步校正的参数区间和步长参见表 23 - 2)。

实验 23 基于 SLEUTH 模型的城市建设用地空间扩展模拟

	B	C	D	E	F	G	H	I	J	K	L	M	N	O	P	Q	R	S	T	U
1	Cluster																			
2	Run	Product	Compare	Pop	Edges	Clusters	Size	Leesalee	Slope	%Urban	Xmean	Ymean	Rad	Fmatch	Diff	Brd	Sprd	Slp	RG	osm
3	79	0.0584	0.86352	0.9829	0.9904	0.90755	0.15258	0.58242	0.98096	0.96299	0.86112	0.99995	0.98461	0	1	1	75	1	100	0.644592
4	180	0.03553	0.87523	0.9826	0.9845	0.89986	0.10061	0.5936	0.99251	0.96381	0.88105	0.94134	0.984	0	1	25	50	25	1	0.627316
5	107	0.23278	0.79454	0.9791	0.9932	0.92819	0.72268	0.56997	0.98011	0.96106	0.87788	0.97132	0.98083	0	1	1	100	25	50	0.599362
6	275	0.0496	0.95281	0.9831	0.964	0.75787	0.15258	0.60184	0.99398	0.96247	0.83808	0.99989	0.98445	0	1	50	25	1	1	0.570016
7	276	0.0496	0.95281	0.9831	0.964	0.75787	0.15258	0.60184	0.99398	0.96247	0.83808	0.99989	0.98445	0	1	50	25	1	25	0.570016
8	277	0.0496	0.95281	0.9831	0.964	0.75787	0.15258	0.60184	0.99398	0.96247	0.83808	0.99989	0.98445	0	1	50	25	1	50	0.570016
9	278	0.0496	0.95281	0.9831	0.964	0.75787	0.15258	0.60184	0.99398	0.96247	0.83808	0.99989	0.98445	0	1	50	25	1	75	0.570016
10	279	0.0496	0.95281	0.9831	0.964	0.75787	0.15258	0.60184	0.99398	0.96247	0.83808	0.99989	0.98445	0	1	50	25	1	100	0.570016
11	99	0.26922	0.86583	0.9801	1	0.94567	0.88281	0.58086	0.98945	0.96002	0.80816	0.98214		0	1	75	100	25	0.556821	
12	98	0.1198	0.87162	0.9789	0.9994	0.97289	0.39932	0.58294	0.98493	0.9587	0.87132	0.76855	0.98108	0	1	75	100	75	0.547183	
13	199	0.02763	0.86724	0.9609	0.9941	0.99982	0.09043	0.59506	0.9997	0.96214	0.85592	0.75092	0.98031	0	1	25	50	100	100	0.543266
14	75	0.03175	0.85175	0.9806	0.9999	0.93653	0.11058	0.58519	0.99682	0.96133	0.87973	0.75743	0.9823	0	1	75	1	1	1	0.519496
15	192	0.00214	0.85645	0.9817	0.9996	0.997	0.00825	0.58881	0.99314	0.96354	0.89495	0.62441	0.98262	0	1	25	50	75	50	0.465044
16	295	0.03809	0.95533	0.9875	0.9166	0.8567	0.14402	0.59927	0.99765	0.96698	0.83082	0.75123	0.98859	0	1	50	25	100	1	0.461615

图 23-11 按照 7 个指数乘积进行排序的结果

表 23-2 SLEUTH 模型校正阶段主要指数与参数统计结果

增长参数	粗校正(coarse)		精校正(fine)		终校正(final)		最终系数值
	蒙特卡洛迭代次数=3		蒙特卡洛迭代次数=4		蒙特卡洛迭代次数=5		
	总的模拟次数=3124		总的模拟次数=4499		总的模拟次数=7775		
	Compare=0.8638		Compare=0.9996		Compare=0.7018		
	r^2 population=0.9829		r^2 population=0.9879		r^2 population=0.9700		
	Edges=0.9904		Edges=0.9481		Edges=0.9760		
	Cluster=0.9076		Cluster=0.8216		Cluster=0.8202		
	Slope=0.9810		Slope=0.9985		Slope=0.9321		
	Xmean=0.8611		Xmean=0.8811		Xmean=0.8311		
	Ymean=0.9999		Ymean=0.9810		Ymean=0.7669		
	OSM=0.6446		OSM=0.6639		OSM=0.3237		
	Lee_Sallee=0.5824		Lee_Sallee=0.5811		Lee_Sallee=0.5986		
	范围	步长	范围	步长	范围	步长	
扩散系数(Diffusion)	0~100	25	0~25	5	5~15	2	15
繁殖系数(Breed)	0~100	25	0~50	10	10~25	3	26
传播系数(Spread)	0~100	25	25~100	15	80~100	4	100
坡度系数(Slope)	0~100	25	0~25	5	15~25	2	1
道路引力系数(Road Gravity)	0~100	25	50~100	10	60~80	4	72
自修改规则	ROAD_GRAV_SENSITIVITY=0.01 SLOPE_SENSITIVITY=0.1						
	CRITICAL_LOW=0.97 CRITICAL_HIGH=1.3 CRITICAL_SLOPE=21.0						
	BOOM=1.01 BUST=0.09						

2) 精校正

首先,通过"重采样"工具将所有输入模型图层数据的空间分辨率转换为 120 m×120 m,然后修改校正程序的相关文本。在该阶段,采用 4 次蒙特卡洛迭代。根据选择的增长系数值区间和步长,参照粗校正阶段的过程修改校正文本,得到精校准的程序文本 scenario. jinan120_calibrate。然后,在 DOS 中运行精校正文件,得到校正结果。最后,计算 OSM 值,并参照其排名前列的模拟结果系数值进一步缩小 5 个系数的取值范围(表 23-2)。

3) 终校正

采用同样的校正过程,进行模型的终校正(精校准使用的程序文本为 scenario. jinan60_calibrate)。在该阶段,采用 5 次蒙特卡洛迭代,所有输入模型图层数据的空间分辨率均为数据初始的分辨率 60 m×60 m。

4）模拟参数获取（Deriving forecasting coefficients）

终校正完成后，还需要进行模拟参数获取（即 Derive 阶段）。在该阶段，通过同样的方法进一步缩减参数的取值范围。根据终校正的排序结果（排序第一的结果），扩散系数（Diffusion）为 13，繁殖系数（Breed）为 22，传播系数（Spread）为 96，坡度系数（Slope）为 17，道路引力系数（Road Gravity）为 60，将这 5 个系数的取值填进程序文本的参数设置部分中。然后，取步长为 1，采用 100 次蒙特卡洛迭代进行模拟参数的获取。最后，在该阶段生成的 avg_pe_0.log 文件中，将结束年份（最后一行）的 5 个增长系数进行四舍五入后，作为模型模拟的最佳预测参数组合。最终生成的 5 个系数值分别为：扩散系数 15、繁殖系数 26、传播系数 100、坡度系数 1 和道路引力系数 72（表 23-2）。由于模拟指数选取以及蒙特卡洛迭代次数的差异，本例中经自修改规则后，最优系数组合变化较大。在具体的研究案例中，应按照研究区实际合理选取模拟指数和蒙特卡洛迭代次数，以便获得最好的校正结果。

由表 23-2 可见，模型校正得到的最终系数值中，传播系数最大（100），表明其对城市用地增长具有重要影响，研究区城市用地增长主要以城市边缘增长为主；道路引力系数也很高（74），仅次于传播系数，说明道路对研究区城市用地的增长也具有重要影响，TOD 发展模式也是研究区城市用地增长的重要模式；繁殖系数不大（仅为 26），且扩散系数也较小（仅为 15），说明自发增长形成的新城市中心增长的可能性不高，表明研究区新城市中心用地增长模式不明显；另外，坡度系数为 1，说明研究区地形条件对城市用地增长的抑制作用非常有限。综上所述，研究区主要受传播系数与道路引力系数的影响，城市用地增长主要发生在城市边缘和道路可达性较高的区域。

23.3.3 模拟精度评价

首先，使用获取的最优参数组合来初始化模型的预测模块（为了便于修改程序文本，建议将 C:\cygwin\bin\s\Scenarios 目录下的 scenario.demo200_predict 文件另存为一个名称为 scenario.jinan60_predict1 的文件）。然后，用记事本打开该文件进行一些语句的修改。需要修改的内容与模型校正过程中文本的修改基本一致，主要包括输入输出的文件路径与文件夹名称、蒙特卡洛迭代次数、5 个参数的取值范围与最优参数组合、预测开始与结束时间、输入的一系列文件的名称、城市增长开发概率图中的界点与颜色的设置（可以根据研究区实际增加一些关键的界值）、自修改规则中坡度参数的修改等。

其次，在 DOS 中运行预测程序文件 scenario.jinan60_predict1，重建 2011 年的城市扩展范围，并将重建的 2011 年城市开发概率图（jinan60_urban_2011.gif 文件，由于文件名的原因，该图像不能在 ArcMap 中直接加载，需要将其更名为 jinan2011s.gif 后再在 ArcMap 中打开）与研究区同分辨率下（60 m×60 m）的边界栅格文件进行地理配准。由于模型所需的 gif 格式数据是由研究区的各类栅格数据导出的，因而模拟得到的开发概率图与原数据的范围是一致的，配准时只需选择 3 个角的顶点作为参照即可。

再次，合理选取城市开发概率图中的阈值，科学划分城市像元和非城市像元。通常有 3 种划分的方法，一是根据研究区情况指定合适的阈值，一般取 50%；二是根据开发概率图中不同区段的栅格数量制作频数分布图,并根据频数发生突变的位置来确定阈值;三是根据模型运行起止年份的城市用地增长的数量来计算得到阈值。第三种方法能够很好地实现模拟增长量与实际增长量的匹配,从而计算得到的阈值比另外两种方法更为科学,但需要根据模拟结果调整模型模拟的程序文本(特别是开发概率图的间断点,以尽可能地与实际增长量进行匹配)。其主要操作步骤简要介绍如下:

➢ 步骤1:在 ArcMap 中使用"地理配准"工具,将2011年重建的城市开发概率图(首先应将其改名为 jinan2011s)进行配准(图23-12)。

图 23-12　ArcMap 中的城市开发概率图的地理配准

➢ 步骤2:将配准的2011年城市开发概率图通过"地理配准"—"校正"另存为 jianan2011s1.grid 文件,栅格大小为 60 m×60 m。

➢ 步骤3:打开 jianan2011s1.grid 文件属性表,按照"value"字段(值域为0~255)升序排列,并将属性表导出为2011s1.dbf 文件,用 Excel 打开该文件按照"value"字段从下往上(本例中从12向上开始选择)进行累计统计(12代表的是90%~100%的城市开发概率,11代表的是80%~90%的城市开发概率,3代表的是1%~10%的城市开发概率),当累计的栅格数量位于终止年份2011年城市用地新增的栅格数量区间时(1989—2011年新增城市像元数为37 755),记录断点处的"value"字段值,本例中该值为3,即开发概率位于1%~10%之间。

➢ 步骤4:将 scenario.jinan60_predict1 另存为 scenario.jinan60_predict2,在程序文本的"PROBABILITY COLORTABLE FOR URBAN GROWTH"中,修改概率生成的区间值。本例中由于间断点位于1%~10%的开发概率区段,因而将该区段的开发概率细分至间隔为1%,并设置不同间隔的颜色代码,并将大于10%的开发概率统一归为一类(10%~100%的城市开发概率)设置为 0Xff0033(dark red)颜色(图23-13)。

➢ 步骤5:运行预测程序 scenario.jinan60_predict2,进行2011年建设用地的再次重建。然后,重复步骤1~3,当累计的栅格数量位于终止年份2011年城市用地的栅格数基本一致时,确定该值对应的开发概率为城市与非城市的分类阈值。本例中开发概率的阈值为7%(对应的"value"字段值为9),此时预测得到的新增城市像元数量为37 587,与实际增长最为接近。

最后,将城市开发概率图上大于7%的栅格作为城市像元,得到2011年模拟的城市

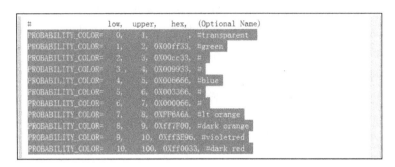

图 23-13 城市开发概率图的开发概率区段及其颜色设置

建设用地范围,并与 2011 年的真实城市建设用地范围(根据 1989 年和 2011 年的真实城市建设用地范围,进行处理后的 2011 年的城市建设范围,新建的"value"字段值为 0、1、2,分别代表非城市、1989 年已经存在的建设用地、1989—2011 年新增的城市建设用地)进行叠置分析(使用"栅格计算器"工具,首先应将栅格数据均处理为 0 为非城市像元,1 为 1989 年城市像元,2 为 1989—2011 年新增城市像元,然后采用模拟的城市图层乘以 10 再加真实的城市图层),进而可以按照像元的空间匹配性将其划分为两种匹配类型即城市像元匹配、非城市像元匹配,与两种不匹配类型即模拟为城市但真实为非城市、模拟为非城市但真实为城市。通过统计 4 种类型的像元数量和面积,统计整理得到像元尺度上模型模拟的准确性评估表(表 23-3)。

表 23-3 像元尺度上的 SLEUTH 模型精度评价结果

项 目	非城市像元 (Nonurban)	城市像元 (Urban)	新增城市像元 (New urban)	总精度 (Overall accuracy)
2011 年现状(Status of 2011)	145 612	65 580	37 755	—
模拟结果(Modeled pixel)	145 822	65 370	37 545	—
正确像元(Number correct)	126 713	46 471	18 646	82.01%
生产者精度(Producer's accuracy)	86.90%	70.86%	49.39%	—
用户精度(User's accuracy)	87.02%	71.09%	49.66%	—

由表 23-2 可见,模型校正的结果总体上较好,在城市用地的数量与空间位置上的拟合度较好,最终的 Compare 值为 0.701 8,表明有 70.18% 的城市用地被捕捉到,Lee-Sallee 值为 0.598 6,表明济南城市形态的拟合效果也较好。但在像元尺度上,2011 年预测结果和实际情况的数量特征与空间分布均存在较大差异(表 23-3)。模拟正确的城市像元数(46 471 个)约为 2011 年现状城市像元数的 70.86%,如果仅考虑新增的城市像元,模拟的用户精度和生产者精度则只有 49.66% 和 49.39%。模拟结果表明 SLEUTH 模型未能很好地反映济南东部新城、西部高铁新城的开发建设,还很难准确捕捉由城市发展政策所导致的城市发展中心转移和新的城市增长中心的出现,这与 SLEUTH 模型的元胞状态高度依赖于其邻域元胞状态有关,已有城市向外扩张容易,而新形成的城市扩散中心增长则不易发生。

23.4 情景设置与模型模拟

23.4.1 情景设置

SLEUTH 模型在基于历史数据的基础上,通过修改预测参数或设置排除图层来预设城市未来发展的不同情景,可以较好地预测未来的城市增长和土地利用变化,已经成为城市规划的有力工具。

本实验为了简化操作过程,根据研究区实际情况,主要通过调整排除图层预设了两种发展情景:现有趋势发展情景(Historical Trend Development,HTD)和生态可持续发展情景(Ecological Sustainable Development,ESD)。但在实际的案例研究中,大多根据研究区的实际情况,结合未来不同的发展政策来制定不同的增长情景。

1) 现有趋势发展情景(HTD)

现有发展趋势情景仅将研究区 2011 年较大面积的水体和城市边界范围内的绿地定义为排除图层(建议在 C:\cygwin\bin\s\Input 目录下建立一个 htd 的文件夹存放模型该情景预测阶段需要的输入数据图层文件),且设定为 100% 的概率不被城市化,在该方案情景下农田和城市周边的林地可能会被继续侵占(具体操作过程请参见实验 15,排除图层已经放置在实验数据的 htd 文件夹下,名称暂命名为 s1excluded,格式为 GRID 栅格数据)。

2) 生态可持续发展情景(ESD)

在生态可持续发展情景中,需要进行研究区生态网络构建和生态环境敏感性分析,从而识别研究区的主要敏感性区域、需要保护的核心景观生态资源以及未来需要预留的自然生态空间,进而将研究区的核心生态可持续发展战略融入 SLEUTH 模型的排除图层中。其大致过程如下:首先,采用最小累积费用路径方法模拟研究区潜在的生态廊道,并基于重力模型进行重要生态廊道的提取,从而科学构建研究区生态网络并加以重点保护(具体操作过程参见实验 16)。然后,将得到的生态网络作为敏感性因子,并结合地形、水域、植被、农田因子,构建了研究区各因子等级划分与评价体系(表 23-4),并采用 GIS 空间叠置分析方法进行多因子综合评价,获取研究区生态环境敏感性分区(具体操作过程参见实验 15)。最后,按照敏感性等级由低到高分别设定其不被城市化的概率依次为 0%、20%、50%、80%、100%,得到融合生态可持续发展战略情景的排除图层(建议在 C:\cygwin\bin\s\Input 目录下建立一个 esd 的文件夹存放模型该情景预测阶段需要的输入数据图层文件,排除图层已经放置在实验数据的 esd 文件夹下,名称暂命名为 s2excluded,格式为 GRID 栅格数据),该情景有利于保护绿色空间网络结构的完整性以及维护生态服务功能的综合性,实现了生态可持续发展战略与建设用地增长之间的融合,有助于实现精明增长与精明保护和土地利用的可持续发展。

表 23-4　生态敏感性因子敏感性等级与赋值

敏感性因子		分类(buffer)	赋值	生态敏感性等级
生态网络	源地与生态廊道	廊道两侧 60 m 的缓冲区	9	极高敏感性
地形	地形起伏度	>50 m	9	极高敏感性
		20~50 m	7	高敏感性
		10~20 m	5	中敏感性
		5~10 m	3	低敏感性
		<5 m	1	非敏感性
	坡度	>45%	9	极高敏感性
		30%~45%	7	高敏感性
		15%~30%	5	中敏感性
		7%~15%	3	低敏感性
		0~7%	1	非敏感性
水域		水域及小于 60 m 的缓冲区	9	极高敏感性
农田			5	中敏感性
植被	城市公园		9	极高敏感性
	林地		7	高敏感性

23.4.2　模型模拟

首先，将情景 1 的排除图层复制到 C:\cygwin\bin\s\Input\htd 目录下，并更名为 htd.excluded.gif，同时将终校正中使用的城市范围、交通、坡度和山体阴影图层复制到该文件夹下，并按照要求修改这些文件的名称。

然后，由于道路交通对研究区的城市扩展具有重要影响，本例中将研究区 2020 年的道路规划图进行了数字化(road2020.shp)，并通过"缓冲区"和"面转栅格"等工具将其制作成模型输入的数据格式(GIF)，该图层命名为 htd.roads.2020.gif。

最后，创建并修改预测程序文本，并命名为 scenario.jinan60_predicts1。按照要求修改输入文件名称、蒙特卡洛迭代次数、模拟起止年份、模拟参数和最优参数组合等内容。在预测模式下运行 100 次蒙特卡洛迭代运算，并将模拟产生的 2030 年度城市开发概率图上大于 50% 临界值的栅格作为城市化区域，得到 2030 年情景 1(HTD)下的研究区城市用地增长情况(图 23-14)。采用同样的过程和步骤，可以得到情景 2(ESD)下的研究区城市用地增长情况(图 23-14)。

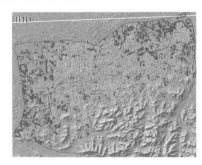

图 23-14　两种情景下 2011—2030 年的城市用地增长模拟结果

23.4.3 结果分析

由两种发展情景方案模拟的城市用地增长结果可见,研究区 2011—2030 年的城市用地增长的空间格局差异显著(图 23-14)。在生态可持续发展情景下,林地、湿地、生态网络等高敏感性区域被侵占的数量远小于现有趋势发展情景。由此可见,融合生态可持续发展战略的情景方案能够有效地保护绿色空间网络结构的完整性以及生态服务功能的综合性,可为城市的发展留足生态空间,实现了研究区的精明增长与精明保护的统一,有利于土地利用的可持续发展。

23.5 实验总结

本实验以济南市绕城高速公路以内的区域为例,将生态网络构建与生态环境敏感性分析作为研究区核心生态可持续发展战略融入 SLEUTH 模型的排除图层中,构建了融合生态可持续发展战略的发展情景,并同预设的现有发展趋势情景进行了比较,揭示了 2011—2030 年两种发展情景下的城市用地增长的空间格局。模拟结果表明融合生态可持续发展战略的 SLEUTH 模型能够较好地表征城市生态可持续发展的战略与政策,对研究区未来城市用地空间增长管理、城市规划和土地利用规划提供决策支持与参考依据。

通过本实验掌握基于 SLEUTH 模型的城市建设用地空间扩展模拟的总体思路与框架,并能够掌握 GIS 与 SLEUTH 模型松散耦合的操作流程与技术路线。

具体内容见表 23-5。

表 23-5 本次实验主要内容一览

内容框架	具体内容	页码
运行环境设置与模型调试	(1) 运行环境设置	P668
	(2) 模型测试	P670
数据准备与参数校正	(1) 输入数据准备	P671
	(2) 模型参数校正	P672
	(3) 模拟精度评价	P676
情景设置与模型模拟	(1) 情景设置	P679
	(2) 模型模拟	P680
	(3) 结果分析	P681

主要参考文献

[1] 汤国安,杨昕,等. ArcGIS 地理信息系统空间分析实验教程[M]. 北京:科学出版社,2006.

[2] 杨昕. ERDAS 遥感数字图像处理实验教程[M]. 北京:科学出版社,2009.

[3] 尹海伟,孔繁花,罗震东,等. 基于潜力-约束模型的冀中南区域建设用地适宜性评价[J]. 应用生态学报,2013,24(8):2274-2280.

[4] Kong F H, Yin H W, Nakagoshi N, et al. Simulating urban growth processes incorporating a potential model with spatial metrics[J]. Ecological Indicators,2012,20(20):82-91.

[5] Kong F H, Yin H W, Zhang X. Changes of residential land density and spatial pattern from 1989 to 2004 in Jinan City, China[J]. Chinese Geographical Science,2011,21(5):619.

[6] 尹海伟,孔繁花,祈毅,等. 湖南省城市群生态网络构建与优化[J]. 生态学报,2011,31(10):2863-2874.

[7] 孙振如,尹海伟,孔繁花,等. 基于 Logistic 模型与成本加权距离方法的济南城市公园综合可达性分析[J]. 山东师范大学学报(自然科学版),2012,27(2):68-72.

[8] 尹海伟,张琳琳,孔繁花,等. 基于层次分析和移动窗口方法的济南市建设用地适宜性评价[J]. 资源科学,2013,35(3):530-535.

[9] Zhuang Y M, Yin H W, Kong F H, et al. Developing green space ecological networks in Shijiazhuang city, China[C]// International Conference on Geoinformatics. IEEE,2011:1-6.

[10] 顾鸣东,尹海伟. 公共设施空间可达性与公平性研究概述[J]. 城市问题,2010(5):25-29.

[11] Kong F H, Yin H W, Nakagoshi N, et al. Urban green space network development for biodiversity conservation: Identification based on graph theory and gravity modeling[J]. Landscape & Urban Planning,2010,95(1):16-27.

[12] 张琳琳,孔繁花,尹海伟. 基于高分辨率遥感及马尔科夫链的济南市土地利用变化研究[J]. 山东师范大学学报(自然科学版),2010,25(2):88-91.

[13] 尹海伟,徐建刚,孔繁花. 上海城市绿地宜人性对房价的影响[J]. 生态学报,2009,29(8):4492-4500.

[14] 尹海伟,徐建刚. 上海公园空间可达性与公平性分析[J]. 城市发展研究,2009,16(6):71-76.

[15] 秦正茂,尹海伟,祁毅. 南京老城区公园绿地应急避险功能空间定量评价研究[J]. 山东师范大学学报(自然科学版),2009,24(3):94-97.

[16] 周艳妮,尹海伟,韦晓辉. 基于问卷调查的城市公园内部结构优化研究——以长沙烈

士公园为例[J]. 山东师范大学学报(自然科学版),2009,24(2):108-111.
[17] 尹海伟. 城市开敞空间:格局·可达性·宜人性[M]. 南京:东南大学出版社,2008.
[18] 尹海伟,孔繁花,宗跃光. 城市绿地可达性与公平性评价[J]. 生态学报,2008,28(7):3375-3383.
[19] 孔繁花,尹海伟. 济南城市绿地生态网络构建[J]. 生态学报,2008,28(4):1711-1719.
[20] Yin H W,Song Y J,Kong F H,et al. Measuring spatial accessibility of urban parks:A case study of Qingdao City,China[C]. Proceedings of Spie the International Society for Optical Engineering,2007,6753:67531L. 1-67531L. 9.
[21] Kong F H,Yin H W,Nakagoshi N. Using GIS and landscape metrics in the hedonic price modeling of the amenity value of urban green space:A case study in Jinan City,China[J]. Landscape & Urban Planning,2007,79(3):240-252.
[22] Kong F H,Yin H W,Nakagoshi N,Using GIS and moving window method in the urban land use spatial pattern analyzing[J]. Proc Spie,2007,6753.
[23] 宗跃光,徐建刚,尹海伟. 情景分析法在工业用地置换中的应用——以福建省长汀腾飞经济开发区为例[J]. 地理学报,2007,62(8):887-896.
[24] 尹海伟,徐建刚,陈昌勇,等. 基于GIS的吴江东部地区生态敏感性分析[J]. 地理科学,2006,26(01):66-71.
[25] 尹海伟,孔繁花. 济南市城市绿地可达性分析[J]. 植物生态学报,2006,30(1):22-29.
[26] Chen Y,Yu J,Khan S. Spatial sensitivity analysis of multi-criteria weights in GIS-based land suitability evaluation[J]. Environmental Modelling & Software,2010,25(12):1582-1591.
[27] Zhang Q A,Ban Y F,Liu J Y,et al. Simulation and analysis of urban growth scenarios for the Greater Shanghai Area,China[J]. Computers Environment & Urban Systems,2011,35(2):126-139.
[28] Herold M,Goldstein N C,Clarke K C. The spatiotemporal form of urban growth:measurement,analysis and modeling[J]. Remote Sensing of Environment,2003,86(3):286-302.
[29] 宗跃光,王蓉,汪成刚,等. 城市建设用地生态适宜性评价的潜力—限制性分析——以大连城市化区为例[J]. 地理研究,2007,26(6):1117-1126.
[30] 宗跃光,张晓瑞,何金廖,等. 空间规划决策支持系统在区域主体功能区划分中的应用[J]. 地理研究,2011,30(7):1285-1295.
[31] 汪成刚,宗跃光. 基于GIS的大连市建设用地生态适宜性评价[J]. 浙江师范大学学报:自然科学版,2007,30(1):109-115.
[32] 胡道生,宗跃光,许文雯. 城市新区景观生态安全格局构建——基于生态网络分析的研究[J]. 城市发展研究,2011,18(6):37-43.
[33] 薛松,宗跃光. 基于潜力—阻力模型的城市建设用地生态适宜性评价——以兰州榆中县为例[J]. 国土资源科技管理,2011,28(1):1-6.
[34] 李力,宗跃光,胡道生. 复合生态网络体系在生态城乡规划中的应用——以常州新北

区生态规划为例[J]. 城市发展研究,2011,18(7):67-73.
[35] 陈敏捷. 基于 CityEngine 的城市三维建模及应用研究——以赣州市老城区为例[D]. 赣州:江西理工大学,2016.
[36] 何威. 基于 CityEngine 的规则建模应用研究[D]. 赣州:江西理工大学,2015.
[37] 刘强,林孝松. 基于 CityEngine 的三维场景快速建模研究——以赣州市老城区为例[J]. 绿色科技,2017(4):115-117.
[38] 赵雨琪,牟乃夏,张灵先. 利用 CityEngine 进行三维校园参数化精细建模[J]. 测绘通报,2017(1):83-86.
[39] 王璐,朱小燕,谷中仁. 基于 CityEngine 的校园三维模型建模研究[J]. 电子世界,2015(21):30-32.
[40] 吕永来,李晓莉. 基于 CityEngine CGA 的三维建筑建模研究[J]. 测绘,2013,36(2):91-94.
[41] Yin H W,Kong F H,Hu Y, et al. Assessing growth scenarios for their landscape ecological security impact using the SLEUTH urban growth model[J]. Journal of Urban Planning and Development,2016,142(02):05015006.
[42] 陈剑阳,尹海伟,孔繁花,等. 环太湖复合型生态网络构建[J]. 生态学报,2015,35(9):3113-3123.
[43] 许峰,尹海伟,孔繁花,等. 基于 MSPA 与最小路径方法的巴中西部新城生态网络构建[J]. 生态学报,2015,35(19):6425-6434.
[44] Kong F H,Yin H W,Wang C,et al. A satellite image-based analysis of factors contributing to the green-space cool island intensity on a city scale[J]. Urban Forestry & Urban Greening,2014,13(4):846-853.
[45] 孙常峰,孔繁花,尹海伟,等. 山区夏季地表温度的影响因素——以泰山为例[J]. 生态学报,2014,34(12):3396-3404.
[46] 闫伟姣,孔繁花,尹海伟,等. 紫金山森林公园降温效应影响因素[J]. 生态学报,2014,34(12):3169-3178.
[47] 孔繁花,尹海伟,刘金勇,等. 城市绿地降温效应研究进展与展望[J]. 自然资源学报,2013,28(1):171-181.
[48] 刘金勇,孔繁花,尹海伟,等. 济南市土地利用变化及其对生态系统服务价值的影响[J]. 应用生态学报,2013,24(5):1231-1236.
[49] 卢银桃,尹海伟. 南京过江通道建设对江北沿江地区可达性的影响[J]. 国际城市规划,2013,28(2):69-74.
[50] 刘东,李艳,孔繁花. 中心城区地表温度空间分布及地物降温效应——以南京市为例[J]. 国土资源遥感,2013,25(1):117-122.
[51] 覃志豪,Zhang M H, Karnieli A. 用陆地卫星 TM6 数据演算地表温度的单窗算法[J]. 地理学报,2001,56(4):456-466.
[52] 覃志豪,李文娟,徐斌,等. 陆地卫星 TM6 波段范围内地表比辐射率的估计[J]. 国土资源遥感,2004,16(3):28-32.
[53] 覃志豪,Li W J,Zhang M H,等. 单窗算法的大气参数估计方法[J]. 国土资源遥感,2003,15(2):37-43.

[54] 宋彩英,覃志豪,王斐.基于 Landsat TM 的地表温度分解算法对比[J].国土资源遥感,2015,27(01):172-177.

[55] 陈康林,龚建周,陈晓越.广州市热岛强度的空间格局及其分异特征[J].生态学杂志,2017,36(03):792-799.

[56] 吴昌广,崔红蕾,林姚宇,等.深圳西部地区城市热岛景观格局季节演变特征分析[J].环境科学与技术,2015,38(07):182-188.

[57] 江学顶,夏北成,郭泺,等.数值模拟与遥感反演的广州城市热岛空间格局比较[J].中山大学学报(自然科学版),2006(06):116-120.

[58] 佟光臣,林杰,陈杭,等.基于多时相遥感数据的常州市城市热景观变化特征[J].水土保持研究,2017(01):207-212.

[59] 孙飒梅,卢昌义.遥感监测城市热岛强度及其作为生态监测指标的探讨[J].厦门大学学报(自然科学版),2002(01):66-70.

[60] 卓莉,史培军,陈晋,等.20 世纪 90 年代中国城市时空变化特征——基于灯光指数 CNLI 方法的探讨[J].地理学报,2003,58(06):893-902.

[61] 杨眉,王世新,周艺,等.DMSP/OLS 夜间灯光数据应用研究综述[J].遥感技术与应用,2011,26(01):45-51.

[62] 王潇潇.DMSP/OLS 夜间灯光数据提取方法及其在城市研究中的应用[C].云南省测绘地理信息学会 2016 年学术年会,2016.

[63] 曹子阳,吴志峰,匡耀求,等.DMSP/OLS 夜间灯光影像中国区域的校正及应用[J].地球信息科学学报,2015,17(09):1092-1102.

[64] 邹进贵,陈艳华,田径,等.基于 ArcGIS 的 DMSP/OLS 夜间灯光影像校正模型的构建[J].测绘地理信息,2014,39(04):33-37.

[65] 何春阳,史培军,李景刚,等.基于 DMSP/OLS 夜间灯光数据和统计数据的中国大陆 20 世纪 90 年代城市化空间过程重建研究[J].科学通报,2006(07):856-861.

[66] 秦汉.基于 DMSP/OLS 夜间灯光数据的浙江省城镇体系研究[D].杭州:浙江大学,2017.

[67] 王慧娟,兰宗敏,金浩,等.基于夜间灯光数据的长江中游城市群城镇体系空间演化研究[J].经济问题探索,2017(03):107-114.

[68] 李靖业,龚健,杨建新,等.利用夜间灯光数据的武汉城市空间格局演化[J].遥感信息,2017,32(03):133-141.

[69] 钟洋,胡碧松.夜光数据的长江中游城市群空间格局演变[J].测绘科学,2018,43(09):68-75.

[70] 昌亭,吴绍华.长三角城市群地域扩张的时空特征——基于"近十年来 DSMP/OLS 夜间灯光数据"的实证分析[J].现代城市研究,2014(07):67-73.

[71] 杨娟,葛剑平,李庆斌.基于 GIS 和 USLE 的卧龙地区小流域土壤侵蚀预报[J].清华大学学报(自然科学版),2006,46(9):1526-1529.

[72] Mcgarigal K, Marks B J. FRAGSTATS: spatial pattern analysis program for quantifying landscape structure[J]. General Technical Report Pnw (USA),1995,351.

[73] Raines G L. Description and comparison of geologic maps with FRAGSTATS—a

spatial statistics program[J]. Computers & Geosciences, 2002, 28(2): 169-177.

[74] Foltête J C, Clauzel C, Vuidel G. A software tool dedicated to the modelling of landscape networks [J]. Environmental Modelling & Software, 2012, 38 (4): 316-327.

[75] Vuidel G. A software tool dedicated to the modelling of landscape networks[M]. Elsevier Science Publishers B. V, 2012.

[76] Saura S, Pascual-Hortal L. A new habitat availability index to integrate connectivity in landscape conservation planning: Comparison with existing indices and application to a case study[J]. Landscape & Urban Planning, 2007, 83(2): 91-103.

[77] Saura S, Estreguil C, Mouton C, et al. Network analysis to assess landscape connectivity trends: Application to European forests (1990 – 2000)[J]. Ecological Indicators, 2011, 11(2): 407-416.

[78] Urban D, Keitt T. Landscape connectivity: a graph - theoretic perspective[J]. Ecology, 2001, 82(5): 1205-1218.

[79] Crouzeilles R, Lorini M L, Grelle C E V. The importance of using sustainable use protected areas for functional connectivity[J]. Biological Conservation, 2013, 159: 450-457.

[80] García-Feced C, Saura S, Elena-Roselló R. Improving landscape connectivity in forest districts: a two-stage process for prioritizing agricultural patches for reforestation[J]. Forest Ecology and Management, 2011, 261(1): 154-161.

[81] Pascual-Hortal L, Saura S. Impact of spatial scale on the identification of critical habitat patches for the maintenance of landscape connectivity[J]. Landscape and Urban Planning, 2007, 83(2): 176-186.

[82] Devi B S S, Murthy M S R, Debnath B, et al. Forest patch connectivity diagnostics and prioritization using graph theory[J]. Ecological Modelling, 2013, 251(01): 279-287.

[83] Saura S, Torné J. Conefor Sensinode 2.2: A software package for quantifying the importance of habitat patches for landscape connectivity[J]. Environmental Modelling & Software, 2009, 24(01): 135-139.

[84] Foltête J C, Girardet X, Clauzel C. A methodological framework for the use of landscape graphs in land-use planning[J]. Landscape and Urban Planning, 2014, 124: 140-150.

[85] Vogt P, Riitters K H, Iwanowski M, et al. Mapping landscape corridors[J]. Ecological Indicators, 2007, 7(2): 481-488.

[86] Saura S, Rubio L. A common currency for the different ways in which patches and links can contribute to habitat availability and connectivity in the landscape[J]. Ecography, 2010, 33(03): 523-537.

[87] 刘佳, 尹海伟, 孔繁花, 等. 基于电路理论的南京城市绿色基础设施格局优化[J]. 生态学报, 2018, 38(12): 4363-4372.

[88] 于亚平, 尹海伟, 孔繁花, 等. 基于MSPA的南京市绿色基础设施网络格局时空变化

分析[J]. 生态学杂志,2016,35(6):1608-1616.

[89] 于亚平,尹海伟,孔繁花,等. 南京市绿色基础设施网络格局与连通性分析的尺度效应[J]. 应用生态学报,2016,27(07):2119-2127.

[90] 杨小山. 室外微气候对建筑空调能耗影响的模拟方法研究[D]. 广州:华南理工大学,2012.

[91] 徐文彬,尹海伟,孔繁花. 基于生态安全格局的南京都市区生态控制边界划定[J]. 生态学报,2017,37(12):4019-4028.

[92] 徐海龙,尹海伟,孔繁花,等. 基于潜力—约束和SLEUTH模型松散耦合的南京城市扩展模拟[J]. 地理研究,2017,36(03):529-540.

[93] 刘凤凤,闫伟姣,孔繁花,等. 基于气温实地调查的城市绿地降温效应研究现状与未来展望[J]. 应用生态学报,2017,28(04):1387-1396.

[94] 王晶晶,尹海伟,孔繁花. 多元价值目标导向的区域绿色基础设施网络规划——以古黄河周边区域为例[J]. 山东师范大学学报(自然科学版),2016,31(03):77-83.

[95] 班玉龙,孔繁花,尹海伟,等. 土地利用格局对SWMM模型汇流模式选择及相应产流特征的影响[J]. 生态学报,2016,36(14):4317-4326.

[96] 徐杰,罗震东,尹海伟,等. 基于SLEUTH模型的昆山市城市扩展模拟研究[J]. 地理与地理信息科学,2016,32(05):59-64.

[97] 卢飞红,尹海伟,孔繁花. 城市绿道的使用特征与满意度研究——以南京环紫金山绿道为例[J]. 中国园林,2015,31(09):50-54.

[98] 刘欣嵘,尹海伟,徐建刚,等. 绿道研究与规划进展评述[J]. 山东师范大学学报(自然科学版),2015(04):110-115.

[99] 庄艳美,孔繁花,尹海伟,等. 济南城市绿地空间格局对鸟类群落结构的影响研究[J]. 山东师范大学学报(自然科学版),2014(01):102-109.

[100] 尹海伟,张琳琳,孔繁花,等. 基于层次分析和移动窗口方法的济南市建设用地适宜性评价[J]. 资源科学,2013,35(03):530-535.

[101] 孙振如,尹海伟,孔繁花. 不同计算方法下的公园可达性研究[J]. 中国人口·资源与环境,2012,22(s1):162-165.

[102] 史宝刚,尹海伟,孔繁花. 南京市新街口地区垂直绿化发展潜力评价[J]. 应用生态学报,2018,29(05):1576-1584.

[103] 岳小智,尹海伟,孔繁花,等. 基于ENVI-met的绿地布局模式对微气候的影响研究——以南京市居住小区为例[J]. 江苏城市规划,2018(03):34-40.

[104] Wong M S, Nichol J E, To P H, et al. A simple method for designation of urban ventilation corridors and its application to urban heat island analysis[J]. Building & Environment, 2010, 45(8): 1880-1889.

[105] Sobrino J A, Jiménez-Mu oz J C, Paolini L. Land surface temperature retrieval from LANDSAT TM 5[J]. Remote Sensing of Environment, 2004, 90(4):434-440.

[106] 覃志豪,Zhang MH, et al. 用陆地卫星TM6数据演算地表温度的单窗算法[J]. 地理学报, 2001, 56(4):456-466.

[107] 覃志豪,李文娟,徐斌,等. 陆地卫星TM6波段范围内地表比辐射率的估计[J]. 国土资源遥感, 2004, 16(3):28-32.

[108] Ng E, Yuan C, Chen L, et al. Improving the wind environment in high-density cities by understanding urban morphology and surface roughness: A study in Hong Kong[J]. Landscape and Urban Planning, 2011, 101(1):0-74.

[109] 吴菲,李树华,刘娇妹. 城市绿地面积与温湿效益之间关系的研究[J]. 中国园林, 2007(6).

[110] 朱春阳,李树华,纪鹏,等. 城市带状绿地宽度与温湿效益的关系[J]. 生态学报, 2009, 31(2):383-394.

[111] 许学强,周一星,宁越敏. 城市地理学[M]. 北京:商务印书馆,1995.

[112] 郑焕友,徐晓妹. 安徽省区域经济联系与整合发展[J]. 亚热带资源与环境学报, 2009,4(3),43-48.

[113] 熊剑平,刘承良,袁俊. 国外城市群经济联系空间研究进展[J]. 世界地理研究, 2006,15(1),63-70.

[114] 李春芬. 区际联系——区域地理学的近期前沿[J]. 地理学报,1995,50(6),491-496.

[115] 张明举,李敏,王燕林,等. 主成分分析在小城镇经济辐射区研究中的应用——以重庆市大足县为例[J]. 经济地理, 2003, 23(3):384-387.

[116] 张落成. 城市区域辐射与沿海经济低谷崛起[J]. 规划师, 2001, 17(1):34-37.

[117] Bosley E K. Hydrologic evaluation of low impact development using a continuous, spatially distributed model [D]. Blacksburg: Virginia Polytechnic Institute and State University,2008.

[118] Castells M. The rise of the network society [M]. Cambridge:MA,Blackwell,1996.

[119] 龙瀛,崔承印,茅明睿等. 大数据时代的精细化城市模拟:方法、数据、案例和框架[C]. 城市时代,协同规划——2013中国城市规划年会论文集(13-规划信息化与新技术),2013.

[120] 甄峰,王波,陈映雪. 基于网络社会空间的中国城市网络特征——以新浪微博为例[J]. 地理学报,2012,67(8):1031-1043.

[121] 秦萧,甄峰,熊丽芳,等. 大数据时代城市时空间行为研究方法[J]. 地理科学进展, 2013(9):1352-1361.

[122] Bell S, Paskins J. Imagining the future city, London 2062[EB/OL]. http://www.ucl.ac.uK/1ondon-2062/book.

[123] 杜志伟,李敏,何红,等. 小城镇经济辐射区研究——以重庆为例[J]. 城市问题, 2003(01):58-62.

[124] Riitters K, Wickham J, O'Neill R, et al, Global-scale patterns of forest fragmentation[J]. Conservation Ecology, 2000, 4(2).

[125] Riitters K H, Wickham J D, Oneill R V, et al, Fragmentation of continental United States forests[J]. Ecosystems, 2002, 5(8): 0815-0822.

[126] Civco D L, Hurd J D, Wilson E H, et al, Quantifying and describing urbanizing landscapes in the northeast United States[J]. Photogrammetric Engineering and Remote Sensing, 2002, 68(10): 1083-1090.

[127] 关志超,胡斌,张昕,等. 基于手机数据交通规划、建设、管理决策支持应用研究[C]. 第七届中国智能交通年会优秀论文集——智能交通应用,2012.